Misure e controlli idraulici

Sandro Longo • Marco Petti

Misure e controlli idraulici

Elaborazione dei dati sperimentali

2a ed.

Sandro Longo
Dipartimento di Ingegneria e Architettura
Università di Parma
Parma, Italy

Marco Petti
Dipartimento Politecnico di Ingegneria e Architettura
Università di Udine
Udine, Italy

ISBN 978-3-031-85611-2   ISBN 978-3-031-85612-9 (eBook)
https://doi.org/10.1007/978-3-031-85612-9

© The Editor(s) (if applicable) and The Author(s), under exclusive license to Springer Nature Switzerland AG 2025
La prima edizione del volume è stata pubblicata nel 2006 da McGraw-Hill Company.

This work is subject to copyright. All rights are solely and exclusively licensed by the Publisher, whether the whole or part of the material is concerned, specifically the rights of translation, reprinting, reuse of illustrations, recitation, broadcasting, reproduction on microfilms or in any other physical way, and transmission or information storage and retrieval, electronic adaptation, computer software, or by similar or dissimilar methodology now known or hereafter developed.
The use of general descriptive names, registered names, trademarks, service marks, etc. in this publication does not imply, even in the absence of a specific statement, that such names are exempt from the relevant protective laws and regulations and therefore free for general use.
The publisher, the authors and the editors are safe to assume that the advice and information in this book are believed to be true and accurate at the date of publication. Neither the publisher nor the authors or the editors give a warranty, expressed or implied, with respect to the material contained herein or for any errors or omissions that may have been made. The publisher remains neutral with regard to jurisdictional claims in published maps and institutional affiliations.

This Springer imprint is published by the registered company Springer Nature Switzerland AG
The registered company address is: Gewerbestrasse 11, 6330 Cham, Switzerland

If disposing of this product, please recycle the paper.

A Vincenzo e Gilda
S.L.
Ad Anna
M.P.

Prefazione

Misure e Controlli Idraulici è il risultato di un percorso formativo, ormai pluridecennale, che ci ha portato a maturare una visione da "Ingegnere Civile" degli argomenti trattati. Tale visione è accompagnata dalla pragmatica consapevolezza delle variegate esigenze proprie della gestione dei canali e degli impianti idrici, dei sistemi di monitoraggio e dei laboratori di Idraulica, con particolare attenzione alla semplicità esecutiva e gestionale.

È questa la seconda edizione, rivista e ampliata, di una prima monografia del 2005.

A suo tempo, l'idea di scrivere un testo in materia di Misure e Controlli Idraulici è nata dalla necessità di fornire una valida alternativa alle dispense e agli appunti per gli Studenti, nonché un ausilio per i Professionisti.

Oggi, a vent'anni dalla prima edizione, siamo maggiormente convinti della necessità di trasmettere le conoscenze del settore, sempre vitale e di interesse strategico per gli Ingegneri che operano sul Territorio, ancorché sempre più compresso nei Corsi di Studio.

Il livello di specializzazione della formazione universitaria ha frammentato le competenze, e ha reso più difficile il processo di sintesi richiesto qualora si affrontino i grandi sistemi. Il nostro, è anche un tentativo di ristabilire quei legami conoscitivi che, in passato, permettevano all'Ingegnere – che aveva la prerogativa di acquisire il metodo, prima ancora della nozione – di affrontare con confidenza i problemi di natura strutturale, di natura elettrica, di meccanica applicata alle macchine, di termodinamica, di idraulica.

I temi di questa monografia, divisa in due parti, riguardano i Corsi di Studio e gli Insegnamenti che trattano del moto dei fluidi, e in particolare dei liquidi.

Nella prima Parte si affronta la teoria.

I primi tre capitoli rappresentano una necessaria introduzione ai Sistemi di Misura e alla Teoria dei Sistemi Lineari, con un doveroso accenno, nel Capitolo 1, ai criteri dell'Analisi Dimensionale, già trattati più approfonditamente in altre monografie.[1,2]

Nel Capitolo 2, vengono poi analizzate le caratteristiche degli strumenti di misura. L'analisi dei sistemi lineari viene condotta nel dominio del tempo e con la trasformata di Laplace, utile soprattutto nella teoria del controllo.

Nel Capitolo 3, di nuova introduzione, si analizza l'Elaborazione dei dati sperimentali, con una sintetica trattazione della trasformata di Fourier, degli spettri e della teoria del campionamento.

Nella seconda Parte si affronta la descrizione delle tecniche di misura e degli strumenti.

Il Capitolo 4 tratta le Misure di livello e di pressione, mentre nel Capitolo 5 si espongono i classici strumenti di Misura della velocità puntuale.

Il Capitolo 6 descrive i Misuratori di portata nelle condotte chiuse, di particolare interesse negli impianti industriali di processo.

Il Capitolo 7 e il Capitolo 8 sono dedicati alla classificazione e all'analisi dei misuratori nei canali a pelo libero, di specifico interesse per tutti coloro che studiano, progettano e analizzano i sistemi idrici ambientali.

La bibliografia è riportata alla fine di ogni capitolo e, per quanto estesa, sicuramente non è esaustiva.

Una rilevanza particolare è stata riservata alle numerose figure presenti nel testo e realizzate, in origine, grazie all'accurato impegno degli Ingegneri Fabio Tomnati e Luca Chiapponi, a quel tempo brillanti Allievi e oggi affermati Professionisti ed esimi Colleghi. Le figure della prima edizione sono state integrate da altre figure e modificate con nuovi fonts.

Questa seconda edizione ha beneficiato della revisione dell'edizione precedente, con l'eliminazione di alcuni refusi e di alcune imprecisioni, ed è stata integrata con nuovi argomenti. Come sempre, confidiamo nell'attenzione dei Lettori per i suggerimenti e le segnalazioni di eventuali imprecisioni e omissioni, qualora presenti in questo volume.

Parma, Udine Sandro Longo
Gennaio 2025 Marco Petti

---

[1] S. Longo, *Analisi Dimensionale e Modellistica Fisica – Principi e Applicazioni alle Scienze Ingegneristiche*, Springer, 2011.
[2] S. Longo, *Principles and Applications of Dimensional Analysis and Similarity*, Springer, 2021.

Indice

I La teoria

1 Sistemi di misura e analisi dimensionale ... 3
1.1 Sistemi di misura ... 3
1.2 Il Sistema Internazionale ... 5
    1.2.1 Alcune regole di scrittura ... 7
1.3 Analisi dimensionale ... 9
    1.3.1 Criterio di omogeneità fisica e teorema di Buckingham (o del Pi greco) ... 10
    1.3.2 Gruppi adimensionali nella meccanica dei fluidi ... 12
1.4 Elementi di teoria degli errori – classificazione degli errori ... 16
    1.4.1 Distribuzione degli errori accidentali ... 18
    1.4.2 Distribuzione Gaussiana degli errori accidentali ... 18
    1.4.3 Errore assoluto ed errore relativo ... 23
    1.4.4 Propagazione degli errori ... 25
    1.4.5 Il metodo Monte Carlo ... 31
Riferimenti bibliografici ... 35

2 Caratteristiche degli strumenti di misura ... 37
2.1 Elementi funzionali di uno strumento di misura ... 37
    2.1.1 Impedenza generalizzata ... 41
    2.1.2 Accuratezza e scostamento (*bias*) di uno strumento, precisione ... 46
    2.1.3 Portata (*range*, *span*, *input full scale*, *FS*), *Full Scale Output* (*FSO*), *overload*, portata lineare e costante strumentale ... 49
    2.1.4 Valore di soglia, soglia differenziale, risoluzione e isteresi (banda morta) ... 50
    2.1.5 Ripetibilità e riproducibilità ... 51
    2.1.6 Rapporto segnale/disturbo (*Signal/Noise*, *S/N*) ... 52
    2.1.7 Calibrazione statica e relative specifiche ... 52
    2.1.8 Sensibilità e sensitività statica ... 62

		2.1.9	Linearità	66
		2.1.10	Regressione multipla	67
	2.2	Sistemi dinamici lineari		69
		2.2.1	La trasformata di Laplace	73
		2.2.2	Applicazione della trasformata di Laplace ai sistemi dinamici lineari	78
		2.2.3	Antitrasformate di funzioni razionali fratte	80
		2.2.4	Risposte canoniche	84
		2.2.5	Analisi dei sistemi elementari di ordine inferiore	88
	Riferimenti bibliografici			98
3	**Elaborazione di dati sperimentali**			**99**
	3.1	Trasformate di Fourier		99
		3.1.1	Serie di Fourier	100
		3.1.2	Integrale di Fourier	102
		3.1.3	Spettro di energia, densità spettrale di energia e densità spettrale di potenza	104
	3.2	Segnali variabili nel tempo		106
		3.2.1	Campionamento di un segnale	106
		3.2.2	Rumore di fondo	110
		3.2.3	Processi stocastici	112
	Riferimenti bibliografici			129

II Gli strumenti e le tecniche di misura

4	**Misura del livello e della pressione**		**133**
	4.1	Misure di livello	134
		4.1.1 Misuratore di livello a bolle	134
		4.1.2 Misuratore a galleggiante	138
		4.1.3 Misuratore a punta idrometrica	140
		4.1.4 Asta idrometrica	143
		4.1.5 Misuratori di livello differenziale	145
		4.1.6 Misuratore a piezometro differenziale a suzione	148
		4.1.7 Misuratore a campana	149
		4.1.8 Misuratori capacitivi e induttivi	149
		4.1.9 Misuratore di livello a Ultrasuoni	152
		4.1.10 Misuratore di livello a microonde	155
		4.1.11 Misuratore di livello a triangolazione ottica laser o a Light Emission Diode (LED)	157
		4.1.12 Misuratori di livello digitali	158
		4.1.13 Misuratore di livello a radioisotopi	159
		4.1.14 Misuratori manometrici del livello	160
		4.1.15 Misuratori di livello per pesata	164

        4.1.16 Misure di livello in più punti in laboratorio 164
        4.1.17 Misura delle onde di gravità in mare 166
   4.2 Misure di pressione 170
        4.2.1 Il manometro a U 170
        4.2.2 Manometro di Zimmerli 174
        4.2.3 Il comportamento dinamico di un piezometro 175
        4.2.4 Manometro Bourdon 177
        4.2.5 Manometro a elemento elastico deformabile 179
        4.2.6 Manometri con trasduttore elettrico piezoresistivo
              e capacitivo 181
        4.2.7 Manometro a filo vibrante 183
        4.2.8 Manometro piezoelettrico 184
        4.2.9 Manometro a rilevamento ottico 186
        4.2.10 Manometro a rilevamento induttivo e a variazione
              di riluttanza 186
        4.2.11 Manometro a cilindro vibrante 188
   4.3 Criteri di selezione dei manometri 188
   4.4 La calibrazione statica dei manometri 190
   4.5 Gli effetti dinamici indotti dai tubi di connessione 196
   4.6 La calibrazione dinamica dei manometri 198
   4.7 Connessione ciclica di più porte a uno stesso manometro 199
   Riferimenti bibliografici 201

5 **Misuratori di velocità puntuale** 203
   5.1 Il tubo di Pitot 203
   5.2 Mulinelli idrometrici 210
        5.2.1 Mulinello a coppe (di Price) 211
        5.2.2 Mulinello ad asse orizzontale (Ott) 213
   5.3 Misuratori elettromagnetici 214
   Riferimenti bibliografici 214

6 **Misura di portata volumetrica e massica in condotte in pressione** . . 215
   6.1 Classificazione dei misuratori di portata 215
   6.2 Misuratori basati sulla pressione differenziale 216
        6.2.1 Tubo di Venturi 216
        6.2.2 Diaframmi 222
        6.2.3 Boccagli 225
        6.2.4 Misuratori a cono 226
        6.2.5 Misuratori a Pitot 229
        6.2.6 Misuratore centrifugo (a gomito) 231
        6.2.7 La misura della pressione negli strumenti basati sulla
              pressione differenziale 233
        6.2.8 Dispositivi di condizionamento del flusso 235

6.3 Misuratori meccanici 236
    6.3.1 Misuratori a turbina (tipo Woltman) 236
    6.3.2 Misuratori in condotte di grande diametro 239
6.4 Misuratori meccanici volumetrici 241
    6.4.1 Misuratore a disco nutante 241
    6.4.2 Misuratore a palette radiali mobili 242
    6.4.3 Misuratori a ingranaggi e a lobi 242
    6.4.4 Misuratore a cilindri e pistoni 243
    6.4.5 Misuratori a doppia elica 243
    6.4.6 Misuratori a doppia membrana 243
    6.4.7 Misuratori servoassistiti 244
6.5 Misuratori basati sulla spinta esercitata dalla corrente 245
    6.5.1 Pendolo idrometrico 245
    6.5.2 Rotametri 246
    6.5.3 Gilflo 248
6.6 Misuratori classificati in base al principio fisico che ne caratterizza il funzionamento 249
    6.6.1 Misuratori elettromagnetici 249
    6.6.2 Misuratori acustici a Ultrasuoni 251
    6.6.3 Misuratori a generazione di vortici 256
    6.6.4 Misuratori a effetto Coanda 258
    6.6.5 Misuratori a scintillazione acustica 259
6.7 Misuratori di portata massica 260
    6.7.1 Misuratore di Coriolis 260
    6.7.2 Misuratori basati sul momento angolare della quantità di moto 262
    6.7.3 Misuratori termici 264
6.8 Criteri di scelta del misuratore di portata 265
6.9 La calibrazione dei misuratori di portata 265
6.10 Standard di calibrazione e tracciabilità 269
6.11 Accreditamento di un laboratorio 270
Riferimenti bibliografici 275

7 Misuratori di portata volumetrica nei canali: i canali misuratori e gli stramazzi a soglia 277
  7.1 Canali misuratori a gola allungata 278
    7.1.1 Il misuratore Venturi 278
    7.1.2 Misuratori a sezione trapezia 294
    7.1.3 Misuratore di Palmer-Bowles e a U 296
  7.2 Canali misuratori a gola corta e cortissima 298
    7.2.1 Misuratore Khafagi a gola corta con transizione curva ... 299
    7.2.2 Misuratore a gola cortissima 300
    7.2.3 Misuratore Parshall 300
    7.2.4 Misuratori H 303
    7.2.5 Misuratori Washington State College (WSC) 305

	7.3	Misuratori a stramazzo a soglia larga 306
		7.3.1 Stramazzo rettangolare a soglia orizzontale larga arrotondata a monte (tipo Belanger) 308
		7.3.2 Stramazzo rettangolare a soglia orizzontale larga con bordo d'attacco a spigolo vivo 314
		7.3.3 Misuratore di Fayum 318
		7.3.4 Stramazzo triangolare a soglia larga 319
		7.3.5 Stramazzo a soglia mobile di Romijn 323
	7.4	Misuratori a stramazzo a soglia stretta 327
		7.4.1 Stramazzo a soglia stretta con sezione di controllo rettangolare 328
		7.4.2 Stramazzo a soglia stretta triangolare (di Crump) 330
		7.4.3 Stramazzo a soglia stretta triangolare a V 337
		7.4.4 Misuratore di Butcher 343
		7.4.5 Misuratori a stramazzo non standard 345
		7.4.6 Misuratori standard Waterways Experimental Station (WES) 347
		7.4.7 Misuratore a stramazzo cilindrico circolare 350
	7.5	Sistemi per il frazionamento della portata 354
	7.6	Misure di portata per una condotta verticale con efflusso a fontana 356
	7.7	Misure di portata per una condotta con efflusso orizzontale 357
	7.8	Il misuratore di Dethridge 359
	7.9	Misuratore con mulinello idrometrico fisso 361
	Riferimenti bibliografici 363
8	**Misuratori di portata volumetrica nei canali: i misuratori a stramazzo in parete sottile e gli orifizi** 365
	8.1	Misuratori a stramazzo in parete sottile 365
		8.1.1 Stramazzi rettangolari senza contrazione laterale 368
		8.1.2 Stramazzi rettangolari a contrazione laterale completa . . . 371
		8.1.3 Stramazzi rettangolari a contrazione laterale parziale 372
		8.1.4 Stramazzo triangolare 373
		8.1.5 Stramazzo Cipolletti 376
		8.1.6 Stramazzo circolare 378
		8.1.7 Lo stramazzo proporzionale lineare (Sutro) 379
		8.1.8 Limiti di funzionamento semimodulare degli stramazzi in parete sottile 380
		8.1.9 Aerazione degli stramazzi 381
		8.1.10 Influenza della geometria del bordo sfiorante e della scabrezza della traversa 384
	8.2	Misuratori con luci sotto battente 384
		8.2.1 Orifizio circolare 388
		8.2.2 Orifizio rettangolare 391
		8.2.3 Misuratori a paratoia verticale o radiale 392
		8.2.4 Paratoia radiale 397

	8.2.5	Orifizio regolabile di Crump-De Gruyter	401
	8.2.6	Metergate	404
	8.2.7	Il modulo di controllo e misura della Neyrpic	408
	8.2.8	Il tubo delle Danaidi	413
	8.2.9	Misuratori misti	415
	8.2.10	Misuratori in canali a forte pendenza	416
	8.2.11	Misuratori a sezione trapezia supercritici	419
8.3		Stima dell'errore	423
8.4		Il parametro di flessibilità di un partitore di portata	429
8.5		La sensitività di un misuratore di portata	430
8.6		L'impatto ambientale dei misuratori di portata	431
8.7		Caratteristiche del canale di arrivo	432
8.8		Scelta del tipo di misuratore	433
		Riferimenti bibliografici	446

Indice analitico 449

Indice degli autori 459

Gli Autori

Sandro Longo Ingegnere Civile Idraulico e PhD in Idrodinamica, è professore ordinario in Idraulica presso il Dipartimento di Ingegneria e Architettura dell'Università degli Studi di Parma.
I suoi interessi di ricerca includono l'idraulica marittima, la turbolenza, il trasporto di sedimenti, i flussi di fluidi non-Newtoniani, le correnti di gravità, l'ingegneria del vento.
Insegna Idraulica e Idraulica Ambientale e Costiera agli Allievi di Ingegneria Civile e di Ingegneria dell'Ambiente e del Territorio. È autore di monografie sull'Analisi Dimensionale, sull'Idraulica Marittima, ed è coautore di un eserciziario di Idraulica.
Svolge attività di consulenza nel settore delle opere marittime. È stato Visiting Researcher a Wallingford (UK) e Academic Visitor in anno sabbatico a Granada (E) e a Cambridge (UK).

Marco Petti Ingegnere Civile Idraulico e PhD in Idrodinamica, è professore ordinario in Idraulica presso il Dipartimento Politecnico di Ingegneria dell'Università degli Studi di Udine.
I suoi interessi di ricerca includono l'idraulica marittima, l'idraulica fluviale, il trasporto di sedimenti, la turbolenza nelle onde frangenti, la dinamica dei sistemi lagunari.
Insegna Idraulica e Idraulica Marittima e Costiera agli Allievi di Ingegneria Civile e Ambientale e di Ingegneria per l'Ambiente, il Territorio e la Protezione Civile.
È autore di due monografie: una sull'Idraulica e l'altra sull'Idraulica Marittima e Costiera.
Ha collaborato con numerosi centri di ricerca internazionali nell'ambito di progetti di ricerca europei e americani.

I
La teoria

Capitolo 1
Sistemi di misura e analisi dimensionale

Alla base della teoria della misura si pongono i sistemi di misura, del tutto convenzionali, che permettono di rendere oggettive le notazioni tecnico-scientifiche e uniformano la trattazione dei problemi fisici e ingegneristici. In questa monografia faremo solo alcuni cenni a un argomento relativamente recente e oggetto, nel passato, di numerose accese dispute accademiche. Maggiori dettagli sono riportati in [2, 3].

L'introduzione delle unità di misura fu la risposta a esigenze fiscali per rendere oggettive le tasse sui prodotti e sul commercio. Oggi, le esigenze di una metrologia raffinata sono dettate dal rigore scientifico e dalla necessità di una piattaforma transnazionale per garantire gli scambi economici e la diffusione della tecnologia.

Inevitabile e necessaria è la trattazione della teoria degli errori, con un approccio pragmatico che, rigoroso e essenziale, non si sostituisce ai classici testi della letteratura scientifica, ma li rende più facilmente comprensibili anche grazie ad alcuni esempi applicativi.

1.1 Sistemi di misura

Ogni grandezza fisica è caratterizzata da un numero, che definiamo modulo, e da un'unità di misura. Il modulo rappresenta il rapporto tra la grandezza fisica in esame e l'unità campione. Ad esempio, per misurare l'altezza di una persona, possiamo assumere come grandezza campione una matita (U) e, per confronto, stimare quante matite campione (o frazioni di matita) occorrono per raggiungere l'altezza dell'individuo (G). Indicata con n, numero reale, questa quantità, possiamo affermare che l'individuo misura $G = nU$. Da questo semplice esempio, emerge subito il problema legato alla necessità di garantire la stabilità nel tempo dell'unità campione. La scelta di una matita come unità campione, sebbene corretta in linea di principio, porta a misure incoerenti in soggetti che scelgono matite diverse, con la conseguenza che occorre introdurre, nelle relazioni che legano le varie grandezze, numerosi coefficienti di conversione. Nasce perciò l'esigenza di fare riferimento a unità cam-

Tabella 1.1 Grandezze fondamentali del sistema di misura internazionale (SI)

Grandezze fondamentali	Simbolo	Denominazione	Simbolo
Lunghezza	L	metro	m
Massa	M	kilogrammo	kg
Tempo	T	secondo	s
Temperatura	Θ	kelvin	K
Intensità di corrente	I	ampere	A
Intensità luminosa	C	candela	cd
Quantità di sostanza	mol	mole	mol

pione scelte di comune accordo, operazione questa che dà origine a un sistema di misura coerente. Il sistema attualmente adottato è il Sistema Internazionale (SI).

All'interno di un sistema di misura, esistono grandezze fondamentali e grandezze derivate. Si dicono *fondamentali,* quelle grandezze che, indipendenti tra loro, sono in numero necessario e sufficiente per descrivere qualunque altra grandezza fisica; si dicono *derivate,* tutte le altre grandezze ricavabili da quelle fondamentali mediante leggi o definizioni fisiche elementari. Ad esempio, una velocità (v), per definizione, è data dal rapporto di una grandezza spaziale (s) e una temporale (t):

$$v = \frac{s}{t}. \qquad (1.1)$$

Se scegliamo come grandezze fondamentali il *metro* (m) per lo spazio s e il *secondo* (s) per il tempo t, ne segue che la velocità è una grandezza derivata (equazione (1.1)) e la sua unità di misura risulta, nel SI, il m/s.

È opportuno osservare che, almeno in linea di principio, come grandezze fondamentali possono essere scelte unità diverse, per esempio il secondo s per t e V per v; in tal caso, sarebbe lo spazio s a essere un grandezza derivata attraverso la relazione (1.1) e verrebbe misurato in V · s. Naturalmente, quest'ultima assunzione è contraria allo spirito del SI, ma può risultare utile, come vedremo tra poco, per ricavare legami funzionali tra grandezze fisiche, legami che risultano di grande utilità nelle applicazioni idrauliche.

L'osservazione fatta pone il problema dell'individuazione del numero minimo di grandezze fondamentali, valore che dipende dalla tipologia del problema in esame. Generalmente, nella meccanica dei fluidi, la temperatura non compare mai esplicitamente, per cui sono necessarie e sufficienti tre grandezze fondamentali; nel sistema SI tali grandezze sono: la *lunghezza*, la *massa* e il *tempo*. In seguito opereremo sempre nell'ambito di problemi di meccanica dei fluidi assumendo che le grandezze fondamentali siano sempre tre. In Tabella 1.1 sono riportate le sette grandezze fondamentali del sistema SI.

1.2 Il Sistema Internazionale

Il Sistema Internazionale fa parte della classe di sistemi di unità di misura multidimensionali. La scelta di un insieme di grandezze fondamentali è dettata da molti fattori, non ultimo la facilità di riproduzione di campioni unitari, ed è ampiamente arbitraria. Per molti versi, un insieme di grandezze fondamentali è equivalente alla base di uno spazio vettoriale. Infatti, nell'algebra vettoriale, una base è definita come un insieme di vettori unitari linearmente indipendenti e per i quali una combinazione lineare permette di rappresentare qualsiasi vettore nello spazio.

Le unità di base delle grandezze fondamentali sono fissate in modo convenzionale ma con elementi di riferimento, per quanto possibile, non legati al tempo o al luogo di misurazione.

Nel 2019 le unità fondamentali del SI sono state ridefinite in termini di sette costanti dimensionali:

- il valore numerico della frequenza della transizione iperfine $\Delta \nu_{Cs}$ dello stato fondamentale imperturbato dell'atomo di cesio 133;
- la velocità della luce nel vuoto c;
- la costante di Planck h;
- la carica elettrica elementare e;
- la costante di Boltzmann k;
- la costante di Avogadro N_A;
- l'efficacia luminosa della radiazione visibile standard K_{cd}.

Le conversioni sono state introdotte una volta raggiunta la precisione richiesta nella misurazione di queste costanti. Sebbene le sette costanti dimensionali possano essere adottate come fondamentali, le precedenti sette unità fondamentali sono ancora in uso, ma sono ora definite in termini di nuove costanti. La Figura 1.1 mostra il logo utilizzato per diffondere il nuovo standard dal Bureau International des Poids

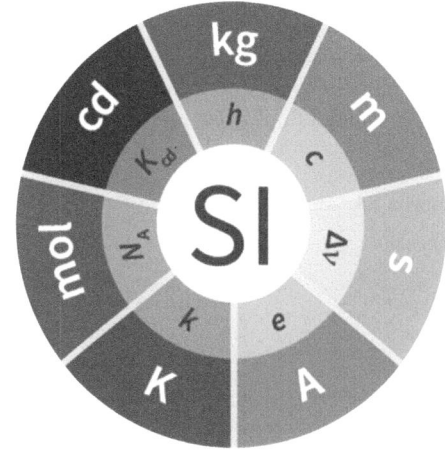

Figura 1.1 Logo delle costanti SI (anello interno), in vigore dal 20 maggio 2019 per definire le unità fondamentali (anello esterno)

Tabella 1.2 Multipli e sottomultipli nel SI.

Coefficiente	Nome	Simbolo
10^{30}	quetta	Q
10^{27}	ronna	R
10^{24}	yotta	Y
10^{21}	zetta	Z
10^{18}	exa	E
10^{15}	peta	P
10^{12}	tera	T
10^{9}	giga	G
10^{6}	mega	M
10^{3}	kilo	k
10^{2}	etto	h
10^{1}	deca	da
10^{-1}	deci	d
10^{-2}	centi	c
10^{-3}	milli	m
10^{-6}	micro	μ
10^{-9}	nano	n
10^{-12}	pico	p
10^{-15}	femto	f
10^{-18}	atto	a
10^{-21}	zepto	z
10^{-24}	yocto	y
10^{-27}	ronto	r
10^{-30}	quecto	q

et Mesures (BIPM). Il BIPM è un'organizzazione internazionale istituita dalla Metre Convention, attraverso la quale gli Stati membri agiscono congiuntamente su questioni relative agli standard di misurazione.

Le unità derivate dalle unità di base devono avere un coefficiente numerico unitario e i multipli e sottomultipli delle unità di misura devono essere espressi come potenze con esponente intero di dieci; si veda la Tabella 1.2. Esistono anche alcune unità derivate con nomi propri; alcune di quelle di maggiore interesse per la meccanica dei fluidi sono elencate in Tabella 1.3.

Tabella 1.3 Alcune unità di misura derivate dotate di nome proprio

Quantità	Nome	Simbolo	Espressione in unità SI derivate	Espressione in unità SI fondamentali
frequenza	hertz	Hz		s^{-1}
forza	newton	N		$m\,kg\,s^{-2}$
pressione	pascal	Pa	N/m^2	$m^{-1}\,kg\,s^{-2}$
energia, lavoro	joule	J	$N\,m$	$m^2\,kg\,s^{-2}$
potenza, flusso di energia	watt	W	J/s	$m^2\,kg\,s^{-3}$

1.2 Il Sistema Internazionale

Tabella 1.4 Unità non-SI accettate

Quantità	Nome	Simbolo	Espressione in unità SI
tempo	minuto	min	60 s
	ora	h	3600 s
	giorno	d	86 400 s
	anno	a	31 536 000 s
angolo	grado di arco	deg	$\pi/180$ rad
	minuto di arco	′	$\pi/10\,800$ rad
	secondo di arco	″	$\pi/648\,000$ rad
area	ettaro	ha	10 000 m^2
	acro	ac	4046.872 61 m^2
volume	litro	l, L	0.001 m^3
massa	tonnellata (metrica)	ton	1000 kg
densità lineare	tex	tex	10^{-6} kg m^{-1}
energia	elettronvolt	eV	$1.602\,177\,33 \cdot 10^{-19}$ J
massa atomica	unità di massa atomica	u	$1.660\,640\,2 \cdot 10^{-27}$ kg
lunghezza	unità astronomica	au	$1.495\,979 \cdot 10^{11}$ m
	anno-luce	ly	$9.460\,528\,405 \cdot 10^{15}$ m
	parsec	pc	$3.085\,678\,186 \cdot 10^{16}$ m

Esistono alcune unità derivate non definite nel SI che sono permanentemente consentite; si veda la Tabella 1.4.

1.2.1 Alcune regole di scrittura

Nella scrittura tecnica, sono convenzionalmente stabilite alcune regole di scrittura che garantiscono chiarezza e inequivocabile interpretazione delle unità di misura e dei valori numerici.

Le unità di misura espresse in forma simbolica cominciano sempre con una lettera minuscola, tranne nel caso in cui derivino da un nome di persona. Ad esempio: 1 s e non 1 S; 12 A (dal nome di André-Marie Ampère) e non 12 a. Inoltre, è sempre necessario uno spazio tra il numero e il simbolo (23 m e non 23m) e i simboli non vanno indicati mai in corsivo o in grassetto: 1 s e non 1 *s* o 1 **s**.

Se nel testo è necessario scrivere per esteso l'unità di misura, si farà sempre uso di caratteri minuscoli, anche se l'unità deriva da un nome di persona: ampere e non Ampère, newton e non Newton, pascal e non Pascal.

Il simbolo di un'unità di misura costituita dal prodotto di due o più unità si può scrivere sia interponendo un punto, sia lasciando uno spazio: 13.2 N · m oppure 13.2 N m.

Nel caso del quoziente tra due unità di misura si può scrivere, ad esempio, 3.8 m/s, oppure 3.8 m · s^{-1}, oppure 3.8 m s^{-1}, oppure 3.8 $\frac{m}{s}$. La seconda forma è quella consigliabile.

Per i prefissi dei multipli o sottomultipli, solo quelli maggiori di 10^6 sono indicati con lettera maiuscola; quindi: 1.5 MJ e non 1.5 mJ; 22 kg e non 22 Kg. Si noti, a tal proposito, che il prefisso 'm' (milli-) indica 10^{-3}, mentre il prefisso 'M' (Mega-) indica 10^6. Ancora, il simbolo del multiplo o del sottomultiplo è accostato al simbolo dell'unità di misura, senza spazio: 13.2 mW e non 13.2 m W.

Nella notazione scientifica è necessario che le unità siano quelle base: si scriva, quindi, 3.2×10^5 m e non 3.2×10^2 km. Nella notazione con i prefissi è opportuno, inoltre, scegliere il prefisso in modo che il numero sia compreso tra 0.1 e 1000, quindi 7.8 MJ e non 7800 kJ. I doppi prefissi non sono ammessi, quindi 1.2 μF (microfarad) e non 1.2 mmF (millimillifarad).

Nella scrittura di numeri contenenti più di 4 cifre in sequenza, è opportuna una spaziatura, raggruppando le cifre in gruppi di 3 verso sinistra e verso destra rispetto al punto di separazione decimale; quindi 12 000 e non 12000; quindi 13.224 32 e non 13.22432.

Si noti, infine, che l'Organizzazione Internazionale per la normazione (ISO) suggerisce la virgola quale separatore decimale, mentre, nei Paesi di lingua Inglese, la virgola è il separatore delle migliaia e il punto è il separatore decimale. Pertanto, per evitare confusioni tra la notazione del Sistema Internazionale e la notazione anglosassone, è sconsigliabile l'uso del punto o della virgola per separare le migliaia. Dal 2003 nei testi in lingua inglese è ammesso anche l'uso del punto decimale.

Per ultimo: quante cifre si devono usare per scrivere la misura di una variabile?

L'espressione delle misure è un modo per comunicare anche l'incertezza del valore, e il numero di cifre significative in una misura è legato all'incertezza complessiva dell'intera procedura. Una maggiore precisione nelle misure richiede un numero maggiore di cifre significative. Di norma, gli zeri non contribuiscono al numero di cifre significative a meno che non si trovino tra numeri non nulli o non siano sottolineati. 0.000 123 e 452 e 121.0 hanno tre cifre significative, ma 0.010 204 e 12 010, e 303.12, e 862.$\underline{000}$ 0 hanno cinque cifre significative. La notazione scientifica aiuta a evitare ambiguità: il numero 121.0, con tre cifre significative, può essere scritto come 1.21×10^2; 862.$\underline{000}$ 0 può essere scritto come 8.620×10^2; e 0.001 204 può essere scritto come 1.204×10^{-3}. Il numero prima della potenza di dieci deve essere preferibilmente compreso tra 1 e 10 e deve contenere tutte le cifre significative, senza bisogno di sottolineare gli zeri che sono significativi.

Per combinare valori di misure o dati con incertezze diverse, attenersi alle seguenti regole:

- per le moltiplicazioni e le divisioni, il numero di cifre significative del risultato non può essere superiore al numero di cifre significative del valore misurato meno preciso;
- per le addizioni e le sottrazioni, il risultato deve avere un numero di cifre (decine, unità, decimi, ecc.) del valore di partenza meno preciso: se si hanno 1.010 kg di sale (incertezza di 1 millesimo di chilogrammo) e poi si comprano 5.4 kg di sale (incertezza di 0.1 kg), si hanno $1.010 + 5.4 = 6.4$ kg di sale.

La Tabella 1.5 elenca una serie di numeri con un numero diverso di cifre e notazioni.

1.3 Analisi dimensionale

Tabella 1.5 Regole per individuare il numero di cifre significative

Numero	Cifre Significative	
3.651	4	Non ci sono zeri, e tutte le cifre sono significative
1010.56	6	I due zeri sono significativi perché si trovano tra altre cifre significative
0.219 8	4	Il primo zero è solo un segnaposto per il punto decimale e non è significativo
0.000 044 2	3	I primi cinque zeri sono dei segnaposto necessari per riportare i valori alla posizione del centomillesimo
33.100	3	Senza alcuna sottolineatura o notazione scientifica, gli ultimi due zeri sono segnaposto e non sono significativi
11 891 0̲0̲0̲	7	I due zeri sottolineati sono significativi, mentre l'ultimo zero non lo è, in quanto non è sottolineato
5.457×10^{13}	4	In notazione scientifica, tutti i numeri riportati prima della potenza di 10 sono significativi
6.520×10^{-23}	4	In notazione scientifica, tutti i numeri riportati prima della potenza di 10, inclusi gli zeri, sono significativi
0.320×10^{-2}	3	In notazione scientifica, tutti i numeri riportati prima della potenza di 10, inclusi gli zeri (ma non prima del punto decimale), sono significativi

1.3 Analisi dimensionale

Data una grandezza Q, si dice che questa ha dimensioni α_1, α_2 e α_3, rispetto alle grandezze fondamentali G_1, G_2 e G_3 di un generico sistema di misura, se è possibile scrivere l'uguaglianza simbolica

$$[Q] = G_1^{\alpha_1} G_2^{\alpha_2} G_3^{\alpha_3}, \tag{1.2}$$

dove le parentesi quadre, che normalmente vengono omesse per le grandezze fondamentali, indicano le "dimensioni di Q".

Nel SI si utilizza il simbolo L per la lunghezza, M per la massa e T per il tempo.

Le dimensioni di una grandezza derivata sono ricavabili dalla sua definizione o da una legge fisica che la lega alle grandezze fondamentali. Ad esempio, dal secondo principio della dinamica, una forza è esprimibile come

$$F = ma, \tag{1.3}$$

dove m è una massa e a un'accelerazione. Per ricavare le dimensioni della forza, bisogna ridurre tale relazione a una forma in cui compaiano solo le grandezze fondamentali, per cui, operando con il SI, si ha

$$F = m\frac{v}{t} = m\frac{l}{t}\frac{1}{t}, \tag{1.4}$$

dove l indica una lunghezza e t il tempo. Le dimensioni di F sono

$$[F] = LMT^{-2}, \tag{1.5}$$

cioè 1 rispetto a L, 1 rispetto a M e -2 rispetto a T. Si può dimostrare che una qualunque grandezza derivata deve avere la struttura monomia dell'equazione (1.2). La scelta delle grandezze fondamentali rispecchia dei criteri di semplicità nella realizzazione e nella riproduzione di campioni di unità di misura. Tre grandezze Q_1, Q_2 e Q_3 possono essere assunte come fondamentali, in luogo di L, M e T, se sono idonee e sufficienti a definire univocamente qualunque altra grandezza meccanica e, in particolare, le lunghezze l, le masse m e i tempi t. Esprimendo le grandezze Q_1, Q_2 e Q_3 in termini di L, M e T, si ha

$$\begin{cases} [Q_1] = L^{\alpha_1} M^{\beta_1} T^{\gamma_1}, \\ [Q_2] = L^{\alpha_2} M^{\beta_2} T^{\gamma_2}, \\ [Q_3] = L^{\alpha_3} M^{\beta_3} T^{\gamma_3}, \end{cases} \tag{1.6}$$

e, passando ai logaritmi, risulta

$$\begin{cases} \alpha_1 \ln L + \beta_1 \ln M + \gamma_1 \ln T = \ln Q_1, \\ \alpha_2 \ln L + \beta_2 \ln M + \gamma_2 \ln T = \ln Q_2, \\ \alpha_3 \ln L + \beta_3 \ln M + \gamma_3 \ln T = \ln Q_3. \end{cases} \tag{1.7}$$

Il sistema (1.7) è lineare non omogeneo nei logaritmi delle grandezze sicuramente indipendenti, e ammette soluzione unica se, e solo se, risulta:

$$\det \begin{bmatrix} \alpha_1 & \beta_1 & \gamma_1 \\ \alpha_2 & \beta_2 & \gamma_2 \\ \alpha_3 & \beta_3 & \gamma_3 \end{bmatrix} \neq 0. \tag{1.8}$$

La condizione (1.8) assicura l'indipendenza dimensionale tra le grandezze Q_1, Q_2 e Q_3, e, se soddisfatta, permette di invertire il sistema (1.7) e trovare le dimensioni di L, M e T nei termini delle nuove grandezze fondamentali Q_1, Q_2 e Q_3. La sussistenza delle condizioni suesposte equivale a definire la terna di grandezze come *base* dello spazio delle grandezze.

1.3.1 Criterio di omogeneità fisica e teorema di Buckingham (o del Pi greco)

Il criterio di omogeneità fisica stabilisce che, in ogni equazione che schematizza un processo fisico, deve essere rispettata l'omogeneità dimensionale tra tutti i termini dell'equazione. Nel caso di un'eguaglianza, i due membri devono essere uguali in modulo e dimensione; nel caso di una combinazione lineare, ogni termine deve avere le stesse dimensioni. Non è vero il contrario, considerato che un'equazione costituita da termini dimensionalmente omogenei non schematizza necessariamente

1.3 Analisi dimensionale

un processo fisico (basti pensare all'esistenza di grandezze di uguale dimensione ma con un differente significato fisico).

Nello studio di un fenomeno fisico, supponiamo di aver individuato una dipendenza funzionale del tipo

$$Q_0 = f_0(Q_1, Q_2, Q_3, Q_4, \ldots, Q_M, r_1, \ldots, r_N), \tag{1.9}$$

dove Q_i, con $i = 0, 1, \ldots, M$, sono grandezze dimensionali e r_j, con $j = 1, 2, \ldots, N$, sono grandezze adimensionali o numeri puri. Assumendo una terna di grandezze fondamentali (che, dunque, soddisfa la condizione dell'equazione 1.8), per esempio Q_1, Q_2 e Q_3, l'equazione (1.9) può essere riscritta come segue:

$$\frac{Q_0}{Q_1^{\alpha_0} Q_2^{\beta_0} Q_3^{\gamma_0}} = f_1\left(Q_1, Q_2, Q_3, \frac{Q_4}{Q_1^{\alpha_4} Q_2^{\beta_4} Q_3^{\gamma_4}}, \ldots, \frac{Q_M}{Q_1^{\alpha_M} Q_2^{\beta_M} Q_3^{\gamma_M}}, r_1, \ldots, r_N\right), \tag{1.10}$$

dove gli esponenti $\alpha_i, \beta_i, \gamma_i$ ($i = 0, 4, 5, \ldots, M$) rappresentano le dimensioni delle grandezze Q_i in termini di Q_1, Q_2 e Q_3, ovvero

$$[Q_i] = Q_1^{\alpha_i} Q_2^{\beta_i} Q_3^{\gamma_i}. \tag{1.11}$$

Dall'equazione (1.11) si deduce che i rapporti

$$\Pi_i = \frac{Q_i}{Q_1^{\alpha_i} Q_2^{\beta_i} Q_3^{\gamma_i}} \qquad (i = 0, 4, \ldots, M) \tag{1.12}$$

sono adimensionali e, nei termini di questi, l'equazione (1.10) può essere riscritta come segue:

$$\Pi_0 = f_1(Q_1, Q_2, Q_3, \Pi_4, \Pi_5, \ldots, \Pi_M, r_1, \ldots, r_N). \tag{1.13}$$

L'equazione (1.13) deve essere indipendente dal sistema delle unità di misura fissate per le grandezze fondamentali e, quindi, la funzione f_1 non può dipendere dalle quantità dimensionali Q_1, Q_2 e Q_3. In definitiva risulta

$$\Pi_0 = f_1(\Pi_4, \Pi_5, \ldots, \Pi_M, r_1, \ldots, r_N). \tag{1.14}$$

L'uguaglianza funzionale (1.14) esprime un risultato noto in letteratura come teorema di Buckingham, anche se Jeans l'aveva usato in precedenza (si veda Duncan, 1953, [1]). Il teorema viene talvolta definito del Pi greco con riferimento al simbolo Π che individua i gruppi adimensionali. È importante notare che le combinazioni possibili dei gruppi adimensionali sono infinite; inoltre, la potenza di un gruppo adimensionale, o il prodotto di due gruppi adimensionali, costituiscono ancora un gruppo adimensionale, e l'approccio teorico non fornisce alcun criterio sulla scelta dei gruppi stessi.

1.3.2 Gruppi adimensionali nella meccanica dei fluidi

Le forze fluidodinamiche che intervengono nei fenomeni di meccanica dei fluidi dipendono principalmente da:

- proprietà del fluido;
- caratteristiche cinematiche e dinamiche del moto;
- forze di massa (gravità);
- tempo;
- parametri adimensionali di forma e di scabrezza.

Dette forze possono esprimersi mediante una relazione funzionale del tipo

$$F = f_0(\rho, U, L, \mu, \varepsilon, \sigma, g, T, \ldots, r_s, r_f), \tag{1.15}$$

dove:

$F \triangleq$ forze fluidodinamiche,
$\rho \triangleq$ densità di massa,
$U \triangleq$ velocità scala,
$L \triangleq$ lunghezza scala,
$\mu \triangleq$ viscosità dinamica,
$\varepsilon \triangleq$ modulo di comprimibilità cubica,
$\sigma \triangleq$ tensione superficiale,
$g \triangleq$ accelerazione di gravità,
$T \triangleq$ scala dei tempi,
$r_s \triangleq$ parametro di scabrezza,
$r_f \triangleq$ parametro di forma.

Scegliendo come grandezze fondamentali ρ, U e L, (che soddisfano la condizione di indipendenza espressa dalla relazione 1.8), e applicando il teorema di Buckingham alla relazione funzionale dell'equazione (1.15), si ottiene:

$$\frac{F}{\rho U^2 L^2} = f_1\left(\frac{\mu}{\rho U L}, \frac{\varepsilon}{\rho U^2}, \frac{\sigma}{\rho U^2 L}, \frac{g}{U^2 L^{-1}}, \frac{T}{U^{-1} L}, \ldots, r_s, r_f\right). \tag{1.16}$$

Il membro a sinistra e tutte le variabili indipendenti a destra dell'equazione (1.16) sono riconducibili a dei gruppi adimensionali definiti come segue:

- $\text{Ne} = \dfrac{F}{\rho U^2 L^2} \triangleq$ numero di Newton
- $\text{Re} = \dfrac{\rho U L}{\mu} \triangleq$ numero di Reynolds
- $\text{Ma} = \dfrac{U}{\sqrt{\varepsilon/\rho}} \triangleq$ numero di Mach
- $\text{We} = \dfrac{U}{\sqrt{\sigma/(\rho L)}} \triangleq$ numero di Weber

1.3 Analisi dimensionale

- $\text{Fr} = \dfrac{U}{\sqrt{gL}} \triangleq$ numero di Froude
- $\text{St} = \dfrac{L}{UT} \triangleq$ numero di Strouhal

Sinteticamente, la relazione (1.16) può essere riscritta nella forma seguente:

$$\frac{F}{\rho U^2 L^2} = f_1(\text{Re}, \text{Ma}, \text{We}, \text{Fr}, \text{St}, \ldots, r_s, r_f). \tag{1.17}$$

Come già accennato, la scelta dei gruppi adimensionali non è univoca, ma viene fatta in modo tale che i gruppi abbiano un significato fisico ben preciso. Ad esempio, dall'equazione di bilancio della quantità di moto lineare risulta che il temine $\rho U^2 L^2$ rappresenta le forze d'inerzia convettiva; le forze viscose in un fluido Newtoniano sono esprimibili come segue:

$$F_V = \mu \frac{dU}{dy} A, \tag{1.18}$$

dove dU/dy rappresenta un gradiente di velocità e A un area. Assumendo μ, U e L come grandezze indipendenti, risulta

$$[F_V] = \mu U L^{-1} L^2 = \mu U L. \tag{1.19}$$

Dal rapporto tra le forze d'inerzia convettiva e le forze viscose (1.19), si ottiene

$$\frac{[F_I]}{[F_V]} = \frac{\rho U L}{\mu}, \tag{1.20}$$

cioè il numero di Reynolds; quindi, il numero di Reynolds è una misura del rapporto tra le forze di inerzia convettiva e le forze viscose.

In maniera analoga, si può identificare il significato fisico degli altri gruppi adimensionali usati comunemente nella meccanica dei fluidi:

$$\text{Re} = \frac{\rho U L}{\mu} \equiv \frac{\rho U^2 L^2}{\mu U L} \triangleq \frac{\text{forze d'inerzia}}{\text{forze viscose}}, \tag{1.21}$$

$$\text{Ma} = \frac{U}{\sqrt{\dfrac{\varepsilon}{\rho}}} \equiv \sqrt{\frac{\rho U^2 L^2}{\varepsilon L^2}} \triangleq \sqrt{\frac{\text{forze d'inerzia}}{\text{forze elastiche}}}, \tag{1.22}$$

$$\text{We} = \frac{U}{\sqrt{\dfrac{\sigma}{\rho L}}} \equiv \sqrt{\frac{\rho U^2 L^2}{\sigma L}} \triangleq \sqrt{\frac{\text{forze d'inerzia}}{\text{forze di superficie}}}, \tag{1.23}$$

$$\text{Fr} = \frac{U}{\sqrt{gL}} \equiv \sqrt{\frac{\rho U^2 L^2}{\rho g L^3}} \triangleq \sqrt{\frac{\text{forze d'inerzia}}{\text{forza di gravità}}}, \tag{1.24}$$

$$\text{St} = \frac{\rho U^2 L^2}{\rho U L^3 T^{-1}} \equiv \frac{L}{UT} \triangleq \frac{\text{forze d'inerzia}}{\text{forze d'inerzia locale}}. \tag{1.25}$$

L'importanza di un gruppo adimensionale, nella stima della forza fluidodinamica, dipende dal rapporto tra la forza dovuta al singolo effetto e la forza d'inerzia.

Esempio 1.1 Uno dei risultati più significativi ottenuti in campo idraulico, con l'applicazione dell'analisi dimensionale, è il calcolo delle resistenze al moto di un fluido in condizioni di moto uniforme. Si consideri un fluido incomprimibile, avente densità ρ e viscosità dinamica μ, che defluisce in condizioni di moto uniforme con velocità media U in una condotta cilindrica di diametro D e lunghezza L (Figura 1.2).

La resistenza al moto R_L per unità di lunghezza risulta

$$R_L = \frac{\tau_0 \pi D L}{L} = \tau_0 \pi D. \qquad (1.26)$$

Supponiamo che la resistenza dipenda da ρ, μ, U, D e dalla scabrezza assoluta ε della condotta, attraverso un legame funzionale del tipo

$$R_L = f_0(\rho, \mu, U, D, \varepsilon). \qquad (1.27)$$

Se scegliamo la terna ρ, U e D, risulta

$$\begin{cases} [\rho] = L^{-3} M^1 T^0, \\ [U] = L^1 M^0 T^{-1}, \\ [D] = L^1 M^0 T^0. \end{cases} \qquad (1.28)$$

Si può, inoltre, verificare che

$$\det \begin{bmatrix} -3 & 1 & 0 \\ 1 & 0 & -1 \\ 1 & 0 & 0 \end{bmatrix} = -1. \qquad (1.29)$$

Le grandezze ρ, U e D sono dimensionalmente indipendenti e, quindi, adatte a essere assunte come fondamentali.

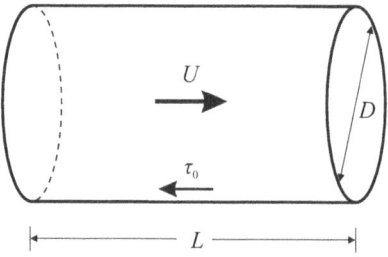

Figura 1.2 Moto uniforme di un fluido incomprimibile in una condotta cilindrica. Schema per il calcolo della legge di resistenza

1.3 Analisi dimensionale

Applicando il teorema di Buckingham alla dipendenza funzionale dell'equazione (1.27), si calcola:

$$\frac{R_L}{\rho^{\alpha_0} U^{\beta_0} D^{\gamma_0}} = f_1\left(\frac{\mu}{\rho^{\alpha_1} U^{\beta_1} D^{\gamma_1}}, \frac{\varepsilon}{\rho^{\alpha_2} U^{\beta_2} D^{\gamma_2}}\right). \tag{1.30}$$

Nel SI risulta

$$\begin{cases} [R_L] = L^0 M^1 T^{-2}, \\ [\mu] = L^{-1} M^1 T^{-1}, \\ [\varepsilon] = L^1 M^0 T^0. \end{cases} \tag{1.31}$$

Per il criterio di omogeneità fisica applicato alla relazione (1.30), deve risultare anche

$$\begin{cases} [R_L] = [\rho]^{\alpha_0} [U]^{\beta_0} [D]^{\gamma_0}, \\ [\mu] = [\rho]^{\alpha_1} [U]^{\beta_1} [D]^{\gamma_1}, \\ [\varepsilon] = [\rho]^{\alpha_2} [U]^{\beta_2} [D]^{\gamma_2}, \end{cases} \tag{1.32}$$

e, sostituendo le espressioni (1.28) e (1.31), si ottiene il seguente sistema di equazioni:

$$\begin{cases} L^0 M^1 T^{-2} = \left[L^{-3} M^1 T^0\right]^{\alpha_0} \left[L^1 M^0 T^{-1}\right]^{\beta_0} \left[L^1 M^0 T^0\right]^{\gamma_0}, \\ L^{-1} M^1 T^{-1} = \left[L^{-3} M^1 T^0\right]^{\alpha_1} \left[L^1 M^0 T^{-1}\right]^{\beta_1} \left[L^1 M^0 T^0\right]^{\gamma_1}, \\ L^1 M^0 T^0 = \left[L^{-3} M^1 T^0\right]^{\alpha_2} \left[L^1 M^0 T^{-1}\right]^{\beta_2} \left[L^1 M^0 T^0\right]^{\gamma_2}. \end{cases} \tag{1.33}$$

La soluzione del sistema (1.33) genera i seguenti tre sistemi, ciascuno in tre incognite:

$$\begin{cases} 0 = -3\alpha_0 + \beta_0 + \gamma_0, \\ 1 = \alpha_0, \\ -2 = -\beta_0, \end{cases} \tag{1.34}$$

$$\begin{cases} -1 = -3\alpha_1 + \beta_1 + \gamma_1, \\ 1 = \alpha_1, \\ -1 = -\beta_1, \end{cases} \tag{1.35}$$

$$\begin{cases} 1 = -3\alpha_2 + \beta_2 + \gamma_2, \\ 0 = \alpha_2, \\ 0 = -\beta_2, \end{cases} \tag{1.36}$$

da cui si ricava

$$\begin{cases} \alpha_0 = 1 & \beta_0 = 2 & \gamma_0 = 1, \\ \alpha_1 = 1 & \beta_1 = 1 & \gamma_1 = 1, \\ \alpha_2 = 0 & \beta_2 = 0 & \gamma_2 = 1. \end{cases} \tag{1.37}$$

Infine, sostituendo questi risultati nel legame funzionale (1.30), si ottiene

$$R_L = \rho U^2 D \; f_1\left(\frac{\mu}{\rho U D}, \frac{\varepsilon}{D}\right), \qquad (1.38)$$

ovvero

$$R_L = \rho U^2 D \; f_1(\text{Re}, \varepsilon/D). \qquad (1.39)$$

Definita la cadente dell'energia J come la quantità di energia dissipata per unità di peso di fluido e per unità di percorso, risulta

$$J = \frac{4 R_L}{\gamma \pi D^2}. \qquad (1.40)$$

La relazione (1.39) permette di scrivere le perdite di carico per unità di lunghezza come segue:

$$J = \frac{4 R_L}{\gamma \pi D^2} \equiv \frac{8 f_1(\text{Re}, \varepsilon/D)}{\pi} \frac{1}{D} \frac{U^2}{2g}. \qquad (1.41)$$

Ponendo, infine,

$$\lambda = \lambda(\text{Re}, \varepsilon/D) = \frac{8 f_1(\text{Re}, \varepsilon/D)}{\pi}, \qquad (1.42)$$

risulta anche

$$J = \frac{\lambda}{D} \frac{U^2}{2g}, \qquad (1.43)$$

dove λ è un parametro noto con il nome di *indice di resistenza*.

Una trattazione più approfondita dei criteri dell'analisi dimensionale e delle applicazioni alle scienze fisiche e ingegneristiche, è riportata in [2, 3].

1.4 Elementi di teoria degli errori – classificazione degli errori

In base alla loro natura, gli errori possono essere classificati in: errori *grossolani* (*o materiali*), errori *sistematici*, errori *di precisione* ed errori *accidentali* (*o casuali*) [7]. È importante comprendere che *non esiste la misura esatta di una grandezza* perché non è possibile evitare di commettere errori. E comunque, non è tanto grave commettere errori (naturalmente, prendendo tutte le precauzioni per limitarne l'entità), quanto ignorarne la presenza. La misura di una grandezza fisica che non specifichi l'errore atteso, è priva di significato. Per meglio cogliere la natura del problema in esame, è opportuno ricordare che spesso il termine errore è sostituito dal termine *incertezza*.

Errori grossolani (o materiali)

Gli errori *grossolani* sono dovuti alla scarsa abilità dell'operatore o all'inefficienza delle apparecchiature usate. Ad esempio, gli errori grossolani possono essere dovuti a una scelta errata degli strumenti di misura, ai diametri inadeguati dei condotti idraulici di collegamento, a banali errori di trascrizione o di calcolo. Nella maggior parte dei casi, questi sono gli errori più difficili da individuare o valutare, in quanto commessi "involontariamente dall'operatore"; tuttavia, la ripetizione della misura può aiutare a identificarne alcuni, come, per esempio, quelli di trascrizione.

Errori di precisione

Gli errori di *precisione* possono essere strumentali e personali. Gli errori di precisione strumentali sono dovuti alla inadeguatezza degli strumenti nel valutare variazioni minime della grandezza misurata. Similmente, gli errori di precisione personali sono dovuti all'incapacità dell'osservatore di apprezzare oscillazioni minime degli indici degli strumenti.

Errori accidentali (o casuali)

Gli errori *accidentali* sono del tutto casuali e si possono ripercuotere sul valore misurato sia in senso positivo, sia negativo. Gli errori accidentali non possono essere corretti e si può solo rilevarne la presenza ripetendo più volte la misura, purché l'entità degli errori sia superiore alla precisione degli strumenti usati. La statistica e il calcolo delle probabilità ne permettono la stima. Maggiori dettagli sulle sofisticate tecniche di trattamento statistico, sono riportate in [5].

Errori sistematici

Gli errori *sistematici* si ripetono mediamente con lo stesso valore e lo stesso segno in tutte le misure dello stesso tipo. Sono dovuti a cause fisico-strumentali (ad esempio, la deriva termica degli strumenti) o a cause umane (ad esempio, difetti di vista dell'operatore).

Per eliminare questi errori, si devono individuare le cause e la natura del fenomeno che li genera. Gli errori sistematici, quando le cause che li generano non sono note, non consentono di valutare correttamente l'accuratezza con la quale sono state effettuate le misure. Si pensi, ad esempio, di misurare una distanza di 2 m con un metro dilatato del 2%. L'operatore misurerà una distanza inferiore a quella reale, mediamente pari a $2/1.02 = 1.96$ m, ma non si accorgerà dell'errore perché, anche ripetendo la misura molte volte, otterrà sempre valori simili al precedente.

La differenza tra gli errori accidentali e gli errori sistematici è rappresentata in Figura 1.3, nella quale si riportano i risultati di un tiro al bersaglio con errori sistematici e/o accidentali.

In tutti i casi reali, il valore vero della misura, coincidente con il centro del bersaglio nell'esempio della pratica del tiro, non è noto e, quindi, non è possibile stabilire la natura dell'errore.

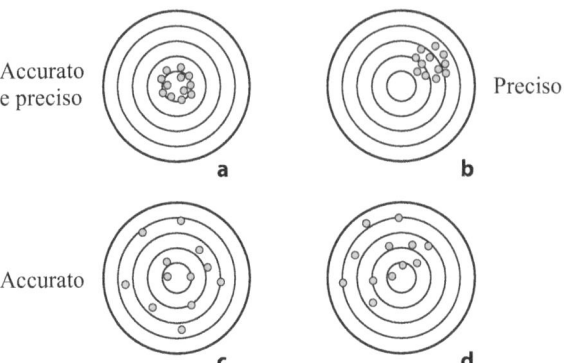

Figura 1.3 Errori nella pratica del tiro al bersaglio. **a** errori sistematici piccoli, errori casuali piccoli (grande accuratezza e grande precisione); **b** errori sistematici grandi, errori casuali piccoli (limitata accuratezza, grande precisione); **c** errori sistematici piccoli, errori casuali grandi (grande accuratezza, limitata precisione); **d** errori sistematici grandi, errori casuali grandi (limitata accuratezza, limitata precisione)

1.4.1 Distribuzione degli errori accidentali

La casualità che caratterizza gli errori accidentali suggerisce il ricorso, per una stima degli effetti, alla statistica e al calcolo delle probabilità. Effettuando numerose misure della stessa grandezza, e nell'ipotesi che queste non siano affette da errori grossolani, sistematici e di precisione, quale valore che esprime la misura della grandezza si può assumere quello *più probabile*.

1.4.2 Distribuzione Gaussiana degli errori accidentali

Supponiamo di conoscere il valore vero di una grandezza x_v e di aver effettuato una serie di N misure indipendenti della stessa grandezza $x_1, x_2, \ldots, x_i, \ldots, x_N$. Supponiamo, inoltre, che le misure siano affette solo da errori accidentali. Indichiamo con δ_i l'errore accidentale (o scarto) della misura i-esima dal valore vero

$$\delta_i = x_i - x_v. \tag{1.44}$$

Per le N misure effettuate, avremo *un campione* $\{\delta_i\}$ di N errori accidentali $\delta_1, \delta_2, \ldots, \delta_i, \ldots, \delta_N$. Ordiniamo in senso crescente il campione $\{\delta_i\}$ e raggruppiamo gli errori in M classi di uguale *ampiezza* $\Delta\delta_j$, con $j = 1, 2, \ldots, M$, indicando con F_j il numero di valori δ_i che ricadono all'interno di ciascuna classe. F_j è definita *frequenza assoluta della classe j-esima*. Riportiamo ciascuna classe in un grafico cartesiano (detto *istogramma*), sotto forma di un rettangolo avente per base $\Delta\delta_j$ e per altezza il rapporto $f_j = F_j/(N\Delta\delta_j)$ (detto *frequenza relativa*) (Figura 1.4).

1.4 Elementi di teoria degli errori – classificazione degli errori

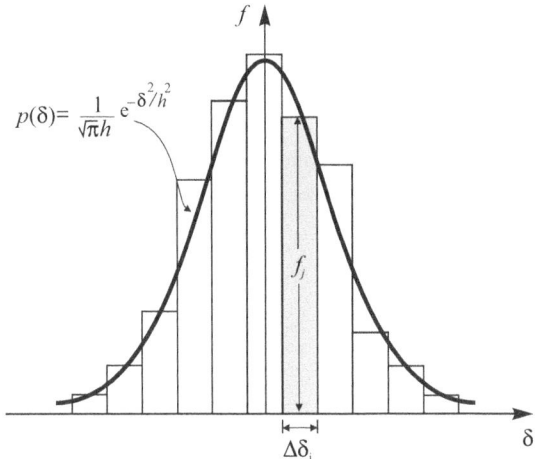

Figura 1.4 Istogramma di frequenza relativa di un campione di errori accidentali

Osservando la Figura 1.4 si rileva che:

- gli errori accidentali positivi e negativi si presentano con la stessa frequenza relativa;
- gli errori più piccoli sono quelli più frequenti;
- esiste una simmetria della distribuzione delle frequenze rispetto alla classe che contiene l'errore nullo.

Al tendere di $N \to \infty$ e $\Delta\delta_j \to 0$ ($M \to \infty$), la frequenza relativa f_j tende a una funzione continua $p(\delta)$ detta *densità di probabilità* (legge empirica del caso). Considerato come è stato costruito l'istogramma di frequenza relativa, l'area da esso sottesa vale sempre

$$A = \sum_{j=1}^{M} f_j \Delta\delta_j = \sum_{j=1}^{M} \frac{F_j}{N \Delta\delta_j} \Delta\delta_j = 1, \qquad (1.45)$$

e, quindi, deve valere anche

$$\int_{-\infty}^{+\infty} p(\delta) d\delta = 1. \qquad (1.46)$$

Nel caso in esame, una funzione $p(\delta)$ che soddisfa le osservazioni fatte e la condizione (1.46) è la seguente:

$$p(\delta) = \frac{1}{\sqrt{\pi} h} \exp\left(-\frac{\delta^2}{h^2}\right). \qquad (1.47)$$

Si definisce *valore medio* μ_δ la quantità

$$\mu_\delta = \int_{-\infty}^{+\infty} p(\delta) \delta \, d\delta. \qquad (1.48)$$

Si definisce *varianza* (rispetto al valore medio μ_δ) la quantità

$$\sigma_\delta^2 = \int_{-\infty}^{+\infty} p(\delta)(\delta - \mu_\delta)^2 \, d\delta. \qquad (1.49)$$

Sostituendo la relazione (1.47) nella relazione (1.48) e nella relazione (1.49) si ricava, rispettivamente

$$\mu_\delta = 0, \qquad (1.50)$$

$$\sigma_\delta^2 = \int_{-\infty}^{+\infty} p(\delta)\delta^2 \, d\delta = \frac{h^2}{2}, \qquad (1.51)$$

ovvero

$$h = \sqrt{2}\sigma_\delta. \qquad (1.52)$$

Sostituendo, infine, la relazione (1.52) nella relazione (1.47) si ha

$$p(\delta) = \frac{1}{\sqrt{2\pi}\sigma_\delta} \exp\left(-\frac{\delta^2}{2\sigma_\delta^2}\right), \qquad (1.53)$$

nota con il nome di *distribuzione Gaussiana* (o *normale*).

Si definisce *probabilità* che l'errore δ sia compreso nell'intervallo $[\delta_1, \delta_2]$, la quantità $P[\delta_1 \leq \delta \leq \delta_2]$:

$$P[\delta_1 \leq \delta \leq \delta_2] = \int_{\delta_1}^{\delta_2} p(\delta) d\delta. \qquad (1.54)$$

Dalla relazione (1.46) si ricava immediatamente che

$$P[-\infty \leq \delta \leq +\infty] = \int_{-\infty}^{+\infty} p(\delta) d\delta = 1. \qquad (1.55)$$

Scelto un intervallo Δ, la probabilità P di commettere un errore accidentale δ prossimo a zero risulta:

$$P[-\Delta/2 \leq \delta \leq \Delta/2] = \int_{-\Delta/2}^{\Delta/2} p(\delta) \, d\delta. \qquad (1.56)$$

Dalla relazione (1.53) si desume che, a parità di intervallo Δ, minore è la varianza σ_δ^2, e maggiore è l'area sottesa dall'integrale (1.56), e cioè la probabilità che l'errore sia nullo (Figura 1.5).

Poiché

$$p(0) = \frac{1}{\sqrt{2\pi}\sigma_\delta}, \qquad (1.57)$$

1.4 Elementi di teoria degli errori – classificazione degli errori

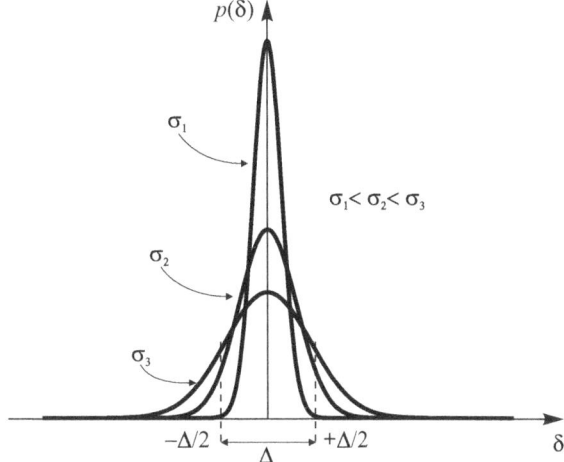

Figura 1.5 Densità di probabilità Gaussiana al variare della varianza σ^2

per $\sigma_\delta \to 0$ si ha che $p(0) \to \infty$ e, qualunque sia l'intervallo Δ, scelto piccolo a piacere, la probabilità di non commettere errori ($\delta = 0$) tende alla certezza, cioè a 1. Se ne deduce che la varianza σ_δ^2 costituisce un parametro di *precisione* della misura.

Tornando alla relazione (1.44), si può scrivere

$$x_i = \delta_i + x_v, \qquad (1.58)$$

e ricavare la densità di probabilità $p(x)$ che caratterizza il valore misurato $x = \delta + x_v$:

$$p(x) = \frac{1}{\sqrt{2\pi}\sigma_\delta} \exp\left[-\frac{(x-x_v)^2}{2\sigma_\delta^2}\right], \qquad (1.59)$$

ottenibile sostituendo la relazione (1.44) nella relazione (1.53). È facile, quindi, ricavare che

$$\mu_x = x_v \quad \text{e} \quad \sigma_x = \sigma_\delta. \qquad (1.60)$$

La densità (1.59) risulta identica alla (1.53) ma è traslata della quantità x_v (Figura 1.6). L'espressione (1.59) evidenzia ancora una volta come, per $\sigma_x \to 0$, la probabilità che una qualunque misura x fornisca il valore vero x_v tende a 1, cioè alla certezza.

Tutti i ragionamenti fatti sono stati basati sulla conoscenza del valore vero x_v ($= \mu_x$) della grandezza x da misurare. Purtroppo tale valore e, quindi, anche la varianza σ_x^2, sono sconosciuti e costituiscono le incognite da determinare *al meglio* (o, come è consuetudine dire, *stimare*) attraverso l'operazione di misura. Indichiamo con $\hat{\mu}_x$ e $\hat{\sigma}_x^2$ tali incognite, così chiamate per ricordare che si riferiscono a valori

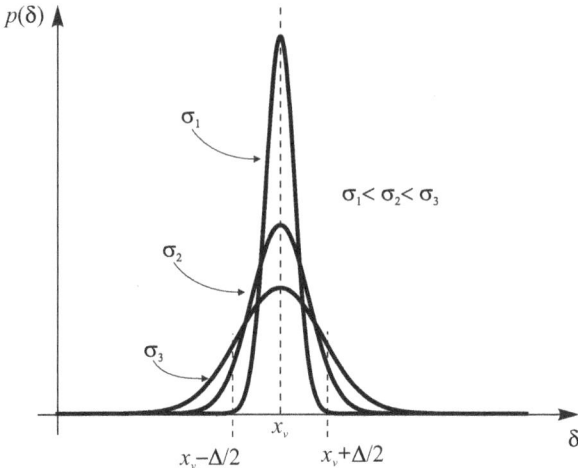

Figura 1.6 Densità di probabilità Gaussiana della grandezza x al variare della varianza σ^2

stimati attraverso una serie di misure. La densità di probabilità $p(x)$ diviene

$$p(x) = \frac{1}{\sqrt{2\pi}\hat{\sigma}_x} \exp\left[-\frac{(x-\hat{\mu}_x)^2}{2\hat{\sigma}_x^2}\right]. \tag{1.61}$$

È ragionevole supporre che la migliore coppia di valori $\hat{\mu}_x$ e $\hat{\sigma}_x$ da assumere, in luogo di μ_x e σ_x, sia quella che massimizza la probabilità di manifestarsi della serie N di misure fatte $x_1, x_2, \ldots, x_i, \ldots, x_N$. Tornando a queste, supposte indipendenti e ciascuna caratterizzata dalla densità (1.61), la probabilità che la serie di tali valori ha di manifestarsi è legata alla probabilità di ogni singolo valore. Dal momento che le misure sono indipendenti, tale probabilità è legata a una densità complessiva $p_T(x_1, x_2, \ldots, x_N)$ data dal prodotto delle singole densità, ovvero:

$$p_T(x_1, x_2, \ldots, x_N) = \prod_{i=1}^{N} p(x_i) = \prod_{i=1}^{N} \frac{1}{\sqrt{2\pi}\hat{\sigma}_x} \exp\left[-\frac{(x_i-\hat{\mu}_x)^2}{2\hat{\sigma}_x^2}\right]. \tag{1.62}$$

Lo studio del valore massimo di p_T in funzione di $\hat{\mu}_x$ e $\hat{\sigma}_x$ porta ai seguenti risultati:

$$\hat{\mu}_x = \hat{x}_v = \frac{1}{N}\sum_{i=1}^{N} x_i, \tag{1.63}$$

$$\hat{\sigma}_x = \sqrt{\frac{1}{N}\sum_{i=1}^{N}(x_i - \hat{\mu}_x)^2}. \tag{1.64}$$

Dunque, la media aritmetica $\hat{\mu}_x$ dei valori misurati rappresenta il valore che, tra tutti quelli possibili, è *più vicino* al valore vero x_v, o meglio, è *il più probabile*.

1.4 Elementi di teoria degli errori – classificazione degli errori

Tabella 1.6 Probabilità che una grandezza misurata x cada all'interno di un intervallo definito dalla media $\hat{\mu}_x$ e da un multiplo dello scarto quadratico medio $\hat{\sigma}_x$

Intervallo	Probabilità
$\hat{\mu}_x - \hat{\sigma}_x < x_i < \hat{\mu}_x + \hat{\sigma}_x$	68.27%
$\hat{\mu}_x - 2\hat{\sigma}_x < x_i < \hat{\mu}_x + 2\hat{\sigma}_x$	95.45%
$\hat{\mu}_x - 3\hat{\sigma}_x < x_i < \hat{\mu}_x + 3\hat{\sigma}_x$	99.73%

La precisione della misura, invece, è direttamente proporzionale alla quantità $\hat{\sigma}_x$, nota con il nome di *scarto quadratico medio* o *deviazione standard*, fornita dalla relazione (1.64). Per rendere la stima non distorta, lo stimatore della deviazione standard (1.64), per un numero di misure N piccolo, viene sostituito dalla seguente espressione:

$$\hat{\sigma}_x = \sqrt{\frac{1}{N-1} \sum_{i=1}^{N} (x_i - \hat{\mu}_x)^2}. \tag{1.65}$$

Il denominatore, ridotto di un'unità, dà conto del fatto che un grado di libertà è vincolato dal calcolo della media aritmetica. Applicando l'equazione (1.54), si calcola la probabilità che una misura x_i cada all'interno degli intervalli $[\hat{\mu}_x - n\hat{\sigma}_x, \hat{\mu}_x + n\hat{\sigma}_x]$, con $n = 1, 2, 3$ (Tabella 1.6).

Se le N misure $x_1, x_2, \ldots, x_i, \ldots, x_N$ appartengono alla stessa popolazione, ma sono caratterizzate da una deviazione standard differente $\hat{\sigma}_i$ ($i = 1, 2, \ldots, N$), si dimostra che lo stimatore più probabile del valor medio è pari a

$$\hat{\mu}_x = \frac{\sum_{i=1}^{N} \frac{x_i}{\hat{\sigma}_i^2}}{\sum_{i=1}^{N} \frac{1}{\hat{\sigma}_i^2}}. \tag{1.66}$$

1.4.3 Errore assoluto ed errore relativo

La presenza degli errori implica che il valore misurato G_m di una grandezza differisce dal valore vero G_v sconosciuto della grandezza stessa.

Si definisce *errore assoluto* ΔG il valore assoluto della differenza tra il valore vero e il valore misurato, cioè

$$\Delta G = |G_v - G_m|. \tag{1.67}$$

Si definisce *errore relativo* ΔG_r il rapporto tra l'errore assoluto e il valore vero, cioè

$$\Delta G_r = \frac{\Delta G}{|G_v|} = \left| \frac{G_v - G_m}{G_v} \right|. \tag{1.68}$$

Talvolta, l'errore relativo è espresso in forma percentuale ($\Delta G_{r\%}$), valore ottenibile semplicemente moltiplicando per 100 l'errore relativo. Dalla relazione (1.67) si ricava che

$$G_m - \Delta G \leq G_v \leq G_m + \Delta G, \qquad (1.69)$$

e cioè che il valore vero della grandezza misurata è compreso nell'intervallo $[G_m - \Delta G, G_m + \Delta G]$; sinteticamente si scrive

$$G_v = G_m \pm \Delta G. \qquad (1.70)$$

Ogni grandezza misurata deve essere sempre accompagnata dall'errore assoluto o relativo atteso, senza il quale qualsiasi considerazione sulla grandezza misurata risulta impossibile. Alla formazione dell'errore assoluto ΔG concorrono gli errori già classificati:

- grossolani (ΔG_g),
- sistematici (ΔG_s),
- di precisione (ΔG_p),
- accidentali (ΔG_a).

Risulta, dunque:

$$\Delta G = \Delta G_g + \Delta G_s + \Delta G_p + \Delta G_a. \qquad (1.71)$$

Partendo dal presupposto che gli errori grossolani e sistematici, con un po' di attenzione, sono riducibili a un valore minimo trascurabile rispetto agli altri, solitamente si assume

$$\Delta G \approx \Delta G_p + \Delta G_a. \qquad (1.72)$$

Per quanto riguarda l'errore di precisione strumentale (ΔG_p), o semplicemente errore strumentale, ogni strumento è accompagnato da un documento che ne certifica la precisione p assoluta o relativa percentuale ($p\%$), spesso associata al campo di misura selezionato chiamato *range* (R). Una volta scelto il *range* di misura, l'errore strumentale risulta

$$\Delta G_p = \frac{p\%}{100} R. \qquad (1.73)$$

Per quanto riguarda l'errore accidentale ΔG_a, è necessario, come visto, ripetere più volte la misura e fissare una probabilità d'errore. Scegliendo, ad esempio, una probabilità del 95.45% si ha

$$\Delta G_a = 2\sigma_m. \qquad (1.74)$$

L'errore complessivo della misura risulta, quindi:

$$\Delta G = \Delta G_p + \Delta G_a = \frac{p\%}{100} R + 2\sigma_m. \qquad (1.75)$$

1.4.4 *Propagazione degli errori*

Nel caso di grandezze misurabili *direttamente*, l'errore di misura può essere stimato nei modi considerati. Tuttavia, la maggior parte delle grandezze sono misurabili *indirettamente*, ovvero per via *inferenziale*. Per esempio, la portata volumetrica di un fluido incomprimibile che fluisce in una condotta in pressione, può essere stimata misurando in una stessa sezione l'area della superficie Ω e la velocità media U della corrente. La portata Q viene calcolata mediante la relazione seguente

$$Q = U\Omega. \tag{1.76}$$

In questi casi, si parla di misura *indiretta* di una grandezza.

Noti gli errori commessi nelle singole misure di Ω e U, si pone il problema di valutare l'errore commesso nella stima di Q. Possiamo procedere in due modi: il primo basato sulla determinazione diretta degli errori assoluti, il secondo basato su considerazioni pseudo-statistiche.

1.4.4.1 Determinazione diretta dell'errore di propagazione

Procedendo con l'esempio di misura della portata Q in una condotta in pressione, se indichiamo con $Q_m = U_m \Omega_m$ la portata ricavata dai valori misurati Ω_m e U_m sulla base dell'equazione (1.70), risulta:

$$\begin{cases} Q_v = Q_m \pm \Delta Q, \\ U_v = U_m \pm \Delta U, \\ \Omega_v = \Omega_m \pm \Delta\Omega. \end{cases} \tag{1.77}$$

Dalla relazione (1.76), si ricava

$$\begin{aligned} Q_v = U_v \Omega_v &= (U_m \pm \Delta U)(\Omega_m \pm \Delta\Omega) = \\ &= U_m \Omega_m \pm U_m \Delta\Omega \pm \Omega_m \Delta U \pm O(\Delta U \Delta\Omega), \end{aligned} \tag{1.78}$$

e, a meno di quantità di ordine $O(\Delta U \Delta\Omega)$, che ammettiamo trascurabili rispetto ai singoli errori $\Delta\Omega$ e ΔU, si ottiene

$$Q_v - Q_m = \pm U_m \Delta\Omega \pm \Omega_m \Delta U. \tag{1.79}$$

Dalla relazione (1.79), nel caso più sfavorevole di errori aventi lo stesso segno, si perviene alla relazione seguente

$$\Delta Q = |Q_v - Q_m| = |U_m|\Delta\Omega + |\Omega_m|\Delta U, \tag{1.80}$$

che esprime l'errore assoluto commesso nella stima indiretta di Q. Dividendo per $|Q|$, tenendo conto dell'equazione (1.76) si ricava:

$$(\Delta Q)_r = \frac{\Delta Q}{Q_v} = \left|\frac{U_m}{U_v}\right|\frac{\Delta\Omega}{|\Omega_v|} + \left|\frac{\Omega_m}{\Omega_v}\right|\frac{\Delta U}{|U_v|} = $$
$$\left|\frac{U_m}{U_m \pm \Delta U}\right|\frac{\Delta\Omega}{|\Omega_v|} + \left|\frac{\Omega_m}{\Omega_m \pm \Delta\Omega}\right|\frac{\Delta U}{|U_v|}, \qquad (1.81)$$

ovvero

$$(\Delta Q)_r = \frac{1}{|(1 \pm \Delta U/U_m)|}\frac{\Delta\Omega}{|\Omega_v|} + \frac{1}{|(1 \pm \Delta\Omega/\Omega_m)|}\frac{\Delta U}{|U_v|}. \qquad (1.82)$$

Sviluppando in serie di Taylor i termini $1/|1 \pm \Delta U/U_m|$ e $1/|1 \pm \Delta\Omega/\Omega_m|$, si ottiene:

$$(\Delta Q)_r = \frac{\Delta\Omega}{|\Omega_v|} + \frac{\Delta U}{|U_v|} + O(\Delta\Omega^2) + O(\Delta U^2) + O(\Delta U \Delta\Omega). \qquad (1.83)$$

A meno di infinitesimi di ordine $O(\Delta\Omega^2)$, $O(\Delta U^2)$, $O(\Delta U \Delta\Omega)$, l'errore relativo $(\Delta Q)_r$ commesso nella stima indiretta di Q risulta pari a

$$(\Delta Q)_r = \frac{\Delta\Omega}{|\Omega_v|} + \frac{\Delta U}{|U_v|} = (\Delta\Omega)_r + (\Delta U)_r. \qquad (1.84)$$

In generale, se $Y = f(\mathbf{X})$ è la legge che lega una grandezza Y a un vettore $\mathbf{X} = [x_1, x_2, \ldots, x_M]$ di grandezze misurabili, l'errore assoluto ΔY commesso nella stima indiretta di Y può essere ricavato mediante uno sviluppo in serie di Taylor nell'intorno del valore misurato $\mathbf{X}_m = [x_{1_m}, x_{2_m}, \ldots, x_{M_m}]$ come segue:

$$Y_v = f(\mathbf{X}_v) = f(\mathbf{X}_m \pm \Delta\mathbf{X}) = $$
$$f(\mathbf{X}_m) \pm \sum_{i=1}^{M} \left.\frac{\partial f}{\partial x_i}\right|_{\mathbf{X}_m} \Delta x_i \pm \sum_{i,j=1}^{M} O(\Delta x_i \Delta x_j), \qquad (1.85)$$

dove $\Delta\mathbf{X} = [\Delta x_1, \Delta x_2, \ldots, \Delta x_M]$ è il vettore degli errori assoluti commessi nelle misure dirette delle grandezze x_i. A meno di quantità di ordine $O(\Delta x_i \Delta x_j)$, con $i, j = 1, 2, \ldots, M$, nel caso più sfavorevole di errori aventi lo stesso segno, si ricava infine

$$\Delta Y = |Y_v - Y_m| = \sum_{i=1}^{M} \left.\left|\frac{\partial f}{\partial x_i}\right|_{\mathbf{X}_m}\right. \Delta x_i. \qquad (1.86)$$

È facile, quindi, dimostrare che, se

$$Y = \sum_{i=1}^{M} a_i x_i, \qquad (1.87)$$

1.4 Elementi di teoria degli errori – classificazione degli errori

l'errore assoluto ΔY risulta la combinazione degli errori assoluti Δx_i

$$\Delta Y = \sum_{i=1}^{M} |a_i| \Delta x_i, \qquad (1.88)$$

mentre invece, se

$$Y = \prod_{i=1}^{M} a_i x_i, \qquad (1.89)$$

allora l'errore relativo $(\Delta Y)_r$ risulta la somma degli errori relativi $(\Delta x_i)_r$

$$(\Delta Y)_r = \sum_{i=1}^{M} (\Delta x_i)_r. \qquad (1.90)$$

Applicando la propagazione degli errori, possiamo calcolare la varianza dello stimatore della media μ dall'equazione (1.63):

$$\sigma_{\hat{\mu}}^2 = \sum_{i=1}^{N} \sigma_i^2 \left(\frac{\partial \hat{\mu}}{\partial x_i} \right)^2. \qquad (1.91)$$

La varianza si riduce a

$$\sigma_{\hat{\mu}}^2 = \frac{\sigma^2}{N}, \qquad (1.92)$$

se la varianza assoluta è la stessa per tutte le misure; è invece pari a

$$\sigma_{\hat{\mu}}^2 = \frac{1}{\sum_{i=1}^{N} 1/\sigma_i^2}, \qquad (1.93)$$

nel caso generale di misure ciascuna con una varianza propria. Ciò indica che l'incertezza nella stima del valore medio si riduce aumentando il numero di misure.

1.4.4.2 Determinazione statistica dell'errore di propagazione

Il secondo metodo per determinare l'errore assoluto di propagazione si basa su una valutazione separata degli errori di precisione strumentale ΔG_p e accidentali ΔG_a. Si consideri una legge lineare

$$Z = f(\mathbf{X}) = ax + by, \qquad (1.94)$$

che lega la grandezza Z a un vettore $\mathbf{X} = [x, y]$ di grandezze misurabili. L'errore strumentale è indipendente dal numero di misure effettuate ed è pari a (equazione 1.86)

$$\Delta Z_p = |a|\Delta x_p + |b|\Delta y_p. \tag{1.95}$$

Per stimare gli errori accidentali, supponiamo di aver effettuato N_x misure dirette della grandezza x e N_y misure della grandezza y. Il valore vero di Z risulta

$$Z_v = ax_v + by_v, \tag{1.96}$$

mentre per ogni coppia i, j di valori misurati x_i e y_j, si ricava il valore

$$Z_{i,j} = ax_i + by_j. \tag{1.97}$$

Sottraendo membro a membro la relazione (1.96) dalla relazione (1.97) si ricava l'errore $\delta_{z_{i,j}}$:

$$\delta_{z_{i,j}} = (Z_{i,j} - Z_v) = a(x_i - x_v) + b(y_j - y_v). \tag{1.98}$$

Se le variabili $\delta_{x_i} = (x_i - x_v)$ e $\delta_{y_j} = (y_j - y_v)$ seguono una distribuzione Gaussiana a media nulla (equazione 1.47), allora, per il teorema statistico del limite centrale, anche la variabile $\delta_{z_{i,j}}$ è distribuita normalmente a media nulla. Mediando l'equazione (1.97) sugli $N_x N_y$ valori misurati, si ottiene:

$$Z_m = \frac{1}{N_x N_y} \sum_{i=1}^{Nx} \sum_{j=1}^{N_y} Z_{i,j} = a\frac{1}{N_x} \sum_{i=1}^{Nx} x_i + b\frac{1}{N_y} \sum_{j=1}^{N_y} y_j = ax_m + by_m. \tag{1.99}$$

Elevando al quadrato entrambi i membri nell'equazione (1.98), risulta:

$$(Z_{i,j} - Z_v)^2 = a^2(x_i - x_v)^2 + b^2(y_j - y_v)^2 + 2ab(x_i - x_v)(y_j - y_v), \tag{1.100}$$

e, mediando ancora sugli $N_x N_y$ valori misurati, si ottiene:

$$\frac{1}{N_x N_y} \sum_{i=1}^{Nx} \sum_{j=1}^{N_y} (Z_{i,j} - Z_v)^2 = \frac{a^2}{N_x N_y} \sum_{i=1}^{Nx} \sum_{j=1}^{N_y} (x_i - x_v)^2 +$$

$$\frac{b^2}{N_x N_y} \sum_{i=1}^{Nx} \sum_{j=1}^{N_y} (y_j - y_v)^2 + \frac{2ab}{N_x N_y} \sum_{i=1}^{Nx} (x_i - x_v) \sum_{j=1}^{N_y} (y_j - y_v). \tag{1.101}$$

Poiché

$$\sum_{i=1}^{Nx} (x_i - x_v) = \sum_{j=1}^{N_y} (y_j - y_v) = 0, \tag{1.102}$$

1.4 Elementi di teoria degli errori – classificazione degli errori

si ricava la deviazione standard della stima di Z:

$$\sigma_Z = \sqrt{a^2\sigma_x^2 + b^2\sigma_y^2}. \tag{1.103}$$

In generale, per una quasiasi legge $Z = f(\mathbf{X})$ che lega una grandezza Z a un vettore $\mathbf{X} = [x_1, x_2, \ldots, x_M]$ di grandezze misurabili, mediante uno sviluppo in serie di Taylor, e a meno di infinitesimi di ordine superiore, si ottiene:

$$Z_m = f(\mathbf{X}_m), \tag{1.104}$$

$$\sigma_Z = \sqrt{\sum_{i=1}^{M}\left(\frac{\partial f}{\partial x_i}\bigg|_{\mathbf{X}_m}\right)^2 \sigma_{x_i}^2}. \tag{1.105}$$

L'errore accidentale al livello di probabilità n (Tabella 1.6) risulta

$$\Delta Z_a = n\sigma_Z, \tag{1.106}$$

e l'errore complessivo è pari a

$$\Delta Z = \Delta Z_p + \Delta Z_a = \sum_{i=1}^{M}\left|\frac{\partial f}{\partial x_i}\right|_{\mathbf{X}_m}\Delta x_{p_i} + n\sigma_Z. \tag{1.107}$$

1.4.4.3 Osservazione

Il confronto tra le stime degli errori dell'equazione (1.107) e dell'equazione (1.86) indica che, con il metodo della determinazione diretta, si stimano degli errori maggiori o uguali a quelli stimati con il metodo statistico. Infatti, scelto un livello di probabilità n comune ai due metodi, dall'equazione (1.86) si ricava:

$$\Delta Y = \sum_{i=1}^{M}\left|\frac{\partial f}{\partial x_i}\right|_{\mathbf{X}_m}\Delta x_i = \sum_{i=1}^{M}\left|\frac{\partial f}{\partial x_i}\right|_{\mathbf{X}_m}\Delta x_{p_i} + \sum_{i=1}^{M}\left|\frac{\partial f}{\partial x_i}\right|_{\mathbf{X}_m}\Delta x_{a_i} =$$
$$\sum_{i=1}^{M}\left|\frac{\partial f}{\partial x_i}\right|_{\mathbf{X}_m}\Delta x_{p_i} + \sum_{i=1}^{M}\left|\frac{\partial f}{\partial x_i}\right|_{\mathbf{X}_m} n\sigma_{x_i}, \tag{1.108}$$

dove Δx_{p_i} e $\Delta x_{a_i} = n\sigma_{x_i}$ sono gli errori di precisione e accidentali commessi nelle misure dirette della grandezze x_i. Dall'equazione (1.107), invece, si ottiene

$$\Delta Z = \sum_{i=1}^{M}\left|\frac{\partial f}{\partial x_i}\right|_{\mathbf{X}_m}\Delta x_{p_i} + n\sigma_Z = \sum_{i=1}^{M}\left|\frac{\partial f}{\partial x_i}\right|_{\mathbf{X}_m}\Delta x_{p_i} + n\sqrt{\sum_{i=1}^{M}\left(\frac{\partial f}{\partial x_i}\bigg|_{\mathbf{X}_m}\right)^2 \sigma_{x_i}^2}. \tag{1.109}$$

Per la disuguaglianza di Schwarz, segue che

$$\sum_{i=1}^{M}\left(\left|\frac{\partial f}{\partial x_i}\right|_{\mathbf{X}_m} n\sigma_{x_i}\right) \geq \sqrt{\sum_{i=1}^{M}\left(\frac{\partial f}{\partial x_i}\Big|_{\mathbf{X}_m}\right)^2 n^2\sigma_{x_i}^2}, \qquad (1.110)$$

e, quindi,

$$\Delta Y \geq \Delta Z. \qquad (1.111)$$

Esempio 1.2 Trovare la coppia di valori $(\hat{\mu}_x, \hat{\sigma}_x)$ per la quale la funzione

$$p_T(x_1, x_2, \ldots, x_N) = \prod_{i=1}^{N} \frac{1}{\sqrt{2\pi}\hat{\sigma}_x} \exp\left[-\frac{(x_i - \hat{\mu}_x)^2}{2\hat{\sigma}_x^2}\right] \qquad (1.112)$$

risulta avere un massimo relativo.

Passando ai logaritmi, il problema posto equivale a trovare la coppia di valori che rendono massima la seguente funzione:

$$f(\hat{\mu}_x, \hat{\sigma}_x) = \log(p_T) = N \log\left(\frac{1}{\sqrt{2\pi}\hat{\sigma}_x}\right) - \sum_{i=1}^{N} \frac{(x_i - \hat{\mu}_x)^2}{2\hat{\sigma}_x^2}, \qquad (1.113)$$

cioè,

$$\begin{cases} \dfrac{\partial f}{\partial \hat{\mu}_x} = \sum_{i=1}^{N} \dfrac{2(x_i - \hat{\mu}_x)}{2\hat{\sigma}_x^2} = 0, \\ \dfrac{\partial f}{\partial \hat{\sigma}_x} = -\dfrac{N\sqrt{2\pi}}{\sqrt{2\pi}\hat{\sigma}_x} + \sum_{i=1}^{N} \dfrac{2(x_i - \hat{\mu}_x)^2}{2\hat{\sigma}_x^3} = 0. \end{cases} \qquad (1.114)$$

La condizione di estremante equivale al seguente sistema di equazioni:

$$\begin{cases} \sum_{i=1}^{N}(x_i - \hat{\mu}_x) = 0, \\ N = \dfrac{1}{\hat{\sigma}_x^2}\sum_{i=1}^{N}(x_i - \hat{\mu}_x)^2, \end{cases} \qquad (1.115)$$

che ammette la soluzione seguente:

$$\begin{cases} \hat{\mu}_x = \dfrac{1}{N}\sum_{i=1}^{N} x_i, \\ \hat{\sigma}_x = \sqrt{\dfrac{1}{N}\sum_{i=1}^{N}(x_i - \hat{\mu}_x)^2}. \end{cases} \qquad (1.116)$$

1.4 Elementi di teoria degli errori – classificazione degli errori

Condizione sufficiente affinché il punto $(\hat{\mu}_x, \hat{\sigma}_x)$ definito dalle relazioni (1.116) sia un punto di massimo relativo è:

$$\begin{cases} \left\{ \dfrac{\partial^2 f}{\partial \hat{\mu}_x^2} \dfrac{\partial^2 f}{\partial \hat{\sigma}_x^2} - \left(\dfrac{\partial^2 f}{\partial \hat{\mu}_x \partial \hat{\sigma}_x} \right)^2 \right\} \bigg|_{(\hat{\mu}_x, \hat{\sigma}_x)} > 0, \\ \dfrac{\partial^2 f}{\partial \hat{\mu}_x^2} \bigg|_{(\hat{\mu}_x, \hat{\sigma}_x)} < 0. \end{cases} \qquad (1.117)$$

È possibile verificare che risulta:

$$\begin{cases} \left\{ \dfrac{\partial^2 f}{\partial \hat{\mu}_x^2} \dfrac{\partial^2 f}{\partial \hat{\sigma}_x^2} - \left(\dfrac{\partial^2 f}{\partial \hat{\mu}_x \partial \hat{\sigma}_x} \right)^2 \right\} \bigg|_{(\hat{\mu}_x, \hat{\sigma}_x)} = \dfrac{4N^2}{\hat{\sigma}_x^2}, \\ \dfrac{\partial^2 f}{\partial \hat{\mu}_x^2} \bigg|_{(\hat{\mu}_x, \hat{\sigma}_x)} = -\dfrac{N}{\hat{\sigma}_x^2}, \end{cases} \qquad (1.118)$$

valori per i quali le disuguaglianze (1.117) sono sempre soddisfatte.

1.4.5 *Il metodo Monte Carlo*

Nel caso di relazioni non lineari tra le variabili coinvolte, l'applicazione dei metodi precedenti, per la stima dell'incertezza sulla variabile in uscita, è complessa e, talvolta, impossibile.

Posto che sia disponibile un modello del nostro sistema, ad esempio, un insieme di equazioni algebriche, o differenziali, o integrali, possiamo simulare numericamente gli effetti di modificazioni delle variabili di ingresso sulla variabile in uscita, purché sia nota (o sia assunta) la funzione densità di probabilità delle variabili in ingresso. Tali variabili dovrebbero essere indipendenti. La procedura richiede: (i) la generazione di valori casuali di ognuna delle variabili in ingresso nel rispetto della funzione densità di probabilità delle variabili; (ii) la combinazione random di tali valori per definire i campioni; (iii) l'applicazione del modello per associare a ogni campione di variabili in ingresso, un singolo valore della variabile in uscita.

Ripetendo N volte la procedura, con N abbastanza grande, si ottiene un campione dei possibili valori assunti dalla variabile in uscita, campione che potrà essere analizzato con le consuete tecniche statistiche per stimarne i parametri descrittivi e la funzione densità di probabilità.

Nel caso di più di una variabile in uscita, la procedura non cambia.

La bontà dei risultati del metodo Monte Carlo dipende anzitutto dalla bontà del modello, cioè dalla correttezza delle assunzioni fisiche traslate in un problema matematico; poi, è necessario individuare quali delle variabili in ingresso siano descrivibili in modo statistico, e quali siano eventualmente correlate (violando l'ipotesi di indipendenza statistica); quindi, è necessario individuare la funzione densità di probabilità delle variabili in ingresso.

Quest'ultimo passo può basarsi su dati di letteratura, ovvero su serie storiche eventualmente interpretate con istogrammi di frequenza, in luogo della distribuzione di probabilità. Per le serie storiche, può essere conveniente una funzione densità di probabilità triangolare nella quale le code si riferiscono al massimo e al minimo valore assunto dalla variabile, mentre la massima probabilità corrisponde al valore più realistico della variabile stessa.

La generazione dei valori casuali con assegnata funzione densità di probabilità è demandata agli elaboratori tramite software specialistici. Gli elaboratori possono basarsi su tre differenti categorie di numeri:

- *numeri casuali* in senso stretto, che derivano da misure eseguite su processi fisici intrinsecamente aleatori (ad esempio, il decadimento dei nuclei atomici). Sono disponibili dei database di tali misure, alle quali l'elaboratore può accedere. La bontà del database è intrinsecamente correlata alle caratteristiche delle misurazioni eseguite.
- *Numeri pseudocasuali*, generati direttamente dall'elaboratore con tecniche più o meno sofisticate.
- *Numeri quasi-casuali*, risultato di algoritmi con l'obiettivo di ricostruire serie di numeri disposti nella maniera più uniforme possibile, anziché casuali.

È importante evidenziare che la generazione di campioni random con l'adozione di algoritmi deterministici, è virtualmente impossibile ([6]). Inoltre, la presenza di variabili in ingresso correlate, richiede un approccio specifico e non sempre agevole.

Ad esempio, se due variabili in ingresso sono correlate, si può procedere come segue: (i) si individuano la variabile dipendente e la variabile indipendente; (ii) si divide il codominio della variabile indipendente in frazioni; (iii) si procede a campionare la variabile indipendente individuando la frazione del codominio nella quale ricade il valore; (iv) per ogni frazione si definisce la funzione densità di probabilità della variabile dipendente; (v) si genera il valore della variabile dipendente.

Nell'applicazione del metodo Monte Carlo, il campione della variabile in uscita è tanto più rappresentativo quanto più elevato è il numero N.

Esempio 1.3 Abbiamo eseguito una serie di misure delle perdite di carico in un mezzo macro-poroso, con flusso di acqua in regime di Darcy-Forchheimer ([4]). Lo schema del dispositivo di misura è visibile in Figura 1.7.

Disponiamo di campioni della variabile $\Delta p/l$ al variare della velocità media vuoto per pieno (di Darcy) u. Il modello prevede che

$$\frac{\Delta p}{l} = \alpha u + \rho \beta u^2, \qquad (1.119)$$

dove $[\alpha] = MT^{-1}L^{-3}$ e $[\beta] = L^{-1}$ sono due coefficienti dimensionali. Assumiamo che le coppie di valori misurati $\{(\Delta p/l)_i, u_i\}$, $i = 1, 2, \ldots, 12$ rappresentino i valori più probabili. Osserviamo che la distanza tra le due prese di pressione, l, è caratterizzata, al più, da un errore sistematico, poiché il dispositivo di misura è lo stesso per tutte le misure eseguite. La stima di Δp è stata eseguita stimando il

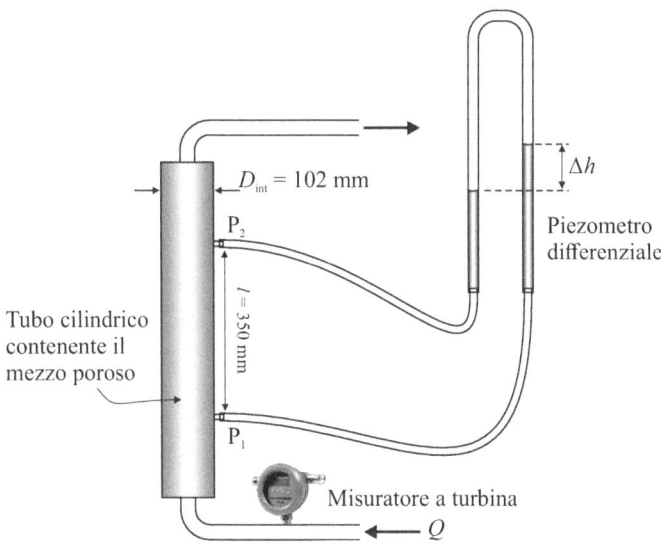

Figura 1.7 Schema dell'apparato sperimentale per la stima dei parametri di Darcy-Forchheimer (modificato da [4])

dislivello tra i due menischi del manometro differenziale, ed è pertanto soggetta all'incertezza del peso specifico dell'acqua e all'incertezza nella stima del dislivello. La variabile u si calcola come $u = 4Q/(\pi D_{int}^2)$, dove Q è la portata misurata con una turbina e D_{int} è il diametro interno del tubo circolare che contiene il mezzo poroso. Tale diametro, come già la distanza tra le prese di pressione, non è una variabile statistica, ed è affetto, al più, da un errore sistematico.

Disponiamo di 12 coppie di dati stimati sperimentalmente e assumiamo una distribuzione Gaussiana per i valori letti del dislivello, per il peso specifico dell'acqua, per i valori di portata, con una deviazione standard che deriva dal processo di misura: ad esempio, per i dislivelli assumiamo una deviazione standard pari a 0.5 mm, per il peso specifico assumiamo una deviazione standard pari allo 0.1%, per le misure di portata della turbina assumiamo una deviazione standard pari all'1% del valore letto. Siamo interessati al calcolo degli stimatori con un livello di confidenza del 95%. Procediamo a generare una prima serie di 12 coppie di valori eliminando i valori esterni alla probabilità cumulata pari a 0.95, cioè quei valori che ricadono nelle code di area 0.025. Per ultimo, calcoliamo il coefficienti α e β con una regressione non lineare (la regressione sarà affrontata nel Capitolo 2). Ripetendo la procedura per N volte, con $N = 10\,000$, otteniamo una famiglia di parabole il cui inviluppo è la banda di confidenza al 95%, riportata in Figura 1.8.

In maniera analoga, possiamo considerare il campione $\{\alpha_i\}$ e il campione $\{\beta_i\}$ per $i = 1, 2, \ldots, 10\,000$ e calcolare gli stimatori. Per questo esempio, risulta $\alpha = 9.48 \times 10^3 \pm 25\%$ Pa s m^{-2} e $\beta = 590 \pm 11\%$ m^{-1}, con un livello di confidenza del 95%.

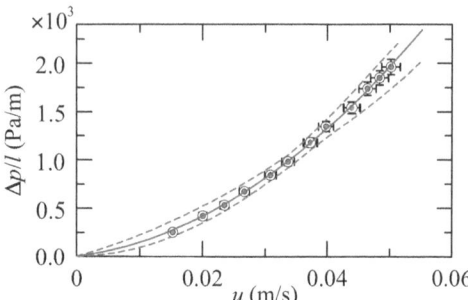

Figura 1.8 Valutazione sperimentale dei parametri α e β per sferette di vetro di diametro $d = 15.5 \pm 0.3$ mm. I simboli sono le misure con le barre di errore, la curva continua è la funzione interpolante e le curve tratteggiate sono i limiti di confidenza al 95% calcolati con una simulazione Monte Carlo

Si noti che i valori medi $\overline{\alpha} = 9.48 \times 10^3$ Pa s m^{-2} e $\overline{\beta} = 590$ m^{-1} ottenuti con il metodo Monte Carlo, differiscono dai valori calcolati interpolando i 12 valori medi sperimentali delle variabili $\Delta p/l$ e u, pari a $\alpha = 8.55 \times 10^3$ Pa s m^{-2} e $\beta = 614$ m^{-1}, rispettivamente. Tale risultato era atteso, poiché la media è un operatore lineare, ma l'interpolazione non lo è: pertanto, l'ordine di applicazione degli operatori modifica il risultato e, dunque, l'interpolazione dei valori medi non coincide con la media delle interpolazioni dei valori dispersi.

Per verificare graficamente se il numero di realizzazioni N è adeguato, diagrammiamo, in Figura 1.9a, la media $\overline{\alpha}$ per N crescente. Dopo le oscillazioni per bassi valori di N, la media si stabilizza su un valore asintotico. In Figura 1.9b è visibile l'istogramma di frequenza di $\alpha - \overline{\alpha}$, con un andamento marcatamente Gaussiano. L'andamento Gaussiano di una variabile aleatoria combinazione di numerose variabili aleatorie, è il risultato del teorema del limite centrale, ed è indipendente dalla funzione densità di probabilità delle variabili stesse.

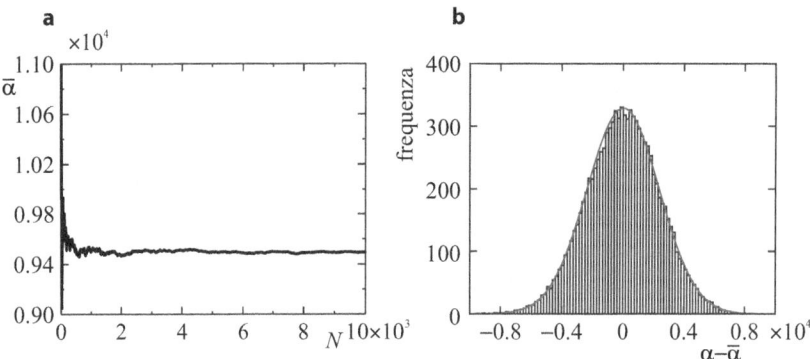

Figura 1.9 Risultati del metodo Monte Carlo per la stima del parametro α nel modello di Darcy-Forchheimer (1.119), con $N = 10\,000$. **a** Valor medio di α per N crescente, e **b** istogramma di frequenza di $\alpha - \overline{\alpha}$

In conclusione, il metodo Monte Carlo permette una trattazione più completa dei processi di regressione e di propagazione degli errori, tenendo in considerazione sia le incertezze della variabile in uscita, sia le incertezze della variabile in ingresso.

L'analisi può essere estesa a un qualunque numero di variabili in ingresso e in uscita.

Riferimenti bibliografici

1. Duncan, W.J., 1953. *Physical Similarity and Dimensional Analysis. An Elementary Treatise*. Edward Arnold & Co., London, VII+156 pp.
2. Longo, S., 2011. *Analisi Dimensionale e Modellistica Fisica: Principi e applicazioni alle scienze ingegneristiche*. Springer Science & Business Media, ISBN 978-88-470-1871-6, X+370 pp.
3. Longo, S., 2021. *Principles and applications of dimensional analysis and similarity*. Springer, ISBN 978-3-030-79216-9, XXX+428 pp.
4. Majdabadi Farahani, S., Chiapponi, L., Longo, S., e Di Federico, V., 2024. Darcy–Forchheimer gravity currents in porous media. *Journal of Fluid Mechanics*, 1000:A89. https://doi.org/10.1017/jfm.2024.1074.
5. Navidi, W., 2006. *Probabilità e statistica per l'ingegneria e le scienze*. McGraw-Hill, ISBN 88-386-6334-3, XXII+536 pp.
6. Neumann, von J., 1951. Various techniques used in connection with random digits. *J. Res. Nat. Bur. Stand. Appl. Math. Series*, 12, 36–38, pp. 3.
7. Taylor, J.R., 2000. *Introduzione all'analisi degli errori. Lo studio delle incertezze nelle misure fisiche*. Zanichelli, Bologna, 2ª edizione, ISBN 88-08-17656-8, XII+331 pp.

Capitolo 2
Caratteristiche degli strumenti di misura

Ogni attività di misura richiede un'adeguata conoscenza degli strumenti utilizzati, delle relative caratteristiche e prestazioni; ciò soprattutto dopo l'introduzione della tecnologia digitale che, portando allo sviluppo e alla commercializzazione di strumenti e apparati di misura in grado di fornire i dati direttamente in formato numerico, ha generato la convinzione che il valore letto, o acquisito, sia "esatto" e privo di errori.

Non esiste una tecnica o metodologia di misura che non influenzi la variabile da misurare, poiché, per misurare una grandezza, è necessario perturbare l'ambiente di misura. Per esempio, per misurare la temperatura dell'acqua in una vasca, è necessario immergere il bulbo del termometro contenente mercurio, oppure un termistore collegato a un circuito di misura. Sia il bulbo, sia il termistore, cedono o sottraggono calore per portarsi in equilibrio termico e, quindi, modificano la temperatura dell'acqua. È possibile rendere minimo il disturbo, oppure compensarlo, ma non è possibile annullarlo.

In questo capitolo analizzeremo i modelli adottati per le procedure di misura e per l'analisi dei sistemi, dai più semplici ai più complessi. In particolare, introdurremo la trasformata di Laplace per lo studio dei sistemi dinamici lineari, ripercorrendo gli elementi più salienti della teoria dei sistemi.

2.1 Elementi funzionali di uno strumento di misura

Ogni strumento di misura, per quanto complesso, può essere scomposto in una serie di elementi funzionali semplici, ognuno dei quali è in grado di compiere operazioni elementari. Il livello di elementarità dell'operazione è scelto in base all'uso che si intende fare dello strumento.

Lo strumento percepisce la grandezza da misurare grazie a un *sensore primario* posto a stretto contatto con l'ambiente di misura. Per esempio, un manometro a diaframma ha un sensore primario costituito dal diaframma che è a contatto con l'ambiente nel quale si intende misurare la pressione. Il sensore primario scambia sempre energia con l'ambiente di misura: la forza risultante dall'azione della pressione sul diaframma compie un lavoro per infletterlo. Il sensore primario opera la prima trasformazione di variabile. Nel caso del manometro, il diaframma trasforma la pressione in deformazione.

In cascata, rispetto al sensore primario, è necessario un sistema che colleghi la variabile trasformata a uno dei sensi dell'operatore: ad esempio, la deformazione del diaframma si trasforma nello spostamento di una lancetta indicatrice su una scala graduata, e l'operatore percepisce visivamente l'indicazione della lancetta.

Oltre a questi elementi funzionali essenziali, ve ne possono essere altri che, molto spesso, operano ulteriori trasformazioni di variabili in modo da generare un'uscita in tensione o in corrente. Nel caso del manometro, è frequente l'adozione di elementi piezoresistivi per la trasformazione della deformazione specifica del diaframma in variazione di resistenza e, quindi, in variazione di tensione tramite un ponte di Wheatstone. Il guadagno del ponte può essere incrementato da un amplificatore elettronico differenziale. Il segnale elettrico in tensione in uscita dall'amplificatore può essere registrato direttamente su supporto magnetico, oppure acquisito in forma digitale da un Personal Computer e immagazzinato in formato digitale; contemporaneamente, può essere visualizzato su schermo o su stampante.

Alcuni strumenti sono esclusivamente meccanici; in questi, la manipolazione e la trasmissione del segnale viene eseguita con dei *cinematismi*. Il termine cinematismo, in luogo di meccanismo, non è casuale, poiché il cinematismo trasferisce informazione (posizione lineare, angolare, velocità ecc.) con la minima dissipazione di energia, mentre il meccanismo trasferisce soprattutto potenza. Per esempio, nel caso di un orologio meccanico, è corretto descrivere come cinematismi tutti i dispositivi che provvedono a generare l'informazione "tempo" a partire dall'energia immagazzinata nella molla di caricamento o nel contrappeso; nel caso di un differenziale, o del cambio di un'automobile, è corretto descrivere come meccanismi tutti i componenti presenti che, per ultimi, devono trasferire la potenza del motore alle ruote del veicolo.

In uno strumento di misura, dunque, per limitare la potenza scambiata con l'ambiente di misura e, quindi, il disturbo dello strumento sulla misura stessa, sarebbe opportuno avere solo dei cinematismi. Vedremo successivamente come il concetto di energia scambiata tra strumento e ambiente di misura viene quantificato in termini di impedenza, rigidezza, ammettenza e deformabilità generalizzate.

Tutti gli strumenti di misura sono sensibili non solo alla grandezza che si intende misurare, ma anche ad altre grandezze. Per esempio, un manometro di tipo Bourdon ha un elemento sensibile costituito da un tubicino in materiale elastico a sezione ellittica avvolto a spirale. Il tubicino è chiuso a un'estremità ed è a contatto con l'ambiente di misura all'altra estremità; quando viene sollecitato dall'interno dal fluido in pressione, tende a srotolarsi, trasformando la variabile pressione in variabile spostamento.

Tuttavia, anche un aumento di temperatura provoca lo stesso effetto e, dunque, in un manometro Bourdon la temperatura rappresenta un disturbo alla misura della pressione. Nella realtà, lo strumento può essere reso più o meno sensibile alla temperatura, oppure alla pressione, con un'adeguata progettazione dei componenti.

2.1 Elementi funzionali di uno strumento di misura

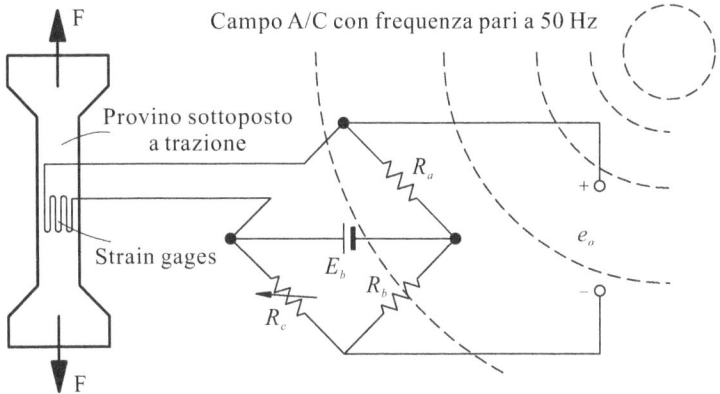

Figura 2.1 Interferenza sulla misura della deformazione di un provino

Per ogni strumento è possibile individuare una variabile in ingresso e una variabile in uscita. La variabile in ingresso *desiderata* è la variabile che si intende misurare e che è in grado di generare la variabile in uscita con il guadagno più elevato (se lo strumento è concepito e realizzato correttamente). Per il momento, definiamo *guadagno* semplicemente il rapporto tra la variabile in uscita e la variabile in ingresso. Se la variabile in uscita del manometro è la rotazione di una lancetta su una scala graduata, il guadagno è il rapporto tra l'angolo di rotazione θ e la pressione p, e si misura in $°$/bar. Definiamo *interferenza* ogni altro ingresso al sistema in grado di generare un'uscita come se fosse stata generata dalla variabile desiderata. Per esempio, nel manometro Bourdon la temperatura è un'interferenza poiché genera una rotazione della lancetta indistinguibile da quella generata dalla pressione. Analogamente, nel provino in Figura 2.1, il campo elettromagnetico è un'interferenza poiché genera un segnale nello *strain gage* come se fosse generato da una deformazione del supporto.

Definiamo *effetto spurio* ogni effetto che modifica il guadagno del sistema (sia rispetto alla variabile desiderata, sia rispetto alle interferenze). Nel caso del manometro, la temperatura è anche un effetto spurio poiché, modificando le caratteristiche elastiche del materiale del tubicino, modifica l'entità della deformazione conseguente all'azione della pressione e, quindi, modifica il guadagno del sistema.

Un sistema di misura ideale dovrebbe essere privo di interferenze e di effetti spuri. Per i sistemi reali, si cerca di minimizzare le interferenze e gli effetti spuri con uno o più metodi della lista seguente:

1. metodo della insensibilità intrinseca;
2. metodo della retroazione ad alto guadagno;
3. metodo della correzione dell'uscita;
4. metodo del filtraggio del segnale in uscita;
5. metodo di opposizione degli effetti.

(1) Il metodo della *insensibilità intrinseca* è il più tradizionale e intuitivo, e consiste nel selezionare il progetto del sistema di misura e le caratteristiche tecnico-costruttive dei suoi componenti in modo che risultino insensibili alle interferenze. Per esempio, se la temperatura è un'interferenza, poiché induce dilatazione o contrazione di taluni componenti del sistema, è necessario scegliere dei materiali a bassissimo coefficiente di dilatazione termica (l'Invar è una lega metallica largamente adottata perché ha un bassissimo coefficiente di dilatazione termica, un decimo dell'acciaio).

(2) Il metodo della *retroazione ad alto guadagno* consiste nel leggere l'uscita del sistema con un trasduttore il cui segnale è in grado di modulare l'ingresso. Il risultato è un sistema con un guadagno largamente insensibile alle interferenze. Ad esempio, negli attuatori oleodinamici lineari si adotta un trasduttore di posizione dello stelo per modulare la portata volumetrica in ingresso al cilindro e per ottenere un posizionamento molto accurato: un semplice misuratore di portata dell'olio in ingresso permetterebbe di controllare la posizione dello stelo, ma con errori dovuti a interferenze quali, ad esempio, le imprecisioni di lavorazione del cilindro; o dovuti agli effetti spuri della dilatazione termica del cilindro.

(3) Il metodo della *correzione dell'uscita* consiste nel correggere l'uscita del sistema per annullare gli effetti delle interferenze o degli effetti spuri. Per applicare la correzione, è necessario conoscere il guadagno del sistema dovuto alle interferenze e misurare le interferenze durante il test. Per esempio, se in un manometro l'effetto della temperatura provoca esclusivamente una traslazione dello zero pari a $+0.01$ bar/°C, se durante la misura della pressione si registra un incremento di temperatura di 5 °C, la lettura deve essere corretta di un valore pari a -0.05 bar.

(4) Il metodo del *filtraggio* del segnale in uscita è applicabile quando il disturbo o l'interferenza hanno un'ampiezza di banda definita e ben differente rispetto all'ampiezza di banda del segnale. La risposta dei filtri più comuni è riportata in Figura 2.2. Il filtraggio può essere eseguito con filtri meccanici, filtri elettronici analogici o digitali, filtri numerici; così, per esempio, per eliminare l'interferenza del campo elettromagnetico associato alla rete di alimentazione elettrica, a frequenza 50 Hz in Europa, si può filtrare il segnale in uscita con un filtro passa basso oppure a reiezione di banda (taglia-banda), in base alla natura dinamica del segnale in uscita.

(5) Il metodo di *opposizione degli effetti* consiste nel progettare e realizzare il sistema di misura in modo da bilanciare gli effetti del disturbo. Per esempio, nel tubo di Pitot la presa statica tenderebbe a sottostimare la pressione a causa della curvatura delle traiettorie in corrispondenza dell'ogiva del sensore, mentre il supporto genera sovrappressione per effetto della decelerazione delle particelle lungo le traiettorie. I due effetti vengono compensati predisponendo il supporto a distanza dall'ogiva tale da bilanciare sovrappressione e depressione.

2.1 Elementi funzionali di uno strumento di misura   41

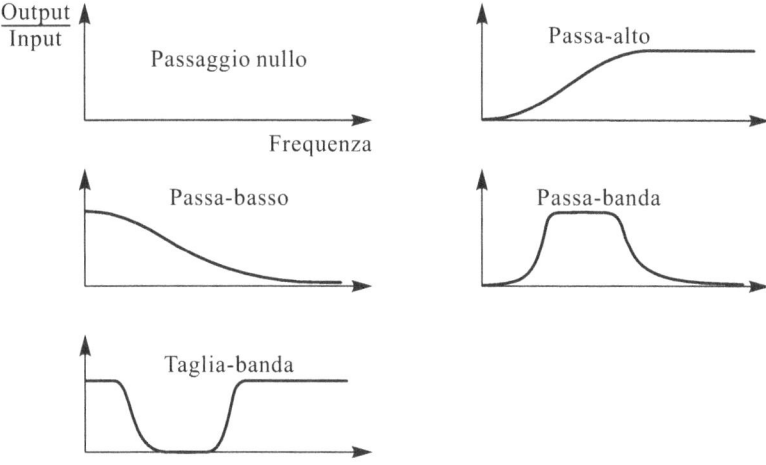

Figura 2.2 Risposta dei filtri

2.1.1 Impedenza generalizzata

Abbiamo già accennato al fatto che ogni strumento scambia energia con l'ambiente di misura, disturbando, in tal modo, la misura della variabile desiderata. L'entità del disturbo può essere quantificata sulla base dell'*impedenza generalizzata* dello strumento.

Consideriamo un voltmetro utilizzato per la misura della differenza di potenziale tra due nodi A e B di un circuito elettrico (Figura 2.3).

La differenza di potenziale letta dallo strumento è pari a

$$V_{AB mis} = \frac{R_V}{R_V + R_G} V_0, \qquad (2.1)$$

$V_{AB mis}$ $\triangleq$ differenza di potenziale letta,
R_V $\triangleq$ resistenza interna del voltmetro,
R_G $\triangleq$ resistenza interna del circuito e del generatore,
V_0 $\triangleq$ differenza di potenziale ai nodi di misura, coincidente con E_0 a vuoto.

La presenza del voltmetro è causa di una sottostima della differenza di potenziale, con un errore tendenzialmente nullo se $R_V \gg R_G$. Allo scopo di minimizzare il

Figura 2.3 Circuito elettrico per la misura della differenza di potenziale

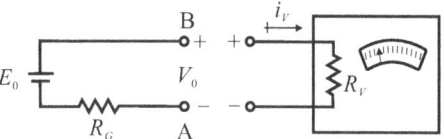

disturbo, si richiede l'uso di un voltmetro caratterizzato da una resistenza interna molto maggiore della resistenza del circuito e del generatore (ovvero, una conduttanza molto minore della conduttanza del circuito e del generatore), che permette il flusso di una corrente i_V molto piccola. In tali condizioni, la corrente che fluisce attraverso il voltmetro, pari a

$$i_V \approx \frac{V_{ABmis}}{R_V}, \tag{2.2}$$

$i_V \triangleq$ corrente in circolo nel voltmetro,

è minima. Anche la potenza dissipata dal voltmetro (e sottratta all'ambiente di misura), pari a

$$P = V_{ABmis} i_V \equiv \frac{V_{ABmis}^2}{R_V}, \tag{2.3}$$

è minima.

In regime non stazionario, con correnti e tensioni variabili nel tempo, la resistenza è sostituita dall'impedenza e la conduttanza è sostituita dall'ammettenza (l'inverso dell'impedenza).

L'analisi condotta per un voltmetro può essere generalizzata per uno strumento di misura qualunque, definendo due variabili, entrambe coinvolte nel processo di misura e tali che il loro prodotto coincida con l'energia scambiata dallo strumento con l'ambiente.

Se la variabile da misurare è una grandezza estensiva (dipende, cioè, dall'estensione del sistema), è più appropriato fare uso dell'*ammettenza generalizzata* di uno strumento, definita come il rapporto tra la variabile di flusso e la variabile di sforzo:

$$Y_{gen} = \frac{q_f}{q_s}, \tag{2.4}$$

$Y_{gen} \triangleq$ ammettenza generalizzata,
$q_f \triangleq$ variabile di flusso,
$q_s \triangleq$ variabile di sforzo.

Analogamente, se la variabile da misurare è una grandezza intensiva (non dipende, cioè, dall'estensione del sistema), è più appropriato far uso dell'impedenza generalizzata:

$$Z_{gen} = \frac{q_s}{q_f}, \tag{2.5}$$

$Z_{gen} \triangleq$ impedenza generalizzata.

Nel caso di un voltmetro, la variabile da misurare è la differenza di potenziale e la variabile di flusso è la corrente elettrica drenata dallo strumento. La sua impedenza generalizzata è definita come

$$Z_{gen} = \frac{V_{AB}}{i_V}, \tag{2.6}$$

2.1 Elementi funzionali di uno strumento di misura

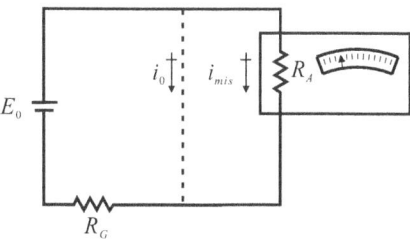

Figura 2.4 Circuito elettrico per la misura dell'intensità di corrente in circolo

e coincide con l'impedenza elettrica. La differenza di potenziale letta tra i nodi A e B è

$$V_{AB mis} = \frac{1}{1 + Z_G/Z_V} V_0, \qquad (2.7)$$

$Z_G \triangleq$ impedenza del circuito,
$Z_V \triangleq$ impedenza del voltmetro.

Una misura indistorta richiede l'uso di un voltmetro con impedenza interna molto maggiore dell'impedenza del circuito. Ad esempio, gli oscilloscopi elettronici e i multimetri digitali hanno un'impedenza interna molto più elevata dei classici, ormai obsoleti, voltmetri elettromagnetici.

Se lo strumento è un amperometro (Figura 2.4), l'ammettenza generalizzata è pari a

$$Y_{gen} = \frac{i_A}{V_A}, \qquad (2.8)$$

$i_A \triangleq$ corrente in circolo nell'amperometro,
$V_A \triangleq$ differenza di potenziale ai capi dell'amperometro,

e coincide con la sua ammettenza elettrica.

Si può verificare che, per un circuito quale quello riportato in Figura 2.4, la corrente misurata differisce dalla corrente indisturbata (in assenza dell'amperometro), secondo la relazione seguente:

$$i_{mis} = \frac{1}{1 + Y_G/Y_A} i_0, \qquad (2.9)$$

$i_{mis} \triangleq$ corrente misurata,
$Y_A \triangleq$ ammettenza dell'amperometro,
$Y_G \triangleq$ ammettenza del circuito,
$i_0 \triangleq$ corrente in circolo indisturbata.

Una misura indistorta, in questo caso, richiede uno strumento con ammettenza molto maggiore dell'ammettenza del circuito, tale da non dissipare potenza generando una caduta di potenziale.

In alcuni strumenti, la potenza scambiata con l'ambiente di misura è nulla in regime stazionario, ma assume valori finiti nel passaggio da uno stato all'altro. In tal caso, l'impedenza e l'ammettenza generalizzata perdono di significato e si rende necessario introdurre due nuove definizioni: la *rigidezza* e la *deformabilità*.

Consideriamo un manometro a membrana, nel quale la misura della pressione avviene indirettamente misurando la deformazione di una membrana. La variabile di interesse (desiderata) è

$$p = F/A, \qquad (2.10)$$

$p \triangleq$ pressione del fluido agente su una faccia della membrana,
$F \triangleq$ forza esercitata dalla pressione del fluido agente su una faccia della membrana,
$A \triangleq$ area della superficie della membrana.

La variabile di flusso ha le dimensioni di una portata volumetrica:

$$\frac{\text{potenza}}{\text{variabile di interesse}} = \frac{\text{N m s}^{-1}}{\text{N m}^{-2}} \equiv \frac{\text{m}^3}{\text{s}}. \qquad (2.11)$$

La portata volumetrica rappresenta il volume di fluido scambiato nell'unità di tempo tra la camera di misura del manometro e l'ambiente di misura. Tale volume è maggiore per membrane più deformabili. In condizioni statiche, quando la membrana ha raggiunto la deformazione di equilibrio, il volume di fluido scambiato nell'unità di tempo è nullo e l'impedenza generalizzata perde di significato, poiché tende a infinito:

$$Z_{gen} = \lim_{Q \to 0} \frac{F/A}{Q} \to \infty. \qquad (2.12)$$

Per ovviare a ciò, si definisce la *rigidezza statica*

$$K = \frac{F/A}{\int Q \, dt} = \frac{F/A}{\Delta V}, \qquad (2.13)$$

$K \triangleq$ rigidezza statica,
$\Delta V \triangleq$ variazione di volume della camera di misura conseguente a una variazione di pressione,

e la rigidezza statica generalizzata

$$K_{gen} = \frac{q_s}{\int q_f \, dt}, \qquad (2.14)$$

$K_{gen} \triangleq$ rigidezza statica generalizzata,
$q_s \triangleq$ variabile di sforzo,
$q_f \triangleq$ variabile di flusso.

2.1 Elementi funzionali di uno strumento di misura

Il prodotto tra numeratore e denominatore della rigidezza generalizzata ha le dimensioni di un'energia. Il disturbo dello strumento di misura è quantificato dalla seguente espressione:

$$q_{sm} = \frac{1}{1 + K_G/K_m} q_{sind}, \qquad (2.15)$$

$q_{sm} \triangleq$ variabile di sforzo misurata,
$q_{sind} \triangleq$ variabile di sforzo indisturbata,
$K_G \triangleq$ rigidezza dell'ambiente di misura,
$K_m \triangleq$ rigidezza dello strumento di misura.

In maniera del tutto analoga, è conveniente definire la *deformabilità* generalizzata

$$C_{gen} = \frac{q_f}{\int q_s dt}, \qquad (2.16)$$

$C_{gen} \triangleq$ deformabilità statica generalizzata.

Il disturbo conseguente è quantificato come segue:

$$q_{fm} = \frac{1}{1 + C_G/C_m} q_{find}, \qquad (2.17)$$

$q_{fm} \triangleq$ variabile di flusso misurata,
$q_{find} \triangleq$ variabile di flusso indisturbata,
$C_G \triangleq$ deformabilità generalizzata dell'ambiente di misura,
$C_m \triangleq$ deformabilità generalizzata dello strumento di misura.

Dagli esempi precedenti appare evidente che uno strumento ideale dovrebbe avere impedenza infinita (o ammettenza infinita), oppure rigidezza infinita (o deformabilità infinita), in base alle caratteristiche e al principio di funzionamento dello strumento stesso. Ciò è in contrasto con le esigenze costruttive e di sensibilità dello strumento. Per esempio, realizzare un manometro con un diaframma molto rigido (quindi, con una rigidezza generalizzata elevata), comporta una riduzione della deformazione specifica misurata dagli *strain gages* e, quindi, della sensibilità.

Il comportamento di più strumenti in cascata si riconduce al caso di un singolo strumento di misura a contatto con l'ambiente. In una catena di strumenti (o, più in generale, in una catena di sistemi), ogni strumento scambia una pur piccola quantità di energia con lo strumento precedente (e seguente) e genera una distorsione della variabile da misurare. La distorsione è minima, se l'impedenza generalizzata (o l'equivalente applicabile) di ogni strumento è maggiore dell'impedenza generalizzata dello strumento a monte. Se, a causa delle caratteristiche costruttive dei singoli componenti, questa condizione non si verifica, è necessario inserire degli adattatori di impedenza in grado di "sconnettere" gli elementi della catena. Un esempio

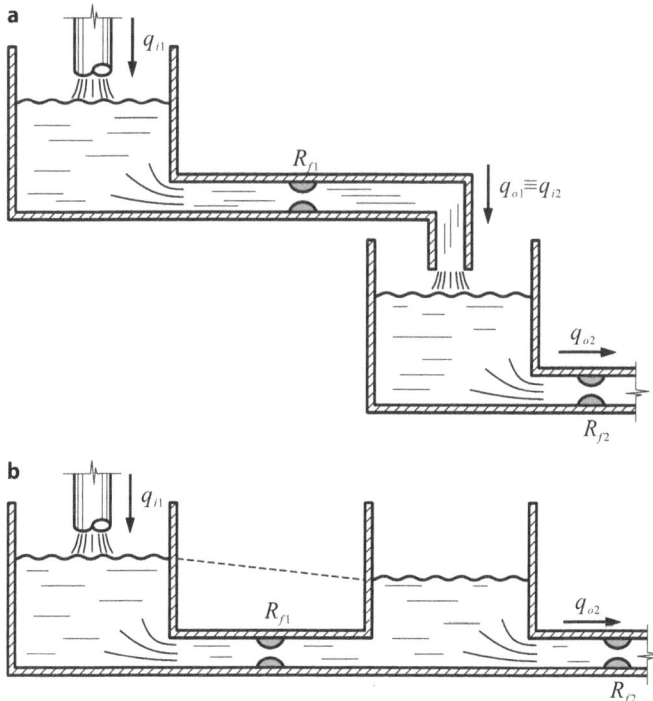

Figura 2.5 Esempio di sistema idraulico **a** disconnesso; **b** connesso. Nel sistema **a** l'impedenza del serbatoio di valle è infinita, rispetto al serbatoio di monte

classico in elettronica è il *buffer*, un dispositivo facilmente realizzabile con un singolo circuito integrato operazionale, la cui unica funzione consiste nell'aumentare l'impedenza del circuito di valle rispetto all'impedenza del circuito di monte. Un esempio di sconnessione idraulica è riportato in Figura 2.5.

Nel sistema in Figura 2.5a l'impedenza del serbatoio di valle è infinita, rispetto al serbatoio di monte. Qualunque variazione di livello a valle non modifica la portata q_{o1}. Nel sistema in Figura 2.5b i due serbatoi in cascata interagiscono in maniera evidente: il serbatoio di valle ha un'impedenza limitata rispetto al serbatoio di monte.

Nel caso dei sistemi a parametri distribuiti, i concetti suesposti non sono applicabili.

2.1.2 Accuratezza e scostamento (bias) di uno strumento, precisione

Si definisce *accuratezza* lo scostamento di una grandezza misurata G_m dal valore vero G_v. In seguito faremo uso del termine *lettura* per indicare il singolo valore

2.1 Elementi funzionali di uno strumento di misura

misurato, e del termine *grandezza misurata*, o semplicemente *misura*, per indicare il valore medio delle letture ottenute durante la procedura di misura. Se un manometro ha un'accuratezza di 0.01 bar, significa che la pressione misurata (la grandezza misurata) cade, per incertezze attribuibili allo strumento, nell'intervallo

$$G_v - 0.01 \text{ bar} \leq G_m \leq G_v + 0.01 \text{ bar}. \tag{2.18}$$

Il valore numerico che esprime l'accuratezza, in assenza di altre indicazioni che accompagnino lo strumento, è da intendersi come una deviazione standard, indicata dal simbolo σ_a. Il valore vero G_v di una grandezza non è accessibile ed è sempre sconosciuto e, quindi, dal punto di vista pratico, è inutile riferirsi a esso (per le sole grandezze fondamentali del SI viene assunto come valore vero dell'unità campione quello derivante dalle procedure di quantificazione delle unità di misura).

L'accuratezza, spesso definita *bias* dello strumento, può essere migliorata con una frequente e attenta calibrazione. Normalmente, l'accuratezza viene espressa in percentuale del *fondo scala* (il fondo scala è il massimo valore della grandezza misurabile correttamente con lo strumento). Per esempio, se un velocimetro avente fondo scala 2 m/s ha un'accuratezza $\sigma_{a\%} = 1\%$, tutte le misure nell'intervallo 0–2 m/s risultano accurate (con probabilità del 68.27%) entro ±0.02 m/s.

Si definisce *precisione* lo scostamento delle letture dalla misura G_m. La precisione è un indice di dispersione delle letture ottenute con lo stesso metodo di misurazione. In particolare, è necessario che le letture vengano eseguite a) con lo stesso strumento di misurazione; b) dallo stesso osservatore; c) nello stesso luogo; d) nelle stesse condizioni; e) con ripetizione entro un breve periodo di tempo. La precisione dipende da un insieme di caratteristiche quali: risoluzione, ripetibilità e riproducibilità. La precisione di uno strumento non può essere migliorata mediante calibrazione, e si esprime attraverso una quantità numerica che, in assenza di indicazioni diverse fornite con lo strumento, rappresenta una deviazione standard. In seguito, indicheremo con σ_p tale valore.

La relazione geometrica tra le grandezze definite è riportata in Figura 2.6.

La precisione di uno strumento viene normalmente fornita in percentuale ($\sigma_{p\%}$) di un valore convenzionale, valore che coincide quasi sempre con il fondo scala. La quantità $\sigma_{p\%}$ può essere indicata direttamente, oppure attraverso un numero detto *indice di classe*. In Tabella 2.1 sono riportate le classi previste dalle Norme CEI.

L'indice di classe rappresenta i limiti di errore percentuale che uno strumento, appartenente a una certa classe e nelle condizioni di riferimento indicate dal costruttore o specificate dalle norme, non deve superare. Per esempio, un manometro di classe 1 e fondo scala 3 bar, in qualunque punto della scala deve avere un errore di precisione inferiore a 0.03 bar.

Tabella 2.1 Classi di precisione previste dalle Norme CEI (gli errori percentuali si riferiscono al fondo scala)

Classe	0.05	0.1	0.2	0.3	0.5	1	1.5	2.5	3
Errore ≤	0.05%	0.1%	0.2%	0.3%	0.5%	1%	1.5%	2.5%	3%

Figura 2.6 Relazione geometrica tra accuratezza e precisione

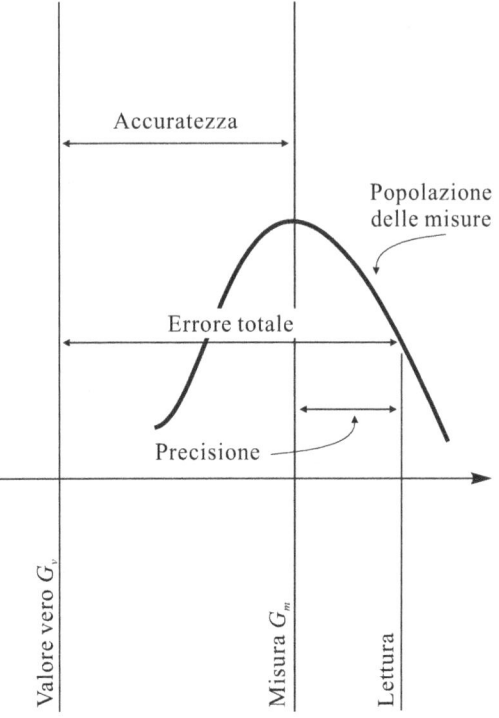

Per chiarire la differenza tra precisione e accuratezza, supponiamo di voler misurare la velocità euleriana di una corrente liquida in un punto del campo di moto. Supponiamo di conoscere il valore vero di tale grandezza, per esempio $G_v = 1.5$ m/s, e immaginiamo di condurre due misure con altrettanti strumenti M_1 e M_2, che forniscono le seguenti letture:

$$\begin{cases} M_1: & 1.432, 1.460, 1.538, 1.540, 1.550 \, \text{m/s}, \\ M_2: & 1.588, 1.599, 1.600, 1.601, 1.602 \, \text{m/s}. \end{cases} \quad (2.19)$$

Il valore medio della misura dello strumento M_1 risulta $G_{m_1} = 1.504$ m/s, mentre quello dello strumento M_2 risulta $G_{m_2} = 1.598$ m/s. Lo strumento M_1 è più accurato dello strumento M_2. Analizzando la dispersione delle misure, gli strumenti M_1 e M_2 forniscono rispettivamente $\sigma_{p_1} = 0.054\,1$ e $\sigma_{p_2} = 0.005\,7$, dal che si deduce che il secondo strumento è più preciso del primo. Si comprende, quindi, come la precisione non garantisca l'accuratezza e viceversa. Per eseguire buone misure, è necessario che entrambe le caratteristiche siano adeguate al livello d'errore desiderato.

2.1.3 Portata (range, span, input full scale, FS), Full Scale Output (FSO), overload, portata lineare e costante strumentale

Definiamo *portata* di uno strumento il valore del fondo scala. Spesso, la portata viene espressa specificando il limite operativo superiore (il valore massimo misurabile) e il limite operativo inferiore (il valore minimo misurabile), oppure il rapporto tra il valore massimo e il valore minimo misurabile. In questo ultimo caso, si usa il termine di *range dinamico*, espresso in decibel (dB) e pari a $20\log_{10} N$ (N è il rapporto tra valore massimo e il valore minimo). Per esempio, se un misuratore di portata è in grado di misurare valori tra $1\,l/s$ e $100\,l/s$, il suo *range* dinamico è pari a 40 dB.

Definiamo *Full Scale Output* (*FSO*) la differenza tra i valori in uscita quando i valori in ingresso assumono, rispettivamente, il valore massimo e il valore minimo.

Definiamo *overload* (*overrange*) il massimo valore applicabile in ingresso senza deteriorare irreversibilmente lo strumento.

Definiamo *portata lineare* la portata alla quale corrisponde una caratteristica lineare dello strumento.

Definiamo *costante strumentale* il rapporto tra la portata e il numero delle tacche della scala di lettura. Per garantire un errore di apprezzamento della lettura sulla scala dello stesso ordine dell'errore globale dello strumento, la costante strumentale dovrebbe essere non molto diversa (espressa in percentuale) dalla classe dello strumento. Se lo strumento ha una precisione molto spinta, la scala di lettura deve avere un numero di tacche proporzionalmente elevato. Per esempio, per uno strumento di classe 0.2, sono necessarie almeno 500 divisioni della scala, tra il valore minimo misurabile e la portata. È questo il motivo per cui gli strumenti a lettura analogica (usati soprattutto in passato) di elevata precisione, hanno sempre dei quadranti molto grandi. Se lo strumento è a lettura digitale, la costante strumentale rappresenta la variazione di grandezza da misurare necessaria per far variare di un'unità l'ultima cifra decimale del quadrante. In tutti gli strumenti nei quali è possibile condizionare elettronicamente il segnale, compresa l'uscita in modo da presentarla in formato digitale, è normalmente semplice modificare la portata e, corrispondentemente, a parità di numero di cifre di visualizzazione, la costante strumentale. È fuorviante usare un numero di cifre per la rappresentazione dell'uscita corrispondente a una precisione superiore alla precisione propria dello strumento. Per esempio, in un manometro a fondo scala 10^6 Pa di classe 1, la lettura può avvenire con una scala 00×10^4; una lettura con scala del tipo 00.0×10^4 (oppure del tipo 000×10^3) lascerebbe presupporre una precisione pari allo 0.1% del fondo scala, non corrispondente al vero. Il vero fattore limitante, soprattutto per strumenti elettronici o a condizionamento di segnale elettronico, non è quindi la scala di visualizzazione, ma la precisione intrinseca al principio di funzionamento e alle caratteristiche costruttive.

2.1.4 Valore di soglia, soglia differenziale, risoluzione e isteresi (banda morta)

Nel testare uno strumento, se si parte da un segnale in ingresso nullo e lo si incrementa molto lentamente, è possibile individuare un valore del segnale stesso al di sotto del quale lo strumento non indica alcuna uscita. È questo il *valore di soglia* di uno strumento (Figura 2.7). Per esempio, un tubo di Pitot con un valore di soglia di 4 cm/s non fornisce alcuna indicazione in uscita quando la velocità del fluido alla presa dinamica è inferiore a 4 cm/s.

Se si adotta la stessa procedura usata per misurare la soglia, ma a partire da un valore all'ingresso non nullo, esiste una variazione minima del segnale in ingresso entro la quale l'uscita dello strumento rimane costante. È questa la *risoluzione* o *valore di soglia differenziale* (Figura 2.7). La scala di lettura impone una risoluzione che si può assumere pari alla metà della distanza tra due tacche successive (e quindi pari alla metà della costante strumentale). Nel caso di visualizzazione digitale, la risoluzione è pari alla costante strumentale. Se lo strumento è lineare, la soglia differenziale è pari al rapporto tra la metà della costante strumentale (o la costante strumentale, per strumenti a lettura digitale) e la sensibilità. Il valore di soglia differenziale è la minima variazione della grandezza da misurare che può essere rilevata. Per esempio, se un tubo di Pitot misura 120 cm/s e la soglia differenziale (risoluzione) è di 3 cm/s, l'indicazione del Pitot continua a essere di 120 cm/s anche se il fluido ha una velocità tra 117 e 123 cm/s.

Le due soglie possono essere imposte dal principio di funzionamento intrinseco del trasduttore.

Se consideriamo uno strumento per il quale l'ingresso viene incrementato (in andata) progressivamente fino a un massimo e, successivamente, viene annullato

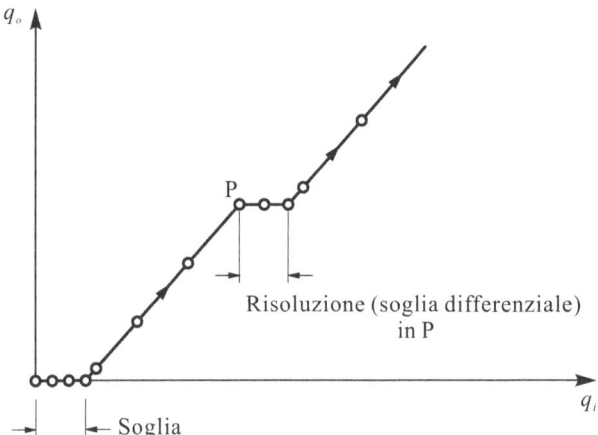

Figura 2.7 Definizione della soglia e della soglia differenziale

2.1 Elementi funzionali di uno strumento di misura

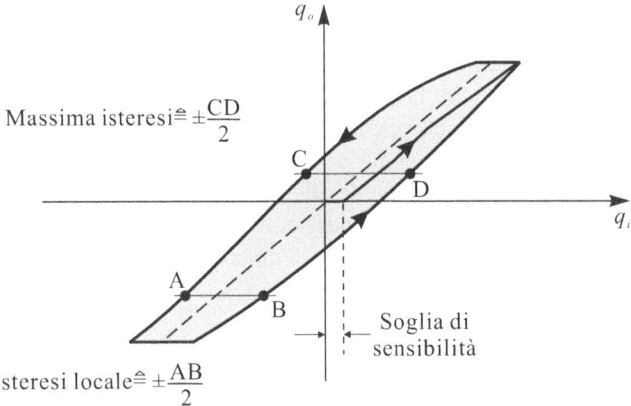

Figura 2.8 Ciclo di isteresi

(in ritorno), il diagramma dell'uscita in funzione dell'ingresso è diverso tra andata e ritorno (Figura 2.8). Questo fenomeno, che prende il nome di *isteresi* (o *banda morta*) ed è presente in misura più o meno evidente nella maggior parte dei sistemi fisici, è dovuto essenzialmente alla presenza di attriti e di inerzie di varia natura. In corrispondenza di ogni ciclo, l'area racchiusa dal percorso ha la dimensione di una energia (o è a essa riconducibile) e rappresenta l'energia dissipata per ogni ciclo. Più correttamente, l'isteresi deve intendersi come energia scambiata con l'ambiente di misura e trasformata in altra forma con corrispondente aumento di entropia.

Nel quantificare l'isteresi, il valore di soglia e la risoluzione di uno strumento, è estremamente importante definire esattamente le modalità di test e definire con precisione le specifiche di misura. Per esempio, una possibile definizione di massima isteresi è la semidistanza lungo l'orizzontale (in termini di variabile in ingresso) dei due punti del ciclo più discosti l'uno dall'altro. Analogamente, una possibile specifica di isteresi locale è data dalla semidistanza tra due punti del ciclo allineati lungo l'orizzontale in corrispondenza di un fissato valore della lettura. Entrambe le specifiche devono essere accompagnate dalle indicazioni sulle modalità di esecuzione del ciclo, sull'eventuale frequenza e numero di cicli prima della misura. L'isteresi può anche essere espressa in percentuale del *FSO*, con riferimento alla variabile in uscita.

2.1.5 Ripetibilità e riproducibilità

Si definisce *ripetibilità* la capacità di uno strumento di fornire risultati concordanti in una serie di misure ripetute in un breve intervallo di tempo. La ripetibilità è un indice di dispersione dei risultati di misure ottenute in condizioni controllate senza alcuna modifica delle condizioni di esecuzione. Una dispersione piccola è sinonimo di una buona ripetibilità strumentale. La ripetibilità è espressa in percentuale del *FSO*, come valore massimo dello scostamento dei cicli di calibrazione rispetto al ciclo medio di calibrazione.

Si definisce *riproducibilità* la capacità di uno strumento di fornire risultati concordanti in una serie di misure ripetute dopo lunghi intervalli di tempo. La riproducibilità è un indice di dispersione dei risultati ottenuti in condizioni di misura diverse. Si tratta di una quantità simile alla ripetibilità, ma, a differenza di questa, si riferisce a misure di una stessa grandezza realizzate in condizioni che, nell'uso normale dello strumento, possono variare (temperatura, umidità ecc.).

2.1.6 *Rapporto segnale/disturbo (Signal/Noise, S/N)*

Il rapporto *segnale/disturbo* (*Signal/Noise*, S/N) quantifica l'intensità del segnale utile rispetto al rumore. È un parametro normalmente riferito agli apparati elettronici, pur essendo valido anche per gli strumenti di altro tipo. In molti strumenti, la presenza di filtri e, comunque, una risposta in frequenza normalmente limitata a basse frequenze, favorisce l'eliminazione dei disturbi. Il rapporto S/N viene normalmente riferito al fondo scala dello strumento e si misura in decibel:

$$S/N = 20 \log_{10}\left(\frac{Signal}{Noise}\right) \text{dB}. \qquad (2.20)$$

Il rumore è spesso costante, indipendentemente dall'intensità del segnale; di conseguenza, il rapporto S/N si riduce a bassi valori del segnale. Per esempio, se un misuratore di livello di tipo capacitivo ha un *range* utile 0–400 mm, corrispondente a un *range* di tensione in uscita 0–10 V, e il rumore elettronico è costante e pari a 20 mV, il rapporto S/N a fondo scala è 54 dB. A metà scala il rapporto S/N diventa pari a 48 dB e a 10 mm diventa pari a 22 dB.

2.1.7 *Calibrazione statica e relative specifiche*

Il segnale in ingresso a un sistema di misura può essere stazionario, lentamente variabile nel tempo, rapidamente variabile nel tempo.

Il processo che, per uno specifico strumento, permette di definire il guadagno del sistema e, quindi, di associare a un valore della variabile in ingresso un valore della variabile in uscita, è definito *calibrazione* dello strumento. Se il segnale in ingresso è stazionario, il processo è definito *calibrazione statica*.

La calibrazione statica porta alla definizione di una funzione che associa alla variabile desiderata (per esempio, la pressione in un manometro) il valore della stessa in una scala definita dall'utente. Il valore in uscita rappresenta una stima del valore vero della grandezza da misurare. Il valore vero non è noto, anche se è possibile

2.1 Elementi funzionali di uno strumento di misura

stimare l'errore commesso. Per calibrare uno strumento, è necessario innanzitutto poter fisicamente generare dei valori noti della grandezza in ingresso. Quindi, si può procedere confrontando la lettura dello strumento con la lettura di un altro strumento già calibrato che, in questo caso, rappresenta uno standard. Per esempio, per calibrare un manometro, è sufficiente avere a disposizione un generatore di pressione e un altro manometro già calibrato e con la presa di pressione a contatto con lo stesso ambiente di quella dello strumento da calibrare. Si procede confrontando le letture degli strumenti e adeguando la scala dello strumento da calibrare a quella dello strumento già calibrato. Come regola generale, lo strumento standard deve avere una precisione pari ad almeno 10 volte la precisione attesa dello strumento da calibrare. Tale regola non è di facile applicazione, poiché la precisione attesa dello strumento non è nota *a priori*. Inoltre, se lo strumento da calibrare si propone come un nuovo standard (ed è, quindi, caratterizzato dalla massima precisione ottenibile nella sua categoria), non è ovviamente disponibile uno strumento di maggiore precisione da utilizzarsi per la calibrazione.

Gli strumenti di riferimento standard hanno una precisione elevata poiché le interferenze e i disturbi sono controllati con uno (o più contemporaneamente) dei cinque metodi richiamati in precedenza. Talvolta, gli standard sono dettati da alcune proprietà fisiche dei materiali. Per esempio, uno standard tipico per la temperatura è il punto triplo dell'acqua, in corrispondenza del quale coesistono le tre fasi solida, liquida e gassosa. La stabilità di standard legati a proprietà fisiche dei materiali è garantita dal controllo sulla "qualità" dei materiali stessi: il punto triplo dell'acqua è a 273.16 K, purché l'acqua sia priva di sostanze disciolte.

Una procedura differente di calibrazione consiste nel generare e calcolare con la massima precisione possibile, quantificando l'errore, la variabile in ingresso allo strumento. Si procede, quindi, per confronto tra il valore generato in ingresso e la scala graduata dello strumento. La precisione di questo metodo si basa sulla precisione della stima della variabile in ingresso, oltre che sulla sua riproducibilità. Per esempio, per la calibrazione di un manometro, si genera un carico piezometrico con fluido a peso specifico noto e con un livello noto.

La calibrazione statica di strumenti di classe elevata richiede anche la documentazione del comportamento dello strumento di misura alle interferenze. Per esempio, i manometri con trasduttore a *strain gage*, riportano, di norma, lo *shift* dovuto a escursione termica.

Si definisce *curva di calibrazione* la funzione che mette in relazione il dato in ingresso allo strumento e quello in uscita. La rappresentazione grafica può essere in funzione delle variabili q_o (in uscita) e q_i (in ingresso), oppure in funzione del rapporto percentuale del *FSO* e del rapporto percentuale del *range*. Per comprendere il concetto, si consideri un misuratore di livello idrico di tipo resistivo (Figura 2.9). Tale strumento si basa, in linea di principio, sulla misura della caduta di tensione ai capi di una resistenza R_w costituita dall'acqua che circonda due elettrodi immersi. Il circuito, indicato in Figura 2.9, è alimentato da un generatore di corrente costante. Detta R_{ce} la resistenza dei cavi di collegamento e degli elettrodi, la caduta di

Figura 2.9 Misuratore di livello di tipo resistivo

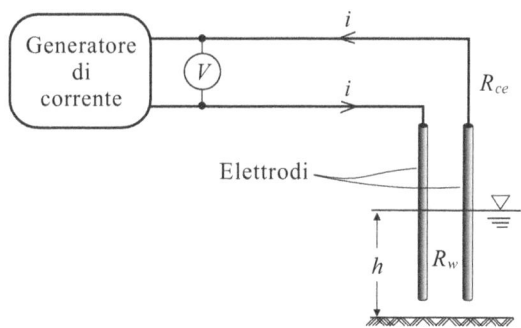

tensione V, misurabile con un voltmetro, risulta:

$$V = i\,R_{ce} + i\,R_w. \tag{2.21}$$

La resistenza R_w dipende dal livello d'acqua per cui

$$V = f(h). \tag{2.22}$$

La funzione (2.22) è detta *curva di calibrazione*, mentre la funzione inversa

$$h = f^{-1}(V) \tag{2.23}$$

si chiama *curva di taratura*.

Sia la curva di calibrazione, sia la curva di taratura possono essere espresse in forma grafica o in forma analitica. Per determinarle, si fa variare il livello dell'acqua h e si misura la tensione corrispondente; i risultati vengono riportati in un grafico come quello mostrato in Figura 2.10.

La calibrazione, ovvero l'insieme delle procedure volte alla determinazione della curva di calibrazione, prevede più cicli di misura per valori crescenti e decrescenti

Figura 2.10 Forma grafica della curva di calibrazione di un misuratore di livello resistivo.

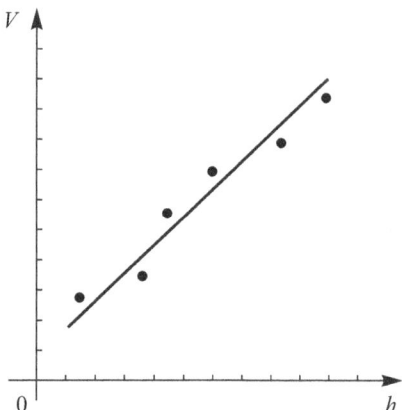

Figura 2.11 Regressione lineare

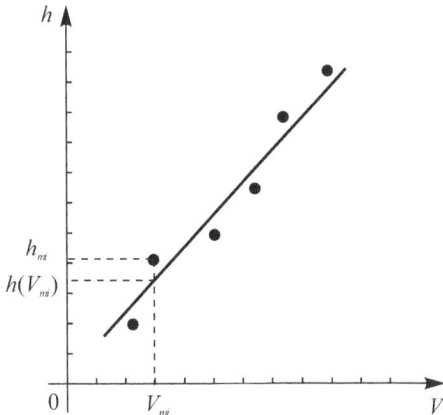

della grandezza d'ingresso, e questo al fine di evidenziare eventuali fenomeni di isteresi. Ricordiamo che la precisione degli strumenti utilizzati per la misura dei livelli e della caduta di tensione deve essere almeno un ordine superiore di quella dello strumento da tarare.

La forma analitica della curva di taratura o di calibrazione è frequentemente un polinomio di grado opportuno stimato con un procedimento di regressione. Definito

$$h(V) = \sum_{k=0}^{N} c_k V^k \qquad (2.24)$$

il polinomio di grado N scelto e indicate con (h_{m_i}, V_{m_i}), con $i = 1, \ldots, M$, le coppie dei valori misurati, il procedimento di regressione consiste nel determinare i valori dei coefficienti c_k del polinomio che rendono minima la somma χ^2 dei quadrati degli scarti (Figura 2.11):

$$\chi^2(c_k) = \sum_{i=1}^{M} [h(V_{m_i}) - h_{m_i}]^2. \qquad (2.25)$$

In termini puramente matematici, si tratta di minimizzare la funzione $\chi^2(c_k)$, risolvendo il sistema di $N+1$ equazioni

$$\frac{\partial \chi^2(c_k)}{\partial c_k} = 0, \quad k = 0, 1, \ldots, N, \qquad (2.26)$$

e verificando che l'estremante trovato sia effettivamente un minimo. Ogni qual volta il modello è lineare nei parametri, la regressione è definita *regressione lineare* e il sistema di equazioni (2.26) è lineare. Se il modello coinvolge i parametri in maniera tale che il minimo della funzione scarto χ^2 richieda la soluzione di un sistema di equazioni non lineare, la regressione è definita *regressione non-lineare*. Vi sono una serie di ragioni, a cominciare dalla necessità di trovare una soluzione per via iterativa del sistema di equazioni nei parametri, che suggeriscono la scelta di modelli che conducano a una regressione lineare.

La scelta del grado N del polinomio è suggerita dalla legge fisica che è alla base del principio di misura dello strumento. Questo metodo è definito metodo dei minimi quadrati, ed è un caso particolare del metodo della massima verosimiglianza, riportato di seguito.

Detta q_o la variabile in uscita dallo strumento (nel caso del misuratore di livello, la variabile in uscita è la tensione), e q_i è la variabile in ingresso (il livello idrico), l'equazione della retta interpolante è la seguente:

$$q_o = a + bq_i, \tag{2.27}$$

$a \triangleq$ intercetta,
$b \triangleq$ pendenza.

Assumiamo che l'incertezza nella stima di q_i sia molto minore dell'incertezza nella stima di q_o; ciò richiede anche che l'incertezza propria (diretta) nella stima di q_o sia molto maggiore dell'incertezza di q_o dovuta a q_i (incertezza indiretta), cioè:

$$\sigma_{q_o} \gg \left|\frac{\partial q_o}{\partial q_i}\right|\sigma_{q_i} \equiv b\sigma_{q_i}, \tag{2.28}$$

$\sigma_{q_o} \triangleq$ deviazione standard nella stima di q_o,
$\sigma_{q_i} \triangleq$ deviazione standard nella stima di q_i.

La stima con il metodo della massima verosimiglianza richiede che la funzione scarto, definita come segue:

$$\chi^2 = \sum_{j=1}^{N} \left(\frac{a + bq_{ij}^* - q_{oj}^*}{\sigma_{q_{ij}^*}}\right)^2, \tag{2.29}$$

$q_{oj}^* \triangleq$ lettura strumentale (variabile in uscita) corrispondente al j-esimo punto di calibrazione,
$q_{ij}^* \triangleq$ variabile in ingresso (nota) corrispondente al j-esimo punto di calibrazione,
$\sigma_{q_{ij}^*} \triangleq$ deviazione standard nella stima di q_{ij}^*,

assuma valore minimo. Condizione necessaria è che sia soddisfatto il sistema di equazioni

$$\begin{cases} \dfrac{\partial \chi^2}{\partial a} = 0, \\ \dfrac{\partial \chi^2}{\partial b} = 0. \end{cases} \tag{2.30}$$

2.1 Elementi funzionali di uno strumento di misura

La soluzione del sistema è la seguente:

$$a = \frac{1}{\Delta}\left[\sum_{j=1}^{N}\left(w_j q_{oj}^*\right)\sum_{j=1}^{N} w_j q_{ij}^{*2} - \sum_{j=1}^{N}\left(w_j q_{ij}^* q_{oj}^*\right)\left(\sum_{j=1}^{N} w_j q_{ij}^*\right)\right], \qquad (2.31)$$

$$b = \frac{1}{\Delta}\left[\sum_{j=1}^{N} w_j \sum_{j=1}^{N}\left(w_j q_{ij}^* q_{oj}^*\right) - \left(\sum_{j=1}^{N} w_j q_{ij}^*\right)\left(\sum_{j=1}^{N} w_j q_{oj}^*\right)\right], \qquad (2.32)$$

$$\Delta = \sum_{j=1}^{N} w_j \sum_{j=1}^{N} w_j q_{ij}^{*2} - \left(\sum_{j=1}^{N} w_j q_{ij}^*\right)^2, \qquad (2.33)$$

$N \qquad \triangleq$ numero di punti sperimentali,
$w_j = 1/\sigma_{q*ij}^2 \triangleq$ reciproco della varianza nella stima di q_{ij}^*.

Nel caso particolare di incertezze uguali per tutti i dati del campione ($w = w_j$), la soluzione si semplifica nella forma seguente:

$$a = \frac{1}{\Delta'}\left[\left(\sum_{j=1}^{N} q_{oj}^*\right)\sum_{j=1}^{N} q_{ij}^{*2} - \sum_{j=1}^{N}\left(q_{ij}^* q_{oj}^*\right)\left(\sum_{j=1}^{N} q_{ij}^*\right)\right], \qquad (2.34)$$

$$b = \frac{1}{\Delta'}\left[N\sum_{j=1}^{N}\left(q_{ij}^* q_{oj}^*\right) - \left(\sum_{j=1}^{N} q_{ij}^*\right)\left(\sum_{j=1}^{N} q_{oj}^*\right)\right], \qquad (2.35)$$

$$\Delta' = N\sum_{j=1}^{N} q_{ij}^{*2} - \left(\sum_{j=1}^{N} q_{ij}^*\right)^2. \qquad (2.36)$$

La *varianza campionaria* è pari a

$$\sigma_{q_o}^2 \approx s_{q_o}^2 = \frac{1}{N-2}\sum_{j=1}^{N}\left(a + b q_{ij}^* - q_{oj}^*\right)^2, \qquad (2.37)$$

mentre la varianza della stima dei parametri è pari a

$$\sigma_a^2 \approx s_a^2 = \frac{1}{\Delta}\sum_{j=1}^{N} w_j q_{ij}^{*2}, \qquad (2.38)$$

$$\sigma_b^2 \approx s_b^2 = \frac{1}{\Delta}\sum_{j=1}^{N} w_j, \qquad (2.39)$$

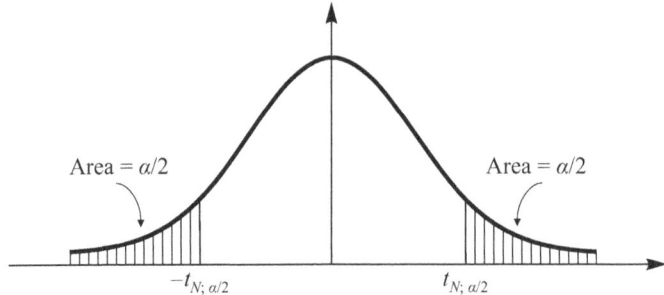

Figura 2.12 Distribuzione t di Student

ovvero, nel caso di incertezze uguali per tutti i dati del campione:

$$\sigma_a^2 \approx s_a^2 = \frac{\sigma_{q_o}^2}{\Delta'} \sum_{j=1}^{N} q_{ij}^{*2}, \qquad (2.40)$$

$$\sigma_b^2 \approx s_b^2 \approx N \frac{\sigma_{q_o}^2}{\Delta'}. \qquad (2.41)$$

La retta interpolante si può scrivere nella forma seguente:

$$q_o = (a \pm 3s_a) + (b \pm 3s_b)q_i, \qquad (2.42)$$

comprendendo il 99.7% dei dati se si assume una distribuzione Gaussiana dei parametri.

L'incertezza della stima campionaria è definita *incertezza esterna* ed è pari a

$$X_{e,(1-\alpha)} = \pm t_{N-2;\alpha/2}\sigma_{q_o}, \qquad (2.43)$$

$X_{e,(1-\alpha)} \triangleq$ incertezza esterna della stima campionaria con livello di confidenza $1-\alpha$,
$t_{N-2;\alpha/2} \triangleq t$ di Student con $N-2$ gradi di libertà per un livello di confidenza $1-\alpha$.

Si noti che l'intervallo di confidenza si riferisce alla probabilità di occorrenza della media di un campione di valori futuri. L'intervallo di previsione, invece, si riferisce alla probabilità di occorrenza di un singolo valore futuro. Maggiori dettagli sono riportati in [6].

La distribuzione t di Student, diagrammata in Figura 2.12 e con i valori in Tabella 2.2, dà conto delle dimensioni limitate del campione che non permettono di calcolare i valori veri dei parametri statistici [2], e tende alla distribuzione Gaussiana per $N > 20$.

Esempio 2.1 Calcolare il valore t di Student per un campione a 15 gradi di libertà con un livello di confidenza al 95%. Dai dati risulta $1-\alpha = 0.95$ da cui $\alpha = 0.05$. Dalla Tabella 2.2 per $N = 15$ risulta $t_{N;\alpha/2} = 2.131$.

2.1 Elementi funzionali di uno strumento di misura

Tabella 2.2 Valori numerici di $t_{N:\alpha/2}$ tali che $\text{Prob}[t_N > t_{N:\alpha/2}] + \text{Prob}[t_N < -t_{N:\alpha/2}] = \alpha$

N	α				
	0.20	0.10	0.05	0.02	0.01
1	3.078	6.314	12.706	31.821	63.657
2	1.886	2.920	4.303	6.965	9.925
3	1.638	2.353	3.182	4.541	5.841
4	1.533	2.132	2.776	3.747	4.604
5	1.476	2.015	2.571	3.365	4.032
6	1.440	1.943	2.447	3.143	3.707
7	1.415	1.895	2.365	2.998	3.499
8	1.397	1.860	2.306	2.896	3.355
9	1.383	1.833	2.262	2.821	3.250
10	1.372	1.812	2.228	2.764	3.169
11	1.363	1.796	2.201	2.718	3.106
12	1.356	1.782	2.179	2.681	3.055
13	1.350	1.771	2.160	2.650	3.012
14	1.345	1.761	2.145	2.624	2.977
15	1.341	1.753	2.131	2.602	2.947
16	1.337	1.746	2.120	2.583	2.921
17	1.333	1.740	2.110	2.567	2.898
18	1.330	1.734	2.101	2.552	2.878
19	1.328	1.729	2.093	2.539	2.861
20	1.325	1.725	2.086	2.528	2.845
21	1.323	1.721	2.080	2.518	2.831
22	1.321	1.717	2.074	2.508	2.819
23	1.319	1.714	2.069	2.500	2.807
24	1.318	1.711	2.064	2.492	2.797
25	1.316	1.708	2.060	2.485	2.787
40	1.303	1.684	2.021	2.423	2.704
60	1.296	1.671	2.000	2.390	2.660
120	1.289	1.658	1.980	2.358	2.617

L'incertezza esterna è una misura dell'errore medio della curva interpolante, oltre che un indicatore della bontà della scelta della funzione. Si può dimostrare [1] che gli stimatori a e b sono indistorti e con distribuzione correlata alla distribuzione t di Student secondo le relazioni seguenti:

$$X_{a,(1-\alpha)} = \pm t_{N-2;\alpha/2}\sigma_{q_o}\left[\frac{1}{N} + \frac{(\overline{q_i})^2}{\sum_{j=1}^{N}(q_{ij}^* - \overline{q_i})^2}\right]^{1/2}, \quad (2.44)$$

$$X_{b,(1-\alpha)} = \pm t_{N-2;\alpha/2}\sigma_{q_o}\left[\frac{1}{\sum_{j=1}^{N}(q_{ij}^* - \overline{q_i})^2}\right]^{1/2}, \quad (2.45)$$

$X_{a,(1-\alpha)} \triangleq$ incertezza della stima di a con livello di confidenza $1 - \alpha$,
$X_{b,(1-\alpha)} \triangleq$ incertezza della stima di b con livello di confidenza $1 - \alpha$.

L'incertezza della stima di un particolare valore di q_o, dato q_i, è definita *incertezza interna* e si calcola come segue:

$$X'_{q_or,(1-\alpha)}(q_i) = \pm t_{N-2;\alpha/2}\sigma'_{q_o}\left[\frac{1}{N} + \frac{(q_i - \overline{q_i})^2}{\sum_{j=1}^{N}(q_{ij}^* - \overline{q_i})^2}\right]^{1/2}, \qquad (2.46)$$

$X'_{q_or,(1-\alpha)}(q_i) \triangleq$ incertezza relativa della stima di q_o con il modello di regressione,
$\sigma'_{q_o} \triangleq$ deviazione standard relativa di q_o.

L'incertezza interna varia al variare di q_i, e può essere rappresentata come una coppia di curve che delimitano la curva interpolante.

Il valore stimato della variabile in ingresso è pari a

$$q_i = \frac{q_o - a}{b}, \qquad (2.47)$$

con varianza

$$\sigma_{q_i}^2 \approx s_{q_i}^2 = \frac{1}{N}\sum_{j=1}^{N}\left(\frac{q_{oj}^* - a}{b} - q_{ij}^*\right)^2 = \frac{s_{q_o}^2}{b^2}. \qquad (2.48)$$

La stima dell'errore di misura, spesso definito *errore di precisione* dello strumento, è fornita dall'equazione (2.48). Se si assume una distribuzione dell'errore di tipo Gaussiano, s, $2s$ e $3s$, corrispondono a una probabilità di non superamento, rispettivamente, del 68%, 95% e del 99.7%. Si definisce *errore probabile* l'errore corrispondente a una probabilità di non superamento (o di superamento) del 50%:

$$e_p = 0.674s, \qquad (2.49)$$

$e_p \triangleq$ errore probabile,
$s^2 \triangleq$ stima della varianza.

Nel caso in cui l'equazione (2.28) non sia soddisfatta, è possibile assumere un'incertezza nella stima della variabile in uscita pari alla quadratura dell'incertezza propria (diretta) e dell'incertezza dovuta alla variabile in ingresso (indiretta):

$$\sigma_{q_oT}^2 = \sigma_{q_oD}^2 + \sigma_{q_oI}^2 \equiv \sigma_{q_oD}^2 + \left(\frac{\partial q_o}{\partial q_i}\right)^2 \sigma_{q_i}^2, \qquad (2.50)$$

$\sigma_{q_oT,D,I}^2 \triangleq$ incertezza totale, propria (diretta) e indiretta della variabile in uscita.

In tal caso, la procedura è iterativa, assumendo in prima approssimazione $\sigma_{q_oI}^2 = 0$.

Infine, nel caso in cui risulti che l'incertezza nella stima della variabile dipendente sia molto minore di quella della variabile indipendente, cioè

$$\sigma_{q_o} \ll \sigma_{q_i}, \qquad (2.51)$$

2.1 Elementi funzionali di uno strumento di misura

è opportuno applicare il metodo dei minimi quadrati alla funzione inversa

$$q_i = \frac{1}{b}q_o - \frac{a}{b}, \qquad (2.52)$$

invertendo, quindi, variabile dipendente e variabile indipendente.

Una distribuzione Gaussiana è caratteristica di campioni con numerosità elevata, ma spesso le calibrazioni si basano su un campione limitato di dati ($N < 20$). Talvolta, i campioni possono essere caratterizzati da una distribuzione non Gaussiana; in tal caso, è opportuno applicare il metodo della massima verosimiglianza, tenendo in debito conto l'effettiva distribuzione dei campioni.

L'errore totale dello strumento può essere scomposto in un errore di *traslazione* (o *bias*) di tipo sistematico e in un *errore di precisione* (o di *non-ripetibilità*) di tipo accidentale.

L'errore di traslazione è indipendente dalla lettura e può essere eliminato mediante una traslazione della scala di lettura.

L'errore di precisione può essere stimato usando l'equazione (2.48).

È frequente l'indicazione dell'errore strumentale in percentuale rispetto al fondo scala; in tal caso, l'errore percentuale rispetto alla lettura cresce al ridursi della lettura. Talvolta, si indica l'errore in percentuale rispetto alla lettura con una soglia massima d'errore. Per esempio, se un manometro con *range* di misura 0–10^6 Pa ha come indicazione un errore pari all'1% della lettura e, comunque, non superiore a 100 Pa, significa che l'errore cresce linearmente da 0 a 10^4 Pa e si attesta al valore di 100 Pa nel *range* 10^4–10^6 Pa. In Figura 2.13 si riporta l'interpretazione grafica degli errori espressi sul fondo scala o sul valore locale.

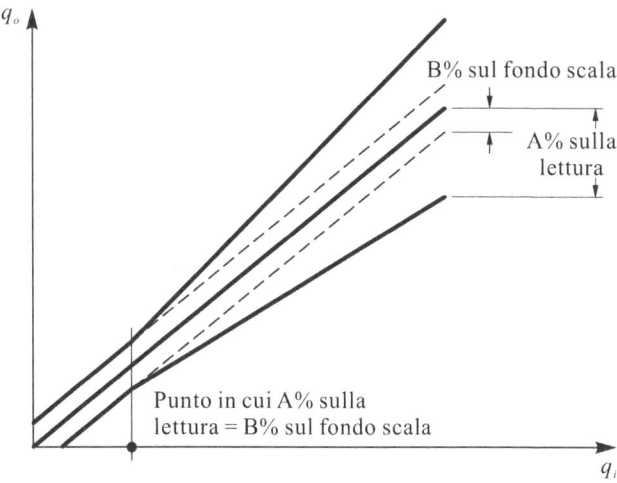

Figura 2.13 Curva caratteristica lineare e bande d'errore

2.1.8 Sensibilità e sensitività statica

Tracciata la curva di calibrazione statica dello strumento, definiamo *sensibilità statica* S la pendenza della curva, pari al rapporto tra la variazione della grandezza in uscita q_o e la corrispondente variazione della grandezza in ingresso q_i. Se lo strumento è lineare, la sensibilità è costante in tutto il *range* di portata, altrimenti la sensibilità è funzione del valore assunto dalla variabile in ingresso. Nel caso di un manometro Bourdon, per esempio, se la variazione di pressione di 1 kPa comporta una rotazione angolare della lancetta indicatrice di 2°, la sensibilità statica è pari a 2°/kPa. In molti strumenti è possibile modificare la sensibilità variando il *range* di portata. La sensibilità può essere aumentata amplificando il guadagno in uno degli stadi dello strumento. Ciò comporta, in genere, anche un'amplificazione del rumore. Inoltre, l'aumento della sensibilità comporta una riduzione della costante strumentale ed è comunque limitato dall'errore presunto e insito nel principio di funzionamento e nel trasduttore primario.

In termini analitici risulta:

$$S = \frac{dq_o}{dq_i} = \frac{df}{dq_i}, \qquad (2.53)$$

essendo f la curva di calibrazione dello strumento (Figura 2.14).

Nel caso del misuratore di livello dell'esempio precedente, la sensibilità è $S = 1/c_1$.

Si definisce *sensitività* s di uno strumento il rapporto tra la variazione della grandezza in ingresso q_i e la corrispondente variazione della grandezza in uscita q_o. In termini analitici risulta:

$$s = \frac{dq_i}{dq_o} = \frac{df^{-1}}{dq_o}, \qquad (2.54)$$

essendo f^{-1} la curva di taratura dello strumento (Figura 2.15).

Per il misuratore di livello mostrato come esempio, la sensitività è $s = c_1$.

Figura 2.14 Sensibilità S di uno strumento

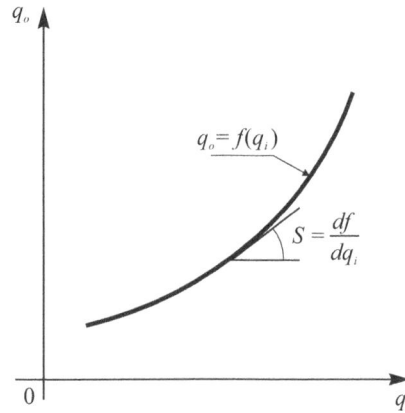

2.1 Elementi funzionali di uno strumento di misura

Figura 2.15 Sensitività s di uno strumento

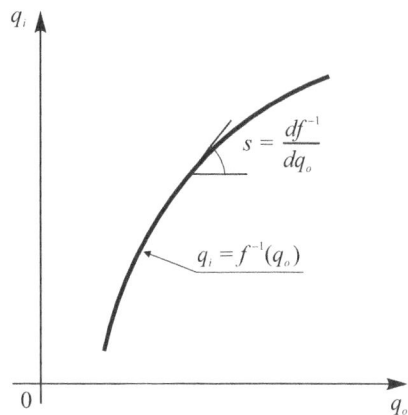

Esempio 2.2 Un misuratore di portata volumetrica a vortici, con portata 30 l/s, ha un errore presunto dell'1% sulla lettura e, comunque, non inferiore a 0.05 l/s. Il quadrante di lettura è digitale a due cifre intere e due cifre decimali, con unità di misura in l/s. È possibile selezionare due scale, la prima con portata 3 l/s, la seconda con portata massima. Per una portata fino a 3 l/s, l'errore atteso è costante ed è pari a 0.05 l/s; quindi, la seconda cifra decimale può variare discretamente di cinque unità in maniera coerente con le caratteristiche dello strumento, poiché la costante strumentale corrisponde all'errore atteso. Per portate maggiori, la costante strumentale è più piccola dell'errore atteso (l'errore atteso è pari a 0.2 l/s alla portata di 20 l/s, 0.3 l/s alla portata massima) e, quindi, la lettura al ventesimo di litro al secondo dà l'idea di una precisione superiore a quella effettiva. Per equiparare la costante strumentale alla precisione dello strumento, il valore decimale deve incrementare discretamente, con incremento pari all'1% della portata per valori di portata superiori alla portata minima.

Alcuni strumenti hanno un errore che si mantiene praticamente costante su due misure abbastanza vicine. Se lo strumento può misurare in differenziale, è possibile spingere la sensibilità (amplificando l'uscita) a valori inferiori all'errore atteso dello strumento, purché gli errori casuali non siano un fattore limitante. È questo il motivo per cui, per la misura di una pressione differenziale, è possibile far uso di un manometro con precisione anche inferiore alla minima differenza di pressione da misurare. I risultati sono comunque di gran lunga più affidabili di quelli ottenuti misurando separatamente le due pressioni e calcolandone la differenza.

La sensibilità statica dello strumento è, di norma, riferita alla variabile desiderata: se lo strumento è un termometro, la sensibilità statica è calcolata rispetto alla temperatura; se si tratta di un manometro, la sensibilità è calcolata rispetto alla pressione.

La temperatura è certamente un'interferenza per un manometro Bourdon, poiché provoca una dilatazione/contrazione del tubicino anche in assenza di variazioni di pressione sulla porta d'ingresso.

Ciò equivale a una *traslazione dello zero* che può essere quantificata mantenendo costante e nulla la pressione, e modificando la temperatura. Questa procedura equivale a una calibrazione dello strumento nei confronti dell'interferenza. Se la caratteristica rispetto all'interferenza è lineare, la traslazione dello zero si esprime in una rotazione della lancetta per variazione di temperatura, cioè in °/°C (ovvero in kPa/°C). Se non è lineare, la traslazione dello zero può essere espressa con un polinomio, oppure con una funzione a tratti (per esempio 0.01°/°C tra 10 °C e 20 °C, 0.005°/°C tra 20 °C e 40 °C ecc.). La temperatura è anche un effetto spurio, poiché modifica le caratteristiche meccaniche dei componenti e, quindi, influenza la risposta dello strumento rispetto alla variabile desiderata; difatti, il modulo di Young del tubicino è funzione della temperatura e, di conseguenza, la rigidezza del tubicino varia al variare della temperatura. A parità di pressione agente sulla porta, la deformazione del tubicino e, conseguentemente, la rotazione angolare della lancetta, è funzione della temperatura. Questo fenomeno equivale a una dipendenza della curva di calibrazione dalla temperatura e corrisponde a una *traslazione della sensibilità statica*, espressa, nel caso in esame, dalla rotazione della lancetta per variazione di temperatura e di pressione, cioè in °/°C/kPa (ovvero in kPa/°C/kPa). La traslazione della sensibilità statica viene misurata eseguendo una serie di calibrazioni rispetto alla variabile desiderata, ognuna a un valore noto e costante (durante ogni prova) della temperatura. La traslazione dello zero e della sensibilità statica devono essere quantificate con riferimento alla *temperatura nominale di funzionamento* del manometro. Gli effetti della temperatura sono riportati in Figura 2.16.

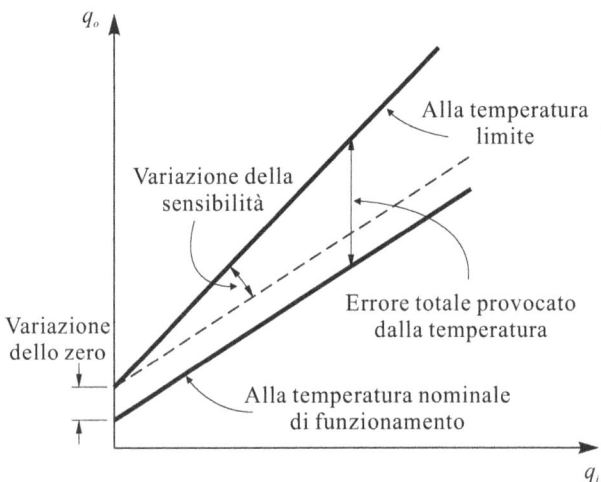

Figura 2.16 Effetti della temperatura sulla caratteristica di uno strumento lineare

2.1 Elementi funzionali di uno strumento di misura

La conoscenza della risposta dello strumento alle interferenze e agli effetti spuri permette una correzione dell'uscita dello strumento. In presenza di interferenze ed effetti spuri dovuti ad altre variabili, la procedura viene ripetuta per ogni variabile non desiderata. Per ogni strumento, il costruttore (o il laboratorio di calibrazione) deve fornire le indicazioni necessarie per quantificare le interferenze e gli effetti spuri di ogni variabile non desiderata, nonché l'indicazione specifica delle condizioni nominali di funzionamento dello strumento.

Esempio 2.3 Un manometro con portata 10 bar ha una scala di lettura con lancetta che ruota da $0°$ a $270°$. La traslazione dello zero è di $(1/10)°/°C$, la traslazione della sensibilità è di $0.01°/°C/bar$. La temperatura nominale di funzionamento è $20\,°C$. Se la lettura sul quadrante è di 2.8 bar misurati a $34\,°C$, calcoliamo la pressione applicata alla porta.

La traslazione dello zero è pari a $(1/10)°/°C \times (34\,°C - 20\,°C) = +1.4°$. La sensibilità statica passa da $270°/10\,bar \equiv 27°/bar$ a $27°/bar + 0.01°/°C/bar \times (34\,°C - 20\,°C) = 27.14°/bar$. La lettura sul quadrante corrisponde alla calibrazione eseguita in condizioni nominali di funzionamento, e soddisfa la seguente relazione:

$$\alpha = a_{T_{nom}} + b_{T_{nom}} p_{app}. \tag{2.55}$$

$\alpha \triangleq$ rotazione della lancetta in gradi sessadecimali,
$a_{T_{nom}} = 0 \triangleq$ traslazione dello zero alla temperatura nominale,
$b_{T_{nom}} = 27°/bar \triangleq$ sensibilità statica alla temperatura nominale,
$p_{app} = 2.8\,bar \triangleq$ pressione apparente.

Poiché le condizioni di funzionamento non sono nominali, la lettura al quadrante soddisfa la seguente relazione:

$$\alpha = a_{T_f} + b_{T_f} p, \tag{2.56}$$

$\alpha \triangleq$ rotazione della lancetta in gradi sessadecimali,
$a_{T_f} = +1.4° \triangleq$ traslazione dello zero alla temperatura di funzionamento,
$b_{T_f} = 27.14°/bar \triangleq$ sensibilità statica alla temperatura di funzionamento,
$p \triangleq$ pressione agente sulla porta del manometro.

La lettura di 2.8 bar equivale a una rotazione della lancetta di $27°/bar \times 2.8\,bar = 75.6°$. A tale rotazione corrisponde, alla temperatura di funzionamento, una pressione agente sulla porta pari a

$$p = \frac{\alpha - a_{T_f}}{b_{T_f}} = \frac{75.6° - 1.4°}{27.14°/bar} = 2.73\,bar. \tag{2.57}$$

Globalmente, l'effetto della temperatura porta a una sovrastima della pressione di un valore pari a 0.07 bar. Questa correzione deve essere rapportata alla precisione dello strumento. Nel caso in esame, se il manometro è di classe 1, la precisione è pari a 0.1 bar, valore superiore alla correzione apportata per effetto della temperatura.

In alcuni strumenti controllati da microprocessore, le variabili che generano interferenza, o effetti spuri, vengono misurate in modo da procedere alla correzione automatica della misura. È piuttosto frequente, per esempio, la presenza di termistori nei misuratori di livello a Ultrasuoni, per la correzione automatica della celerità di propagazione degli Ultrasuoni e per la compensazione dell'effetto della temperatura sulla misura della distanza.

2.1.9 Linearità

La linearità di uno strumento deriva dal principio fisico su cui si basa e da un'opportuna realizzazione e assemblaggio dei vari stadi. Per esempio, un trasduttore di forza ottenuto con *strain gages* incollati sulle facce superiore e inferiore di una mensola, è intrinsecamente lineare, purché le deformazioni siano contenute entro i limiti di comportamento elastico lineare del materiale e di comportamento lineare degli *strain gages*. A rigore, si dovrebbe anche analizzare la linearità del ponte di Wheatstone che connette gli *strain gages* e dell'amplificatore che amplifica il segnale elettrico. In tutti i casi reali, la curva di calibrazione (o di taratura) sperimentale non è una retta. Tuttavia, è vantaggioso approssimare una retta ai punti sperimentali, definita *retta di riferimento*. Definiamo *non-linearità* di uno strumento il massimo scostamento tra i punti sperimentali e la retta caratteristica di riferimento. Se la retta di riferimento è ottenuta ai minimi quadrati, la non-linearità è definita *non-linearità ai minimi quadrati*; se la retta di riferimento passa per gli estremi del ciclo di calibrazione, la non-linearità è definita *non-linearità terminale*; se la retta di riferimento è intermedia tra le due rette estreme, è definita *non-linearità indipendente* (Figura 2.17). La non-linearità è espressa come percentuale del valore della lettura, come percentuale del *FSO* oppure in maniera combinata.

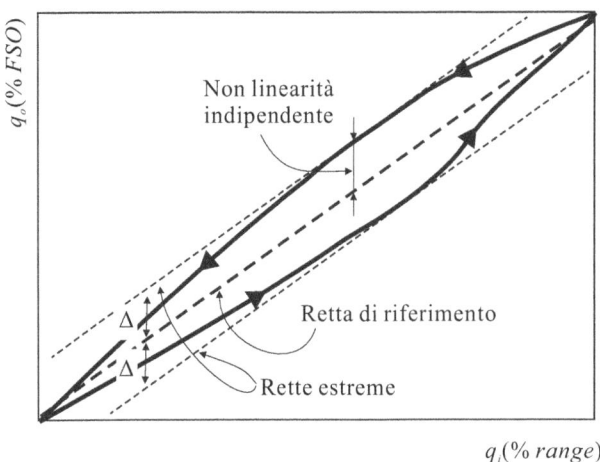

Figura 2.17 Non-linearità indipendente di uno strumento

Alcuni strumenti sono intrinsecamente non lineari. Così, per esempio, tutti gli strumenti di misura della portata volumetrica basati sulla misura della pressione differenziale, a monte e a valle di una sezione ristretta, sono non lineari poichè l'uscita varia secondo la radice quadrata della pressione differenziale stessa. Per semplicità d'uso e per i grandi vantaggi legati alla linearità, quanto meno per la visualizzazione analogica della misura, è frequente l'introduzione di uno stadio di linearizzazione del segnale. Lo stadio è, in genere, di tipo elettronico (più raramente è di tipo meccanico) e consiste quasi sempre in un microprocessore che esegue le operazioni di trasformazione. Tuttavia, la linearizzazione del segnale di uscita della misura non equivale a una sensibilità costante. La sensibilità è sempre vincolata al principio di funzionamento del trasduttore e non dipende dal condizionamento del segnale in uscita. Per i misuratori di portata a pressione differenziale, per esempio, anche se il segnale elettrico in uscita è linearizzato, la sensibilità è massima a basse portate ed è inversamente proporzionale alla lettura.

2.1.10 Regressione multipla

Nello studio della calibrazione statica di uno strumento abbiamo introdotto la regressione lineare con caratteristica lineare, consistente in un modello a due parametri (intercetta e pendenza della retta interpolante). La scelta di una curva di calibrazione lineare si basa, di norma, sulle caratteristiche intrinseche e sul principio di funzionamento di uno strumento. Tuttavia, spesso tale scelta è una forzatura giustificata dai vantaggi che derivano da uno strumento a caratteristica lineare. In molti casi, il modello più adatto non è lineare. Per esempio, la Figura 2.18 riporta la caratteristica di un misuratore di concentrazione di bolle d'aria in acqua. In ascissa

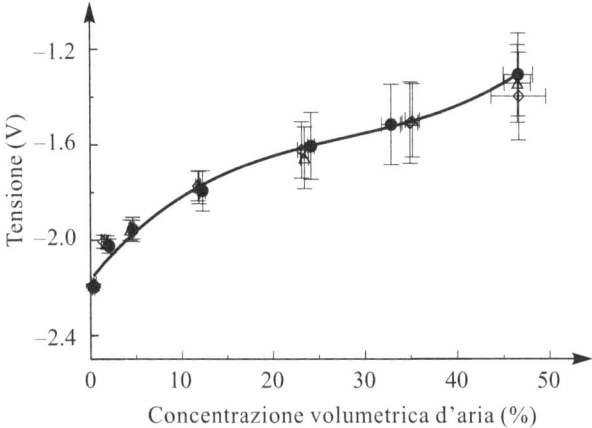

Figura 2.18 Curva di calibrazione non lineare di una sonda di concentrazione volumetrica di aria in acqua [4]

è riportata la concentrazione volumetrica d'aria, in ordinata la tensione in uscita dal circuito di misura a variazione d'impedenza.

In altri casi, lo strumento di misura deve avere un'incertezza molto piccola, con un errore inferiore al classico valore dell'1% tipico di molti strumenti a uso industriale. Per raggiungere livelli di elevata precisione e accuratezza, si rende necessario implementare direttamente nella curva di calibrazione le interferenze e gli effetti spuri, anziché valutare e correggere *a posteriori* il loro effetto sulla misura.

Dal principio di funzionamento dello strumento e dalle caratteristiche costruttive, è possibile spesso ricavare un modello teorico che contempla gli effetti della variabile desiderata, le interferenze e gli effetti spuri. Tuttavia, il modello teorico si basa quasi sempre su una serie di approssimazioni. È molto più efficace formulare un modello quasi-teorico, con un certo numero di gradi di libertà, e adattarlo ai risultati sperimentali, utilizzando il criterio dei minimi quadrati o della massima verosimiglianza.

La formulazione del modello quasi-teorico si basa sull'esperienza; la scelta del miglior modello ricade su quello che minimizza una funzione dello scarto medio tra valori sperimentali e valori derivanti dal modello stesso. Una struttura del modello, che possa essere trattata matematicamente con relativa semplicità, richiede una dipendenza lineare dei parametri, ed è del tipo

$$q_0 = b_0 + b_1 f_1(q_{1i}, q_{2i}, \ldots, q_{ni}) + \\ b_2 f_2(q_{1i}, q_{2i}, \ldots, q_{ni}) + \ldots + b_n f_n(q_{1i}, q_{2i}, \ldots, q_{ni}), \quad (2.58)$$

$b_0, b_1, \ldots, b_n \triangleq$ parametri,
$f_1, f_2, \ldots, f_n \triangleq$ funzioni generiche,
$q_{1i}, q_{2i}, \ldots, q_{ni} \triangleq$ variabili indipendenti (variabile desiderata, interferenze, effetti spuri).

Le funzioni non devono essere necessariamente lineari. I parametri possono essere stimati con il metodo dei minimi quadrati, ed è necessario eseguire almeno $n+1$ letture.

Definiamo *residuo* la differenza tra il valore di q_o misurato e il valore calcolato sulla base del modello. La procedura da adottare è la seguente: a) costruiamo la funzione *errore totale* come somma dei quadrati dei residui; b) imponiamo che la funzione errore totale assuma valore minimo risolvendo il set di equazioni lineari che si ottiene annullando le derivate parziali rispetto a ognuno dei parametri.

La scelta del numero dei parametri e del miglior modello è quella che soddisfa l'incertezza richiesta. Per esempio, se l'incertezza massima tollerabile è dello 0.05%, il miglior modello deve essere tale da dar luogo a uno scarto assoluto, rispetto ai punti di calibrazione, non superiore allo 0.05%. Per ottenerlo, la procedura consiste nel formulare un modello con un numero di parametri anche maggiore; quindi, si calcola lo scarto massimo di ogni sottomodello ottenuto eliminando uno o più parametri, con tutte le possibili combinazioni. Per esempio, partendo da un modello a 4 parametri, del tipo:

$$q_o = b_0 + b_1 q_{1i} + b_2 q_{1i} q_{2i} + b_3 q_{1i} q_{2i}^2, \qquad (2.59)$$

i sottomodelli a 3 parametri sono 4, i sottomodelli a 2 parametri sono 6, i sottomodelli a 1 parametro sono 4, per un totale di 15 modelli (incluso il modello completo) da testare. Per un modello completo a k parametri, il numero totale di sottomodelli è pari a

$$\sum_{k=1}^{n} \binom{k}{n} = \sum_{k=1}^{n} \frac{k!}{n!(k-n)!}, \qquad (2.60)$$

e cresce rapidamente al crescere di n.

Come già detto, il minimo numero di letture per eseguire l'adattamento è pari al numero di parametri; tuttavia, per una stima affidabile, è opportuno eseguire un numero di letture molto maggiore del numero strettamente necessario.

2.2 Sistemi dinamici lineari

Un sistema dinamico lineare ha un comportamento descrivibile con un'equazione differenziale lineare del tipo [3, 5]:

$$a_n \frac{d^n q_o}{dt^n} + a_{n-1} \frac{d^{n-1} q_o}{dt^{n-1}} + \ldots + a_1 \frac{dq_o}{dt} + a_0 q_o =$$
$$b_m \frac{d^m q_i}{dt^m} + b_{m-1} \frac{d^{m-1} q_i}{dt^{m-1}} + \ldots + b_1 \frac{dq_i}{dt} + b_0 q_i, \qquad (2.61)$$

$q_o \qquad \stackrel{\triangle}{=}$ risposta (segnale in uscita) del sistema,
$q_i \qquad \stackrel{\triangle}{=}$ eccitazione (segnale in ingresso) del sistema,
$t \qquad \stackrel{\triangle}{=}$ tempo (o qualunque altra variabile indipendente),
$a_0, a_1, \ldots, a_n, b_0, b_1, \ldots, b_m \stackrel{\triangle}{=}$ parametri del sistema.

L'ordine del sistema è pari a n e si suppone $n \geq m$. Questa condizione è necessaria per garantire la realizzabilità fisica del sistema: se non fosse soddisfatta, a un'eccitazione di frequenza infinita corrisponderebbe una risposta di ampiezza illimitata.

Il membro a destra rappresenta la forzante del sistema ed è esprimibile come una funzione $f(t)$, se sono noti i parametri $b_0, b_1, \ldots, b_m$ e l'eccitazione del sistema $q_i(t)$.

La maggior parte dei sistemi reali sono non-lineari o quasi-lineari (la quasi-linearità ammette una dipendenza dei parametri fisici dalla variabile indipendente t, ma non dalla variabile dipendente). Spesso, l'analisi del comportamento dei sistemi viene eseguita linearizzando l'equazione nell'intorno del punto di funzionamento.

Assegnare un sistema significa definire i valori dei parametri e l'ordine n del sistema. Per calcolare la risposta del sistema, è necessario conoscere le condizioni iniziali e l'eccitazione (problema ai valori iniziali).

L'equazione differenziale (2.61) può essere risolta facendo uso dei metodi classici. Se il sistema è assegnato, e se è nota la forzante, la soluzione (cioè la risposta $q_o(t)$), si ottiene nel modo seguente:

a) risolvendo l'equazione differenziale omogenea associata

$$a_n \frac{d^n q_o}{dt^n} + a_{n-1} \frac{d^{n-1} q_o}{dt^{n-1}} + \ldots + a_1 \frac{dq_o}{dt} + a_0 q_o = 0, \qquad (2.62)$$

determinando, cioè, l'integrale $q_{oc}(t)$ definito a meno delle costanti d'integrazione, in numero pari all'ordine del sistema;
b) calcolando l'integrale particolare $q_{op}(t)$ in presenza della forzante $f(t)$;
c) sommando $q_{oc}(t) + q_{op}(t) \equiv q_o(t)$ e determinando le costanti d'integrazione sulla base delle condizioni iniziali. Il termine "condizioni iniziali" si riferisce al caso più frequente in cui la variabile indipendente è il tempo e il dominio di integrazione è $[0, T]$. Se il dominio di integrazione non è specificato, si intende $t > 0$.

L'integrale dell'equazione omogenea associata si ottiene cercando una soluzione del tipo:

$$q_o(t) = e^{\lambda t}. \qquad (2.63)$$

Sostituendo nell'equazione omogenea (2.62), risulta:

$$e^{\lambda t} \left(a_n \lambda^n + a_{n-1} \lambda^{n-1} + \ldots + a_1 \lambda + a_0 \right) = 0, \qquad (2.64)$$

che ammette n radici pari agli zeri dell'equazione caratteristica:

$$a_n \lambda^n + a_{n-1} \lambda^{n-1} + \ldots + a_1 \lambda + a_0 = 0. \qquad (2.65)$$

L'equazione caratteristica è polinomiale e ammette soluzioni analitiche per $n \leq 4$. Per $n > 4$, le soluzioni possono essere determinate solo numericamente. Esistono, comunque, n soluzioni del tipo riportato nell'espressione (2.63), ognuna corrispondente a una radice dell'equazione caratteristica. Si può dimostrare che se il determinante del Wronskiano

$$W_{ij} = \frac{d^{j-1} q_{oi}}{dt^{j-1}}, \qquad (2.66)$$

$q_{oi} \triangleq \exp(\lambda_i t)$,
$\lambda_i \triangleq i$-esima radice dell'equazione caratteristica,

2.2 Sistemi dinamici lineari

non è identicamente nullo, allora l'integrale generale dell'equazione omogenea associata è esprimibile come segue:

$$q_{oc}(t) = c_1 \exp(\lambda_1 t) + c_2 \exp(\lambda_2 t) + \ldots + c_n \exp(\lambda_n t), \qquad (2.67)$$

$c_1, c_2, \ldots, c_n \triangleq$ costanti di integrazione.

Per il caso di radici reali multiple, l'integrale generale dell'equazione omogenea associata è esprimibile come segue:

$$q_{oc}(t) = \left(c_1 + c_2 t + \ldots + c_k t^{k-1}\right) \exp(\lambda_1 t) + \ldots + c_n \exp(\lambda_n t), \qquad (2.68)$$

$\lambda_1 \triangleq$ radice dell'equazione caratteristica di molteplicità k.

Le radici complesse sono sempre presenti in coppie di valori coniugati.

Nel caso di coppie di radici complesse e coniugate a molteplicità semplice, l'integrale generale dell'equazione omogenea associata è esprimibile come segue:

$$\begin{aligned} q_{oc}(t) = &\, c_1 \exp[\text{Re}(\lambda_1)t](\cos[\text{Im}(\lambda_1)t + c_2]) + \\ &\, c_3 \exp(\lambda_3 t) + \ldots + c_n \exp(\lambda_n t), \end{aligned} \qquad (2.69)$$

$\lambda_1, \lambda_2 \triangleq$ coppia di radici complesse coniugate,
$\text{Re}(\ldots), \text{Im}(\ldots) \triangleq$ parte reale, parte immaginaria.

Nel caso di coppie di radici complesse e coniugate a molteplicità > 1, l'integrale generale dell'equazione omogenea associata è esprimibile nel modo seguente:

$$\begin{aligned} q_{oc}(t) = &\, \{c_1 + c_3 t + \ldots + c_k t^{k-1}\} \exp[\text{Re}(\lambda_1)t](\cos[\text{Im}(\lambda_1)t + c_2]) + \ldots + \\ &\, c_n \exp(\lambda_n t), \end{aligned} \qquad (2.70)$$

$(\lambda_1, \lambda_2) \triangleq$ coppia di radici complesse coniugate di molteplicità k.

L'integrale particolare si ottiene applicando il metodo della variazione della costante arbitraria, con specifiche semplificazioni nel caso in cui i coefficienti a_i siano indipendenti dal tempo (equazione differenziale lineare), oppure quando la forzante $f(t)$ è di forma particolare. Il metodo è applicabile se la forzante ha derivata non nulla fino a un ordine finito (per esempio, la forzante è un polinomio), oppure ha derivate che si ripetono ciclicamente (per esempio, la forzante è una combinazione di funzioni seno e/o coseno).

Molto frequentemente, si incontra un problema ai valori iniziali che richiede la determinazione delle n costanti in modo che la risposta q_o assuma, con le sue derivate sino alla derivata di ordine $n - 1$, valori prefissati a un dato istante t_0. Si dimostra che, se il determinante del Wronskiano è non nullo, esiste un solo integrale di un'equazione differenziale lineare che verifichi un assegnato sistema di condizioni iniziali.

In virtù della linearità del problema differenziale, la risposta del sistema può ottenersi anche:

1. annullando l'eccitazione e calcolando la soluzione dell'equazione differenziale omogenea associata con le condizioni iniziali. L'integrale che si ottiene viene definito *evoluzione libera* del sistema, che si può intendere come la risposta del sistema a un'eccitazione negli istanti $t < 0$. L'evoluzione libera dipende unicamente dalle condizioni iniziali;
2. calcolando l'integrale particolare dell'equazione differenziale corrispondente all'eccitazione e con condizioni iniziali omogenee. L'integrale particolare deve essere di classe C_{n-1} con derivate tutte nulle all'istante $t = 0^-$.

La risposta è pari alla somma dell'evoluzione libera e dell'evoluzione forzata. Infatti, è implicito nella definizione di sistema lineare che, se $q_{1o}(t)$ e $q_{2o}(t)$ sono la risposta a due eccitazioni $f_1(t)$ e $f_2(t)$, per una qualunque coppia di costanti k_1 e k_2 la risposta a una eccitazione $k_1 f_1(t) + k_2 f_2(t)$ è $k_1 q_{1o}(t) + k_2 q_{2o}(t)$.

L'equazione differenziale lineare (2.61) può essere scritta in forma simbolica come segue:

$$(a_n D^n + a_{n-1} D^{n-1} + \ldots + a_1 D + a_0) q_o = \\ (b_m D^m + b_{m-1} D^{m-1} + \ldots + b_1 D + b_0) q_i, \quad (2.71)$$

$D \triangleq d/dt$.

Un sistema che, sollecitato da un ingresso q_i fornisce una risposta q_o, è convenzionalmente caratterizzato dalla seguente funzione di trasferimento:

$$\frac{q_o}{q_i}(D) = \frac{b_m D^m + b_{m-1} D^{m-1} + \ldots + b_1 D + b_0}{a_n D^n + a_{n-1} D^{n-1} + \ldots + a_1 D + a_0}, \quad (2.72)$$

$\frac{q_o}{q_i}(D) \triangleq$ operatore simbolico.

L'operatore simbolico definito dall'equazione (2.72) non rappresenta il rapporto istantaneo tra segnale in uscita e segnale in ingresso al sistema, ma riassume in forma compatta il processo di trasferimento che avviene all'interno del sistema stesso. Per questo motivo, l'operatore simbolico viene definito *funzione di trasferimento operazionale*.

Esempio 2.4 Consideriamo un galleggiante sollecitato da una forza in direzione verticale. Il moto è descritto dalla seguente equazione differenziale:

$$M \frac{d^2 x}{dt^2} + \beta \frac{dx}{dt} + Ax = F(t), \quad (2.73)$$

$x \triangleq$ spostamento verticale, positivo verso l'alto,
$M \triangleq$ massa del galleggiante e massa aggiunta del fluido,

2.2 Sistemi dinamici lineari

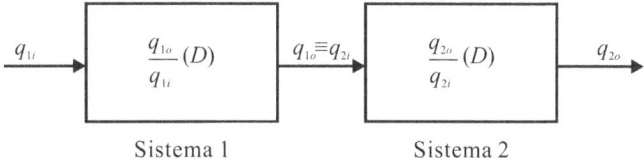

Figura 2.19 Sistemi lineari in cascata

$\beta \triangleq$ coefficiente di smorzamento,
$A \triangleq$ area della sezione di sponda,
$F(t) \triangleq$ forza in direzione verticale.

Nel caso più generale, il sistema è non-lineare poiché la massa aggiunta del fluido e il coefficiente di smorzamento dipendono dal regime di moto (e quindi da dx/dt). Inoltre, se il galleggiante non è cilindrico, l'area della sezione di sponda A è funzione di x. Assumendo oscillazioni di piccola ampiezza, a frequenza sufficientemente bassa, il regime è viscoso e, quindi, M e β sono praticamente costanti. Analogamente, A si può assumere costante e l'equazione differenziale (2.73) è lineare. Supponendo che la forza in direzione verticale sia esprimibile nella forma

$$F(t) = b_m \frac{d^m q_i}{dt^m} + b_{m-1} \frac{d^{m-1} q_i}{dt^{m-1}} + \ldots + b_1 \frac{dq_i}{dt} + b_0 q_i, \qquad (2.74)$$

la funzione di trasferimento del sistema è la seguente:

$$\frac{x}{q_i}(D) = \frac{b_m D^m + b_{m-1} D^{m-1} + \ldots + b_1 D + b_0}{MD^2 + \beta D + A}. \qquad (2.75)$$

L'uso della funzione di trasferimento, anche se in forma simbolica, semplifica l'interpretazione di sistemi complessi. Così, per esempio, assegnati due sistemi lineari 1 e 2 in cascata, caratterizzati rispettivamente da funzioni di trasferimento $\frac{q_{1o}}{q_{1i}}(D)$ e $\frac{q_{2o}}{q_{2i}}(D)$, la funzione di trasferimento equivalente è pari al prodotto $\frac{q_{1o}}{q_{1i}}(D) \cdot \frac{q_{2o}}{q_{2i}}(D)$, dato che l'uscita del sistema 1 rappresenta l'ingresso del sistema 2 (Figura 2.19).

2.2.1 La trasformata di Laplace

La trasformata di Laplace è una trasformata funzionale che associa biunivocamente uno spazio di funzioni a un altro spazio di funzioni. Il vantaggio nell'uso di trasformate funzionali, consiste nella maggiore semplicità offerta dal nuovo spazio per l'esecuzione di alcune operazioni (per esempio derivazioni, integrazioni ecc.), ovvero nella maggiore compattezza di rappresentazione delle funzioni. In maniera del tutto analoga, le trasformazioni di coordinate vengono eseguite perché nello spazio vettoriale trasformato alcune operazioni sono facilitate. Per esempio, il calcolo del volume di una sfera, o di un guscio sferico, è enormemente semplificato se si opera in coordinate sferiche, anziché in coordinate cartesiane ortogonali.

Convenzionalmente, le funzioni che descrivono un processo in uno spazio fisico sono definite *funzioni oggetto* e le funzioni trasformate sono definite *funzioni immagine*. Il passaggio dalle funzioni oggetto alle funzioni immagine viene definito *trasformazione*. Il passaggio inverso, sempre possibile in maniera univoca, viene definito *antitrasformazione*.

Data una funzione $f(t)$ reale, o complessa, di variabile reale, la sua trasformata di Laplace è la funzione complessa di variabile complessa $F(s)$, definita come

$$F(s) = \int_0^\infty f(t) \exp(-st) dt, \qquad (2.76)$$

$s \triangleq$ variabile complessa.

Corrispondentemente, l'antitrasformata di $F(s)$ è pari a:

$$f(t) = \frac{1}{2\pi i} \int_{\sigma_0 - i\infty}^{\sigma_0 + i\infty} F(s) \exp(st) ds, \qquad (2.77)$$

$i \equiv \sqrt{-1} \triangleq$ unità immaginaria.

In forma simbolica:

$$F(s) = \mathcal{L}[f(t)], \qquad (2.78)$$

$$f(t) = \mathcal{L}^{-1}[F(s)]. \qquad (2.79)$$

Per applicare la trasformata di Laplace, si richiede che $f(t) = 0$ per $t < 0$. Questa condizione è necessaria non tanto per la trasformabilità, quanto per la biunivocità della trasformazione, dato che l'antitrasformata della trasformata di una funzione è nulla per $t < 0$, anche se la funzione è ivi non nulla.

L'operatore di Laplace $\mathcal{L}$ è lineare e, quindi, per una coppia di funzioni $\mathcal{L}$-trasformabili, e per una qualunque coppia di costanti complesse, risulta:

$$\mathcal{L}[c_1 f_1(t) + c_2 f_2(t)] = c_1 \mathcal{L}[f_1(t)] + c_2 \mathcal{L}[f_2(t)]. \qquad (2.80)$$

Inoltre, la trasformata di Laplace calcolata in valori coniugati della variabile s è uguale alla coniugata della trasformata di Laplace calcolata nella variabile s (*proprietà di coniugazione*):

$$F(s^*) = F^*(s), \qquad (2.81)$$

$* \triangleq$ valore coniugato.

2.2 Sistemi dinamici lineari

Tabella 2.3 Trasformate di Laplace di alcune funzioni elementari

$f(t)$	$F(s)$
$H(t)$	$1/s$
t	$1/s^2$
t^2	$2/s^3$
e^{-at}	$1/(s+a)$
$\sin at$	$a/(s^2+a^2)$
$\cos at$	$s/(s^2+a^2)$

Numerose trasformate di Laplace di funzioni correntemente in uso nell'analisi dei sistemi lineari, si ottengono dalla relazione

$$\mathcal{L}[t^n e^{at}] = \frac{n!}{(s-a)^{n+1}}. \tag{2.82}$$

Alcune trasformate di uso più frequente sono riportate in Tabella 2.3.

Per la trasformata di Laplace valgono i seguenti teoremi:

Teorema della traslazione nel tempo

$$\mathcal{L}[f(t-t_0)] = e^{-st_0}\mathcal{L}[f(t)]. \tag{2.83}$$

Esempio 2.5 La trasformata di Laplace della funzione $f(t)=3t$ è uguale a $F(s)=3/s^2$. La trasformata della funzione $f'(t)=3(t-t_0)$ è uguale a $F'(s)=e^{-st_0}(3/s^2)$. t_0 viene definito un ritardo finito.

Teorema della traslazione in s

$$\mathcal{L}[f(t)e^{-at}] = F(s+a). \tag{2.84}$$

Teorema della trasformata integrale

$$\mathcal{L}\left[\int_0^t f(t)dt\right] = \frac{1}{s}\mathcal{L}[f(t)] + \frac{1}{s}f^{(-1)}(0), \tag{2.85}$$

$f^{(-1)}(0) \triangleq$ valore dell'integrale all'estremo inferiore.

Esempio 2.6 La trasformata di Laplace della funzione $f(t)=5t^2$ è $F_1(s)=10/s^3$. La trasformata della funzione $\int_0^t 5t^2 dt = \frac{5}{3}t^3$ è $F_2(s) = \frac{5}{3}\frac{3!}{s^4} \equiv \frac{10}{s^4}$. Allo stesso risultato si perviene moltiplicando per $1/s$ la funzione $F_1(s)$.

Teorema della trasformata della derivata

$$\mathcal{L}\left[\frac{Df(t)}{Dt}\right] = s\mathcal{L}[f(t)] - f(0^+). \tag{2.86}$$

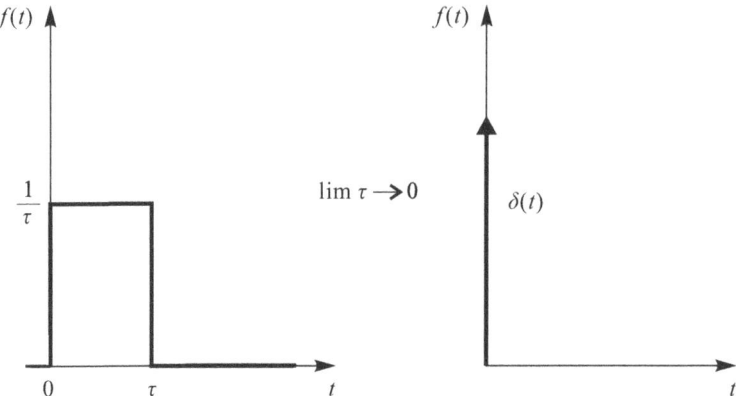

Figura 2.20 La funzione impulso di Dirac

Se la trasformata di Laplace deve essere utilizzata per la soluzione di problemi ai valori iniziali, il teorema (2.86) non è sufficiente, poiché introduce il valore della funzione per $t = 0^+$, mentre le condizioni iniziali sono imposte per $t = 0^-$. Si rende necessario, quindi, estendere il concetto di derivata definendo la *derivata generalizzata*.

Per definire la derivata generalizzata, è necessario prima introdurre una funzione speciale. Definiamo *impulso di Dirac* un processo limite che si ottiene facendo tendere a zero il parametro τ della funzione rappresentata in Figura 2.20.

L'area sottesa rimane unitaria e l'ampiezza tende a infinito per una durata infinitesima. L'impulso di Dirac è definito con il simbolo $\delta(t)$ e assume valore unitario per $t = 0$ e valore nullo a ogni altro istante. L'impulso di Dirac rappresenta la *derivata generalizzata* della funzione a gradino unitario, che è caratterizzata da una discontinuità nell'origine. Per il calcolo della trasformata di Laplace della funzione di Dirac, descriviamo la funzione a sinistra, in Figura 2.20, come somma di due gradini di ampiezza $1/\tau$ e $-1/\tau$ rispettivamente, il primo applicato all'istante $t = 0$ e il secondo applicato all'istante $t = \tau$. Applicando il teorema della traslazione nel tempo, e la linearità dell'operatore trasformata di Laplace, risulta:

$$F(s, \tau) = \frac{1}{s\tau}(1 - e^{-\tau s}). \tag{2.87}$$

Il limite

$$\lim_{\tau \to 0} F(s, \tau) \equiv \mathcal{L}[\delta(t)] = 1 \tag{2.88}$$

si calcola applicando la regola di De l'Hospital. Quindi, la trasformata di Laplace di un impulso è unitaria. Applicando il teorema sulla derivata (2.86), si verifica immediatamente che la trasformata di un gradino (che è l'integrale di un impulso) è pari a $1/s$.

2.2 Sistemi dinamici lineari

Sia $f(t)$ una funzione discontinua in $t = 0$; si può rappresentare come una funzione $g(t)$ continua in $t = 0^+$ più un gradino di ampiezza $f(0^+) - f(0^-)$, definito dalla funzione $[f(0^+) - f(0^-)]H(t)$. La funzione $H(t)$ è la funzione di Heaviside e rappresenta, appunto, un gradino unitario all'istante $t = 0$. Per la linearità dell'operatore derivata, risulta:

$$\frac{Df(t)}{Dt} = \frac{Dg(t)}{Dt} + [f(0^+) - f(0^-)]\frac{DH(t)}{Dt} \equiv \frac{Dg(t)}{Dt} + [f(0^+) - f(0^-)]\delta(t). \tag{2.89}$$

Applicando il teorema sulla derivata (2.86), risulta:

$$\mathcal{L}\left[\frac{Df(t)}{Dt}\right] = s\mathcal{L}[f(t)] - f(0^+) + \mathcal{L}[[f(0^+) - f(0^-)]\delta(t)] = s\mathcal{L}[f(t)] - f(0^-). \tag{2.90}$$

Di conseguenza, il teorema della derivata (2.86) è esprimibile come segue:

$$\mathcal{L}\left[\frac{Df(t)}{Dt}\right] = s\mathcal{L}[f(t)] - f(0^-), \tag{2.91}$$

e coinvolge, in questa forma, il valore che la funzione assume *a sinistra* dell'istante iniziale. Il *teorema della derivata generalizzata* (2.91) permette di risolvere il problema differenziale ai valori iniziali, valori iniziali che si intendono applicati in $t = 0^-$.

Per le derivate successive, il teorema (2.91) è generalizzabile come segue:

$$\mathcal{L}\left[\frac{D^n f(t)}{Dt^n}\right] = s^n \mathcal{L}[f(t)] - s^{n-1} f(0^-) - s^{n-2}\frac{Df(0^-)}{Dt} - \ldots - \frac{D^{n-1} f(0^-)}{Dt^{n-1}}. \tag{2.92}$$

Per gli integrali di ordine superiore, il teorema della trasformata integrale (2.85) è generalizzabile come segue:

$$\mathcal{L}[f^{(-n)}(t)] = \frac{1}{s^n}\mathcal{L}[f(t)] + \frac{1}{s}f^{(-n)}(0) + \frac{1}{s^2}f^{(-n-1)}(0) + \ldots + \frac{1}{s^n}f^{(-1)}(0), \tag{2.93}$$

$f^{(-n)} \equiv \int \cdots \int f(t) dt^n \triangleq$ integrale di ordine n.

Teorema della trasformata del prodotto integrale
Date due funzioni $f_1(t)$ e $f_2(t)$ $\mathcal{L}$-trasformabili, risulta:

$$\mathcal{L}\left[\int_0^{+\infty} f_1(\tau) f_2(t-\tau) d\tau\right] = F_1(s) F_2(s). \tag{2.94}$$

L'argomento della trasformata prende il nome di *prodotto integrale delle due funzioni*. Più generalmente, l'integrale

$$f_1(t) * f_2(t) = \int_{-\infty}^{+\infty} f_1(\tau) f_2(t-\tau) d\tau \qquad (2.95)$$

viene definito *integrale di convoluzione* (il simbolo $*$ è l'operatore di convoluzione). Se le due funzioni sono definite in $t > 0$, il prodotto integrale nell'equazione (2.94) coincide con l'integrale di convoluzione e, quindi,

$$\mathcal{L}[f_1(t) * f_2(t)] = F_1(s) F_2(s). \qquad (2.96)$$

Teorema del valore iniziale
Sia $F(s)$ la trasformata di Laplace di una funzione $f(t)$; se esiste il $\lim_{t \to 0} f(t)$, risulta:

$$\lim_{s \to \infty} s F(s) = f(0^+). \qquad (2.97)$$

Teorema del valore finale
Sia $F(s)$ la trasformata di Laplace di una funzione $f(t)$; se esiste il $\lim_{t \to \infty} f(t)$, risulta:

$$\lim_{t \to \infty} f(t) = \lim_{s \to 0} s F(s). \qquad (2.98)$$

Teorema della trasformata di una funzione periodica
Sia $f(t)$ una funzione periodica di periodo T e nulla per $t < 0$, tale che $f(t) = f(t + nT)$. Se $F(s)$ è la trasformata di Laplace della restrizione di $f(t)$ al primo periodo, la trasformata $F_p(s)$ della funzione completa è data da

$$F_p(s) = \frac{F(s)}{1 - e^{-Ts}}. \qquad (2.99)$$

2.2.2 Applicazione della trasformata di Laplace ai sistemi dinamici lineari

Applicando l'operatore $\mathcal{L}$ all'equazione differenziale che descrive un sistema dinamico lineare (2.61), risulta:

$$\begin{aligned}
& a_n s^n Q_o(s) + a_{n-1} s^{n-1} Q_o(s) + \ldots + a_1 s Q_o(s) + a_0 Q_o(s) - a_n s^{n-1} q_o(0^-) - \\
& a_n s^{n-2} \frac{D q_o(0^-)}{Dt} - \ldots - a_n \frac{D^{n-1} q_o(0^-)}{Dt^{n-1}} - \ldots - a_1 q_o(0^-) = \\
& b_m s^m Q_i(s) + b_{m-1} s^{m-1} Q_i(s) + \ldots + b_1 s Q_i(s) + b_0 Q_i(s) - b_m s^{m-1} q_i(0^-) - \\
& b_n s^{n-2} \frac{D q_i(0^-)}{Dt} - \ldots - b_n \frac{D^{n-1} q_i(0^-)}{Dt^{n-1}} - \ldots - b_1 q_i(0^-), \qquad (2.100)
\end{aligned}$$

2.2 Sistemi dinamici lineari

ovvero, in forma compatta:

$$Q_o(s) \sum_{i=0}^{n} a_i s^i - \sum_{i=1}^{n} a_i \sum_{j=0}^{i-1} s^j \frac{D^{i-j-1} q_o(0^-)}{Dt^{i-j-1}} =$$

$$Q_i(s) \sum_{i=0}^{m} b_i s^i - \sum_{i=1}^{m} b_i \sum_{j=0}^{i-1} s^j \frac{D^{i-j-1} q_i(0^-)}{Dt^{i-j-1}}. \quad (2.101)$$

La trasformata di Laplace $Q_o(s)$ del segnale in uscita si può intendere come somma di due contributi $Q_{oc}(s)$ e $Q_{op}(s)$, rispettivamente pari a:

$$\begin{cases} Q_{oc}(s) = \sum_{i=1}^{n} a_i \sum_{j=0}^{i-1} s^j \frac{D^{i-j-1} q_o(0^-)}{Dt^{i-j-1}} \Big/ \sum_{i=0}^{n} a_i s^i, \\ Q_{op}(s) = Q_i(s) \left(\sum_{i=0}^{m} b_i s^i \Big/ \sum_{i=0}^{n} a_i s^i \right). \end{cases} \quad (2.102)$$

$Q_{oc}(s)$ rappresenta l'*evoluzione libera* del sistema e si ottiene annullando la forzante e considerando solo le condizioni iniziali. $Q_{op}(s)$ rappresenta l'*evoluzione forzata* del sistema e si ottiene annullando le condizioni iniziali. Si è implicitamente assunto che la forzante e ogni sua derivata siano nulle all'istante $t = 0^-$.

$Q_{op}(s)$ può scriversi nella forma seguente:

$$Q_{op}(s) = Q_i(s) W(s), \quad (2.103)$$

con

$$W(s) = \sum_{i=0}^{m} b_i s^i \Big/ \sum_{i=0}^{n} a_i s^i, \quad (2.104)$$

definita *funzione di trasferimento* del sistema. Da notare che essa corrisponde all'equazione (2.72), nella quale l'operatore simbolico D è stato sostituito dalla variabile complessa s.

La funzione di trasferimento descrive compiutamente il comportamento del sistema quando gli effetti delle condizioni iniziali sono svaniti. In particolare, moltiplicando la trasformata della forzante per la funzione di trasferimento del sistema, si ottiene la trasformata dell'uscita del sistema.

Esempio 2.7 Si consideri il sistema del 1° ordine

$$3 \frac{Dq_o(t)}{Dt} + 5 q_o(t) = 8t, \quad (2.105)$$

con la condizione iniziale

$$q_o(0^-) = 6. \quad (2.106)$$

Applicando l'operatore trasformata di Laplace all'equazione (2.105), si ottiene

$$(3s+5)Q_o(s) - 18 = \frac{8}{s^2}, \qquad (2.107)$$

ovvero

$$Q_o(s) \equiv Q_{oc}(s) + Q_{op}(s) = \frac{18}{(3s+5)} + \frac{8}{s^2(3s+5)}. \qquad (2.108)$$

2.2.3 Antitrasformate di funzioni razionali fratte

Molti sistemi dinamici lineari stazionari sono caratterizzati da una funzione di trasferimento razionale fratta. Un esempio contrario è dato da un sistema che introduce un ritardo finito, caratterizzato da una funzione di trasferimento esponenziale.

Una funzione razionale fratta è della forma seguente:

$$\sum_{i=1}^{m} a_i s^i \bigg/ \sum_{i=1}^{n} b_i s^i, \qquad (2.109)$$

e si definisce *propria* se $m < n$, *impropria* se $m = n$.

Una funzione razionale fratta impropria può sempre ricondursi alla somma di una costante e di una funzione razionale fratta propria.

Sia l'evoluzione libera, sia l'evoluzione forzata sono riconducibili a funzioni razionali fratte proprie.

L'evoluzione libera:

$$Q_{oc}(s) = \sum_{i=1}^{n} a_i \sum_{j=0}^{i-1} s^j \frac{D^{i-j-1} q_o(0^-)}{Dt^{i-j-1}} \bigg/ \sum_{i=0}^{n} a_i s^i, \qquad (2.110)$$

si può sempre riscrivere come segue:

$$Q_{oc}(s) = \sum_{i=0}^{n-1} c_i s^i \bigg/ \sum_{i=0}^{n} a_i s^i, \qquad (2.111)$$

ed è sicuramente una funzione razionale fratta propria.

L'evoluzione forzata:

$$Q_{op}(s) = Q_i(s) \left(\sum_{i=0}^{m} b_i s^i \bigg/ \sum_{i=0}^{n} a_i s^i \right), \qquad (2.112)$$

2.2 Sistemi dinamici lineari

se è una funzione razionale fratta impropria, può ricondursi alla somma di una costante e di una funzione razionale fratta propria:

$$Q_{op}(s) = Q_i(s) \left(\frac{b_n}{a_n} + \sum_{i=0}^{n-1} \left(b_i - \frac{b_n}{a_n} a_i \right) s^i \Big/ \sum_{i=0}^{n} a_i s^i \right). \tag{2.113}$$

Il rapporto $Q_{op}(s)/Q_i(s)$ è stato definito funzione di trasferimento.

Consideriamo l'evoluzione libera espressa nella forma dell'equazione (2.111). Se a z_i corrispondono gli $n-1$ zeri del numeratore e a p_i corrispondono gli n zeri del denominatore (chiamati *poli*), l'equazione (2.111) si può scrivere come

$$Q_{oc}(s) = \frac{c_{n-1}}{a_n} \frac{(s-z_1)(s-z_2)\ldots(s-z_{n-1})}{(s-p_1)(s-p_2)\ldots(s-p_n)} \equiv \frac{c_{n-1}}{a_n} \frac{\prod_{i=1}^{n-1}(s-z_i)}{\prod_{i=1}^{n}(s-p_i)}. \tag{2.114}$$

Stessa espressione vale per l'evoluzione forzata dell'equazione (2.112). L'equazione (2.114) può essere ulteriormente espressa come somma di frazioni semplici:

$$Q_{oc}(s) = \sum_{i=1}^{h} \sum_{j=1}^{n_i} \frac{r_{ij}}{(s-p_i)^j}. \tag{2.115}$$

$h \triangleq$ numero di poli distinti,
$n_i \triangleq$ molteplicità del polo i-esimo,
$r_{ij} \triangleq$ residuo.

Il residuo r_{ij} è dato da

$$r_{ij} = \frac{1}{(n_i-j)!} \left[\frac{D^{n_i-j}}{Ds^{n_i-j}} \left((s-p_i)^{n_i} \sum_{i=1}^{h} \sum_{j=1}^{n_i} \frac{r_{ij}}{(s-p_i)^j} \right) \right]_{s=p_i}. \tag{2.116}$$

Se la funzione è espressa come somma di frazioni semplici (espressione 2.115), la sua antitrasformata si può calcolare sulla base della relazione (2.82) come segue:

$$\sum_{i=1}^{h} \sum_{j=1}^{n_i} \frac{r_{ij} t^{j-1}}{(j-1)!} e^{p_i t} H(t), \tag{2.117}$$

$H(t) \triangleq$ funzione a gradino o di Heaviside.

Esempio 2.8 Sia data la funzione razionale fratta

$$\frac{s^2 - 6s + 5}{2s^3 - 16s^2 + 40s - 32}. \tag{2.118}$$

Il numeratore ammette gli zeri $z_1 = 1, z_2 = 5$. I poli sono $p_1 \equiv p_2 = 2, p_3 = 4$. La funzione si può scrivere come

$$\frac{(s-1)(s-5)}{2(s-2)^2(s-4)}. \tag{2.119}$$

Calcoliamo i residui:

$$r_{11} = \frac{1}{1!}\left[\frac{D^{2-1}}{Ds^{2-1}}\left((s-2)^2 \frac{(s-1)(s-5)}{2(s-2)^2(s-4)}\right)\right]_{s=2} = \frac{7}{8}, \tag{2.120}$$

$$r_{12} = \frac{1}{0!}\left[\frac{D^{2-2}}{Ds^{2-2}}\left((s-2)^2 \frac{(s-1)(s-5)}{2(s-2)^2(s-4)}\right)\right]_{s=2} = \frac{3}{4}, \tag{2.121}$$

$$r_{21} = \frac{1}{0!}\left[\frac{D^{1-1}}{Ds^{1-1}}\left((s-4) \frac{(s-1)(s-5)}{2(s-2)^2(s-4)}\right)\right]_{s=4} = -\frac{3}{8}. \tag{2.122}$$

Globalmente, risulta:

$$\frac{s^2 - 6s + 5}{2s^3 - 16s^2 + 40s - 32} = \frac{7}{8(s-2)} + \frac{3}{4(s-2)^2} - \frac{3}{8(s-4)}. \tag{2.123}$$

La sua antitrasformata è

$$q_{oc}(t) = \frac{7}{8}e^{2t} + \frac{3}{4}te^{2t} - \frac{3}{8}e^{4t}. \tag{2.124}$$

Se i poli sono complessi coniugati, i residui corrispondenti sono coniugati e l'equazione (2.117) rimane formalmente valida, anche se può esprimersi come combinazione di sole funzioni reali nel modo seguente:

$$\sum_{i=1}^{h_r}\sum_{j=1}^{n_i} \frac{r_{ij}t^{j-1}}{(j-1)!}e^{p_i t}H(t) + \sum_{i=1}^{h_c}\sum_{j=1}^{n_i} \frac{2|r_{ij}|t^{j-1}}{(j-1)!}e^{\operatorname{Re}(p_i)t}\cos[\operatorname{Im}(p_i)t + \arg(r_{ij})]H(t), \tag{2.125}$$

$h_r \triangleq$ numero di radici reali e distinte,
$h_c \triangleq$ numero di coppie di radici complesse coniugate distinte,
$\arg(r_{ij}) \triangleq$ argomento del numero complesso r_{ij}, pari a $\arctan\left(\frac{\operatorname{Im}(r_{ij})}{\operatorname{Re}(r_{ij})}\right)$,

con la condizione

$$\sum_{i=1}^{h_r} n_i + 2\sum_{j=1}^{h_c} n_j = n, \tag{2.126}$$

$n_i, n_j \triangleq$ molteplicità della i-esima radice reale e della j-esima radice complessa.

2.2 Sistemi dinamici lineari

La risposta in evoluzione libera è una combinazione di termini del tipo

$$t^j e^{p_i t}, \; t^j e^{at} \cos(\omega t + \phi), \tag{2.127}$$

che rappresentano, rispettivamente, *modi aperiodici* e *modi periodici*. I modi aperiodici sono generati dai poli reali, i modi periodici sono generati dai poli complessi.

I modi aperiodici convergono a zero solo se il polo reale p_i è strettamente minore di zero; in tal caso, la costante di tempo del processo è pari a $\tau = -1/p_i$ e il modo si può scrivere come $\exp(-t/\tau)$.

I modi periodici sono strettamente periodici solo se $a \equiv \text{Re}(p_i) = 0$. Se il polo che li genera ha molteplicità maggiore di uno, solo il modo base è periodico, gli altri sono crescenti in ragione di $t, t^2, \ldots, t^{h_c - 1}$.

Se $\text{Re}(p_i) < 0$, il modo è periodico smorzato e rappresenta un'oscillazione di periodo $T = 2\pi/\text{Im}(p_i)$, con ampiezza progressivamente ridotta in ragione della costante di tempo $\tau = -1/\text{Re}(p_i)$. L'andamento smorzato è condiviso anche dai modi superiori generati da poli a molteplicità maggiore di uno, dato che la funzione esponenziale a esponente negativo converge a zero più rapidamente di quanto diverga un monomio t^k di qualunque grado k. Più frequentemente, un modo periodico smorzato si rappresenta nella forma

$$\exp(-\omega_n \xi t) \cos\left(\sqrt{1 - \xi^2} \omega_n t + \phi\right), \tag{2.128}$$

$\omega_n \equiv |p_i| \quad \overset{\Delta}{=}$ pulsazione naturale del modo,
$\xi \equiv -\text{Re}(p_i)/|p_i| \overset{\Delta}{=}$ coefficiente di smorzamento,
$\phi \qquad\qquad\qquad \overset{\Delta}{=}$ fase.

Se $\text{Re}(p_i) > 0$, il modo è periodico amplificato e cresce oltre ogni limite per t sufficientemente grande. Ciò vale a maggior ragione anche per i modi superiori generati da poli a molteplicità maggiore di uno. La rappresentazione è identica alla (2.128), con ξ coefficiente di amplificazione.

In definitiva, un sistema è *asintoticamente stabile* se i suoi poli sono a parte reale negativa: solo in tal caso, infatti, le variabili del sistema tendono a raggiungere il valore che avevano prima della perturbazione.

Esempio 2.9 Calcolare i modi del sistema la cui evoluzione libera è espressa, nello spazio di Laplace, dalla seguente funzione:

$$\frac{3s^2 + 8s + 1}{s^3 - s^2 + 3s - 3}. \tag{2.129}$$

La funzione ammette un polo reale e due poli complessi coniugati, e può essere riscritta come segue:

$$\frac{3s^2 + 8s + 1}{(s - 1)(s^2 + 3)}. \tag{2.130}$$

Calcolando i residui, risulta:

$$\frac{3s^2+8s+1}{(s-1)(s^2+3)} = \frac{3}{s-1} + \frac{4i}{\sqrt{3}\left(s+i\sqrt{3}\right)} - \frac{4i}{\sqrt{3}\left(s-i\sqrt{3}\right)}. \qquad (2.131)$$

L'antitrasformata della funzione (2.129) si calcola come segue:

$$3e^t + \frac{8\sqrt{3}}{3}\cos\left(\sqrt{3}t + \frac{\pi}{2}\right). \qquad (2.132)$$

Il primo modo,

$$\exp(t), \qquad (2.133)$$

è aperiodico e divergente.
L'altro modo,

$$\cos\left(\sqrt{3}t + \frac{\pi}{2}\right), \qquad (2.134)$$

è strettamente periodico. La funzione rappresentata dall'equazione (2.132) è dominata dal modo periodico per $t \to 0$, dal modo divergente per t sufficientemente grande.

2.2.4 Risposte canoniche

L'identificazione di un sistema dinamico lineare stazionario (individuazione dell'ordine e dei coefficienti) può essere eseguita sperimentalmente studiando la risposta forzata del sistema ad alcuni particolari segnali d'ingresso, definiti *ingressi canonici*. Gli ingressi più comunemente adottati quali ingressi canonici sono: l'impulso, il gradino, i polinomi e gli ingressi sinusoidali.

2.2.4.1 Risposta all'impulso

La trasformata di Laplace di un impulso è l'unità (equazione 2.88). Moltiplicandola per la funzione di trasferimento del sistema, si ottiene ancora la funzione di trasferimento:

$$Q_{op}(s) = \mathcal{L}[\delta(t)]W(s) \equiv W(s). \qquad (2.135)$$

Quindi, la funzione di trasferimento di un sistema rappresenta la trasformata dell'uscita quando l'ingresso è un impulso, cioè la sua *risposta impulsiva*. Si può

2.2 Sistemi dinamici lineari

dimostrare che, se il sistema ha una risposta libera convergente a zero, la sua risposta impulsiva converge a zero in un intervallo di tempo T. Difatti, la risposta libera (equazione 2.111) e la risposta forzata (equazione 2.112) sono funzioni razionali fratte proprie (o riconducibili a proprie nel caso della risposta forzata), aventi gli stessi poli e, quindi, lo stesso comportamento asintotico.

Spesso, la risposta impulsiva nel dominio del tempo viene espressa come $w(t) = \mathcal{L}^{-1}[W(s)]$. Antitrasformando l'equazione (2.103), facendo uso dell'equazione (2.94), risulta:

$$q_{op}(t) = w(t) * q_i(t) \equiv \int_0^t w(t-\tau) q_i(t) d\tau, \qquad (2.136)$$

nell'ipotesi che $q_i(t) = 0$ per $t < 0$ e che, per il principio di causalità, risulti anche $w(t) = 0$ per $t < 0$. Poiché la risposta impulsiva tende a zero in un intervallo di tempo T, l'integrale nell'equazione (2.136) può limitarsi a $\int_{t-T}^t w(t-\tau) q_i(t) d\tau$. Quindi, la risposta di un sistema, a un dato istante t, dipende solo dalla forzante in un intervallo di tempo T precedente. Il processo è un *processo a memoria* e T è la memoria del sistema. Se la forzante varia su una scala temporale molto maggiore della memoria del sistema, il comportamento del sistema può ricondursi a quello di un sistema algebrico equivalente (ovvero, l'analisi può essere condotta nell'ipotesi di quasi-staticità del processo).

L'uso dell'impulso per l'analisi sperimentale di un sistema dinamico è limitato dalla difficoltà fisica a realizzare un impulso; al più, si genera una sollecitazione pseudo-impulsiva, che cresce rapidamente, ma con derivata finita. Inoltre, sollecitazioni pseudo-impulsive hanno ampiezze generalmente elevate che, tipicamente, inducono comportamenti non lineari di sistemi fisici altrimenti lineari (o linearizzabili).

2.2.4.2 Risposta al gradino

La trasformata di Laplace di un gradino è

$$\mathcal{L}[H(t)] = \frac{1}{s}. \qquad (2.137)$$

Quindi, la risposta di un sistema a un gradino, definita *risposta indiciale*, è

$$Q_{op}(s) = \frac{W(s)}{s}. \qquad (2.138)$$

Un sistema dinamico lineare stazionario, sollecitato da un gradino, tende asintoticamente a una condizione di regime. Tale condizione di regime si ottiene applicando il teorema del valore finale (2.98):

$$\lim_{t \to \infty} q_{op}(t) = \lim_{s \to 0} W(s) \equiv \frac{b_0}{a_0}, \qquad (2.139)$$

e coincide con il guadagno statico del sistema.

2.2.4.3 Risposta a un ingresso polinomiale

Consideriamo un ingresso monomio del tipo

$$q_i(t) = \frac{t^k}{k!} H(t), \qquad (2.140)$$

che ha trasformata di Laplace

$$Q_i(s) = \frac{1}{s^{k+1}}. \qquad (2.141)$$

La risposta del sistema è:

$$Q_{op}(s) = \frac{b_m}{a_n} \frac{\prod_{i=1}^{m}(s-z_i)}{\prod_{i=1}^{n}(s-p_i)} \frac{1}{s^{k+1}}. \qquad (2.142)$$

L'equazione (2.142) può essere espressa in termini di frazioni semplici, cioé:

$$Q_{op}(s) = \sum_{i=1}^{h}\sum_{j=1}^{n_i} \frac{r_{ij}}{(s-p_i)^j} + \sum_{i=1}^{k+1} \frac{r_i}{s^i}. \qquad (2.143)$$

I termini della sommatoria doppia coincidono con i modi propri del sistema. Se il sistema non contiene poli nell'origine ed è asintoticamente stabile, la risposta a una forzante monomia (e, per la linearità del sistema, ciò vale per una forzante polinomiale di ordine pari all'ordine del monomio) è convergente e converge al contributo dei termini della sommatoria semplice nell'equazione (2.143). In definitiva, in virtù della linearità dell'operatore trasformata di Laplace, la risposta asintotica di un sistema asintoticamente stabile a una forzante polinomiale si ottiene dalla seguente espressione:

$$\mathcal{L}^{-1}\left[\sum_{i=1}^{k+1} \frac{r_i}{s^i}\right] = \sum_{i=1}^{k+1} r_i \frac{t^{i-1}}{(i-1)!} H(t), \qquad (2.144)$$

ed è costituita da un polinomio di ordine non superiore all'ordine del polinomio forzante.

Se il sistema presenta q poli nell'origine, la risposta a una forzante monomia è esprimibile come:

$$Q_{op}(s) = \sum_{i=1}^{h-q}\sum_{j=1}^{n_i} \frac{r_{ij}}{(s-p_i)^j} + \sum_{i=1}^{k+1+q} \frac{r_i}{s^i}, \qquad (2.145)$$

e, dunque, asintoticamente la risposta è un monomio di ordine *generalmente superiore* all'ordine del monomio forzante.

2.2 Sistemi dinamici lineari

Se il sistema presenta *q zeri* nell'origine, la risposta a una forzante monomia è esprimibile come:

$$Q_{op}(s) = \sum_{i=1}^{h-q} \sum_{j=1}^{n_i} \frac{r_{ij}}{(s-p_i)^j} + \sum_{i=1}^{k+1-q} \frac{r_i}{s^i}, \qquad (2.146)$$

e, dunque, asintoticamente la risposta è un monomio di ordine *generalmente inferiore* all'ordine del monomio forzante. In particolare, se $k < q$, la risposta forzata del sistema, a regime, tende a zero.

2.2.4.4 Risposta a un ingresso sinusoidale

Un ingresso sinusoidale è di particolare interesse poiché, come è noto, un segnale periodico può essere decomposto in serie di Fourier di funzioni seno e coseno di pulsazione crescente. Sostituendo la trasformata di Laplace della funzione seno (vedi Tabella 2.3), si può scrivere:

$$Q_{op}(s) = \frac{b_m}{a_n} \frac{\prod_{i=1}^{m}(s-z_i)}{\prod_{i=1}^{n}(s-p_i)} \frac{\omega}{s^2+\omega^2}. \qquad (2.147)$$

La forzante introduce due poli immaginari e coniugati, e globalmente la risposta del sistema si può riscrivere come

$$Q_{op}(s) = \sum_{i=1}^{h-q} \sum_{j=1}^{n_i} \frac{r_{ij}}{(s-p_i)^j} + \frac{r_1}{s-i\omega} + \frac{r_2}{s+i\omega}, \qquad (2.148)$$

purché la funzione di trasferimento non presenti poli o zeri in $s = \pm i\omega$. In quest'ultimo caso, se il sistema è convergente (cioè, se i poli della funzione di trasferimento sono a parte reale negativa), il sistema tende asintoticamente a essere controllato solo dai poli in $\pm i\omega$. Poiché i residui dei frazioni semplici che contengono questi due poli sono pari a

$$r_1 = \left[(s-i\omega)Q_{op}(s)\right]_{s=i\omega} \equiv \frac{W(i\omega)}{2i}, \qquad (2.149)$$

$$r_2 = \left[(s+i\omega)Q_{op}(s)\right]_{s=-i\omega} \equiv \frac{W(-i\omega)}{-2i}, \qquad (2.150)$$

la risposta asintotica è

$$q_{op\infty}(t) = \mathcal{L}^{-1}\left[\frac{W(i\omega)}{2i(s-i\omega)} - \frac{W(-i\omega)}{2i(s+i\omega)}\right], \qquad (2.151)$$

ovvero

$$q_{op\infty}(t) = |W(i\omega)|\sin[\omega t + \arg(W(i\omega))]. \qquad (2.152)$$

Il segnale in uscita asintotico è sinusoidale ed è, in genere, scalato e sfasato rispetto al segnale sinusoidale in ingresso.

2.2.5 Analisi dei sistemi elementari di ordine inferiore

La maggior parte degli strumenti e dei sistemi fisici, sono riconducibili a sistemi elementari di ordine non superiore al 2°. Di seguito, riportiamo in dettaglio l'analisi di questi sistemi.

2.2.5.1 Sistema elementare di ordine zero

Un sistema di ordine zero è definito dall'equazione (2.61) nella quale solo a_0 e b_0 sono non nulli:

$$a_0 q_o = b_0 q_i. \tag{2.153}$$

L'equazione può essere riscritta in termini di un solo parametro:

$$q_o = \frac{b_0}{a_0} q_i \equiv K q_i. \tag{2.154}$$

La funzione di trasferimento di Laplace è

$$\frac{Q_o(s)}{Q_i(s)} = K, \tag{2.155}$$

e la funzione di risposta armonica è

$$\frac{q_o(i\omega)}{q_i(i\omega)} = K/\underline{0°}. \tag{2.156}$$

L'uscita del sistema segue fedelmente l'ingresso (a meno di un guadagno pari alla sensibilità statica).

Definiamo *errore* nella risposta del sistema, la differenza tra il valore stimato in ingresso e il valore stimato in ingresso che assumerebbe in condizioni statiche:

$$e(t) = q_i(t) - \frac{q_o(t)}{K}, \tag{2.157}$$

$K \triangleq$ guadagno in regime stazionario.

Per un sistema di ordine zero l'errore è nullo, il transitorio è inesistente e il regime asintotico viene raggiunto istantaneamente. Se l'ingresso è sinusoidale, l'uscita è sinusoidale con ampiezza di ragione K, rispetto all'ampiezza dell'ingresso, e con differenza di fase nulla, indipendentemente dalla pulsazione. In un sistema di ordine zero, la relazione tra ingresso e uscita è algebrica. I circuiti elettrici per i quali le capacità e le induttanze sono trascurabili, sono dei sistemi di ordine zero. Un esempio di sistema di ordine zero, è un trasduttore di posizione resistivo funzionante come partitore di tensione.

2.2 Sistemi dinamici lineari

2.2.5.2 Sistema elementare del 1° ordine

I sistemi di ordine zero sono spesso insufficienti a descrivere il comportamento di sistemi fisici. Il sistema immediatamente disponibile, di maggior complessità, è del 1° ordine, descritto dalla seguente equazione differenziale:

$$a_1 \frac{Dq_o}{Dt} + a_0 q_o = b_1 \frac{Dq_i}{Dt} + b_0 q_i. \tag{2.158}$$

La sua funzione di trasferimento è

$$\frac{Q_o(s)}{Q_i(s)} = \frac{b_1 s + b_0}{a_1 s + a_0}. \tag{2.159}$$

Riscrivendo la forzante in modo da eliminare la derivata temporale, l'equazione differenziale si riduce alla forma seguente:

$$a_1 \frac{Dq_o}{Dt} + a_0 q_o = b_0 q_i, \tag{2.160}$$

e la funzione di trasferimento di Laplace è

$$\frac{Q_o(s)}{Q_i(s)} = \frac{K}{\tau s + 1}, \tag{2.161}$$

$K \equiv b_0/a_0 \triangleq$ guadagno in regime stazionario,
$\tau \equiv a_1/a_0 \triangleq$ costante di tempo.

La funzione di risposta armonica si ottiene con la sostituzione $s = i\omega$:

$$\frac{q_o(i\omega)}{q_i(i\omega)} = \frac{K}{\sqrt{(\omega\tau)^2 + 1}}, \quad \arg[-\tan^{-1}(\omega\tau)], \tag{2.162}$$

e rappresenta un filtro passa-basso che sfasa da zero a $-90°$, passando dalle basse alle alte frequenze. L'ampiezza e la fase sono riportate in Figura 2.21 e in Figura 2.22. In ascissa la pulsazione è adimensionale rispetto a $\omega_n \equiv 1/\tau$.

La risposta a un impulso di ampiezza q_{i0} si ottiene antitrasformando la funzione

$$Q_o(s) = \frac{K}{\tau s + 1} q_{i0}, \tag{2.163}$$

ed è data da

$$q_o(t) = \frac{K}{\tau} q_{i0} \exp\left(-\frac{t}{\tau}\right). \tag{2.164}$$

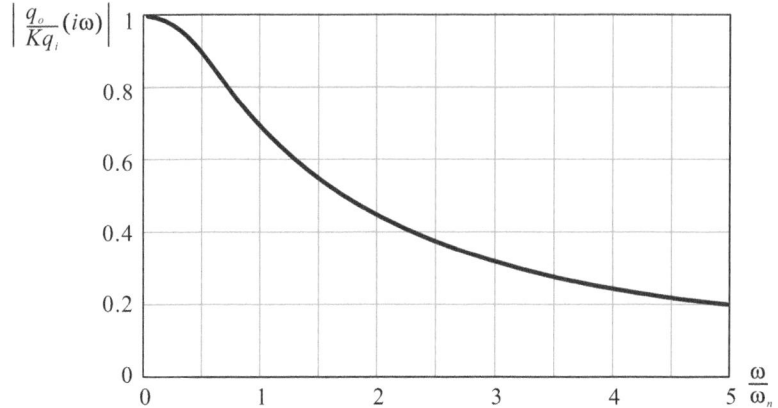

Figura 2.21 Ampiezza dello spettro di risposta armonica di un sistema del 1° ordine.

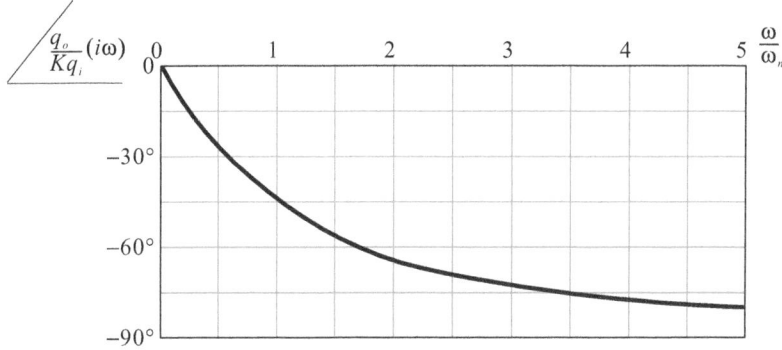

Figura 2.22 Fase dello spettro di risposta armonica di un sistema del 1° ordine.

Per $t \to 0^+$, il segnale in uscita assume il valore massimo e, successivamente, decade esponenzialmente. L'errore decade esponenzialmente e assume un valore pari a $0.63 q_{i0}$ all'istante $t = \tau$, e pari a $0.95 q_{i0}$ all'istante $t = 3\tau$.

La risposta al gradino di ampiezza q_{i0} (Figura 2.23) si ottiene antitrasformando la funzione

$$Q_o(s) = \frac{K}{\tau s + 1} \frac{q_{i0}}{s}, \qquad (2.165)$$

ed è data da

$$q_o(t) = K q_{i0} \left(1 - e^{-\frac{t}{\tau}} \right). \qquad (2.166)$$

L'errore, in questo caso, è pari a

$$e(t) = q_{i0} e^{-\frac{t}{\tau}}. \qquad (2.167)$$

2.2 Sistemi dinamici lineari

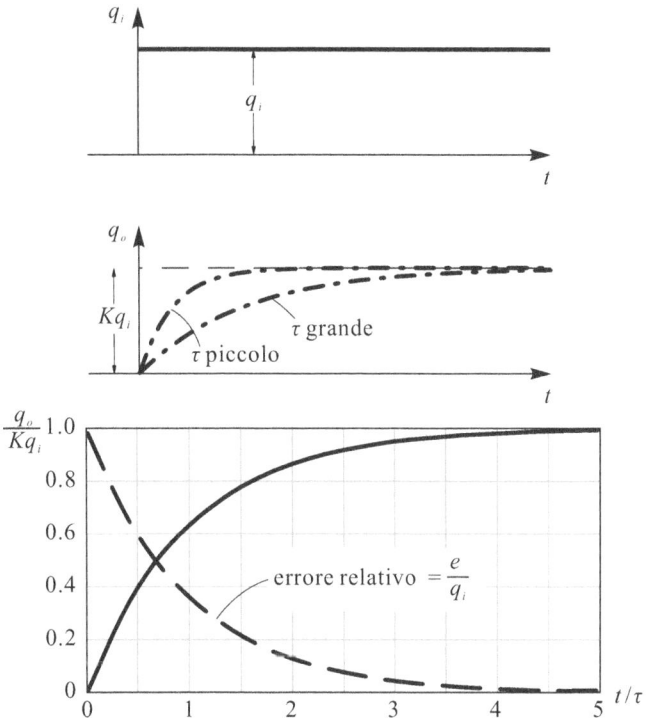

Figura 2.23 Risposta al gradino di un sistema del 1° ordine.

La costante di tempo τ caratterizza globalmente il comportamento del sistema del 1° ordine. Più elevata è la costante di tempo, più lentamente il sistema si adatta alla forzante. Al contrario, per $\tau \to 0$, il sistema tende a comportarsi come un sistema di ordine zero.

Esempio 2.10 Un serbatoio con una portata volumetrica di fluido incomprimibile in ingresso e una portata in uscita, è descrivibile come un sistema del 1° ordine. La variabile in ingresso è data dalla differenza tra le due portate, cioè la portata netta. La variabile in uscita è data dal livello nel serbatoio. Il modello analitico che descrive il sistema è il seguente:

$$\frac{DV}{Dt} = q_{in}(t) - q_{out}(t), \qquad (2.168)$$

$V \triangleq$ volume di fluido nel serbatoio,
$q_{in}(t) \triangleq$ portata volumetrica in ingresso,
$q_{out}(t) \triangleq$ portata volumetrica in uscita.

Se il serbatoio è cilindrico, l'equazione (2.168) si può riscrivere come

$$A\frac{Dz}{Dt} = q_{in}(t) - q_{out}(t), \qquad (2.169)$$

$A \triangleq$ area della sezione trasversale del serbatoio.

Se la portata in uscita defluisce sotto battente, attraverso un orifizio di area Ω, secondo la relazione seguente:

$$q_{out}(t) = C_q \Omega \sqrt{2g[z(t) - z_G]}, \qquad (2.170)$$

$C_q \quad \triangleq$ coefficiente di efflusso,
$z(t) - z_G \triangleq$ affondamento del baricentro dell'orifizio rispetto al pelo libero,

il modello analitico del serbatoio diventa

$$A\frac{Dz}{Dt} + C_q \Omega \sqrt{2g[z(t) - z_G]} = q_{in}(t), \qquad (2.171)$$

ovvero, in funzione della variabile affondamento $h(t) = z(t) - z_G$:

$$A\frac{Dh}{Dt} + C_q \Omega \sqrt{2g} h^{\frac{1}{2}} = q_{in}(t). \qquad (2.172)$$

Si tratta di un modello non lineare, con variabile in ingresso $q_{in}(t)$ e variabile in uscita $h(t)$. Quando, nel processo dinamico in esame, le escursioni di livello sono modeste, anche il carico h è soggetto a fluttuazioni di piccola entità e il modello rappresentato dall'equazione (2.172) è linearizzabile. Infatti, se la variabile h viene espressa in funzione della fluttuazione δh intorno al valore di riferimento h_0, sviluppando in serie di Taylor, il termine non lineare risulta:

$$h^{\frac{1}{2}} = h_0^{\frac{1}{2}} \left(1 + \frac{h - h_0}{h_0}\right)^{\frac{1}{2}} = h_0^{\frac{1}{2}} \left(1 + \frac{1}{2}\frac{\delta h}{h_0} + o(\delta h^2)\right), \qquad (2.173)$$

e, quindi,

$$A\frac{D\delta h}{Dt} + \frac{1}{2h_0} C_q \Omega \sqrt{2gh_0} \delta h = q_{in}(t) - \frac{1}{2} C_q \Omega \sqrt{2gh_0}. \qquad (2.174)$$

La costante di tempo è pari a

$$\tau = \frac{2Ah_0}{C_q \Omega \sqrt{2gh_0}}. \qquad (2.175)$$

2.2 Sistemi dinamici lineari

Esempio 2.11 Consideriamo il circuito elettrico costituito da una resistenza e da una capacità, in parallelo, ai due poli di un generatore ideale di corrente. La differenza di potenziale, ai capi del condensatore e ai capi della resistenza, è la stessa; la corrente erogata dal generatore è pari alla somma delle correnti in circolo attraverso i due componenti passivi. Utilizzando la definizione di capacità elettrica:

$$C = \frac{Q}{V} \equiv \frac{i_c}{DV/Dt} \qquad (2.176)$$

$C \triangleq$ capacità del condensatore,
$Q \triangleq$ quantità di carica accumulata sulle armature del condensatore,
$V \triangleq$ differenza di potenziale tra le armature,
$i_c \equiv DQ/Dt \triangleq$ intensità di corrente tra i capi del condensatore,

e la legge di Ohm per la resistenza

$$V = R i_r, \qquad (2.177)$$

$V \triangleq$ differenza di potenziale ai capi della resistenza,
$R \triangleq$ resistenza,
$i_r \triangleq$ intensità di corrente attraverso la resistenza,

si può scrivere:

$$i_c + i_r \equiv C \frac{DV}{Dt} + \frac{V}{R} = i(t), \qquad (2.178)$$

$i(t) \triangleq$ intensità di corrente del generatore.

Si tratta di un sistema del 1° ordine con costante di tempo $\tau = RC$. Una manovra di chiusura istantanea del circuito con un interruttore equivale a una forzante a gradino. La differenza di potenziale ai capi degli elementi passivi cresce secondo la seguente legge:

$$V = R i_0 \left(1 - e^{-\frac{t}{RC}}\right), \qquad (2.179)$$

$i_0 \triangleq$ corrente erogata dal generatore.

Molti sensori possono essere adeguatamente modellati come sistemi del 1° ordine. Per esempio, se consideriamo un termistore, l'equazione di bilancio dell'energia può scriversi come

$$\frac{T_f - T_s}{R_t} dt = C_t dT_s, \qquad (2.180)$$

$T_f \triangleq$ temperatura dell'ambiente di misura,
$T_s \triangleq$ temperatura del sensore,

$R_t \triangleq$ resistenza termica (pari all'inverso del prodotto tra coefficiente liminare di scambio e area della superficie esterna del sensore),
$C_t \triangleq$ capacità termica del sensore.

L'equazione di bilancio (2.180) può essere riscritta anche nella forma

$$\tau \frac{DT_s}{Dt} + T_s = T_f, \tag{2.181}$$

$\tau \equiv R_t C_t \triangleq$ costante di tempo.

2.2.5.3 Sistema elementare del 2° ordine

Un sistema del 2° ordine è descritto dall'equazione seguente:

$$a_2 \frac{D^2 q_o}{Dt^2} + a_1 \frac{Dq_o}{Dt} + a_0 q_o = b_2 \frac{D^2 q_i}{Dt^2} + b_1 \frac{Dq_i}{Dt} + b_0 q_i. \tag{2.182}$$

La forma standard prevede il segnale in ingresso espresso in maniera indipendente dalle sue derivate temporali (quindi, $b_2 = b_1 = 0$). Inoltre, i coefficienti vengono rielaborati in modo da fornire l'equazione nella forma seguente:

$$\frac{1}{\omega_n^2} \frac{D^2 q_o}{Dt^2} + \frac{2\zeta}{\omega_n} \frac{Dq_o}{Dt} + q_o = K q_i, \tag{2.183}$$

$\omega_n \equiv \sqrt{a_0/a_2} \triangleq$ pulsazione di risonanza,
$\zeta \equiv a_1/2\sqrt{a_0/a_2} \triangleq$ coefficiente di smorzamento,
$K \equiv b_0/a_0 \triangleq$ guadagno in regime stazionario.

La funzione di trasferimento di Laplace è data da:

$$\frac{Q_o(s)}{Q_i(s)} = \frac{K}{\frac{s^2}{\omega_n^2} + \frac{2\zeta s}{\omega_n} + 1}. \tag{2.184}$$

La funzione di risposta armonica si ottiene con la sostituzione $s = i\omega$:

$$\frac{q_o(i\omega)}{q_i(i\omega)} = \frac{K}{\sqrt{\left(1 - \frac{\omega^2}{\omega_n^2}\right)^2 + 4\frac{\zeta^2 \omega^2}{\omega_n^2}}}, \arg\left[\tan^{-1}\left(\frac{2\zeta}{\omega/\omega_n - \omega_n/\omega}\right)\right]. \tag{2.185}$$

L'ampiezza e la fase sono riportate in Figura 2.24 e in Figura 2.25.

2.2 Sistemi dinamici lineari

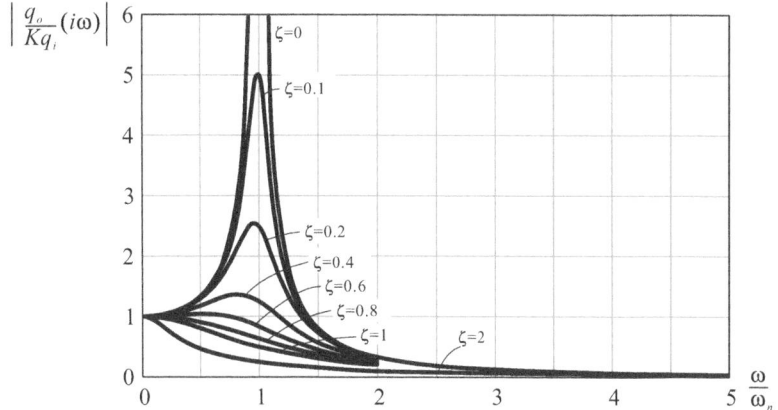

Figura 2.24 Ampiezza dello spettro di risposta armonica di un sistema del 2° ordine

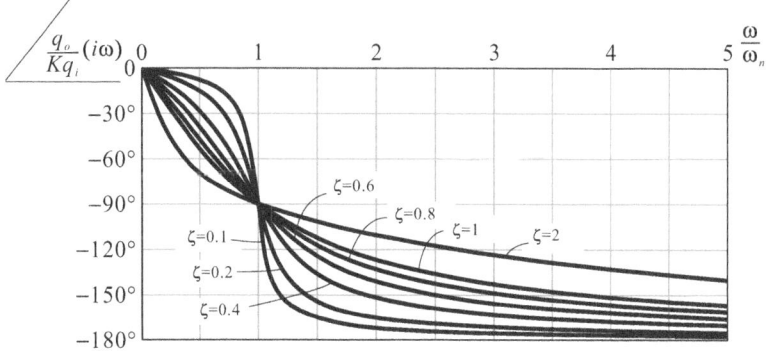

Figura 2.25 Fase dello spettro di risposta armonica di un sistema del 2° ordine

I poli sono uguali a

$$p_{1,2} = -\zeta\omega_n \pm \omega_n\sqrt{\zeta^2 - 1}, \qquad (2.186)$$

e sono reali e distinti, se $\zeta > 1$, reali e coincidenti, se $\zeta = 1$, e complessi coniugati, se $0 < \zeta < 1$ (il coefficiente di smorzamento è fisicamente non negativo).

Nel primo caso ($\zeta > 1$), il sistema si dice *sovrasmorzato* e la sua evoluzione libera decade asintoticamente, poiché la parte reale dei due poli è sempre negativa.

Nel secondo caso ($\zeta = 1$), il sistema si dice *smorzato con smorzamento critico*. I poli reali e coincidenti sono strettamente negativi e, quindi, l'evoluzione libera decade asintoticamente.

Nel terzo caso ($0 < \zeta < 1$), il sistema si dice *sottosmorzato* e la sua evoluzione libera è periodica, con decadimento asintotico. In particolare, se il coefficiente di smorzamento è nullo, il sistema oscilla periodicamente con ampiezza costante.

La risposta a un impulso di ampiezza q_{i0} di un sistema del 2° ordine si può ottenere come evoluzione libera del sistema, con condizioni iniziali all'istante $t = 0^+$ date da $q_o = 0$ e $Dq_o/Dt = Kq_{i0}\omega_n$, ovvero antitrasformando la funzione

$$Q_o(s) = \frac{K}{\frac{s^2}{\omega_n^2} + \frac{2\zeta s}{\omega_n} + 1} q_{i0}. \qquad (2.187)$$

Per i tre casi di sistema sovrasmorzato ($\zeta > 1$), a smorzamento critico ($\zeta = 1$) e sottosmorzato ($\zeta < 1$), risulta:

$$\begin{cases} \dfrac{q_o}{Kq_{i0}\omega_n} = \dfrac{\left[\exp\left(-\zeta + \sqrt{\zeta^2 - 1}\right) - \exp\left(-\zeta - \sqrt{\zeta^2 - 1}\right)\right]\omega_n t}{2\sqrt{\zeta^2 - 1}} & \text{sovrasmorzato,} \\ \dfrac{q_o}{Kq_{i0}\omega_n} = \omega_n t \exp\left(-\omega_n t\right) & \text{smorzamento critico,} \\ \dfrac{q_o}{Kq_{i0}\omega_n} = \dfrac{1}{\sqrt{\zeta^2 - 1}} \exp(-\zeta\omega_n t) \sin\left(\sqrt{\zeta^2 - 1}\omega_n t\right) & \text{sottosmorzato.} \end{cases}$$
$$(2.188)$$

La risposta a un gradino nell'origine di ampiezza q_{i0} si può ottenere come evoluzione libera del sistema con condizioni iniziali all'istante $t = 0^+$ date da $q_o = 0$ e $Dq_o/Dt = 0$, ovvero antitrasformando la funzione:

$$Q_o(s) = \frac{K}{\frac{s^2}{\omega_n^2} + \frac{2\zeta s}{\omega_n} + 1} \frac{q_{i0}}{s}. \qquad (2.189)$$

I risultati sono riassunti in Figura 2.26. Se il sistema è sottosmorzato, l'adattamento al segnale di ingresso avviene asintoticamente con una serie di elongazioni decrescenti, e tanto più rapidamente quanto più il coefficiente di smorzamento tende a 1. Il sistema a smorzamento critico è il più veloce possibile, in quanto privo di sovraelongazioni e oscillazioni. Tuttavia, si preferisce quasi sempre realizzare dei sistemi sottosmorzati, con smorzamento $\zeta = 0.65$, in grado di offrire la migliore risposta in frequenza. Infatti, osservando lo spettro di ampiezza, il guadagno è significativamente costante fino al 60% della frequenza di risonanza, ed è pari al 75% in corrispondenza della frequenza di risonanza.

2.2 Sistemi dinamici lineari

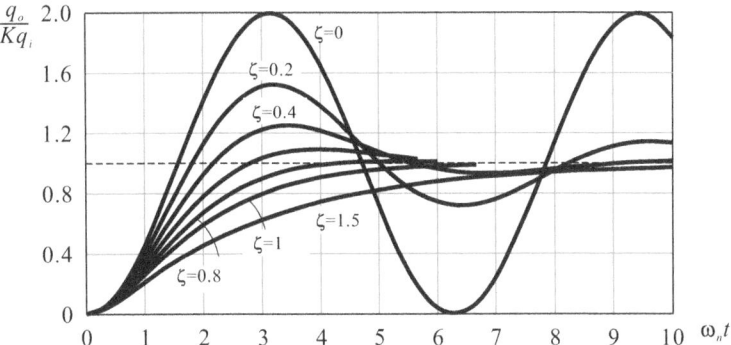

Figura 2.26 Risposta a un gradino di un sistema del 2° ordine

La risposta a una rampa di pendenza q_{i0} di un sistema del 2° ordine si può ottenere antitrasformando la funzione

$$Q_o(s) = \frac{K}{\dfrac{s^2}{\omega_n^2} + \dfrac{2\zeta s}{\omega_n} + 1} \cdot \frac{q_{i0}}{s^2}. \tag{2.190}$$

Per i tre casi di sistema sovrasmorzato ($\zeta > 1$), a smorzamento critico ($\zeta = 1$) e sottosmorzato ($\zeta < 1$), risulta:

$$\begin{cases} \dfrac{q_o}{K} = q_{i0}t - \dfrac{2\zeta q_{i0}}{\omega_n}\left(1 + \dfrac{2\zeta^2 - 1 - 2\zeta\sqrt{\zeta^2-1}}{4\zeta\sqrt{\zeta^2-1}}e^{(-\zeta+\sqrt{\zeta^2-1})\omega_n t} - \dfrac{2\zeta^2 - 1 + 2\zeta\sqrt{\zeta^2-1}}{4\zeta\sqrt{\zeta^2-1}}e^{(-\zeta-\sqrt{\zeta^2-1})\omega_n t}\right) & \text{sovrasmorzato,} \\[2ex] \dfrac{q_o}{K} = q_{i0}t - \dfrac{2q_{i0}}{\omega_n}\left[1 - \exp(-\omega_n t)\left(1 + \dfrac{\omega_n t}{2}\right)\right] & \text{smorzamento critico,} \\[2ex] \dfrac{q_o}{K} = q_{i0}t - \dfrac{2\zeta q_{i0}}{\omega_n}\left[1 - \dfrac{\exp(-\zeta\omega_n t)}{2\zeta\sqrt{1-\zeta^2}}\sin\left(\sqrt{1-\zeta^2}\omega_n t + \tan^{-1}\left(\dfrac{2\zeta\sqrt{1-\zeta^2}}{2\zeta^2-1}\right)\right)\right] & \text{sottosmorzato.} \end{cases}$$

$$\tag{2.191}$$

Asintoticamente, l'uscita varia linearmente con un ritardo pari a $2\zeta/\omega_n$ e con un errore pari a $2\zeta q_{i0}/\omega_n$. I risultati sono riassunti in Figura 2.27.

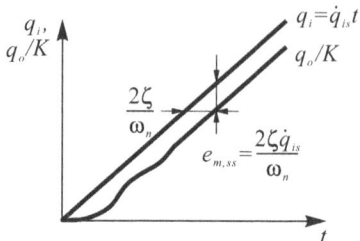

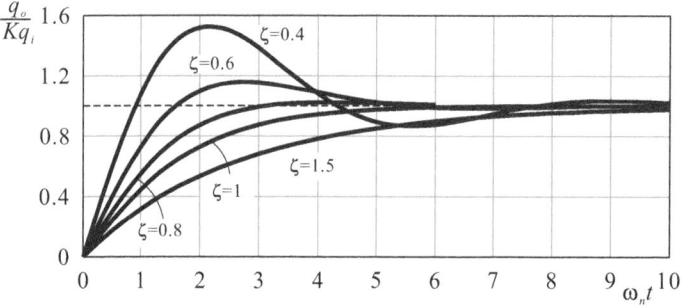

Figura 2.27 Risposta a una rampa di un sistema del 2° ordine

Riferimenti bibliografici

1. Bendat, J.S., Piersol, A.G., 2010. *Random Data: Analysis and Measurement Procedures*. John Wiley & Sons Inc., ISBN 9780470248775, XIV+604 pp.
2. Bevington, P.R. and Robinson, D.K., 2003. *Data Reduction and Error Analysis for the Physical Sciences*. McGraw-Hill, ISBN 0-07-119926-8, XI+320 pp.
3. Doebelin, E.O, 1995. *Engineering experimentation: planning, execution, reporting*. McGraw-Hill, ISBN 0-07-113278-3, XV+528 pp.
4. Longo, S., 2006. The Effects of Air Bubbles on Ultrasound Velocity Measurements. *Exp. in Fluids*, 41/4, 593–603, https://doi.org/10.1007/s00348-006-0183-0.
5. Marro, G., 1997. *Controlli automatici*. Zanichelli, ISBN 88-08-00015-X, VIII+582 pp.
6. Navidi, W., 2006. *Probabilità e statistica per l'ingegneria e le scienze*. McGraw-Hill, ISBN 88-386-6334-3, XXII+536 pp.

Capitolo 3
Elaborazione di dati sperimentali

L'elaborazione dei dati acquisiti a seguito delle procedure di misura, è una fase molto importante per la corretta interpretazione dei risultati. Numerosi strumenti matematici e statistici permettono di indagare gli aspetti più reconditi e nascosti delle informazioni offerte dal processo fisico. Tra questi, un ruolo di primaria importanza è rivestito dalle trasformate di Fourier, da decenni ormai implementate in algoritmi molto veloci (*Fast Fourier Transform – FFT*) e che trovano applicazione in moltissimi strumenti e accessori elettronici che fanno parte della vita comune.

L'implementazione digitale degli algoritmi richiede il campionamento dei segnali per trasformare una funzione continua in un insieme discreto di dati. Sulla base di questa esigenza, tratteremo alcuni elementi base della teoria del campionamento e dell'analisi spettrale. In questa trattazione faremo esplicito riferimento a variabili nel dominio del tempo, mappando il dominio del tempo in dominio delle frequenze, e viceversa. Identico è l'approccio per variabili in altri domini, per esempio, nel dominio delle lunghezze, mappando il dominio delle lunghezze in dominio dei numeri d'onda, e viceversa.

3.1 Trasformate di Fourier

Per elaborare una misura sperimentale variabile nel tempo, è indispensabile avere ben chiara la nozione di serie e di *trasformata di Fourier*. Per questo motivo, di seguito viene fatto un breve richiamo a questi concetti.

3.1.1 Serie di Fourier

È noto dall'analisi matematica come a una qualsiasi funzione $x(t)$, definita nell'intervallo $[0, T]$, si possa associare la serie di Fourier:

$$\frac{a_0}{2} + \sum_{n=1}^{\infty} a_n \cos(2\pi f_n t) + b_n \sin(2\pi f_n t), \qquad (3.1)$$

dove

$$a_n = \frac{2}{T} \int_0^T x(t) \cos(2\pi f_n t) dt,$$
$$b_n = \frac{2}{T} \int_0^T x(t) \sin(2\pi f_n t) dt \quad \text{e} \quad n = 0, 1, 2, \ldots. \qquad (3.2)$$

a_n e b_n sono i coefficienti della serie, $f_n = n/T$ è la frequenza n-esima e $f_1 = 1/T$ è definita *frequenza fondamentale*.

Se risultano soddisfatte le condizioni di Dirichlet:

- $x(t)$ continua in $[0, T]$ fatta eccezione, al più, per un numero finito di punti;
- $x(t)$ derivabile in $[0, T]$ fatta eccezione, al più, per un numero finito di punti;
- derivata $x'(t)$ continua in $[0, T]$ fatta eccezione, al più, per eventuali discontinuità di prima specie;

allora la serie (3.1) converge a:

- $x(t)$ nei punti del dominio $(0, T)$ in cui x è continua;
- $[x(t^+) + x(t^-)]/2$ nei punti del dominio $(0, T)$ in cui x non è continua;
- $[x(0^+) + x(T^-)]/2$ negli estremi 0 e T dell'intervallo.

Ridefinendo, quindi, nei punti di discontinuità t_k la funzione x come

$$x(t_k) = \frac{1}{2}\big[x(t_k^+) + x(t_k^-)\big], \qquad (3.3)$$

si può scrivere

$$x(t) = \frac{a_0}{2} + \sum_{n=1}^{\infty} a_n \cos(2\pi f_n t) + b_n \sin(2\pi f_n t). \qquad (3.4)$$

Mentre la funzione originale (3.1) è definita solo nell'intervallo $[0, T]$, la serie (3.4) risulta definita su tutto il dominio $-\infty < t < +\infty$ e gode della proprietà $x(t) = x(t + T)$, cioè risulta periodica nel tempo con periodo uguale a T (Figura 3.1).

Utilizzando le formule di Eulero $e^{\pm i\varphi} = \cos\varphi \pm i \sin\varphi$, dove $i = \sqrt{-1}$ è l'unità immaginaria, osservando che $a_n = a_{-n}$, $b_n = -b_{-n}$ e $b_0 = 0$, l'espressione (3.4)

3.1 Trasformate di Fourier

Figura 3.1 Esempio di funzione $x(t)$ definita nell'intervallo $(0, T)$ (linea continua) e relativa funzione periodica $x(t)$ ottenuta con la serie di Fourier (3.4) (linea tratteggiata)

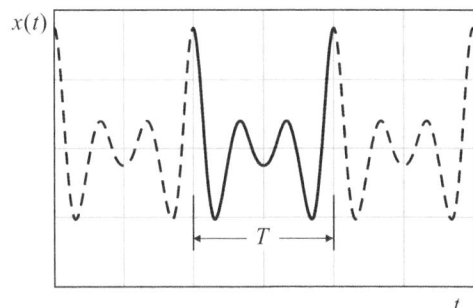

può essere riscritta nella forma esponenziale:

$$x(t) = \sum_{n=-\infty}^{+\infty} X_n e^{i 2\pi f_n t}, \qquad (3.5)$$

dove

$$X_n = \frac{1}{2}(a_n - i b_n), \quad \text{e} \quad n = 0, 1, 2, 3, \dots. \qquad (3.6)$$

I termini X_n sono detti *coefficienti complessi* della serie (3.5). Sostituendo le equazioni (3.2) nell'espressione (3.6), dopo alcuni passaggi si ottiene:

$$X_n = \frac{1}{T} \int_0^T x(t) e^{-i 2\pi f_n t} dt, \quad n = 0, 1, 2, 3, \dots. \qquad (3.7)$$

Talvolta, può essere conveniente scrivere l'espressione (3.4) nella forma seguente:

$$x(t) = \frac{a_0}{2} + \sum_{n=1}^{\infty} A_n \cos(2\pi f_n t - \phi_n), \qquad (3.8)$$

dove

$$A_n = \sqrt{a_n^2 + b_n^2} \quad \text{e} \quad \phi_n = \tan^{-1}\left(\frac{b_n}{a_n}\right). \qquad (3.9)$$

A_n e ϕ_n sono definite, rispettivamente, ampiezza e fase dell'armonica n-esima. Per armonica si intende il singolo termine $A_n \cos(2\pi f_n t - \phi_n)$. La quantità $a_0/2 = X_0$, pari a

$$\frac{a_0}{2} = \frac{1}{T} \int_0^T x(t)\, dt = \bar{x}, \qquad (3.10)$$

è il valore medio $\bar{x}$ della funzione $x(t)$.

Figura 3.2 Esempio di spettro di ampiezza (unilaterale) associato a $x(t)$

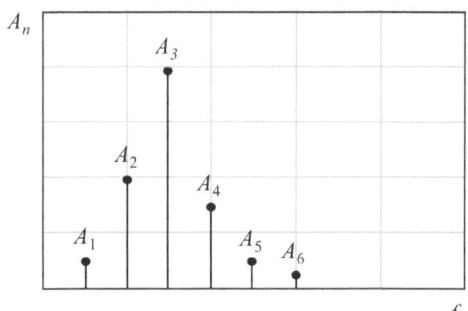

L'insieme $\{A_n\}$ viene chiamato *spettro di ampiezza* (in Figura 3.2 è visibile una rappresentazione grafica dello spettro), mentre l'insieme $\{\phi_n\}$ viene detto *spettro di fase*.

Le equazioni (3.2), (3.4) e (3.8) sono definite nel dominio $0 < f_n < +\infty$, cioè in un intervallo di frequenze che hanno un senso fisico; le equazioni (3.5–3.7), invece, sono definite nel dominio $-\infty < f_n < +\infty$, con le frequenze $f_n < 0$ prive di significato fisico. Per non rinunciare all'uso delle espressioni (3.5) e (3.7), talvolta molto utili nei calcoli, tramite l'equazione (3.6) possiamo ricavare l'uguaglianza

$$A_n = 2|X_n|, \tag{3.11}$$

che associa i coefficienti complessi della serie di Fourier X_n alle ampiezze A_n di armoniche con frequenze solo positive.

In campo ingegneristico, quando si utilizza la definizione di spettro di ampiezza normalmente si intende l'insieme $\{A_n\}$ con $f_n > 0$, detto anche *spettro di ampiezza unilaterale* (Figura 3.2). In campo fisico-matematico, invece, si fa spesso uso dello *spettro di ampiezza bilaterale*, intendendo per esso l'insieme $\{|X_n|\}$ con $-\infty < f_n < +\infty$.

3.1.2 Integrale di Fourier

Supponiamo che una funzione $x(t)$, non periodica, sia definita su tutto il dominio $-\infty < t < +\infty$ e che in ogni intervallo temporale finito, scelto a piacere, siano soddisfatte le condizioni di Dirichlet. Se esiste finito l'integrale

$$\int_{-\infty}^{+\infty} |x(t)| dt < +\infty, \tag{3.12}$$

cioè, se la funzione $x(t)$ è *modulo integrabile* (ovvero *assolutamente integrabile*), allora il teorema integrale di Fourier assicura la seguente uguaglianza:

$$x(t) = \int_0^\infty [a(f)\cos(2\pi ft) + b(f)\sin(2\pi ft)]df, \tag{3.13}$$

3.1 Trasformate di Fourier

dove

$$a(f) = 2\int_{-\infty}^{+\infty} x(t)\cos(2\pi f t)\,dt \quad \text{e} \quad b(f) = 2\int_{-\infty}^{+\infty} x(t)\sin(2\pi f t)\,dt. \tag{3.14}$$

La variabile f è definita *frequenza*.

È importante osservare che condizione necessaria perché sia soddisfatta la (3.12) è che risulti

$$\lim_{t\to\infty} x(t) = 0. \tag{3.15}$$

Utilizzando le formule di Eulero, osservando che $a(f) = a(-f)$, $b(f) = -b(-f)$ e $b(0) = 0$, la relazione (3.13) può essere riscritta nella forma seguente:

$$x(t) = \int_{-\infty}^{\infty} X(f)\,e^{i2\pi f t}\,df, \tag{3.16}$$

dove

$$X(f) = \frac{a(f) - ib(f)}{2}. \tag{3.17}$$

Inoltre, sostituendo le equazioni (3.14) nella (3.17), dopo qualche passaggio si trova

$$X(f) = \int_{-\infty}^{\infty} x(t)\,e^{-i2\pi f t}\,dt. \tag{3.18}$$

La (3.18) è detta *trasformata di Fourier*, mentre la (3.16) è detta *trasformata inversa di Fourier*, o *antitrasformata di Fourier*.

Posto

$$D(f) = \sqrt{[a(f)]^2 + [b(f)]^2} \tag{3.19}$$

e

$$\phi(f) = \tan^{-1}\left[\frac{b(f)}{a(f)}\right], \tag{3.20}$$

l'integrale (3.13) può riscriversi come

$$x(t) = \int_0^{\infty} D(f)\cos[2\pi f t - \phi(f)]\,df. \tag{3.21}$$

La (3.21) rappresenta la funzione aperiodica $x(t)$ come una somma integrale di infinite oscillazioni di frequenza f e di ampiezza infinitesima pari a:

$$dA(f) = D(f)\,df. \tag{3.22}$$

Si può dimostrare che

$$dA(f) = 2|X(f)|df, \qquad (3.23)$$

con $f > 0$.

La quantità $D(f) = 2|X(f)|$, con $f > 0$, è definita *densità spettrale di ampiezza unilaterale*, mentre la quantità $|X(f)|$, con $-\infty < f < +\infty$, è definita *densità spettrale di ampiezza bilaterale*. È necessario non confondere la densità spettrale di ampiezza con lo spettro di ampiezza: la densità spettrale di ampiezza si riferisce a una funzione $x(t)$ non periodica, mentre lo spettro di ampiezza si riferisce a una funzione $x(t)$ periodica.

Tramite le trasformate e antitrasformate di Fourier, è possibile passare in maniera biunivoca dal dominio del tempo t al dominio delle frequenze f, e viceversa.

3.1.3 Spettro di energia, densità spettrale di energia e densità spettrale di potenza

Nel teoria dei segnali, un segnale $x(t)$ viene definito *segnale di energia* se risulta finita la quantità

$$\int_{-\infty}^{\infty} [x(t)]^2 dt < +\infty, \qquad (3.24)$$

mentre viene definito *segnale di potenza* se risulta finita la quantità

$$\lim_{T \to \infty} \frac{1}{T} \int_{-T/2}^{T/2} [x(t)]^2 dt < +\infty. \qquad (3.25)$$

Tali denominazioni derivano dalla definizione di energia e potenza di un segnale elettronico; in generale, tale significato fisico non necessariamente si conserva in ambiti differenti; tuttavia, per semplicità e per evitare confusione, di seguito preferiamo conservare le definizioni proprie dell'elettronica.

Nei segnali di potenza, vale il teorema di Parseval:

$$\frac{1}{T} \int_{-T/2}^{T/2} [x(t)]^2 dt = \left(\frac{a_0}{2}\right)^2 + \sum_{n=1}^{\infty} \frac{A_n^2}{2}, \quad f_n > 0, \qquad (3.26)$$

facilmente dimostrabile sostituendo al primo membro dell'equazione (3.26) l'espressione (3.8) e tenendo conto delle proprietà di ortogonalità delle funzioni $\cos(2\pi f_n t)$ e $\sin(2\pi f_n t)$. La relazione (3.26) è basata su componenti armoniche con frequenze solo positive. Utilizzando la relazione (3.11), tenendo conto che $|X_n| = |X_{-n}|$, si può scrivere anche

$$\frac{1}{T} \int_{-T/2}^{T/2} [x(t)]^2 dt = \sum_{n=-\infty}^{+\infty} |X_n|^2, \quad -\infty < f_n < +\infty. \qquad (3.27)$$

3.1 Trasformate di Fourier

L'insieme $\{A_n^2/2\}$, con $n = 1, 2, 3, \ldots$, è definito *spettro di potenza unilaterale*, mentre l'insieme $\{|X_n|^2\}$, con $n = \pm 1, \pm 2, \pm 3, \ldots$, è definito *spettro di potenza bilaterale*.

Le relazioni (3.26) e (3.27) sono molto importanti perché mostrano come la potenza contenuta nel segnale $x(t)$ si possa ottenere come somma lineare della potenza associata alle singole componenti armoniche A_n o $|X_n|$.

In maniera del tutto analoga, nei segnali di energia vale il teorema di Parseval:

$$\int_{-\infty}^{\infty} [x(t)]^2 dt = \int_{-\infty}^{\infty} |X(f)|^2 df. \tag{3.28}$$

Poiché $|X(f)| = |X(-f)|$, risulta anche

$$\int_{-\infty}^{\infty} [x(t)]^2 dt = \int_{0}^{\infty} 2|X(f)|^2 df. \tag{3.29}$$

La quantità $E(f) = 2|X(f)|^2$ viene definita *densità spettrale di energia unilaterale*. La *densità spettrale di energia bilaterale*, invece, è espressa dalla relazione $\tilde{E}(f) = |X(f)|^2$.

Anche le relazioni (3.28) e (3.29) sono importanti perché mostrano come l'energia del segnale $x(t)$ si possa ottenere come somma lineare delle energie associate alle componenti armoniche infinitesime $|X(f)|^2 df$ o $2|X(f)|^2 df$.

La densità spettrale di energia di un segnale di energia finita, e la densità spettrale di potenza di un segnale di potenza finita, grazie al teorema di Wiener-Khinchin [6], si possono calcolare anche come trasformata di Fourier di una funzione definita *funzione di autocorrelazione*. Il teorema di Wiener-Khinchin si può applicare sia ai segnali deterministici, sia ai segnali stocastici. I segnali stocastici verranno analizzati successivamente.

Per un segnale di energia finita, si definisce *funzione di autocorrelazione* la quantità

$$R(\tau) = \int_{-\infty}^{+\infty} x(t)x(t+\tau) dt, \tag{3.30}$$

mentre per un segnale di potenza finita, si definisce *funzione di autocorrelazione* la quantità

$$R(\tau) = \lim_{T \to \infty} \frac{1}{T} \int_{-T/2}^{T/2} x(t)x(t+\tau) dt. \tag{3.31}$$

Entrambe le definizioni godono della proprietà di avere un picco nell'origine, pari all'energia del segnale per l'espressione (3.30), e alla potenza del segnale per l'espressione (3.31), rispettivamente. Inoltre, la funzione di autocorrelazione è pari, cioè $R(\tau) = R(-\tau)$.

Per un segnale a energia finita $x(t)$, il teorema di Wiener-Khinchin dimostra che la densità spettrale di energia bilaterale $\tilde{E}(f)$ si può calcolare come:

$$\tilde{E}(f) = \int_{-\infty}^{\infty} R(\tau) e^{-i2\pi ft} dt = |X(f)|^2. \tag{3.32}$$

Per un segnale di potenza finita, invece, il teorema di Wiener-Khinchin dimostra che:

$$\tilde{S}(f) = \int_{-\infty}^{\infty} R(\tau) e^{-i2\pi ft} dt = \lim_{t \to \infty} \frac{|X(f)|^2}{T}, \tag{3.33}$$

dove $\tilde{S}(f)$ è la densità spettrale di potenza bilaterale. Ovviamente, per poter applicare la trasformata di Fourier alla funzione di autocorrelazione $R(\tau)$, quest'ultima deve essere modulo integrabile.

La densità spettrale di energia unilaterale è pari a

$$E(f) = 2|X(f)|^2, \quad f > 0, \tag{3.34}$$

mentre la densità spettrale di potenza unilaterale è pari a:

$$S(f) = \lim_{t \to \infty} \frac{2|X(f)|^2}{T}, \quad f > 0. \tag{3.35}$$

3.2 Segnali variabili nel tempo

3.2.1 Campionamento di un segnale

Il processo digitale di elaborazione, o di memorizzazione, di un segnale analogico, inevitabilmente passa attraverso una fase di campionamento. Campionare significa rilevare il valore assunto da una grandezza analogica in una successione di istanti di tempo discreti t_k, non necessariamente equispaziati. L'insieme di tutte le operazioni che riguardano il processo di campionamento si definisce "acquisizione" del segnale.

Un aspetto molto importante dell'acquisizione è l'integrità, nel segnale campionato $x(t_k)$, di tutte le informazioni insite nel segnale analogico originale. A tal proposito è fondamentale il *teorema del campionamento di Nyquist-Shannon* [4], detto anche semplicemente *teorema del campionamento*.

Indicando con τ un intervallo costante di tempo di campionamento, si definisce *frequenza di campionamento* la quantità $f_c = 1/\tau$, mentre si definisce *frequenza di Nyquist*, o *frequenza di taglio*, la quantità $f_N = f_c/2$.

Il teorema del campionamento stabilisce che un segnale analogico $x(t)$ a banda limitata B, cioè con ampiezze delle armoniche con frequenza $f \geq B$ nulle

Figura 3.3 Esempio di segnale a banda B limitata

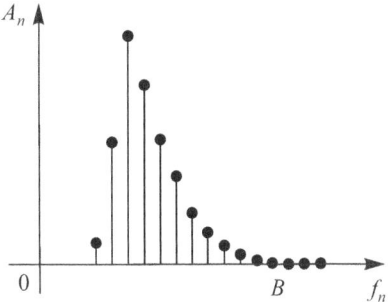

(Figura 3.3), se campionato con una frequenza $f_c \geq 2B$ può essere univocamente ricostruito in maniera continua nel tempo t, a partire dai suoi campioni $x(k\tau)$, mediante la relazione

$$x(t) = \sum_{k=-\infty}^{+\infty} x(k\tau) \operatorname{sinc}\left(\frac{t - k\tau}{\tau}\right), \qquad (3.36)$$

dove sinc(...) è la *funzione seno cardinale normalizzata* definita come:

$$\operatorname{sinc}(t) = \begin{cases} \dfrac{\sin(\pi t)}{\pi t} & \text{se } t \neq 0, \\ 1 & \text{se } t = 0. \end{cases} \qquad (3.37)$$

Il fatto di poter ricostruire in maniera continua nel tempo un segnale campionato, intrinsecamente garantisce la conservazione di tutte le informazioni presenti nel segnale analogico originale. Per inciso, il termine *banda* è una forma abbreviata di "banda di frequenze", ovvero l'insieme delle frequenze $f < |B|$ delle armoniche non nulle che costituiscono il segnale, essendo B la frequenza più elevata di questo insieme.

La frequenza di Nyquist f_N, fisicamente rappresenta la massima frequenza visibile, cioè ricostruibile tramite la (3.36), in un segnale campionato con frequenza f_c.

Prerequisito essenziale, dunque, per l'applicabilità del teorema del campionamento è che il segnale $x(t)$ sia a banda limitata, cioè che B risulti una quantità finita. Nel campo della meccanica dei fluidi e dei solidi, tutti i segnali risultano a banda limitata perché, a causa dell'inerzia del mezzo, all'aumentare della frequenza le ampiezze delle armoniche si riducono sempre più e tendono a zero.

3.2.1.1 La trasformata discreta di Fourier

Supponiamo che $x(t)$ sia un segnale a banda limitata B e supponiamo di aver acquisito, in un intervallo di tempo $[0, T_r]$, il segnale discreto $x_k = x(t_k)$, con $t_k = k\tau$, $\tau = T_r/N$ e $k = 0, 1, 2, \ldots, (N-1)$ (Figura 3.4).

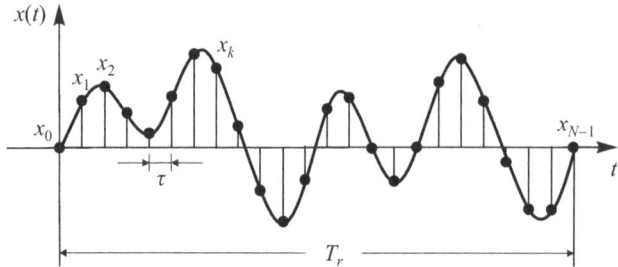

Figura 3.4 Esempio di campionamento di un segnale

I coefficienti complessi $\widetilde{X}(f_n)$ della serie di Fourier del segnale continuo $x(t)$ risultano

$$\widetilde{X}(f_n) = \frac{1}{T_r} \int_0^{T_r} x(t)\, e^{-i 2\pi f_n t}\, dt. \tag{3.38}$$

Nel caso del segnale campionato $x(t_k)$, ricordando che $f_n = n/T_r$, con $n = 0, 1, 2, \ldots, (N-1)$, l'equazione (3.38) può essere discretizzata nella forma

$$\widetilde{X}_n = \frac{1}{N} \sum_{k=0}^{N-1} x_k\, e^{-i \frac{2\pi n k}{N}}, \quad n = 0, 1, 2, \ldots, (N-1). \tag{3.39}$$

L'espressione (3.39) viene definita *trasformata discreta di Fourier* (*DFT – Discrete Fourier Transform*). La *DFT* è periodica con periodo N.

In maniera duale, è definita la *trasformata discreta inversa di Fourier* (*IDFT – Inverse Discrete Fourier Transform*), cioè:

$$x(t_k) = \sum_{n=0}^{N-1} \widetilde{X}_n\, e^{i \frac{2\pi n k}{N}}, \quad k = 0, 1, 2, \ldots, (N-1). \tag{3.40}$$

Spesso, in letteratura, il fattore moltiplicativo $1/N$ è nell'espressione (3.40) anziché nell'espressione (3.39). Si tratta di una convenzione che non modifica la correttezza dei risultati: se la *DFT* fosse definita senza il fattore $1/N$, per ottenere $\widetilde{X}_n$ la *DFT* dovrebbe essere moltiplicata per $1/N$. Qui preferiamo mantenere la definizione (3.39) perché è la naturale conseguenza dei coefficienti della serie (3.38).

Sulla base del teorema del campionamento, la massima frequenza che si può cogliere univocamente nel segnale discreto $x(t_k)$ risulta $f_N = 1/(2\tau)$, cioè $f_N = (N/2)(1/T_r)$, da cui si ricava $n_{max} = N/2$. Ne consegue che le componenti di $\widetilde{X}_n$ che risultano valide e distinte sono solo quelle che cadono nell'intervallo $0 < n < N/2$.

Se la successione $\{x_k\}$ è parte di un segnale non periodico, allora dobbiamo riferirci alla trasformata integrale di Fourier (3.18). La trasformata integrale richiede la

3.2 Segnali variabili nel tempo

conoscenza di tutto il segnale nell'intervallo $(-\infty, +\infty)$, mentre noi ne conosciamo solo la parte compresa nell'intervallo $[0, T_r]$. Definendo, tuttavia, la funzione finestra rettangolare $w(t)$:

$$\begin{cases} w(t) = 1, & 0 < t < T_r, \\ w(t) = 0, & \text{altrove,} \end{cases} \quad (3.41)$$

possiamo scrivere:

$$X(f, T_r) = \int_{-\infty}^{\infty} w(t) x(t) e^{-i2\pi f t} dt = \int_0^{T_r} x(t) e^{-i2\pi f t} dt, \quad (3.42)$$

dove $X(f, T_r)$ indica che la trasformata integrale è stata ottenuta applicando al segnale $x(t)$ una finestra rettangolare di ampiezza T_r.

Con riferimento al segnale acquisito $\{x_k\}$, la (3.42) può essere discretizzata come

$$X(f, T_r) = \tau \sum_{k=0}^{N-1} x_k e^{-i2\pi f k\tau} = \frac{T_r}{N} \sum_{k=0}^{N-1} x_k e^{-i2\pi f k\tau}, \quad (3.43)$$

ovvero

$$\frac{X(f, T_r)}{T_r} = \frac{1}{N} \sum_{k=0}^{N-1} x_k e^{-i2\pi f k\tau}. \quad (3.44)$$

Selezionando le frequenze $f_n = n/T_r$ con $n = 0, 1, 2, \ldots, (N-1)$, l'espressione (3.44) diventa:

$$\frac{X(f_n, T_r)}{T_r} = \frac{1}{N} \sum_{k=0}^{N-1} x_k e^{-i\frac{2\pi nk}{N}}, \quad (3.45)$$

da cui emerge ancora la trasformata discreta di Fourier.

Poter esprimere le trasformate in funzione della trasformata discreta di Fourier è molto importante perché la *DFT* si presta bene all'uso delle cosiddette "Fast Fourier Transform" (*FFT*), una classe di algoritmi numerici di calcolo molto efficienti e veloci.

La *FFT* più utilizzata è quella cosiddetta in base 2 per la quale deve risultare $N = 2^p$, con p intero positivo, cioè N deve essere una potenza di 2. Se N non è una potenza di 2, esiste la possibilità di utilizzare algoritmi *FFT* con basi diverse, tipicamente $2, 3, 5, 7, \ldots, 2m+1$, che possono essere combinati tra loro in modo da ottenere esattamente $N = 2^{p_2} 3^{p_3} 5^{p_5} \ldots (2m+1)^{p_{2m+1}}$, con $p_2, p_3, p_5, \ldots, p_{2m+1}$ interi positivi [5]. All'atto pratico, comunque, si utilizza quasi sempre la *FFT* in base 2, troncando la successione $\{x_k\}$ al valore $\widetilde{N} = 2^p < N$ più vicino a N. Con una *FFT* in base 2, il numero di operazioni necessarie per la stima della *DFT* viene abbattuto di un fattore pari a circa $N^2/(N \log_2 N)$ [5].

Vale la pena osservare che alcune *FFT* presenti nei pacchetti applicativi risolvono le *DFT* definite come

$$\sum_{k=0}^{N-1} x_k \, e^{-i\frac{2\pi n k}{N}}. \tag{3.46}$$

In questi casi bisogna tenere conto separatamente del fattore moltiplicativo $1/N$. È buona norma controllare sempre la documentazione teorica allegata al pacchetto applicativo.

3.2.2 Rumore di fondo

Molto spesso, quando si acquisisce un segnale x variabile nel tempo t, sia in laboratorio, sia in campo, il dato rilevato $x_a(t)$ si presenta come mostrato in Figura 3.5, con disturbi e interferenze. È bene tenere presente che l'acquisizione di un segnale privo di disturbi e interferenze, è praticamente impossibile a causa del cosiddetto "rumore di fondo", immancabilmente presente. Il rumore di fondo è dovuto a numerose cause, tra queste: una cattiva schermatura dei cavi, il rumore elettronico intrinseco nella componentistica elettronica, le connessioni non ottimali dei cavi. Quando il rumore di fondo è particolarmente elevato, prima di procedere con l'elaborazione è necessario, per quanto possibile, eliminarlo o ridurlo.

La pulizia del segnale acquisito può essere fatta essenzialmente in due modi: attraverso una media mobile o per mezzo di un filtro passa basso. Con il primo metodo si opera direttamente nel dominio del tempo, con il secondo metodo si opera nel dominio delle frequenze. In entrambi i casi è, comunque, necessario fissare un opportuno intervallo di tempo T_M su cui mediare o filtrare la grandezza acquisita $x_a(t)$.

Nel caso si scelga di utilizzare una media mobile, il segnale $x_f(t)$ epurato del rumore di fondo si può ottenere con la relazione:

$$x_f(t) = \frac{1}{T_M} \int_{t}^{t+T_M} x_a(\tau) d\tau, \tag{3.47}$$

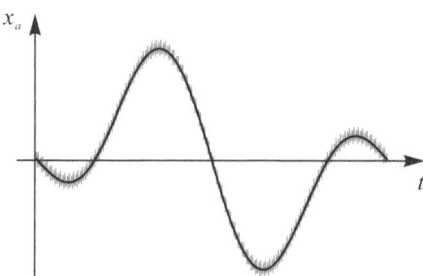

Figura 3.5 Esempio di segnale acquisito con rumore di fondo

3.2 Segnali variabili nel tempo

Figura 3.6 **a** Esempio di un segnale mediato su un intervallo di tempo T_M corretto; **b** esempio di un segnale mediato su un intervallo di tempo T_M troppo grande

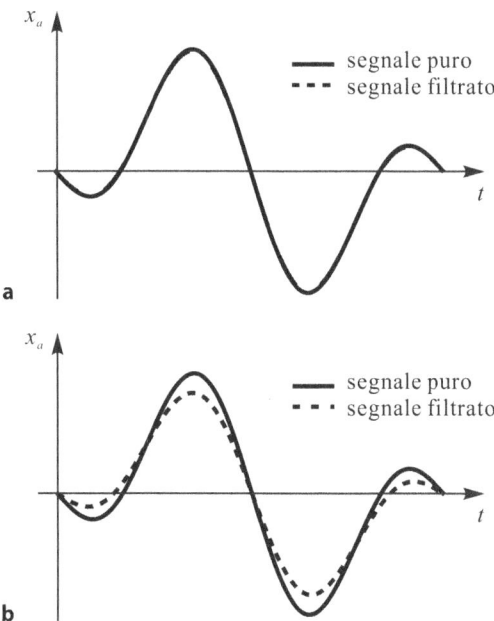

dove T_M è l'intervallo di tempo su cui, a ogni istante t, viene mediata la grandezza x_a. T_M deve essere sufficientemente grande da eliminare tutto il rumore di fondo, ma anche sufficientemente piccolo per non cancellare parte del segnale reale. In Figura 3.6 è riportato un esempio di media mobile con un intervallo di tempo T_M corretto (Figura 3.6a) e troppo grande (Figura 3.6b).

Una regola pratica molto semplice per stimare l'intervallo di tempo T_M più appropriato, è quella di individuarlo direttamente dal rumore di fondo, come indicato in Figura 3.7.

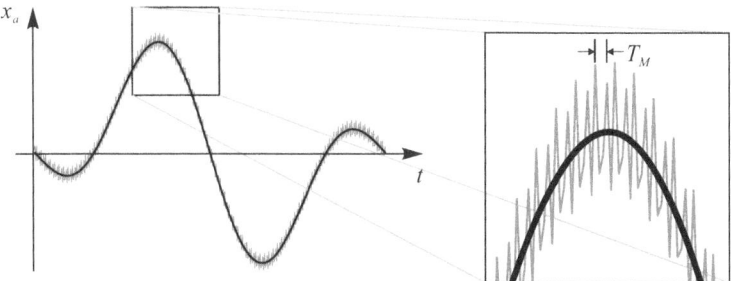

Figura 3.7 Regola pratica per individuare il periodo T_M più appropriato per eliminare, tramite l'operatore di media mobile, il rumore di fondo

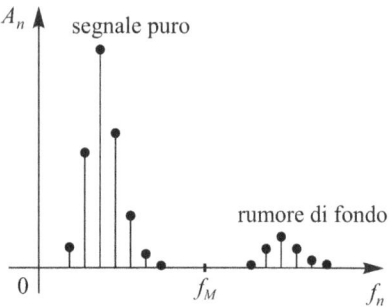

Figura 3.8 Esempio di spettro di ampiezza di un segnale acquisito con armoniche del segnale puro ben distinte da quelle del rumore di fondo

La pulizia del segnale acquisito può essere fatta anche attraverso un filtro passa basso. Un filtro passa basso ideale con frequenza di taglio f_M, azzera tutte le armoniche del segnale con frequenza $f > f_M$. Dal punto di vista numerico, un modo per fare questo è quello di passare al dominio delle frequenze applicando al segnale la trasformata di Fourier, annullare tutte le ampiezze A_n che hanno una frequenza $f_n > f_M$, per poi tornare al dominio del tempo mediante la trasformata inversa di Fourier. La frequenza di taglio f_M è uguale a $1/T_M$, dove T_M è il periodo più grande presente nelle oscillazioni del rumore di fondo che vogliamo eliminare. Anche in questo caso è necessario porre su T_M le stesse attenzioni elencate per la media mobile.

È bene tenere presente che il processo di pulizia tramite media mobile, o filtro passa basso, funziona bene quando le frequenze del rumore di fondo, tipicamente piuttosto alte, sono ben distinte da quelle del segnale puro. Nel dominio delle frequenze questo accade quando lo spettro di ampiezza si presenta, ad esempio, come illustrato in Figura 3.8.

Quando le frequenze che compongono il rumore di fondo si sovrappongono a quelle del segnale puro, purtroppo, l'operazione di pulizia non è indolore e parte del segnale puro viene persa. In questi casi, bisogna fare il massimo sforzo per ridurre alla fonte, per quanto possibile, il rumore di fondo, per esempio, migliorando i contatti tra i cavi del sistema di acquisizione.

3.2.3 Processi stocastici

Nel campo delle misure idrauliche, molto spesso analizziamo dei segnali che, oltre a essere variabili nel tempo, sono di natura aleatoria: basti pensare alle misure di turbolenza, idrologiche o marittime, tanto per fare alcuni esempi. In questi casi, è importante avere ben chiari i concetti di stazionarietà ed ergodicità, propedeutici ad alcune stime di media e ad analisi di tipo dinamico, quali, per esempio, l'analisi spettrale.

Si consideri un esperimento che coinvolga un processo dinamico misurato da una grandezza $x(t)$ che lo caratterizza. Supponiamo di ripetere r volte, con $r \to \infty$,

3.2 Segnali variabili nel tempo

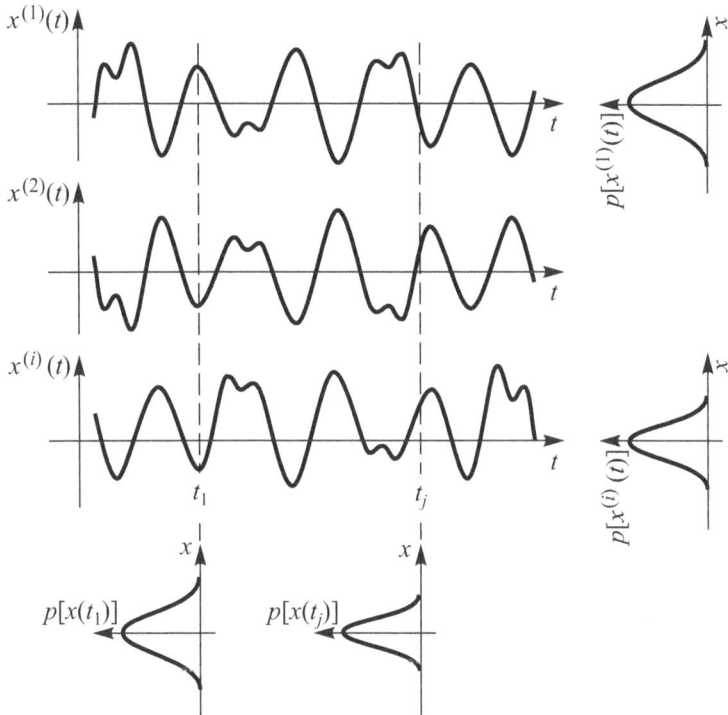

Figura 3.9 Processo stocastico

lo stesso esperimento, mantenendo esattamente invariate le condizioni iniziali e al contorno. L'insieme $\{x^{(r)}(t)\}$ dei risultati degli esperimenti costituisce un *processo stocastico*. Ogni singolo evento $x^{(i)}(t)$ si chiama *realizzazione* (Figura 3.9).

Indichiamo con $p[x(t_j)]$ la densità di probabilità della variabile x all'istante t_j, e con $p[x^{(i)}(t)]$ la densità di probabilità della variabile x relativa all'i-esima realizzazione.

Fissato un istante di tempo t_j, per l'insieme $\{x(t_j)\}$ si possono definire le medie d'insieme $m_x^{(n)}(t_j)$:

$$m_x^{(n)}(t_j) = E\{[x(t_j)]^n\} = \int_{-\infty}^{+\infty} [x(t_j)]^n p[x(t_j)] dx, \qquad (3.48)$$

dove $E\{\ldots\}$ è l'operatore "valore atteso".

Consideriamo la i-esima realizzazione e indichiamo con $p[x^{(i)}(t)]$ la densità di probabilità di $x^{(i)}(t)$. Possiamo definire la media temporale:

$$\overline{[x^{(i)}(t)]^n} = \int_{-\infty}^{+\infty} [x^{(i)}(t)]^n p[x^{(i)}(t)] dx = \lim_{t \to \infty} \frac{1}{T} \int_{-T/2}^{T/2} [x^{(i)}(t)]^n dt, \qquad (3.49)$$

dove $\overline{(\ldots)}$ è l'operatore di "media temporale". La quantità

$$\overline{x^{(i)}(t)} = \lim_{t\to\infty} \frac{1}{T} \int_{-T/2}^{T/2} x^{(i)}(t)dt \qquad (3.50)$$

rappresenta la media temporale del segnale $x^{(i)}(t)$, mentre la quantità

$$\overline{[x^{(i)}(t)]^2} = \lim_{t\to\infty} \frac{1}{T} \int_{-T/2}^{T/2} [x^{(i)}(t)]^2 dt \qquad (3.51)$$

rappresenta la media quadratica temporale del segnale $x^{(i)}(t)$.

Qualora $p[x(t_j)]$ non dipenda da t_j, il processo è definito *stazionario in senso stretto*. Se, invece, sono solo le medie (3.50) e (3.51) a non dipendere da t_j, il processo viene definito *stazionario in senso lato*.

Se tutte le distribuzioni sono uguali tra loro, cioè $p[x(t_j)] = p[x^{(i)}(t)]$ per ogni t_j e per ogni i, il processo è definito *ergodico*. In un processo ergodico, tutte le medie d'insieme $m_x^{(n)}(t_j)$ e le medie temporali $\overline{[x^{(i)}(t)]^n}$ risultano uguali tra loro.

3.2.3.1 Processi stazionari ed ergodici

L'ergodicità è una proprietà molto importante dei processi stocastici perché, come già visto, consente di ricondurre tutte le analisi a quelle di una singola realizzazione. Parallelamente, però, è anche una condizione molto forte e di difficile – per non dire impossibile – dimostrazione, tanto che, spesso, l'ergodicità viene assunta in modo assiomatico. In realtà, per molte misure è sufficiente ammettere che un processo risulti stazionario in senso lato ed ergodico nelle medie e nelle medie quadratiche temporali. Ciò consente di focalizzare l'attenzione sulle sole medie d'insieme e temporali (3.50) e (3.51).

Supponiamo che $x(t)$ sia la realizzazione di un processo stocastico stazionario, almeno in senso lato, ed ergodico. Ne consegue che

$$m_x^{(1)}(t) = \overline{x} = \lim_{T\to\infty} \frac{1}{T} \int_{-T/2}^{+T/2} x(t)dt, \qquad (3.52)$$

e

$$m_x^{(2)}(t) = \overline{x^2} = \lim_{T\to\infty} \frac{1}{T} \int_{-T/2}^{+T/2} [x(t)]^2 dt. \qquad (3.53)$$

Un'altra grandezza molto importante nei processi stocastici è la funzione di autocorrelazione. Nel caso di un segnale stazionario ed ergodico $x(t)$, la funzione di autocorrelazione temporale, uguale a quella d'insieme, è definita come

$$R(\tau) = \lim_{T\to\infty} \frac{1}{T} \int_{-T/2}^{+T/2} x(t)x(t+\tau)dt. \qquad (3.54)$$

3.2 Segnali variabili nel tempo

Si dimostra facilmente che

$$R(0) = \overline{x^2}. \tag{3.55}$$

Risulta, altresì [1]

$$\lim_{\tau \to \infty} R(\tau) = \overline{x}^2. \tag{3.56}$$

La funzione di autocorrelazione fornisce una indicazione della memoria del sistema e, quando tende a zero, dà anche una stima del tempo oltre il quale tale memoria viene persa.

3.2.3.2 Analisi spettrale

L'analisi spettrale è uno strumento fondamentale per lo studio, nel dominio delle frequenze, di un qualsiasi segnale variabile nel tempo. Sia $x(t)$ la realizzazione di un processo stocastico stazionario; consideriamo la finestra rettangolare $w(t)$ definita come

$$\begin{cases} w(t) = 1, & \text{se } -T/2 < t < T/2, \\ w(t) = 0, & \text{altrove}, \end{cases} \tag{3.57}$$

e la funzione $x(t, T) = w(t)x(t)$. Per il teorema di Parseval si può scrivere

$$\frac{1}{T} \int_{-T/2}^{+T/2} [x(t,T)]^2 dt = \int_0^\infty \frac{2|X(f,T)|^2}{T} df, \tag{3.58}$$

e, passando al limite per $T \to \infty$:

$$\lim_{T \to \infty} \frac{1}{T} \int_{-T/2}^{+T/2} [x(t)]^2 dt = \int_0^\infty \lim_{T \to \infty} \frac{2|X(f,T)|^2}{T} df. \tag{3.59}$$

La quantità

$$S(f) = \lim_{T \to \infty} \frac{2|X(f,T)|^2}{T}, \tag{3.60}$$

come già visto al §3.1.3, rappresenta la densità spettrale di potenza unilaterale del processo stazionario $x(t)$.

Un semplice stimatore $\widehat{S}(f)$ della densità spettrale di potenza unilaterale può essere ottenuto omettendo il limite nell'espressione (3.60), cioè

$$\widehat{S}(f) = \frac{2|X(f,T)|^2}{T}, \tag{3.61}$$

dove il simbolo $\widehat{}$ indica che l'argomento è uno stimatore, non il valore vero. Nel caso di un segnale acquisito $\{x_k\}$, con $k = 0, 1, 2, \ldots, N - 1$, in corrispondenza delle frequenze $f_n = n/T$ l'espressione (3.61) diventa

$$\widehat{S}(f_n) = \frac{2|X(f_n, T)|^2}{T}, \quad n = 0, 1, 2, \ldots, N/2, \tag{3.62}$$

ovvero, ricordando la (3.45):

$$\widehat{S}_n = \frac{2\tau}{N} \left| \sum_{k=0}^{N-1} x_k\, e^{-i\frac{2\pi n k}{N}} \right|^2, \quad n = 0, 1, 2, \ldots. N/2. \tag{3.63}$$

Allo stesso risultato (3.60) si perviene anche applicando il teorema di Wiener-Khinchin [6], secondo il quale la densità spettrale di potenza (bilaterale) $\tilde{S}(f)$ di un segnale stazionario ed ergodico è data dalla trasformata di Fourier della sua funzione di autocorrelazione $R(\tau)$:

$$\tilde{S}(f) = \int_{-\infty}^{+\infty} R(\tau)\, e^{-i2\pi f \tau}\, d\tau, \quad -\infty < f < +\infty. \tag{3.64}$$

Infatti, come già visto (§3.1.3), la trasformata di Fourier della funzione di autocorrelazione (3.64) coincide con la (3.60).

Naturalmente, l'espressione (3.64) ha significato se e solo se la funzione di autocorrelazione $R(\tau)$ è modulo integrabile, cioè se

$$\int_{-\infty}^{+\infty} |R(\tau)| d\tau < \infty. \tag{3.65}$$

Ciò richiede che (cfr. equazione 3.15) $\lim_{\tau \to \infty} R(\tau) = 0$ e, dunque, sulla base dell'espressione (3.56), il valore medio di $x(t)$ deve essere nullo. Utilizzando la trasformata integrale inversa di Fourier, si può anche scrivere:

$$R(\tau) = \int_{-\infty}^{+\infty} \tilde{S}(f)\, e^{i2\pi f \tau}\, df, \quad -\infty < \tau < +\infty. \tag{3.66}$$

Sfruttando la simmetria della funzione di autocorrelazione, risulta che:

$$\tilde{S}(f) = 2 \int_{0}^{+\infty} R(\tau)\, e^{-i2\pi f \tau}\, d\tau, \quad -\infty < f < +\infty, \tag{3.67}$$

da cui si può ricavare la densità spettrale di potenza unilaterale $S(f)$:

$$S(f) = 4 \int_{0}^{\infty} R(\tau)\, e^{-i2\pi f \tau}\, d\tau, \quad 0 < f < +\infty. \tag{3.68}$$

3.2 Segnali variabili nel tempo

Ricordando le formule di Eulero e sfruttando le proprietà di antimetria e simmetria delle funzioni $\sin(2\pi f t)$ e $\cos(2\pi f t)$, si ottiene

$$S(f) = 4 \int_0^\infty R(\tau) \cos 2\pi f \tau \, d\tau, \quad 0 < f < +\infty. \tag{3.69}$$

Per stimare la densità spettrale di potenza attraverso l'espressione (3.68), o l'espressione (3.69), è necessario stimare la funzione di autocorrelazione $R(\tau)$ (equazione 3.31). Con riferimento a un segnale campionato a media nulla $\{x_k\}$, con $k = 1, 2, \ldots, N$, uno stimatore consistente della funzione di autocorrelazione è dato dalla relazione [1]:

$$\widehat{R}_r = \frac{1}{N-r} \sum_{n=1}^{N-r} x_n \, x_{n+r}, \quad r = 0, 1, 2, \ldots, N-1. \tag{3.70}$$

Dopo aver stimato $\widehat{R}_r$, la densità spettrale di potenza può essere stimata con la relazione (3.69) in forma discreta:

$$\widehat{S}_n = 4\tau \sum_{r=0}^{N-1} \widehat{R}_r \cos\left(\frac{2\pi n r}{N}\right) \quad n = 0, 1, 2, \ldots, N/2. \tag{3.71}$$

Ciò che appare evidente in una stima della densità spettrale di potenza fatta con l'espressione (3.71), è l'impossibilità di utilizzare una *FFT* per stimare la funzione di autocorrelazione (3.70), con un conseguente aggravio di calcolo.

In Figura 3.10a è riportato un esempio di funzione di autocorrelazione $R(\tau)$ di un processo stazionario a media nulla, mentre in Figura 3.10b è riportato un esempio di densità spettrale di potenza unilaterale $S(f)$ e bilaterale $\tilde{S}(f)$.

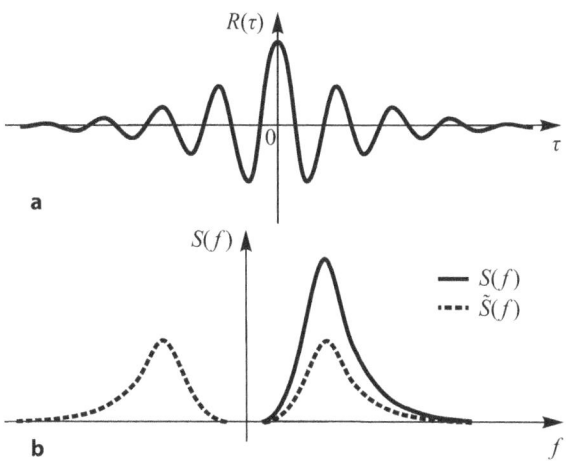

Figura 3.10 Processo stocastico stazionario a banda limitata: **a** esempio di funzione di autocorrelazione $R(\tau)$; **b** esempio di densità spettrale di potenza unilaterale $S(f)$ e bilaterale $\tilde{S}(f)$

3.2.3.3 Aliasing

Supponiamo che $x(t)$ sia un segnale analogico a banda limitata B. Se il segnale viene campionato con una frequenza $f_c < 2B$, cioè a intervalli di tempo $\tau > 1/(2B)$, si verifica un fenomeno particolare chiamato *aliasing*, cioè un trasferimento dei contenuti alle alte frequenze reali verso le basse frequenze altrimenti inesistenti nel segnale analogico originale, dette anche "aliasizzate".

Per spiegare il fenomeno, si consideri il semplice esempio di un segnale sinusoidale, di ampiezza A e periodo T ($f = 1/T$):

$$x(t) = A \sin\left(\frac{2\pi}{T} t\right) = A \sin(2\pi f t). \qquad (3.72)$$

Supponiamo di campionare il segnale (3.72) con una frequenza $f_c < 2B$, dove, in questo caso, il limite superiore della banda B coincide con $f = 1/T$ (Figura 3.11). Indichiamo con $\{x_k\}$ la successione campionata.

Se ricostruiamo il segnale a partire dal segnale campionato $\{x_k\}$, il risultato che si ottiene è

$$x(t) = A \sin[2\pi(f - f_c)t], \qquad (3.73)$$

diverso dal segnale reale (3.72) (Figura 3.11). La componente con frequenza $f - f_c$ espressa dalla relazione (3.73) viene chiamata componente riflessa, o *aliasizzata*. In Figura 3.12 è rappresentato, nel dominio delle frequenze, il fenomeno di *aliasing* illustrato in Figura 3.11.

L'esempio è semplice ma molto efficace per far comprendere il fenomeno di *aliasing*. È chiaro che nei casi reali, dove sono presenti frequenze multiple, il fenomeno è estremamente più complesso e, soprattutto, una volta acquisito il segnale in maniera errata, non è più possibile risalire alle componenti vere. Ancor più grave sarebbe il non rendersi conto di aver campionato il segnale in maniera errata: le successive analisi del fenomeno oggetto di studio potrebbero portare a delle conclusioni non realistiche.

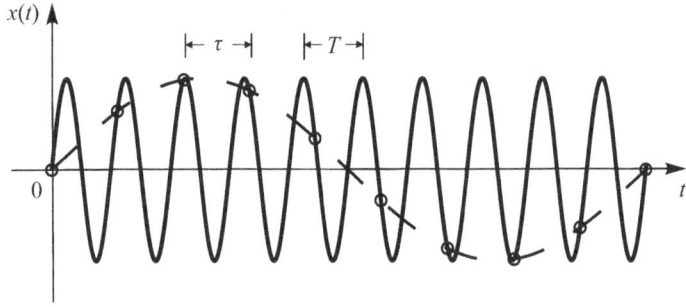

Figura 3.11 Esempio di *aliasing* nel dominio del tempo: la linea continua rappresenta il segnale reale, la linea tratteggiata il segnale ricostruito non realistico (*aliasizzato*)

3.2 Segnali variabili nel tempo

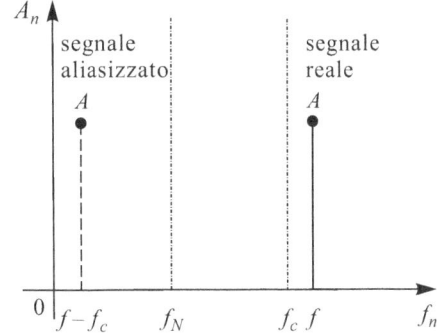

Figura 3.12 Esempio di *aliasing* nel dominio delle frequenze: la linea continua rappresenta l'ampiezza del segnale vero con frequenza f, la linea tratteggiata quella del segnale *aliasizzato*, con frequenza $f - f_c$

Talvolta, anche il rumore di fondo può dar luogo a fenomeni di *aliasing*, trascurabili solo nel caso che lo spettro del rumore sia contenuto. Quando non si ha contezza di questa condizione, è sempre buona norma inserire prima del sistema di acquisizione un filtro passa basso analogico, con frequenza di taglio pari alla frequenza di Nyquist f_N.

3.2.3.4 Finestre dati

Quando si acquisisce un segnale, difficilmente l'ultimo punto acquisito corrisponde a un intervallo di lunghezza corretta, e ciò dà luogo a una dispersione spettrale, definita *spectral leakage*.

Nel caso semplice del segnale sinusoidale

$$x(t) = A \sin\left(\frac{2\pi}{T} t\right) = A \sin(2\pi f t), \qquad (3.74)$$

la lunghezza corretta coincide con una durata della registrazione $T_r = mT$, con m un intero positivo qualsiasi (Figura 3.13). In un caso del genere, la *DFT* applicata al segnale $\{x_k\}$, acquisito con la massima risoluzione possibile $1/T_r$, porta allo spettro d'ampiezza indicato in Figura 3.14.

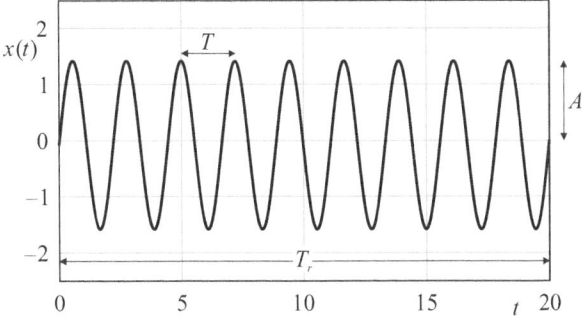

Figura 3.13 Esempio di segnale sinusoidale con periodo T e durata della registrazione $T_r = mT$

Figura 3.14 Spettro di ampiezza del segnale $x(t)$ riportato in Figura 3.13

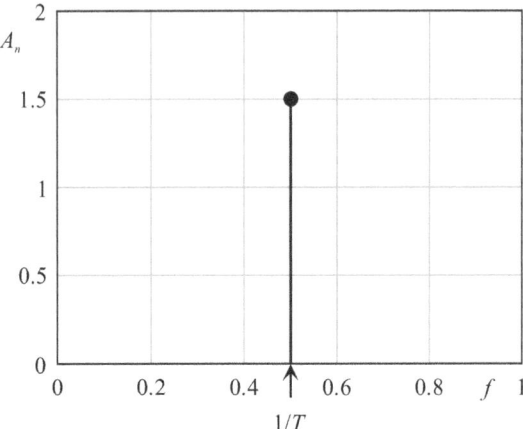

Se la registrazione ha una durata $T_r \neq mT$ (Figura 3.15), i risultati sono differenti, nel senso che lo spettro di ampiezza calcolato con la *DFT*, pur risultando sempre centrato sulla frequenza $1/T$, ha un'ampiezza inferiore ad A. Inoltre, compare anche una dispersione spettrale attorno al picco come quella indicata in Figura 3.16.

Nel caso reale di più componenti armoniche, il problema si complica ed è praticamente impossibile scegliere una durata T_r che possa essere un multiplo di tutte le frequenze delle armoniche. In questi casi, per ridurre la dispersione spettrale si può fare uso delle cosiddette "finestre dati", funzioni particolari che, se applicate al segnale temporale prima di elaborarlo via *DFT*, riducono la dispersione spettrale.

Esiste una vasta letteratura che tratta e confronta varie tipologie di finestre [1–3, 5]. Qui ci limitiamo ad analizzare la finestra di Hanning $w(t)$, detta anche del

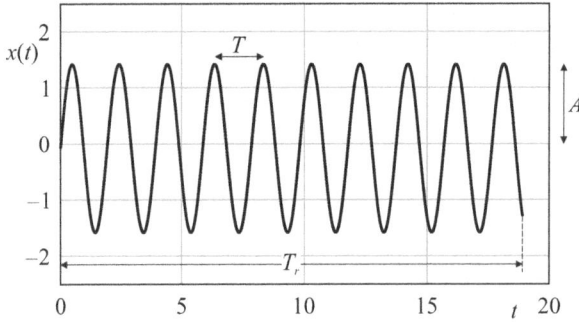

Figura 3.15 Esempio di segnale $x(t)$ sinusoidale con periodo T e durata della registrazione $T_r \neq mT$

3.2 Segnali variabili nel tempo

Figura 3.16 Spettro di ampiezza del segnale $x(t)$ riportato in Figura 3.15

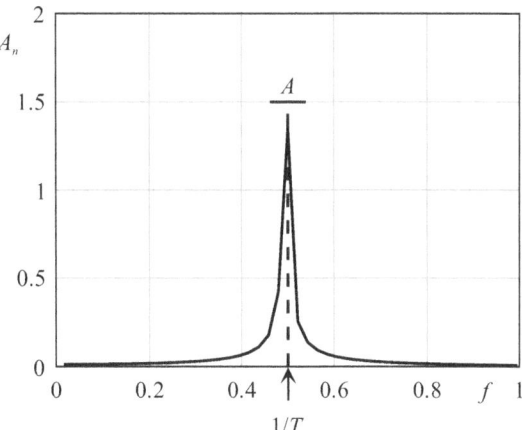

coseno quadrato, che è espressa in forma continua come segue:

$$w(t) = \frac{1}{2}\left[1 - \cos\left(\frac{2\pi t}{T_r}\right)\right] = 1 - \cos^2\left(\frac{\pi t}{T_r}\right), \quad (3.75)$$

e, in forma discreta, dall'espressione

$$w_k = 1 - \cos^2\left(\frac{\pi k}{N}\right). \quad (3.76)$$

Senza alcuna finestra dati, come visto, lo spettro di ampiezza via *DFT* (equazione 3.39) risulta

$$A_n = 2|\widetilde{X}(f_n)| = 2\left|\frac{1}{N}\sum_{k=0}^{N-1} x_k\, e^{-i\frac{2\pi nk}{N}}\right|, \quad (3.77)$$

dove $f_n = n/T_r$ e $n = 0, 1, 2, \ldots, N/2$. Applicando, invece, una finestra dati $w(t)$, si ottiene:

$$A_n = 2\left|\frac{1}{N}\sum_{k=0}^{N-1} w_k x_k\, e^{-i\frac{2\pi nk}{N}}\right|. \quad (3.78)$$

In Figura 3.17 è riportato l'andamento del segnale continuo $\{w_k x_k\}$, relativo al segnale $x(t)$ indicato in Figura 3.15, al quale è stata applicata la finestra dati di Hanning (3.76). Si può dimostrare [2] che, applicando una finestra dati $w(t)$, l'ampiezza del segnale $x(t)$ (equazione 3.74) si riduce della quantità:

$$\lambda_r = \frac{1}{T_r}\int_0^{T_r} w(t)\,dt. \quad (3.79)$$

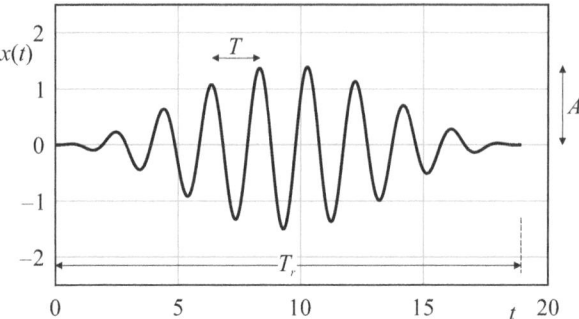

Figura 3.17 Segnale $w(t)x(t)$ ottenuto applicando la finestra di Hanning $w(t)$ al segnale $x(t)$ indicato in Figura 3.15

Per la finestra di Hanning si ottiene $\lambda_r = 0.5$.

Dividendo tutte le componenti fornite dalla (3.78) per $\lambda_r = 0.5$, si ottiene lo spettro d'ampiezza visibile, con linea continua, in Figura 3.18. Nella medesima figura è riportato, con linea tratteggiata e a titolo di confronto, anche lo spettro d'ampiezza stimato senza applicare alcuna finestra.

Nel caso di segnali a più componenti armoniche, comunque, sebbene in via approssimata, si dividono tutte le componenti A_n per λ_r. Per maggiori informazioni e dettagli su altre tipologie di finestre si rimanda a [2] e [3].

Vale la pena osservare che, se $T_r \neq T$, anche $1/T_r \neq 1/T$, ed è, quindi, impossibile cogliere il picco sulla frequenza esatta $1/T$. Ciò giustifica l'ampiezza inferiore ad A visibile in Figura 3.18. Per avvicinarsi il più possibile al valore di picco, è necessario aumentare la risoluzione in frequenza $1/T_r$, cioè dobbiamo aumentare T_r.

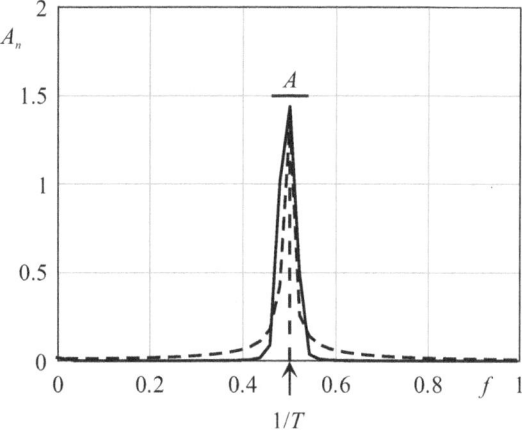

Figura 3.18 Confronto tra lo spettro di ampiezza del segnale $x(t)$ riportato in Figura 3.15 (linea tratteggiata) e lo spettro di ampiezza del segnale $x(t)$ riportato in Figura 3.17 (linea continua)

3.2 Segnali variabili nel tempo

Finora abbiamo analizzato solo gli spettri d'ampiezza. Tuttavia, il trasferimento del concetto di finestra dati agli spettri di energia o potenza, o alle densità spettrali di energia o potenza, è abbastanza immediato. Per esempio, nel caso della densità spettrale di potenza di un processo stocastico stazionario, la (3.63) si trasforma in

$$\widehat{S}_n = \frac{2\tau}{N\lambda_r^2} \left| \sum_{k=0}^{N-1} w_k x_k \, e^{-i\frac{2\pi nk}{N}} \right|^2, \quad n = 0, 1, 2, \ldots, N/2. \tag{3.80}$$

Suddividendo la durata T_r della realizzazione in M intervalli indipendenti di durata T_M, applicando a ogni intervallo j-esimo la stima (3.80), dove N adesso è il numero di campioni in ciascun intervallo di durata T_M, si può calcolare la densità spettrale di potenza media $\langle S_n \rangle$:

$$\langle S_n \rangle = \frac{1}{M} \sum_{j=1}^{M} \widehat{S}_n^{(j)}, \tag{3.81}$$

dove $\widehat{S}_n^{(j)}$ è la densità spettrale di potenza relativa a ciascun intervallo j e il simbolo $\langle \ldots \rangle$ indica la media su M intervalli di tempo.

Abbiamo fatto riferimento a M intervalli indipendenti, ma ciò richiede l'individuazione di quale sia la durata minima di ciascun intervallo che consenta di renderlo indipendente dal precedente e dal successivo. Se il processo $x(t)$ è stazionario ed ergodico, un aiuto può arrivare dalla funzione di autocorrelazione $R(\tau)$. Infatti, consideriamo la funzione di autocorrelazione indicata in Figura 3.19, disegnata per $\tau > 0$. Se dopo un tempo $\tau \geq t_d$ l'autocorrelazione $R(\tau)$ risulta quasi nulla, o nulla, vuol dire che oltre tale tempo la variabile $x(t)$ ha perso memoria di quanto accaduto precedentemente e, dunque, quanto avviene nell'intervallo successivo a t_d si può ritenere indipendente dal precedente. Ne consegue che se

$$T_M \geq t_d, \tag{3.82}$$

l'indipendenza tra gli intervalli è assicurata.

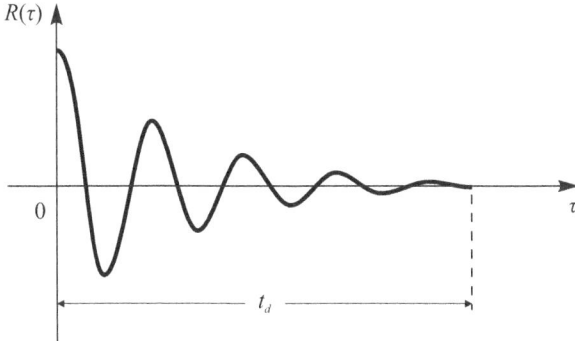

Figura 3.19 Individuazione del tempo minimo t_d oltre il quale le grandezze $x(t)$ e $x(t + \tau)$ risultano scorrelate

In realtà, poiché la risoluzione spettrale nell'ambito del singolo intervallo risulta $1/T_M$, l'esigenza di avere una buona risoluzione quasi sempre porta a dei tempi T_M ben maggiori di quelli richiesti dalla condizione (3.82).

3.2.3.5 Analisi zero-crossing

Supponiamo che $x(t)$ sia la realizzazione di un processo stocastico stazionario a media nulla. Un altro tipo di analisi che si può condurre nel dominio del tempo è l'analisi zero-crossing (o metodo delle onde apparenti). Una proprietà molto importante di questo tipo di analisi è che può essere applicata a qualsiasi processo stocastico stazionario a media nulla, indipendentemente dalla sua distribuzione di probabilità.

Detta T_r la durata temporale del segnale $x(t)$ acquisito, il metodo zero-crossing consiste prima di tutto nell'individuazione di tutti gli attraversamenti dello zero del segnale campionato $\{x_k\}$ ($k = 1, 2, 3, \ldots, N$), o con $dx/dt > 0$ (analisi *zero-up crossing*), o con $dx/dt < 0$ (analisi *zero-down-crossing*). In Figura 3.20 è riportato un esempio zero-up-crossing.

Il passo successivo dell'analisi zero-crossing consiste nell'individuazione della successione di periodi $\{T_j\}$ tra un attraversamento e l'altro, con $j = 1, 2, 3, \ldots, N_z$ dove N_z è il numero dei periodi individuati. All'interno di ciascun periodo T_j, viene individuata e associata ad esso l'altezza d'onda H_j definita come

$$H_j = \max[x(t_m)] - \min[x(t_m)], \quad t_m \in T_j. \tag{3.83}$$

Altro dato molto utile è l'individuazione del numero di creste N_c, ovvero del numero dei massimi relativi, presenti nel segnale $\{x_k\}$ acquisito. Alla fine perveniamo a una successione $\{H_j, T(H_j)\}$ di N_z onde apparenti, rappresentative del segnale acquisito $\{x_k\}$.

A questo punto, ordiniamo la successione di onde $\{H_j, T(H_j)\}$ nel senso delle altezze d'onda decrescenti, conservando sempre l'associazione tra H_j e il suo periodo $T_j(H_j)$. Alla fine della procedura, possiamo stimare alcune grandezze statistiche.

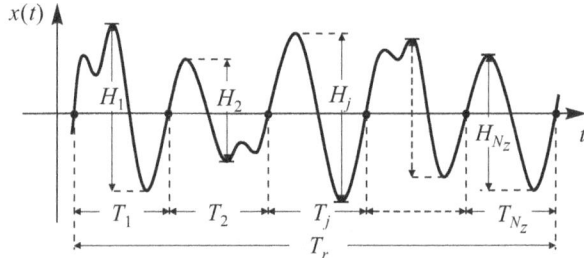

Figura 3.20 Individuazione delle onde apparenti in un segnale $x(t)$

3.2 Segnali variabili nel tempo

Una prima grandezza statistica che possiamo stimare è

$$\epsilon = \sqrt{1 - \frac{N_z}{N_c}}. \tag{3.84}$$

ϵ, che può variare tra 0 ed 1, è detto *parametro di ampiezza spettrale*, e fornisce una misura dell'ampiezza di banda del segnale, cioè della differenza tra la massima e la minima frequenza delle armoniche che costituiscono il segnale. Quando $\epsilon \to 0$ l'ampiezza di banda tende a essere molto stretta; viceversa, quando $\epsilon \to 1$, l'ampiezza di banda tende a essere molto larga.

A seguire, possiamo stimare le classiche grandezze statistiche:

$$\overline{H} = \frac{1}{N_z} \sum_{j=1}^{N_z} H_j, \quad \overline{T}_z = \frac{T_r}{N_z}, \quad \text{e} \quad \overline{H}_{rms} = \sqrt{\frac{1}{N_z} \sum_{j=1}^{N_z} H_j^2}, \tag{3.85}$$

dette, rispettivamente, altezza d'onda media, periodo medio (o periodo zero-crossing) e altezza d'onda quadratica media.

Possiamo, inoltre, aggiungere le seguenti stime

$$\overline{H}_{1/3} = \frac{1}{N_z/3} \sum_{j=1}^{N_z/3} H_j \quad \text{e} \quad \overline{T}_{1/3} = \frac{1}{N_z/3} \sum_{j=1}^{N_z/3} T(H_j), \tag{3.86}$$

dette, rispettivamente, media del terzo delle altezze d'onda (apparenti) più alte e media dei periodi associati al terzo delle altezze d'onda più alte. Questo tipo di medie possono essere generalizzate in

$$\overline{H}_{1/m} = \frac{1}{N_z/m} \sum_{j=1}^{N_z/m} H_j \quad \text{e} \quad \overline{T}_{1/m} = \frac{1}{N_z/m} \sum_{j=1}^{N_z/m} T(H_j), \tag{3.87}$$

com m intero positivo. Il significato è sempre quello di media del m-esimo delle altezze d'onda (apparenti) più alte e media dei periodi associati al m-esimo delle altezze d'onda più alte.

Spesso, l'analisi statistica si conclude con

$$H_{max} = H_1 \quad \text{e} \quad T_{max} = T(H_1), \tag{3.88}$$

che sono, rispettivamente, l'altezza d'onda (apparente) massima e il periodo d'onda associato all'altezza d'onda massima. Si ricordi che il pedice '1' è riferito al campione $\{H_j, T(H_j)\}$ ordinato nel senso delle altezze d'onda decrescenti.

È importante osservare che quando si opera con un'analisi nel dominio del tempo, come, per esempio, quella zero-crossing, la frequenza di campionamento f_c del segnale $x(t)$ deve essere più alta di quella necessaria per l'analisi spettrale. Ciò per evitare di commettere errori grossolani nella stima del picco.

Infatti, si può dimostrare che per cogliere il picco di una semplice oscillazione sinusoidale di frequenza f_0 con un errore $\lesssim 1\%$, è necessaria una frequenza di campionamento $f_c \gtrsim 22\, f_0$. Estendendo il ragionamento a un segnale con banda B, risulta che $f_c \gtrsim 22\, B$, cioè, mediamente, un ordine di grandezza maggiore della frequenza di campionamento necessaria per un'analisi spettrale.

3.2.3.6 Segnale $x(t)$ gaussiano

Se la distribuzione di un processo stazionario ed ergodico $x(t)$ è gaussiana, possiamo aggiungere altre interessanti considerazioni alle analisi appena descritte. Per esempio, possiamo associare alla stima della densità spettrale di potenza una "fascia fiduciaria" delimitata da due curve chiamate *limiti di confidenza*. Oppure, possiamo trovare delle correlazioni tra i risultati ottenuti con l'analisi statistica zero-crossing, fatta nel dominio del tempo, e i risultati che si possono ottenere con un approccio probabilistico o di tipo spettrale [7].

Supponiamo che $x(t)$ sia la realizzazione di un processo stazionario ed ergodico a media nulla, con densità di probabilità $p[x(t)]$ gaussiana. Immaginiamo, inoltre, di stimare la densità spettrale di potenza utilizzando lo stimatore (3.62), che per comodità qui riscriviamo:

$$\widehat{S}(f_k) = \frac{2|X(f_k, T)|^2}{T}, \quad k = 0, 1, 2, \ldots, N/2. \tag{3.89}$$

La quantità $X(f_k, T)$ è una variabile complessa, composta da una parte reale $X_r(f_k, T)$ e una parte immaginaria $X_i(f_k, T)$. Se $x(t)$ è una variabile gaussiana, oltre che a media nulla, per la linearità della trasformata di Fourier anche le componenti $X_r(f_k, T)$ e $X_i(f_k, T)$ risultano gaussiane. Ne segue che la quantità

$$|X(f_k, T)|^2 = [X_r(f_k, T)]^2 + [X_i(f_k, T)]^2 \tag{3.90}$$

è la somma dei quadrati di due variabili gaussiane indipendenti. Inoltre, la variabile

$$\chi_2^2 = 2\frac{\widehat{S}(f_k)}{S(f_k)}, \tag{3.91}$$

dove $S(f_k)$ è il valore vero della componente spettrale, risulta una variabile aleatoria chi-quadro a 2 gradi di libertà [1]. Come si può osservare, la (3.91) è indipendente dall'intervallo di tempo T, intervallo che influisce solo sulla risoluzione spettrale $f_k = k/T$.

In generale, una variabile aleatoria χ_n^2 a n gradi di libertà presenta una media $\mu_{\chi_n^2}$ e una varianza $\sigma_{\chi_n^2}^2$ pari a

$$\mu_{\chi_n^2} = E[\chi_n^2] = n, \tag{3.92}$$

$$\sigma_{\chi_n^2}^2 = E\left[(\chi_n^2 - E[\chi_n^2])^2\right] = 2n. \tag{3.93}$$

3.2 Segnali variabili nel tempo

Come già documentato, un possibile stimatore spettrale può essere la media campionaria (3.81), ovvero

$$\langle S(f_k) \rangle = \frac{1}{M} \sum_{j=1}^{M} \widehat{S}^{(j)}(f_k), \tag{3.94}$$

ottenuta mediando le componenti spettrali (3.89) su M intervalli di tempo indipendenti di lunghezza T_M. Allo stimatore (3.94) può essere associata la variabile chi-quadro

$$\chi_n^2 = n \frac{\langle S(f_k) \rangle}{S(f_k)}, \tag{3.95}$$

dove $n = 2M$.

Alla stima $\langle S(f_k) \rangle$ può essere associato l'errore standard normalizzato ϵ_r definito dalla relazione

$$\epsilon_r = \frac{\sigma_{\langle S_k \rangle}}{S_k} = \frac{\sqrt{E[(\langle S_k \rangle - E[S_k])^2]}}{S_k}, \tag{3.96}$$

essendo $\sigma_{\langle S_k \rangle}$ la deviazione standard; per semplicità si è posto $S_k = S(f_k)$. Utilizzando le relazioni (3.92) e (3.93), si può dimostrare che

$$\epsilon_r = \sqrt{\frac{2}{n}} = \frac{1}{\sqrt{M}}. \tag{3.97}$$

Se stimassimo la densità spettrale di potenza su un solo intervallo temporale, avremmo $n = 2$ e conseguentemente $\epsilon_r = 1$, cioè avremmo una deviazione standard dello stesso ordine di grandezza della quantità da stimare, risultato inaccettabile per la maggior parte delle applicazioni. È evidente, quindi, la necessità di stimare le componenti della densità spettrale di potenza $S(f_k)$ su più intervalli temporali indipendenti.

Se la realizzazione temporale di nostro interesse ha lunghezza $T_r = MT$, dove T è l'ampiezza dell'intervallo scelto per avere l'indipendenza temporale tra i segmenti successivi, indicando con $\Delta f = 1/T$ la risoluzione spettrale, dalla (3.97) si ricava

$$\epsilon_r = \frac{1}{\sqrt{M}} = \frac{1}{\sqrt{T_r \Delta f}}. \tag{3.98}$$

Quindi, a parità di T_r, una migliore risoluzione (Δf più piccoli) aumenta l'errore normalizzato ϵ_r. All'atto pratico, quindi, bisognerà scegliere il giusto compromesso giocando sul numero di intervalli M e sulla risoluzione Δf.

In una stima spettrale, oltre all'errore normalizzato, è opportuno porre attenzione anche ai *limiti di confidenza*, due curve che delimitano un dominio chiamato *fascia fiduciaria*.

Figura 3.21 Confronto delle densità di distribuzione di probabilità di due stimatori aventi uno stesso valore atteso

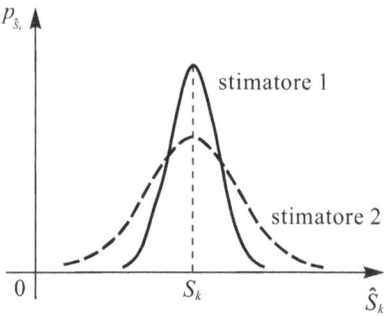

L'insieme $\{\widehat{S}^{(j)}(f_k)\}$, ottenuto stimando $\widehat{S}(f_k)$ su M intervalli indipendenti, rappresenta un campione della variabile aleatoria $\widehat{S}(f_k)$ e come tale ha una sua densità di distribuzione di probabilità $p_{\widehat{S}_k}[\widehat{S}(f_k)]$ dipendente dallo stimatore scelto. A questo proposito, facendo riferimento all'esempio riportato in Figura 3.21 è intuitivo affermare che lo stimatore '1' è migliore dello stimatore '2' in quanto la densità di probabilità del primo è più concentrata del secondo attorno al valore vero. Un modo per quantificare la migliore concentrazione di uno stimatore è dato dall'intervallo di confidenza. Per comprendere cos'è un intervallo di confidenza, si faccia riferimento al seguente esempio.

Con riferimento alla Figura 3.22, supponiamo che

$$Pr[S_k - \delta \leq \langle S_k \rangle \leq S_k + \delta] = \int_{S_k-\delta}^{S_k+\delta} p_{\widehat{S}_k} d\widehat{S}_k = 1 - \alpha, \qquad (3.99)$$

dove $Pr[\ ]$ indica probabilità. Dalla (3.99) si ricava anche

$$Pr[\langle S_k \rangle - \delta \leq S_k \leq \langle S_k \rangle + \delta] = 1 - \alpha. \qquad (3.100)$$

Le quantità $\langle S_k \rangle - \delta$ e $\langle S_k \rangle + \delta$ vengono dette limiti di confidenza, $1 - \alpha$ viene chiamato *livello di confidenza* e α è detto *livello di significatività*.

Figura 3.22 Intervallo di confidenza al livello di significatività α

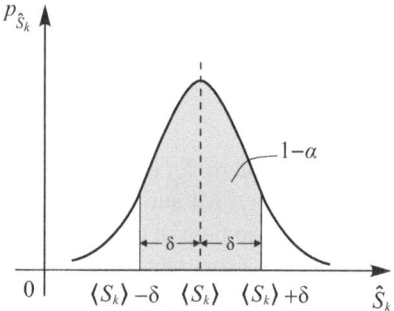

Supponiamo di stimare la densità spettrale di potenza con le relazioni (3.89) e (3.94). Poniamo $\chi^2_{n,\alpha}$ il valore della variabile chi-quadro a n gradi di libertà per il quale risulti

$$Pr[\chi^2_n \geq \chi^2_{n,\alpha}] = \alpha. \tag{3.101}$$

Come già osservato, $n = 2M$, mentre

$$\chi^2_n = n\frac{\langle S(f_k)\rangle}{S(f_k)}. \tag{3.102}$$

Se vogliamo un livello di confidenza $1 - \alpha$, allora

$$Pr[\chi^2_n \geq \chi^2_{n,\alpha/2}] = \alpha/2, \tag{3.103}$$

$$Pr[\chi^2_n \leq \chi^2_{n,1-\alpha/2}] = \alpha/2, \tag{3.104}$$

da cui si ricava

$$Pr[\chi^2_{n,1-\alpha/2} \leq \chi^2_n \leq \chi^2_{n,\alpha/2}] = 1 - \alpha. \tag{3.105}$$

Sostituendo la (3.102) nella (3.105), dopo alcuni passaggi algebrici si ottiene

$$\frac{n}{\chi^2_{n,\alpha/2}}\langle S(f_k)\rangle \leq S(f_k) \leq \frac{n}{\chi^2_{n,1-\alpha/2}}\langle S(f_k)\rangle. \tag{3.106}$$

Le quantità $n\langle S(f_k)\rangle/\chi^2_{n,\alpha/2}$ e $n\langle S(f_k)\rangle/\chi^2_{n,1-\alpha/2}$ definiscono i limiti di confidenza di ciascuna componente spettrale $S(f_k)$ al livello $1 - \alpha$. La superficie compresa tra i limiti di confidenza viene chiamata *fascia fiduciaria*. Un livello di significatività α usato frequentemente è 0.05 (5%), cui corrisponde un livello di confidenza $1 - \alpha$ uguale a 0.95 (95%).

Riferimenti bibliografici

1. Bendat, J.S., Piersol, A.G., 2010. *Random Data: Analysis and Measurement Procedures*. John Wiley & Sons Inc., ISBN 9780470248775, XIV+604 pp.
2. Harris, F.J., 1978. *On the use of windows for harmonic analysis with the discrete Fourier transform*. In: Proceedings of the IEEE, vol. 66(1), pp. 51–83. IEEE. https://doi.org/10.1109/PROC.1978.10837
3. Jenkins, G.M., Watts, D.G., 1968. *Spectral Analysis and Its Applications*. Holden-Day, London, ISBN 0816244642, XVIII+525 pp.
4. Luise, M., Vitetta, G.M., 2009. *Teoria dei segnali*. McGraw-Hill, 3ª edizione, ISBN 8838665834, IX+628 pp.
5. Oppenheim, A.V., Shafer, R.W., 2001. *Elaborazione numerica dei segnali*. Franco Angeli, Milano, 13ª edizione, ISBN 9788820430061, 616 pp.
6. Papoulis, A., 1977. *Probabilità, variabili aleatorie e processi stocastici*. Bollati Boringhieri, 4ª edizione, ISBN 9788833950174, 663 pp.
7. Petti, M., 2021. *Fondamenti di idraulica marittima e costiera*. FORUM, Editrice Universitaria Udinese, ISBN 9788832832747, 319 pp.

II
Gli strumenti e le tecniche di misura

Capitolo 4
Misura del livello e della pressione

A causa dello stretto legame tra i misuratori di livello e i misuratori di pressione, in questo capitolo tratteremo congiuntamente della misura del livello e della pressione di un fluido: nella pratica, infatti, alcuni misuratori di livello sono utilizzati come manometri e viceversa.

Una classificazione molto generale dei misuratori di livello si basa sulla loro risposta, statica o dinamica, e sulla loro invasività. Per tutte quelle applicazioni che non richiedono un'accuratezza elevata, la selezione e la scelta del misuratore più adatto si esegue, di solito, privilegiando gli aspetti economici e l'affidabilità dello strumento, spesso corrispondente alla semplicità costruttiva e di funzionamento.

I misuratori di livello più semplici e affidabili sono i seguenti:

- Misuratore di livello a bolle
- Misuratore a galleggiante
- Misuratore a punta idrometrica
- Asta idrometrica
- Misuratori differenziali a galleggianti
- Misuratore a piezometro differenziale a suzione
- Misuratore a campana
- Misuratori di livello digitali

Laddove, invece, è indispensabile una maggiore accuratezza e precisione della misura, i misuratori di livello meno invasivi e generalmente più costosi, sono i seguenti:

- Misuratori a Ultrasuoni, a radioonde e a triangolazione ottica
- Misuratori a radioisotopi
- Misuratori manometrici e per pesata
- Misure di livello in più punti in laboratorio

Da considerare, ancora, un altro gruppo di misuratori di livello che trova applicazione nelle misure di onde di gravità (in mare), in particolare le boe accelerometriche e orbitali, il radar e la triangolazione laser.

I manometri servono per la misura della pressione, assoluta, relativa e differenziale. La loro classificazione può essere fatta sia sulla base del principio di funzionamento, sia sull'accuratezza e precisione. Tratteremo dei manometri più comunemente usati nell'idraulica, tralasciando i manometri per misure di vuoto, chiamati vacuometri.

I manometri che permettono la misura della pressione tramite una misura di livello vengono comunemente definiti piezometri. Appartengono a questa categoria:

- Manometro a U
- Piezometro inclinato
- Manometro di Zimmerli

Un'altra categoria di manometri, che sfruttano la deformazione di alcuni elementi strutturali quando vengono sollecitati dalla forza di pressione, comprende:

- Manometro Bourdon
- Manometro a soffietto, a diaframma, a capsula

Quasi tutti i manometri possono essere strumentati in modo da trasdurre l'informazione sulla pressione in segnale elettrico. In base al trasduttore utilizzato, è possibile classificare i manometri in:

- Manometro piezoresistivo e capacitivo
- Manometro a filo vibrante
- Manometro piezoelettrico
- Manometro optoelettronico
- Manometro a *LVDT* e a variazione di riluttanza

Altri manometri, di seguito indicati, per le caratteristiche di costruzione e per il relativo principio di funzionamento, si prestano a essere degli standard di calibrazione primari o secondari:

- Manometro a peso morto
- Manometro a cilindro vibrante
- Manometro differenziale di Prandtl

4.1 Misure di livello

4.1.1 *Misuratore di livello a bolle*

Il misuratore di livello a bolle, schematizzato in Figura 4.1, è costituito da un generatore di aria compressa o di gas (quasi sempre una bombola d'aria o d'azoto), da un tubo con un'estremità immersa nel fluido sulla verticale di misura, da un sistema di controllo e di misura della pressione e della portata. L'aria compressa, o l'azoto, forniti con una pressione superiore a quella corrispondente al massimo livello da misurare, gorgogliano nell'ambiente di misura dall'estremità libera. Il terminale dell'estremità libera deve essere opportunamente sagomato in modo da garantire, senza instabilità, la formazione e l'allontanamento continuo delle bolle di gas.

4.1 Misure di livello

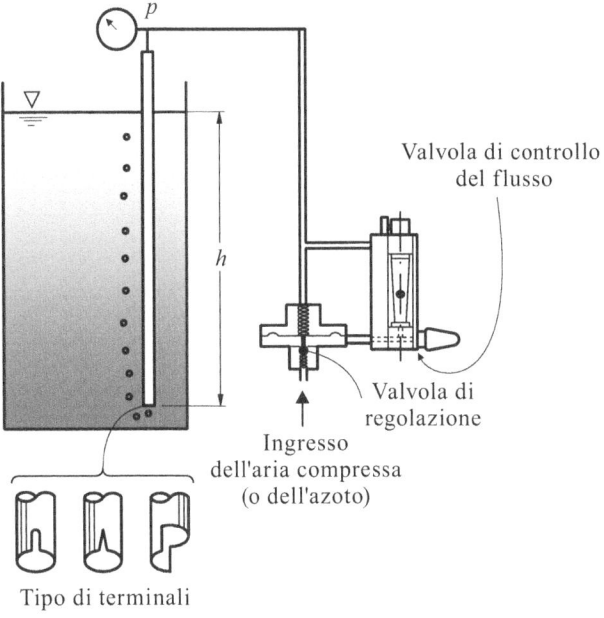

Figura 4.1 Schema di un misuratore di livello a bolle

La portata del gas è controllata in retroazione, con un manometro e una valvola di regolazione, in modo da rimanere costante. La misura è indiretta, con il livello del fluido misurato rispetto alla sezione terminale della condotta e pari a

$$h = \frac{\Delta p}{\gamma}, \qquad (4.1)$$

$\Delta p \triangleq$ differenza di pressione tra le due porte del manometro,
$\gamma \triangleq$ peso specifico del fluido,
se il fluido è omogeneo.

Una causa d'errore sistematico nella misura è data dalla perdita di carico tra la sezione di presa del manometro e la sezione d'estremità libera della condotta. Per limitare tale perdita, la condotta deve avere diametro pari ad almeno 50 mm e la portata di gas deve essere piccola, in genere non superiore a 10 cm^3/s. Se lo strumento deve misurare il livello del fluido in un contenitore pressurizzato, il manometro di retroazione sarà differenziale e avrà una porta a contatto con l'ambiente saturo di vapori nella parte alta del contenitore (Figura 4.2).

Il misuratore di livello a bolle è quasi sempre usato nelle installazioni fisse, anche se sono disponibili dei modelli per misure occasionali, per le quali la sorgente d'aria compressa è costituita da una pompa d'aria a mano. Nelle misure occasionali si rinuncia al controllo di portata. Il manometro differenziale può essere un manometro a U oppure un trasduttore elettronico installato alla quota corrispondente al

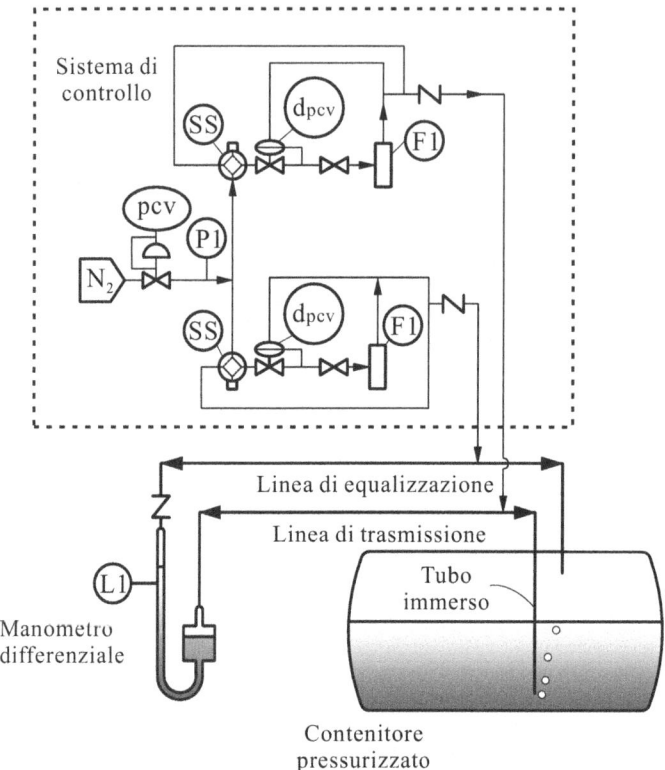

Figura 4.2 Schema di un misuratore di livello a bolle in funzione in un contenitore pressurizzato

livello di riferimento. Nel caso in cui, per motivi inerenti la costruzione, il trasduttore dovesse essere installato a una quota diversa, per il calcolo corretto del livello è necessario traslare l'origine del riferimento.

L'incertezza nella stima del livello h dipende dall'incertezza sul peso specifico del liquido e sulla pressione differenziale, secondo la seguente relazione:

$$\sigma_h'^2 = \sigma_{\Delta p}'^2 + \sigma_\gamma'^2, \qquad (4.2)$$

$\sigma'_{...} \triangleq$ deviazione standard relativa.

L'incertezza maggiore è dovuta alla non omogeneità del fluido. Per esempio, se al pelo libero si forma della schiuma, il misuratore fornisce il livello del fluido omogeneo equivalente, avente densità pari alla densità media.

Lo strumento si presta quasi esclusivamente a un funzionamento in condizioni statiche, con un errore pari al 2% della lettura e un valore di soglia di 3 mm di colonna d'acqua, ed è spesso utilizzato per misure di livello nei canali, o nei fiumi, poiché non richiede il pozzetto di calma. In questo caso, l'orifizio di efflusso deve essere stabile e in posizione fissa a una quota nota (per permettere di georeferen-

4.1 Misure di livello

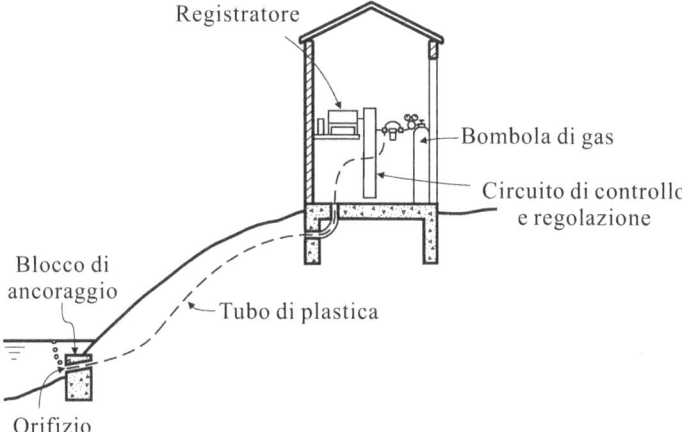

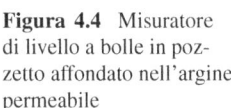

Figura 4.3 Installazione tipica di un misuratore di livello a bolle per un alveo stabile

Figura 4.4 Misuratore di livello a bolle in pozzetto affondato nell'argine permeabile

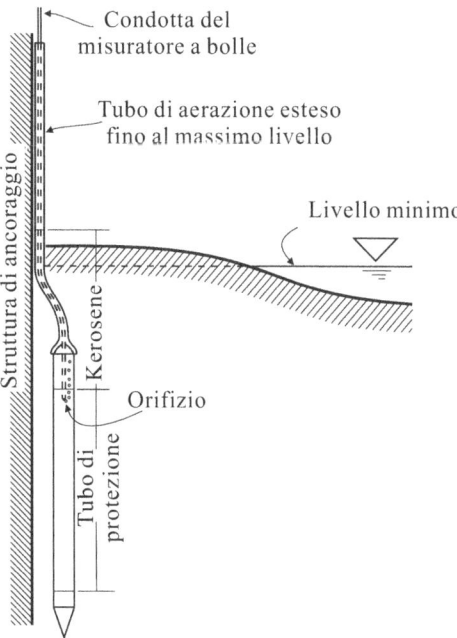

ziare il livello idrico) e, comunque, ad almeno 15 cm al di sotto del minimo livello atteso, con asse della condotta inclinato verso il basso, onde permettere un distacco continuo e regolare delle bolle di gas (Figura 4.3). Se la corrente è molto veloce, è opportuno che la sezione di efflusso sia a 90° rispetto alle linee di corrente. Se l'alveo è instabile, può essere conveniente installare il misuratore in un pozzetto direttamente allocato nel subalveo (Figura 4.4), purché il deposito del subalveo sia costituito da materiale permeabile in grado di far filtrare rapidamente l'acqua.

4.1.2 Misuratore a galleggiante

Il misuratore a galleggiante è il più classico dei misuratori di livello. Nella versione più semplice, è costituito da un galleggiante sospeso a un cavo che si avvolge su una puleggia. Il cavo è in trazione grazie a un contrappeso, oppure con un sistema a molla che agisce sulla puleggia. La puleggia può azionare direttamente il cinematismo di trascrizione su un tamburo rotante o può azionare un trasduttore potenziometrico circolare. In una versione più complessa, il galleggiante scorre guidato, come visibile in Figura 4.5.

Le principali cause d'errore, nella misura di livello con il galleggiante, sono: a) la variazione di densità del fluido; b) gli attriti sulla puleggia.

a) La variazione di densità del fluido comporta una variazione della spinta di Archimede e, quindi, della posizione di equilibrio del galleggiante. Nel caso di galleggiante a sezione circolare, in condizioni di equilibrio, e trascurando la trazione del cavo, il suo affondamento è pari a

$$h = \frac{4P}{\rho g \pi D^2}, \tag{4.3}$$

$h \triangleq$ affondamento del galleggiante,
$P \triangleq$ peso del galleggiante,
$\rho \triangleq$ densità del fluido,
$g \triangleq$ accelerazione di gravità,
$D \triangleq$ diametro del galleggiante.

Figura 4.5 Misuratore di livello a galleggiante con guide e trasmissione a cavo

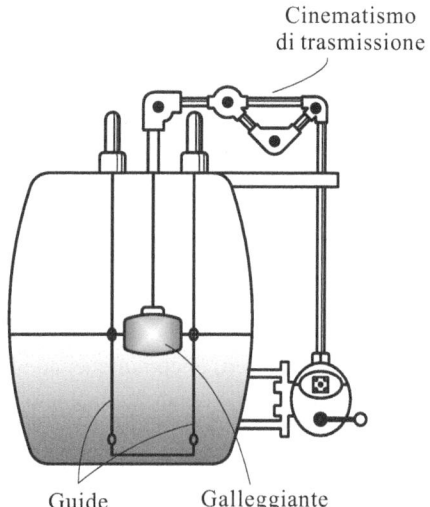

4.1 Misure di livello

A una variazione di densità $d\rho$ corrisponde una variazione di affondamento pari a

$$dh = -\frac{hd\rho}{\rho}, \qquad (4.4)$$

con un errore nella stima del livello tanto più piccolo quanto minore è l'affondamento assoluto. Un affondamento limitato si ottiene con un galleggiante di grande diametro e di peso ridotto.

b) L'attrito sulla puleggia richiede l'applicazione di una forza in eccesso o in difetto ΔF, rispetto alla forza di equilibrio, pari a

$$\Delta F = \frac{M_f}{r}, \qquad (4.5)$$

$M_f \triangleq$ coppia d'attrito,
$r \triangleq$ raggio della puleggia.

Questa forza richiede una variazione dell'affondamento del galleggiante pari a

$$\Delta h = \frac{4\Delta F}{\rho g \pi D^2} \equiv \frac{4M_f}{\rho g \pi D^2 r}. \qquad (4.6)$$

Un livello crescente del fluido è sempre sottostimato, un livello in diminuzione è sempre sovrastimato. Per minimizzare l'errore, è necessario che la puleggia e il galleggiante siano di grande diametro.

Il misuratore a galleggiante si presta bene a misure statiche. In condizioni dinamiche, si comporta come un sistema del 2° ordine, schematizzato dalla seguente equazione differenziale:

$$(M + M_a)\frac{d^2h}{dt^2} + \beta\frac{dh}{dt} + \rho g\frac{\pi D^2}{4}h = F(t), \qquad (4.7)$$

$M \triangleq$ massa del galleggiante,
$M_a \triangleq$ massa aggiunta del fluido,
$\beta \triangleq$ coefficiente di smorzamento in regime viscoso,
$F(t) \triangleq$ forzante.

Nel presente modello, si è trascurato il vincolo rappresentato dal cavo di trasmissione e la dinamica del contrappeso e della puleggia. L'equazione (4.7) può essere linearizzata per calcolare la frequenza di risonanza e il parametro di smorzamento. I galleggianti usati per le misure di livello sono quasi sempre sovrasmorzati e si comportano come filtri passa basso, con frequenza di taglio generalmente inferiore a 1 Hz.

La trasmissione dello spostamento del galleggiante, oltre che meccanicamente con un cavo che ruota una puleggia o aziona un cinematismo, può avvenire anche tramite un campo magnetico. Nel dispositivo in Figura 4.6, un magnete permanente

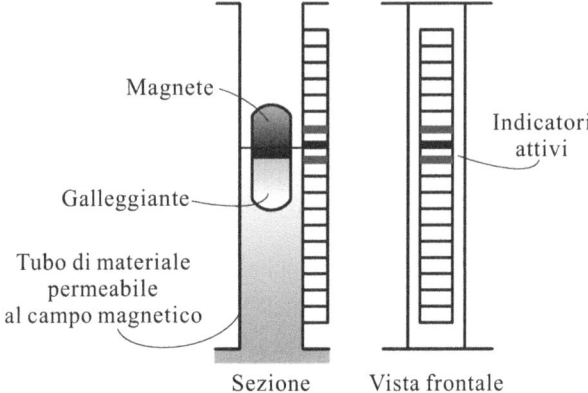

Figura 4.6 Misuratore di livello a galleggiante con indicatore esterno a wafer

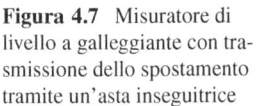
Figura 4.7 Misuratore di livello a galleggiante con trasmissione dello spostamento tramite un'asta inseguitrice

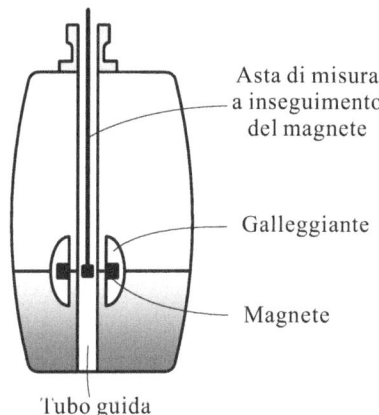

è solidale al galleggiante scorrevole in un tubo di materiale permeabile al campo magnetico (per esempio, di acciaio inox). All'esterno del tubo, si installa una fila di indicatori metallici incernierati e con le due facce di colore diverso. L'azione del campo magnetico ruota gli indicatori più vicini e segna la posizione del livello.

La fila di indicatori può essere sostituita da un qualunque altro sistema di trasduzione dello spostamento. Ad esempio, nel dispositivo in Figura 4.7, la posizione del galleggiante viene individuata tramite un'asta inseguitrice, con posizionamento automatico in retroazione.

4.1.3 Misuratore a punta idrometrica

Il misuratore a punta idrometrica è costituito da un'asta scorrevole con un indicatore di posizione su una scala graduata, da un nonio e da una punta di materiale

4.1 Misure di livello

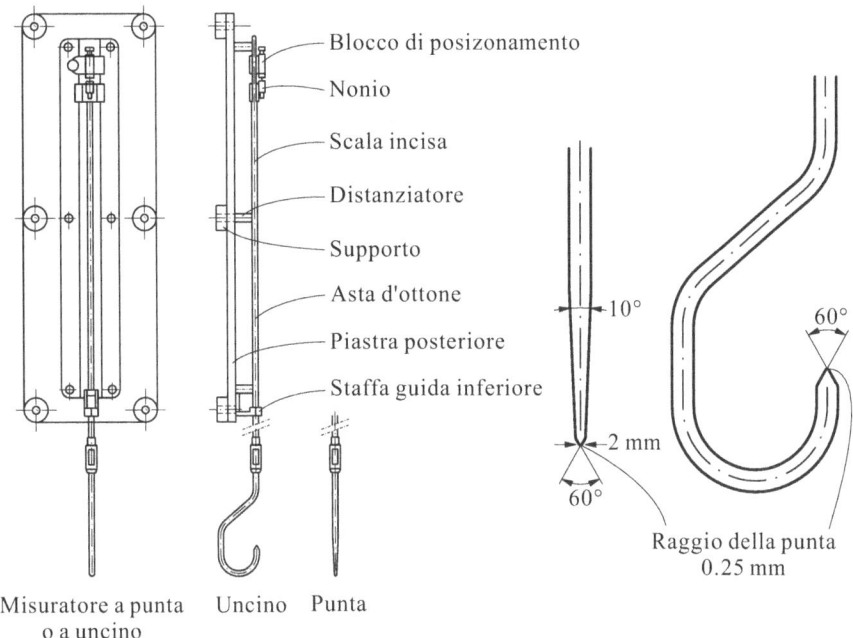

Figura 4.8 Misuratore di livello a punta idrometrica o a uncino

inossidabile solidale all'asta (Figura 4.8). La misura è riferita alla scala graduata e si ottiene facendo scorrere l'asta fino a toccare il pelo libero del liquido con la punta. L'incertezza tipica è di 0.2 mm, con un leggero margine di miglioramento se si adotta un indicatore di posizione digitale invece del nonio. La causa principale d'errore è dovuta al menisco che si forma intorno alla punta. Un'alternativa alla punta che tocca il fluido dall'alto è la punta a uncino, che raggiunge il pelo libero dal basso. Quando la punta a uncino si avvicina all'interfaccia, è possibile individuare il contatto osservando l'immagine speculare riflessa.

Nel caso in cui il pelo libero non sia direttamente osservabile, si può predisporre un circuito elettrico che si chiude al contatto della punta con l'acqua. Per misure in questa condizione di funzionamento, la punta a uncino non è di alcun vantaggio, rispetto alla punta tradizionale, ed è oltremodo inutilizzabile.

Se l'escursione del livello è elevata, può essere conveniente realizzare un'asta con una serie di punte equispaziate a distanza relativa nota. La misura si esegue spostando verticalmente l'asta fino a toccare il pelo libero (dall'alto o dal basso se la punta è a uncino) con la punta più vicina. Il livello totale si ottiene sommando. alla lettura sulla scala graduata, un multiplo della distanza tra le punte. In Figura 4.9 si riporta lo schema di un'asta idrometrica a punte multiple che era in uso presso il vecchio Laboratorio di Idraulica dell'Università di Bologna.

L'asta metallica porta a sbalzo delle punte registrabili a vite e controdado, portate a distanza con un catetometro (il catetometro è un livello ottico a colonna scorrevo-

Figura 4.9 Idrometro con asta a punte multiple [2]

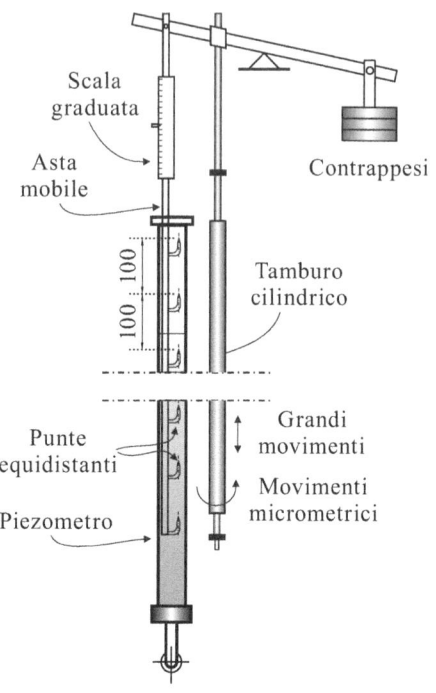

le in verticale, con graduazione al reticolo di 1/100 mm). Le punte sono a distanza relativa di 10 cm e l'asta porta superiormente una scala graduata lunga 15 cm da leggersi con un nonio fisso. L'asta è sostenuta da una leva con contrappeso comandata da un tamburo verticale. Traslando il tamburo verticale, scorrevole a dolce sfregamento, si controllano i grandi movimenti (mai superiori a 10 cm); ruotando il tamburo, si controllano i movimenti micrometrici [2].

Il misuratore a punta idrometrica, o a uncino, può funzionare esclusivamente in condizioni statiche, in assenza di onde e increspature del pelo libero.

In condizioni dinamiche, ma con variazioni del pelo libero a bassa frequenza (per esempio, per misure di onde di gravità di piccola ampiezza con $f < 2\,\text{Hz}$), è disponibile una variante del misuratore tradizionale con un servomotore di posizionamento automatico della punta e un sistema di retroazione che usa la stessa punta come sensore di posizione. Infatti, l'impedenza equivalente del circuito, costituito dal conduttore e dal fluido, varia rapidamente in prossimità della superficie e permette di azionare il servomotore in modo da garantire una distanza prefissata e costante della punta dal pelo libero.

In condizioni operative normali, la punta è a contatto con il fluido a una frazione di millimetro di distanza dalla superficie. Per compensare gli effetti del menisco, alcuni misuratori servoassistiti fanno vibrare la punta alternativamente dentro e fuori dall'acqua. Il *range* di misura può arrivare fino a 2 m e la velocità verticale della sonda è di 2 cm/s. Il misuratore ha una ripetibilità di 0.1 mm e una linearità dello 0.2% ed è utilizzabile in acqua e in liquidi con conducibilità $> 0.1\,\text{mS/cm}$.

4.1 Misure di livello

Figura 4.10 Sensore di un profilometro

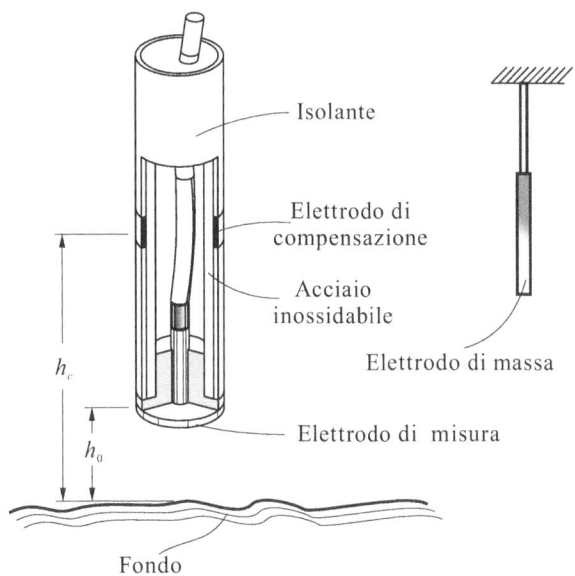

Alla stessa categoria appartiene il profilometro servoassistito, utilizzabile per il rilievo del fondo (se superiormente c'è acqua), sia per il rilievo del pelo libero eventualmente variabile nel tempo [3]. Il sensore cilindrico del profilometro è rappresentato in Figura 4.10 e contiene un elettrodo di misura in punta e un elettrodo di compensazione.

Lontano dal sensore è immerso in acqua un terzo elettrodo di massa. La resistenza misurata tra l'elettrodo di compensazione e l'elettrodo di massa dipende solo dalla conducibilità del fluido. Se lo strumento è usato come rilevatore di fondo, la resistenza tra l'elettrodo in punta e l'elettrodo di massa cresce rapidamente quando il sensore si avvicina a un fondo non conduttivo. Il segnale attiva un circuito in retroazione che muove verticalmente il sensore con un motore elettrico. Una variante a uncino del sensore permette di inseguire il pelo libero. Il sistema è del 2° ordine; negli strumenti commerciali, la velocità di avanzamento del sensore è di alcune decine di cm/s, la risoluzione è pari allo 0.03%, la linearità è pari allo 0.5% del fondo scala, con un *range* utile fino a 100 cm. È comunque possibile regolare il sistema in modo che il sensore si fermi a una distanza compresa tra 0.5 mm e 2 mm dal fondo o dalla superficie. Lo strumento può essere usato in fluidi con una conducibilità tra 0.05 mS/cm e 1 mS/cm.

4.1.4 Asta idrometrica

L'asta idrometrica è lo strumento di misura di livello più semplice e probabilmente più antico. È realizzata in materiali di varia natura (legno, metallo, marmo), montata

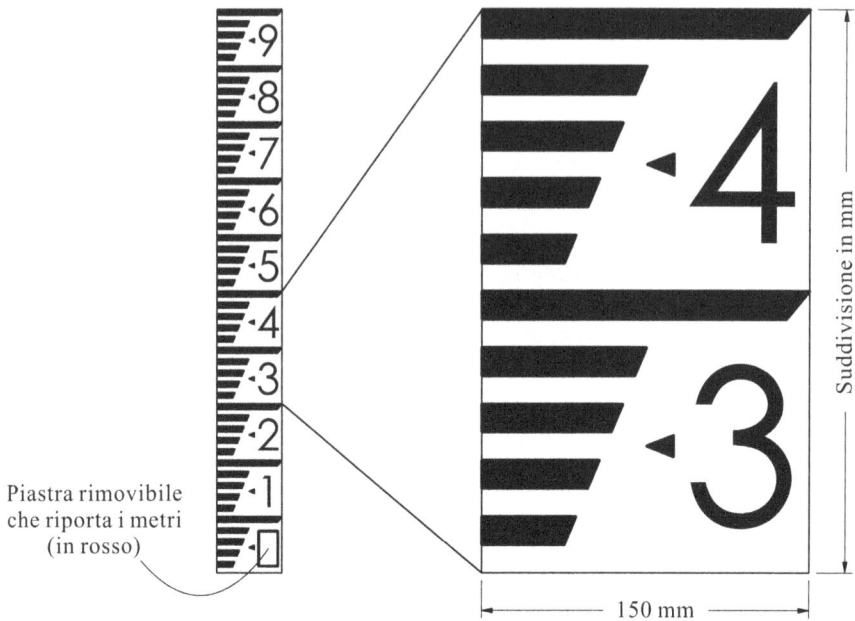

Figura 4.11 Dettaglio di un'asta idrometrica

direttamente su una pila di ponte, posizionata in verticale o inclinata, tipicamente con indicazione centimetrica e, raramente, con graduazione millimetrica (Figura 4.11). Viene utilizzata per misure occasionali e come strumento di controllo del buon funzionamento di un misuratore di livello più sofisticato. Se il pelo libero è abbastanza regolare e uniforme, l'asta può essere installata direttamente in alveo, altrimenti è necessario un pozzetto di calma. L'asta dovrebbe essere installata in modo da essere leggibile da riva. L'incertezza della lettura è pari a 1/10 della graduazione. Le altre incertezze sono dovute, solitamente, ai cedimenti e al degrado del supporto.

L'asta idrometrica deve essere georeferenziata, con un riferimento dello zero facilmente individuabile e stabile nel tempo. Se l'asta è a servizio di una sezione di controllo artificiale, è opportuno che lo zero sia alla quota di deflusso nullo.

4.1.4.1 Asta idrometrica per la misura del massimo livello

L'asta idrometrica per la misura del massimo livello permette di stimare il massimo livello dell'acqua in un serbatoio, o in un corso d'acqua naturale, in occasione di una piena. Il modello riportato in Figura 4.12 è un tubo $\varnothing$ 50 mm contenente un'asta idrometrica in legno o alluminio. La presa al fondo è costituita da 6 forellini; nella parte più alta, trova posto un foro di sfiato. Alla base dell'asta è depositato del sughero finemente tritato, che galleggia sulla superficie dell'acqua e rimane adeso all'asta quando il pelo libero decresce.

4.1 Misure di livello

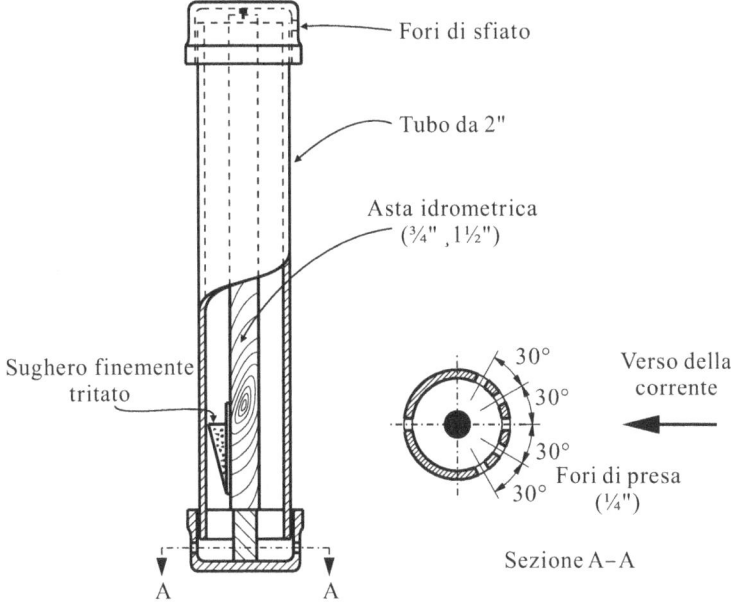

Figura 4.12 Asta idrometrica per la misura del massimo livello [12]

4.1.5 *Misuratori di livello differenziale*

È frequente il caso in cui sia necessaria la misura della differenza tra due livelli. Il misuratore di livello differenziale più semplice è costituito da due piezometri rigidamente vincolati a un'unica asta graduata e idraulicamente connessi ai due ambienti di misura. La stima del dislivello si ottiene per differenza dei due livelli, letti separatamente. Se i due tubi, oltre a essere connessi ai due ambienti di misura, sono in comunicazione tra loro, controllando la pressione dell'aria nella porzione di condotta che connette i due rami è possibile eseguire misure di livello differenziale anche se il livello medio è esterno alla scala graduata, purché il dislivello sia contenuto nel *range* della scala. L'errore di stima della differenza di livello è pari a $\sqrt{2}\sigma_h$ ($\sigma_h \triangleq$ deviazione standard della stima del livello di uno dei due piezometri). La risalita del menisco è ininfluente poiché è presente in tutti e due i rami con lo stesso valore, purché il diametro interno dei due rami sia uguale. Per limitare l'errore, è preferibile l'uso di uno strumento differenziale a galleggianti e scala mobile (Figura 4.13).

La lunghezza della scala deve essere di almeno 10 cm maggiore del massimo dislivello. Il settaggio dello zero si esegue mettendo in comunicazione i due ambienti di misura e ruotando il regolatore di lunghezza del cavo che regge uno dei due galleggianti.

Un altro misuratore di livello differenziale è costituito da due galleggianti collegati con un cavo che si avvolge su una puleggia (Figura 4.14).

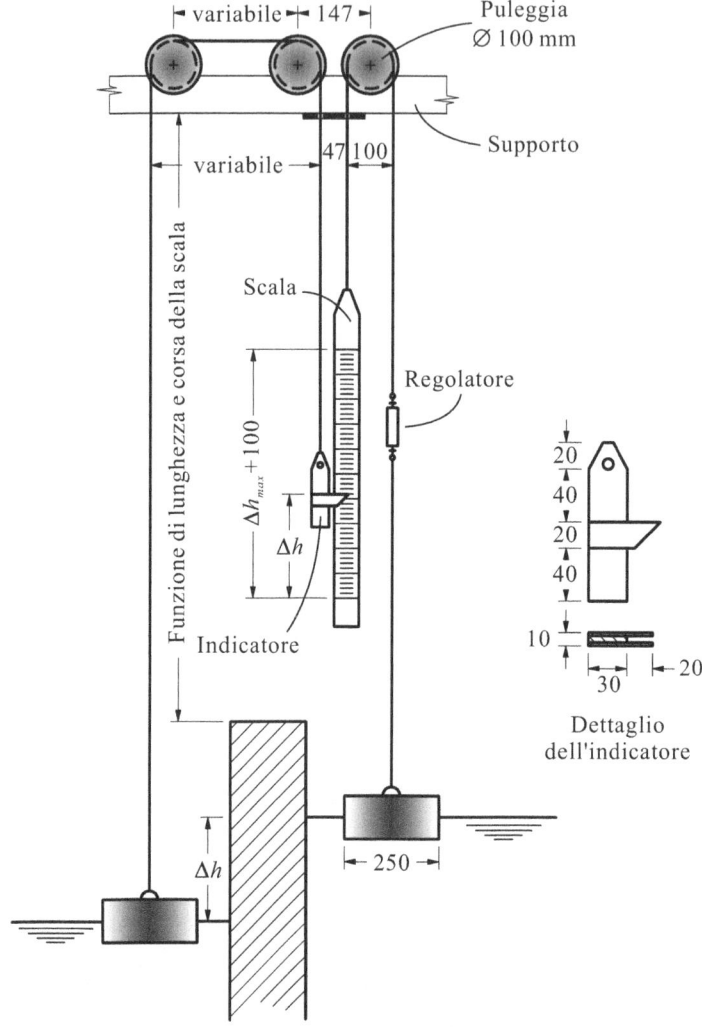

Figura 4.13 Misuratore differenziale di livello a scala mobile. Le dimensioni sono in millimetri

Per il sistema schematizzato in Figura 4.14, le equazioni di equilibrio sono:

$$\begin{cases} T + \gamma \Omega \Delta_1 = P_1, \\ T \pm M/r + \gamma \Omega \Delta_2 = P_2, \end{cases} \quad (4.8)$$

$T \quad \triangleq$ trazione nel cavo,
$\Omega \quad \triangleq$ area della sezione trasversale dei cilindri,
$\Delta_1, \Delta_2 \triangleq$ affondamento dei cilindri,
$P_1, P_2 \triangleq$ peso dei cilindri,
$M \quad \triangleq$ coppia resistente sulla puleggia,
$r \quad \triangleq$ raggio della puleggia.

4.1 Misure di livello

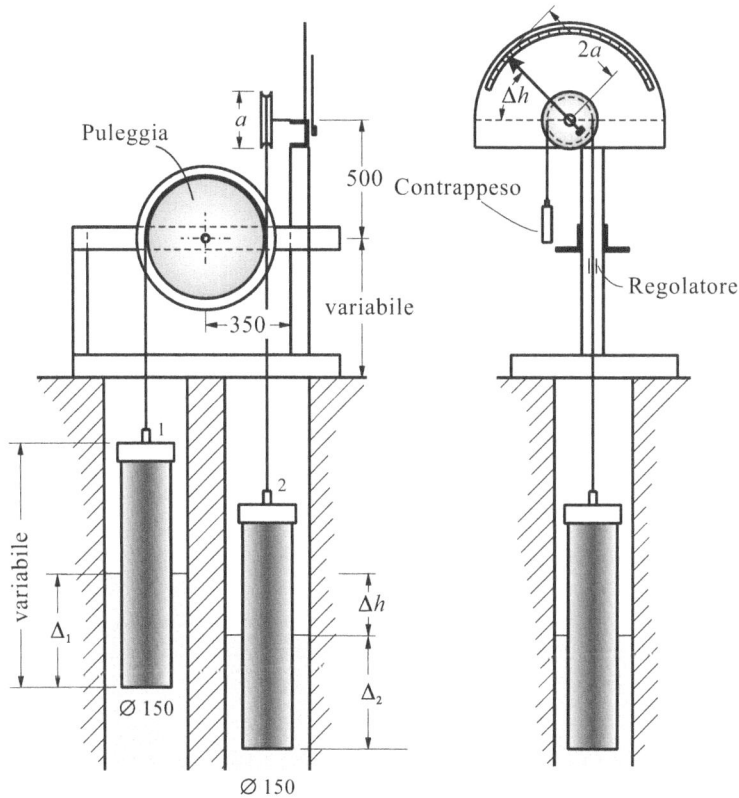

Figura 4.14 Misuratore differenziale di livello [13]. Le dimensioni sono in millimetri

Il sistema di equazioni (4.8) si può ricondurre alla seguente equazione:

$$\gamma \Omega (\Delta_2 - \Delta_1) = P_2 - P_1 \mp M/r. \tag{4.9}$$

Se la coppia resistente è nulla, la differenza tra gli affondamenti dei due cilindri è costante e dipende solo dalla differenza del loro peso, e dato che i due corpi sono vincolati dal cavo, una variazione del livello differenziale dei due ambienti di misura si trasforma in rotazione della puleggia. Se i corpi galleggianti hanno un peso specifico medio minore del liquido nel quale sono immersi, il *range* massimo di misura dipende dalla condizione geometrica che porta a $T = 0$, oppure alla sospensione dei galleggianti fuori dall'acqua. Al contrario, se i corpi galleggianti hanno un peso specifico medio maggiore del liquido nel quale sono immersi, la trazione nel cavo non si annulla mai e il *range* massimo di misura dipende dalla condizione geometrica che porta all'affondamento completo dei cilindri, o alla sospensione fuori dall'acqua. Quasi sempre il sistema viene realizzato in quest'ultima configurazione, con corpi cilindrici lunghi a sufficienza per coprire il massimo dislivello da misurare. La traslazione verticale si trasforma in rotazione di una puleggia principale che aziona una seconda puleggia dotata di indicatore. Il guadagno del misuratore cresce con il diametro della seconda puleggia e la regolazione dello zero si ottiene aggiustando la lunghezza del cavo di trasmissione. Una rilevante causa d'errore è rappresentata dalla coppia resistente M, che porta a una sottostima, o a una sovrastima del dislivello, in base al verso di rotazione della puleggia. Gli effetti del menisco sono mediamente compensati. Lo strumento è utilizzato in condizioni statiche o in condizioni quasi statiche. L'analisi della risposta dinamica è simile a quella delineata per il misuratore a galleggiante.

4.1.6 Misuratore a piezometro differenziale a suzione

Un misuratore differenziale portatile, e di uso semplice, è costituito da un manometro a U con l'estremità superiore connessa a una pompa aspirante (Figura 4.15).

Dopo avere aspirato il liquido fino a riempire completamente i due rami del manometro, si sconnette la pompa e si immette aria, in maniera controllata, fino a quando il livello del liquido nei due rami è visibile ed è compreso nel *range* della scala graduata di lettura.

La scala può essere incisa su di un nastro reso mobile con una rotellina di trascinamento. Con questo sistema è possibile traslare lo zero della scala sul livello di riferimento, eseguendo la lettura del livello dell'altro menisco.

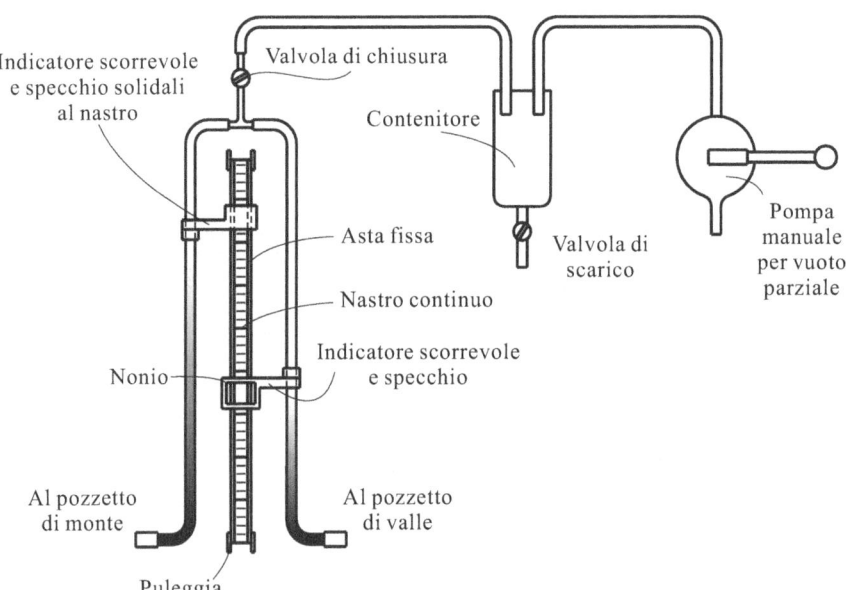

Figura 4.15 Misuratore di livello differenziale a scala mobile

4.1 Misure di livello

Figura 4.16 Misuratore di livello a campana

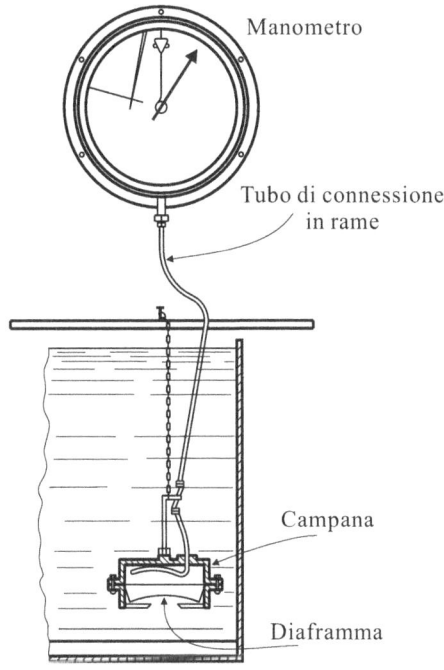

4.1.7 Misuratore a campana

Nel misuratore a campana (Figura 4.16), il liquido deforma un diaframma molto sottile e flessibile e modifica la pressione dell'aria nella campana. La campana è sospesa nel liquido, è connessa a un manometro e ha una pressione interna proporzionale all'affondamento del diaframma. Il manometro può essere montato in una qualunque posizione, sia al di sopra sia al di sotto del contenitore, senza causare un errore apprezzabile.

4.1.8 Misuratori capacitivi e induttivi

In questi misuratori di livello, il liquido rappresenta il dielettrico tra due conduttori, o tra un conduttore e il serbatoio metallico. Consideriamo due elettrodi isolati immersi parzialmente in acqua o in altro liquido. Lo schema elettrico equivalente è riportato in Figura 4.17. L'alimentazione è in corrente alternata a frequenza di alcuni kHz.

La capacità in aria è trascurabile, rispetto alla capacità dell'isolante e dell'acqua; la resistenza dell'isolante e dell'acqua sono trascurabili alla frequenza di funzionamento del circuito. Il circuito elettrico si riconduce ai due soli condensatori in serie,

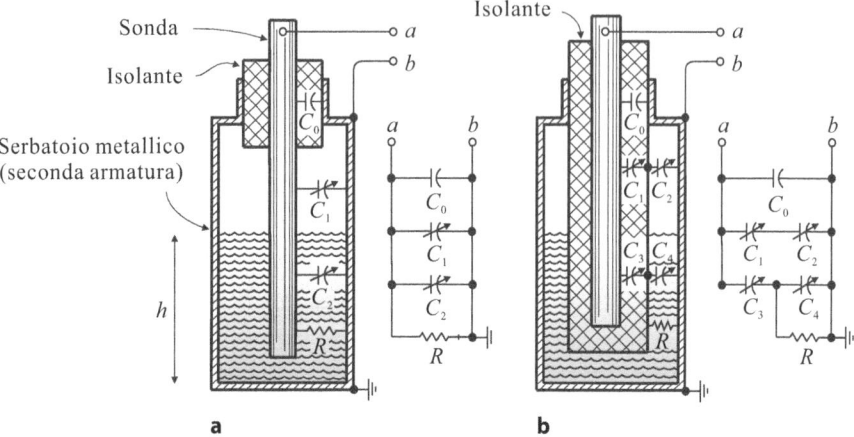

Figura 4.17 Sonda di livello capacitiva

con una capacità elettrica equivalente pari a

$$C_{eq} = \frac{1}{\frac{1}{K_i h} + \frac{1}{K_w h}} = K_{eq} h \approx K_w h \quad \text{se} \quad K_i \gg K_w, \quad (4.10)$$

$K_i \triangleq$ coefficiente di proporzionalità per la capacità dovuta all'isolante,
$K_w \triangleq$ coefficiente di proporzionalità per la capacità dovuta al fluido,
$K_{eq} \triangleq$ coefficiente di proporzionalità per la capacità equivalente del circuito,
$h \triangleq$ tirante idrico.

Il valore del coefficiente di proporzionalità si ricava preferibilmente per calibrazione. Se il liquido è conduttivo, gli elettrodi devono essere completamente isolati con un isolante adeguato alle caratteristiche fisiche del liquido. Se, invece, il liquido è isolante, non è necessario alcun isolamento addizionale. Il sensore può essere inserito in un ponte capacitivo oppure in un circuito oscillatore passivo, o attivo a frequenza variabile. La risposta del circuito elettronico passivo è fortemente non lineare ed è necessario introdurre ulteriori componenti circuitali per la linearizzazione, mentre nell'oscillatore attivo la linearizzazione è più semplice. La sonda capacitiva ha una buona risposta in condizioni statiche. In condizioni dinamiche la risposta risente degli effetti del menisco. In particolare, se il livello sta aumentando e il liquido bagna il conduttore, il menisco ha la concavità verso il basso e si adatta con un certo ritardo; ciò comporta una sottostima del livello reale. Se il livello sta diminuendo, avviene il contrario. Il ritardo è inversamente proporzionale al quadrato del raggio del filo [11]. L'errore dello strumento è minore dell'1%; la portata dipende dalla lunghezza dei conduttori, con un valore minimo corrispondente a una variazione di capacità di $\approx 4\,\text{pF}$ e un valore massimo corrispondente a una variazione di $\approx 2500\,\text{pF}$. Quando il livello del liquido diventa dello stesso ordine di

Figura 4.18 Misuratore di livello a impedenza. Le dimensioni sono in millimetri

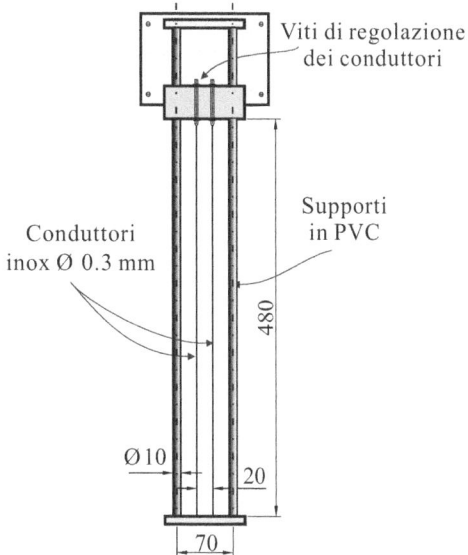

grandezza della distanza tra gli elettrodi, si risentono gli effetti di bordo e la sonda perde la linearità. Il valore di soglia dipende dal menisco e, in definitiva, è tanto più piccolo quanto minore è il diametro del conduttore. La frequenza di taglio è solitamente di alcuni hertz, un valore sufficiente a eseguire misure di livello di onde di gravità.

I misuratori a impedenza (Figura 4.18) sono simili ai misuratori capacitivi, ma gli elettrodi non sono isolati e nel circuito elettrico equivalente domina la resistenza offerta dal liquido, mentre le capacità e le induttanze, pur presenti, hanno un ruolo marginale.

Il circuito di rivelazione è un ponte di Wheatstone, alimentato in corrente alternata con frequenza di alcuni kHz per evitare la polarizzazione dei conduttori a contatto con il liquido. Il diametro dei conduttori limita la risposta dinamica e deve essere piccolo, sia per limitare il disturbo al campo di moto, sia per ridurre gli effetti capillari. Il sistema è lineare, eccetto che per funzionamento a basso tirante idrico, quando gli effetti di bordo sono dominanti. Con due elettrodi di diametro $\varnothing\,0.3$ mm si raggiunge una risoluzione di 0.1 mm e un errore di 1 mm. Le sonde richiedono una calibrazione frequente e un'adeguata pulizia dei conduttori. Una variante circuitale prevede due elettrodi guardiani per rivelare e compensare *on-line* le variazioni di resistività del fluido. Nel caso di sonde multiple, per limitare l'interferenza (*cross-talking*), è necessario che la distanza minima tra le sonde sia maggiore di 20 cm. Le sonde non possono essere usate in canali metallici a causa delle correnti in circolo che disturbano il circuito elettrico e saturano il segnale in uscita. Per misure speciali, è possibile scegliere configurazioni particolari della geometria degli elettrodi. Per esempio, per eseguire misure di risalita delle onde (*run-up*) su fondo in calcestruzzo, sono stati utilizzati con successo due elettrodi di diametro $\varnothing\,0.3$ mm

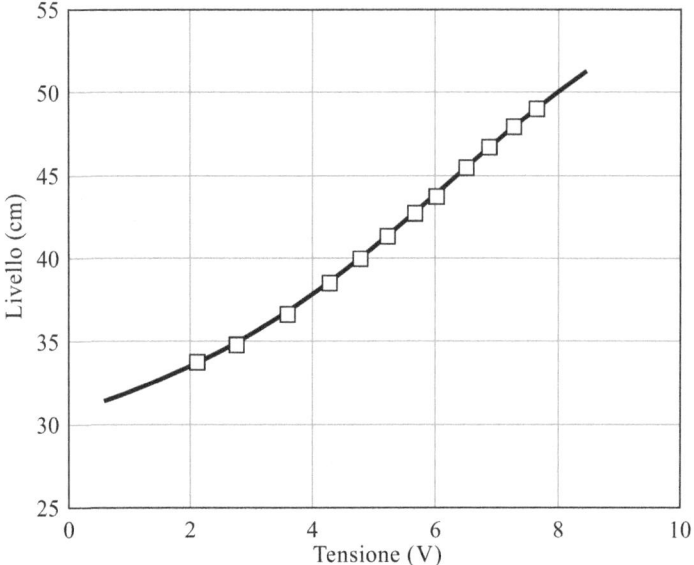

Figura 4.19 Curva caratteristica di un misuratore di risalita dell'onda [10]

paralleli al fondo, sollevati di pochi millimetri e a interasse di 5 cm [10]. La curva di calibrazione, diagrammata in Figura 4.19, è non lineare a causa dell'asimmetria del dielettrico (superiormente aria o acqua, inferiormente calcestruzzo).

La calibrazione delle sonde capacitive e induttive è quasi sempre statica e si ottiene traslando le sonde nel liquido in quiete, con spostamenti prefissati e noti. Lo spostamento può essere manuale o automatico, con un motore passo-passo. Più raramente, si procede alla calibrazione dinamica, eseguita immergendo le sonde nel liquido in quiete con un movimento alternato realizzato da una biella e una manovella collegate a un albero rotante. Un'accuratezza maggiore si ottiene interpolando i punti sperimentali con un polinomio, anziché con una retta.

4.1.9 Misuratore di livello a Ultrasuoni

Nel misuratore di livello a Ultrasuoni (Figura 4.20) un emettitore piezoelettrico emette un pacchetto di Ultrasuoni che incidono sul pelo libero del fluido e vengono riflessi. Un ricevitore acquisisce l'eco e permette di calcolare il tempo tra l'emissione del segnale e la ricezione, secondo la relazione seguente:

$$t = \frac{2L}{c}, \qquad (4.11)$$

$L \triangleq$ distanza dell'ostacolo,
$c \triangleq$ celerità di propagazione degli Ultrasuoni.

4.1 Misure di livello

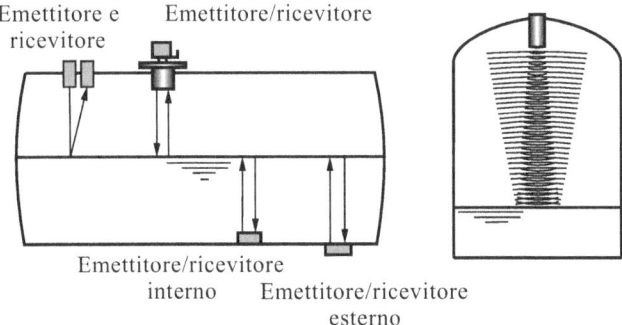

Figura 4.20 Configurazioni e modalità di funzionamento di un misuratore di livello a Ultrasuoni

Quasi sempre, emettitore e ricevitore sono lo stesso trasduttore attivato ciclicamente.

La celerità degli Ultrasuoni dipende dal modulo di comprimibilità isoentropico e dalla densità del mezzo di propagazione, secondo la relazione seguente:

$$c = \sqrt{\frac{\varepsilon}{\rho}}, \quad (4.12)$$

$\varepsilon \triangleq$ modulo di comprimibilità isoentropico,
$\rho \triangleq$ densità del mezzo.

Se il mezzo è un gas, la celerità di propagazione è pari a:

$$c = \sqrt{\gamma R T}, \quad (4.13)$$

$\gamma \triangleq$ rapporto tra calore specifico a pressione costante e a volume costante,
$R \triangleq$ costante del gas,
$T \triangleq$ temperatura assoluta.

L'errore relativo nella stima della distanza è fornito dalla seguente espressione:

$$\frac{dL}{L} = \frac{dc}{c} + \frac{dt}{t} \equiv \frac{1}{2}\frac{dT}{T} + \frac{dt}{t}. \quad (4.14)$$

L'incertezza maggiore è dovuta alla stima della celerità di propagazione degli Ultrasuoni, in funzione della temperatura. Per compensare la variazione di temperatura rispetto alla temperatura nominale di calibrazione, i misuratori sono dotati di un sensore termico che permette di eseguire le necessarie correzioni. Il sensore termico, tuttavia, non permette di compensare variazioni spaziali della temperatura lungo il percorso del raggio. Infatti, se la temperatura assoluta del mezzo di propagazione è funzione della distanza dal trasduttore, l'equazione (4.11) assume la seguente forma:

$$t = 2 \int_0^x \frac{dx}{\sqrt{\gamma R T(x)}} = \frac{2}{c_0} \int_0^x \frac{dx}{\sqrt{T(x)/T_0}}. \qquad (4.15)$$

Così, per esempio, se la temperatura cresce dal sensore all'ostacolo, la distanza L è sottostimata.

Il misuratore di livello a Ultrasuoni è uno strumento compatto, lineare (vedi Figura 4.21 e Figura 4.22), con un *range* di misura da poche decine di millimetri ad alcune decine di metri. La risoluzione dipende dalla lunghezza d'onda e dal *range* di misura e può raggiungere il decimo di millimetro. La zona utile di misura ha inizio a una certa distanza dal sensore (alla fine della zona di Fresnel) e si estende

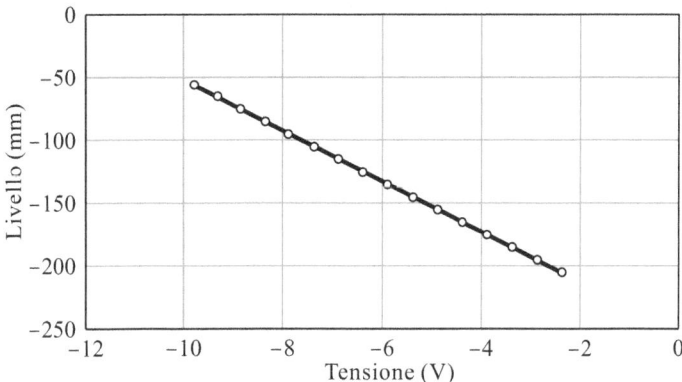

Figura 4.21 Curva di calibrazione di un misuratore di livello a Ultrasuoni

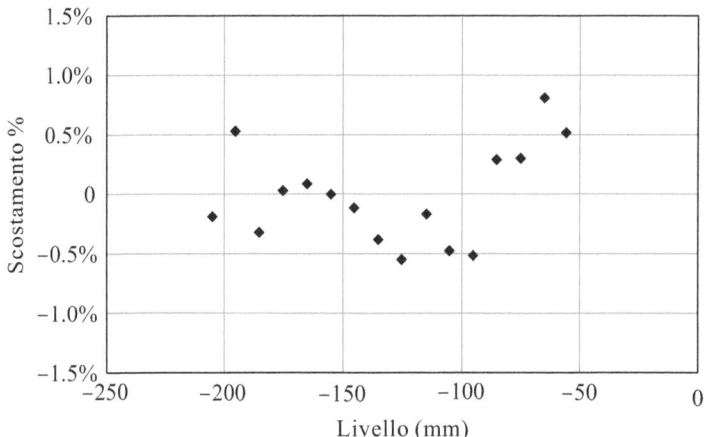

Figura 4.22 Calibrazione di un misuratore di livello a Ultrasuoni. Scostamenti percentuali rispetto alla retta interpolante

nella zona di Fraunhofer. Nei modelli commerciali, la frequenza della portante è di alcuni MHz e la frequenza di acquisizione può raggiungere i 100 Hz; la risoluzione spaziale (proporzionale all'area della superficie interessata dal fascio conico di Ultrasuoni) è di pochi millimetri e decresce con la distanza in funzione dell'angolo di apertura del fascio. L'angolo di apertura decresce all'aumentare della frequenza della portante e assume un valore di alcuni gradi.

Per misure di livello nei serbatoi chiusi, è necessario verificare che non si formino echi dovuti alle pareti o ad altri oggetti presenti nel serbatoio.

Per misure di livello dei corsi d'acqua naturali, l'incertezza degli strumenti commerciali è di circa 1 cm e la risoluzione di 1 mm su un *range* di 10 m.

I misuratori di livello a Ultrasuoni non richiedono il pozzetto di calma poiché è possibile filtrare *on-line*, in media mobile, la serie temporale acquisita, selezionando il tempo di media in modo da eliminare le fluttuazioni dovute alle increspature e ad altri disturbi della superficie. Può succedere che il sistema non riesca a rivelare l'eco e a validare il segnale (*drop out*). In tal caso, è possibile selezionare l'uscita in modo da conservare l'ultimo valore valido, oppure da riportare a zero il segnale. La percentuale di *drop out* è tanto più elevata quanto più rapide sono le fluttuazioni di livello e maggiori sono le increspature della superficie.

4.1.10 Misuratore di livello a microonde

Il misuratore di livello a microonde è identico, nel principio di funzionamento, al misuratore a Ultrasuoni, ma al posto degli Ultrasuoni utilizza una portante a microonde elettromagnetiche a frequenza di alcuni GHz. L'eco di ritorno del segnale emesso dallo strumento è ricevuto dall'antenna, e il tempo tra emissione e ricezione del segnale permette di calcolare la distanza dalla superficie riflettente del fluido. Il segnale è modulato in forma di pacchetti d'impulsi di brevissima durata e periodo di alcune centinaia di nanosecondi. Nell'intervallo tra l'emissione sequenziale di due pacchetti, l'antenna funziona da ricevitore, riceve l'eco e lo trasmette al circuito elettronico di elaborazione. Il *range* di misura è di alcune decine di metri con una risoluzione di 1 mm e un errore complessivo dello 0.2% della lettura. La presenza di schiuma sulla superficie falsa i risultati. È possibile, altresì, usare diversi tipi di antenne, ognuna delle quali permette di controllare la geometria del campo di emissione, adattandola al contenitore e modificando l'area della superficie di media della misura (Figura 4.23).

Il misuratore a microonde può funzionare anche nel vuoto e ha una deriva termica molto più contenuta di quella del misuratore a Ultrasuoni. Una variante del misuratore di livello ad antenna è il misuratore di livello a filo, nel quale le microonde vengono convogliate lungo un conduttore per essere riflesse da un galleggiante sulla superficie del liquido (Figura 4.24).

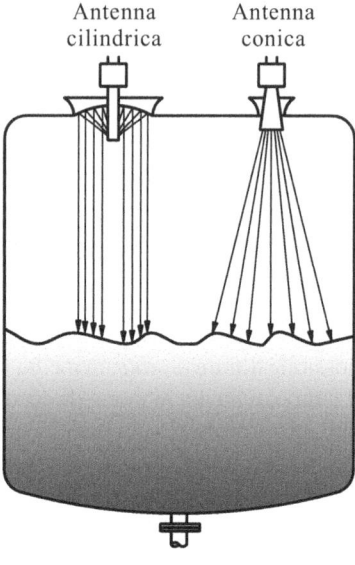

Figura 4.23 Misuratore di livello a microonde con due diversi tipi di antenna

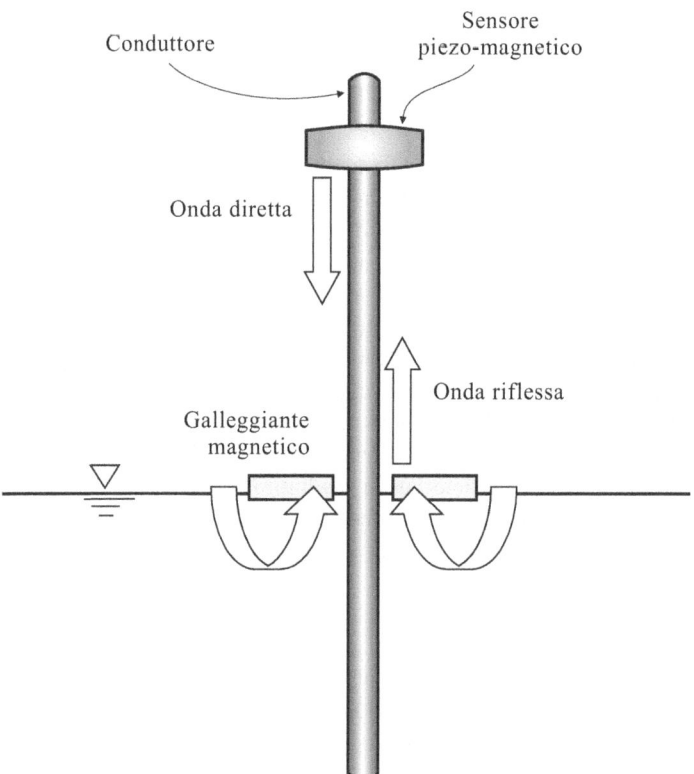

Figura 4.24 Misuratore di livello a galleggiante con rivelatore di livello a magnetostrizione

4.1.11 Misuratore di livello a triangolazione ottica laser o a Light Emission Diode (LED)

Il misuratore di livello ottico si basa sulla triangolazione: un diodo laser a infrarossi, o un *LED*, emette una radiazione modulata che incide sul bersaglio. La radiazione riflessa, focalizzata con un opportuno sistema di lenti, incide su un rivelatore lineare generando un segnale proporzionale alla distanza tra sorgente e bersaglio (Figura 4.25).

La radiazione modulata aumenta la durata del diodo e permette di filtrare il rumore ambientale. Quando il bersaglio è alla distanza nominale nulla, rispetto alla posizione di riferimento, la macchia riflessa è centrata sul rivelatore lineare e il segnale in uscita è nullo. Se il bersaglio trasla in direzione y, la macchia riflessa si sposta di un valore pari a:

$$z = \frac{fX_s}{X_s - f}\left(\frac{y}{X_s/\sin\theta - y/\tan\theta}\right) \approx \frac{f\sin\theta}{X_s - f}y \quad \text{se} \quad y/\tan\theta \ll X_s/\sin\theta, \tag{4.16}$$

$f \triangleq$ distanza focale,
$X_s, X_i \triangleq$ distanze dell'oggetto e dell'immagine dal piano focale della lente,
$y \triangleq$ scostamento del bersaglio dalla posizione a distanza nominale nulla,
$z \triangleq$ scostamento della macchia riflessa e focalizzata sul rivelatore.

La distanza focale correla la distanza dell'oggetto e dell'immagine dal piano della lente (sottile), secondo la classica equazione

$$\frac{1}{f} = \frac{1}{X_s} + \frac{1}{X_i}. \tag{4.17}$$

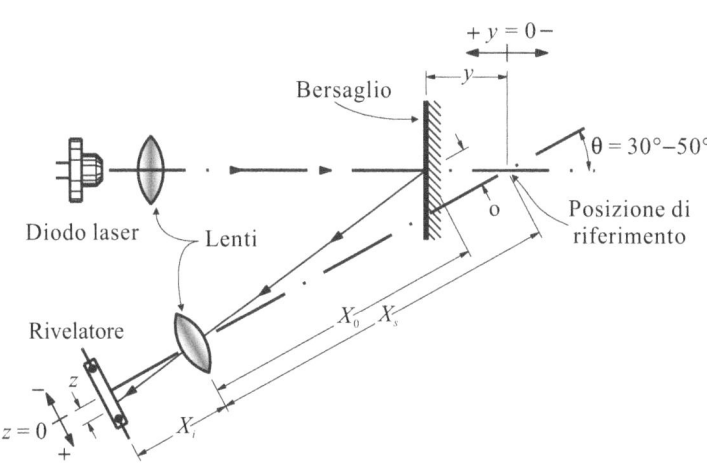

Figura 4.25 Misuratore di livello a triangolazione ottica

L'equazione (4.16) rappresenta una relazione quasi lineare tra z e y. La misura del livello di un liquido con questo strumento è possibile solo se il liquido ha un indice di riflettenza sufficientemente alto alla lunghezza d'onda della radiazione emessa dal diodo. Molto spesso, il misuratore a triangolazione ottica viene usato per il rilievo del fondo. Il dispositivo ha una risposta in frequenza di alcuni kHz e un *range* utile fino a 50 cm. L'incertezza e la linearità hanno un valore tipico dello 0.1%. L'area di misura è pari alla dimensione della macchia luminosa sul bersaglio e ha una dimensione scala di $\sim$ 1 mm.

4.1.12 Misuratori di livello digitali

Il misuratore di livello digitale è una sonda con una serie di elettrodi equispaziati e progressivamente bagnati dal liquido di misura (Figura 4.26).

Il segnale elettrico viene acquisito in parallelo dagli elettrodi ed elaborato per fornire il livello istantaneo. La risoluzione spaziale dipende dalla distanza tra gli elettrodi e, nei misuratori commerciali, varia da 1/10 mm a 1 mm. La frequenza di acquisizione può essere molto elevata, fino a raggiungere alcune decine di kHz. Gli elettrodi sono dorati così da garantire una lunga durata anche in acqua di mare. Ogni sonda può ospitare da 32 a 1024 elettrodi, con una gamma di *range* da 0–3.2 mm a 0–1 m. Per rimuovere il disturbo dovuto alle bolle d'aria e alle gocce d'acqua, è possibile elaborare il segnale prima dell'acquisizione. Lo strumento non richiede

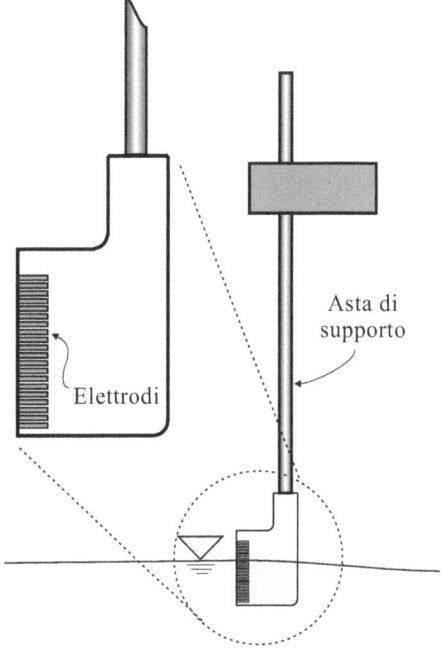

Figura 4.26 Misuratore di livello discreto digitale

calibrazione ed è moderatamente invasivo, con uno spessore minimo della sonda pari a 3/10 mm nella zona di misura. L'acquisizione è digitale.

4.1.13 Misuratore di livello a radioisotopi

Il misuratore di livello a radioisotopi si basa sull'attenuazione che la radiazione gamma, emessa da una sorgente radioattiva, subisce nell'attraversamento di un mezzo a densità nota. Uno schema costruttivo è visibile in Figura 4.27 e uno schema di funzionamento è riportato in Figura 4.28.

La legge di assorbimento della radiazione è la seguente:

$$I(x) = I_0 \exp(-\mu \rho x), \qquad (4.18)$$

$I_0 \triangleq$ intensità della sorgente,
$\mu \triangleq$ coefficiente di assorbimento del mezzo,
$\rho \triangleq$ densità del mezzo,
$x \triangleq$ distanza dalla sorgente.

La funzione è lineare solo per x sufficientemente piccolo. Sviluppando in serie l'equazione (4.18), risulta:

$$I = I_0 - I_0 \mu \rho x + O\left(I_0 \mu^2 \rho^2 x^2\right). \qquad (4.19)$$

Per l'acqua, il coefficiente di assorbimento è pari a $\mu = 7.7 \times 10^{-3}$ m^2/kg e il termine residuo diventa trascurabile se $x \ll 0.1$ m. Per ottenere un trasduttore lineare,

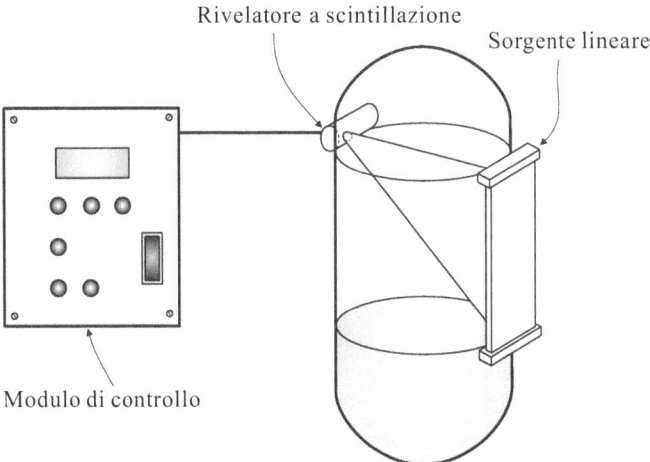

Figura 4.27 Schema di funzionamento di un misuratore di livello ad assorbimento di radiazione

Figura 4.28 Assemblaggio di un misuratore di livello ad assorbimento di radiazione

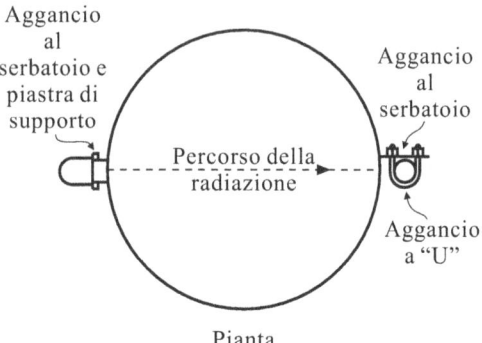

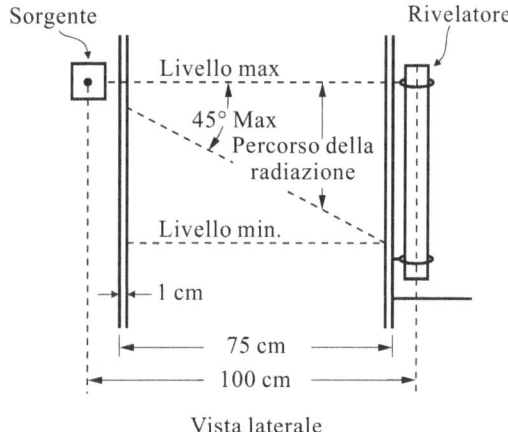

si installa un rivelatore, o una sorgente, lineare anziché puntuale. In particolari condizioni di esercizio, sia il rivelatore, sia la sorgente di radiazione sono lineari. Il rivelatore è quasi sempre ad alta sensibilità a scintillazione, in modo da poter usare una sorgente a bassissima intensità di radiazione.

4.1.14 *Misuratori manometrici del livello*

La misura manometrica del livello si basa sulla legge di distribuzione idrostatica della pressione in un liquido in quiete, ed è utilizzata, indirettamente, in molti dei misuratori descritti in precedenza. Alla base di una colonna di liquido omogeneo di altezza h e peso specifico γ, la pressione è pari a γh. Il livello si calcola, per via indiretta, misurando la pressione con un manometro. Le incertezze sono riferibili alla stima del peso specifico del liquido e all'errore del manometro. Se il liquido non è omogeneo, in presenza di bolle di gas, o vapore, o di schiuma alla superficie, la stima del livello si riferisce al liquido omogeneo equivalente. Per compensare gli

4.1 Misure di livello

effetti di variazione della pressione atmosferica, è necessario usare un manometro differenziale con una delle due porte a contatto con l'atmosfera. Il *range* di misura dipende dal *range* del manometro. Sono in commercio dei manometri differenziali con scala ± 5 mbar, corrispondente a ± 5 cm di colonna d'acqua, ed errore pari allo 0.25% del fondo scala. Se il misuratore è usato in un contenitore pressurizzato, una delle due porte deve essere a contatto con il vapore sovrastante il fluido. Questa porta deve essere secca e senza condensa. Se i vapori sono corrosivi, la porta secca viene trasformata in porta bagnata mediante connessione a una colonna di altezza nota di fluido inerte e apportando le necessarie correzioni. Una causa d'errore frequente è data dalla presenza di bolle d'aria nelle condotte di connessione alle porte del manometro. Se le bolle sono presenti su di un tratto di colonna verticale, lo strumento misura una pressione pari a

$$p = \gamma(h - h_a) + \gamma_a h_a \approx \gamma(h - h_a).$$

$\gamma \triangleq$ peso specifico del liquido,
$\gamma_a \triangleq$ peso specifico dell'aria,
$h \triangleq$ tirante vero,
$h_a \triangleq$ altezza della colonna occupata dall'aria,

corrispondente a un tirante stimato pari a

$$h_s = \frac{p}{\gamma} \equiv h - h_a,$$

in difetto rispetto al tirante vero. Se le bolle d'aria o di gas occupano un tratto orizzontale della condotta, il disturbo è meno importante in condizioni statiche, ma diventa rilevante in condizioni dinamiche, poiché le bolle si deformano e aumentano la resistenza al moto a causa della tensione superficiale. Le bolle danno luogo a fenomeni di isteresi e possono anche entrare in risonanza, modificando così la risposta dinamica del sistema. Per tutti questi motivi, è sempre necessario spurgare con attenzione i condotti di connessione ai manometri.

La misura manometrica del livello ha molte applicazioni in campo ambientale. Per misure di livello medio in mare, è possibile adottare la configurazione riportata in Figura 4.29.

I due tubi sono connessi superiormente a un ambiente a pressione inferiore alla pressione atmosferica, in modo da permettere una lettura agevole dei livelli al di sopra del piano campagna. I livelli assoluti si calcolano sulla base dell'altezza di colonna d'acqua nel piezometro ausiliario. La lettura si riferisce al livello medio, purché lo smorzamento del circuito idraulico sia sufficiente a eliminare le fluttuazioni del pelo libero. In genere, il sistema ha una risposta dinamica molto limitata e non permette di misurare le onde di gravità, caratterizzate da una frequenza tra 0.05 Hz e 0.5 Hz.

Per la misura di onde di gravità, è invece possibile usare il circuito in Figura 4.30, nel quale il tubo si comporta come una canna risonante a quarto d'onda, con un nodo all'estremità libera e un antinodo al trasduttore. Le caratteristiche del circuito

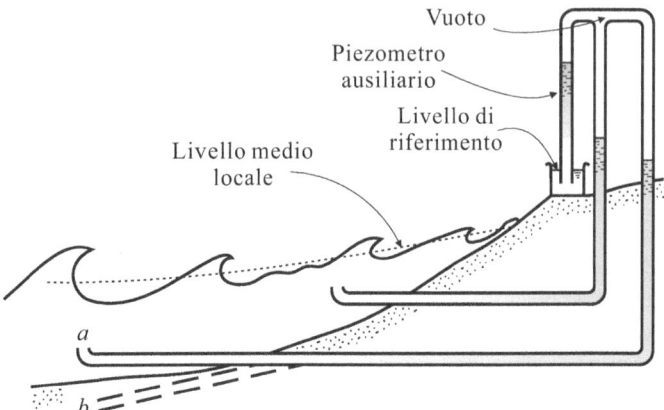

Figura 4.29 Manometri per la misura del livello medio mare in due sezioni

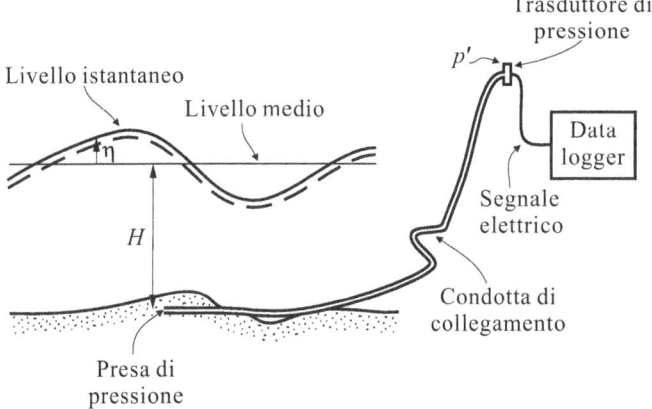

Figura 4.30 Circuito idraulico per la misura del livello istantaneo di onde di gravità

dipendono dalla comprimibilità del fluido e dalla deformabilità del tubo. La celerità di propagazione delle perturbazioni in un tubo a pareti sottili elastiche, occupato interamente dal fluido, eventualmente con una modesta concentrazione d'aria, si calcola come segue:

$$c = \sqrt{\frac{\varepsilon}{\rho}} \sqrt{\frac{1}{1 + \frac{\varepsilon d}{Et} + \frac{\varepsilon C_{aria}}{p_0}}}, \qquad (4.20)$$

$\varepsilon \quad \triangleq$ modulo di comprimibilità isoentropico del fluido,
$\rho \quad \triangleq$ densità del fluido,
$d, t \quad \triangleq$ diametro e spessore del tubo,

E $\triangleq$ modulo di Young del materiale del tubo,
C_{aria} $\triangleq$ concentrazione volumetrica dell'aria,
p_0 $\triangleq$ pressione indisturbata.

La funzione di trasferimento del sistema dipende dalla natura del moto (laminare o turbolento) e da una serie di altri parametri di difficile valutazione teorica. Sperimentalmente [9], il guadagno del sistema si può esprimere nella forma seguente:

$$G = \frac{1}{\sqrt{\cos^2\left(\frac{\pi}{2}\frac{f}{f_0}\right) + \left[B_1\frac{fL}{c}\left(1 + B_2\sqrt{\frac{\nu}{fd^2}}\right)\right]^2}}, \quad (4.21)$$

f $\triangleq$ frequenza,
$f_0 = \dfrac{c}{4L}$ $\triangleq$ frequenza del primo modo di risonanza,
ν $\triangleq$ viscosità cinematica del fluido,
B_1, B_2 $\triangleq$ coefficienti,

con $B_1 = 0.58$ e $B_2 = 5.0$.

In alcune misurazioni sono stati usati con successo dei tubi di nylon pesante ($E = 3.4 \times 10^8$ Pa) di diametro interno $d = 4$ mm, spessore $t = 1$ mm, per lunghezze fino a 60 m, e di diametro interno $d = 7$ mm e spessore $t = 1.5$ mm, per lunghezze fino a 500 m [8]. Per evitare interferenze e disturbi, è necessario che il tubo sia in posizione stabile e fissa e che la presa in acqua sia, possibilmente, non insabbiata e provvista di un raccordo per ridurre le perdite di carico all'imbocco. Naturalmente, è necessario conoscere la banda di frequenza attesa per le onde da misurare, in modo da poter sintonizzare lo strumento per eccitarne la risonanza.

La presenza di aria, anche in piccola concentrazione, modifica significativamente la risposta del sistema.

In Figura 4.31 si riporta lo spettro di ampiezza di un circuito idraulico con una condotta di lunghezza $L = 120$ m, di diametro interno $d = 7$ mm e spesso-

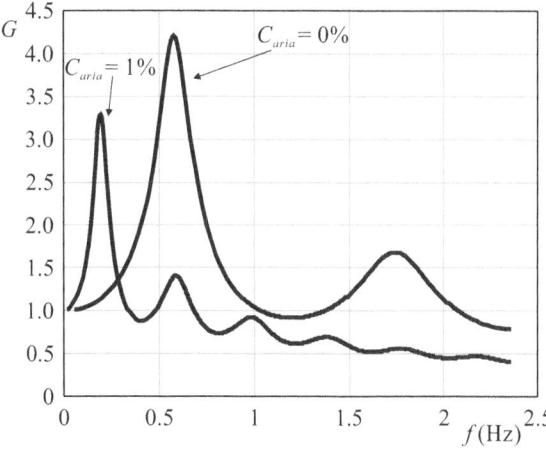

Figura 4.31 Spettro di ampiezza di un circuito idraulico per la misura di onde di gravità

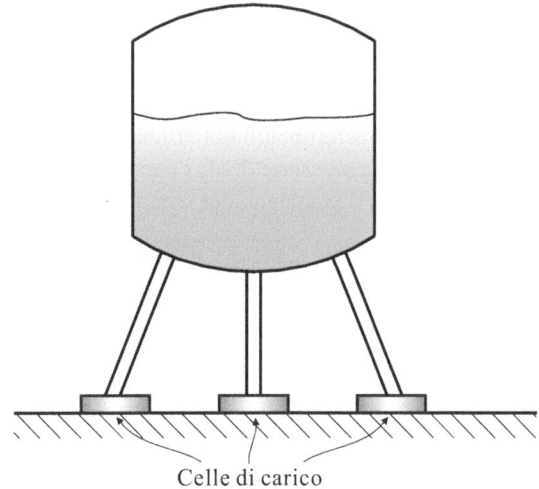

Figura 4.32 Misuratore di livello per pesata con celle di carico

re $t = 1.5$ mm, realizzata in nylon pesante (modulo di Young $E = 3.4 \times 10^8$ Pa). La frequenza di risonanza teorica è $f_0 = 0.59$ Hz se la concentrazione d'aria è nulla, $f_0 = 0.2$ Hz se la concentrazione d'aria è $C_{aria} = 1\%$ e la pressione media indisturbata è $p_0 = 10^5$ Pa.

4.1.15 Misuratori di livello per pesata

In alcune condizioni, la misura del livello con i metodi tradizionali è resa complicata dalla natura del liquido o dalla presenza di schiuma. In tal caso, si può utilizzare il metodo per pesata, che consiste nella stima del livello medio, per via indiretta, tramite la misura del peso del volume di liquido (Figura 4.32).

La misura del peso del contenitore con il liquido, normalmente preceduta dalla tara, deve essere eseguita con il liquido perfettamente in quiete, così da ridurre le fluttuazioni dovute allo *sloshing*. La tecnica è costosa ed è utilizzata soprattutto in ambito industriale (per esempio, nelle macchine di riempimento automatico di flaconi e contenitori). Uno dei vantaggi, è l'assenza di contatto tra liquido e misuratore. L'incertezza maggiore è dovuta all'errore nella stima del peso specifico del liquido.

4.1.16 Misure di livello in più punti in laboratorio

Per la misura del livello su una superficie estesa, si può ricorrere a una tecnica non invasiva, utilizzabile in laboratorio, basata sull'analisi colorimetrica d'immagine [1, 7]. Il campo di misura è uniformemente illuminato dal basso e il fluido è

4.1 Misure di livello

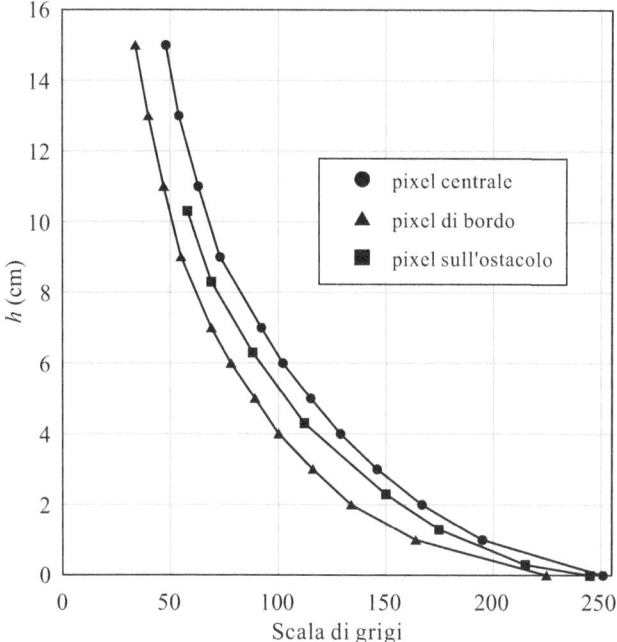

Figura 4.33 Curva di calibrazione tipica per la conversione del tono di grigio in tirante idrico [7]

colorato in modo che a un maggiore tirante corrisponda un maggiore assorbimento di radiazione luminosa. Il campo viene ripreso da una fotocamera digitale; successivamente, l'immagine acquisita viene convertita in toni di grigio e, infine, in tirante idrico, previa procedura di calibrazione. Tale calibrazione, da eseguirsi preferibilmente prima di ogni prova, permette anche di compensare le distorsioni dell'ottica, la vignettatura, la non uniformità dell'illuminazione. In Figura 4.33 si riportano le curve di calibrazione per tre pixel in posizione differente. La procedura genera una curva per ogni pixel, disponibile in forma matriciale per una trasformazione vettoriale.

La risoluzione spaziale e l'incertezza, sulla misura del livello, dipendono dall'ottica della fotocamera, dalla risoluzione intrinseca del sensore della videocamera e dalla configurazione generale del sistema. In una serie di prove sperimentali, eseguite con fotocamera a sensore da 6.3 Mpixels, l'incertezza sui livelli è risultata pari al 2% del valore misurato su un'area di ripresa di circa $1.2 \times 1.8 \, m^2$. La ripetibilità assoluta, verificata con riprese eseguite senza acqua, è risultata pari a ± 2 livelli di grigio.

Le cause d'incertezza sono dovute alla curvatura del pelo libero e alla formazione di bolle d'aria: questi effetti generano rifrazione e, eventualmente, focalizzazione della radiazione luminosa. Inoltre, in prossimità delle pareti di contorno, le riflessioni dei raggi luminosi arrecano notevole disturbo. Se la fotocamera è in grado di eseguire riprese in continuo, è possibile ottenere misure di livello non staziona-

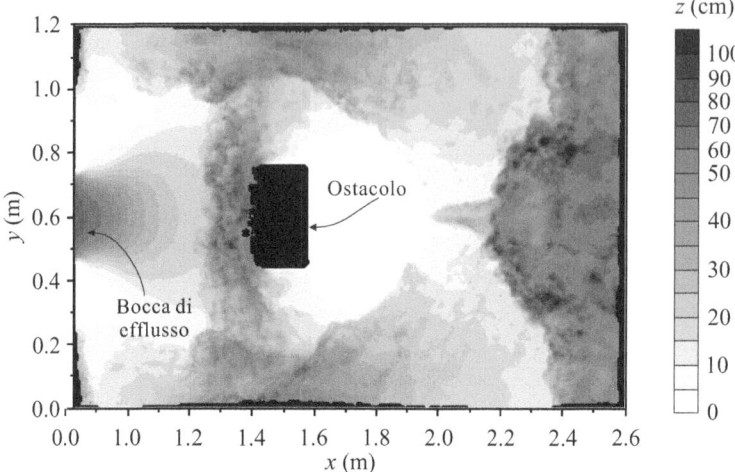

Figura 4.34 Mappa in toni di grigio del tirante idrico conseguente la brusca apertura di una paratoia in presenza di un ostacolo [7]

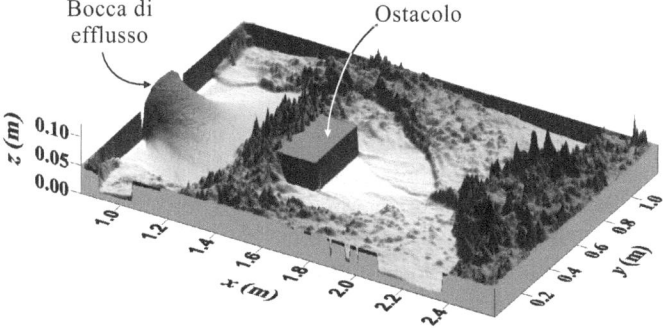

Figura 4.35 Rappresentazione tridimensionale del livello ricostruito [7]

rio. In Figura 4.34 si riporta l'ortofoto in toni di grigio del tirante idrico ricostruito a valle di una paratoia aperta bruscamente in presenza di un ostacolo antistante. Le zone più scure si riferiscono ai tiranti idrici maggiori; risultano annerite le aree in corrispondenza delle quali non è stato possibile ottenere stime attendibili. La rappresentazione tridimensionale è visibile in Figura 4.35.

4.1.17 Misura delle onde di gravità in mare

La misura delle onde di gravità in mare viene eseguita con una serie di strumenti che si diversificano in base alla profondità locale, o alla disponibilità di strutture di

4.1 Misure di livello

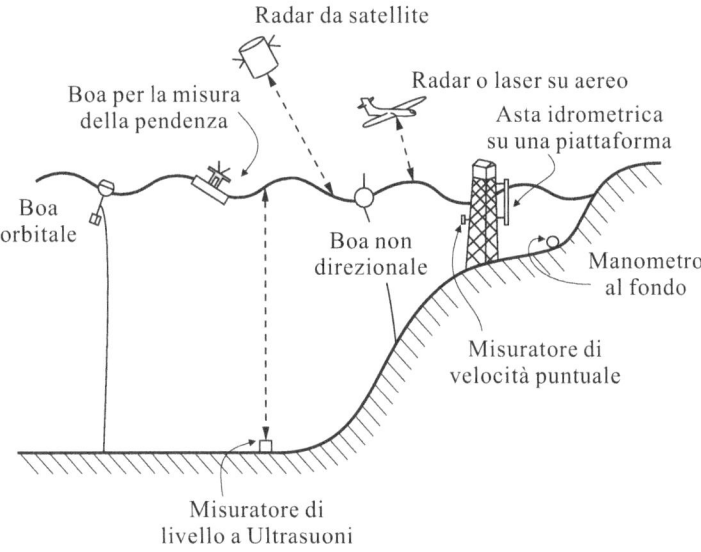

Figura 4.36 Dispositivi per la misura delle onde di gravità in mare

attracco come, per esempio, le piattaforme petrolifere. Uno schema degli strumenti e delle tecniche è riportato in Figura 4.36. La trattazione della misura di livello a Ultrasuoni, dell'Asta idrometrica e del Manometro al fondo, è presente in altri paragrafi. Di seguito si riporta la descrizione degli altri strumenti.

La boa ondametrica è un corpo galleggiante ancorato al fondo del mare con un cavo d'acciaio o una catena. Talvolta, una porzione del cavo è sostituita da un cavo elastico in gomma. La linea di ancoraggio deve permettere un movimento libero della boa e il corpo della boa deve essere progettato in modo tale da non modificare in maniera significativa l'accelerazione della forzante (il pelo libero). Gli spostamenti si ottengono per doppia integrazione dell'accelerazione misurata con un accelerometro all'interno della boa. Nonostante lo strumento sia concettualmente semplice, è richiesta una tecnologia sofisticata oltre a una serie di accorgimenti per la realizzazione pratica e per il buon funzionamento del sistema. L'accelerazione di interesse è quella verticale; per evitare l'interferenza delle componenti di accelerazione nel piano orizzontale, è necessario montare l'accelerometro su una piattaforma inerziale, con giroscopi che garantiscano la verticalità. Più semplicemente, l'accelerometro può essere sospeso a un pendolo. La doppia integrazione numerica dell'accelerazione è eseguita da un microprocessore, con software adatto a ripristinare periodicamente le condizioni iniziali, dato che la procedura numerica amplifica il rumore a bassa frequenza. Le boe sono di forma sferica o cilindrica; quelle di forma cilindrica, possono fornire le informazioni sulla pendenza delle onde e permettono di calcolare la direzione di propagazione delle onde stesse.

Oltre alle boe ondametriche ancorate, sono disponibili delle boe libere con rilevamento di posizione GPS, che serve a fornire le coordinate durante la misura e in

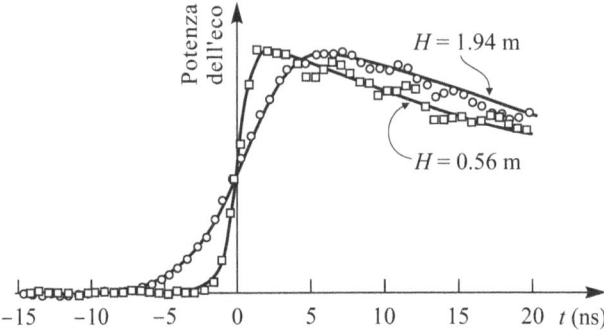

Figura 4.37 Forma dell'eco ricevuto da un altimetro a radioonde. La forma permette di calcolare l'altezza d'onda significativa [14]

occasione del recupero. Le boe sono insensibili alle onde di lunghezza confrontabile con la loro dimensione e il periodo misurabile è compreso tra 1.5 s e 100 s. In alcuni modelli di recente costruzione, la risoluzione è di 1 cm e l'errore è pari al 2% del valore misurato. La trasmissione dati avviene quasi sempre via radio, eventualmente con satellite; quest'ultima soluzione è generalmente necessaria se la boa non è ancorata.

Il misuratore di velocità puntuale ancorato a una piattaforma misura la velocità del fluido e la correla alle caratteristiche geometriche dell'onda; ciò in quanto il campo di moto fluido è analiticamente correlato alla geometria del pelo libero. Questa tecnica è limitata dagli effetti non-lineari, soprattutto in presenza di frangimento.

L'altimetria satellitare permette di misurare l'altezza delle onde di mare. Un impulso radio emesso dal satellite viene riflesso dalla cresta e dal cavo delle onde con uno sfasamento temporale (Figura 4.37). La forma dell'eco e la misura dello sfasamento permettono di calcolare la direzione di propagazione e l'altezza dell'onda con un errore del 10%. Le misure da satellite sono utilizzate per mappare l'altezza d'onda e la corrispondente energia.

Un'altra tecnica di misura usa i Radar ad apertura sintetica su satellite o su aereo (Figura 4.38).

I Radar ad apertura sintetica mappano la riflettenza della superficie del mare con una risoluzione spaziale da 6 a 25 m e calcolano la riflettenza (correlata alle onde presenti sulla superficie), soprattutto per ottenere la distribuzione spaziale dell'energia in acque basse, in prossimità della costa. La frequenza della portante è di 36 GHz e l'impronta del cono di radiazione è un cerchio di dimensione di circa 1 m. Il vantaggio nell'uso delle misure da satellite consiste nella possibilità di ottenere informazioni sul moto ondoso anche in zone remote e non strumentate.

La misura con sistemi laser da aereo prevede tre altimetri laser montati ai vertici di un triangolo e referenziati rispetto al velivolo. Il National Oceanic and Atmospheric Administration (NOAA) ha eseguito esperimenti con laser di classe-3B con emissione di 45 mW e lunghezza d'onda di 405 nm. Per triangolazione, i laser misu-

4.1 Misure di livello

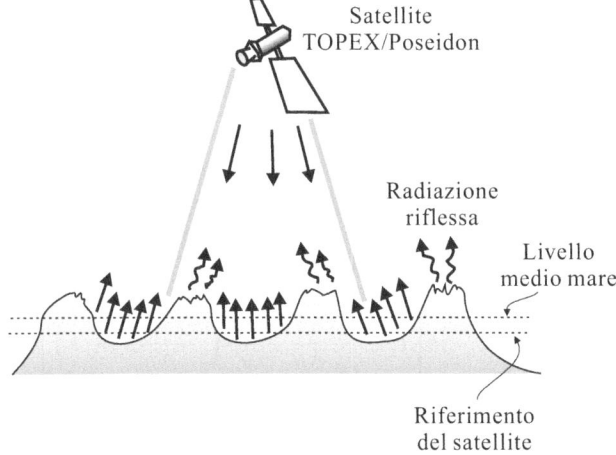

Figura 4.38 Mappatura delle onde basata sulla riflettenza della superficie del mare

rano l'altezza e la pendenza delle onde e permettono di calcolare anche la direzione di propagazione. Il velivolo è georeferenziato con un sistema GPS. Considerando gli errori di misura per triangolazione e l'errore di posizionamento del GPS, l'incertezza è pari al 10% dell'altezza d'onda.

4.1.17.1 Opere accessorie per la misura di livello: il pozzetto di calma

Il pozzetto di calma è un dispositivo necessario per eseguire misure di livello del pelo libero dei corsi d'acqua naturali. Il pozzetto è connesso al corpo idrico con due condotte. La condotta di presa deve essere orizzontale e a 90° rispetto alla direzione della corrente. Al fine di annullare la componente cinetica, l'estremità della presa è chiusa da un manicotto con una serie di forellini ortogonali alla corrente. In presenza di basse temperature, per evitare la formazione di ghiaccio, si può realizzare un sottofondo isolante. Se è disponibile energia elettrica, è possibile riscaldare il pozzetto con una stufa controllata da un termostato o far uso di trecce elettriche riscaldanti da avvolgere intorno alla condotta di presa. Un'altra soluzione è quella di versare olio minerale, o gasolio, direttamente nel pozzetto, se questo è a tenuta. In alternativa, l'olio può essere versato in un tubo di tenuta coassiale al pozzetto, largo a sufficienza da permettere l'alloggiamento della sonda del misuratore. Poichè il peso specifico dell'olio è minore di quello dell'acqua, il pelo libero nel pozzetto (o nel tubo di tenuta) è maggiore del pelo libero nel corso d'acqua, ed è quindi necessario apportare la correzione del livello. La correzione dipende dallo spessore dello strato d'olio (da 0.15 m a 0.6 m), e periodicamente è necessario verificare le perdite per evaporazione.

4.2 Misure di pressione

4.2.1 Il manometro a U

Il misuratore di pressione più classico è il manometro a U, costituito da un tubo a U, di sezione trasversale uniforme, parzialmente riempito di un fluido manometrico.

Con riferimento alla Figura 4.39, la differenza di pressione alla quota di riferimento tra i due ambienti a e b si calcola come segue:

$$p_a - p_b = \gamma_m \Delta h \left[1 + \frac{\gamma_b}{\gamma_m} \frac{h_b}{\Delta h} - \frac{\gamma_a}{\gamma_m} \left(\frac{h_a + h_b}{\Delta h} + 1 \right) \right], \qquad (4.22)$$

$\gamma_{m,a,b} \triangleq$ peso specifico del fluido manometrico, del fluido a e del fluido b,
$\Delta h \triangleq$ dislivello tra i due menischi del fluido manometrico.

Il dislivello si legge su una scala graduata comune ai due rami. L'incertezza della stima dipende dall'incertezza sul peso specifico dei fluido e sul dislivello. Se $\gamma_a \ll \gamma_m$ e $\gamma_b \ll \gamma_m$, l'equazione (4.22) si semplifica come segue:

$$p_a - p_b = \gamma_m \Delta h. \qquad (4.23)$$

Nel caso in cui i due rami del piezometro abbiano un diametro differente (Figura 4.40), la differenza di pressione è pari a:

$$p_a - p_b = \gamma_m h_b \left(1 + \frac{d^2}{D^2} \right) \approx \gamma_m h_b \quad \text{se} \quad d \ll D, \qquad (4.24)$$

$h_b \triangleq$ livello del menisco nel ramo di diametro più piccolo,
$d \triangleq$ diametro del ramo più piccolo,
$D \triangleq$ diametro del ramo più grande.

Figura 4.39 Manometro a U

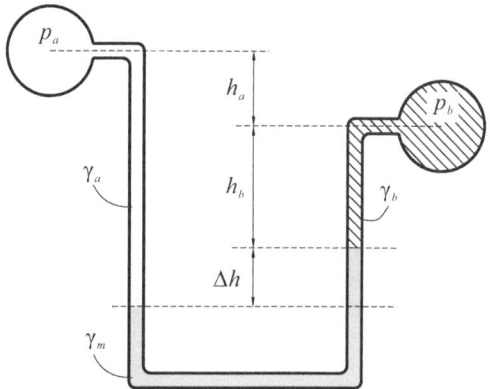

4.2 Misure di pressione

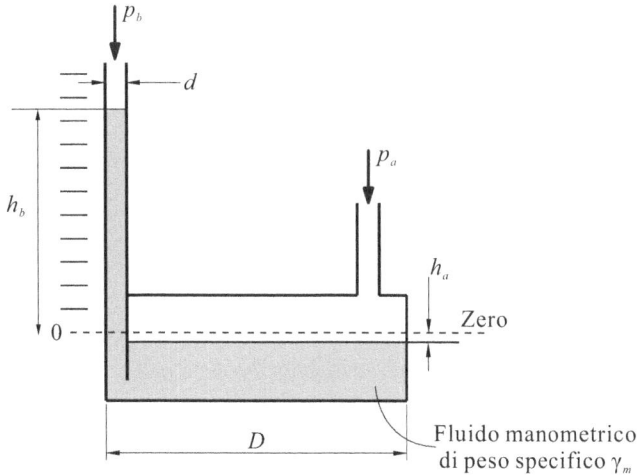

Figura 4.40 Manometro con serbatoio di accumulo

Figura 4.41 Manometro differenziale a U rovesciata

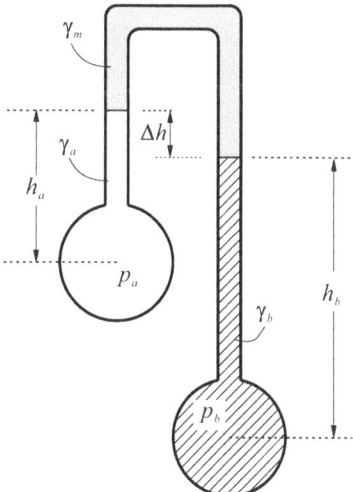

Il manometro può essere a U rovesciata, se il peso specifico del fluido manometrico è inferiore al peso specifico dei due fluidi a e b (Figura 4.41).

In questo caso, la differenza di pressione si calcola come segue:

$$p_a - p_b = \gamma_a h_a - \gamma_b h_b - \gamma_m \Delta h. \tag{4.25}$$

Per aumentare la leggibilità della scala graduata, il ramo più piccolo può essere inclinato sull'orizzontale di un angolo α (generalmente non inferiore a 10°) (Figura 4.42).

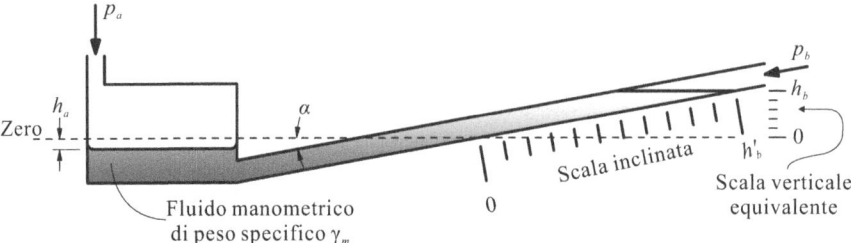

Figura 4.42 Manometro inclinato

Nel manometro inclinato la differenza di pressione è pari a:

$$p_a - p_b = \gamma_m h'_b \left(\sin\alpha + \frac{d^2}{D^2} \right), \qquad (4.26)$$

$h'_b \triangleq$ livello del menisco nel ramo inclinato letto sulla scala inclinata.

Se $d \ll D$, l'equazione (4.26) si riconduce all'equazione seguente:

$$p_a - p_b = \gamma_m h'_b \sin\alpha. \qquad (4.27)$$

La massima sensibilità si ottiene scegliendo un fluido manometrico di peso specifico ridotto. Le cause di errore derivano: a) dalla tensione superficiale all'interfaccia fluido-aria, che determina un innalzamento o un abbassamento del menisco a seconda che il liquido bagni o non bagni la parete; b) dalla variazione del peso specifico conseguente alla variazione di temperatura (un gradiente di temperatura lungo il manometro genera un errore di difficile valutazione, e deve essere evitato); c) dall'evaporazione del fluido manometrico che genera uno *shift* (è consigliabile evitare l'uso di fluidi manometrici ottenuti per miscela di fluidi differenti, poiché l'evaporazione frazionata può dar luogo a variazioni di densità media difficili da stimare); d) dalla differenza del peso specifico del fluido conseguente alla differenza dell'accelerazione di gravità locale rispetto all'accelerazione di gravità standard.

La tensione superficiale determina una risalita capillare che dipende della natura dei fluidi e dei solidi a contatto. Nell'ipotesi che il diametro dei tubi sia piccolo a sufficienza da poter trascurare la forma del pelo libero, la correzione da apportare alla lettura del dislivello tra i due menischi nel manometro in Figura 4.39 è pari a:

$$\Delta = 2\cos\theta_m \left[\frac{\sigma_{a-m}}{(\gamma_m - \gamma_a)r_a} - \frac{\sigma_{b-m}}{(\gamma_m - \gamma_b)r_b} \right], \qquad (4.28)$$

$\theta_m \triangleq$ angolo di contatto tra il fluido manometrico e il materiale della parete del tubo,

$\gamma_{m,a,b} \triangleq$ peso specifico del fluido manometrico, del fluido a, del fluido b,

4.2 Misure di pressione

Tabella 4.1 Proprietà fisiche di alcuni liquidi manometrici

Liquido	Tensione superficiale (N/m)	Peso specifico relativo	Angolo di contatto (fluido-aria-vetro)
Acqua	73×10^{-3}	1	0°
Mercurio	484×10^{-3}	13.55	140°
Kerosene	32×10^{-3}	0.82	26°
Alcol etilico	28×10^{-3}	0.789	0°

$\sigma_{a,b-m} \triangleq$ tensione superficiale all'interfaccia tra il fluido manometrico e il fluido sovrastante a, b,

$r_{a,b} \triangleq$ raggio del tubo contenente il fluido a, b.

L'angolo di contatto dipende dalla natura della superficie solida, del liquido e del suo vapore. Nel caso di acqua in un capillare di vetro, l'equazione (4.28) si riconduce alla forma seguente:

$$\Delta = \frac{2 \cos \theta_m \sigma_{aria-H_2O}}{\gamma_{H_2O}} \approx \frac{15}{r} \text{ mm}, \qquad (4.29)$$

esprimendo la tensione superficiale in N/mm, il peso specifico in N/mm³ e il raggio in mm. In un capillare di raggio $r = 3$ mm la risalita è pari a $\Delta \approx 5$ mm. Se i due rami del manometro hanno lo stesso raggio e il fluido sovrastante i due menischi è lo stesso, la correzione da apportare è nulla.

In Tabella 4.1 si riportano i valori di tensione superficiale di alcuni liquidi all'interfaccia con l'aria e alla temperatura di 20 °C, e l'angolo di contatto con il vetro.

Per limitare la lunghezza dei tubi, si può realizzare un manometro a rami multipli, come riportato in Figura 4.43.

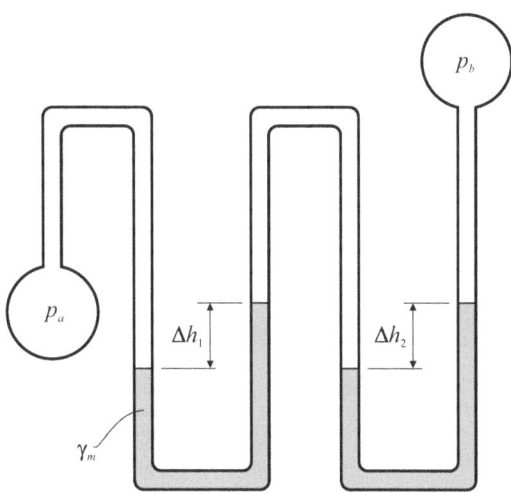

Figura 4.43 Manometro a rami multipli

Se si trascura il peso specifico del fluido compreso tra i menischi del liquido manometrico, la differenza di pressione è pari a

$$p_a - p_b = \sum_{i=1}^{N} \gamma_m \Delta h_i, \qquad (4.30)$$

$\gamma_m \triangleq$ peso specifico del liquido manometrico,
$\Delta h_i \triangleq$ dislivello nel ramo i-esimo.

Nell'ipotesi che tutti i rami siano identici, l'errore nella stima della differenza di pressione è pari a $\sqrt{N}$ l'errore di stima per un solo ramo.

4.2.2 Manometro di Zimmerli

Il manometro di Zimmerli, schematicamente riportato in Figura 4.44, permette di misurare la pressione assoluta indipendentemente dalla pressione atmosferica.

Nel ramo di riferimento, la colonna di mercurio è separata e fissa lo zero di pressione assoluta (a meno della tensione di vapore del mercurio). Una riduzione di pressione comporta un abbassamento dei livelli nel ramo di riferimento e un innalzamento nel ramo di misura. Negli strumenti più comuni, la pressione assoluta massima è corrispondente a circa 100 mm di colonna di mercurio; il limite di funzionamento corrisponde a un dislivello Δh pari a 0.1 mm.

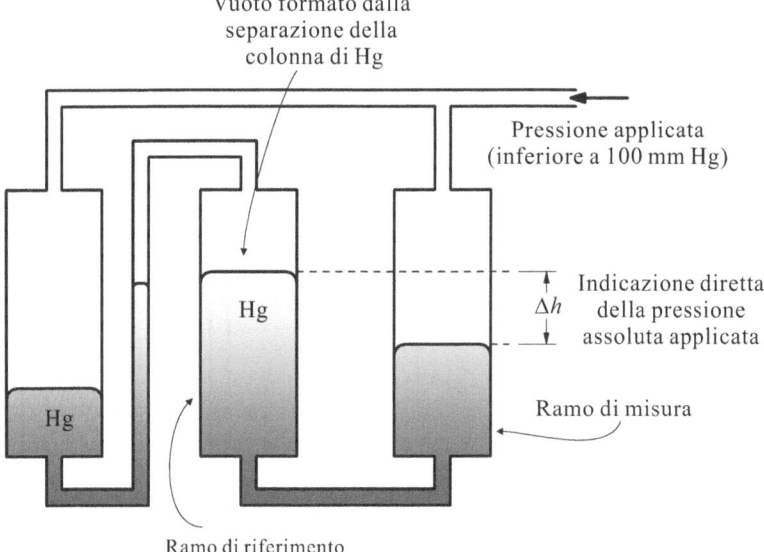

Figura 4.44 Manometro assoluto di Zimmerli

4.2.3 Il comportamento dinamico di un piezometro

In un tubo a U di sezione costante e parzialmente riempito di liquido, le equazioni di conservazione della massa e di bilancio della quantità di moto lineare si riconducono alla seguente equazione differenziale:

$$\beta \frac{L}{g}\frac{dV}{dt} - \Delta + LJ = 0, \tag{4.31}$$

$\beta \triangleq$ coefficiente di ragguaglio di Boussinesq della quantità di moto,
$L \triangleq$ lunghezza del tubo occupato dal liquido,
$V \triangleq$ velocità media istantanea,
$\Delta \triangleq$ dislivello istantaneo tra i menischi,
$J \triangleq$ cadente dell'energia.

Se il moto si sviluppa sempre in regime laminare, la cadente dell'energia è pari a:

$$J = \frac{32\nu}{gd^2}V, \tag{4.32}$$

$\nu \triangleq$ viscosità cinematica del liquido,
$d \triangleq$ diametro del tubo,

e l'equazione (4.31) ammette la seguente soluzione:

$$\begin{cases} \dfrac{\Delta}{\Delta_0} = \left[\dfrac{\sinh(\tau\sqrt{1-\varepsilon})}{\sqrt{1-\varepsilon}} + \cosh(\tau\sqrt{1-\varepsilon})\right]\exp(-\tau) & \text{se } \varepsilon < 1, \\ \dfrac{\Delta}{\Delta_0} = \left[\dfrac{\sin(\tau\sqrt{1-\varepsilon})}{\sqrt{1-\varepsilon}} + \cos(\tau\sqrt{1-\varepsilon})\right]\exp(-\tau) & \text{se } \varepsilon > 1, \\ \text{con } \tau = \dfrac{\nu}{\beta d^2}t, \ \varepsilon = \dfrac{\beta g d^4}{128\nu^2 L}. \end{cases} \tag{4.33}$$

Il coefficiente di ragguaglio di Boussinesq è $\beta = 4/3$ in regime laminare in condotta circolare, anche se in moto non stazionario si verifica sperimentalmente una distribuzione relativamente uniforme della velocità e, quindi, è lecito assumere $\beta = 1$. Se il moto è sempre in regime turbolento, la soluzione dell'equazione differenziale si può ottenere per via numerica. In presenza di una forzante variabile nel tempo (dovuta, per esempio, a una differenza di pressione tra i due menischi), in regime laminare, l'equazione differenziale (4.31) si riconduce alla forma seguente:

$$\frac{\pi d^2 L}{3}\frac{d^2 x}{dt^2} + \pi dL\frac{2\nu}{d}\frac{dx}{dt} + \frac{\pi d^2 g}{2}x = \frac{\pi d^2}{4\rho}(p_1 - p_2), \tag{4.34}$$

$\rho \triangleq$ densità del liquido,
$p_{1,2} \triangleq$ pressione sul menisco 1, 2.

L'equazione schematizza un sistema del 2° ordine, caratterizzato dalla seguente funzione di trasferimento scritta in forma simbolica:

$$\begin{cases} \dfrac{x}{(p_1 - p_2)}(D) = \dfrac{\dfrac{d^2}{4\rho}}{\dfrac{d^2 L}{3}D^2 + 2\nu L D + \dfrac{d^2 g}{2}} \equiv \dfrac{K}{D^2/\omega_n^2 + 2\zeta D/\omega_n + 1}, \\ K = \dfrac{1}{2\rho g}, \; \omega_n = \sqrt{3g/(2L)}, \; \zeta = \dfrac{4\nu\sqrt{6gL}}{d^2 g}, \end{cases} \quad (4.35)$$

$K \triangleq$ guadagno statico,
$\omega_n \triangleq$ pulsazione di risonanza,
$\zeta \triangleq$ parametro di smorzamento.

Nella maggior parte dei casi, i coefficienti assumono un valore tale che $\zeta > 1$ e il sistema è sovrasmorzato. Per ogni altro regime di moto, è necessario specificare la cadente, usando, per esempio, la legge di Blasius:

$$\begin{cases} J = \lambda \dfrac{V^2}{2g}\dfrac{1}{d}, \\ \lambda = 0.316 \mathrm{Re}^{-0.25} \text{ per } 3000 < \mathrm{Re} < 100\,000, \\ \mathrm{Re} = \dfrac{Vd}{\nu}. \end{cases} \quad (4.36)$$

L'equazione differenziale che si ottiene è non lineare ed è integrabile per via numerica. Doebelin [5], per un sistema di questo tipo, riporta un parametro di smorzamento ζ funzione della frequenza e dell'ampiezza della forzante. In particolare, per $\zeta \ll 1$, la pulsazione di risonanza diventa $\omega_n = \sqrt{2g/L}$.

Un'analisi simile si conduce per lo studio del dislivello del pelo libero in un pozzetto di calma rispetto al pelo libero nel canale. Il sistema idraulico, rappresentato dalla condotta di connessione al canale e dal pozzetto, è del 2° ordine. Il dislivello all'interno del pozzetto, rispetto al pelo libero nel corso d'acqua, si può calcolare integrando l'equazione di bilancio della quantità di moto lineare. Ai fini pratici, la differenza di livello istantaneo è fornita dalla seguente espressione:

$$\Delta h = \dfrac{0.01}{g}\left(\dfrac{\Omega_p}{\Omega_c}\right)^2\left(\dfrac{dh}{dt}\right)^2, \quad (4.37)$$

$\Delta h \triangleq$ differenza di livello istantaneo tra il pelo libero del pozzetto e il pelo libero del canale,
$g \triangleq$ accelerazione di gravità,
$\Omega_p \triangleq$ area della sezione trasversale del pozzetto,
$\Omega_c \triangleq$ area della sezione trasversale della condotta,
$dh/dt \triangleq$ gradiente temporale del livello nel canale.

4.2 Misure di pressione

Per esempio, se il pozzetto ha area della sezione trasversale $\Omega_p = 0.5\,\mathrm{m}^2$ ed è connesso con una condotta $\varnothing\,50\,\mathrm{mm}$, un dislivello di 1 cm richiede un gradiente temporale di 23 cm/min, un valore decisamente elevato.

4.2.4 Manometro Bourdon

Nel manometro Bourdon (Figura 4.45) il fluido in pressione riempie una condotta a sezione ellittica o ovale chiusa a un'estremità. La condotta è avvolta a spirale; ha un estremità rigidamente fissata al telaio dello strumento e l'altra estremità connessa a un cinematismo che mette in rotazione un indicatore. La pressione del fluido deforma elasticamente la sezione e tende a renderla circolare; la spirale si srotola e aziona il cinematismo muovendo la lancetta su una scala graduata.

Una sezione quasi circolare riduce il guadagno e rende adatto il manometro alla misura di pressioni molto elevate. Il manometro Bourdon è, in genere, usato per misure di pressione relativa, ma è possibile ottenere una misura di pressione assoluta installando una seconda spirale, sigillata a tenuta e sotto vuoto all'interno, assemblata in modo che eserciti un'azione antagonista rispetto all'azione della spirale attiva (Figura 4.46). Se la seconda spirale è accessibile con una seconda porta, il manometro diventa differenziale. Nella configurazione più semplice la spirale si riduce a una C. Per aumentare il guadagno (la rotazione angolare per una variazione unitaria di pressione), la spirale può essere realizzata con numerose volute. Una variante si ottiene con tubo avvolto a elica (Figura 4.47), oppure con tubo ruotato intorno all'asse.

Il maggior disturbo alla misura eseguita con il manometro Bourdon è rappresentato dalla variazione di temperatura, che porta a variazioni di lunghezza dell'elemento sensibile. Per compensare i disturbi termici, si installano dei dispositivi

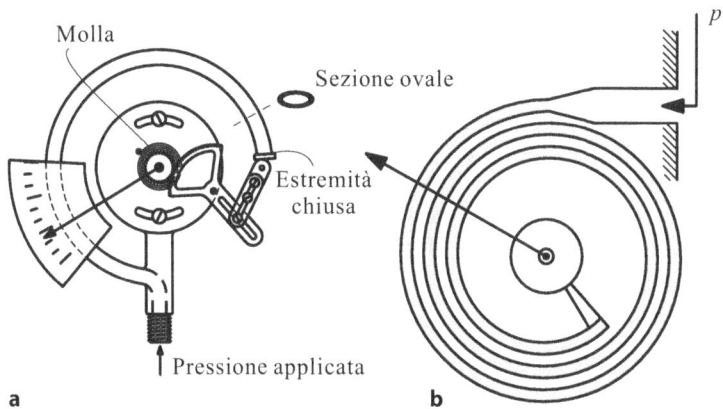

Figura 4.45 Manometro Bourdon. **a** Manometro relativo. **b** Schema di funzionamento

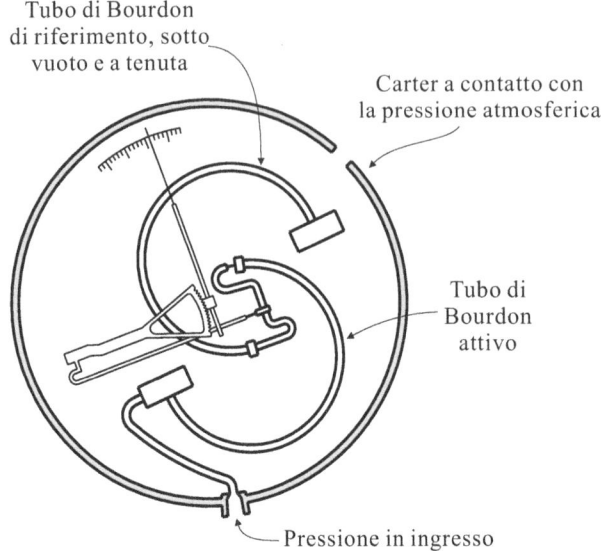

Figura 4.46 Manometro Bourdon per misure di pressione assoluta

bimetallici antagonisti che garantiscono una buona stabilità in un ampio *range* di temperatura. Il manometro Bourdon è disponibile in una vasta gamma di modelli con *range* di misura molto esteso e con errore fino allo 0.1% della lettura. Negli strumenti più accurati e precisi, per smorzare le vibrazioni, il cinematismo è immerso in glicerina. L'indicatore a lancetta può essere sostituito da un trasduttore di forza o di deformazione con un segnale in uscita in corrente o in tensione.

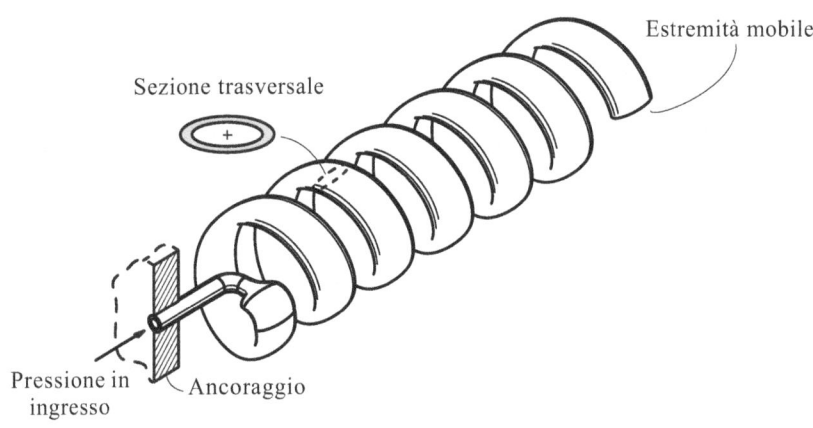

Figura 4.47 Manometro Bourdon con elemento sensibile avvolto a elica

4.2 Misure di pressione

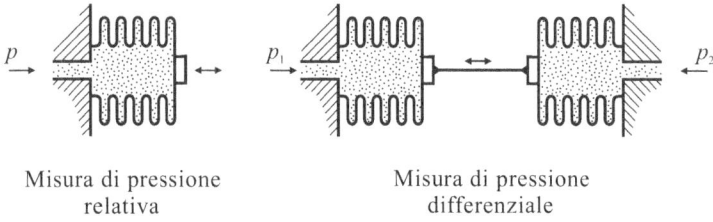

Misura di pressione relativa

Misura di pressione differenziale

Figura 4.48 Schema di un manometro a soffietto per la misura di pressione relativa e differenziale

4.2.5 Manometro a elemento elastico deformabile

Una seconda categoria di manometri ha un elemento sensibile costituito da un soffietto (Figure 4.48 e 4.49), o da un diaframma.

Il soffietto può essere realizzato in modo che mantenga la memoria della forma iniziale, eliminando la molla di richiamo. Se si accoppiano due soffietti, in modo che le deformazioni conseguenti all'azione di un fluido in pressione siano antagoniste, si realizza un manometro differenziale.

Se il secondo soffietto è sigillato sotto vuoto, il manometro misura la pressione assoluta. Il diaframma può essere piatto, corrugato o curvo, semplice o multiplo (Figura 4.50).

Nei trasduttori ad alta sensibilità si accoppiano due diaframmi in modo da realizzare una capsula (Figure 4.51 e 4.52).

Figura 4.49 Manometro a soffietto per la misura della pressione relativa

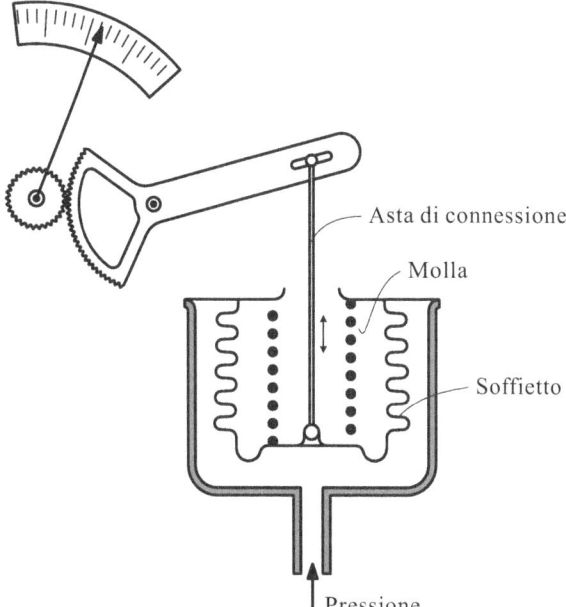

Figura 4.50 Diaframmi

Figura 4.51 Manometri a diaframma

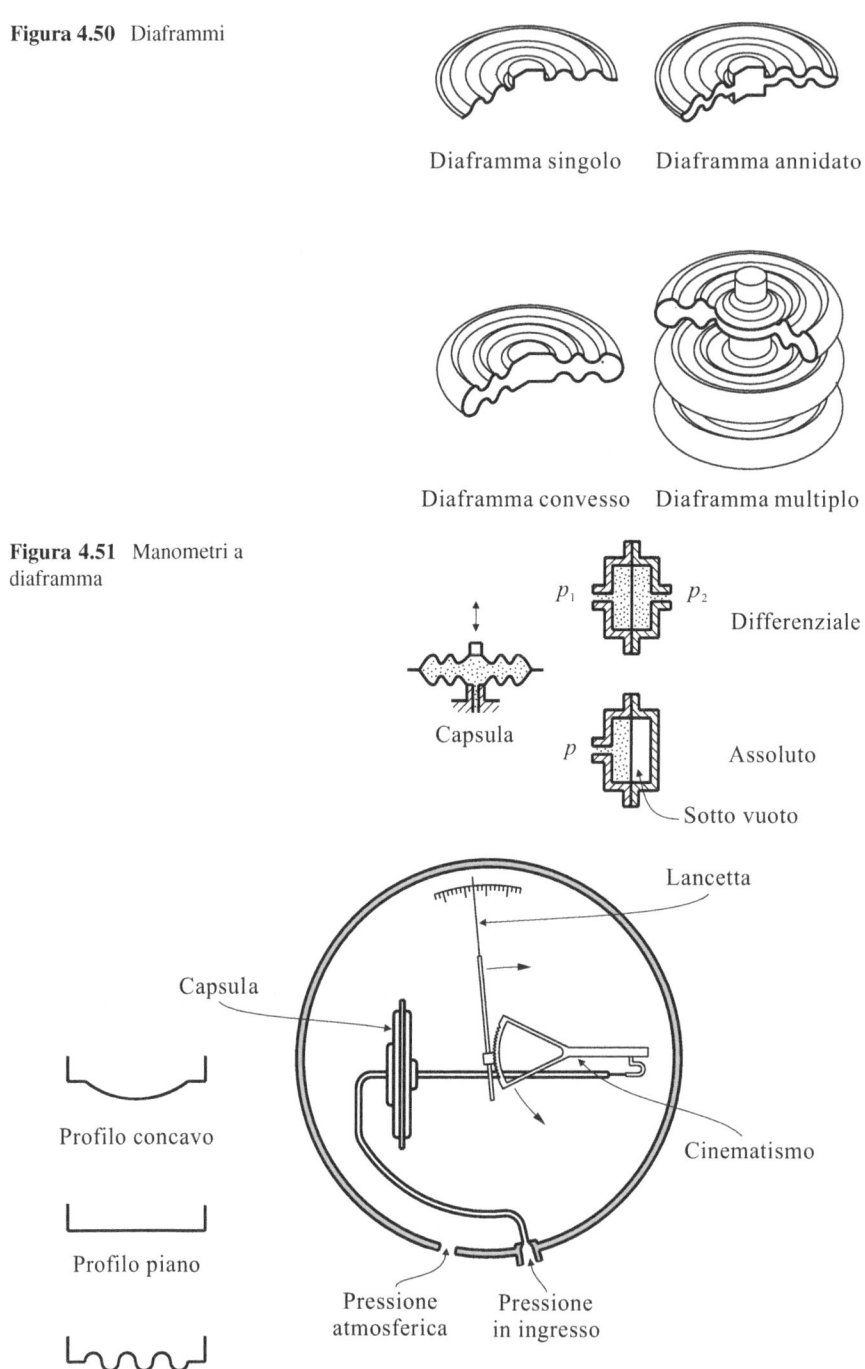

Figura 4.52 Manometro a capsula per la misura della pressione relativa

4.2.6 Manometri con trasduttore elettrico piezoresistivo e capacitivo

L'elemento sensibile primario dei manometri con trasduttore elettrico è uno di quelli descritti per i manometri meccanici. L'indicazione della pressione con una lancetta su scala graduata è sostituita da un segnale elettrico in tensione, o in corrente, pilotato da un sensore secondario, quale, per esempio, un elemento piezoresistivo (*strain gage*) connesso a un ponte di Wheatstone. L'elemento piezoresistivo è connesso con un'estremità al diaframma e con l'altra estremità al telaio dello strumento, in modo che la deformazione del diaframma ne modifichi lo stato tensionale. Una variante costruttiva molto diffusa prevede gli *strain gages* incollati al diaframma (Figura 4.53).

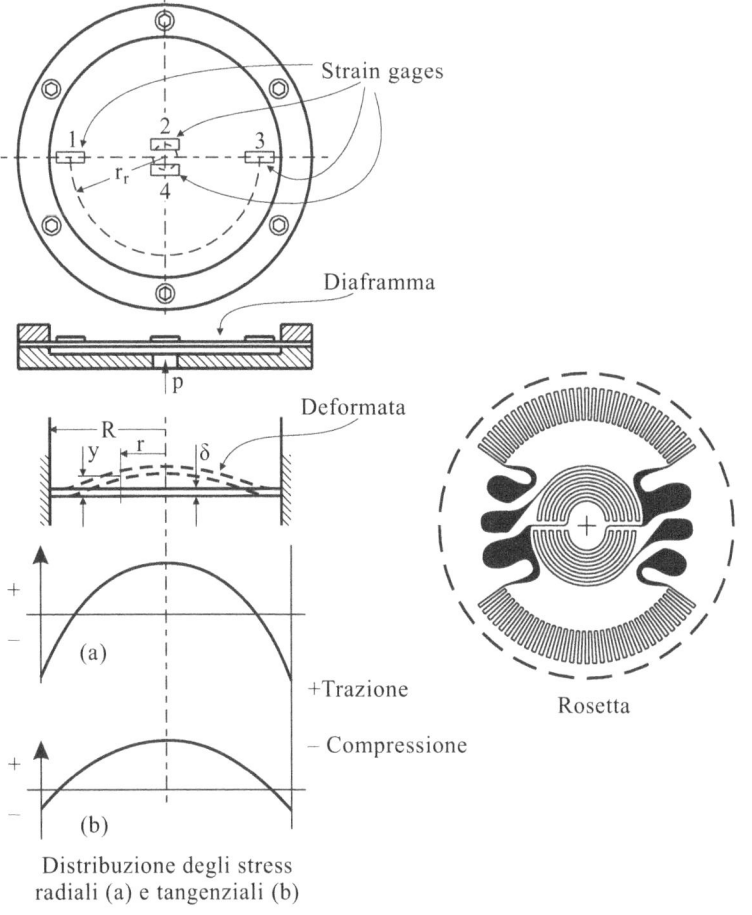

Figura 4.53 Manometro a *strain gages*

La configurazione circuitale più frequente è a mezzo ponte, con due *strain gages* collegati in modo da compensare le escursioni termiche. La deformazione dovuta a una differenza di pressione tra le due superfici del diaframma è espressa dalla seguente relazione:

$$p_2 - p_1 = \frac{16E\delta^4}{3R^4(1-\nu^2)}\left[\frac{y_c}{\delta} + 0.488\left(\frac{y_c}{\delta}\right)^3\right], \qquad (4.38)$$

$p_2 - p_1 \triangleq$ differenza di pressione tra le due facce del diaframma,
$E \triangleq$ modulo di Young del materiale del diaframma,
$\nu \triangleq$ coefficiente di Poisson del materiale del diaframma,
$R \triangleq$ raggio del diaframma,
$\delta \triangleq$ spessore del diaframma,
$y_c \triangleq$ deflessione del centro del diaframma.

Il contributo del termine cubico è minore dell'1% se $y_c < 0.14\delta$. Una deformazione così piccola limita il *range* di pressione e la sensibilità del sensore. La distribuzione degli stress tangenziali e radiali sulla stessa faccia del diaframma permette anche la realizzazione di un ponte completo, con due *strain gages* in prossimità del centro, orientati in modo da leggere le deformazioni tangenziali e due *strain gages* in prossimità del vincolo a incastro, orientati in modo da leggere le deformazioni radiali. Spesso, i quattro sensori sono assemblati in una rosetta da incollare direttamente sul diaframma. La rosetta ha dimensioni molto ridotte e tali da consentire la realizzazione del misuratore per lavorazione diretta da un pezzo unico, anzichè per assemblaggio.

La risposta dinamica del trasduttore dipende dalle caratteristiche del diaframma e dalla natura del fluido a contatto con le due porte e, in genere, ha una frequenza di taglio di alcune decine di kHz. Per un diaframma incastrato al bordo, la minima frequenza naturale di oscillazione si può calcolare con la seguente equazione [4]:

$$\omega_n = \frac{10.21}{CR^2}\sqrt{\frac{E\delta^2}{12\rho_d(1-\nu^2)}}, \quad \text{con } C = \sqrt{1 + 0.669\frac{\rho_f}{\rho_d}\frac{R}{\delta}}, \qquad (4.39)$$

$\rho_f \triangleq$ densità del fluido,
$\rho_d \triangleq$ densità del materiale del diaframma.

La frequenza naturale teorica così calcolata si modifica a causa dei difetti costruttivi e del circuito idraulico di connessione alle porte.

Nel manometro capacitivo, il diaframma diventa l'armatura comune di due condensatori elettrici inseriti in un ponte in corrente alternata (Figura 4.54).

Il ponte può funzionare nella configurazione bilanciata, con un condensatore variabile che permette di annullare il segnale in uscita, oppure nella configurazione non bilanciata, con segnale in uscita proporzionale alla capacità dei due condensatori. Uno schema costruttivo semplificato elimina una delle due armature fisse. Il

4.2 Misure di pressione

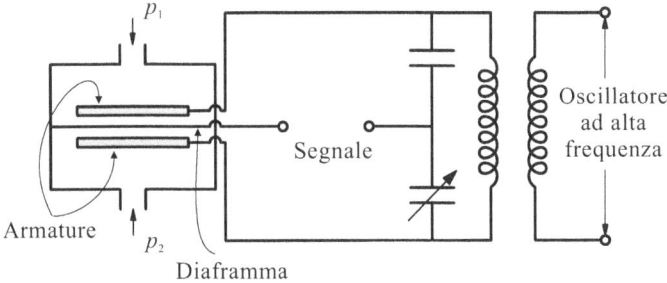

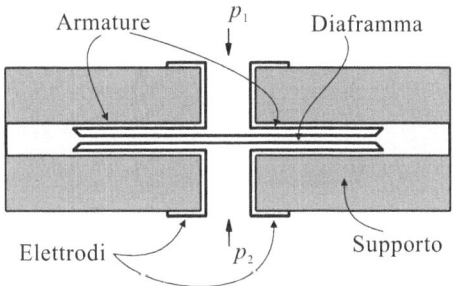

Figura 4.54 Manometro differenziale a condensatore

diaframma è generalmente di metallo, o di quarzo con rivestimento metallico; per fluidi corrosivi si usa una lega di acciaio inox e nichel, di tantalio o d'argento.

I manometri a condensatore sono molto diffusi per l'ampio *range* di misura disponibile, variabile da pochi Pa ad alcune decine di MPa. Per esempio, i microfoni a condensatore sono dei trasduttori di pressione a condensatore con risposta in frequenza di alcuni kHz. L'incertezza può spingersi fino allo 0.1% della lettura oppure allo 0.01% del fondo scala, con una deriva termica molto limitata. Queste prestazioni elevate giustificano l'uso dei manometri a condensatore come standard di calibrazione secondari, soprattutto per pressioni basse e bassissime. La risposta dinamica è elevata anche a causa del fatto che, fisicamente, il diaframma si inflette molto poco e ha un'inerzia piccolissima.

4.2.7 Manometro a filo vibrante

Nel manometro a filo vibrante (Figura 4.55) un filo metallico è in trazione tra il telaio dello strumento e il diaframma. Il filo è posto in vibrazione da un circuito elettromagnetico con un *pick-up* di rivelazione.

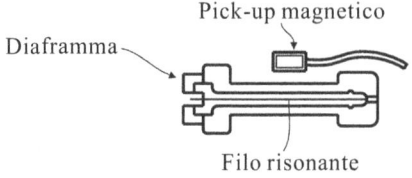
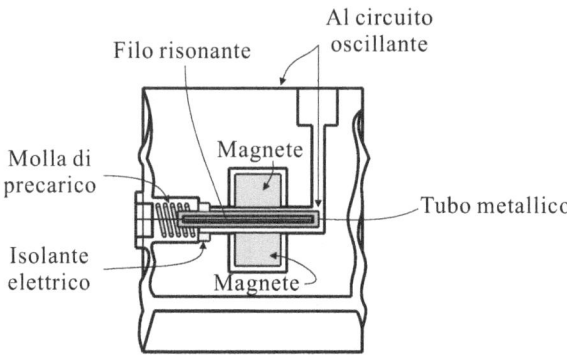

Figura 4.55 Manometro a filo vibrante

La frequenza di risonanza del filo dipende dallo stato tensionale e, quindi, dalla deformazione del diaframma. Un contatore digitale misura la variazione della frequenza di oscillazione. Il dispositivo è non lineare ed è sensibile alle variazioni termiche, agli urti e alle vibrazioni. L'incertezza tipica è dello 0.1% del *range* di misura.

4.2.8 Manometro piezoelettrico

Nel manometro piezoelettrico il diaframma è meccanicamente connesso a un cristallo di quarzo che, sotto sforzo, libera una carica elettrica proporzionale all'intensità della sollecitazione e modifica le sue caratteristiche elettriche e la frequenza di risonanza (Figura 4.56).

La peculiarità dei manometri piezoelettrici (e di tutti i trasduttori piezoelettrici), è data dal fatto che la carica elettrica liberata dal cristallo decade molto rapidamente e, in definitiva, il cristallo è sensibile alla variazione dello stato tensionale. Ciò rende questi manometri inadatti alla misura di pressioni statiche.

I manometri piezoelettrici possono essere ulteriormente classificati in base al tipo di misura che si esegue sul cristallo: a) misura della carica elettrostatica emessa; b) misura della resistività del cristallo; c) misura della carica elettrostatica emessa alla frequenza di risonanza.

Nella configurazione a), la carica viene amplificata da un amplificatore di corrente e inviata a un modulo di condizionamento. La risposta dinamica è eccezio-

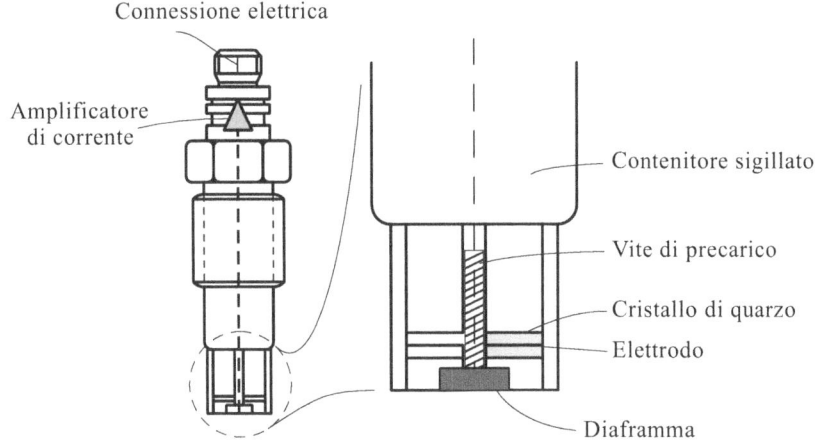

Figura 4.56 Manometro piezoelettrico

nalmente estesa e il manometro è in grado di rivelare variazioni di pressione in un intervallo di tempo di un microsecondo, con una frequenza di taglio fino a 100 kHz. L'uscita è spesso indicata in termini di variazione relativa di pressione rispetto alla pressione iniziale. Il manometro è sensibile alle escursioni termiche e alle accelerazioni e richiede un cablaggio e un'elettronica di controllo sofisticati. È possibile limitare la sensibilità alle accelerazioni con degli opportuni dispositivi passivi di compensazione. Una scelta adeguata del quarzo e il disegno dell'elemento sensibile, permettono di esaltare le caratteristiche di linearità, di ridurre la sensibilità alle escursioni termiche e di raggiungere un errore tipico dell'1% del fondo scala.

Nella configurazione b), il manometro è definito piezoresistivo. L'elemento sensibile è un diaframma all'interno del quale sono disposte quattro coppie di resistenze siliconiche. Il diaframma è rivestito per uso a contatto di liquidi o gas corrosivi. Il manometro piezoresistivo è molto sensibile alle escursioni termiche e deve essere compensato. Il *range* di misura varia da 20 kPa a 100 MPa.

Nella configurazione c), il sensore è un elemento vibrante, meccanicamente connesso al diaframma. La frequenza naturale di vibrazione dipende dallo stato tensionale e, in ultima analisi, dalla pressione applicata. La curva caratteristica è la seguente:

$$p = A\left(1 - \frac{f}{f_0}\right) - B\left(1 - \frac{f}{f_0}\right)^2, \qquad (4.40)$$

$p \triangleq$ pressione sul diaframma,
$f_0 \triangleq$ frequenza di risonanza a pressione nulla,
$f \triangleq$ frequenza di risonanza,
$A, B \triangleq$ coefficienti di calibrazione.

Il *range* di misura varia da 0–100 kPa a 0–6 MPa per la misura della pressione assoluta, da 0–40 kPa a 0–250 kPa per la misura della pressione differenziale.

Figura 4.57 Manometro con rivelatore optoelettronico

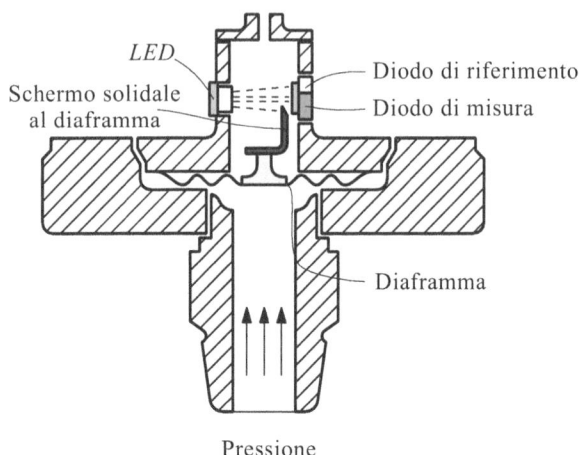

4.2.9 Manometro a rilevamento ottico

Nel manometro a rilevamento ottico (Figura 4.57), la deformazione del diaframma è misurata da un circuito optoelettronico.

Un diodo a emissione di luce (*Light Emission Diode, LED*) emette una radiazione modulata nell'infrarosso, che incide su un diodo fotosensibile parzialmente schermata dal diaframma. Per compensare gli effetti dell'invecchiamento del *LED* e della polvere che dovesse depositarsi, riducendo l'intensità della radiazione, la radiazione emessa incide anche su un secondo diodo di riferimento, accoppiato con un amplificatore differenziale al primo diodo. I limiti di funzionamento dello strumento dipendono quasi esclusivamente dalle componenti meccaniche. Lo spostamento del diaframma, necessario per eseguire le misure con il rivelatore ottico, è molto piccolo e il fondo scala si raggiunge per escursioni minori di 5/10 mm. Il sistema è fortemente lineare, con un errore fino allo 0.1% del fondo scala.

4.2.10 Manometro a rilevamento induttivo e a variazione di riluttanza

Nel manometro a rilevamento induttivo la deformazione del diaframma, o della capsula, è misurata da un trasformatore differenziale lineare variabile (*LVDT*) (Figura 4.58).

Nel *LVDT* si applica una tensione alternata all'avvolgimento primario e si misura lo sfasamento della tensione indotta ai due circuiti secondari. Lo sfasamento dipende dalla posizione del nucleo del trasformatore; il nucleo è connesso meccanicamente all'elemento sensibile del manometro. I manometri a rilevamento in-

4.2 Misure di pressione

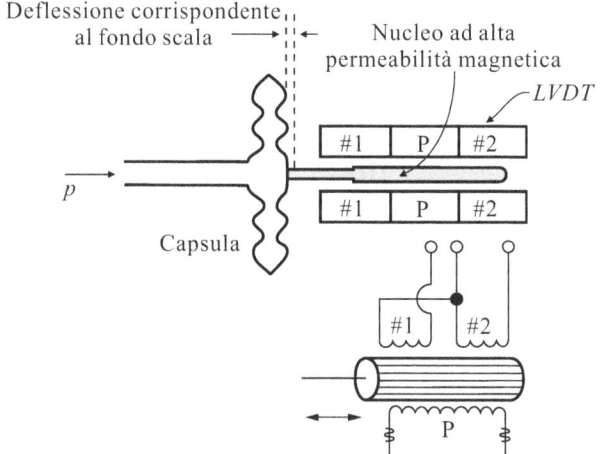

Figura 4.58 Manometro con rivelatore *LVDT*

duttivo raggiungono un'incertezza pari allo 0.5% del fondo scala, con *range* di misura da 0–200 kPa a 0–70 MPa; sono sensibili alle vibrazioni e alle intereferenze elettromagnetiche.

Il manometro a variazione di riluttanza (Figura 4.59) opera sul principio del manometro a *LVDT* e ha caratteristiche molto simili a questo. La deformazione dell'elemento sensibile (l'estremità libera di un tubo di Bourdon o un diaframma) modifica l'accoppiamento magnetico di due avvolgimenti. Il guadagno del sistema elettronico è molto elevato e, per questo motivo, i manometri a variazione di riluttanza vengono usati quando è necessaria una risoluzione elevata su un *range* di pressione modesto. L'incertezza tipica è pari allo 0.5% del fondo scala.

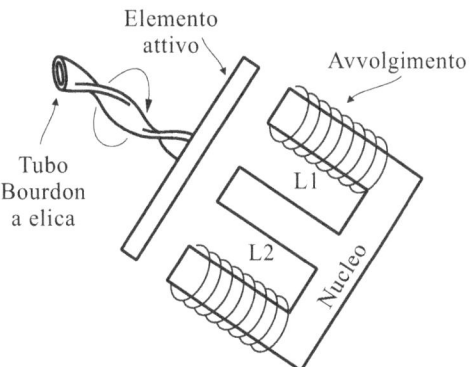

Figura 4.59 Manometro a variazione di riluttanza magnetica

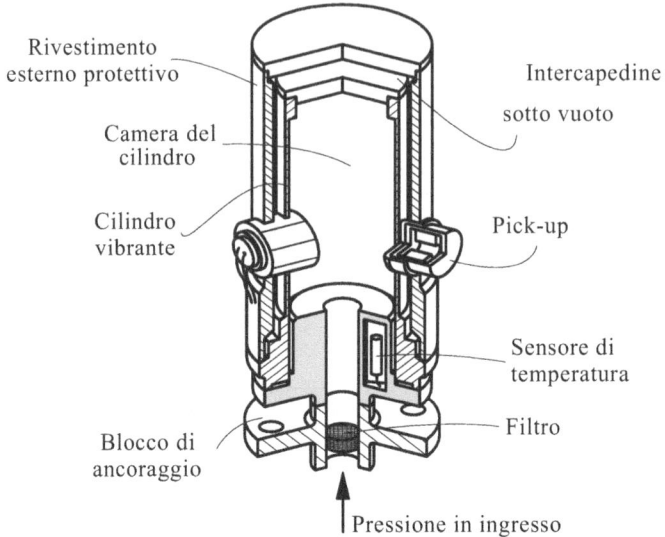

Figura 4.60 Manometro a cilindro vibrante

4.2.11 Manometro a cilindro vibrante

Un manometro molto stabile e accurato è costituito da una camera cilindrica metallica, occupata dal gas del quale si vuole misurare la pressione (Figura 4.60).

Il cilindro metallico è mantenuto in vibrazione, eccitato da un *pick-up* magnetico in uno dei modi risonanti. Il sistema ha un funzionamento simile al misuratore di densità massica di Coriolis. La frequenza di risonanza dipende dal modo di oscillazione longitudinale e radiale, dalla geometria del cilindro, dalle caratteristiche del materiale di costruzione e dalla pressione. Per ragioni costruttive, l'altezza e il raggio del cilindro non possono superare alcuni centimetri; per ottenere una sensibilità elevata è necessario che le pareti siano molto sottili, di spessore pari a una frazione di millimetro. L'incertezza dei dispositivi commerciali è pari allo 0.01% della lettura, con una stabilità a 12 mesi dello 0.01% del fondo scala. Per ridurre l'incertezza, si integra un trasduttore di temperatura e un microprocessore per la correzione *on-line* degli effetti termici.

4.3 Criteri di selezione dei manometri

La selezione di un manometro si basa essenzialmente sul *range* di misura richiesto, sulla massima sovrappressione attesa, sulla natura della misura (statica o dinamica), sulla natura del fluido. Per quasi tutti i manometri, l'errore si riferisce al fondo scala. Per garantire una buona accuratezza e precisione, anche a bassi valori di pressione,

Figura 4.61 Dispositivi per lo smorzamento dei picchi di pressione

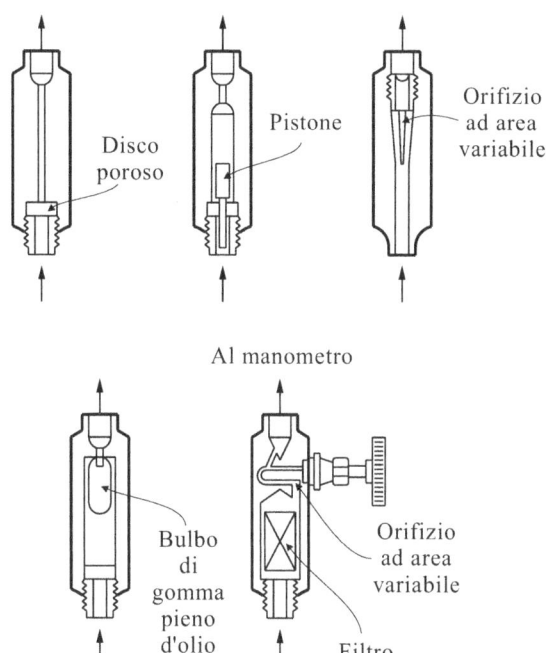

è necessario che il *range* di misura sia sovrapposto quanto più strettamente possibile al *range* di pressione attesa.

Nei circuiti idraulici sono frequenti fenomeni di sovrappressione di breve durata (impulsivi), dovuti, per esempio, al colpo d'ariete; è necessario, quindi, verificare che lo strumento sia in grado di tollerare il valore massimo di sovrappressione. Una protezione addizionale si ottiene inserendo nel circuito idraulico uno smorzatore che, anche se riduce l'ampiezza di banda della risposta dinamica, filtra i picchi (Figura 4.61).

Nel caso di sovrappressione di lunga durata, è più indicato l'inserimento nel circuito idraulico di una valvola limitatrice che agisce espellendo il fluido quando la pressione supera la soglia impostata. Durante il funzionamento della valvola le misure del manometro sono falsate.

Nel caso in cui l'ambiente o il fluido di misura siano a temperatura elevata, il manometro deve essere raffreddato con una ventola, con un circuito ad acqua oppure con una piastra elettrica a effetto Peltier. Analogamente, in ambienti di misura molto freddi, è necessario riscaldare il manometro con una resistenza elettrica termocontrollata o con una treccia riscaldante autoregolante.

L'uso del manometro a contatto con fluidi tossici, corrosivi o alimentari, richiede una serie di precauzioni. Il modo più semplice per garantire una buona protezione dello strumento è quello di realizzare un rivestimento sul diaframma in modo da proteggerlo e da salvaguardare gli eventuali sensori presenti. Una protezione ancora più sicura si ottiene con un circuito idraulico ausiliario di trasferimento della

Figura 4.62 Manometro collegato a un diaframma ausiliario

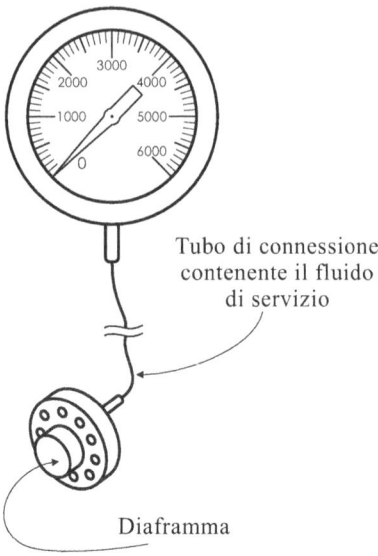

Tubo di connessione contenente il fluido di servizio

Diaframma

pressione: la pressione dell'ambiente di misura deforma un diaframma a contatto con un fluido in un circuito idraulico di servizio a tenuta; il manometro misurerà la pressione nel circuito di servizio (Figura 4.62).

In questa configurazione la risposta dinamica è generalmente più limitata di quella ottenibile con manometro a diretto contatto con l'ambiente di misura.

Le migliori prestazioni si ottengono se il manometro è a elevata impedenza e il diaframma è molto deformabile. Il sistema è fortemente disturbato dalle variazioni di temperatura, che modificano il volume occupato dal fluido di servizio e inducono uno *shift* nella misura della pressione. Il fluido di servizio dovrebbe essere atossico, poco comprimibile, con un punto di congelamento molto basso e un punto di ebollizione molto alto, con un coefficiente di dilatazione termica molto piccolo e una viscosità limitata. I fluidi di uso comune sono a base siliconica.

Il comportamento globale del sistema è anche influenzato dall'accuratezza nella costruzione, soprattutto nella fase di riempimento e di sigillatura del circuito idraulico di servizio.

4.4 La calibrazione statica dei manometri

I manometri richiedono una calibrazione periodica da eseguirsi sull'impianto o, preferibilmente, in laboratorio. Per poter eseguire la calibrazione sull'impianto senza smontare il manometro, è necessario predisporre un sistema di valvole che permettono di isolare lo strumento da calibrare dal circuito di misura, di collegarlo al circuito di test o di metterlo in comunicazione con la pressione atmosferica (Figura 4.63).

4.4 La calibrazione statica dei manometri

Figura 4.63 Schema di connessione idraulica di un manometro

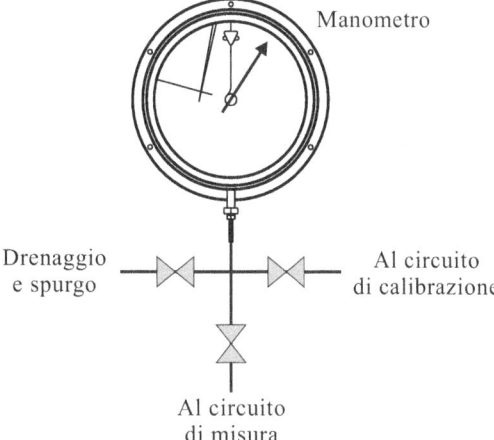

La calibrazione può essere eseguita con un calibratore standard primario, come, per esempio, il manometro a peso morto (Figura 4.64).

Il manometro a peso morto è costituito da un pistone con un piatto porta pesi che scorre in un cilindro a contatto con una camera piena di fluido in pressione (Figura 4.65).

Una pompa esterna, o un pistone secondario ad avanzamento micrometrico, permettono di regolare il pistone principale per portarlo alla quota di riferimento. Il manometro da calibrare è a contatto con il fluido della camera pressurizzata. Quando il pistone è in posizione, la pressione alla quota di riferimento dipende solo dal peso applicato sul piatto del pistone, dal peso proprio del pistone e del piatto e

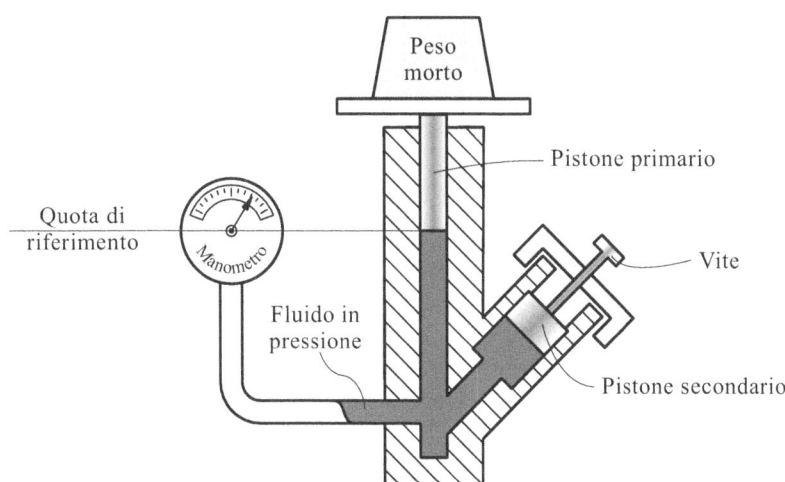

Figura 4.64 Manometro a peso morto

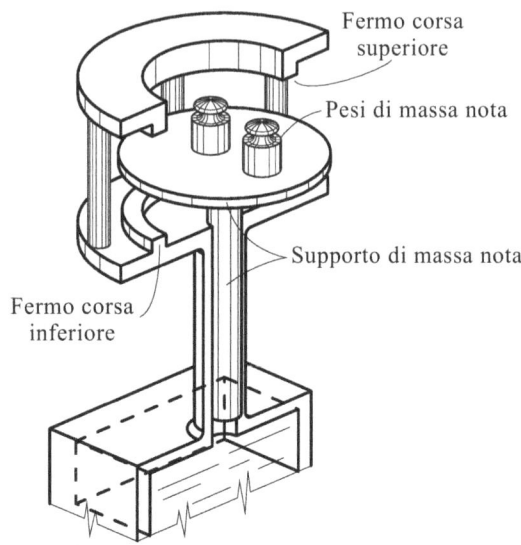

Figura 4.65 Pistone e piatto di carico di un manometro a peso morto

dall'area della sezione trasversale del pistone:

$$p = \frac{W}{A}, \quad (4.41)$$

$W \triangleq$ somma del peso sul piatto, del peso del pistone e del piatto di carico,
$A \triangleq$ area effettiva della superficie trasversale del pistone.

Le incertezze sul valore di pressione p dipendono anche dall'attrito tra pistone e cilindro e dall'errore di posizione del pistone verticale. Per ridurre l'effetto dell'attrito, il pistone viene mantenuto in lenta rotazione intorno all'asse verticale o viene messo in vibrazione. È, quindi, necessario apportare le correzioni dovute alla spinta di Archimede dell'aria e alla variazione di gravità per la latitudine e per la quota. La pressione corretta ha la seguente espressione:

$$p_{corr} = p(1 + C_A + C_g), \quad (4.42)$$

$C_A \triangleq$ coefficiente correttivo per la spinta di Archimede dell'aria,
$C_g \triangleq$ coefficiente correttivo per la gravità.

Il coefficiente correttivo per la spinta di Archimede è pari a:

$$C_A = -\frac{\gamma_{aria} V}{W}, \quad (4.43)$$

$\gamma_{aria} \triangleq$ peso specifico dell'aria,
$V \triangleq$ volume dei pesi sul piatto, del pistone e del piatto di carico.

4.4 La calibrazione statica dei manometri

Il coefficiente correttivo della gravità è pari a [6]:

$$C_g \equiv \left(\frac{g_{loc}}{g_{ref}} - 1\right) = -(2.637 \times 10^{-3} \cos 2\phi + 3.1496 \times 10^{-7} h + 5 \times 10^{-5}), \tag{4.44}$$

g_{loc} $\triangleq$ accelerazione di gravità nel luogo nel quale viene eseguito il test,
$g_{ref} = 9.806 \text{ m/s}^2$ $\triangleq$ accelerazione di gravità standard,
ϕ $\triangleq$ latitudine del luogo nel quale viene eseguito il test,
h $\triangleq$ altezza sul livello medio mare, in metri.

L'area effettiva del pistone è calcolata come media dell'area del cilindro e del pistone, con una correzione, per le variazioni di temperatura, secondo l'espressione seguente:

$$A_{corr} = \frac{1}{2} A_{p0} [1 + 2\lambda_p (T - T_0)] + \frac{1}{2} A_{c0} [1 + 2\lambda_c (T - T_0)], \tag{4.45}$$

A_{p0}, A_{c0} $\triangleq$ area della sezione trasversale del pistone/cilindro alla temperatura di riferimento T_0,
λ_p, λ_c $\triangleq$ coefficiente di dilatazione termica lineare del materiale del pistone/cilindro,
T, T_0 $\triangleq$ temperatura di prova/di riferimento.

Il manometro a peso morto permette un'incertezza relativa di 5×10^{-5} della lettura per pressioni fino a 250 MPa, con un *range* utile da 35 kPa a 700 MPa. I manometri a peso morto di uso industriale hanno un'incertezza pari allo 0.1% del *range*.

Un altro tipo di manometro per calibrazione, che permette di eliminare le incertezze dovute all'attrito, è riportato in Figura 4.66. Il fluido usato è aria in pressione che fluisce in un circuito primario investendo una sfera. La sfera funziona da pistone, bilanciando i pesi, e si solleva tanto quanto è sufficiente a garantire l'efflusso dell'aria, con una differenza di pressione, rispetto alla pressione atmosferica, proporzionale al carico. La pressione a monte della sfera viene trasferita al circuito secondario, al quale si connette il manometro da calibrare. Un aumento dei pesi comporta un abbassamento della sfera, una riduzione della luce del meato di efflusso e un aumento di pressione nel circuito secondario. L'incertezza è pari allo 0.015% della lettura con una ripetibilità dello 0.005%. La massima pressione, in genere, non supera i 200 kPa, anche se in alcuni modelli può raggiungere i 100 bar.

Una variante del manometro a peso morto è riportata in Figura 4.67. Il sistema è a bilanciamento dello zero ed è costituito da due pistoni che, controllati in retroazione, esercitano una spinta sui due piatti di una bilancia. Per ridurre l'effetto degli attriti, i pistoni sono messi in lenta rotazione da due motori.

Uno standard primario per bassa pressione è realizzato con un piezometro a U integrato da accessori di precisione per la stima accurata dei livelli, il cui schema è riportato in Figura 4.68.

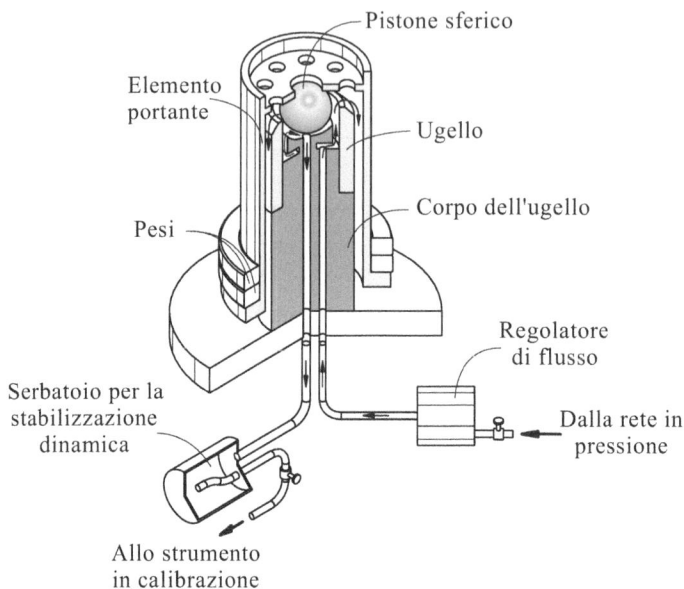

Figura 4.66 Manometro a peso morto ad aria

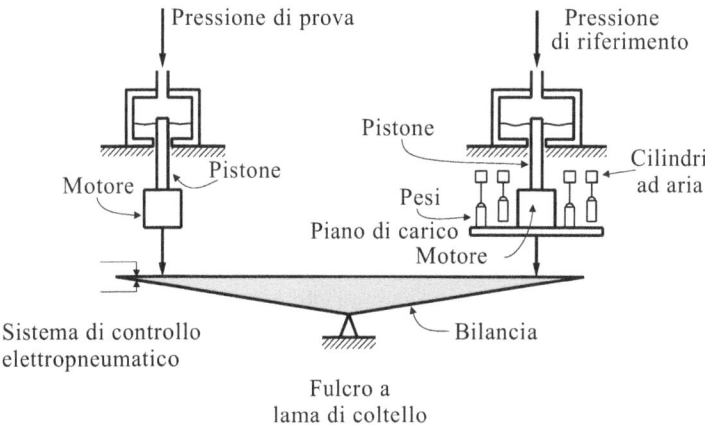

Figura 4.67 Manometro a peso morto a bilancia

Nello strumento in Figura 4.68 (miniscope), i due rami del tubo a U sono coassiali; un galleggiante nel tubo più interno riporta una scala graduata apprezzata dall'operatore con un microscopio a reticolo. Il liquido usato è acqua di rubinetto; il sistema permette di apprezzare pressioni differenziali di 10^{-6} bar. L'incertezza totale è pari a 0.005 mbar con un *range* di misura di pressione differenziale non superiore a 0-50 mbar intorno a un massimo di 600 mbar.

4.4 La calibrazione statica dei manometri

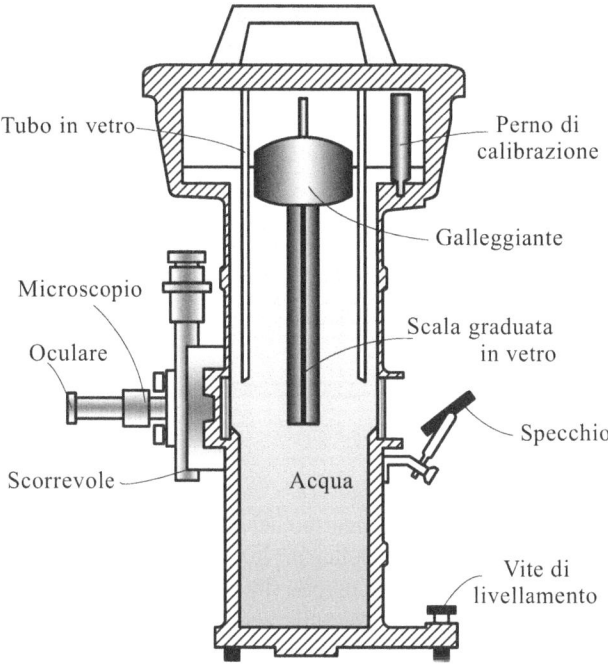

Figura 4.68 Manometro differenziale piezometrico di precisione

Il manometro di Prandtl (Figura 4.69) è costituito da un serbatoio, da un tubo verticale rigido, con un tratto inclinato, e un tubo flessibile di connessione. Il serbatoio, o il tubo rigido, sono mobili in direzione verticale tramite una vite micrometrica di precisione. Nel manometro di Prandtl, gli effetti di capillarità sono minimizzati per annullamento del dislivello. Prima della misura, si procede alla li-

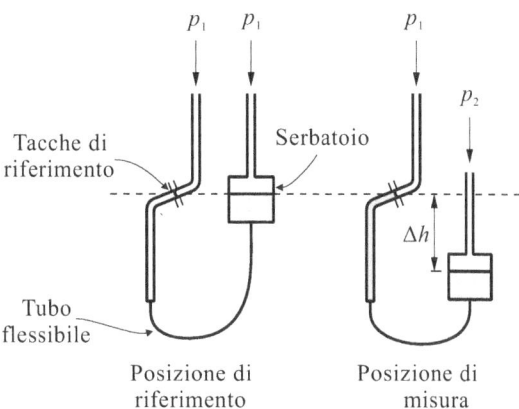

Figura 4.69 Manometro differenziale di Prandtl

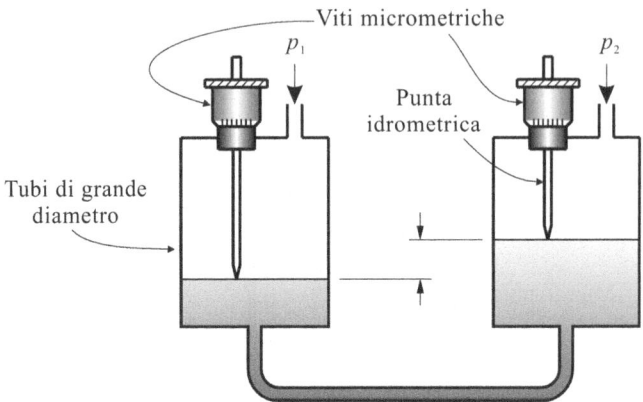

Figura 4.70 Micromanometro differenziale

vellazione, facendo in modo che il menisco nel tubo inclinato sia compreso tra due tacche di riferimento. Dopo avere collegato le prese di pressione, si ruota la vite micrometrica, spostando l'elemento mobile fino a ricondurre il menisco tra le due tacche. Il valore del dislivello si legge sulla vite micrometrica. L'effetto del menisco può essere minimizzato utilizzando tubi larghi. Una misura molto accurata si può ottenere con due misuratori di livello a punta idrometrica traslata con una vite micrometrica (Figura 4.70).

Un altro standard secondario di calibrazione è costituito da un generatore di fluido in pressione (quasi sempre aria) e da un manometro piezoelettrico a risonanza di precisione, con lettura digitale. La calibrazione viene condotta per confronto con la lettura al manometro piezoelettrico. L'incertezza di questi calibratori è pari allo 0.05% del fondo scala.

4.5 Gli effetti dinamici indotti dai tubi di connessione

Quasi sempre il manometro è connesso all'ambiente di misura con un tubo che ne modifica la risposta dinamica. Se il sistema è fortemente smorzato e la frequenza della forzante (la pressione da misurare) è limitata, è possibile trascurare l'inerzia delle varie componenti; il circuito manometro-tubo di connessione si comporta come un sistema del 1° ordine, con una costante di tempo espressa come segue [5]:

$$\tau = \frac{128\mu L C_{vp}}{\pi d^4}, \qquad (4.46)$$

$\mu \triangleq$ viscosità dinamica del fluido,
$L, d \triangleq$ lunghezza e diametro del tubo di connessione,
$C_{vp} \triangleq$ *compliance* del manometro.

4.5 Gli effetti dinamici indotti dai tubi di connessione

La *compliance* di un manometro si misura in m³/bar e indica la variazione di volume della camera di misura corrispondente a una variazione unitaria della pressione applicata. L'inverso della *compliance* è la *rigidezza generalizzata* del manometro. Una costante di tempo piccola si ottiene con un tubo di connessione corto di grande diametro e un manometro con una *compliance* limitata.

Nel modello descritto si è implicitamente assunto che l'onda di pressione si propaghi con celerità infinita. La celerità di propagazione di un'onda di pressione, in un tubo circolare cilindrico a pareti sottili e libero di deformarsi, ha invece un valore finito espresso dalla seguente relazione:

$$c = \frac{\sqrt{\frac{\varepsilon}{\rho}}}{\sqrt{1 + \frac{\varepsilon d}{E\delta}}}, \qquad (4.47)$$

$\varepsilon \triangleq$ modulo di comprimibilità isoentropico del fluido,
$\rho \triangleq$ densità del fluido,
$d, \delta \triangleq$ diametro e spessore del tubo,
$E \triangleq$ modulo di Young del materiale del tubo.

Il tempo di percorrenza dell'onda di pressione è pari a L/c e la funzione di trasferimento simbolica approssimata del sistema manometro-tubo di connessione è espressa come segue:

$$\frac{p_m}{p_i}(D) = \frac{\exp(-LD/c)}{\tau D + 1}, \qquad (4.48)$$

$D \triangleq$ operatore simbolico di derivata temporale.

Se le accelerazioni del fluido e dell'elemento sensibile non sono trascurabili, l'inerzia deve essere inclusa nello schema; il risultato è un modello di sistema del 2° ordine, con una frequenza di risonanza più piccola della frequenza di risonanza del manometro semplice (senza tubo di connessione) e pari a:

$$f_n = \frac{1}{2\pi}\sqrt{\frac{1}{1/4\pi^2 f_{n,t}^2 + 16\rho L C_{vp}/(3\pi d^2)}}, \qquad (4.49)$$

$f_n \triangleq$ frequenza di risonanza del sistema circuito idraulico-trasduttore,
$f_{n,t} \triangleq$ frequenza di risonanza del trasduttore,
$\rho \triangleq$ densità del fluido.

Il coefficiente di smorzamento è pari a:

$$\zeta = \frac{64\mu L C_{vp}}{\pi d^4 \sqrt{1/\omega_{n,t}^2 + 16\rho L C_{vp}/(3\pi d^2)}}. \qquad (4.50)$$

Per rendere massima la frequenza di risonanza, è necessario che L e C_{vp} siano piccoli e d sia grande.

In molti casi, l'inerzia del fluido nel tubo di collegamento è molto maggiore dell'inerzia dell'elemento sensibile del trasduttore, e la frequenza di risonanza si riduce alla seguente espressione:

$$f_n = \frac{1}{2\pi}\sqrt{\frac{3\pi d^2}{16\rho L C_{vp}}}, \qquad (4.51)$$

con un coefficiente di smorzamento pari a

$$\zeta = \frac{16\mu\sqrt{3LC_{vp}/(\rho\pi)}}{d^3}. \qquad (4.52)$$

La riduzione della risposta in frequenza, conseguente alle connessioni idrauliche, è molto importante. In un circuito in aria, con un trasduttore con frequenza di risonanza propria di 1000 Hz e con *compliance* di 2.5×10^{-5} m/N, collegato con un tubo di 2 cm di diametro e lungo 20 cm, la frequenza di risonanza è < 1 Hz. Gli effetti sono ancora più evidenti se il fluido è acqua.

4.6 La calibrazione dinamica dei manometri

La calibrazione dinamica dei manometri, di norma, viene eseguita con dei dispositivi in grado di generare una pressione variabile nel tempo, con un tipico andamento a gradino. Il tempo di risalita del gradino deve essere inversamente proporzionale alla frequenza di taglio dello strumento da calibrare; una regola pratica suggerisce che detto tempo debba essere minore di 1/4 dell'inverso di tale frequenza. Per esempio, per la calibrazione di un manometro con una frequenza di risposta massima di 1 kHz, il dispositivo che genera un segnale di pressione è costituito da due camere separate da un diaframma fragile; quando la pressione in una delle due camere supera un valore di soglia, il diaframma si rompe e genera l'onda di pressione con le caratteristiche richieste. Per frequenze fino a 10 kHz, si fa uso del calibratore di Aronson, riportato in Figura 4.71, nel quale l'impulso è generato da una valvola a fungo, attivata da una massa in caduta.

Un altro dispositivo usato è un tubo nel quale, a seguito della rottura di un diaframma, si genera un'onda di shock. Se il fluido è acqua o un liquido, è possibile usare il dispositivo in Figura 4.72, nel quale le onde di pressione sono generate da un elettromagnete eccitato in corrente alternata. La risposta del generatore non è nota *a priori* ed è quindi opportuno installare un trasduttore di riferimento, con una risposta in frequenza piatta nel *range* di calibrazione del sensore.

4.7 Connessione ciclica di più porte a uno stesso manometro

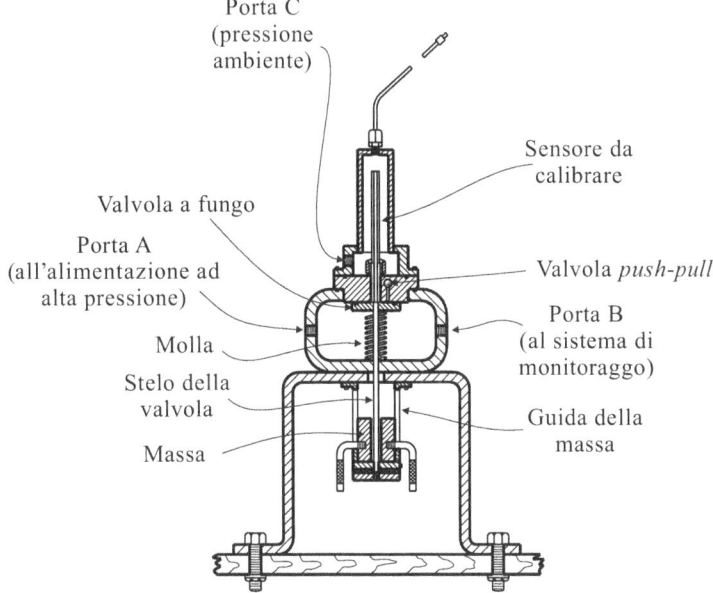

Figura 4.71 Calibratore dinamico di Aronson

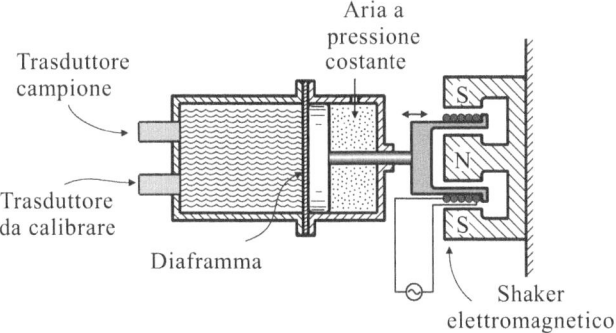

Figura 4.72 Dispositivo per la calibrazione dinamica per comparazione di un manometro

4.7 Connessione ciclica di più porte a uno stesso manometro

In alcune applicazioni, è vantaggioso usare un unico trasduttore di pressione collegato ciclicamente a una serie di ingressi con un selettore meccanico. Il prototipo di selettore meccanico è comunemente noto con il nome di Scanivalve, dal nome del produttore depositario del marchio (Figura 4.73).

Il cuore del sistema è un selettore circolare, azionato da un motore passo-passo controllato elettronicamente. Il volume ridotto dei condotti e le caratteristiche meccaniche del dispositivo permettono di acquisire fino a 15 ingressi al secondo. Per

Figura 4.73 Scanivalve

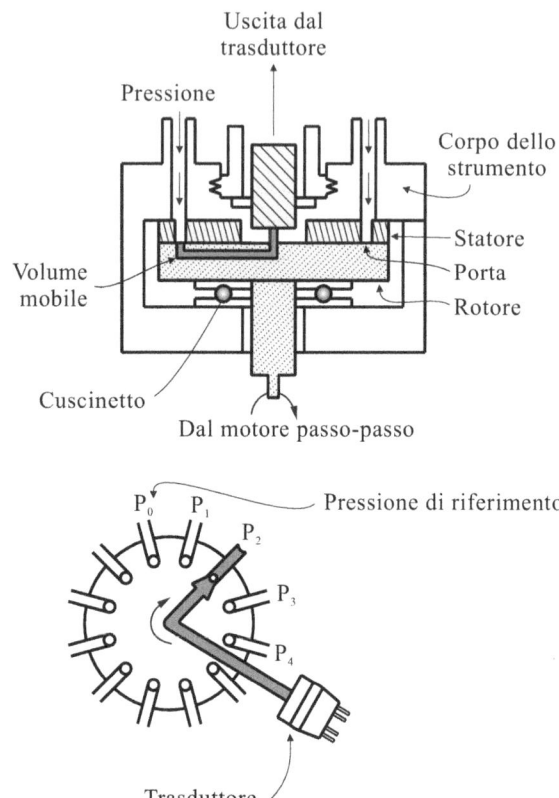

identificare la porta attiva, in un dato istante, è installato un codificatore optoelettronico. La Scanivalve è disponibile commercialmente in modelli aventi fino a 48 ingressi, che possono essere eventualmente assemblati in blocchi comandati da un unico motore. Se uno degli ingressi è connesso a un generatore di pressione di riferimento e un altro ingresso è a contatto con l'atmosfera, è possibile eseguire in automatico la calibrazione del trasduttore a ogni ciclo.

Un sistema più complesso, e con una risposta in frequenza più elevata, è costituito da una serie di ingressi con un pressostato per ogni ingresso. Tutti i pressostati hanno una porta di riferimento connessa a un sistema pneumatico che in meno di 1s genera una rampa lineare di pressione tra il valore nullo e il valore massimo. L'altra porta di ogni pressostato è connessa a uno degli ingressi. Il pressostato cambia stato quando la differenza di pressione tra le sue porte inverte il segno e genera un segnale che permette di calcolare la pressione sulla porta di riferimento e, quindi, la pressione incognita agente sulla porta attiva. La frequenza di campionamento, fino a 64 ingressi al secondo, è più elevata rispetto allo Scanivalve tradizionale. Inoltre, il minor costo dei pressostati, rispetto al trasduttore di pressione, permette di contenere il costo complessivo dello strumento. Anche per questo dispositivo, è possibile eseguire ciclicamente la calibrazione, riservando un ingresso a un generatore di pressione di riferimento e un altro ingresso alla pressione atmosferica.

Le scanivalve meccaniche sono ormai sostituite da trasduttori elettronici multiporte, controllati digitalmente, con frequenza di campionamento di alcuni kHz, acquisizione sincrona e con accuratezza fino a $\pm 0.04\%$ del fondo scala.

Riferimenti bibliografici

1. Braschi, G., Dadone, F. and Gallati, M., 1994. Plain flooding: near field and far field simulations. In P. Molinaro and L. Natale Eds, *"Modelling of Flood Propagation over Initially Dry Areas"*, Proc. of the Specialty Conf., ASCE-CNR/GNDCI-ENEL, American Society of Civil Engineers, 51–55.
2. Cocchi, G., 1954. Il Laboratorio dell'Istituto di Idraulica nell'Università di Bologna. Bologna, Tip. L. Parma.
3. Delft Hydraulics Laboratory, 1977. *Electronic profile-indicator MK V*. Technical Description.
4. Di Giovanni, M., 1982. *Flat and corrugated diaphragm design handbook*. Marcel Dekker, New York, p. 196.
5. Doebelin, E.O., 2004. *Strumenti e metodi di misura*. McGraw-Hill, ISBN 10: 0071194657, XXII+802 pp.
6. Johnson, D.P. and Newhall, D.H., 1953. The Piston Gage as a Precise Pressure Measuring Instrument. *Trans. ASME*, 75, p. 301.
7. Maranzoni, A., 2004. *Modellazione numerica e fisica di moti bidimensionali a pelo libero*. Tesi di Dottorato in Ingegneria Civile, Università di Parma, 134 pp.
8. Nielsen, P. and Dunn, S.L., 1998. Manometer tubes for coastal hydrodynamics investigations. *Coastal Eng.*, Elsevier Science B.V., 35, 73–84.
9. Nielsen, P., Hanslow, D.J. and Apelt, C.J., 1993. A new type of nearshore wave gauge. *Proc. 11th Aust. Conf. Coastal Ocean Eng., Townsville. Inst. Eng. Aust., Canberra*, 247–251.
10. Petti, M. and Longo, S., 2001. Turbulence experiments in the swash zone. *Coastal Eng.*, Elsevier Science B.V., Vol. 43/1, 1–24.
11. Pulci Doria, G., 1992. *Metodologie moderne di misure idrauliche e idrodinamiche*. Cooperativa Universitaria Editrice Napoletana (CUEN), ISBN 88 7146 183-5, 407 pp.
12. Rantz, S.E., 1982. *Measurement and Computation of Streamflow: Vol. 1. Measurement of Stage and Discharge*. Geological Survey Water-supply paper 2175. United States Government Printing Office, Washington.
13. Romijn, D.G., 1938. *Meetsluizen ten behoeve van Irrigatiewerken*. Vereniging van Waterstaats Ingenieurs in Nederlandsh-Indie.
14. Stewart, R., 2003. Introduction to Physical Oceanography. Texas A&M University, electronic book, http://oceanworld.tamu.edu/home/course_book.htm

Capitolo 5
Misuratori di velocità puntuale

In questo capitolo ci occuperemo di alcuni strumenti (i più noti) per la misura della velocità nei fluidi, utilizzati quasi sempre in laboratorio e, più raramente, sul campo. Riporteremo, quindi, i principi di funzionamento e i criteri costruttivi. In particolare, descriveremo i seguenti strumenti:

- il tubo di Pitot;
- il mulinello idrometrico;
- il misuratore elettromagnetico.

Altri strumenti, più recenti e più sofisticati, quali il Laser Doppler, il velocimetro a Ultrasuoni, la Particle Image Velocimetry, sono quasi sempre usati nel settore Ricerca e Sviluppo e non verranno trattati, rinviando a testi specialistici.

5.1 Il tubo di Pitot

Il tubo di Pitot è uno strumento per la misura di velocità locale di un fluido in moto e si basa sulla misura della pressione differenziale. Nella configurazione elementare (Figura 5.1), è costituito da una presa di pressione in un punto di ristagno del

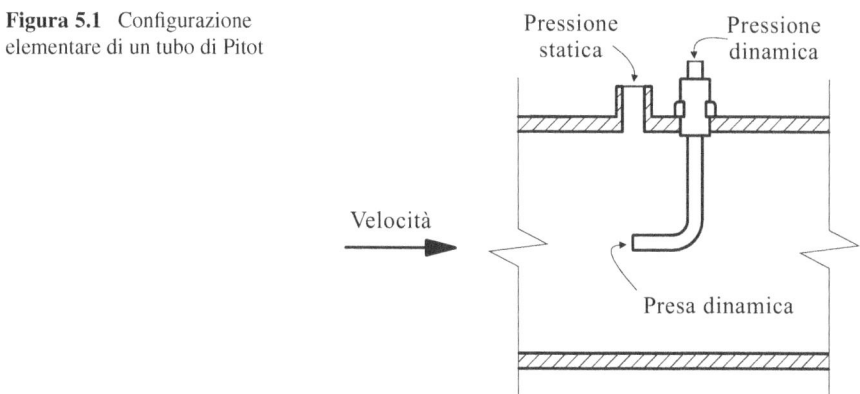

Figura 5.1 Configurazione elementare di un tubo di Pitot

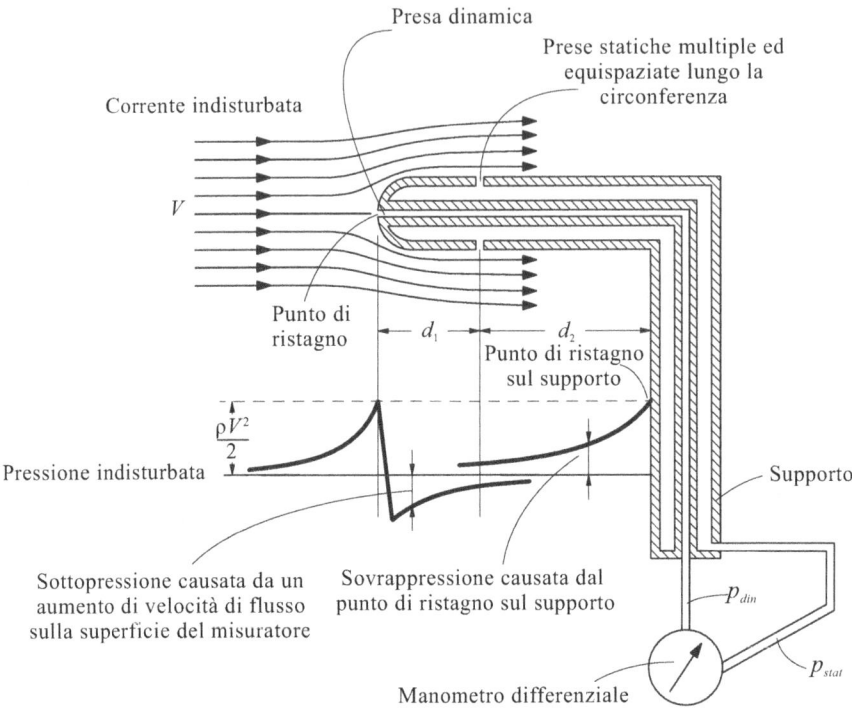

Figura 5.2 Schema di funzionamento di un tubo di Pitot. Il diagramma riporta l'andamento della pressione sulla superficie esterna del tubo, lungo una generatrice

fluido, definita presa di pressione dinamica, e da una presa di pressione statica alla parete, con linee di corrente a essa ortogonali. Negli strumenti portatili (Figura 5.2), è costituito da un corpo oblungo, conformato in modo da minimizzare il disturbo al campo di moto, con una presa di pressione dinamica in testa e una o più prese di pressione statica ortogonali alle linee di corrente.

Se il fluido è incomprimibile, trascurando le dissipazioni e applicando il teorema di Bernoulli per una traiettoria tra la sezione asintotica a monte e il punto di ristagno, risulta:

$$V = N\sqrt{\frac{2(p_{din} - p_{stat})}{\rho}} = N\sqrt{\frac{2\Delta p}{\rho}}, \qquad (5.1)$$

$V \triangleq$ velocità della corrente in asse alla presa dinamica,
$N \triangleq$ coefficiente di calibrazione,
$p_{din} \triangleq$ pressione in corrispondenza della presa dinamica,
$p_{stat} \triangleq$ pressione in corrispondenza della presa statica,
$\rho \triangleq$ densità del fluido.

Il coefficiente di calibrazione assume valore unitario se il tubo di Pitot è standard (ISO 3966, 1977, Figure 5.3 e 5.4).

5.1 Il tubo di Pitot

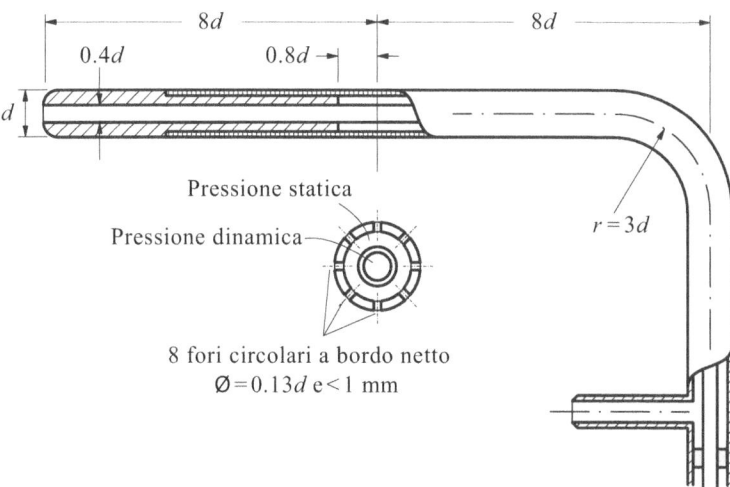

Figura 5.3 Tubo di Pitot ISO a becco stondato

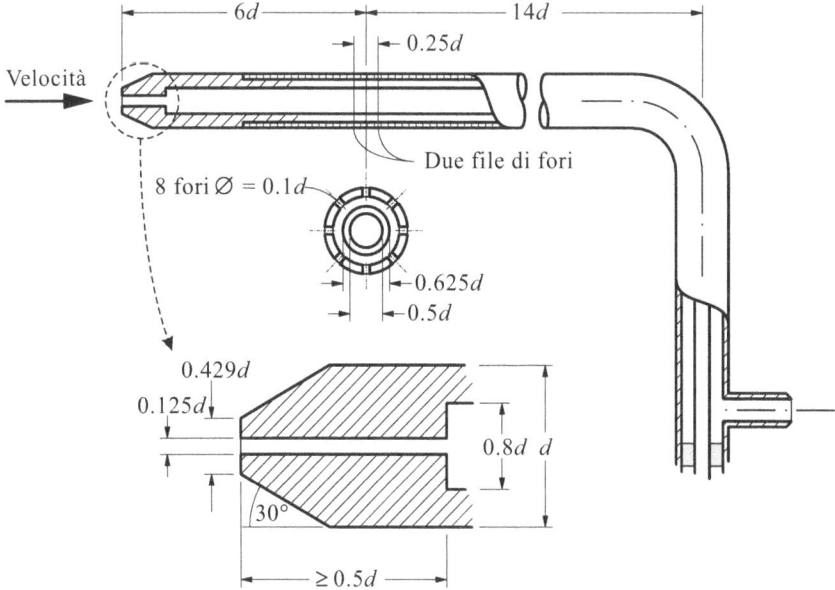

Figura 5.4 Tubo di Pitot ISO a becco conico

L'errore relativo della misura della velocità è pari a

$$\left|\frac{\sigma_V}{V}\right| = \frac{1}{2}\left|\frac{\sigma_{\Delta p}}{\Delta p}\right| + \frac{1}{2}\left|\frac{\sigma_\rho}{\rho}\right|. \tag{5.2}$$

La densità può essere misurata con errore molto limitato, mentre l'errore più significativo deriva dalla misura della differenza di pressione, in particolare dalla misura della pressione statica. Le cause d'errore sono: 1) il disallineamento dell'asse del tubo di Pitot rispetto alla corrente (ciò espone la presa statica all'azione di una componente della velocità); 2) la dimensione finita del corpo dello strumento (le linee di corrente sono costrette a deviare in corrispondenza dell'ostacolo, con conseguente accelerazione del fluido e riduzione di pressione alle prese statiche. L'effetto è ancora più sensibile se il tubo di Pitot è inserito in una condotta di diametro non molto più grande del diametro della testa del sensore); 3) l'effetto della pressione di ristagno in corrispondenza del supporto dello strumento (ciò genera un aumento della pressione letta alle prese statiche).

Per compensare l'errore di allineamento, è possibile realizzare le prese statiche come riportato in Figura 5.5. La compensazione è efficace nell'intervallo $-2° < \alpha < 12°$, purché la velocità sia nel piano definito dall'asse del tubo di Pitot e dalla mezzeria delle due prese.

I due effetti considerati ai punti 2) e 3) sono opposti e possono essere compensati con un opportuno dimensionamento dello strumento, disponendo la presa statica a distanza tale da compensare la riduzione di pressione dovuta alla curvatura delle traiettorie con l'incremento di pressione dovuto al ristagno in corrispondenza del supporto (Figura 5.2).

È inoltre possibile realizzare la testa del sensore in modo che possa ruotare attorno all'asse, con dei deflettori che automaticamente posizionano le prese come necessario per la compensazione. Per aumentare ulteriormente l'accuratezza, la testa del sensore può essere realizzata in modo da avere due gradi di libertà alla rotazione, orientandosi automaticamente nel verso della corrente e misurando la

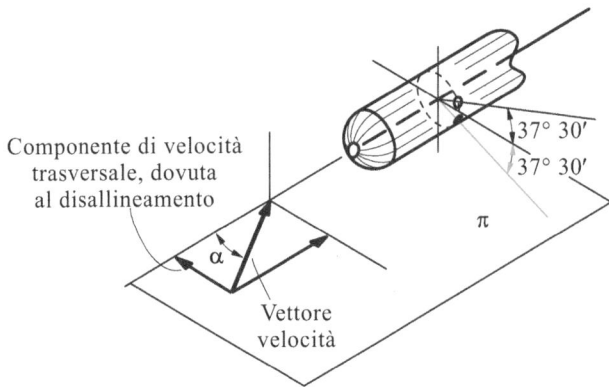

Figura 5.5 Tubo di Pitot insensibile al disassamento rispetto alla velocità

5.1 Il tubo di Pitot

pressione statica con una serie di prese equispaziate lungo la circonferenza. In tal caso, la direzione della velocità è indicata dall'angolo di rotazione della testa del sensore. Se il Pitot è inserito in un Venturi, risulta praticamente insensibile all'errore di allineamento nel *range* ±50°.

Gli errori nella misura della pressione dinamica sono dovuti: a) agli effetti della viscosità; b) alla non uniformità del profilo di velocità alla scala geometrica della presa.

Gli effetti della viscosità si compensano introducendo un fattore correttivo nella pressione dinamica. L'equazione (5.1) si modifica come segue:

$$V = N\sqrt{\frac{2\Delta p}{f(\text{Re}_r)\rho}}, \tag{5.3}$$

$\text{Re}_r \equiv \rho r/\nu \triangleq$ numero di Reynolds calcolato sulla base del raggio r della sonda cilindrica (o di una scala geometrica trasversale per sonda non cilindrica), ν è la viscosità cinematica,
$f(\text{Re}_r)$ $\triangleq$ fattore correttivo.

Il fattore correttivo per una sonda cilindrica ha la seguente espressione [1]:

$$f(\text{Re}_r) = 1 + \frac{4}{\text{Re}_r} \text{ per } 10 < \text{Re}_r < 100, \tag{5.4}$$

e assume valore unitario per sonde di forma qualunque se $\text{Re}_r > 400$.

Dall'equazione (5.2) risulta che l'errore è significativo a basse velocità, quando Δp è piccolo. In tali condizioni di misura, è conveniente usare dei dispositivi che mantengano invariata la pressione dinamica e riducano la pressione statica accelerando il fluido (Figura 5.6).

Il guadagno di un Pitot inserito in un Venturi, definito dal rapporto tra la pressione differenziale misurata nel dispositivo e la pressione differenziale che verrebbe

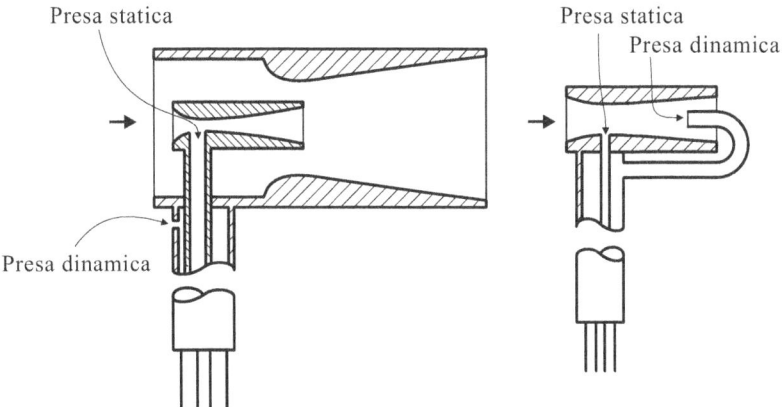

Figura 5.6 Tubo di Pitot con Venturi per aumentare il guadagno

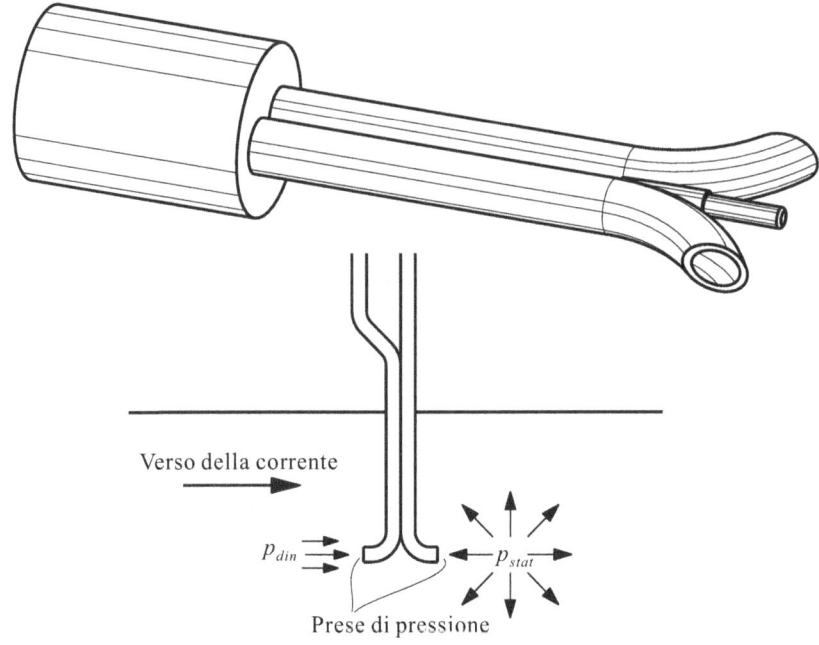

Figura 5.7 Tubo di Pitot bidirezionale

misurata in un Pitot standard, è funzione del numero di Reynolds (per fluidi comprimibili è funzione anche del numero di Mach) e richiede calibrazione. In alcuni strumenti commerciali, il guadagno può essere > 10. Il Pitot è uno strumento per misure unidirezionali e si presta male all'uso in campi di moto reversibile. Una variante più efficiente è un Pitot con due prese contrapposte (Figura 5.7), che funzionano alternativamente da presa dinamica e statica, in base al verso del moto.

Se il fluido è comprimibile in moto subsonico, si può assumere che il processo di decelerazione fino al punto di ristagno avvenga in condizioni isoentropiche. Applicando il teorema di Bernoulli e l'equazione di stato dei gas perfetti, risulta:

$$\frac{V^2}{2} = c_p T \left[\left(\frac{p^*_{din}}{p^*_{stat}} \right)^{\frac{k-1}{k}} - 1 \right] = c_p T_{din} \left[1 - \left(\frac{p^*_{stat}}{p^*_{din}} \right)^{\frac{k-1}{k}} \right], \qquad (5.5)$$

c_p $\triangleq$ calore specifico a pressione costante,
T $\triangleq$ temperatura assoluta asintotica,
p^*_{din} $\triangleq$ pressione assoluta in corrispondenza del punto di ristagno (pressione dinamica),
p^*_{stat} $\triangleq$ pressione assoluta asintotica,
$k \equiv c_p/c_v$ $\triangleq$ rapporto tra calore specifico a pressione costante e a volume costante,
T_{din} $\triangleq$ temperatura assoluta nel punto di ristagno.

5.1 Il tubo di Pitot

L'equazione (5.5) può essere riscritta come segue:

$$V = N \sqrt{\frac{2k}{k-1} \frac{p^*_{stat}}{\rho_{stat}} \left[\left(\frac{p^*_{din}}{p^*_{stat}} \right)^{\frac{k-1}{k}} - 1 \right]}, \qquad (5.6)$$

$\rho_{stat} \triangleq$ densità asintotica.

Di norma, la densità si calcola per via indiretta, misurando la temperatura e la pressione e facendo uso dell'equazione di stato dei gas perfetti. L'equazione (5.5) può essere approssimata dalla seguente espressione

$$p^*_{din} = p^*_{stat} + \rho_{stat} \frac{V^2}{2} \left(1 + \frac{\mathrm{Ma}^2}{4} + \frac{2-k}{24} \mathrm{Ma}^4 + O(\mathrm{Ma}^6) \right), \qquad (5.7)$$

$\mathrm{Ma} \equiv V/c \triangleq$ numero di Mach,
$c \qquad \triangleq$ celerità del suono nel mezzo fluido,

che, per $\mathrm{Ma} \ll 1$, coincide con l'equazione (5.1) (a meno del fattore di calibrazione).

Se il moto è supersonico, si forma un'onda di *shock* di fronte alla presa dinamica (Figura 5.8).

Il campo di moto è subsonico dal fronte dell'onda di *shock* alla presa dinamica. Facendo uso delle equazioni di bilancio risulta:

$$\frac{p^*_{din}}{p^*_{stat}} = \mathrm{Ma}^2 \left(\frac{k+1}{2} \right)^{k/(k-1)} \left[\frac{2k\mathrm{Ma} - k + 1}{\mathrm{Ma}^2(k+1)} \right]^{(k-2)/(k-1)}. \qquad (5.8)$$

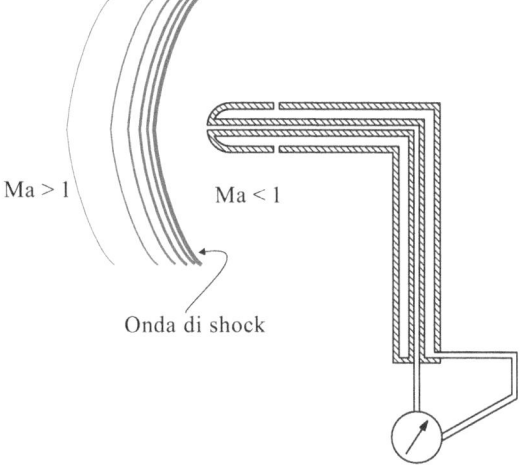

Figura 5.8 Tubo di Pitot in un campo di moto supersonico

Ma > 1   Ma < 1

Onda di shock

5.2 Mulinelli idrometrici

I mulinelli idrometrici sono delle eliche con un dispositivo di misura della velocità di rotazione, nei quali la corrente mette in rotazione la girante con velocità angolare proporzionale alla sua velocità. Sulla base dei criteri dell'analisi dimensionale, la velocità di rotazione angolare dell'elica dipende dalle caratteristiche geometriche e dal numero di Reynolds dell'elica:

$$\frac{V}{nD} = f\left(\frac{nD^2}{\nu}\right) = f(\text{Re}), \tag{5.9}$$

$V \triangleq$ velocità asintotica della corrente,
$n \triangleq$ velocità di rotazione angolare,
$D \triangleq$ diametro dell'elica,
$\nu \triangleq$ viscosità cinematica del fluido.

La dipendenza dal numero di Reynolds si annulla in condizioni di moto turbolento pienamente sviluppato e la velocità della corrente è espressa come segue:

$$V = Kn, \tag{5.10}$$

con K dipendente solo dalla geometria del sistema. Il valore del coefficiente K viene determinato sperimentalmente e ha le dimensioni di una lunghezza. A basse velocità, K dipende dal numero di Reynolds. Per tenere conto degli attriti (che introducono una velocità di soglia), l'equazione (5.9) viene modificata come segue

$$V = nDf\left(\frac{nD^2}{\nu}\right) + b, \tag{5.11}$$

$b \triangleq$ valore minimo di velocità del fluido necessario per mettere in rotazione l'elica.

Un'analisi sperimentale più dettagliata mostra che la relazione tra la velocità V e n è approssimata da due rette con coefficiente angolare quasi uguale (Figura 5.9), e l'equazione (5.11) si può esprimere come segue:

$$V = a_1 n + b_1 \quad \text{per} \quad n < n_c, \tag{5.12}$$
$$V = a_2 n + b_2 \quad \text{per} \quad n > n_c. \tag{5.13}$$

La calibrazione statica viene eseguita muovendo il mulinello, a velocità nota, in un canale contenente fluido in quiete. Il moto può essere di traslazione in un canale rettilineo, oppure con il mulinello vincolato all'estremità di un braccio rotante attorno a un asse verticale, con l'elica immersa in un canale circolare. In quest'ultimo caso, è opportuno inserire degli schermi radiali nel canale per annullare la circolazione d'acqua indotta dal moto del mulinello. È opportuno evitare velocità di prova comprese tra $0.5c$ e $1.5c$, con $c = \sqrt{gd} \triangleq$ celerità relativa di propagazione delle perturbazioni nel canale di profondità d. Infatti, in tali condizioni, il sovralzo

5.2 Mulinelli idrometrici

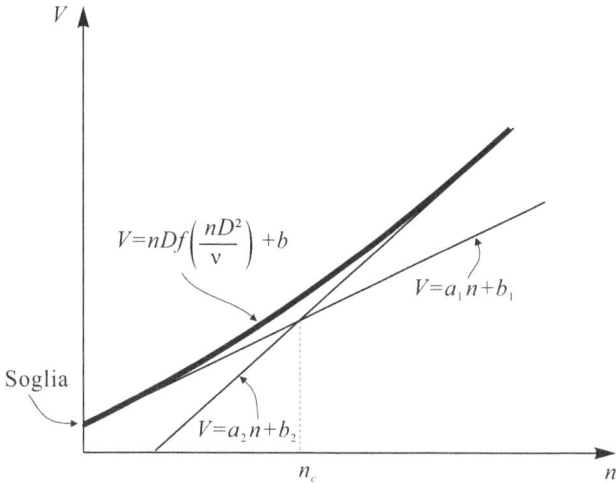

Figura 5.9 Curva di calibrazione di un mulinello idrometrico

generato dal mulinello in moto sarebbe quasi stazionario nel riferimento relativo, modificando la sezione liquida e introducendo un errore sistematico. Sull'asse dell'elica è calettata una ruota con dei forellini che, passando di fronte a un sensore induttivo (dimensioni del sensore pari a ≈ 0.1 mm nei micromulinelli da laboratorio), genera un segnale pulsato a frequenza proporzionale alla velocità di rotazione (e al numero di forellini). Il diametro dell'elica varia da alcuni centimetri a un minimo di 5 mm per i micromulinelli. La velocità massima misurabile è superiore a 10 m/s per i mulinelli e fino a 3 m/s per i micromulinelli. I mulinelli sono asimmetrici e unidirezionali e misurano la velocità in un solo verso. I micromulinelli sono generalmente simmetrici e possono misurare velocità sia positive, sia negative. La risposta in frequenza è limitata dall'inerzia della girante. Durante l'uso dello strumento, è frequente che lo sporco presente nell'acqua e fibre si depositino intorno alla girante dei micromulinelli, falsando la misura.

5.2.1 Mulinello a coppe (di Price)

Il mulinello a coppe, nel quale l'asse di rotazione è verticale e ortogonale alla corrente (Figura 5.10), è molto usato nei paesi anglosassoni ed extra-europei in genere, ed è conosciuto con il nome di mulinello di Price.

Il rotore è costituito da sei coppe coniche e lo strumento non rileva il verso del moto. Alcuni deflettori direzionali garantiscono l'allineamento con la corrente e ne indicano la direzione.

I supporti dell'asse verticale di rotazione sono ricavati al fondo di una cavità che trattiene l'aria durante l'immersione, evitando il deposito di sedimenti o altre

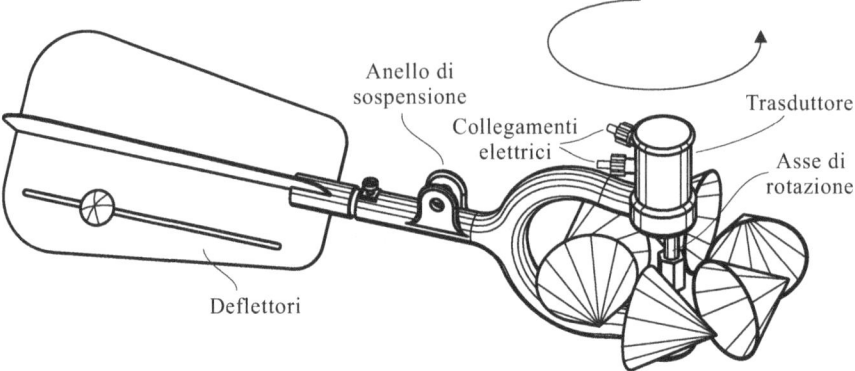

Figura 5.10 Mulinello di Price

sostanze in grado di aumentare l'attrito. Sul prolungamento del rotore è collocato il trasduttore. Nei modelli più semplici, il trasduttore è un contatto meccanico che viene chiuso da una camma sul rotore o su una ruota portata dal rotore con rapporto di riduzione da 1:5 a 1:20. Collegando l'interruttore a un generatore sonoro, il sistema si presta a un conteggio manuale.

Il contatto meccanico può essere sostituito da un contatto magnetico da connettere a un circuito elettronico o elettromeccanico di conteggio. Con il contatto magnetico, la soglia di misura si abbassa poiché la coppia resistente è molto più bassa di quella dovuta al contatto meccanico. Il contatto magnetico può essere sostituito da un sistema optoelettronico con fibre ottiche di connessione, riducendo ulteriormente la soglia di misura al valore determinato dal solo attrito.

Il *range* di velocità va da 3 a 450 cm/s. Il mulinello è sospeso a un cavo agganciato nella mezzeria tra l'asse di rotazione e il centro di carena dei deflettori direzionali. Con questo assemblaggio, il sistema è soggetto ad ampie oscillazioni, soprattutto in presenza di turbolenza, con conseguente errore nella stima della velocità.

Una variante è rappresentata dal modello invernale, privo di stabilizzatori, che permette di misurare la velocità dell'acqua eseguendo nel ghiaccio un foro di soli 200 mm di diametro.

Un'ulteriore variante è data dal modello Pigmeo, che ha dimensioni ridotte al 40% delle dimensioni del mulinello di Price standard, e viene usato in canali a pelo libero, quando la profondità della corrente è limitata. Per il modello Pigmeo a contatti meccanici, è opportuno che la velocità della corrente sia superiore a 30 cm/s, poiché le dimensioni ridotte del sistema, a parità di velocità, generano una coppia motrice più bassa di quella generata nel modello standard, mentre la coppia resistente è invariata. Se i contatti sono a fibre ottiche, la soglia di sensibilità è pari a quella del mulinello Price standard. Il modello Pigmeo non può essere sospeso a un cavo e viene montato all'estremità di un'asta. La velocità di rotazione del rotore è circa 20 volte più elevata rispetto alla velocità di rotazione del modello standard;

ciò rende necessario l'uso di un contatore elettronico. L'errore è pari al 2% della lettura e lo scarto quadratico medio dalla retta (per valori di velocità superiore alla soglia) è pari a $\approx 2\,\text{cm/s}$.

5.2.2 *Mulinello ad asse orizzontale (Ott)*

Il mulinello ad asse orizzontale (Figura 5.11) è usato prevalentemente in Europa. Si presta molto bene a misure di velocità in campi di moto fortemente turbolenti ed è generalmente più adatto del mulinello di Price per misure in prossimità della superficie libera o del fondo. In questi casi, è necessario che la distanza dell'asse di rotazione dalla superficie sia pari ad almeno 1.5 volte il diametro del rotore, mentre la distanza dell'asse medesimo dal fondo deve essere pari ad almeno 3 volte il diametro del rotore. Il diametro dei mulinelli per uso in campagna varia da 30 mm a 125 mm.

Quasi tutti i mulinelli ad asse orizzontale sono provvisti di contatti elettromagnetici e l'asse di rotazione è in bagno d'olio. L'elica si può sostituire per adattare lo strumento a *range* di velocità differenti. Con un'elica di 50 mm di diametro, il *range* di velocità va da 3 cm/s a 5.0 m/s. L'errore è del 2% fino a un angolo di incidenza della corrente di 10°. Oltre questi valori di incidenza, si possono impiegare delle eliche autocomponenti che garantiscono elevata accuratezza fino a 45° di disallineamento.

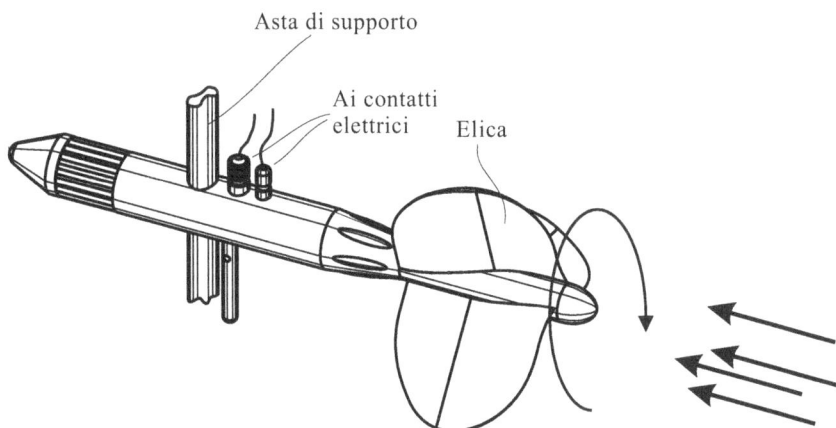

Figura 5.11 Mulinello di Ott

5.3 Misuratori elettromagnetici

Il misuratore elettromagnetico si basa sulla legge di induzione di Faraday. Il funzionamento è simile a quello del misuratore di portata elettromagnetico, che verrà trattato in dettaglio nel Capitolo 6.

Alcuni modelli da laboratorio sono in grado di misurare due o tre componenti di velocità con una portata massima di 5 m/s. Il volume di misura ha dimensione di alcuni centimetri cubi e dipende fortemente dalle caratteristiche costruttive del sensore, generalmente a forma di disco ellittico. Lo strumento ha caratteristica fortemente lineare e un errore limitato, fino all'1% della lettura o 1–5 cm/s. Funziona in fluidi conduttori, ma ha caratteristica indipendente dalla resistività del mezzo. Lo *shift* termico è dell'ordine di 1 mm/(s °C) rispetto alla temperatura nominale di funzionamento. La calibrazione viene fatta, come per i mulinelli, muovendo lo strumento a velocità di traslazione nota in acqua in quiete. Alcuni test hanno dimostrato che è sempre consigliabile una calibrazione prima e dopo le misure, così da rimuovere lo *shift* dovuto a sostanze depositate sul sensore. Inoltre, se è richiesta una elevata accuratezza, la curva di calibrazione deve essere approssimata a una spezzata. Il comportamento dinamico è soddisfacente, con un errore quadratico medio dell'ordine di 1–2 cm/s.

Riferimenti bibliografici

1. Folsom, R.G., 1956. Review of the Pitot Tube. *Trans. ASME.*
2. ISO 3966, 1977. *Measurement of Fluid Flow in Closed Conduits – Velocity Area Method using Pitot Static Tubes*, International Standards Organization, Geneva.

Capitolo 6
Misura di portata volumetrica e massica in condotte in pressione

La misura della portata dei fluidi è importante in laboratorio, nell'industria, nei servizi e nel commercio. In questo capitolo descriveremo i vari strumenti di misurazione di portata volumetrica e massica classificati sulla base del principio di funzionamento. Per ogni misuratore daremo una breve descrizione, specificando l'incertezza, la sensibilità, il *range* di portata, i limiti d'uso. L'analisi sarà focalizzata sulla misura di portata di liquidi, anche se molti strumenti sono in grado di misurare la portata di gas, vapori e miscele.

Alla fine del capitolo saranno descritte le tecniche e i dispositivi di calibrazione dei misuratori di portata, con alcuni riferimenti alla tracciabilità della calibrazione e all'accreditamento dei laboratori.

6.1 Classificazione dei misuratori di portata

In ogni strumento di misura si distinguono un elemento primario, a contatto con l'ambiente di misura e in grado di disturbarlo per sollecitarne la risposta, e un elemento secondario, in grado di rilevare gli effetti di disturbo generati dall'elemento primario. Gli effetti di disturbo devono essere modulati dalla variabile che si intende misurare, nel nostro caso, la portata volumetrica o la portata massica. Per esempio, il boccaglio (un misuratore basato sulla pressione differenziale) ha un elemento primario rappresentato da una flangia con orifizio che, inserita nella condotta, genera un vortice toroidale a valle con caratteristiche dipendenti dalla velocità media della corrente; l'elemento secondario è rappresentato da un manometro differenziale in grado di rilevare la differenza di pressione tra monte e valle della flangia.

Sulla base della natura del disturbo generato dall'elemento primario, i misuratori di portata si possono classificare come segue:

1) *Misuratori basati sulla pressione differenziale*
   - tubi di Venturi, diaframmi, boccagli
   - misuratori a cono (Venturi rovescio)

- tubo di Pitot
- misuratore centrifugo
- misuratori in regime laminare

2) *Misuratori meccanici*

- turbine ed eliche

3) *Misuratori meccanici volumetrici*

- misuratori a disco nutante, a palette rotanti, a ingranaggi e a lobi
- misuratori a cilindri e pistoni
- misuratori a doppia elica
- misuratori a doppia membrana

4) *Misuratori basati sulla spinta esercitata dalla corrente*

- pendolo idrometrico
- rotametri e Gilflo

5) *Misuratori classificati in base al principio fisico che ne caratterizza il funzionamento*

- elettromagnetici
- acustici a Ultrasuoni
- a generazione di vortici
- a precessione di vortice
- a oscillazione (a effetto Coanda)
- a scintillazione acustica

6) *Misuratori di portata massica*

- di Coriolis
- basati sul momento angolare della quantità di moto
- termici

6.2 Misuratori basati sulla pressione differenziale

Alla categoria dei misuratori basati sulla pressione differenziale, appartengono gli strumenti che modificano le caratteristiche cinematiche della corrente in modo tale da indurre una variazione di pressione lungo la corrente stessa. La misura della portata è indiretta tramite la misura della differenza di pressione tra due sezioni di controllo.

6.2.1 Tubo di Venturi

Il tubo di Venturi (o Venturimetro) è un dispositivo costituito da una condotta cilindrica con un primo tronco rapidamente convergente nella direzione del flusso,

6.2 Misuratori basati sulla pressione differenziale

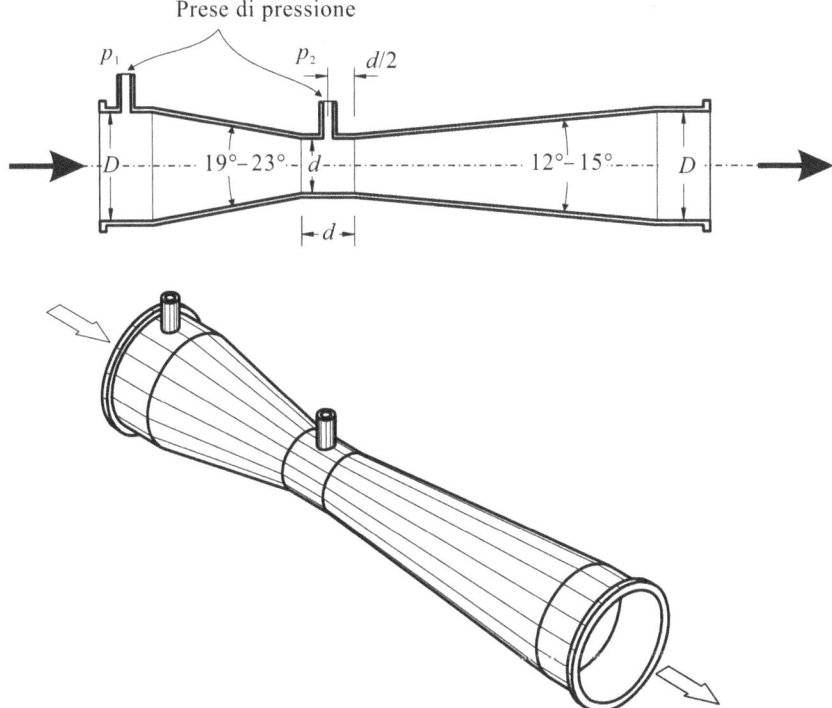

Figura 6.1 Venturimetro

seguito da un secondo tronco divergente (Figura 6.1). La corrente di fluido accelera nel convergente raggiungendo la velocità massima nella sezione di area minima, quindi decelera nel divergente. L'angolo del divergente non può essere superiore a $12 - 15°$ onde evitare la separazione dello strato limite, che darebbe luogo a fluttuazioni di pressione e a un aumento delle perdite di carico.

Le norme EN ISO 5167 [7] distinguono il Venturimetro classico e il Venturimetro boccaglio. I Venturimetri classici sono classificati in:

- Venturimetri fusi;
- Venturimetri lavorati;
- Venturimetri saldati.

Detta classificazione si riferisce alle tecniche costruttive, che comportano livelli di finitura e precisione di lavorazione differenti.

Le prese di pressione a monte e a valle sono multiple, distribuite radialmente e collegate da una camera anulare. Questo accorgimento compensa gli effetti dei vortici eventualmente presenti nella condotta di arrivo e riduce l'errore associato a macro-fluttuazioni di pressione nel fluido. Il diametro delle prese di monte deve essere compreso tra 4 e 10 mm e, comunque, deve essere minore di $0.1 D$ ($0.13 D$ per le prese di valle), dove D è il diametro della sezione. Tutte le altre caratteristiche geometriche (la posizione delle prese di pressione, la geometria dei raccordi), sono fissate dalle norme ed espresse in funzione del diametro della sezione di riferimento (sezione larga o sezione ristretta), in modo da garantire il rispetto della similitudine al variare del diametro nominale dello strumento.

Applicando il bilancio di energia tra una sezione di monte, dove le traiettorie sono sensibilmente rettilinee e parallele, e la sezione di area minima, si giunge alla seguente espressione della portata volumetrica:

$$Q = C_Q \Omega_2 \sqrt{2g(h_1 - h_2)}, \qquad (6.1)$$

C_Q $\triangleq$ coefficiente di portata,
$\Omega_2 \equiv \dfrac{\pi d^2}{4}$ $\triangleq$ area della sezione trasversale minima,
h_1, h_2 $\triangleq$ carico piezometrico nella sezione di alta pressione (n° 1) e nella sezione di bassa pressione (n° 2),
g $\triangleq$ accelerazione di gravità.

Il coefficiente di portata è esprimibile in funzione del coefficiente di velocità, che tiene conto delle dissipazioni, del coefficiente di ragguaglio di Coriolis nelle due sezioni e del coefficiente di strozzamento:

$$C_Q = \frac{C_V}{\sqrt{\alpha_2 - \alpha_1(\Omega_2/\Omega_1)^2}} \approx \frac{C_V}{\sqrt{1 - \beta^4}}, \qquad (6.2)$$

C_V $\triangleq$ coefficiente di velocità (≤ 1),
α_1, α_2 $\triangleq$ coefficienti di ragguaglio di Coriolis nella sezione 1 e 2 (≈ 1),
$\Omega_1 \equiv \dfrac{\pi D^2}{4}$ $\triangleq$ area della sezione trasversale massima,
$\Omega_2/\Omega_1 = \beta^2$ $\triangleq$ coefficiente di strozzamento ($\beta = d/D$).

Il coefficiente di portata dipende più generalmente dal numero di Reynolds e dal coefficiente di strozzamento. Per Re > 10^5, C_Q è funzione solo del coefficiente di strozzamento ed è determinabile sperimentalmente con un errore variabile dallo 0.5% al 2%, in base alle caratteristiche progettuali del Venturimetro. Un diagramma tipico del coefficiente di portata in funzione del numero di Reynolds è riportato in Figura 6.2. Le curve tratteggiate si riferiscono a condizioni nelle quali il coefficiente di portata dipende ancora dal numero di Reynolds.

Le norme EN ISO 5167 [7] riportano un coefficiente di portata pari a

$$C_Q = 0.984/\sqrt{1 - \beta^4} \pm (0.7)\%, \qquad (6.3)$$

per i Venturimetri fusi;

$$C_Q = 0.985/\sqrt{1 - \beta^4} \pm (1.5)\%, \qquad (6.4)$$

6.2 Misuratori basati sulla pressione differenziale

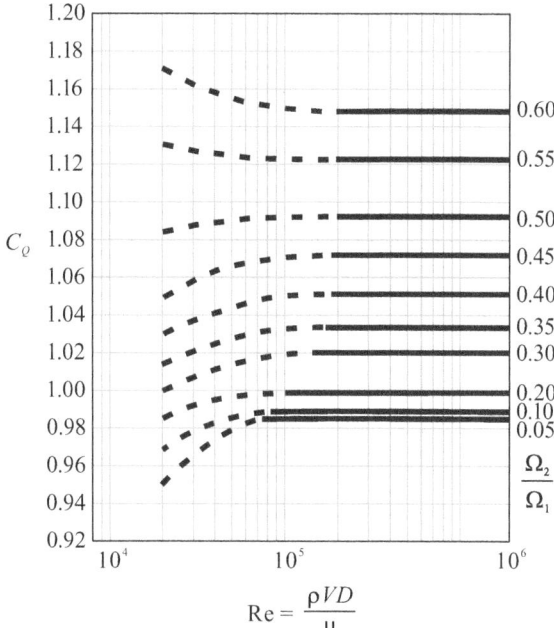

Figura 6.2 Coefficiente di portata di un Venturimetro.

per i Venturimetri saldati;

$$C_Q = 0.995/\sqrt{1-\beta^4} \pm (1.0)\%, \tag{6.5}$$

per i Venturimetri lavorati.

Il Venturimetro boccaglio è una variante corta del Venturimetro classico. Il suo coefficiente di portata è pari a:

$$C_Q = \left(0.9858 - \beta^{4.5}\right)/\sqrt{1-\beta^4} \pm (1.2 + 1.5\beta^4)\%. \tag{6.6}$$

Le perdite di carico dipendono dall'angolo di apertura del tronco di valle. Per un angolo di 7°, risulta (dati ASME [2]):

$$\Delta h = \left(0.218 - 0.42\beta + 0.38\beta^2\right)(h_1 - h_2). \tag{6.7}$$

Per un angolo di 15°, risulta:

$$\Delta h = \left(0.436 - 0.86\beta + 0.59\beta^2\right)(h_1 - h_2). \tag{6.8}$$

$h_1 \triangleq$ carico piezometrico nella presa di alta pressione,
$h_2 \triangleq$ carico piezometrico nella presa di bassa pressione.

Il Venturimetro è uno strumento asimmetrico e l'inversione del flusso darebbe facilmente luogo a separazione a valle della sezione ristretta. La limitazione alla direzionalità del flusso dipende anche dalle caratteristiche del manometro differenziale;

infatti, a una portata variabile secondo la seguente equazione:

$$Q(t) = \overline{Q} + Q_{osc}(t), \ Q(t) > 0 \ \forall t, \tag{6.9}$$

$\overline{Q} \triangleq$ valore medio di portata,
$Q_{osc}(t) \triangleq$ componente oscillante di portata,

corrisponde una differenza di pressione in funzione del tempo, pari a

$$\Delta p(t) = K\left(\overline{Q}^2 + Q_{osc}^2 + 2\overline{Q}Q_{osc}\right). \tag{6.10}$$

Se il trasduttore di pressione ha una risposta in frequenza limitata, tenderà a leggere il seguente valore medio di differenza di pressione:

$$\overline{\Delta p} = K\left(\overline{Q}^2 + \overline{Q_{osc}^2}\right). \tag{6.11}$$

Al valore medio della differenza di pressione corrisponde una portata maggiore della portata media e il Venturimetro sottostima la portata.

Se il trasduttore di pressione ha una risposta in frequenza sufficientemente alta, lo strumento può essere utilizzato anche in condizioni dinamiche, fermi restando i limiti dovuti alla separazione della corrente.

Si può dimostrare [4] che il circuito idraulico, dopo una opportuna linearizzazione delle equazioni che ne descrivono il comportamento dinamico, si comporta come un sistema del 1° ordine con una costante di tempo pari a:

$$\tau = \frac{C_Q^2 \Omega_2^2 \rho l}{Q_{m0} \Omega_1}, \tag{6.12}$$

$l \triangleq$ distanza tra le sezioni di misura,
$Q_{m0} \triangleq$ portata massica in corrispondenza del punto di linearizzazione del sistema.

Il Venturimetro è usato anche per misure di portata di fluidi comprimibili. Assumendo una trasformazione isoentropica del fluido tra le due sezioni di misura, la portata massica calcolata per via indiretta (misurando separatamente la portata volumetrica e la densità), è esprimibile come segue:

$$Q_m = C_Q \Omega_2 \sqrt{\frac{2g\,k\,p_1}{(k-1)\rho_1}} \sqrt{\frac{(p_2/p_1)^{2/k} - (p_2/p_1)^{(k+1)/k}}{1 - (\Omega_2/\Omega_1)^2 (p_2/p_1)^{2/k}}}, \tag{6.13}$$

$C_Q \quad \triangleq$ coefficiente di portata,
$\Omega_2 \quad \triangleq$ area della sezione trasversale minima,
$g \quad \triangleq$ accelerazione di gravità,
$k \equiv c_p/c_v \triangleq$ coefficiente della trasformazione politropica corrispondente a una adiabatica, pari al rapporto tra calore specifico a pressione e a volume costante,

6.2 Misuratori basati sulla pressione differenziale

p_1 ≜ pressione nella sezione trasversale di area massima,
p_2 ≜ pressione nella sezione trasversale di area minima,
ρ_1 ≜ densità nella sezione trasversale di area massima,
Ω_2/Ω_1 ≜ coefficiente di strozzamento.

L'equazione (6.13) può essere riscritta nella forma seguente:

$$Q_m = C_Q \, f_c \, \Omega_2 \sqrt{2\rho_1(p_1 - p_2)}, \tag{6.14}$$

con f_c ≜ parametro che esprime la dipendenza dalla comprimibilità del fluido:

$$f_c = \sqrt{\frac{1 - (\Omega_2/\Omega_1)^2}{1 - (\Omega_2/\Omega_1)^2 (p_2/p_1)^{2/k}}} \times$$

$$\sqrt{\left(\frac{k}{k-1}\right)\left(\frac{1}{1-(p_2/p_1)}\right)\left[1 - \left(\frac{p_2}{p_1}\right)^{(k-1)/k}\right]}. \tag{6.15}$$

f_c è pari a 1 per fluidi incomprimibili. In molte applicazioni pratiche il rapporto p_2/p_1 è maggiore di 0.99. In tali condizioni, la relazione valida per fluidi incomprimibili (equazione 6.1) è ancora valida con un errore inferiore allo 0.6%.

A differenza di quanto accade per i fluidi incomprimibili, la stima della portata massica di fluidi comprimibili richiede la misura delle pressioni assolute nelle due sezioni e della densità in una delle due sezioni. Di norma, la densità si calcola indirettamente, misurando la temperatura e la pressione e facendo uso dell'equazione di stato del gas. L'errore atteso è stimabile intorno all'1% per Re > 200 000, purché il Venturimetro rispetti determinate caratteristiche progettuali e sia montato in un circuito idraulico privo di disturbi del moto da valle e da monte. Per rapporti di strozzamento $\Omega_2/\Omega_1 = 0.2 - 0.4$, è necessario che la condotta abbia un tratto rettilineo di 10–20 diametri a monte del Venturimetro e di 5–10 diametri a valle.

I vantaggi del Venturimetro sono le basse perdite di carico e la possibilità di misurare la portata di fluidi con particelle in sospensione. Gli svantaggi sono il costo elevato e l'ingombro longitudinale rilevante, sia del misuratore, sia dei tronchi di condotta in ingresso e in uscita.

Il *range* di portata utile è normalmente 10 : 1, con dei forti limiti imposti dalla precisione del misuratore di pressione differenziale.

La legge di propagazione dell'errore relativo, nella misura della portata volumetrica (equazione 6.1), è la seguente:

$$\left|\frac{\Delta Q}{Q}\right| = \left|\frac{\Delta C_Q}{C_Q}\right| + \frac{1}{2}\left|\frac{\Delta \rho}{\rho}\right| + 2\left|\frac{\Delta d}{d}\right| + \frac{1}{2}\left|\frac{\Delta(p_1 - p_2)}{(p_1 - p_2)}\right|. \tag{6.16}$$

Se il trasduttore di pressione ha una precisione dello 0.2% del fondo scala, in corrispondenza del limite inferiore della portata (il 10% della portata massima), l'errore sulla misura della pressione è pari al 20% e l'errore sulla misura della portata è pari al 10% del valore letto. Per questo motivo, il Venturimetro e tutti gli altri strumenti di misura della portata basati sullo stesso principio, sono usati più frequentemente con un *range* utile 3 : 1–4 : 1.

Per eseguire misure di portata in un *range* più ampio, è opportuno utilizzare una serie di misuratori in parallelo, attivandone tanti quanti ne sono necessari affinché ognuno misuri intorno all'80% della sua portata massima. In alternativa, si possono montare in parallelo una serie di misuratori con *range* differenti, attivandoli in combinazione tale da garantire un'adeguata precisione globale. Per esempio, per misurare portate variabili da 5 l/s a 200 l/s, si potrebbero installare tre Venturimetri con portata nominale 40 l/s, 80 l/s e 160 l/s, da far funzionare separatamente, o in parallelo, a seconda della portata. Un'alternativa a questa, dispendiosa e complessa soluzione, consiste nell'adozione di trasduttori di pressione 'intelligenti', in grado di cambiare automaticamente *range* di portata (un primo *range* dall'1% al 10% della portata nominale, un secondo *range* dal 10% al 100% della portata nominale), riducendo, in tal modo, il valore assoluto dell'errore (l'errore percentuale viene riferito al limite superiore del *range*).

Oltre al Venturimetro classico, esiste un Venturimetro corto e tutta una serie di Venturimetri speciali, caratterizzati da una lunghezza limitata, tra 2 e 4 diametri di condotta. Questi strumenti offrono il vantaggio di un minor costo e di un ingombro limitato, ma generano perdite di carico più elevate e sono caratterizzati da un errore di misura maggiore rispetto al Venturimetro classico.

6.2.2 Diaframmi

L'elemento primario di un misuratore di portata a diaframma è costituito da una flangia con un orifizio coassiale o disassato rispetto alla condotta (Figura 6.3). L'orifizio può essere circolare, o di altra forma, in base alla natura del fluido (Figura 6.4). Per attraversare la sezione ristretta, la corrente accelera e assume area della sezione trasversale minima in corrispondenza della sezione contratta, dove le traiettorie sono rettilinee e parallele. A valle della sezione contratta, la corrente decelera fino a interessare nuovamente tutta la sezione della condotta. Il processo di accelerazione riduce il valore di pressione rispetto alla pressione media a monte della flangia misurata a distanza sufficiente da poter ritenere le traiettorie localmente rettilinee e parallele. L'elemento secondario è costituito da un manometro differenziale con le due prese di pressione a monte e a valle, rispettivamente.

Le norme EN ISO 5167 [7] classificano il diaframma in:

- diaframma classico;
- diaframma simmetrico.

Il diaframma classico è unidirezionale, il diaframma simmetrico è bidirezionale. La portata volumetrica e la portata massica sono espresse come per il Venturimetro (equazione 6.1 ed equazione 6.13).

6.2 Misuratori basati sulla pressione differenziale

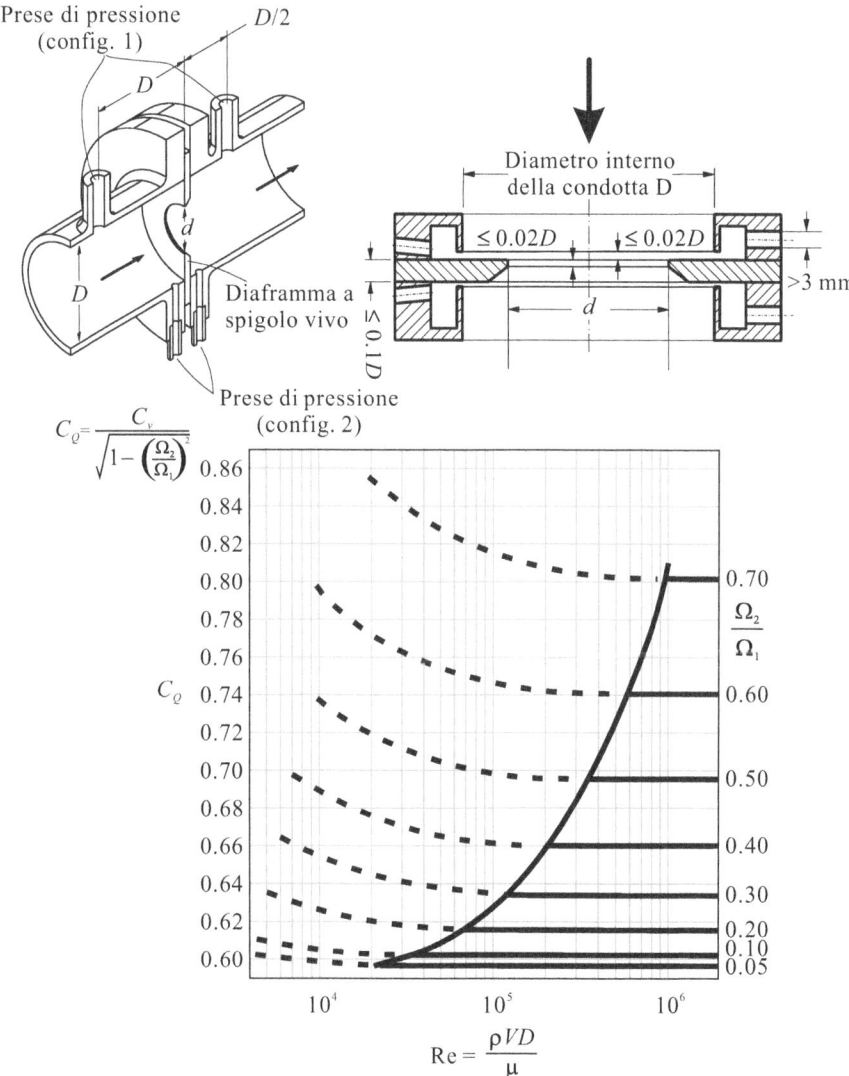

Figura 6.3 Diaframma e relativo coefficiente di portata

Anche per il diaframma, il coefficiente di portata dipende dal numero di Reynolds e dal coefficiente di strozzamento, oltre che dalla configurazione delle prese di pressione (Figura 6.3).

Le prese di pressione possono essere a $D - D/2$ (configurazione 1 in Figura 6.3), nelle flange (configurazione 2 in Figura 6.3), oppure individuali negli angoli. Per prese di pressione a $D - D/2$, il coefficiente di portata assume il valore

$$C_Q = C_V/\sqrt{1 - \beta^4} \pm (0.6)\%, \tag{6.17}$$

con il coefficiente di velocità pari a

$$C_V = 0.5959 + 0.0312\beta^{2.1} - 0.184\beta^8 + 0.039\frac{\beta^4}{1-\beta^4} - 0.01584\beta^3 + \frac{91.706\beta^{2.5}}{\text{Re}_D^{0.75}}, \tag{6.18}$$

$\beta = d/D \equiv \sqrt{\Omega_2/\Omega_1} \triangleq$ radice quadrata del coefficiente di strozzamento,
$\text{Re}_D \triangleq$ numero di Reynolds calcolato sulla base del diametro maggiore.

L'ultimo termine nell'equazione (6.18) è una correzione a bassi valori del numero di Reynolds. Ogni altra configurazione delle prese che non rispetti la similitudine geometrica conduce a un'espressione del coefficiente di portata in forma dimensionale. L'errore probabile sul coefficiente di portata è pari allo 0.6%. La perdita di carico può essere calcolata come segue [2]:

$$\Delta h = \left(1 - 0.24\beta - 0.52\beta^2 - 0.16\beta^3\right)(h_1 - h_2), \tag{6.19}$$

$h_1 \triangleq$ carico piezometrico nella presa di alta pressione,
$h_2 \triangleq$ carico piezometrico nella presa di bassa pressione.

Il diaframma può essere concentrico (Figura 6.4a) con due fori, uno superiore, per garantire il passaggio d'aria eventualmente presente nei liquidi, l'altro inferiore, per garantire il passaggio della condensa per i vapori. La portata persa attraverso i due fori è minore dell'1% se il loro diametro non supera il 10% del diametro del foro principale.

Nella misura di portata di fluidi bifasici, con una fase principale e una secondaria, è opportuno usare un diaframma eccentrico superiore (Figura 6.4b) o inferiore e a segmento (Figura 6.4c). La posizione dell'orifizio dipende dalla natura della fase secondaria e dalla geometria dell'assemblaggio.

Nonostante la semplicità di costruzione, il diaframma ha un'incertezza limitata e pari allo 0.75%–1% della portata misurata, ma è molto sensibile alle imprecisioni di assemblaggio, alla posizione delle prese di pressione e alle loro condizioni, ai disturbi provenienti da monte, ai disassamenti rispetto all'asse della condotta. Ognuno

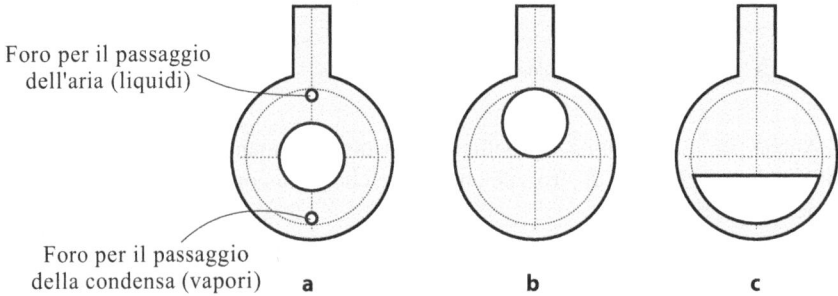

Figura 6.4 Configurazioni geometriche dei diaframmi: **a** diaframma concentrico; **b** diaframma eccentrico; **c** diaframma a segmento

di questi effetti può dar luogo a variazioni fino al 10% del coefficiente di portata. In condizioni medie di installazione, l'errore varia dal 2% al 5% della lettura. Una precisione e accuratezza maggiore si possono ottenere con diaframmi preassemblati, con dei raddrizzatori di filetto nella condotta di arrivo e con allineamenti meccanici controllati in officina.

6.2.3 Boccagli

Una via intermedia tra il Venturimetro e il diaframma è rappresentata dal boccaglio. Il principio di funzionamento è identico a quello dei Venturimetri e dei diaframmi. Le portate volumetrica e massica sono espresse dall'equazione (6.1) e dall'equazione (6.13).

La norma EN ISO 5167 [7] distingue due tipi di boccaglio:

- boccaglio corto ISA 1932;
- boccaglio a grande raggio.

Nel boccaglio corto sono codificate solo le prese di pressione agli angoli, nel boccaglio a grande raggio sono codificate anche le prese di pressione a $D - D/2$.

Anche per il boccaglio (Figura 6.5), il coefficiente di portata dipende dal numero di Reynolds e dal coefficiente di strozzamento. Il coefficiente di portata per il boccaglio corto ISA 1932 è pari a

$$C_Q = C_V/\sqrt{1-\beta^4}, \qquad (6.20)$$

con coefficiente di velocità pari a

$$C_V = 0.9900 - 0.2262\beta^{4.1} + \left(0.0033\beta^{4.15} - 0.00175\beta^2\right)\left(\frac{10^6}{\mathrm{Re}_D}\right)^{1.15}. \qquad (6.21)$$

Il coefficiente di portata per il boccaglio a grande raggio è

$$C_Q = \frac{0.9975 - 6.35\sqrt{\beta/\mathrm{Re}_D}}{\sqrt{1-\beta^4}}, \qquad (6.22)$$

$\beta = d/D = \sqrt{\Omega_2/\Omega_1} \triangleq$ radice quadrata del coefficiente di strozzamento.

Il boccaglio è più stabile del diaframma soprattutto a temperatura elevata. Le perdite di carico sono intermedie tra quelle del Venturimetro e quelle del diaframma, e possono essere stimate con la relazione seguente:

$$\Delta h = \left(1 + 0.014\beta - 2.06\beta^2 + 1.18\beta^3\right)(h_1 - h_2), \qquad (6.23)$$

$h_1 \triangleq$ carico piezometrico nella presa di alta pressione,
$h_2 \triangleq$ carico piezometrico nella presa di bassa pressione.

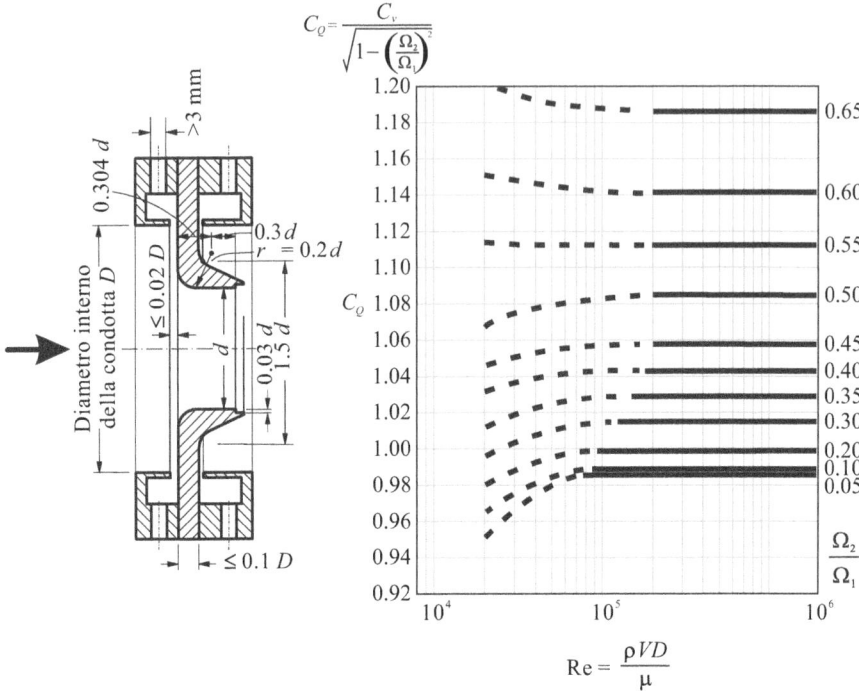

Figura 6.5 Boccaglio e relativo coefficiente di portata

L'errore è tipicamente pari all'1% della lettura (0.25% in condizioni ottimali). È consigliabile il funzionamento con un numero di Reynolds superiore a 10^5 e coefficienti di contrazione < 0.35, in modo da avere un coefficiente di portata indipendente dal numero di Reynolds.

Se il fluido è un gas, esiste una condizione critica in corrispondenza della quale la velocità del gas raggiunge la condizione sonica nella sezione ristretta. In tal caso, la portata è costante, indipendentemente dalla pressione di valle.

Boccagli in condizione critica di funzionamento rappresentano uno standard di calibrazione.

6.2.4 Misuratori a cono

Per le misure di portata in presenza di fanghi, fluidi corrosivi o ad alta temperatura, sono stati sviluppati alcuni dispositivi a pressione differenziale caratterizzati da elevata affidabilità e ridotta manutenzione. Tra questi, i misuratori a diaframma a cono, che costituiscono una variante del diaframma a orifizio eccentrico (Figura 6.6).

6.2 Misuratori basati sulla pressione differenziale

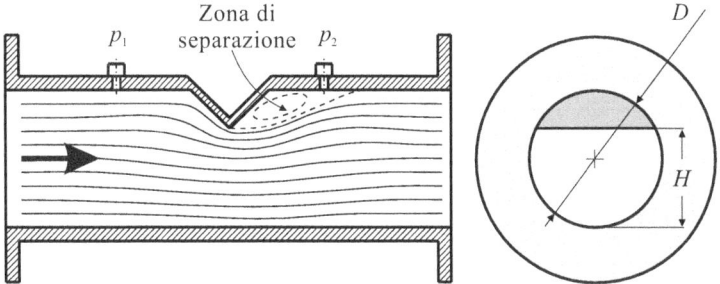

Figura 6.6 Misuratore a diaframma a cono

Il restringimento della sezione è disegnato in modo da garantire una relazione quadratica tra pressione differenziale e portata anche a bassi valori del numero di Reynolds. La geometria del misuratore a cono è tale da evitare ostruzioni, in quanto, durante il funzionamento, si genera un vortice che provvede a rimuovere eventuali depositi sia a monte, sia a valle del restringimento.

Il coefficiente β equivalente può essere calcolato come radice quadrata del rapporto tra l'area della sezione ristretta e l'area della sezione corrente:

$$\beta = \sqrt{\frac{1}{\pi}\left[\cos^{-1}\left(1 - \frac{2H}{D}\right) - 2\left(1 - \frac{2H}{D}\right)\sqrt{\frac{H}{D} - \frac{H^2}{D^2}}\right]}, \quad (6.24)$$

$H \triangleq$ altezza massima della sezione ristretta,
$D \triangleq$ diametro della condotta.

Il coefficiente di portata assume i valori seguenti [9]:

$$\begin{cases} C_Q = \dfrac{0.7883 + 0.107(1 - \beta^2)}{\sqrt{1 - \beta^4}} & \text{per } D = 12.5\,\text{mm}, \\ C_Q = \dfrac{0.6143 + 0.718(1 - \beta^2)}{\sqrt{1 - \beta^4}} & \text{per } 25 < D < 75\,\text{mm}, \\ C_Q = \dfrac{0.5433 + 0.2453(1 - \beta^2)}{\sqrt{1 - \beta^4}} & \text{per } D = 75\,\text{mm}, \end{cases} \quad (6.25)$$

ed è molto sensibile alle caratteristiche reologiche del fluido.

Lo strumento è simmetrico e bidirezionale. L'errore varia dal 2% al 5% della lettura su un *range* di portata 3:1. Previa calibrazione e adeguati accorgimenti in sede di montaggio, l'errore può raggiungere lo 0.5% della lettura, purché il fluido in esercizio abbia caratteristiche identiche al fluido usato per la calibrazione.

Un altro strumento a pressione differenziale è il misuratore a cono coassiale (Figura 6.7).

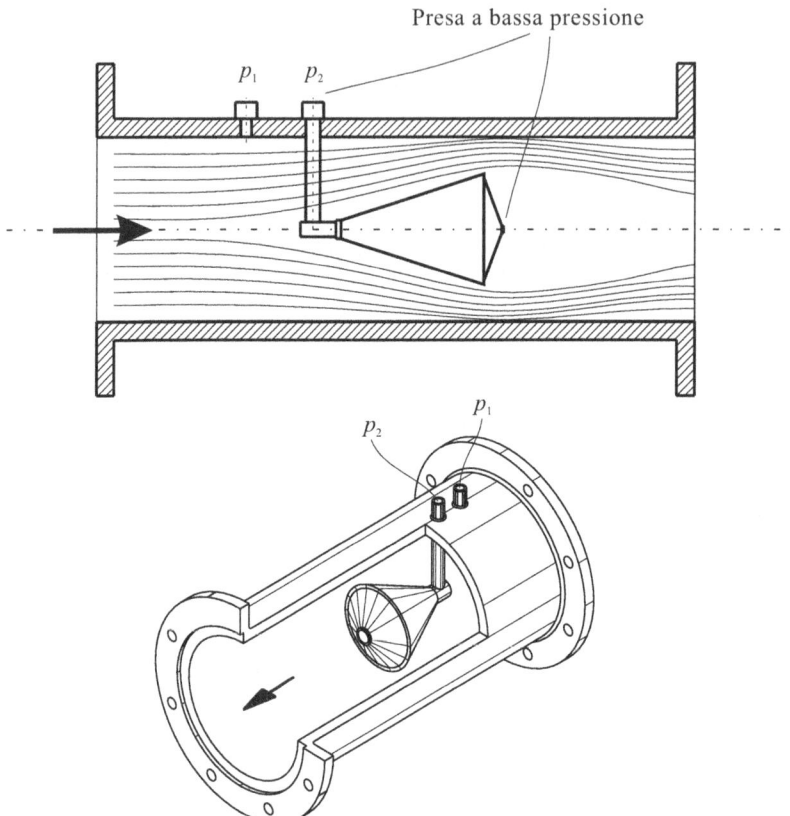

Figura 6.7 Misuratore a cono coassiale (Venturi inverso).

La variazione di pressione è indotta da un cono in asse alla condotta, con vertice opposto al verso della corrente. Il cono è disegnato in modo da uniformare il profilo di velocità generando una scia stabile a valle. Le prese di pressione sono una a monte del cono, a parete, e l'altra a valle, in corrispondenza della base del cono. La portata volumetrica e massica viene espressa come per tutti gli altri misuratori a pressione differenziale.

Il coefficiente β è pari a

$$\beta = \sqrt{\frac{D^2 - d_c^2}{D^2}}, \qquad (6.26)$$

$D \triangleq$ diametro della condotta,
$d_c \triangleq$ diametro delle base del cono.

Il coefficiente di portata non è codificato dalle norme e viene fornito dai produttori. L'errore può raggiungere lo 0.5% della lettura, con una ripetibilità pari al-

Figura 6.8 Misuratore di portata a cono a *wafer*

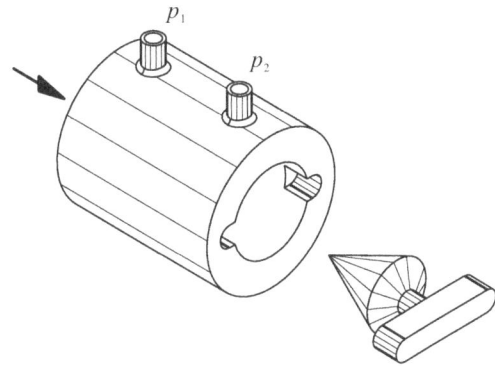

lo 0.1%. Il *range* di portata tipico è 15:1 e le perdite di carico sono limitate e approssimativamente pari a:

$$\Delta h = (1.3 - 1.25\beta)(h_1 - h_2), \qquad (6.27)$$

$h_1 \triangleq$ carico piezometrico nella presa di alta pressione,
$h_2 \triangleq$ carico piezometrico nella presa di bassa pressione.

Lo strumento, in virtù delle caratteristiche stabilizzatrici del profilo di velocità, richiede solo un tratto di condotta rettilineo di lunghezza tre diametri a monte e uno di lunghezza pari a un diametro a valle.

Il misuratore a cono coassiale viene definito anche Venturi inverso e si presta a misure di portata di liquidi, di gas, di vapore e di fluidi abrasivi.

Una variante del misuratore a cono coassiale prevede una presa di pressione a monte e una a valle del cono, tutte e due localizzate sulla parete della condotta (Figura 6.8). Il cono è facilmente sostituibile per adattarsi al *range* di portata necessario e alla natura del fluido. Per il particolare tipo di assemblaggio, questo misuratore viene definito a cono a *wafer*.

In Figura 6.9 si riportano, per confronto, le perdite di carico dei vari strumenti misuratori a pressione differenziale.

6.2.5 *Misuratori a Pitot*

Il tubo di Pitot è uno strumento per la misura di velocità puntuale (vedi Capitolo 5) che può essere utilizzato per misurare, per via indiretta, la portata in una condotta (Figura 6.10).

In una condotta cilindrica circolare, in condizioni di moto puramente turbolento, il profilo di velocità è logaritmico e assume valore pari al valore di velocità media a una distanza dalla parete di $D/8$. È sufficiente realizzare una presa di pressione statica alla parete e una presa di pressione dinamica a $D/8$ dalla parete per misurare

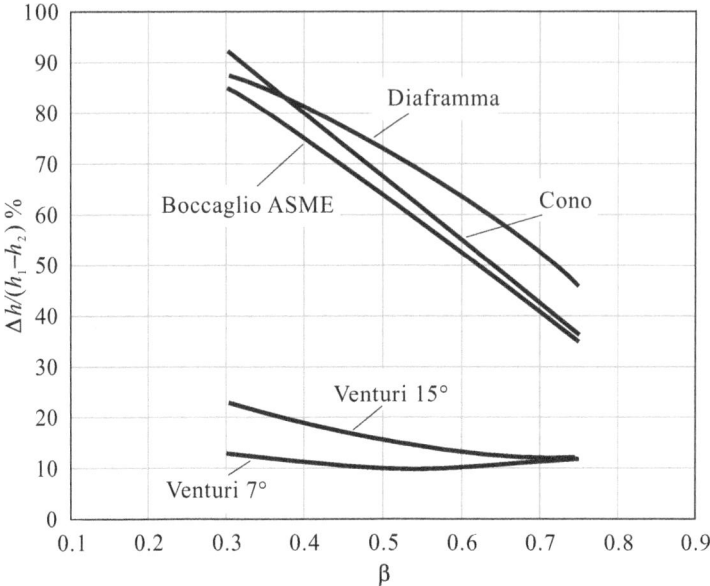

Figura 6.9 Perdite di carico in alcuni misuratori di portata a pressione differenziale

Figura 6.10 Tubo di Pitot immerso in una condotta

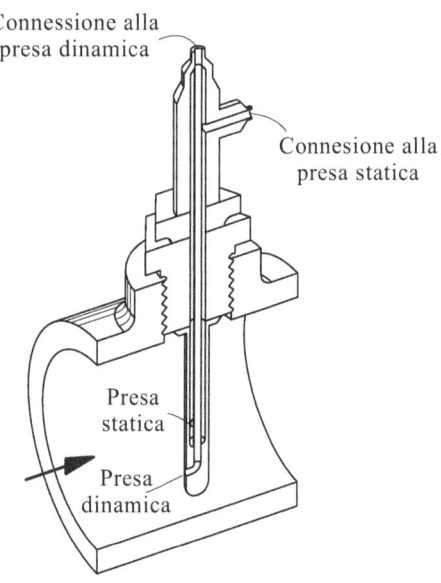

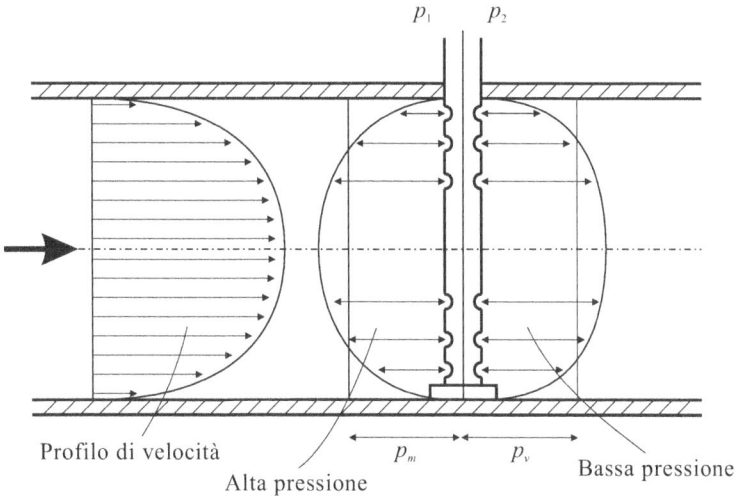

Figura 6.11 Tubo di Pitot a prese multiple connesse

agevolmente la velocità media e calcolare la portata. Tale dispositivo è economico e, previa calibrazione, ha un'incertezza dell'1% del fondo scala, con un *range* di portata 3 : 1. La sensibilità può essere incrementata con un tubo di Venturi coassiale al Pitot, il *booster*.

In realtà, il profilo di velocità è sempre soggetto a disturbi ed è funzione del numero di Reynolds. Per ovviare al problema di individuare il punto dove la velocità locale eguaglia la velocità media, si fa uso del tubo di Pitot a più porte che interessano tutto il diametro della condotta. Le condotte di connessione delle porte sono inserite in un *carter* usualmente cilindrico circolare, che può essere montato anche sulla condotta in esercizio (Figura 6.11).

Talvolta, il *carter* che contiene i tubicini di connessione delle porte e che è immerso nel fluido, ha sezione quadrata con diagonale nel verso della corrente.

Ciò facilita lo sviluppo di vortici a valle e stabilizza la turbolenza, garantendo una maggiore accuratezza e precisione. In configurazione ottimale, l'incertezza raggiunge l'1% della lettura e la ripetibilità lo 0.1% della lettura.

6.2.6 *Misuratore centrifugo (a gomito)*

Il misuratore centrifugo è costituito da un gomito inserito in una condotta. Quando il fluido scorre nel gomito, la pressione esterna, rispetto al centro di curvatura delle traiettorie, è maggiore di quella interna, con una dipendenza quadratica dalla velocità. L'espressione della portata è quella classica per gli strumenti a pressione

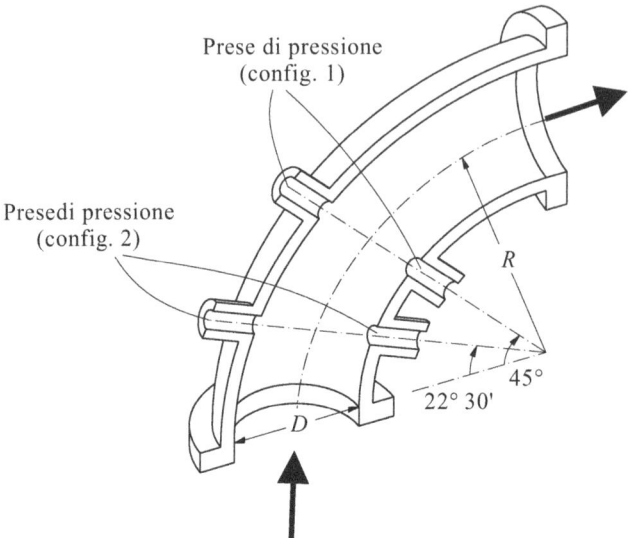

Figura 6.12 Misuratore di portata a gomito

differenziale:

$$Q = C_Q \Omega \sqrt{2g(h_1 - h_2)}, \tag{6.28}$$

$C_Q \triangleq$ coefficiente di portata,
$\Omega \triangleq$ area della sezione trasversale del gomito,
$h_{1,2} \triangleq$ carico piezometrico alle due prese.

La differenza di carico piezometrico si calcola sulla base della misura della pressione differenziale e sulla base della geometria del misuratore.

Le prese di pressione interna ed esterna possono essere a 45°, oppure a 22° 30′, rispetto alla direzione del moto (Figura 6.12). Non è consigliabile superare questi limiti, se si vuole evitare di misurare la pressione in una zona di separazione.

L'errore è tipicamente pari al 5%–10% del fondo scala ed è superiore a quello degli altri strumenti a pressione differenziale. La riproducibilità è tipicamente pari allo 0.2% e il *range* utile è molto limitato, normalmente 2.5 : 1. Una forte limitazione dello strumento è costituita dalla modesta sensibilità, dato che le pressioni differenziali associate alla curvatura delle traiettorie sono piccole. Tuttavia, il costo è contenuto e il disturbo alla corrente è nullo nel caso di gomito già previsto nell'impianto.

6.2.6.1 Misuratori in regime laminare

Questa categoria di strumenti differisce dalla precedente in quanto la misura viene eseguita in un campo di moto in regime laminare. Il più semplice dei misuratori di portata in regime laminare è un tronco di condotta sufficientemente lungo con un manometro differenziale collegato alle due sezioni estreme. Per numeri di Reynolds sufficientemente bassi, la portata è data dalla relazione di Poiseuille

$$Q = \frac{\pi D^4}{128 \mu L} \gamma \Delta h, \tag{6.29}$$

$Q \triangleq$ portata volumetrica,
$D \triangleq$ diametro della condotta,
$\mu \triangleq$ viscosità dinamica,
$L \triangleq$ lunghezza della condotta,
$\gamma \triangleq$ peso specifico del fluido,
$\Delta h \triangleq$ differenza di carico piezometrico tra le due sezioni estreme.

La linearità della portata con la differenza di carico piezometrico (e, quindi, dalla differenza di pressione) estende significativamente l'esattezza della misura rispetto agli strumenti in regime turbolento, per i quali, invece, la portata varia secondo la radice quadrata della differenza di pressione.

In condotte circolari, il regime laminare è stabile per $\mathrm{Re} \lessapprox 2000$ e, di norma, lo strumento viene dimensionato in modo da garantire $\mathrm{Re} \lessapprox 1000$. Di conseguenza, le portate massime misurabili sono molto modeste; per incrementarle, si possono utilizzare più capillari in parallelo, oppure è possibile forzare il regime laminare (viscoso), introducendo un filtro nella condotta, o un nido d'ape. Ciò comporta una forte perdita di carico a vantaggio di una elevata sensibilità dello strumento. Se i capillari, o i fori del nido d'ape, non sono circolari, il misuratore richiede una calibrazione.

Lo strumento è poco sensibile ai disturbi provenienti da monte o da valle e si presta a misure con inversione del flusso. Gli svantaggi sono: il costo elevato, l'ingombro e l'attitudine a trattenere le particelle in sospensione e, quindi, a intasarsi. L'accuratezza può raggiungere valori pari allo 0.25%, la precisione pari allo 0.1%. Il *range* di misura è normalmente 10 : 1.

6.2.7 La misura della pressione negli strumenti basati sulla pressione differenziale

In tutti gli strumenti a pressione differenziale è richiesta la misura della differenza di pressione tra due sezioni.

Per la misura della pressione media in una sezione sono presenti più prese radiali uniformemente distribuite e collegate tra di loro, allo scopo di mediare gli effetti dovuti allo scostamento del campo di moto rispetto a una corrente uniforme a traiettorie rettilinee e parallele. La posizione delle prese di pressione è particolarmente importante. Esistono alcune configurazioni standard delle prese:

- prese d'angolo;
- prese nelle flange;
- prese a distanza D a monte e $D/2$ a valle;
- prese a distanza $2.5D$ a monte e $8D$ a valle.

Le prese nelle flange sono a distanza costante dall'orifizio, indipendentemente dal diametro della condotta. Hanno il vantaggio di misurare una differenza di pressione elevata a parità di portata, con conseguente aumento della sensibilità dello strumento. Hanno lo svantaggio di non rispettare la similitudine geometrica e, quindi, richiedono calibrazione ogni volta che cambiano le dimensioni della condotta.

Uno standard è rappresentato dalle configurazione denominata prese $D - D/2$, con prese di pressione a distanza pari al diametro D della condotta a monte della flangia, e pari a $D/2$ a valle. La misura di pressione eseguita a distanza così elevata dall'orifizio è meno fluttuante rispetto alla misura di pressione eseguita in prossimità dell'orifizio (le fluttuazioni di pressione sono associate alla turbolenza e ai macrovortici, soprattutto nella zona di espansione), ma la sensibilità è più bassa.

Se il trasduttore di pressione è un piezometro, le fluttuazioni di pressione generano delle oscillazioni del menisco rendendo difficoltosa la stima del livello. Una procedura suggerita consiste nell'osservare un numero sufficientemente elevato di cicli di oscillazione del liquido nel piezometro (10 o 20) e nel registrare i valori massimi e minimi. La media delle registrazioni rappresenta una stima del valore vero. Per eliminare la soggettività dell'operatore, si possono installare delle valvole ad ago nei tubicini che collegano il manometro alle prese. Riducendo l'apertura delle valvole, il circuito si trasforma in un filtro passa-basso a bassa frequenza di taglio, in grado di smorzare le fluttuazioni. In tali condizioni, aumenta il tempo di risposta alle variazioni di portata. Sono disponibili anche dei sistemi a doppia valvola (una per ogni ramo del manometro differenziale o per il ramo dei due manometri assoluti) controllata elettricamente. Un circuito elettronico chiude le valvole a istanti casuali, permettendo la lettura dei livelli nei due rami. La media di un campione sufficientemente esteso di misure di questo tipo permette di stimare il livello medio nei manometri.

La geometria delle prese di pressione assume un ruolo determinante nell'errore della misura (Figure 6.13 e 6.14). Normalmente, le prese di pressione statica sono dei piccoli fori a spigolo vivo e ad asse ortogonale alla parete. Se lo spigolo è arrotondato, la pressione statica misurata è in eccesso, rispetto alla pressione statica vera, con un errore di $+0.2\%$, se il raggio del raccordo è pari a $D/4$ ($D \triangleq$ diametro del foro), di $+1.1\%$, se il raggio di curvatura è pari a D. Se lo spigolo è svasato, la pressione statica misurata è in difetto, rispetto alla pressione statica vera, con un

6.2 Misuratori basati sulla pressione differenziale

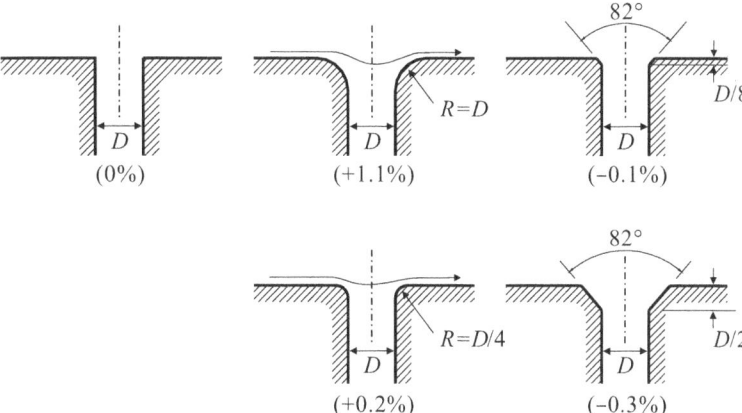

Figura 6.13 Effetti della geometria del foro sulla pressione statica misurata [8]

Figura 6.14 Effetti del diametro del foro sulla misura della pressione statica [8]

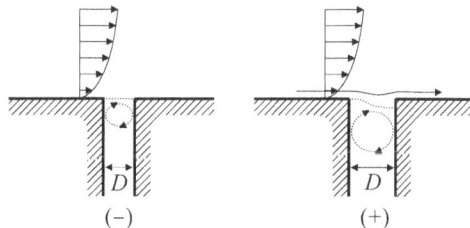

errore di -0.1%, se l'angolo di svasatura è di $82°$ e lo spessore del raccordo è $D/8$, e un errore di -0.3%, se l'angolo di svasatura è $82°$ e lo spessore del raccordo è $D/2$. Se, immediatamente a valle della presa, il foro si allarga, si genera un ulteriore errore in eccesso o in difetto, in base alla geometria della presa e al valore assoluto di velocità del fluido.

6.2.8 Dispositivi di condizionamento del flusso

I dispositivi di condizionamento del flusso (Figura 6.15) servono a uniformare il profilo di velocità e ad annullare le eventuali componenti di velocità tangenziale presenti nella condotta di arrivo. È necessario inserirli quando non è disponibile, o non è realizzabile, la lunghezza minima di condotta rettilinea a monte richiesta dal particolare strumento. Detti dispositivi danno luogo a una forte perdita di carico e tendono a intasarsi se il fluido contiene particelle in sospensione.

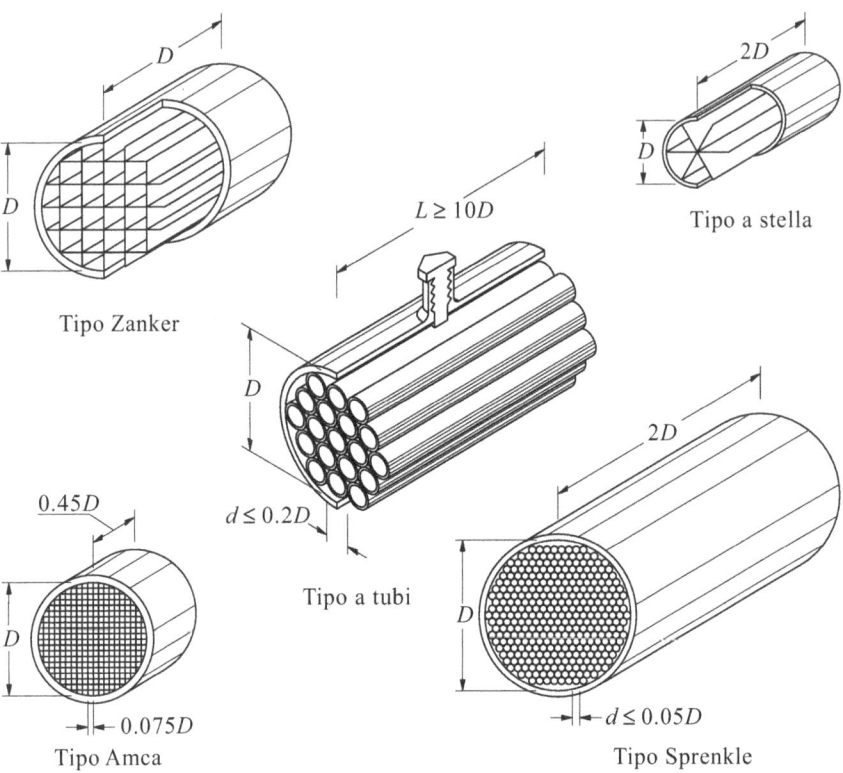

Figura 6.15 Dispositivi per l'eliminazione delle componenti tangenziali di velocità e per la regolarizzazione del profilo di velocità

6.3 Misuratori meccanici

Alla categoria dei misuratori meccanici di portata appartengono gli strumenti contenenti parti mobili; per esempio, un'elica posta in rotazione dal fluido in movimento, oppure una serie di ingranaggi, o rotori, che permettono il passaggio del fluido attraverso delle camere di volume noto. A causa della potenza dissipata dagli attriti, questi strumenti sottraggono energia all'ambiente di misura; è possibile farli funzionare in retroazione, fornendo energia dall'esterno, in modo da ridurre il disturbo all'ambiente di misura e aumentare l'accuratezza e la precisione.

6.3.1 Misuratori a turbina (tipo Woltman)

I misuratori a turbina sfruttano l'effetto in base al quale una corrente di un fluido che investe un'elica la mette in rotazione con una velocità angolare proporzionale alla velocità della corrente stessa. Un assemblaggio tipo è riportato in Figura 6.16.

6.3 Misuratori meccanici

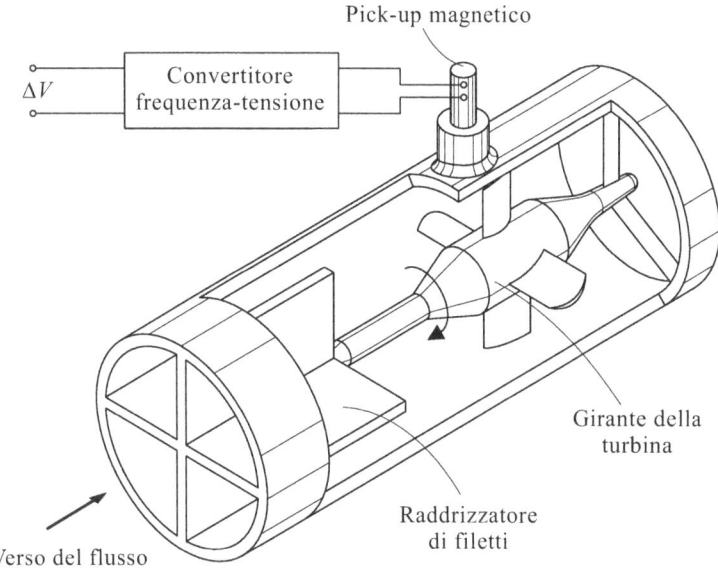

Figura 6.16 Misuratore a turbina

Utilizzando i criteri dell'analisi dimensionale, la portata è esprimibile come segue:

$$\frac{Q}{nD^3} = f\left(\frac{nD^2}{\nu}\right), \qquad (6.30)$$

$Q \triangleq$ portata volumetrica,
$n \triangleq$ velocità di rotazione angolare,
$D \triangleq$ diametro dell'elica,
$\nu \triangleq$ viscosità cinematica del fluido.

Il gruppo adimensionale nD^2/ν rappresenta il numero di Reynolds della girante, caratterizzata da una velocità periferica pari a nD. La dipendenza dal numero di Reynolds viene meno se il moto è turbolento pienamente sviluppato. In tali condizioni, il misuratore è lineare e risulta

$$Q = Kn, \qquad (6.31)$$

con K dipendente solo dalla geometria del sistema secondo D^3. Il valore del coefficiente K viene determinato sperimentalmente (Figura 6.17).

Previa accurata calibrazione, la turbina può essere utilizzata anche nel *range* non lineare, per basse portate. La rotazione della turbina è convertita in una serie temporale di impulsi tramite un *pick-up* magnetico o un dispositivo analogo di

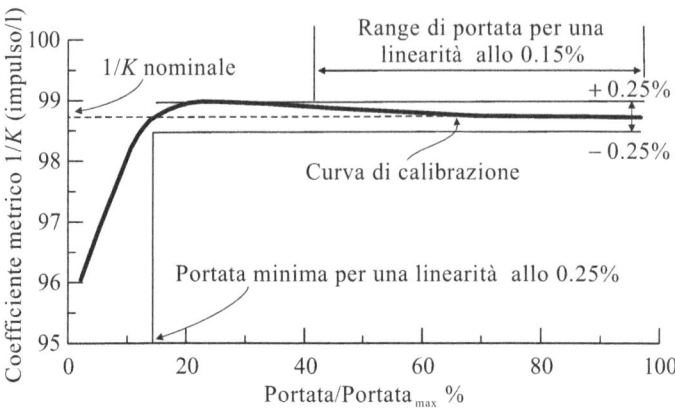

Figura 6.17 Curva di calibrazione tipica di un misuratore a turbina

tipo induttivo o optoelettronico. Se l'elica contiene n_p pale, a ogni giro si generano n_p impulsi e la velocità di rotazione angolare può esprimersi in funzione della frequenza degli impulsi

$$n = f_{imp}\frac{2\pi}{n_p}, \tag{6.32}$$

$f_{imp} \triangleq$ frequenza degli impulsi.

L'equazione (6.31) si può riscrivere come segue:

$$Q = Kf_{imp}\frac{2\pi}{n_p}. \tag{6.33}$$

Un convertitore frequenza-corrente (oppure frequenza-tensione) permette di convertire il segnale in una forma analogica. A basse portate, il dispositivo risente degli effetti della viscosità del fluido e della resistenza generata dal *pick-up* magnetico. Quest'ultima può essere ridotta alimentando il *pick-up* con portante alternata.

L'errore di non linearità nel *range* di funzionamento (usualmente 20:1) può raggiungere lo 0.05% per i misuratori di maggiore diametro. In condizioni dinamiche, il sistema linearizzato è del 1° ordine, con una costante di tempo di alcuni millisecondi che decresce all'aumentare della velocità di rotazione.

La presenza di parti in movimento limita la durabilità dello strumento e la velocità massima della girante. A parità di velocità media della corrente, le turbine di diametro minore ruotano con velocità angolare inversamente proporzionale al quadrato del diametro della girante. Inoltre, le turbine più piccole possono essere fortemente disturbate dallo sporco che si accumula sulla girante.

Le perdite di carico sono generalmente elevate e l'incertezza è tipicamente pari allo 0.25% della portata misurata. Per evitare i disturbi generati da moti vorticosi in

6.3 Misuratori meccanici

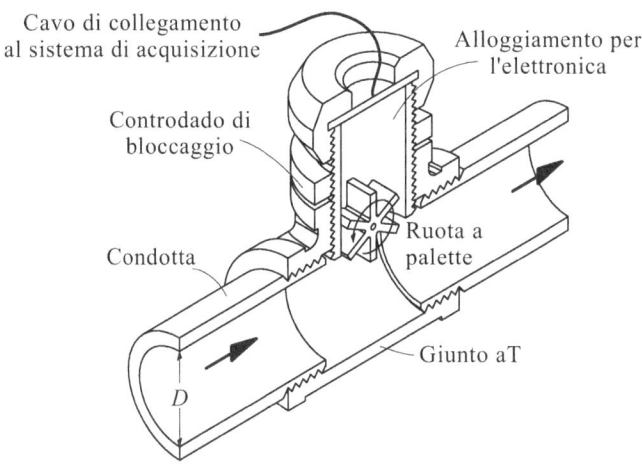

Figura 6.18 Installazione di un misuratore a palette

arrivo da monte, si predispongono all'ingresso dei raddrizzatori di filetti o dei condizionatori di flusso. È consigliabile montare le turbine su tratti di condotta rettilinei a monte per almeno 5–10 diametri di condotta.

I misuratori a turbina sono tra i più usati nei controlli di processo, grazie al *range* di portata molto ampio (20:1), all'eccellente rapporto tra accuratezza e costo, alle caratteristiche costruttive relativamente semplici e alla facilità di riparazione. I materiali possono essere scelti per flussi di fluidi corrosivi o alimentari, a pressione e temperatura elevate. Se si accetta un'incertezza pari all'1% del fondo scala, il *range* di portata può essere esteso fino a 100:1 (quasi tutti i contatori degli acquedotti comunali si basano su un misuratore a turbina).

Un dispositivo analogo al misuratore a turbina, più economico e meno accurato, è il misuratore a palette (Figura 6.18). A differenza del misuratore a turbina, nel quale l'asse della girante è parallelo al flusso, nel misuratore a palette l'asse della girante è ortogonale al flusso. Le palette della girante occupano solo parzialmente il lume della condotta e rendono il misuratore insensibile all'effetto di eventuali sedimenti o di particelle in sospensione. L'incertezza e la linearità sono pari all'1% del fondo scala, la ripetibilità è pari allo 0.5% del fondo scala.

6.3.2 Misuratori in condotte di grande diametro

Per misure di portata in condotte di grande diametro (per esempio, le condotte forzate) è possibile inserire il misuratore in un ramo secondario di *bypass*, di diametro convenientemente più ridotto. In questo caso, è necessario calcolare e verificare periodicamente il rapporto tra la portata nei due rami (procedura tutt'altro che

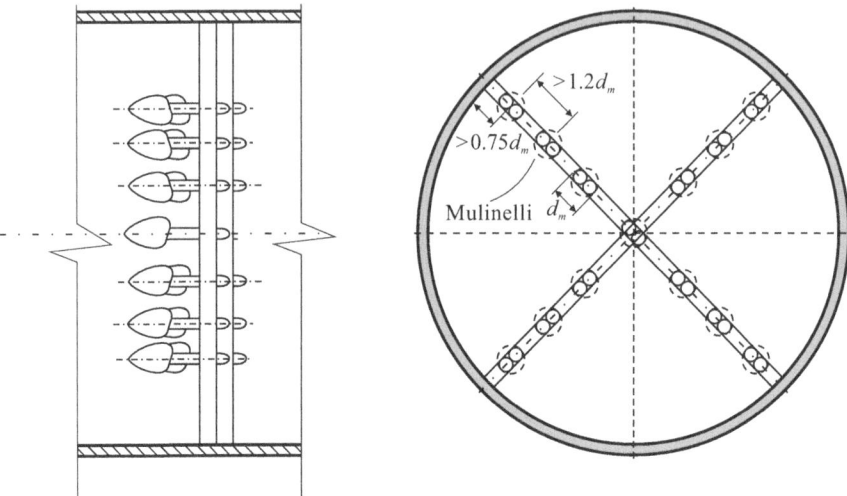

Figura 6.19 Crociere fisse per la misura simultanea di velocità con 13 mulinelli idrometrici

semplice). Più frequentemente, si utilizzano dei mulinelli (si veda il Capitolo 4) coassiali alla condotta.

Il numero dei punti di misura n_p cresce in base al diametro. Secondo le norme svizzere, deve risultare

$$14\sqrt{A} < n_p < 25\sqrt{A}, \ n_p > 13, \qquad (6.34)$$

$A \triangleq$ area della sezione trasversale della condotta, in metri quadri.

Le misure devono essere diametrali su due diametri ortogonali e a 45° rispetto all'orizzontale. Per l'esecuzione della misura, si possono usare crociere fisse con mulinelli in funzionamento simultaneo (Figura 6.19), oppure aste di misura con un unico mulinello posizionato da un operatore a differenti distanze dall'asse della condotta.

Le crociere fisse determinano una riduzione del lume e richiedono una correzione delle misure, per effetto del *blocking*, quando l'ingombro è compreso tra il 2% e il 6% dell'area totale. La minima distanza dell'asse del mulinello dalla parete deve essere pari a $0.75d_m$ ($d_m \triangleq$ diametro dell'elica del mulinello); la minima distanza tra due mulinelli deve essere pari a $1.2d_m$.

La durata delle misure deve essere tale da garantire il filtraggio delle inevitabili fluttuazioni di portata. Comunque, lo scarto tra due misure a un intervallo di 30 s deve essere non superiore allo 0.1%.

Se la distribuzione di velocità è simmetrica, i profili vengono interpolati in base alla legge di potenza con esponente 1/7 (regime di tubo liscio) e 1/10 (regime di tubo scabro), che bene approssima la distribuzione logaritmica. Il numero di Reynolds delle grandi condotte è sempre molto elevato e il campo di moto è turbolento.

Se la distribuzione di velocità è asimmetrica, a causa del permanere di effetti di disturbo, è conveniente tracciare le curve di uguale velocità (isotachie) e procedere all'integrazione del solido di portata ottenuto.

Il diametro medio della condotta si calcola come media di 4 misure diametrali equidistribuite lungo la circonferenza.

6.4 Misuratori meccanici volumetrici

Concettualmente, i misuratori volumetrici misurano la portata regolando l'accesso del fluido a una camera di volume noto. La frequenza di riempimento moltiplicata per il volume della camera indica la portata volumetrica.

I misuratori volumetrici hanno un'incertezza ridotta (per alcuni strumenti è pari allo 0.1% della lettura) e un'elevata ripetibilità (fino allo 0.05% della lettura). Sono insensibili a fluttuazioni della portata e non richiedono tratti di condotta rettilinea a monte o a valle.

Il *range* di portata può raggiungere valori pari a 1000:1. Le cause d'errore sono rappresentate dai trafilamenti attraverso gli organi di tenuta idraulica. Per questo motivo, le tolleranze degli accoppiamenti sono piccole in modo da garantire un'incertezza ridotta. Un aumento della viscosità del fluido riduce le perdite per trafilamento e incrementa le perdite di carico introdotte dal misuratore.

La presenza di parti in movimento riduce la durabilità e degrada progressivamente le prestazioni degli strumenti, soprattutto se il fluido contiene particelle in sospensione.

6.4.1 Misuratore a disco nutante

Nel misuratore a disco nutante (Figura 6.20), il flusso attraverso le camere pone in rotazione un disco con un moto di precessione. La velocità di rotazione è linearmente proporzionale alla portata volumetrica. Se sull'asse è calettato un *encoder* digitale, l'informazione viene trasformata in sequenza di impulsi con frequenza proporzionale alla portata istantanea.

Figura 6.20 Misuratore di portata a disco nutante

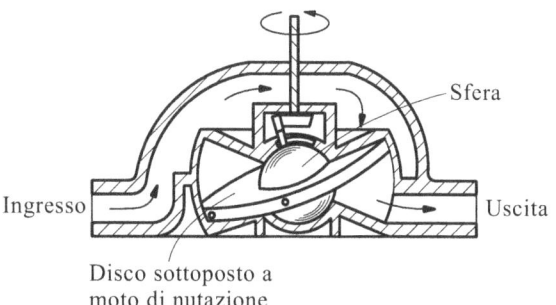

Figura 6.21 Misuratore di portata a palette radiali mobili

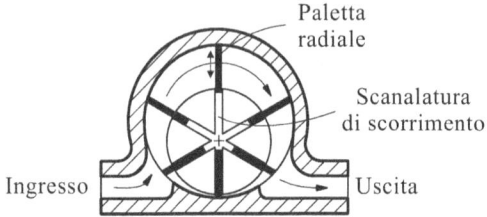

Le parti mobili sono generalmente in bronzo o in materiale plastico atossico per fluidi alimentari. L'incertezza normalmente raggiunta è pari al 2% della lettura. La durata dello strumento dipende dalla cilindrata e dalla velocità di rotazione delle componenti mobili.

6.4.2 Misuratore a palette radiali mobili

Nel misuratore a palette mobili radialmente (Figura 6.21), una girante porta delle palette libere di scorrere radialmente e spinte da molle precompresse sulla parete della camera di misura, in modo da garantire la tenuta. L'asse di rotazione è eccentrico rispetto alla camera di misura (usualmente cilindrica) e il fluido in ingresso genera una coppia che pone in rotazione la girante. L'errore di misura è molto piccolo, pari allo 0.1% della lettura e può raggiungere lo 0.05% della lettura.

6.4.3 Misuratori a ingranaggi e a lobi

In questi misuratori (Figura 6.22), il fluido mette in rotazione delle coppie di ingranaggi controrotanti ellittici o circolari, oppure dei lobi. L'errore di misura dipende

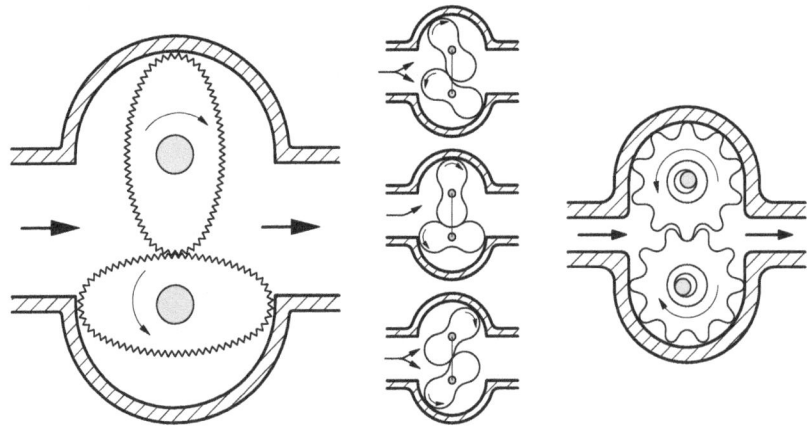

Figura 6.22 Varie tipologie di misuratori di portata a ingranaggi e a lobi

dalle caratteristiche di tenuta sulle pareti delle camere e dalla viscosità del fluido, e aumenta a bassa portata e a bassa viscosità. Normalmente, l'errore raggiunge valori pari allo 0.5% della lettura, con una ripetibilità pari allo 0.015% della lettura. L'informazione sulla velocità di rotazione è codificata in impulsi con dei sensori esterni (generalmente sensori a effetto Hall). Il *range* di portata dipende dalla massima velocità di rotazione ammessa per le parti rotanti, funzione anche delle caratteristiche lubrificanti del fluido.

6.4.4 Misuratore a cilindri e pistoni

Nel misuratore a cilindri e pistoni, il fluido riempie uno o più cilindri in sequenza mettendo in moto alternativo i pistoni. Il riempimento e lo svuotamento dei cilindri sono controllati da luci di accesso abilitate dal pistone, oppure da valvole a cassetto. Il pistone può essere anche una camma eccentrica (identica a quella usata nei motori a combustione interna di tipo Winkler). L'errore è normalmente pari allo 0.5% della lettura e aumenta per fluidi poco viscosi. Lo strumento richiede adeguata manutenzione e accetta fluidi contenenti anche particelle di dimensione limitata (non superiori a 100 µm), purché non abrasive.

6.4.5 Misuratori a doppia elica

Nei misuratori a doppia elica, sono presenti due ingranaggi a elica messi in rotazione dal fluido in movimento. La forza necessaria per garantire la rotazione è limitata e le perdite di carico sono contenute. L'errore è pari allo 0.2% della lettura e cresce a basse portate e per fluidi a bassa viscosità. Il *range* di misura può raggiungere 100 : 1, anche se sono più frequenti *range* 10 : 1.

6.4.6 Misuratori a doppia membrana

I misuratori a doppia membrana (Figura 6.23) vengono utilizzati quasi esclusivamente per la misura di portata volumetrica di gas. Il gas riempie alternativamente una cavità e deforma un diaframma; il diaframma aziona una valvola a cassetto che provvede a modificare il percorso del gas, con un ciclo alternante. La portata volumetrica è proporzionale alla frequenza di apertura e chiusura delle valvole. Il conteggio del numero di cicli permette di calcolare il volume totale di gas trasferito dall'ingresso all'uscita. L'incertezza della misura del volume di gas è pari al 2%.

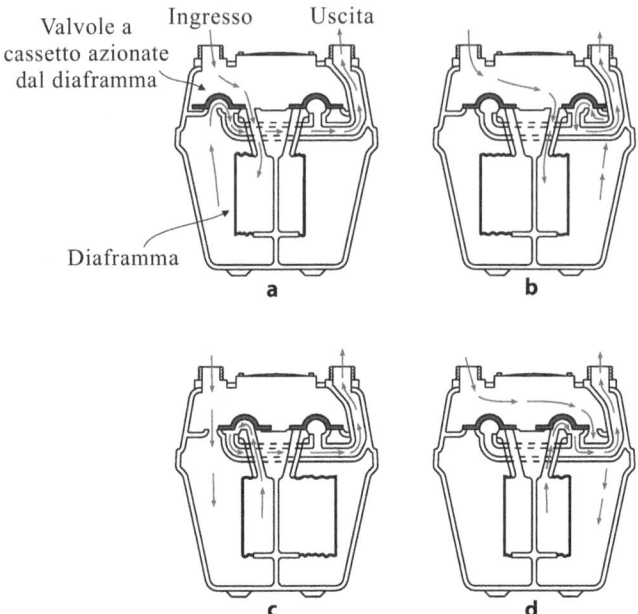

Figura 6.23 Misuratore di portata a doppia membrana. Ciclo di funzionamento

6.4.7 *Misuratori servoassistiti*

In linea di principio, tutti gli strumenti volumetrici descritti possono essere servoassistiti con un circuito di retroazione che imprime il moto alle parti mobili, in modo da minimizzare la differenza di pressione tra monte e valle, limitando le perdite di carico. Questo riduce i disturbi alla linea di misura e aumenta l'accuratezza e la precisione. Difatti, la causa d'errore più rilevante nei misuratori volumetrici è rappresentata dai trafilamenti, che sono tanto maggiori quanto più elevata è la differenza di pressione tra la camera di misura e lo scarico. Un'estensione dei misuratori servoassistiti è rappresentata dalle pompe metriche, le quali forniscono energia al fluido e, contemporaneamente, controllano la portata. Una pompa metrica classica è la pompa a pistone e cilindro, con tutte le possibili varianti.

6.5 Misuratori basati sulla spinta esercitata dalla corrente

Nei misuratori basati sulla spinta esercitata dalla corrente, la portata è stimata sulla base dell'azione dinamica del flusso su un ostacolo di forma opportuna.

6.5.1 Pendolo idrometrico

Un corpo immerso in una corrente riceve una spinta F, nel verso del moto, pari a:

$$F = \frac{1}{2}\rho A C_d V^2, \qquad (6.35)$$

$\rho \triangleq$ densità del fluido,
$A \triangleq$ area della sezione trasversale del corpo rispetto alla corrente,
$C_d \triangleq$ coefficiente di resistenza (*drag*),
$V \triangleq$ velocità asintotica della corrente.

Se il corpo è completamente immerso nella corrente di fluido incomprimibile, il coefficiente di resistenza è funzione della forma del corpo e del numero di Reynolds calcolato sulla base della velocità V, della viscosità cinematica del fluido e di una opportuna scala geometrica del corpo stesso. Per Re $\rightarrow \infty$, il coefficiente di resistenza tende a un valore costante e caratteristico della geometria del corpo. Misurando la forza esercitata dal fluido in moto sull'ostacolo, si stima, previa calibrazione, la portata (Figura 6.24). Rielaborando l'equazione (6.35), la portata è esprimibile come segue:

$$Q = k\sqrt{\frac{2F\Omega}{\rho A}}, \qquad (6.36)$$

$k \triangleq$ coefficiente di calibrazione (include C_d e gli effetti del confinamento del campo di moto del fluido dovuti alle pareti della condotta),
$\Omega \triangleq$ area della sezione trasversale della condotta.

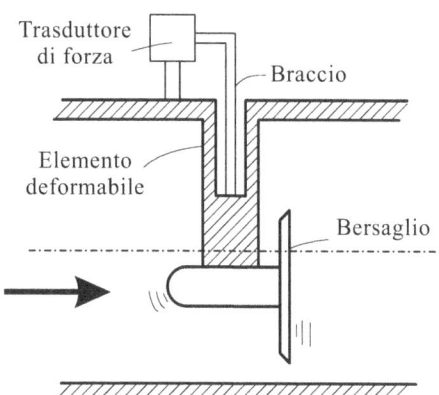

Figura 6.24 Misuratore di portata a bersaglio

Lo strumento è non lineare e la sensibilità cresce all'aumentare della portata (alcuni strumenti di nuova concezione linearizzano il segnale). Il trasduttore di forza può essere realizzato semplicemente con *strain gages* a ponte di Wheatstone, oppure con un circuito di retroazione che bilancia la coppia generata rispetto a un fulcro. La forma del bersaglio si sceglie in modo da sviluppare turbolenza anche a numeri di Reynolds contenuti, in modo da rendere la misura indipendente dalla viscosità del fluido. Se il bersaglio è simmetrico, il misuratore è bidirezionale.

Lo strumento si presta a misure di portata di fluidi contenenti particelle o altro materiale in sospensione, purché il materiale in sospensione, depositandosi, non alteri la geometria del sistema.

Per lo studio del comportamento dinamico, il sistema fluido-bersaglio-barra di sospensione può essere linearizzato e rappresentato come un sistema del 2° ordine, con una frequenza naturale usualmente non superiore a 100 Hz. La risposta dinamica è elevata, anche se lo smorzamento è quasi sempre modesto. In molti strumenti, il tempo di risposta è di pochi millisecondi. L'errore è pari allo 0.5–5% della lettura (purché Re > 1000–2000). La ripetibilità è lo 0.15% della lettura e il *range* di misura è 15:1.

Il montaggio dello strumento richiede un tratto rettilineo di condotta di almeno $10D$ a monte e $5D$ a valle. Sono disponibili dei modelli a inserimento in un connettore a T, per una pulizia semplice e rapida anche in esercizio della condotta.

6.5.2 Rotametri

Il rotametro appartiene alla categoria dei misuratori ad area variabile e differenza di pressione costante. Nella configurazione più elementare, è costituito da una condotta verticale all'interno del quale un corpo galleggiante può muoversi assialmente (Figura 6.25).

Il galleggiante è in equilibrio sotto l'azione del peso proprio, della spinta di Archimede e della spinta dinamica.

La portata è funzione dell'area della sezione trasversale del flusso e delle caratteristiche dei vari componenti, secondo la relazione

$$Q = \frac{C_d \left(\Omega - A_g \right)}{\sqrt{1 - \left[(\Omega - A_g)/\Omega \right]^2}} \sqrt{2g \frac{V_g}{A_g}(s-1)}, \qquad (6.37)$$

$Q \triangleq$ portata volumetrica,
$C_d \triangleq$ coefficiente di resistenza (*drag*),
$\Omega \triangleq$ area della sezione trasversale della condotta,
$A_g \triangleq$ area della proiezione del galleggiante ortogonale al flusso,
$V_g \triangleq$ volume del galleggiante,
$s \triangleq$ peso specifico del materiale del galleggiante relativo al fluido.

6.5 Misuratori basati sulla spinta esercitata dalla corrente   247

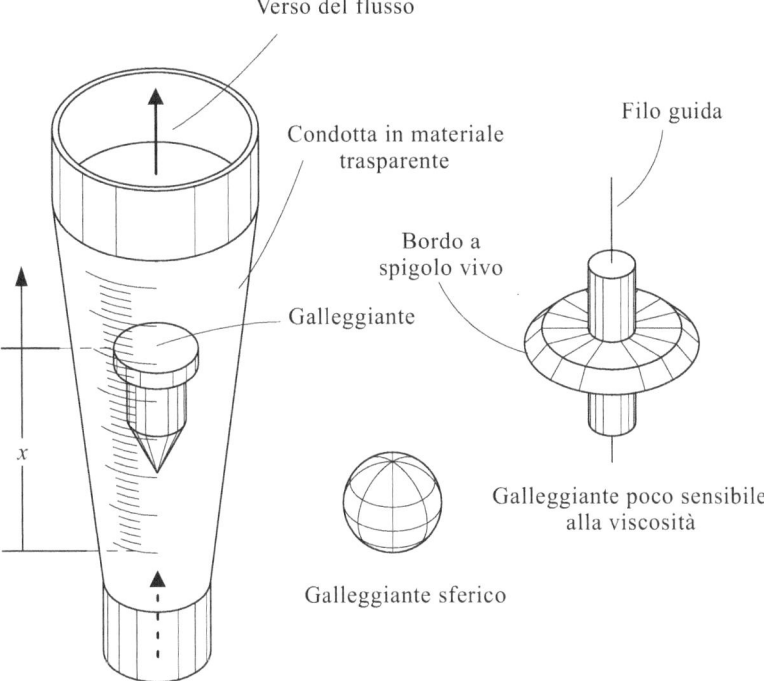

Figura 6.25 Rotametro. A destra sono visibili due diversi tipi di galleggiante

La stabilità dell'equilibrio in corrispondenza di una determinata portata è garantita dal fatto che l'area della sezione trasversale della condotta è crescente dal basso verso l'alto. Pertanto, a uno spostamento infinitesimo del galleggiante verso l'alto, corrisponde un aumento della sezione trasversale del flusso e una riduzione della spinta dinamica; a uno spostamento infinitesimo del galleggiante verso il basso, corrisponde un aumento della spinta dinamica. Per numeri di Reynolds elevati, il coefficiente di *drag* è costante. Inoltre, le caratteristiche costruttive normalmente adottate rendono la radice al denominatore dell'equazione (6.37) prossima all'unità. Quindi, la portata cresce linearmente al crescere dell'area utile per il flusso, pari a $(\Omega - A_g)$. Per ottenere un trasduttore lineare, è sufficiente che la condotta nella quale trasla il galleggiante sia conico. La sensibilità dello strumento è inversamente proporzionale all'angolo di divergenza della condotta conica. Quasi tutti i galleggianti, a eccezione di quello sferico, necessitano di un sistema di guida che ne garantisca la coassialità a ogni quota. Per garantire lo sviluppo rapido della turbolenza e quindi l'insensibilità alla viscosità per un ampio *range* di portata, il galleggiante può essere conformato con un profilo a bordi netti, come riportato in Figura 6.25. Spesso, la condotta è trasparente, con scala di lettura disegnata sulla parete per permettere la misura diretta della posizione del galleggiante. Per pressioni di esercizio elevate, la condotta è metallica e il rilevamento della posizione del galleggiante è affidato a un trasduttore di posizione magnetico.

L'errore è tipicamente pari al 2% del fondo scala; per rotametri da laboratorio può arrivare al 2% della lettura (fino a 0.5% su un *range* 4:1). La ripetibilità è tipicamente pari allo 0.25% del fondo scala. Il *range* di portata è usualmente 10:1.

6.5.3 Gilflo

Una variante del rotametro, chiamata Gilflo, è data da uno strumento ad area variabile con una molla di contrasto (Figura 6.26). La spinta dinamica del fluido è bilanciata da una molla di contrasto, non dall'azione della gravità, e lo strumento non richiede il montaggio in verticale.

Rispetto al rotametro classico, la differenza di pressione tra monte e valle non è costante ma variabile, e rappresenta il segnale utile per la misura. La curva caratteristica dello strumento dipende dalla geometria dell'otturatore. L'errore è pari all'1% della lettura tra il 5% e il 100% della portata massima; è pari allo 0.1% del fondo scala per portate tra l'1% e il 5% della portata massima. La ripetibilità è pari allo 0.25%. Il *range* di portata è 100:1. Il dispositivo, per un funzionamento corretto, richiede almeno $6D$ di condotta rettilinea a monte e $3D$ di condotta rettilinea a valle. Le prestazioni sono soggette a degradare nel tempo se la molla cambia rigidezza per invecchiamento o per attacchi chimici o elettro-chimici corrosivi.

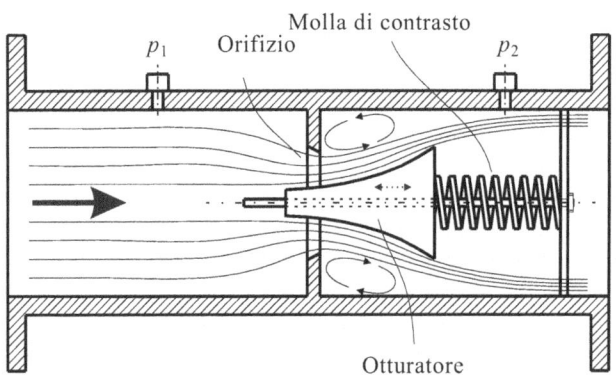

Figura 6.26 Misuratore di portata ad area e pressione differenziale variabile (Gilflo)

6.6 Misuratori classificati in base al principio fisico che ne caratterizza il funzionamento

Un'ultima categoria di misuratori sfugge a una classificazione più precisa in quanto sono variegati i principi fisici che ne caratterizzano il funzionamento.

6.6.1 Misuratori elettromagnetici

I misuratori di portata eletromagnetici (Figura 6.27) si basano sulla legge di induzione di Faraday: se una carica elettrica si muove in un campo magnetico, è soggetta a una forza che la disloca rispetto alla traiettoria iniziale.

La forza che agisce su una carica q è pari a:

$$\mathbf{F} = q\mathbf{V} \wedge \mathbf{B}, \tag{6.38}$$

$q \triangleq$ carica elettrica,
$\mathbf{V} \triangleq$ vettore velocità,
$\mathbf{B} \triangleq$ vettore campo magnetico,
$\wedge \triangleq$ operatore di prodotto vettoriale.

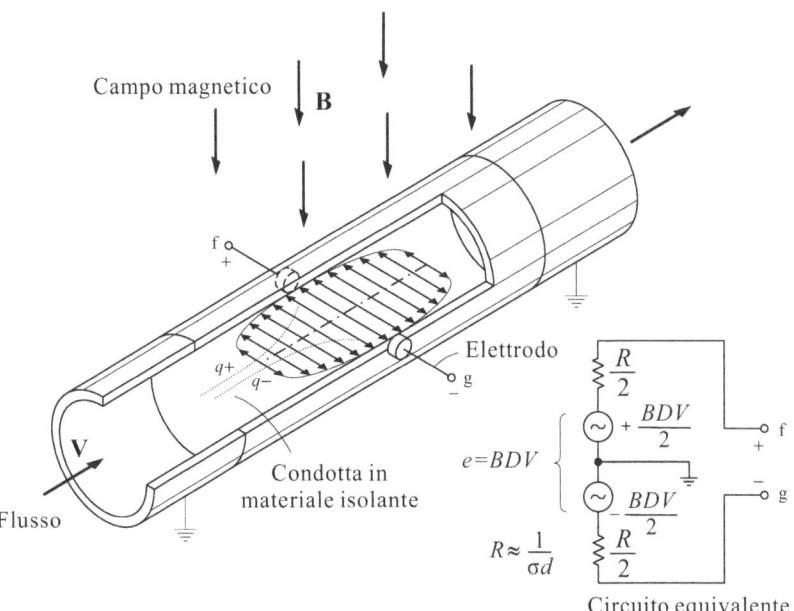

Figura 6.27 Principio di funzionamento del misuratore di portata elettromagnetico e circuito elettrico equivalente

Consideriamo una corrente di un liquido, contenente ioni, che si muove immersa in un campo magnetico. Gli ioni migrano verso gli elettrodi e generano una differenza di potenziale. Un circuito elettronico esterno misura e amplifica il segnale elettrico corrispondente. La massima differenza di potenziale si ottiene se il campo magnetico è ortogonale al vettore velocità media, ed è pari a:

$$e = BDV, \qquad (6.39)$$

$B \triangleq$ modulo del campo magnetico,
$D \triangleq$ diametro della condotta,
$V \triangleq$ modulo del vettore velocità media.

Si può dimostrare che l'espressione della differenza di potenziale e nell'equazione (6.39) è corretta anche per una distribuzione non uniforme della velocità del liquido nella condotta, purché sia assial-simmetrica.

Gli elettrodi devono essere montati su un tronco di condotta isolante e magneticamente permeabile (per esempio, in materiale plastico), estesa per alcuni diametri a monte e a valle, in modo da evitare il corto circuito con le condotte metalliche eventualmente presenti. Nonostante questi accorgimenti, circolano comunque delle correnti secondarie, estranee al circuito di misura, che riducono la differenza di potenziale nell'equazione (6.39). Il circuito è completato dalla resistenza tra gli elettrodi, funzione della conducibilità del liquido e della geometria del sistema. La resistenza tra gli elettrodi è approssimativamente pari a:

$$R = \frac{1}{\sigma d}, \qquad (6.40)$$

$R \triangleq$ resistenza tra gli elettrodi,
$\sigma \triangleq$ conducibilità del liquido,
$d \triangleq$ diametro degli elettrodi.

Per un corretto funzionamento, è necessario che la conducibilità del liquido sia superiore ad alcuni $\mu S/cm$. Più elevata è la resistenza tra gli elettrodi, maggiore deve essere l'impedenza d'ingresso dell'amplificatore. Il campo magnetico deve essere alternato, onde evitare la polarizzazione degli elettrodi. Attualmente, si preferisce un campo magnetico generato da un segnale elettrico a onda quadra, con la misura della differenza di potenziale eseguita durante il ciclo utile dell'onda. Alla fine del ciclo utile, in assenza di campo magnetico, può essere presente un segnale residuo che rappresenta uno *shift* dello zero; tale segnale viene utilizzato per correggere l'uscita del sistema durante il ciclo utile successivo.

La frequenza di taglio dello strumento è generalmente bassa (dell'ordine della frazione di Hz) e dipende anche dalla frequenza del campo magnetico. Taluni strumenti utilizzano elettrodi speciali che permettono l'uso di un campo magnetico permanente, il quale ha il vantaggio di richiedere un'elettronica più semplice, oltre a quello di avere una frequenza di taglio più elevata.

Per un corretto funzionamento dello strumento, è necessario che la differenza di potenziale tra il liquido e gli elettrodi sia limitata. Per il controllo del potenziale, è presente spesso un elettrodo guardiano di riferimento collegato a terra. Se il liquido non può essere collegato a terra perché, per esempio, si è in presenza di un sistema di protezione catodica delle condotte metalliche, lo strumento deve essere installato evitando accuratamente accumulo di cariche e deve essere alimentato con un trasformatore d'isolamento. È necessario prevenire bolle d'aria, o sedimenti depositati sugli elettrodi che, modificando le caratteristiche elettriche del circuito, ne inficierebbero il funzionamento. Talvolta, è presente un altro elettrodo che serve a individuare la condizione di tubo vuoto o la presenza di bolle d'aria nel circuito idraulico. In alcuni modelli di recente commercializzazione, è installato un misuratore di livello capacitivo che permette la misura di portata anche in condizioni di condotta parzialmente vuota; in questo caso, gli elettrodi sono disposti al fondo, in maniera tale da essere sempre sommersi.

Lo strumento è lineare per una qualunque distribuzione di velocità, purché assialsimmetrica. L'errore misurato in molti dispositivi commerciali è di circa lo 0.5% del valore letto, per velocità medie del liquido non inferiori a 20–30 cm/s. È possibile ottenere calibrazioni accurate con errore ridotto a circa lo 0.2% della lettura. La ripetibilità è circa lo 0.1% della lettura.

La portata dipende dal diametro della condotta. La velocità misurabile assume valori massimi pari a 10 m/s e il *range* può estendersi fino a 30 : 1.

6.6.2 Misuratori acustici a Ultrasuoni

Esistono due tipologie di strumenti di misura di portata a Ultrasuoni: una basata sul tempo di transito (volo) del segnale, l'altra basata sull'effetto Doppler.

6.6.2.1 Misuratori acustici basati sul tempo di volo

La celerità di propagazione di un'onda di pressione in un dominio fluido dipende dal modulo di comprimibilità cubico isoentropico del fluido e dalla densità, secondo la relazione seguente:

$$c^2 = \left.\frac{\partial p}{\partial \varrho}\right|_{s=\text{cost}} \equiv \frac{\varepsilon|_{s=\text{cost}}}{\varrho}, \tag{6.41}$$

$c \quad \triangleq$ celerità relativa dell'onda di pressione,
$p \quad \triangleq$ pressione,
$\rho \quad \triangleq$ densità,
$\varepsilon|_{s=\text{cost}} \triangleq$ modulo di comprimibilità cubico isoentropico.

La celerità assoluta di propagazione è data dalla composizione vettoriale della celerità relativa e della velocità del fluido. Se si misura il tempo necessario al segnale

Figura 6.28 Misuratore di portata a Ultrasuoni a "tempo di volo". Schema a doppio trasmettitore-ricevitore

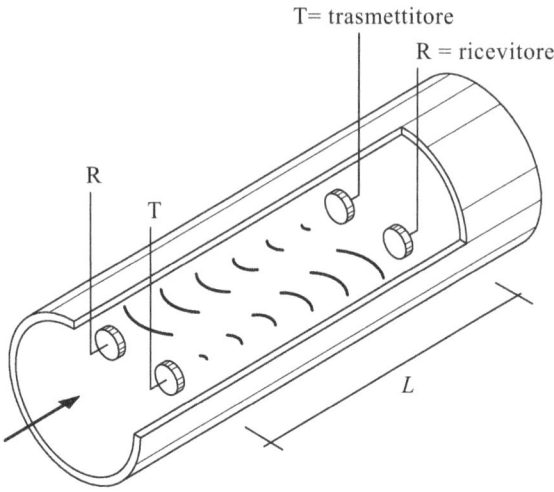

per percorrere una distanza nota, si può calcolare la velocità del fluido e, quindi, la portata. Questi i principi alla base del funzionamento del misuratore di portata a Ultrasuoni a "tempo di volo" (Figura 6.28).

Se il fluido è in quiete, nella configurazione elementare con un trasmettitore e un ricevitore a distanza L, l'intervallo di tempo tra emissione e ricezione è pari a

$$t_0 = \frac{L}{c}. \quad (6.42)$$

Se il fluido è in moto, e il percorso del segnale è parallelo all'asse della condotta, il tempo di transito aumenta, o diminuisce, a seconda del verso della velocità della corrente, ed è pari a

$$t = \frac{L}{V+c}. \quad (6.43)$$

Poiché $V \ll c$, sviluppando in serie di Taylor, risulta:

$$t = \frac{L}{c} - \frac{LV}{c^2} + o\left(\frac{V^2}{c^2}\right) \quad (6.44)$$

e, quindi,

$$t_0 - t \approx \frac{VL}{c^2}. \quad (6.45)$$

La misura della velocità dipende dalla celerità relativa di propagazione dell'onda nel mezzo. Applicando la legge di propagazione degli errori all'equazione (6.43), risulta:

$$\left|\frac{\Delta V}{V}\right| = \left|\frac{\Delta(t_0 - t)}{t_0 - t}\right| + 2\left|\frac{\Delta c}{c}\right| + \left|\frac{\Delta L}{L}\right|, \quad (6.46)$$

con un contributo dominante dell'errore nella misura della celerità c. Nella configurazione a doppio ricevitore e trasmettitore (Figura 6.28), la differenza tra i tempi di transito è pari a:

$$t_2 - t_1 = \frac{2VL}{c^2 - V^2} \approx \frac{2VL}{c^2}, \qquad (6.47)$$

con una maggiore sensibilità rispetto alla configurazione a una sola coppia trasmettitore-ricevitore. Tuttavia, l'errore nella stima della velocità ha la stessa dipendenza dall'errore nella misura della celerità c. Per eliminare la necessità di misurare c, si adotta una configurazione con due coppie di ricevitori e trasmettitori, con un secondo trasmettitore che emette l'impulso quando il ricevitore montato sullo stesso lato riceve l'impulso emesso dal primo trasmettitore. Il sistema è oscillante e ai due ricevitori si raccolgono due segnali con frequenza pari a:

$$\begin{cases} f_1 = \dfrac{1}{t_1} = \dfrac{c + V \cos\theta}{L}, \\ f_2 = \dfrac{1}{t_2} = \dfrac{c - V \cos\theta}{L}, \end{cases} \qquad (6.48)$$

$\theta \triangleq$ angolo tra il percorso della radiazione e l'asse della condotta.

La differenza tra le due frequenze è data da

$$f_1 - f_2 = \frac{2V \cos\theta}{L}, \qquad (6.49)$$

e non dipende dalla celerità c. L'elettronica permette di combinare e filtrare i due segnali per estrarre la differenza $f_1 - f_2$. Per minimizzare l'errore nella geometria degli accoppiamenti (angolo θ e distanza L), si fa uso di due soli trasduttori, uno per lato, che funzionano alternativamente da ricevitore e da trasmettitore. La portata è così esprimibile:

$$Q = \frac{k(f_1 - f_2)L\Omega}{2\cos\theta}. \qquad (6.50)$$

Il coefficiente k dipende dal profilo di velocità e assume asintoticamente valore unitario per profilo uniforme (Re $\to \infty$) e valore pari a 0.75 in regime laminare (Figura 6.29).

In teoria, lo strumento potrebbe essere molto accurato e preciso (errore pari allo 0.1% della lettura); in pratica, si commette un errore rilevante nella misura dei tempi a causa della celerità di propagazione degli Ultrasuoni non uniforme per effetto di variazioni di densità del mezzo fluido.

La celerità di propagazione non uniforme comporta anche dei fenomeni di rifrazione del fascio sonico che modificano il percorso delle onde e generano un ulteriore errore nella misura. La dispersione angolare del fascio sonico deve essere adeguatamente controllata: un fascio sonico troppo focalizzato può mancare il ricevitore a causa di fenomeni di rifrazione; un fascio sonico molto disperso, invece, può dar

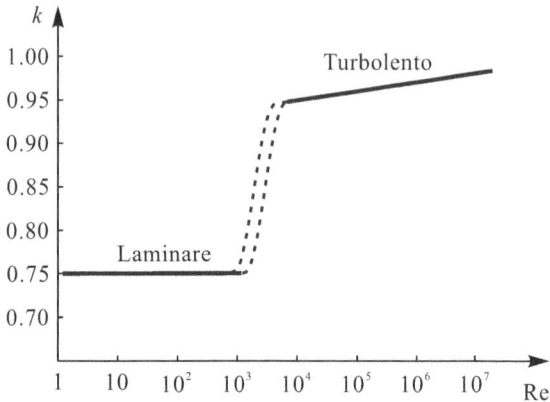

Figura 6.29 Variazione del coefficiente k al variare del numero di Reynolds (in Omega, [10])

luogo a riflessioni multiple sulle pareti della condotta, aumentando anche il rumore. Con la tecnologia digitale attualmente disponibile, il segnale viene modulato così da permettere di discriminare la componente diretta da quella riflessa dalle pareti. Alla dipendenza dalla forma del profilo di velocità, si può ovviare utilizzando differenti percorsi del segnale (Figura 6.30) e mediando il risultato.

Per un corretto funzionamento dello strumento, il fluido non deve contenere bolle d'aria o sedimenti in concentrazione significativa, così da limitare l'assorbimento e la dispersione del fascio ultrasonico. Attualmente sono disponibili degli strumenti 'intelligenti', in grado di misurare portate volumetriche di fluidi senza particelle in sospensione, oppure di fanghi e fluidi di altra natura. Un software di analisi rivela la natura del fluido sulla base della correlazione dell'eco. In configurazione estremamente controllata, l'incertezza dello strumento è pari allo 0.5% della lettura.

Lo strumento in esame è disponibile anche nella versione esterna, da agganciare a condotte esistenti senza intervenire materialmente sul circuito idraulico (*clamp-on*); in tal caso, i trasduttori vengono posizionati all'esterno della condotta, talvolta con gel interposto tra la sonda e la superficie esterna per ottimizzare gli accoppia-

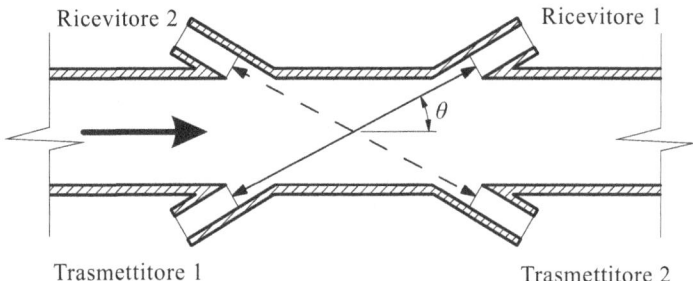

Figura 6.30 Misuratore di portata ad Ultrasuoni a "tempo di volo". Schema a doppio trasmettitore-ricevitore con percorsi incrociati

menti d'impedenza. Le pareti della condotta devono avere caratteristiche soniche tali da permettere alle onde di penetrare nel mezzo fluido e di attraversarlo con un rapporto S/N sufficientemente elevato. Nella maggior parte dei casi, la presenza di aria tra il trasduttore e la superficie esterna della parete, la presenza di intrusioni a elevata impedenza sonica nella parete della condotta, la semplice stratificazione di aria-parete-fluido, generano fenomeni di rifrazione, riflessione e dissipazione che aumentano in maniera significativa l'incertezza dello strumento. In tali condizioni, l'errore di misura può superare il 15%.

In condizioni controllate, l'incertezza è tipicamente variabile dall'1% al 5% del fondo scala. Il misuratore richiede un tratto di condotta rettilineo a monte da 5 a 30 diametri, non genera perdite di carico addizionali, è insensibile alla viscosità e ha un *range* di portata 20 : 1.

6.6.2.2 Misuratori acustici basati sull'effetto Doppler

Una particella in movimento, investita da una radiazione, riflette la radiazione con uno *shift* di frequenza che dipende dalla sua velocità relativa e dall'angolo di incidenza della sua traiettoria rispetto al raggio d'onda. Lo strumento in Figura 6.31 misura la velocità delle particelle trasportate dal fluido o, in generale, la velocità di oggetti caratterizzati da diversa impedenza sonica rispetto al fluido (per esempio, la velocità dei vortici, se presenti).

La portata è espressa come segue:

$$Q = \frac{\Omega c f_D}{2f \cos \theta}, \qquad (6.51)$$

$Q \triangleq$ portata volumetrica,
$c \triangleq$ celerità di propagazione degli Ultrasuoni nel fluido,
$f_D \triangleq$ frequenza Doppler,
$f \triangleq$ frequenza della portante,
$\theta \triangleq$ angolo di incidenza del raggio d'onda.

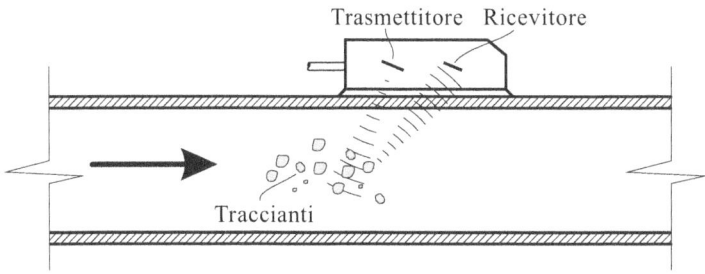

Figura 6.31 Misuratore di portata a Ultrasuoni a effetto Doppler (modello *clamp-on*)

Lo strumento può essere usato anche per misure di portata di fanghi o fluidi contenenti particelle in sospensione, purché la potenza sia sufficiente a compensare la dissipazione (proporzionale alla densità del mezzo e alla frequenza della portante). L'incertezza, per i modelli *clamp-on*, varia dall'1% al 5% del fondo scala. Qualche problema di ripetibilità è dovuto al fatto che non sempre sono presenti particelle in concentrazione sufficiente a riflettere il fascio sonico.

6.6.3 Misuratori a generazione di vortici

In un misuratore di portata a generazione di vortici (Figura 6.32), un corpo immerso nella corrente rilascia una scia di vortici a valle, la scia di von Kármán. La frequenza dei vortici dipende dal numero di Reynolds e può essere misurata con dei sensori di pressione, o degli *strain gages* che rilevano le oscillazioni indotte dalle forze trasversali (forze di Kutta-Joukowski) generate dai vortici.

La generazione dei vortici è un fenomeno complesso e il misuratore richiede calibrazione. Dall'analisi teorica, risulta che

$$\frac{L}{TV} = f(\text{Re}), \tag{6.52}$$

$L \triangleq$ lunghezza scala del generatore di vortici,
$T \triangleq$ periodo di generazione dei vortici,
$V \triangleq$ velocità della corrente,
$\text{Re} \triangleq$ numero di Reynolds.

Il gruppo adimensionale $L/(TV)$ è il numero di Strouhal, sperimentalmente costante per numeri di Reynolds tra 30 000 e 100 000. La velocità della corrente e la frequenza dei vortici (pari a $1/T$) variano linearmente in questo *range*. Per ottimizzare il processo, il generatore di vortici deve avere dei bordi a spigolo vivo e facce orientate in modo da separare la corrente.

Il vantaggio principale di uno strumento a generazione di vortici è costituito dal *range* di portata elevato, fino a 100 : 1. Lo strumento è molto sensibile ai disturbi da monte e richiede un tratto di condotta rettilineo pari a $25D$, se il disturbo è generato da una curva, fino a $50D$, se il disturbo è generato da una valvola parzialmente chiusa. Il fluido deve essere preferibilmente privo di particelle in sospensione. L'incertezza dello strumento è tipicamente pari all'1% della portata misurata (in taluni casi fino allo 0.8%); la ripetibilità è pari allo 0.2% della portata misurata. La perdita di carico è piuttosto elevata. Nella selezione delle caratteristiche geometriche dello strumento è necessario verificare che, nelle condizioni di misura, non si generi cavitazione.

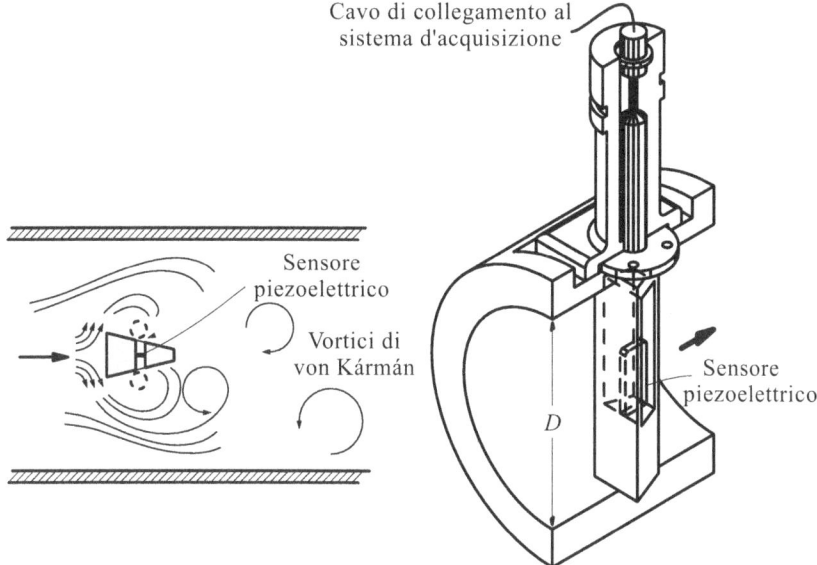

Figura 6.32 Misuratore di portata a generazione di vortici

6.6.3.1 Misuratore a precessione di vortice

In un misuratore di portata a precessione di vortice, il fluido in moto assiale incontra un sistema di palette fisse che orientano il flusso e generano un vortice (Figura 6.33). Il vortice è confinato in una sezione convergente seguita da una sezione divergente ed è animato da una rotazione secondaria (precessione) a causa del formarsi di una regione di ricircolo. La frequenza della precessione, misurata da un sensore piezoelettrico o di altra natura, è proporzionale alla portata. Il fattore di calibrazione è sostanzialmente indipendente dal numero di Reynolds.

L'incertezza è pari allo 0.5% della lettura, la riproducibilità è pari allo 0.2% della lettura. Il *range* di portata è 25 : 1.

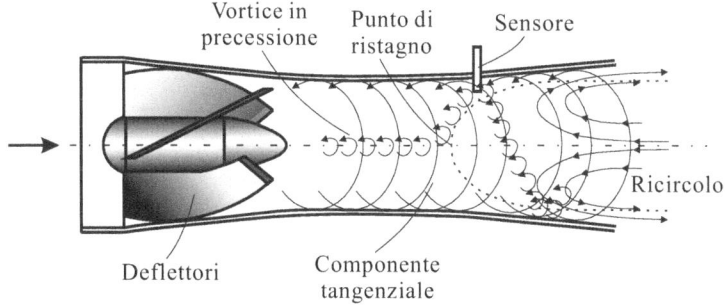

Figura 6.33 Principio di funzionamento di un misuratore di portata a precessione di vortice

6.6.4 Misuratori a effetto Coanda

Il principio di funzionamento di questi misuratori si basa sulla instabilità trasversale di un getto di fluido. Il fluido viene immesso in una camera di calma dalla quale, tramite un boccaglio, fuoriesce accelerato. Il getto che si forma va a incidere su un ostacolo posto nella camera adiacente alla camera di calma, denominata camera di oscillazione o di risonanza. L'incidenza sull'ostacolo genera delle zone di ricircolo nelle quali la pressione si riduce. Il formarsi delle zone di ricircolo è favorito dall'effetto Coanda, che induce il fluido a seguire la curvatura delle pareti. Il campo di moto è instabile e tale da formare una zona di ricircolo oscillante alternativamente da un lato all'altro del getto (Figure 6.34 e 6.35).

Le oscillazioni sono registrate da due sensori termici o di pressione. Il misuratore è privo di parti mobili e la sua caratteristica dipende dalla forma della camera di oscillazione.

Vi è una forte analogia tra il misuratore di portata a generazione di vortici e il misuratore di portata a effetto Coanda, ed è possibile ottenere l'uno dall'altro con una trasformazione isomorfa. Il diametro massimo della condotta è limitato a 100 mm poiché diametri maggiori darebbero luogo a un'oscillazione con frequenza troppo bassa e conseguente limitata risoluzione. L'incertezza è pari al 2% della lettura e il *range* di portata è maggiore di 10 : 1. Lo strumento è sensibile ai disturbi da monte e, per un funzionamento ottimale, richiede dei dispositivi di regolarizzazione del flusso.

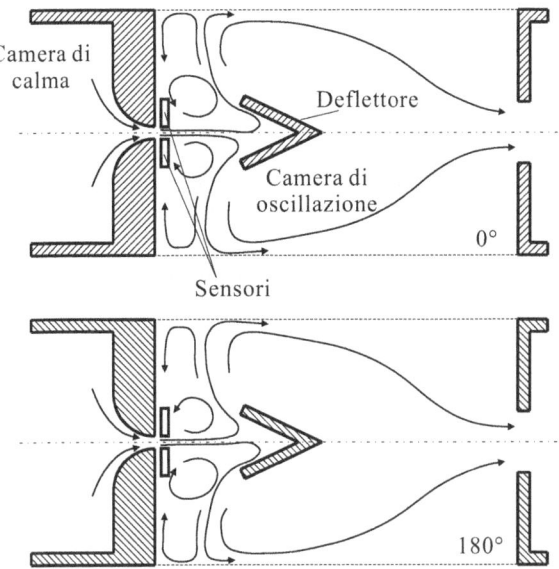

Figura 6.34 Principio di funzionamento del misuratore a effetto Coanda

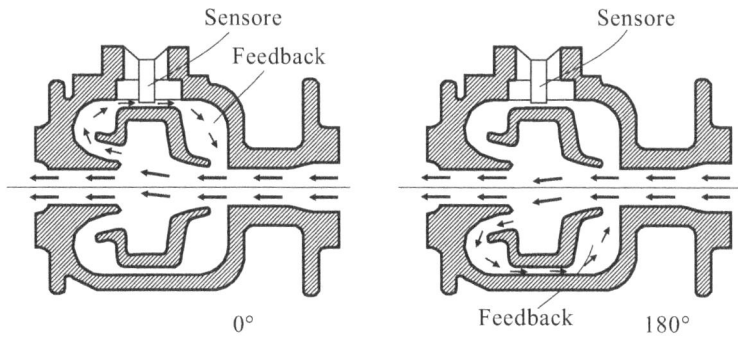

Figura 6.35 Misuratore commerciale a effetto Coanda. Campo di moto a 0° e a 180°

6.6.5 Misuratori a scintillazione acustica

Il misuratore a scintillazione acustica (*Acoustic Scintillation Flow Meter*, ASFM) sfrutta alcune caratteristiche della turbolenza del campo di moto.

Il sistema prevede due trasduttori da un lato della condotta e due trasduttori dall'altro (Figura 6.36). Se la distanza tra le coppie di trasduttori è piccola, le strutture coerenti della turbolenza mantengono la loro individualità; la correlazione del segnale permette di calcolare il ritardo temporale Δt con il quale tali strutture vengono rivelate. Nota la distanza tra i trasduttori, il calcolo della velocità è immediato. Il termine "scintillazione" indica le variazioni di intensità della turbolenza.

Lo strumento si presta molto bene a misure di portata in condizioni difficili, quali, per esempio, all'imbocco degli impianti idroelettrici. La precisione è pari allo 0.5%, l'accuratezza è più limitata, con un *bias* negativo dell'1% − 2%, talvolta anche più elevato.

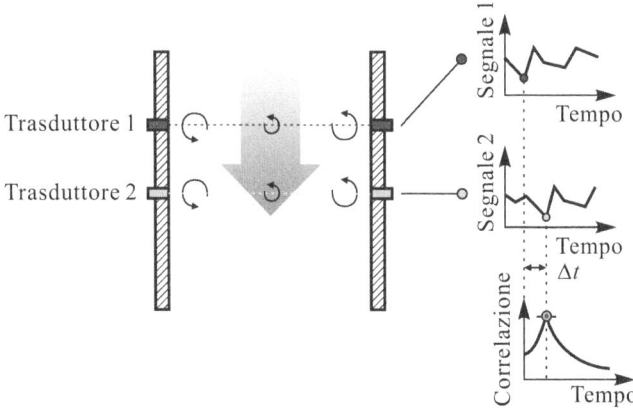

Figura 6.36 Schema di principio di funzionamento del misuratore di portata a scintillazione acustica

6.7 Misuratori di portata massica

La misura della portata massica si esegue: a) misurando separatamente la portata volumetrica e la densità del fluido (misura *indiretta*); b) usando uno strumento legato a un principio di funzionamento che conduce direttamente alla misura.

Tutti gli strumenti di misura della portata volumetrica fin qui descritti permettono una stima indiretta della portata massica; nei paragrafi seguenti analizzeremo alcuni strumenti per la misura diretta della portata massica.

6.7.1 Misuratore di Coriolis

Lo strumento classico per la misura di portata massica è il misuratore di Coriolis (Figura 6.37). Tale strumento è stato concepito già da molti decenni, ma solo ultimamente la tecnologia ha permesso di realizzarlo garantendo risultati soddisfacenti anche in ambienti di misura difficili.

Se una condotta nella quale si muove del fluido viene posta in rotazione a flessione a un'estremità, nel sistema di riferimento relativo è presente un'accelerazione apparente pari a $2\omega \wedge \mathbf{V}$ (accelerazione di Coriolis), diretta ortogonalmente al piano individuato dal vettore di rotazione angolare ω e dalla velocità $\mathbf{V}$. Lo stesso risultato si ottiene se la condotta viene fatta oscillare.

Rispetto alla variabile spostamento verticale, il sistema è riconducibile a uno schema del 2° ordine. Per ridurre l'energia necessaria, la vibrazione viene impressa con una frequenza prossima alla frequenza di risonanza. La forza apparente che agisce su un tratto di condotta di lunghezza dx e area della sezione trasversale A, è pari a $dF = 2\omega V \rho A dx$. Con ω e $\mathbf{V}$ ortogonali, la coppia elementare intorno all'asse di rotazione è pari a

$$dM = 4b\omega V \rho A dx, \quad (6.53)$$

$b \triangleq$ braccio della coppia,
$\omega \triangleq$ velocità di rotazione angolare.

Integrando, risulta:

$$M = \int_0^L dM = \int_0^L 4b\omega V \rho A dx = 4b\omega Q_m L, \quad (6.54)$$

$Q_m \triangleq$ portata massica.

Se ω varia sinusoidalmente, anche la coppia M varia sinusoidalmente quando la portata massica è costante.

Nella configurazione a condotta a U, in assenza di flusso, il movimento dei due tubi è sincrono simmetrico. In presenza di flusso, il movimento diventa asimmetrico con asimmetria che dipende dalle caratteristiche meccaniche del dispositivo e dalla portata massica. Due sensori (s_1 e s_2 in Figura 6.37) rilevano la posizione dei tubicini e misurano lo sfasamento.

6.7 Misuratori di portata massica

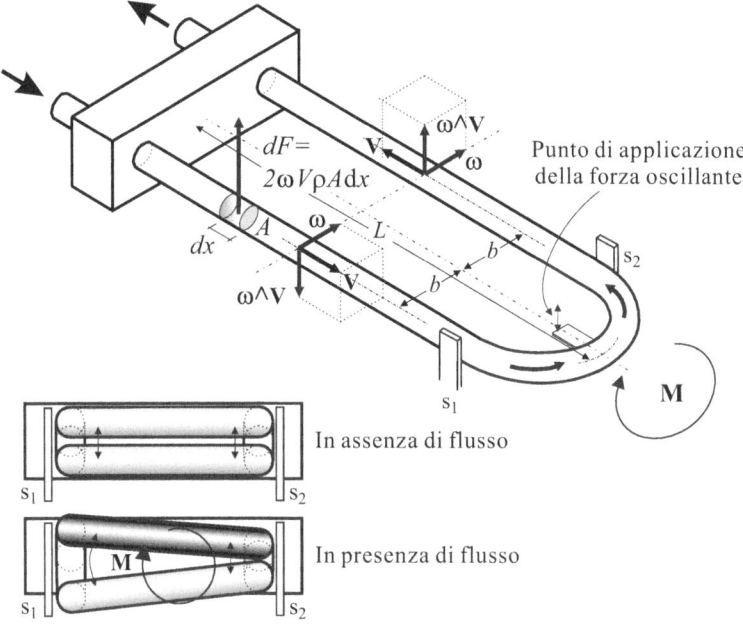

Figura 6.37 Misuratore di portata massica di Coriolis

Considerando la variabile rotazione, il sistema è ancora del 2° ordine, ma viene realizzato in modo che la frequenza di risonanza sia molto maggiore della frequenza indotta dalla forza di Coriolis. Quindi, la rotazione conseguente all'applicazione della coppia M si riduce, di fatto, alla sola componente statica ed è pari a:

$$\theta = \frac{4b\omega Q_m L}{K_r}, \qquad (6.55)$$

$K_r \triangleq$ rigidezza torsionale del sistema.

I due sensori registrano il passaggio dei due tubicini con uno sfasamento temporale pari a

$$\Delta t \approx \frac{2b\theta}{L\omega}. \qquad (6.56)$$

Combinando l'equazione (6.55) e l'equazione (6.56), risulta:

$$\Delta t \approx \frac{8b^2 Q_m}{K_r}. \qquad (6.57)$$

Lo sfasamento temporale è proporzionale alla portata massica. In assenza di flusso, lo strumento permette di misurare la densità del fluido. In quest'ultima configurazione sono stati commercializzati densimetri con accuratezza fino alla settima cifra decimale.

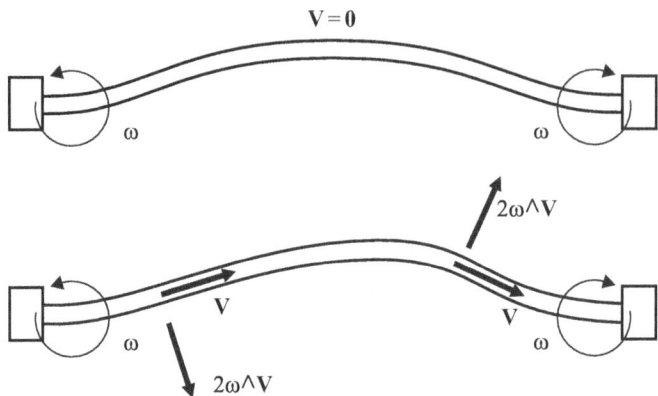

Figura 6.38 Misuratore di portata massica di Coriolis a unica condotta rettilinea

Risultato analogo si ottiene con un unico tubicino rettilineo, posto in oscillazione intorno alle due estremità, con verso contrario della rotazione (Figura 6.38). In assenza di flusso, il tubicino si deforma simmetricamente, mentre in presenza di flusso la deformata è asimmetrica.

In entrambi gli schemi analizzati, la forza di Coriolis è molto piccola e gli spostamenti, in corrispondenza dei sensori, non superano i centesimi di millimetro per una portata pari alla portata massima. Per questo è necessario il rilevamento degli spostamenti con un errore piccolissimo e con sofisticata tecnologia dai costi elevati. L'incertezza globale dello strumento è pari allo 0.1%–2% su un *range* 100:1. I misuratori a tubicino rettilineo hanno un *range* di portata massimo 50:1 e un'incertezza maggiore rispetto a quelli a tubo curvo. Alle portate inferiori, l'errore di *shift* dello zero risulta significativo.

6.7.2 Misuratori basati sul momento angolare della quantità di moto

Consideriamo una turbina in grado di modificare il momento angolare della quantità di moto del fluido (Figura 6.39). La coppia che è necessario applicare, in regime stazionario, è pari a

$$M = Q_m(V_{tu}r_u - V_{ti}r_i), \qquad (6.58)$$

$Q_m \triangleq$ portata massica,
$V_{ti} \triangleq$ velocità tangenziale del fluido in ingresso,
$r_i \triangleq$ raggio medio all'ingresso,
$V_{tu} \triangleq$ velocità tangenziale del fluido in uscita,
$r_u \triangleq$ raggio medio all'uscita.

6.7 Misuratori di portata massica

Figura 6.39 Principio di funzionamento di un misuratore di portata massica basato sul bilancio di momento angolare della quantità di moto

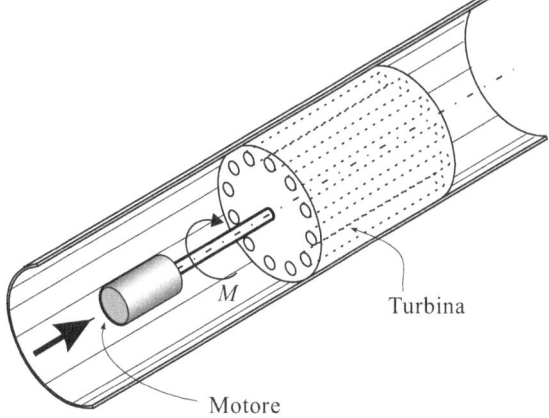

Se la velocità tangenziale in ingresso è nulla, risulta:

$$M = Q_m \omega r_u^2, \tag{6.59}$$

$\omega \triangleq$ velocità di rotazione angolare.

Di norma, si applica una coppia costante e si misura la velocità di rotazione angolare, inversamente proporzionale alla portata massica.

Una variante è data da un sistema a girante e turbina ancorata a una molla di contrasto (Figura 6.40).

La girante ruota a velocità costante e trasferisce al fluido momento angolare della quantità di moto. La turbina ancorata è investita dal vortice e, in presenza di una molla di contrasto, ruota di un angolo pari a:

$$\theta = M/K_r, \tag{6.60}$$

$K_r \triangleq$ rigidezza torsionale della molla.

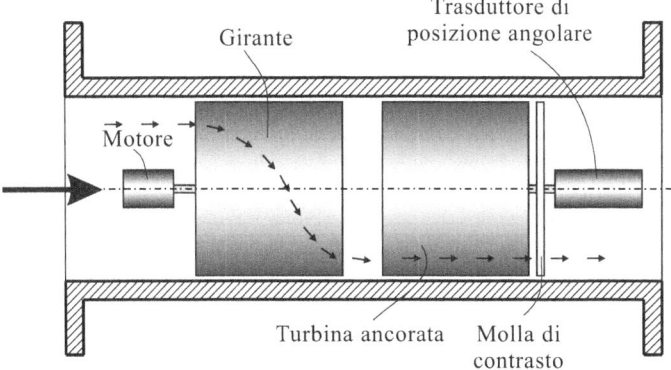

Figura 6.40 Misuratore di portata massica a girante e turbina ancorata

L'angolo di rotazione della turbina ancorata, letto da un trasduttore di posizione angolare, risulta linearmente proporzionale alla portata massica

$$\theta = Q_m \omega r_i^2 / K_r. \qquad (6.61)$$

6.7.3 Misuratori termici

La potenza termica assorbita da una corrente di un fluido è proporzionale alla portata massica. Sulla base di questo principio, è possibile realizzare uno strumento di misura della portata massica, trasferendo alla corrente una potenza termica costante e misurando la variazione di temperatura del fluido. In alternativa, si può misurare la potenza termica necessaria per mantenere costante la temperatura della sorgente (Figura 6.41). La portata massica è pari a:

$$Q_m = \frac{KW}{c_p \Delta T}, \qquad (6.62)$$

$K \triangleq$ costante dello strumento,
$W \triangleq$ potenza termica trasferita,
$c_p \triangleq$ calore specifico a pressione costante del fluido,
$\Delta T \triangleq$ variazione di temperatura del fluido.

Il principio di funzionamento è molto simile a quello su cui si basa l'anemometro a filo (o film) caldo.

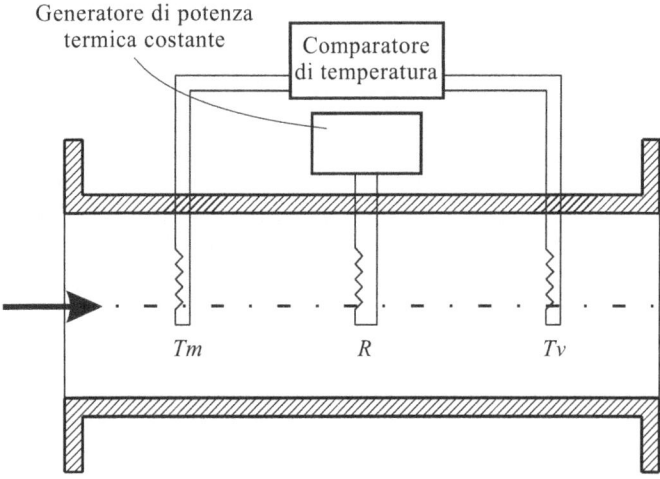

Figura 6.41 Principio di funzionamento di un misuratore termico di portata massica

La potenza termica trasferita al fluido è pari alla potenza elettrica necessaria per riscaldare una resistenza. La temperatura viene misurata a monte e a valle, rispetto alla sorgente, a distanza sufficientemente grande da garantire un completo mescolamento del fluido nella sezione. Il fluido deve essere omogeneo per garantire un valore uniforme del calore specifico. L'incertezza è pari all'1–2% del fondo scala e il *range* di portata può raggiungere 100 : 1.

6.8 Criteri di scelta del misuratore di portata

Nella selezione del misuratore di portata più adatto per un impianto, intervengono numerosi fattori, tra i quali si elencano di seguito i più importanti:

a) caratteristiche del fluido e del campo di moto, perdita di carico ammissibile, densità, conducibilità elettrica, viscosità minima e massima, presenza di sedimenti o di gas con attitudine a separarsi in bolle;
b) pressione minima e massima, temperatura minima e massima, grado di riempimento della condotta, possibilità di inversione del flusso;
c) presenza di campi magnetici o impianti soggetti a vibrazioni, classificazione dell'area (non pericolosa, pericolosa, con rischio di esplosioni, con particolari requisiti sanitari);
d) portata minima e massima da misurare;
e) errore ammissibile (alla portata minima, alla portata media e alla portata massima).

È importante, altresì, tener conto del livello di specializzazione del personale addetto alla gestione e alla manutenzione degli strumenti: gli strumenti intrinsecamente più accurati e precisi richiedono una particolare attenzione per evitare che gli errori dovuti all'operatore, oppure una scarsa manutenzione, diventino il fattore limitante dell'errore globale della misura. Ai fini dell'economia globale dell'impianto, il costo delle apparecchiature è probabilmente il fattore meno rilevante rispetto, per esempio, alle perdite di carico dovute allo strumento. Una potenza dissipata di pochi kW si traduce in un maggior costo annuo pari o superiore al prezzo dello strumento.

A livello indicativo, si riporta la Tabella 6.1, nella quale si confrontano alcune caratteristiche significative degli strumenti analizzati.

6.9 La calibrazione dei misuratori di portata

Le operazioni di calibrazione e taratura degli strumenti misuratori di portata sono essenziali per garantire un uso corretto e una misura esatta nel tempo. La calibrazione dei misuratori di portata volumetrica può essere eseguita per via indiretta, misurando il peso del fluido in transito nella condotta e, quindi, nel misuratore, durante un certo intervallo di tempo, oppure per via diretta, misurando il volume in transito in un fissato intervallo di tempo.

Tabella 6.1 Confronto tra i misuratori di portata (FS = fondo scala, L = lettura)

Descrizione	Diametro della condotta	Errore	Re, v, μ	Range	Tratto di condotta rettilineo in D (monte/valle)
Venturimetro	> 50 mm	0.5–2% FS	> 75 000	3 : 1 (10 : 1)	15/5
Diaframma	> 40 mm	1–4% FS	> 10 000	3 : 1 (10 : 1)	20/5
Boccaglio	> 50 mm	1–2% FS	> 50 000	3 : 1 (10 : 1)	20/5
Misuratore a diaframma conico	> 100 mm	0.5% FS	> 500	3 : 1 (10 : 1)	20/5
Misuratore a cono coassiale	12–1800 mm	0.5–1% L	8000–5 · 10^6	3 : 1–15 : 1	2/5
Misuratore a Pitot	> 75 mm	3–5% FS	> 10^5	3 : 1 (10 : 1)	30/5
Misuratore a gomito	> 50 mm	5–10% FS	> 10^4	3 : 1 (10 : 1)	25/10
Misuratore laminare	6–400 mm	1% L	< 500	10 : 1	15/5
Misuratore a turbina	6–600 mm	0.5% L	> 5000, < 15 mm^2/s	20 : 1	15/5
Misuratore a disco nutante	–	2% L	–	–	–
Misuratore a palette rotanti	–	0.5% L	–	–	–
Misuratore a cilindri e pistoni	–	0.5% L	–	–	–
Misuratore a ingranaggi (o a lobi)	–	0.5% L	–	–	–
Misuratore a doppia elica	–	0.2% L	–	> 10 : 1	–
Misuratore a bersaglio	> 12 mm	0.5–5% FS	> 100	15 : 1	20/5
Misuratore elettromagnetico	2.5–1800 mm	0.5% L	> 4500	30 : 1 (100 : 1)	5/3
Rotametro	< 75 mm	1% L	< 100 mm^2/s	10 : 1	–
Gilflo	< 75 mm	1% L	< 100 mm^2/s	10 : 1	–
Misuratore a Ultrasuoni	> 12 mm	1% L a 5% FS	> 10^4 (4000)	20 : 1 (10 : 1)	20/5
Misuratore a generatore di vortici	40–400 mm	0.75–1.5% L	> 10^4, < 30 · 10^{-3} Pa s	> 10 : 1	20/5
Misuratore a precessione di vortice	< 400 mm	0.5% L	> 10^4, < 5 · 10^{-3} Pa s	25 : 1	3/3
Misuratore a effetto Coanda	40–100 mm	2% L	> 2000, < 80 mm^2/s	> 10 : 1	20/5
Misuratore di Coriolis	6–150 mm	0.15–10% L	–	20 : 1	–

6.9 La calibrazione dei misuratori di portata

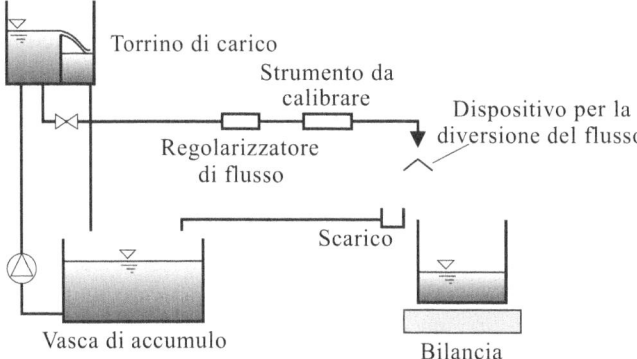

Figura 6.42 Circuito idraulico per la calibrazione statica di un misuratore di portata

L'apparato di calibrazione deve essere in grado di: a) generare e mantenere una portata costante durante tutta la prova; b) misurare con errore limitato il peso o il volume di fluido transitato; c) controllare adeguatamente il tempo di transito; d) fissare o determinare accuratamente le caratteristiche del fluido; e) garantire l'eliminazione dei disturbi del flusso di tipo sistematico o accidentale.

La misura del volume o del peso del fluido può avvenire in condizioni statiche, facendo funzionare il circuito idraulico per un certo intervallo di tempo ed eseguendo le misure sul volume o sulla massa accumulata (Figura 6.42), oppure in condizioni dinamiche, pesando il fluido in una vasca temporanea di accumulo (Figura 6.43). Entrambi i metodi sono standardizzati dalle ISO DIS 8316 [6], dalle ANSI/ASME MFC-9M [1] e dalle ISO 4185 [5].

Nella misura del peso in condizioni statiche, è importante realizzare un dispositivo deviatore del flusso che sia in grado di alimentare la vasca di misura a un istante fissato. Lo stesso deviatore permetterà di deviare il flusso allo scarico al termine della misura.

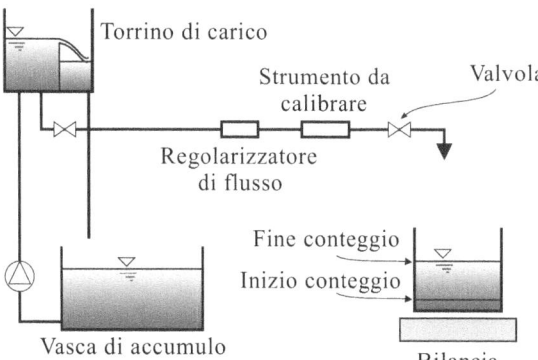

Figura 6.43 Circuito idraulico per la calibrazione dinamica di un misuratore di portata

Nella misura del peso in condizioni dinamiche, il conteggio del tempo comincia quando il peso indicato dalla bilancia supera una soglia prefissata, e termina quando il peso raggiunge una seconda soglia. È necessario predisporre dei dispositivi che minimizzino il flusso di quantità di moto in ingresso, per esempio, rompendo il getto. In fase di calibrazione, si adottano dei coefficienti correttivi per includere l'azione dinamica residua, in funzione della massa già accumulata nella vasca.

La progettazione e l'esecuzione dei circuiti di calibrazione richiede cura e attenzione a garanzia di una elevata accuratezza e precisione.

Analizziamo ora un circuito di calibrazione statica basato sulla misura di volume. Supponiamo di avere una vasca di misura con un volume utile di 10 m^3. Il dispositivo deviatore, di tipo meccanico, è in grado di garantire la determinazione degli istanti di inizio e fine dell'immissione con una precisione assoluta di 1/50 s. Con una portata di 150 l/s la vasca si riempie in 67 s circa. Se la vasca è cilindrica e ha area della sezione trasversale pari a 5 m^2 ± 0.01%, e se il livello si può determinare con un errore di ±0.1 mm, l'errore relativo nella misura della portata è dato da:

$$\left|\frac{\Delta Q}{Q}\right| = \left|\frac{\Delta A}{A}\right| + \left|\frac{\Delta h}{h}\right| + 2\left|\frac{\Delta t}{t}\right|, \qquad (6.63)$$

$Q \triangleq$ portata volumetrica,
$A \triangleq$ area della sezione trasversale della vasca,
$h \triangleq$ altezza dell'acqua nella vasca,
$t \triangleq$ tempo.

Nel caso in esame, risulta

$$\left|\frac{\Delta Q}{Q}\right| = 0.01\% + 0.005\% + 0.03\% = 0.045\%. \qquad (6.64)$$

L'errore maggiore è dovuto all'azionamento del deviatore di flusso.

Se la misura viene eseguita per pesata, è necessario includere la spinta di Archimede, che varia tra lo 0.1% e lo 0.2% del peso in base alla densità dell'aria e del fluido. Un altro errore significativo è quello relativo alla misura della densità del fluido, variabile tra lo 0.002% e lo 0.1%, in base alla tecnica adottata. L'errore relativo nella misura della portata è pari a:

$$\left|\frac{\Delta Q}{Q}\right| = \left|\frac{\Delta P}{P}\right| + \left|\frac{\Delta \rho}{\rho}\right| + 2\left|\frac{\Delta t}{t}\right|, \qquad (6.65)$$

$P \triangleq$ peso del volume fluido accumulato,
$\rho \triangleq$ densità del fluido.

Assumendo un errore nella stima del peso pari a 0.025% e un errore nella stima della densità pari a 0.03%, risulta

$$\left|\frac{\Delta Q}{Q}\right| = 0.025\% + 0.03\% + 0.03\% = 0.085\%. \qquad (6.66)$$

Con entrambe le tecniche (misura volumetrica e pesata), la manovra di deviazione della portata non modifica le condizioni di flusso nella condotta adduttrice e, quindi, non disturba lo strumento da calibrare.

6.10 Standard di calibrazione e tracciabilità

La valenza commerciale degli strumenti fin qui descritti, richiede l'applicazione di tecniche di calibrazione codificate e la *tracciabilità* della calibrazione. Il concetto di *tracciabilità* della calibrazione si presta a numerose definizioni.

La *tracciabilità* è la capacità di dimostrare che un particolare strumento, o una specifica procedura, sono stati calibrati da un ente di riferimento, nazionale o internazionale, a intervalli di tempo accettabili, ovvero sono stati calibrati con riferimento ad altri strumenti o procedure con una catena che, in ultimo, si riconduce a un ente di riferimento.

La *tracciabilità* è la capacità di rapportare una misura a degli standard nazionali o internazionali, con un processo anche sequenziale di confronto, senza soluzione di continuità, con strumenti o tecniche che si riconducono a quegli standard.

La *tracciabilità* è la capacità di esprimere il risultato di una misura in termini di unità definite sulla base di campioni standard di riferimento, nazionali o internazionali.

La *tracciabilità* di una misura, o di un processo di misura, è garantita se si dimostra scientificamente che la misura, ottenuta per confronto con standard convenzionali o naturali, è affetta da errori quantificati.

In alcune di queste definizioni, proposte da Belanger [3], si fa riferimento agli strumenti e alla loro calibrazione. In altre, si fa riferimento ai risultati della misura. Questa distinzione tra l'attività, i mezzi e i risultati, porta alla qualifica di *tracciabilità statica* per i primi e di *tracciabilità dinamica* per questi ultimi. Da notare che la tracciabilità non è sinonimo di accuratezza e precisione dello strumento o della misura, ma è solo garante della ricostruibilità della stima della misura e dell'errore della stima.

Per *tracciabilità statica* si intende l'insieme di tutte quelle attività necessarie che lo sperimentatore deve svolgere per quantificare il comportamento di tutti gli apparati del sistema di misura. Dalla definizione di tracciabilità statica sono escluse tutte le attività che permettono di quantificare, per il caso in esame, l'errore dovuto alla geometria del flusso e l'errore dovuto all'operatore.

Analiziamo il processo di calibrazione di un misuratore di portata volumetrica. Normalmente, si misura il volume di fluido che transita attraverso il misuratore in un intervallo di tempo fissato. Il volume viene accumulato in delle vasche, con un dispositivo deviatore che, a istanti controllabili, indirizza il flusso verso le vasche o lo interrompe. Un'attività necessaria consiste nel calibrare le vasche con fluido a densità standard. Un'altra attività necessaria consiste nel calibrare i dispositivi di temporizzazione.

Per *tracciabilità dinamica* si intende l'insieme di tutte quelle attività che permettono di qualificare e quantificare gli effetti dei fattori di disturbo sulla misura. I fattori di disturbo devono essere ricercati nello schema di misura e nella disposizione degli strumenti, nelle condizioni ambientali durante i test, nell'operatore, nelle procedure di elaborazione dei dati grezzi.

La tracciabilità dinamica viene normalmente garantita da un protocollo. Ogni protocollo, oltre a fornire una chiara identificazione delle limitazioni del metodo di misura e una chiara descrizione dei fattori che rendono incerta la stima, deve anche fornire le linee guida sulle procedure da adottare quando sono richieste accuratezze elevate; inoltre, deve indicare le procedure più semplici per eseguire una misura e fornire i mezzi per controllare periodicamente la qualità del processo di misura. Tutto ciò porta a quantificare l'errore della stima di tutto il processo di misura e a dare prova sulla corrispondenza tra bontà effettiva della misura e specifiche della stessa; porta, inoltre, a una valutazione dell'intero processo di misura, includendo operatori, condizioni ambientali, e tutto ciò che dovesse influire.

La distinzione tra una procedura ordinaria di calibrazione e una procedura che segue un protocollo, consiste essenzialmente nel fatto che, in una procedura ordinaria, lo strumento o la misura vengono calibrati per confronto con uno standard (fornito da un ente nazionale o internazionale), in una procedura con protocollo, tutto il laboratorio, inclusi gli operatori, viene 'calibrato' per confronto con uno standard. La procedura di calibrazione del laboratorio è permanente e ciclica; si avvale del *data base* ottenuto dalle precedenti calibrazioni e porta all'*accreditamento* del laboratorio.

6.11 Accreditamento di un laboratorio

Una laboratorio *accreditato* è un laboratorio che certifica le misure seguendo dei protocolli. L'accreditamento di un laboratorio non può essere erogato da un unico laboratorio sovrano o da un ente a ciò preposto, ma dovrebbe generarsi da un programma permanente di attività di una rete di laboratori che operano congiuntamente, così da escludere l'autoreferenziazione del singolo laboratorio. Supponiamo, per esempio, di volere accreditare il sistema di alimentazione idraulica che verrà utilizzato nei laboratori per calibrare un misuratore di portata. Un laboratorio (spesso è un ente nazionale) si incarica di calibrare uno strumento semplice e affidabile per l'uso. L'affidabilità della calibrazione viene aumentata calibrando contemporaneamente due strumenti in serie. Se gli strumenti sono identici (cioè, stesso produttore, stesso principio di funzionamento, stesse dimensioni e prestazioni), le misure fornite sono generalmente in un rapporto molto prossimo all'unità. Se, nel tempo, il rapporto tra le misure ricade al di fuori di una banda di tolleranza del valore atteso, presumibilmente qualcosa ha modificato il funzionamento di uno dei due misuratori. Per esempio, se si tratta di misuratori a diaframma, una delle due prese di pressione non garantisce più la tenuta a causa di processi ossidativi del materiale. Inoltre, la probabilità che un malfunzionamento avvenga contemporaneamente in

6.11 Accreditamento di un laboratorio

tutti e due i misuratori, e in modo tale da generare lo stesso errore, è abbastanza remota. Supponiamo che i misuratori siano due turbine; durante il test si stimano i due fattori di calibrazione (definiti come il numero di impulsi misurati dal trasduttore nell'unità di tempo diviso la portata che ha generato il moto di rotazione dell'elica, vedi equazione 6.33). Se il rapporto tra i due fattori non rientra nella banda di tolleranza 2δ, cioè se non è soddisfatta la relazione

$$R_{12,Q} - \delta \leq R \leq R_{12,Q} + \delta, \tag{6.67}$$

$R_{12,Q} \triangleq$ rapporto atteso tra i fattori di calibrazione dei due strumenti in corrispondenza della portata di prova Q,
$\delta \triangleq$ errore ammesso,
$R \triangleq$ rapporto misurato,

la misura deve essere interrotta, poiché ridurrebbe l'affidabilità del laboratorio sotto analisi e ridurrebbe la qualità del *data base* della rete di laboratori. Se il rapporto tra i due fattori rientra nella banda di tolleranza, possiamo calcolare il loro coefficiente di correlazione r_{12} in corrispondenza di un singolo valore di portata. Per un fissato valore di portata, possiamo calcolare la media e la varianza corretta del fattore di calibrazione determinato N volte per ognuno dei due strumenti [12]:

$$\overline{K_1} = \frac{1}{N} \sum_{i=1}^{N} K_{1i}, \tag{6.68}$$

$$\overline{K_2} = \frac{1}{N} \sum_{i=1}^{N} K_{2i}, \tag{6.69}$$

$$\sigma_{1,T}^2 = \frac{1}{N-1} \sum_{i=1}^{N} \left(K_{1i} - \overline{K_1} \right)^2, \tag{6.70}$$

$$\sigma_{2,T}^2 = \frac{1}{N-1} \sum_{i=1}^{N} \left(K_{2i} - \overline{K_2} \right)^2, \tag{6.71}$$

e, quindi,

$$r_{12} = \frac{\sum_{i=1}^{N} \left(K_{1i} - \overline{K_1} \right)\left(K_{2i} - \overline{K_2} \right)}{(N-1)\sigma_{1,T}\sigma_{2,T}}. \tag{6.72}$$

Assumendo che le cause di disturbo siano statisticamente indipendenti e che i due strumenti siano statisticamente indipendenti, eccetto che per gli effetti dovuti alla connessione idraulica e alla portata comune che li attraversa, la varianza totale della stima per ognuno dei due misuratori è data dalla somma della varianza dovuta alle caratteristiche proprie del misuratore e della varianza dovuta al circuito idraulico di test:

$$\sigma_{1,T}^2 = \sigma_{1,M}^2 + \sigma_{1,C}^2, \quad (6.73)$$

$$\sigma_{2,T}^2 = \sigma_{2,M}^2 + \sigma_{2,C}^2, \quad (6.74)$$

$\sigma_{1,T}^2, \sigma_{2,T}^2 \triangleq$ varianza totale della stima per gli strumenti 1 e 2,
$\sigma_{1,M}^2, \sigma_{2,M}^2 \triangleq$ varianza intrinseca degli strumenti 1 e 2,
$\sigma_{1,C}^2, \sigma_{2,C}^2 \triangleq$ varianza totale dovuta al circuito di alimentazione per gli strumenti 1 e 2.

Assumendo che il coefficiente di correlazione sia indipendente dalla varianza intrinseca dei misuratori e si riferisca, invece, alla varianza dovuta al circuito idraulico, risulta:

$$r_{12}^2 = \frac{\sigma_{1,C}^2}{\sigma_{1,T}^2} = \frac{\sigma_{2,C}^2}{\sigma_{2,T}^2}. \quad (6.75)$$

Utilizzando le equazioni (6.73) e (6.75) si calcola:

$$\sigma_{1,M} = \sigma_{1,T} \sqrt{1 - r_{12}^2}, \quad (6.76)$$

$$\sigma_{2,M} = \sigma_{2,T} \sqrt{1 - r_{12}^2}. \quad (6.77)$$

Se gli strumenti sono completamente scorrelati ($r_{12} = 0$), la varianza intrinseca coincide con la varianza totale. Se gli strumenti sono perfettamente correlati ($r_{12} = 1$), la varianza totale stimata coincide con la varianza dovuta al circuito idraulico. Quest'ultima condizione è quella che permette di calibrare il laboratorio.

Esempio 6.1 Analizziamo la procedura da attuare per l'accreditamento del circuito di alimentazione da usare nella calibrazione di misuratori di portata. La procedura e l'analisi dei dati è stata sviluppata da Youden [13], con un'impostazione del tutto generale. Nel circuito di alimentazione, tra i due strumenti è necessario montare un raddrizzatore di filetti (condizionatore di flusso) che limita gli effetti di *swirling* e uniforma il profilo di velocità. La portata di riferimento è misurata volumetricamente per mezzo di una vasca calibrata (Figura 6.44). Il test deve essere eseguito con un unico valore di portata (eccezionalmente si eseguono test con due distinti valori di portata per permettere di partecipare al programma di calibrazione anche a quei laboratori dotati di circuiti per portate limitate) e con due diverse posizioni dei misuratori: la prima con il misuratore 1 a monte e il misuratore 2 a valle, la seconda al contrario.

Si costruisce un diagramma con ascissa pari al coefficiente dello strumento 1 e ordinata il coefficiente dello strumento 2 (Figura 6.45).

Il risultato di ogni laboratorio è rappresentato da un punto contrassegnato da un numero, o da un simbolo, in modo da garantire l'anonimato. Si tracciano una

6.11 Accreditamento di un laboratorio

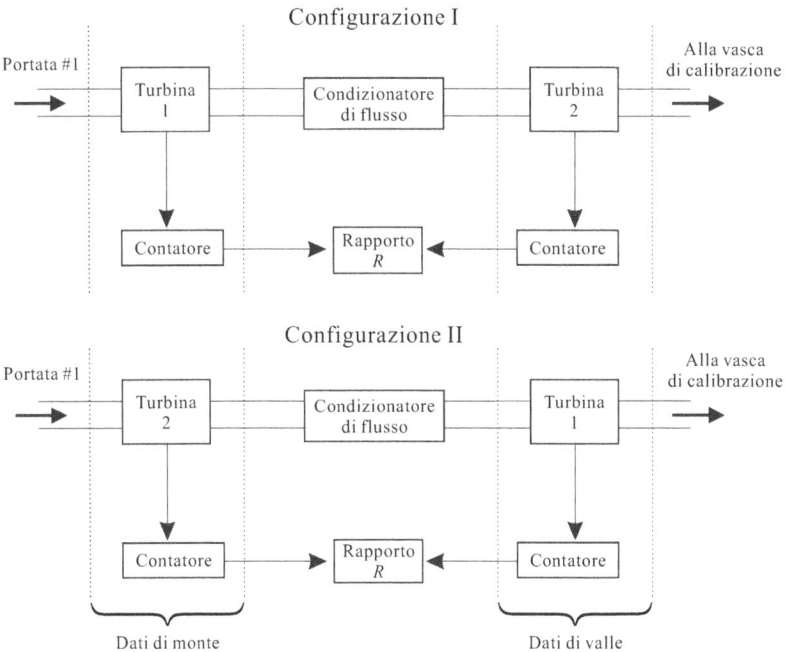

Figura 6.44 Diagramma della procedura per un solo valore di portata

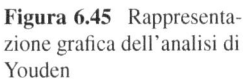

Figura 6.45 Rappresentazione grafica dell'analisi di Youden

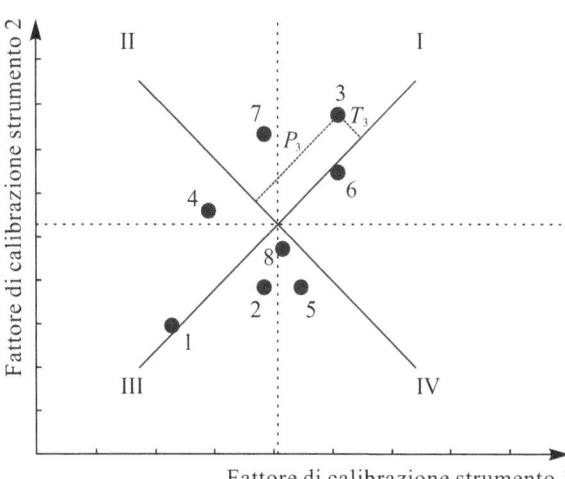

retta verticale, una orizzontale e due a 45°, tutte passanti per il baricentro della distribuzione. I punti che ricadono nei quadranti I e III sono caratterizzati da un errore sistematico rispetto alla media delle stime dei vari laboratori. I punti che ricadono nei quadranti II e IV sono affetti da un errore casuale.

La misura della varianza dovuta a errori sistematici e a errori accidentali è assunta pari a:

$$\sigma_s^2 = \frac{1}{N-1} \sum_{i=1}^{N} P_i^2, \qquad (6.78)$$

$$\sigma_r^2 = \frac{1}{N-1} \sum_{i=1}^{N} T_i^2, \qquad (6.79)$$

$P_i \triangleq$ distanza dalla bisettrice del II e IV quadrante,
$T_i \triangleq$ distanza dalla bisettriche del I e III quadrante.

L'ellitticità del campione di dati è definita come

$$e = \frac{\sigma_s}{\sigma_r}. \qquad (6.80)$$

Nel caso di $e > 1$ l'errore è prevalentemente sistematico. Nel caso di $e \ll 1$ l'errore è prevalentemente casuale ed è attribuibile all'inadeguatezza della procedura che non garantisce la necessaria risoluzione, oppure all'inadeguatezza degli strumenti di misura. L'errore potrebbe essere anche attribuito agli operatori. Se l'ellitticità è prossima all'unità, gli errori sistematici e casuali hanno lo stesso peso e resta solo da decidere se il raggio del cerchio è accettabile. I risultati tipici dell'analisi di Youden sono riportati in Figura 6.46. A sinistra sono riportati i dati di correlazione tra il misuratore 1 nella configurazione I e il misuratore 2 nella configurazione II. A destra sono riportati i dati di correlazione tra il misuratore 2 nella configurazione I e il misuratore 1 nella configurazione II. Per ogni configurazione sono state eseguite due misure con lo stesso valore di portata (normalmente si opera spegnendo l'impianto

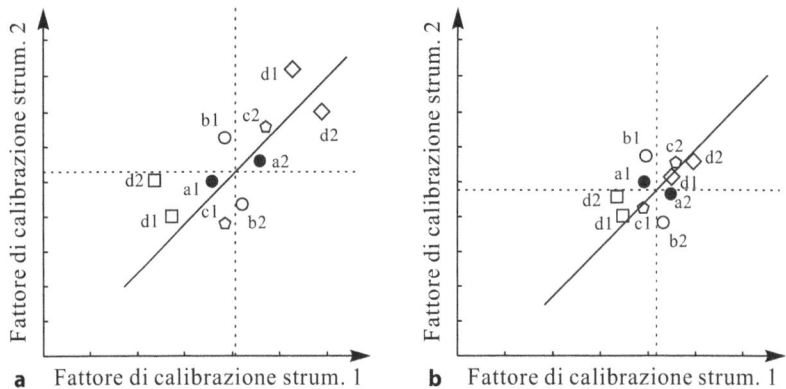

Figura 6.46 Risultati tipici dell'analisi di Youden. **a** Misuratori a monte rispetto al condizionatore di segnale; **b** misuratori a valle

e riaccendendolo dopo un adeguato intervallo di tempo), in modo da controllare anche la ripetibilità dei risultati.

Ogni simbolo individua un laboratorio, il numero accanto al simbolo individua l'ordine della misura. Nel diagramma nella Figura 6.46a è evidente l'effetto dei disturbi nella condotta di alimentazione, che incrementa significativamente l'ellitticità dei risultati.

La pubblicazione dei risultati delle analisi induce i laboratori che hanno delle *performance* più modeste a migliorare la qualità dei loro impianti, oppure a perfezionare la qualità delle procedure. I test devono essere eseguiti periodicamente in modo da ridurre progressivamente il raggio del cerchio contenente i punti.

Riferimenti bibliografici

1. ANSI/ASME MFC-2M, 1995. *Measurement Uncertainty for Fluid Flow in Closed Conduits.* ANSI, New York.
2. ASME, 1971. *Fluid Meters. Their theory and application*, New York, 6th ed.
3. Belanger, B.C., 1979. Traceability – An Evolving Concept. *Am. Soc. Test. Mater. Standardization News.*
4. Doebelin, E.O., 2004. *Strumenti e metodi di misura.* McGraw-Hill, ISBN 10: 0071194657, XXII+802 pp.
5. ISO 4185, 1985. *Measurement of Liquid Flow in Closed Conduits – Weighing Method.* ISO, Geneva.
6. ISO DIS 8316, 1987. *Measurement of Liquid Flow in Closed Conduits – Method by Collection of the Liquid in a Volumetric Tank.* ISO Standard, ISO TC30, Geneva.
7. ISO Standard 5167, 1991. *Measurement of Fluid Flow by Means of Plates, Nozzles and Venturi Tubes inserted in Circular Cross-Section Conduits Running Full.* ISO 5167-1980(E), Geneva.
8. Mattingly, G.E., 1983. Volume flow measurements. In *Fluid Mechanics Measurements*, 2nd ed., R.J. Goldstein Ed., Taylor & Francis, ISBN 1 56032 306 X, XIII+712 pp.
9. Miller, R.W., 1996. *Flow Measurement Engineering Handbook.* McGraw Hill, 3rd ed., ISBN 0 07 042366 0.
10. Omega Engineering, Inc., 1985. *Flow Measurement and Control Handbook and Encyclopedia.*
11. Omega Engineering, Inc.. *Transactions in Measurement and Control. Vol. 4: Flow & Level Measurement.* http://www.omega.com.
12. Strohmeier, W., 1971. *Notes on Turbine Meter Performance.* Rep. TN 17, Fischer and Porter Co., Warminster, Pa.
13. Youden, W.J., 1959. Graphical Diagnosis of Interlaboratory Test Results. *J. Ind. Qual. Control*, vol. 15, no. 11, 133–137.

Capitolo 7
Misuratori di portata volumetrica nei canali: i canali misuratori e gli stramazzi a soglia

In questo capitolo descriveremo i misuratori di portata volumetrica nelle correnti a pelo libero. Per i corsi d'acqua naturali più estesi, anziché dispositivi misuratori, si usano quasi sempre delle tecniche di misura che permettono di stimare la portata sulla base delle caratteristiche geometriche e cinematiche della corrente.

L'analisi dei misuratori viene condotta, di norma, ipotizzando che il campo di moto sia bidimensionale. I misuratori hanno sempre bisogno di strumenti ausiliari per la misura del livello idrico, ma questi strumenti saranno solo accennati nel presente capitolo e sono stati analizzati in dettaglio nel Capitolo 3.

Un misuratore di portata nei canali a pelo libero si definisce *semimodulo* se la portata dipende solo dal livello idrico di monte. Il *limite di sommergenza* rappresenta il valore limite del livello di valle in corrispondenza del quale il misuratore perde la semimodularità.

I misuratori di uso più frequente sono:

- canali misuratori a gola allungata;
- canali misuratori a gola corta o senza gola;
- stramazzi a soglia larga;
- stramazzi a soglia stretta;
- stramazzi in parete sottile;
- orifizi sotto battente;
- misuratori misti e non standard.

Le ultime tre categorie di misuratori saranno discusse nel Capitolo 8.

Nella maggior parte dei canali misuratori, la corrente è costretta ad accelerare fino a raggiungere lo stato critico in una sezione ristretta che, normalmente, si prolunga per un tratto di lunghezza variabile, definito *gola* del misuratore. I canali misuratori sono in linea rispetto al canale di alimentazione e si possono classificare in: canali misuratori a gola allungata; canali misuratori a gola corta e senza gola.

7.1 Canali misuratori a gola allungata

Nei misuratori a gola allungata esiste una porzione del canale con traiettorie della corrente rettilinee e parallele, o con una curvatura piccola, in un *range* di portata piuttosto ampio. Ciò permette di calcolare la portata nell'ipotesi di distribuzione idrostatica delle pressioni nella sezione di controllo. Quando la curvatura delle traiettorie non è più trascurabile, si introduce un coefficiente correttivo. Il fondo della gola è orizzontale e la sezione trasversale è prismatica, di forma estremamente variabile e, comunque, tale da non indurre delle discontinuità nella scala di deflusso.

I canali misuratori a gola allungata hanno lo svantaggio di un costo elevato.

7.1.1 Il misuratore Venturi

Il misuratore Venturi (Figura 7.1) è il classico misuratore di portata per correnti a pelo libero, è inserito tra un canale di alimentazione e uno di fuga ed è costituito da un convergente, fino a una sezione ristretta, e da una gola, a sezione costante, seguita da un divergente. Nella sezione ristretta, di solito, il fondo si eleva con una soglia, mentre il fondo del canale di fuga è spesso ribassato rispetto al fondo del canale di alimentazione. Per limitare le perdite di carico, sia le pareti, sia il fondo, sono raccordati con superfici a generatrici verticali e orizzontali, con direttrici circolari o policentriche.

Se il misuratore viene inserito in un canale esistente, il fondo del canale di fuga non può essere ribassato, rispetto al fondo del canale di alimentazione, e l'altezza della soglia risulta la medesima sia da monte, sia da valle ($d_v = 0$). Se, invece, il misuratore è progettato insieme al canale, è conveniente introdurre un salto di fondo a valle così da ridurre il disturbo sulla corrente e da aumentare il limite di sommergenza.

L'analisi del processo idraulico viene condotta con una serie di approssimazioni. Con riferimento alla Figura 7.1, trascurando le dissipazioni, il bilancio di energia richiede che

$$h_m + \alpha_m \frac{V_m^2}{2g} = \frac{3}{2}k, \qquad (7.1)$$

$h_m \triangleq$ profondità della corrente rispetto alla soglia nella sezione di monte,
$\alpha_m \triangleq$ coefficiente di ragguaglio di Coriolis nella sezione di monte,
$V_m \triangleq$ velocità media della corrente nella sezione di monte,
$g \triangleq$ accelerazione di gravità,
$k \triangleq$ profondità critica nella sezione ristretta.

7.1 Canali misuratori a gola allungata

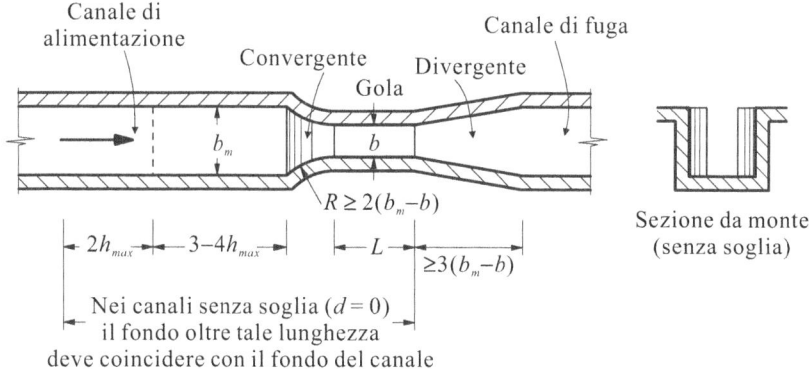

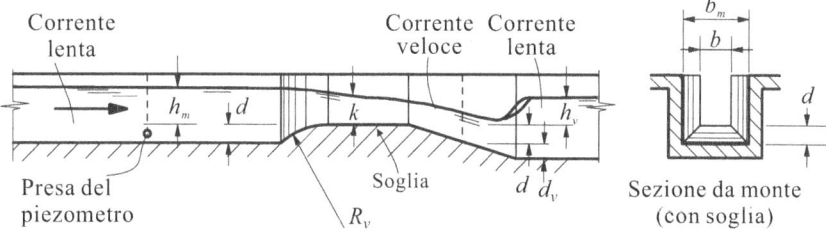

Il raggio R_v è scelto in modo tale che il restringimento verticale inizi nella stessa sezione in cui si ha il restringimento laterale. Per i canali senza restringimento laterale $R_v = 4d$.

Figura 7.1 Misuratore Venturi per canali a pelo libero (modificata da [1])

La profondità critica nella sezione ristretta è pari a

$$k = \left(\frac{\alpha Q^2}{gb^2}\right)^{1/3}, \qquad (7.2)$$

$\alpha \triangleq$ coefficiente di ragguaglio di Coriolis nella sezione ristretta,
$Q \triangleq$ portata volumetrica,
$b \triangleq$ larghezza della sezione ristretta.

Esprimendo la velocità, nella sezione di monte, in funzione della portata e delle caratteristiche geometriche della sezione stessa, risulta:

$$h_m + \alpha_m \frac{Q^2}{2gb_m^2(h_m+d)^2} = \frac{3}{2}\sqrt[3]{\frac{\alpha Q^2}{gb^2}} \equiv \frac{3}{2}k, \qquad (7.3)$$

$b_m \triangleq$ larghezza della sezione di monte,
$d \triangleq$ altezza della soglia.

Il termine $b_m^2(h_m + d)^2$ è il quadrato dell'area della sezione della corrente a monte. Se la portata viene espressa nella forma seguente:

$$Q = C_Q h_m b \sqrt{2g h_m}, \qquad (7.4)$$

$C_Q \triangleq$ coefficiente di efflusso,

assumendo i coefficienti correttivi unitari e sostituendo nell'equazione (7.3), si ottiene la seguente equazione del coefficiente di efflusso:

$$1 + \frac{C_Q^2}{\left(\dfrac{b_m}{b}\right)^2 \left(\dfrac{h_m + d}{h_m}\right)^2} - \frac{3\sqrt[3]{2} C_Q^{2/3}}{2} = 0. \qquad (7.5)$$

Mediante le sostituzioni

$$z = C_Q^{2/3}, \qquad (7.6)$$

$$A = \left(\frac{b}{b_m}\right)\left(\frac{h_m}{h_m + d}\right), \qquad (7.7)$$

l'equazione (7.5) si riscrive nella forma seguente:

$$z^3 - \frac{3\sqrt[3]{2}\, z}{2A^2} + \frac{1}{A^2} = 0. \qquad (7.8)$$

L'equazione (7.8) ammette tre soluzioni, delle quali solo la seguente corrisponde alla condizione fisicamente accettabile:

$$C_Q = \frac{2}{A^{3/2}} \left[\cos\left(\frac{\pi}{3} + \frac{1}{3}\cos^{-1} A\right)\right]^{3/2}. \qquad (7.9)$$

Il coefficiente di portata (efflusso) teorico, diagrammato in Figura 7.2, ammette i valori limite pari a $(2/9)\sqrt{3}$ e $1/\sqrt{2}$, rispettivamente per $A \to 0$ e $A \to 1$.

È da rilevare che, invertendo l'equazione (7.2), si ottiene la semplice espressione

$$Q = kb\sqrt{\frac{gk}{\alpha}}, \qquad (7.10)$$

tramite la quale, misurata k, sarebbe possibile calcolare facilmente la portata. Tuttavia, la posizione della sezione critica non è nota *a priori*, poiché varia con la portata; se a ciò si aggiunge il fatto che il pelo libero di una corrente in condizioni critiche è soggetto a fluttuazioni ampie (in corrispondenza del minimo della curva dell'energia specifica, piccole variazioni di energia comportano grandi variazioni di livello), ed è dunque di difficile misurazione, si conclude che la stima della portata tramite la funzione $Q(h_m)$ (equazione 7.4) è sicuramente più accurata della stima tramite

7.1 Canali misuratori a gola allungata

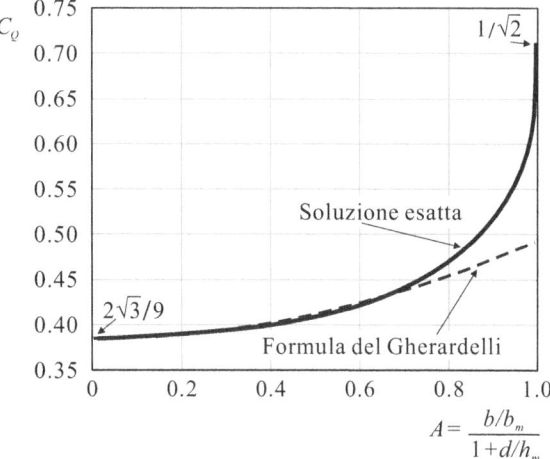

Figura 7.2 Coefficiente di efflusso di un misuratore a risalto

l'equazione (7.10). Un'espressione approssimata del coefficiente di efflusso teorico è stata data da Gherardelli [11]:

$$C_Q = 0.385 + 0.108A^2, \qquad (7.11)$$

con un errore inferiore all'1% per $A < 0.75$. Se si includono le perdite, il coefficiente di efflusso effettivo varia dal 96% al 99% del coefficiente di efflusso teorico.

Secondo le norme ISO [14], la portata del misuratore Venturi si calcola come segue:

$$Q = C_Q C_{va} b \frac{2}{3} h_m^{3/2} \sqrt{\frac{2g}{3}}, \qquad (7.12)$$

$C_Q \triangleq$ coefficiente di efflusso,
$C_{va} \triangleq$ coefficiente correttivo della velocità in arrivo,
$b \triangleq$ larghezza della sezione ristretta,
$h_m \triangleq$ profondità della corrente a monte rispetto alla soglia.

Il coefficiente di efflusso ha la seguente espressione:

$$C_Q = \left[1 - \frac{0.006L}{b}\right]\left(1 - \frac{0.003L}{h_m}\right)^{3/2}, \qquad (7.13)$$

$L \triangleq$ lunghezza della gola.

Il coefficiente correttivo della velocità di arrivo è espresso implicitamente dall'equazione seguente:

$$\sqrt{C_{va}^{2/3} - 1} = \frac{2}{3\sqrt{3}} \frac{bh_m C_{va} C_Q}{\Omega}, \qquad (7.14)$$

$\Omega = b_m(h_m + d) \triangleq$ area della sezione bagnata a monte.

Le norme ISO 4359 [14] suggeriscono i seguenti limiti dimensionali: $h_m \leq 2\,\text{m}$, $0.10\,\text{m} \leq b < b_m$, $\text{Fr} \leq 0.5$, $h_m/b \leq 3$, $bh_m/[b_m(h_m+d)] \leq 0.7$, $h_m/L \leq 0.5$ e $h_m > 0.05$ oppure $h_m > 0.05L$. Il limite al numero di Froude deriva dalla necessità di evitare instabilità di superficie nel canale di arrivo.

In condizioni ottimali di funzionamento, questo misuratore ha carattere di semimodulo, nel senso che la sua portata dipende solo dalla quota del pelo libero a monte e non risente del pelo libero di valle o delle perturbazioni provenienti da valle, poiché il tratto di corrente veloce che si stabilisce subito dopo la sezione critica non permette alle perturbazioni di risalire la corrente. Aumentando la profondità della corrente a valle, si giunge a un valore limite in corrispondenza del quale si perde il carattere di semimodulo. Tale valore è definito limite di sommergenza. Secondo Citrini [5], il limite di sommergenza si raggiunge quando la portata è pari al 99.5% della portata che si avrebbe con lo sbocco libero e può essere determinato, in modo attendibile, solo per via sperimentale. Sulla base di questa definizione, è stata ricavata la seguente relazione empirica:

$$h_s + \frac{Q^2}{2g(h_s + d + d_v)^2 b_m^2} = \frac{3}{2}k - n\frac{k^2}{b}, \qquad (7.15)$$

$h_s \equiv h_{vl} \triangleq$ profondità della corrente a valle (misurata rispetto alla soglia) al limite di sommergenza,

con $n = 0.35$, se il misuratore è provvisto di soglia di fondo, e $n = 0.25$, in assenza di soglia di fondo.

L'equazione (7.15) è valida per $k < 1.1b$. Sperimentalmente, risulta anche che, superato il limite di sommergenza, l'influenza del livello di valle sul livello di monte (e quindi sulla portata effluente) cresce all'inizio molto lentamente. Se si tollerano piccoli errori di stima della portata, facendo ancora uso delle equazioni valide per funzionamento semimodulare, il limite di sommergenza può essere aumentato notevolmente rispetto al limite espresso dall'equazione (7.15).

I criteri generali per il dimensionamento di questo misuratore sono dettati dalla necessità di evitare rigurgiti troppo forti nel canale di monte. Tali rigurgiti ridurrebbero il franco del canale e faciliterebbero il deposito di sedimenti nel caso di acque torbide; di qui la necessità che la scala di deflusso del misuratore e la scala di deflusso del canale siano sufficientemente concordanti. Inoltre, considerato che i misuratori vengono inseriti spesso in canali in zone pianeggianti, con una limitata pendenza motrice, è opportuno limitare le perdite di carico.

7.1.1.1 Misuratore Venturi in un canale esistente

Se il misuratore deve essere inserito in un canale esistente, il salto di fondo deve essere nullo, cioè $d_v = 0$. Per la progettazione del misuratore, è necessario conoscere la massima portata e la corrispondente profondità di moto uniforme nel canale di alimentazione, in modo da dimensionare il restringimento e la soglia al limite di

7.1 Canali misuratori a gola allungata

sommergenza. È possibile fissare la larghezza della sezione ristretta b e calcolare l'altezza della soglia d, o viceversa. Il Supino [22] suggerisce di procedere assumendo che 1/8 della perdita di carico totale sia a monte della sezione di controllo. Quindi, dal bilancio di energia, risulta:

$$h_m + \frac{Q^2}{2gb_m^2(h_m+d)^2} - \frac{\Delta}{8} = \frac{3}{2}k, \qquad (7.16)$$

$\Delta \triangleq$ perdita di carico del misuratore.

Nella sezione di valle, al limite di sommergenza, risulta

$$h_s + \frac{Q^2}{2gb_m^2(h_s+d)^2} = h_m + \frac{Q^2}{2gb_m^2(h_m+d)^2} - \Delta = \frac{3}{2}k - n\frac{k^2}{b}, \qquad (7.17)$$

e, quindi,

$$\frac{7}{8}\Delta = n\frac{k^2}{b}. \qquad (7.18)$$

Poiché $b = Q/\sqrt{gk^3}$ (assumendo $\alpha = 1$), l'equazione (7.18) può riscriversi come segue:

$$k = \left(\frac{7Q\Delta}{8n\sqrt{g}}\right)^{2/7}. \qquad (7.19)$$

Fissata la perdita di carico (alcune decine di centimetri), si calcola la profondità critica k in base alla portata massima Q, la larghezza b nella sezione ristretta, l'altezza d della soglia, come segue:

$$d = H_0 + \frac{7}{8}\Delta - \frac{3}{2}k, \qquad (7.20)$$

$H_0 \triangleq$ carico di moto uniforme del canale.

Da una serie di esperienze condotte presso il Politecnico di Milano [7], risulta che la perdita di carico totale è proporzionale alla profondità critica nella sezione ristretta:

$$\Delta \approx 0.33k, \qquad (7.21)$$

e che la perdita a monte è pari a $(1/11)\Delta$, un valore inferiore a quello suggerito da Supino. Il carico totale, in condizioni limite di sommergenza, è pari a:

$$h_s + \frac{Q^2}{2g(h_s+d)^2 b_m^2} = H_s \approx \frac{3}{2}k - 0.30k \equiv 1.20k. \qquad (7.22)$$

Introducendo la variabile $h_s^* = h_s + d$ ed esprimendo la portata in funzione della profondità critica nella sezione ristretta, l'equazione (7.22) si riduce alla seguente equazione di 3° grado:

$$h_s^{*3} - h_s^{*2}(d + 1.20k) + \frac{b^2 k^3}{2b_m^2} = 0. \qquad (7.23)$$

Si può dimostrare che l'equazione (7.23) ammette una soluzione reale sempre negativa e che le due soluzioni restanti sono reali positive e distinte per valori di portata inferiori a un valore limite di portata. Il luogo geometrico che esprime la profondità corrispondente a tale portata limite è dato dalla relazione seguente:

$$h_{sl}^* = \frac{2}{3}(d + 1.20k). \qquad (7.24)$$

Delle due soluzioni positive, interessa quella maggiore, corrispondente alla corrente lenta che determina la sommergenza. L'equazione (7.20) si modifica come segue:

$$d = H_0 - 1.20k, \qquad (7.25)$$

e permette di calcolare d, se è stato fissato b (e quindi k), oppure di calcolare k, se è stato fissato b. A parità di portata, la condizione $d = 0$ (assenza di soglia, solo restringimento della sezione) fornisce il massimo valore di profondità critica k compatibile con il limite di sommergenza; la condizione $b = b_m$ (assenza di restringimento della sezione, solo soglia di fondo) fornisce il minimo valore di profondità critica k compatibile con il limite di sommergenza. Poiché la perdita di carico del misuratore è proporzionale alla profondità critica nella gola, il misuratore senza restringimento è quello che dissipa meno energia. La scelta della soglia di fondo, o del restringimento laterale, o di entrambe le variazioni geometriche della sezione, in alcuni casi è obbligata. In altri casi è libera, e deve essere fatta tenendo conto di alcune considerazioni: a) la sensibilità del misuratore cresce se aumenta il restringimento, ma un forte restringimento genera un elevato rigurgito a monte; b) la presenza di una soglia di fondo garantisce una migliore stima alle basse portate, poiché riduce l'influenza perturbatrice della velocità d'arrivo, ma la soglia di fondo intercetta il trasporto solido. A ciò si aggiunga l'opportunità di una larghezza nella sezione ristretta $b > k$ al fine di evitare forti curvature delle traiettorie e garantire un profilo della corrente gradualmente variato.

È possibile verificare cosa succede nel caso di portate inferiori alla portata Q di progetto. Assumendo per semplicità $d = 0$, la profondità critica, il livello rispetto alla soglia a monte e le dissipazioni, scalano secondo le seguenti relazioni:

$$\frac{k_1}{k} = \left(\frac{Q_1}{Q}\right)^{2/3}, \frac{h_{1m}}{h_m} = \left(\frac{Q_1}{Q}\right)^{2/3}, \frac{\Delta_1}{\Delta} = \left(\frac{Q_1}{Q}\right)^{4/3}. \qquad (7.26)$$

Al ridursi della portata, le dissipazioni si riducono più rapidamente del carico di monte e della profondità critica. Le dissipazioni nel tratto di monte, nel quale una

7.1 Canali misuratori a gola allungata

corrente lenta accelerata passa dalla profondità h_m alla profondità critica $k < h_m$, controllano la lunghezza del raccordo: minori sono le dissipazioni, più lungo è il raccordo, con il pericolo che la sezione critica si raggiunga a valle della gola. Per scongiurare questa condizione di funzionamento, è opportuno che la lunghezza della gola sia, preferibilmente, di lunghezza $L > (1.5 - 2)b$ e, comunque, $L > 2h_m$. La lunghezza del convergente non è importante, purché il raccordo venga eseguito in modo da non disturbare troppo la corrente, ma è consigliabile assumerla almeno pari a $0.5 b_m$. La lunghezza del divergente deve risultare $> 3(b_m - b)$, ovvero $> 1.3 b_m$. La misura del livello deve essere eseguita a monte a una distanza dall'inizio del convergente tra $3h_{m\,\text{max}}$ e $4h_{m\,\text{max}}$, ($h_{m\,\text{max}} \triangleq$ profondità della corrente corrispondente alla massima portata misurabile), oppure pari a $4b$. Il canale di alimentazione dovrebbe essere rettilineo e uniforme per una lunghezza almeno pari a $15b$ e, comunque, non inferiore a $(5 - 6)h_{m\,\text{max}}$.

Esempio 7.1 Si voglia dimensionare un misuratore Venturi da inserire in un canale esistente con pendenza del fondo $i_f = 0.5\%$. Il manufatto è preceduto da un canale a sezione rettangolare di larghezza $b_m = 0.8$ m, con scabrezza di Gauckler-Strickler $k_s = 60\,\text{m}^{1/3}/\text{s}$, e di lunghezza sufficiente a controllare la scala delle portate in arrivo. La portata massima di progetto è $Q = 300\,\text{l/s}$.

Analizziamo il caso in cui vi sia il solo restringimento, senza soglia di fondo. La profondità di moto uniforme nel canale si calcola dall'equazione di Manning:

$$Q = k_s \left(\frac{b_m h_0}{b_m + 2h_0} \right)^{2/3} b_m h_0 \sqrt{i_f}, \tag{7.27}$$

ed è pari a $h_0 = 0.29$ m. La velocità media di moto uniforme è pari a $V_0 = 1.29\,\text{m/s}$ e il carico totale è pari a $H_0 = 0.38$ m. Applicando l'equazione (7.25) con $d = 0$, si ottiene il valore minimo di k nella sezione ristretta compatibile con la condizione limite di sommergenza:

$$k_{\min} = \frac{H_0}{1.20} = 0.316\,\text{m}. \tag{7.28}$$

Il calcolo della larghezza massima della sezione ristretta è immediato applicando l'equazione (7.2) con $\alpha = 1$:

$$b = \sqrt{\frac{Q^2}{g k_{\min}^3}} = 0.54\,\text{m}. \tag{7.29}$$

Se si scegliesse un valore di $b > 0.54$ m, il misuratore funzionerebbe oltre il limite di sommergenza, con conseguente errore nella stima della portata. Fissato $b = 0.50$ m, il valore della profondità critica nella sezione ristretta è pari a $k = 0.33$ m. Le dissipazioni del misuratore sono pari a $\Delta = 0.33k \cong 0.11$ m e la profondità di monte è pari a $h_m = 0.48$ m. Poiché l'altezza della soglia è nulla, la profondità di monte coincide con la profondità rispetto al fondo del canale.

Il coefficiente di efflusso, calcolato usando l'equazione (7.9), è $C_Q = 0.4267$ ed è indipendente dal carico di monte poiché $d = 0$ (applicando l'equazione 7.11 risulta $C_Q = 0.4272$, con un errore dello 0.1%). La sensibilità relativa del misuratore è pari a

$$\frac{dQ}{Q} = \frac{3}{2}\frac{dh_m}{h_m}, \qquad (7.30)$$

ed è massima alle portate più basse. La sensibilità assoluta è pari a

$$\frac{dQ}{dh_m} = \frac{3C_Q^{2/3}b^{2/3}(2g)^{1/3}Q^{1/3}}{2} = \frac{Q^{1/3}}{0.505}\frac{\mathrm{m}^3/\mathrm{s}}{\mathrm{m}}. \qquad (7.31)$$

A una variazione di livello di 1 mm, corrisponde una variazione di portata di 0.9 l/s, se il punto di funzionamento è a $Q = 100\,\mathrm{l/s}$; se il punto di funzionamento è a $Q = 300\,\mathrm{l/s}$, a una variazione di livello di 1 mm corrisponde una variazione di portata di 1.3 l/s.

La lunghezza del convergente è fissata pari a 0.5 m, la lunghezza del tronco prismatico rettangolare di sezione ristretta è fissata pari a $L = 1.00\,\mathrm{m}$ ($L > (1.5-2)b$ e, comunque, $L > 2h_m$). La lunghezza del divergente è fissata pari a 1.10 m ($\geq 3(b_m - b)$ e, comunque, $\geq 1.3 b_m$). La misura del livello deve essere eseguita a monte a una distanza dall'inizio del convergente tra $3h_{m\,\max}$ e $4h_{m\,\max}$ ($h_{m\,\max} \stackrel{\Delta}{=}$ profondità della corrente corrispondente alla massima portata misurabile), oppure pari a $4b$; per il caso in esame, si può porre a distanza pari a 2.60 m. La lunghezza del canale di arrivo, fino all'inizio del convergente, dovrebbe essere almeno pari a $15b$ (10.20 m, nel caso in esame) e, comunque, non inferiore a $(5-6)h_{m\,\max}$, corrispondenti a 1.90–2.30 m.

Supponiamo di voler realizzare il misuratore con soglia di fondo e senza restringimento laterale. La profondità critica è pari a $k = 0.24\,\mathrm{m}$ e l'altezza minima della soglia, al limite di sommergenza, si calcola applicando l'equazione (7.25) ed è pari a $d = 0.08\,\mathrm{m}$. Fissiamo $d = 0.10\,\mathrm{m}$. Le dissipazioni del misuratore sono pari a $\Delta = 0.33k \cong 0.08\,\mathrm{m}$; la profondità di monte, rispetto alla soglia, è pari a $h_m = 0.33\,\mathrm{m}$; la profondità di monte, rispetto al fondo del canale, è pari a $h_m + d = 0.43\,\mathrm{m}$. Il coefficiente di efflusso, calcolato usando la formula del Gherardelli (equazione 7.11), è pari a

$$C_Q = 0.385 + 0.108\left(\frac{h_m}{h_m + d}\right)^2. \qquad (7.32)$$

La sensibilità relativa del misuratore è pari a

$$\frac{dQ}{Q} = \left[\frac{3}{2} + \frac{2h_m^2 d}{(h_m + d)^3 C_Q}\right]\frac{dh_m}{h_m}, \qquad (7.33)$$

(d è l'altezza della soglia, da non confondersi con il simbolo di differenziale) ed è minore della sensibilità relativa calcolata nel caso di solo restringimento senza soglia di fondo.

7.1 Canali misuratori a gola allungata

Figura 7.3 Esempio di calcolo. Scale di deflusso e limite di sommergenza per il misuratore Venturi senza strozzamento

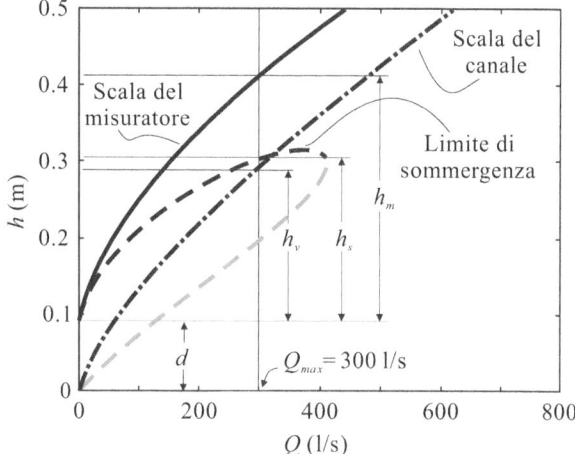

La sensibilità assoluta è pari a

$$\frac{dQ}{dh_m} = \frac{Q\left[\dfrac{3}{2} + \dfrac{2h_m^2 d}{(h_m + d)^3 C_Q}\right]}{h_m}. \tag{7.34}$$

A una variazione di livello di 1 mm, corrisponde una variazione di portata di 1.3 l/s, se il punto di funzionamento è a $Q = 100$ l/s. Se il punto di funzionamento è a $Q = 300$ l/s, a una variazione di livello di 1 mm, corrisponde una variazione di portata di 1.9 l/s. Quindi, la sensibilità del misuratore con la sola soglia di fondo è minore della sensibilità del misuratore con il solo strozzamento. Aumentando la soglia, la sensibilità aumenta alle basse portate e si riduce alle portate più alte. L'andamento della scala di deflusso del canale e del misuratore, e il limite di sommergenza, sono riportati in Figura 7.3. La curva limite di sommergenza si ottiene risolvendo l'equazione (7.23). Delle due curve diagrammate, interessa solo la superiore, che corrisponde alla condizione di corrente lenta e che non deve essere superata dalla scala di deflusso del canale di valle (in assenza di salto di fondo, la quota di riferimento, per le scale di deflusso del canale di alimentazione e del canale di fuga, è comune). La condizione limite di sommergenza viene raggiunta per una portata pari a 330 l/s. Supponiamo, infine, di voler realizzare un misuratore con un restringimento e una soglia di fondo. Se fissiamo una larghezza della sezione ristretta minore del valore $b = 0.54$ m, a rigore, la soglia non è necessaria per evitare la condizione limite di sommergenza alla portata massima $Q = 300$ l/s. Se, invece, fissiamo $b = 0.65$ m, la profondità critica è pari a $k = 0.28$ m e il valore minimo di soglia, ottenuto applicando l'equazione (7.25), è $d = 0.05$ m. Scegliamo il valore $d = 0.05$ m. Le dissipazioni del misuratore sono pari a $\Delta = 0.33 k \equiv 0.09$ m e la profondità di monte, rispetto alla soglia, è pari a $h_m = 0.39$ m; la profondità di monte rispetto al fondo del canale è pari a $h_m + d = 0.44$ m.

Figura 7.4 Esempio di calcolo. Scale di deflusso e limite di sommergenza per il misuratore Venturi con strozzamento e soglia di fondo

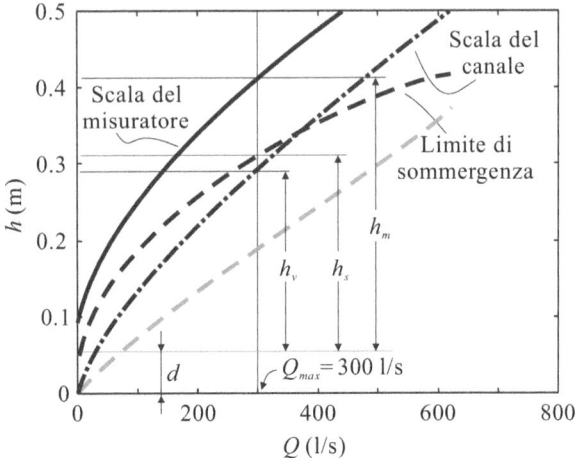

La sensibilità relativa e assoluta hanno espressioni identiche a quelle del caso precedente. A una variazione di livello di 1 mm, corrisponde una variazione di portata di 1.2 l/s, se il punto di funzionamento è a $Q = 100$ l/s; di 1.7 l/s, se il punto di funzionamento è a $Q = 300$ l/s.

Le scale di deflusso del canale e del misuratore, e il limite di sommergenza, sono visibili in Figura 7.4. La condizione limite di sommergenza si raggiunge per una portata pari a 380 l/s.

7.1.1.2 Misuratore Venturi in un canale di progetto

Quando il misuratore viene progettato insieme al canale, per compensare le perdite di carico è possibile e opportuno inserire un salto di fondo a valle della soglia. In tal modo, si riduce il disturbo alla corrente. Il misuratore sarà ben dimensionato se il salto di fondo bilancia le perdite di carico concentrate, cioè se

$$d_v = \Delta \approx 0.33k, \qquad (7.35)$$

$k \triangleq$ profondità critica nella sezione ristretta e relativa alla portata di progetto.

In tali condizioni, per la massima portata di progetto, la profondità della corrente sarà pari alla profondità di moto uniforme, sia a monte sia a valle del misuratore, e non si avrà alcun rigurgito o profilo di richiamo (inteso come un profilo in moto gradualmente vario, con riduzione della profondità della corrente nel verso del moto). L'altezza della soglia a monte si calcola secondo l'equazione seguente:

$$d = H_0 + \frac{10}{11}\Delta - \frac{3}{2}k - d_v \approx H_0 - k\left(\frac{3}{2} + 0.03\right). \qquad (7.36)$$

7.1 Canali misuratori a gola allungata

Nel canale di alimentazione si avrà un profilo di rigurgito, per portate minori della portata di progetto, e profilo di richiamo, per portate maggiori della portata di progetto. Da un punto di vista energetico, la corrente, prima della soglia, deve assumere un carico totale pari a

$$H_m = \frac{3}{2}k + \frac{1}{11}\Delta. \tag{7.37}$$

Dopo l'attraversamento della sezione critica, la corrente veloce diventa nuovamente lenta, con un salto di Bidone che dissipa i residui 10/11 della perdita totale Δ. Il carico totale, in condizioni limite di sommergenza, è pari a

$$h_s + \frac{Q^2}{2g(h_s + d + d_v)^2 b_m^2} = H_s \approx \frac{3}{2}k - 0.30k \equiv 1.20k. \tag{7.38}$$

Sostituendo la variabile $h_s^* = h_s + d + d_v$, l'equazione (7.38) diventa un'equazione di 3° grado:

$$h_s^{*3} - h_s^{*2}(d + d_v + 1.20k) + \frac{b^2 k^3}{2b_m^2} = 0. \tag{7.39}$$

Anche per questa equazione (come già per l'equazione 7.23), si può dimostrare che esiste una soluzione reale sempre negativa e che le altre due soluzioni sono reali positive e distinte per valori di portata inferiori a una portata limite. Il luogo geometrico che esprime questa condizione limite è espresso dalla relazione seguente:

$$h_{sl}^* = \frac{2}{3}(d + d_v + 1.20k). \tag{7.40}$$

Esempio 7.2 Si voglia dimensionare un misuratore Venturi da inserire in un canale da progettare con pendenza del fondo $i_f = 0.2\%$. Il manufatto è preceduto da un canale a sezione rettangolare di larghezza $b_m = 1.1$ m, con scabrezza di Gauckler-Strickler $k_s = 55 \, \text{m}^{1/3}/\text{s}$ e di lunghezza sufficiente a controllare la scala delle portate in arrivo. La portata di progetto è $Q = 600 \, \text{l/s}$.

Nel canale di alimentazione, la profondità di moto uniforme per la portata di progetto è pari a $h_0 = 0.53$ m e il carico di moto uniforme è pari a $H_0 = 0.58$ m. Se fissiamo un salto di fondo $d_v = 0.12$ m, dall'equazione (7.35) otteniamo una profondità critica $k = 0.36$ m, alla quale corrisponde una larghezza della sezione ristretta $b = 0.87$ m. Applicando l'equazione (7.36) otteniamo $d = 0.03$ m. La profondità di monte, rispetto alla soglia, è pari a $h_m = 0.50$ m; la profondità di monte, rispetto al fondo del canale, è pari a $h_m + d = 0.53$ m, coincidente con la profondità di moto uniforme. Il carico di valle coincide con il carico di monte, poiché le dissipazioni sono bilanciate dal salto di fondo. Conseguentemente, anche la profondità di valle coincide con la profondità di moto uniforme. Per portate minori di $Q = 600 \, \text{l/s}$, si avrà un rigurgito a monte.

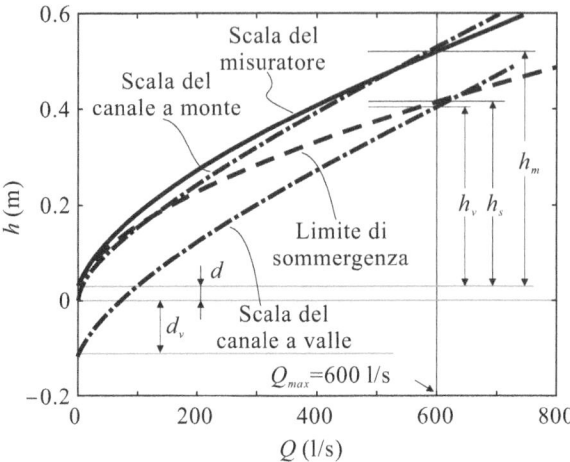

Figura 7.5 Esempio di calcolo. Scale di deflusso e limite di sommergenza per il misuratore Venturi con strozzamento, soglia e abbassamento del fondo a valle

L'andamento della scala di deflusso del canale, della scala di deflusso del misuratore e del limite di sommergenza, è riportato in Figura 7.5. La condizione limite di sommergenza viene raggiunta per una portata di poco superiore a 600 l/s.

Nel rispetto dei vincoli geometrici precedentemente esposti, scegliamo la lunghezza del convergente uguale a 1.50 m, la lunghezza della gola pari a $L = 1.50$ m ($L > (1.5–2)b$ e, comunque, $L > 2h_m$). La lunghezza del divergente è fissata pari a 1.50 m ($> 3(b_m - b)$ e, comunque, $> 1.3b_m$). La misura del livello del pelo libero deve essere eseguita a monte, a una distanza dall'inizio del convergente tra $3h_{m\,max}$ e $4h_{m\,max}$, ($h_{m\,max} \triangleq$ profondità della corrente corrispondente alla massima portata misurabile), oppure pari a $4b$. Per il caso in esame, la misura può essere eseguita a distanza di 3.50 m dall'inizio del convergente. Il canale di arrivo dovrebbe essere rettilineo per una lunghezza pari ad almeno $15b$ (13.00 m nel caso in studio) e, comunque, non inferiore a $(5–6)h_{m\,max}$, corrispondenti a 2.50–3.00 m. Se fissiamo un salto di fondo $d_v = 0.10$ m, otteniamo una larghezza della sezione ristretta $b = 1.15$ m, maggiore della larghezza di monte e, dunque, incompatibile. Si rende, quindi, necessario aumentare il salto di fondo, oppure fissare una larghezza della sezione ristretta minore (o al limite uguale) della larghezza di monte, ammettendo un rigurgito a monte. Se fissiamo un salto di fondo eccessivo, può succedere che la larghezza della sezione ristretta risulti minore della profondità critica che in essa si instaura. Per esempio, fissato $d_v = 0.20$ m, si ottiene $k = 0.60$ m e $b = 0.40$ m. Tale condizione di funzionamento è da evitare, poiché corrisponde a forti curvature del pelo libero, mentre di solito è opportuno che $b \geq k$. Questa condizione limite può essere utilizzata quale criterio di dimensionamento. Fissato $b = k$, risulta anche $b = \left(Q^2/g\right)^{1/5}$ e, nel caso in esame, $b = 0.52$ m. Il salto di fondo sarà pari a $d_v = 0.33k \equiv 0.17$ m. Questa scelta non comporta automaticamente dei valori dell'altezza di soglia realizzabili. Infatti, nel caso in esame, l'altezza di soglia risulterebbe negativa. Fissato ancora $d_v = 0.17$ m e $d = 0$ (misuratore senza soglia, con restringimento e salto di fondo), si calcola $h_m = 0.76$ m, corrispondente a un rigurgito di 0.23 m.

In tali condizioni, venuto meno lo spirito progettuale alla base della procedura di calcolo adottata, è conveniente eliminare il salto di fondo, dimensionando la sezione ristretta in base alla condizione geometrica $b = k$, oppure ridurre il salto di fondo fino a rientrare in uno dei casi precedenti.

7.1.1.3 Misuratore Venturi con funzione di partitore

Talvolta, la derivazione da un canale principale è preceduta da un misuratore di portata, che svolge anche una funzione regolatrice sulla portata derivata (Figura 7.6).

Se il canale di ingresso al misuratore è corto, non c'è spazio per lo stabilirsi di una condizione di regime, e il carico a monte della soglia dipende dalle curve di portata del canale principale e del misuratore. In generale, il rapporto Q_d/Q tra la portata derivata Q_d e la portata nel canale principale Q, è variabile, mentre può essere richiesto un determinato valore del rapporto in corrispondenza di una data portata (pari, per esempio, alla portata distribuita più frequentemente). Supponiamo di essere nelle condizioni di assenza di rigurgito a monte, ottenuta inserendo un salto di fondo a valle della soglia. La seguente condizione:

$$\frac{Q_d}{Q} = \text{costante}, \tag{7.41}$$

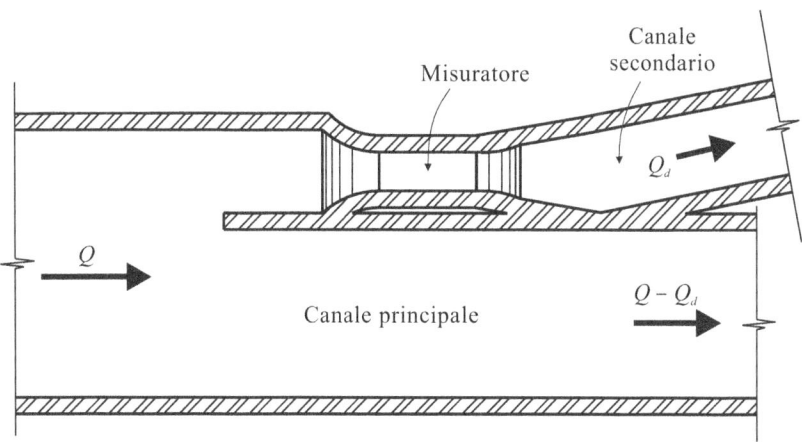

Figura 7.6 Derivazione da un canale con misuratore partitore

in corrispondenza di un'assegnata portata Q^* (o profondità dalla corrente h^*) si riconduce alla seguente relazione differenziale:

$$\left.\frac{dQ_d}{Q_d}\right|_{h=h^*} = \left.\frac{dQ}{Q}\right|_{h=h^*}. \tag{7.42}$$

La scala di deflusso del misuratore avrà una struttura del tipo

$$Q_d = A(h-d)^{3/2}, \tag{7.43}$$

$d \triangleq$ altezza della soglia,
$A \triangleq$ coefficiente praticamente costante nell'intorno di h^*,

e la scala di deflusso del canale avrà una struttura del tipo

$$Q = Kh^n, \tag{7.44}$$

$K \triangleq$ coefficiente dimensionale,
$n \triangleq$ esponente.

L'equazione (7.42) è soddisfatta se

$$d = \left(1 - \frac{3}{2n}\right)h^*. \tag{7.45}$$

Se, per il calcolo della portata nel canale principale, si adotta la formula classica con il coefficiente di Chezy espresso secondo Gauckler-Strickler (formula di Manning), risulta:

$$Q = k_s R^{1/6} \Omega \sqrt{Ri_f} = \frac{c\Omega^{5/3}\sqrt{i_f}}{B^{2/3}}, \tag{7.46}$$

$k_s \triangleq$ coefficiente di scabrezza di Gauckler-Strickler,
$R \triangleq$ raggio idraulico della corrente,
$\Omega \triangleq$ area della sezione trasversale della corrente,
$i_f \triangleq$ pendenza del fondo,
$B \triangleq$ lunghezza del contorno bagnato.

Per una sezione rettangolare sufficientemente larga, l'esponente è $n \approx 5/3$ e, quindi, dall'equazione (7.45) risulta $d = 0.1h^*$. Per una sezione trapezia, risulta $5/4 < n < 5/3$ e, quindi, si può assumere ancora $d = 0.1h^*$. È opportuno che la condizione di proporzionalità sia garantita in corrispondenza di una portata più piccola della portata massima, coincidente, per esempio, con la portata più frequente. La profondità critica nella sezione ristretta si calcola imponendo il bilancio di energia seguente:

$$H_m \equiv H_0 - d = \frac{3}{2}k + \frac{1}{11}\Delta. \tag{7.47}$$

7.1 Canali misuratori a gola allungata

Calcolata la larghezza nella sezione ristretta applicando l'equazione (7.2), il valore del salto di fondo d_v si ottiene imponendo che, rispetto al carico di moto uniforme nel canale derivato, siano bilanciate solo le perdite di valle, cioè:

$$H'_0 - d - d_v = \frac{3}{2}k - 0.30k, \qquad (7.48)$$

$H'_0 \triangleq$ profondità di moto uniforme del canale di valle corrispondente alla portata derivata Q_d.

Esempio 7.3 Si voglia dimensionare un misuratore Venturi in testa a un canale di derivazione da un canale principale. La pendenza del fondo dei due canali è $i_f = 0.2\%$. Il canale principale è a sezione trapezia, con larghezza alla base $b_{min} = 1.5$ m e sponde a pendenza $1:3$. Il canale derivato è a sezione rettangolare, di larghezza $b_m = 0.9$ m. La scabrezza di Gauckler-Strickler del canale principale è $k_s = 55$ m$^{1/3}$/s, la scabrezza del canale derivato è $k_s = 65$ m$^{1/3}$/s. La portata più frequente nel canale principale è $Q = 1500$ l/s, con un rapporto $Q_d/Q = 0.4$.

La profondità di moto uniforme nel canale principale è pari a $h_0 = 0.66$ m e il carico di moto uniforme è pari a $H_0 = 0.75$ m. Per soddisfare la condizione $Q_d/Q = $ costante, fissiamo una soglia di monte di altezza $d = 0.10$ m. La profondità di moto uniforme nel canale secondario è $h'_0 = 0.57$ m, con un carico corrispondente $H'_0 = 0.64$ m. Il carico di monte sarà $H_m = H_0 - d = 0.68$ m e, applicando l'equazione (7.47), si ricava $k = 0.44$ m e, quindi, $b = 0.65$ m. Applicando l'equazione (7.48) si ottiene $d_v = 0.05$ m. Calcolando la portata effettivamente derivata sulla base dell'equazione del misuratore, si ottiene $Q_d = 560$ l/s, leggermente inferiore alla portata di calcolo, con un rapporto $Q_d/Q = 0.373$. Le scale sono riportate in Figura 7.7. Verifichiamo la variabilità del rapporto Q_d/Q. Se la portata nel canale

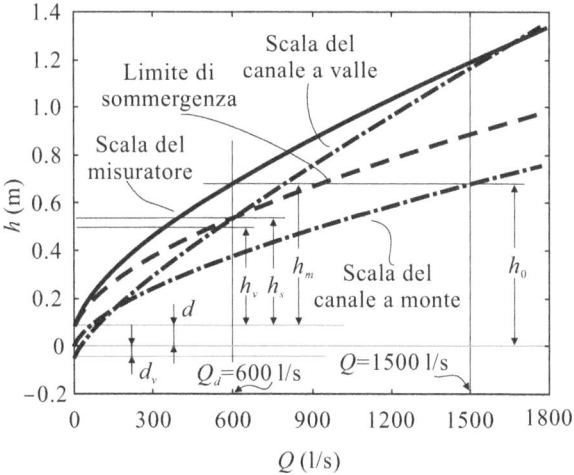

Figura 7.7 Esempio di calcolo. Scale di deflusso e limite di sommergenza per il misuratore-partitore con restringimento laterale, soglia e abbassamento del fondo a valle

principale diminuisce del 20%, la profondità di moto uniforme nel canale principale diventa $h_0 = 0.57$ m e il carico di moto uniforme diventa $H_0 = 0.65$ m. La profondità a monte del misuratore è $h_m = 0.50$ m e, sulla base dell'equazione del misuratore, si ottiene $Q_d = 436$ l/s, con un rapporto $Q_d/Q = 0.363$. Se la portata nel canale principale aumenta del 20%, la profondità di moto uniforme nel canale principale diventa $h_0 = 0.74$ m e il carico di moto uniforme diventa $H_0 = 0.84$ m. La profondità a monte del misuratore è $h_m = 0.67$ m e, sulla base dell'equazione del misuratore, si ottiene $Q_d = 680$ l/s, con un rapporto $Q_d/Q = 0.378$. Tuttavia, in Figura 7.7 si osserva che, per la portata $Q_d = 680$ l/s, si supera il limite di sommergenza. Si può facilmente verificare come il limite di sommergenza si incrementi a 730 l/s se l'abbassamento del fondo venga aumentato a $d_v = 0.07$ m.

7.1.2 Misuratori a sezione trapezia

I misuratori a sezione trapezia sono dei Venturi con sezione corrente uniformemente di forma trapezia. La sezione trapezia permette misure in un ampio *range* di portata limitando il rigurgito. Se manca la soglia di fondo (Figura 7.8), si evita il deposito di sedimenti e il misuratore è efficiente anche in presenza di acque reflue cariche di sedimenti.

La portata del misuratore si calcola come segue [14]:

$$Q = C_Q C_{va} C_s b \left(\frac{2h_m}{3}\right)^{3/2} \sqrt{g}, \qquad (7.49)$$

$C_Q \triangleq$ coefficiente di efflusso,
$C_{va} \triangleq$ coefficiente correttivo della velocità da monte,
$C_s \triangleq$ coefficiente di forma,
$b \triangleq$ larghezza della base della sezione ristretta,
$h_m \triangleq$ profondità della corrente a monte rispetto alla soglia.

Figura 7.8 Misuratore a sezione trapezia, senza soglia di fondo

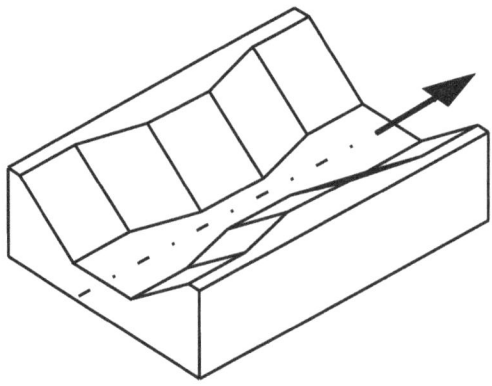

7.1 Canali misuratori a gola allungata

Il coefficiente di efflusso è espresso dalla seguente relazione:

$$C_Q = \left[1 - \frac{0.006\left(\sqrt{1+m^2}-m\right)L}{b}\right]\left(1 - \frac{0.003L}{h_m}\right)^{3/2}, \qquad (7.50)$$

$m \triangleq$ pendenza della scarpa della sezione ristretta (rapporto tra proiezione orizzontale e proiezione verticale),
$L \triangleq$ lunghezza della sezione ristretta.

Il coefficiente correttivo della velocità di arrivo soddisfa l'equazione seguente:

$$\sqrt{C_{va}^{2/3} - 1} = \frac{2}{3\sqrt{3}} \frac{b h_m C_{va} C_s}{\Omega}, \qquad (7.51)$$

$\Omega \triangleq$ area della superficie della sezione bagnata a monte.

L'area della sezione bagnata a monte è pari a

$$\Omega = (d + h_m)[b_m + m_1(d + h_m)], \qquad (7.52)$$

$d \triangleq$ altezza della soglia rispetto al fondo a monte,
$b_m \triangleq$ larghezza della base della sezione di monte,
$m_1 \triangleq$ pendenza della scarpa della sezione di monte (rapporto tra proiezione orizzontale e proiezione verticale).

La larghezza del pelo libero è pari a

$$B = b + 2m(d + h_m). \qquad (7.53)$$

Il coefficiente di forma C_s è diagrammato in Figura 7.9. In ascissa, compare il carico totale di monte $H_m = h_m C_{va}^{2/3} \approx h_m$. Le norme ISO 4359 [14] suggeriscono i

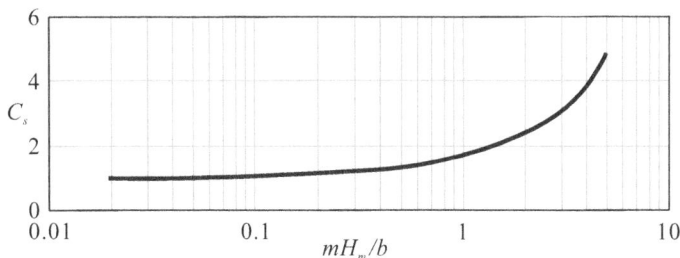

Figura 7.9 Coefficiente di forma per il misuratore a sezione trapezia

seguenti limiti dimensionali: $h_m \leq 2.0$ m, 0.10 m $\leq b < D$, Fr ≤ 0.5, $h_m/L \leq 0.5$ e $h_m > 0.05$ m, oppure $h_m > 0.05L$. Il numero di Froude si calcola come segue:

$$\text{Fr} = \frac{Q/\Omega}{\sqrt{g\Omega/B}}. \tag{7.54}$$

La condizione limite di sommergenza si raggiunge per profondità di valle uguale al 70% della profondità di monte (si può assumere anche l'80%, dato che l'errore che si commette è modesto tra il 70% e l'80%).

7.1.3 Misuratore di Palmer-Bowles e a U

Il misuratore di Palmer-Bowles venne specificamente progettato negli anni '30, presso il Los Angeles County Sanitation Department, USA, per la misura di portata di acque reflue.

Il misuratore può essere facilmente installato all'uscita di una condotta circolare. La sezione ristretta è trapezia e ha lunghezza pari al diametro della condotta nella quale è installato. Poiché la sua calibrazione *in situ* è difficoltosa, è necessaria un'installazione accurata in modo da poter utilizzare le curve caratteristiche ottenute in laboratorio. Per una portata tra il 10% e il 90% della portata massima, l'errore è stimato intorno al 3%.

Una variante è rappresentata dal misuratore a U (Figura 7.10), che ha una sezione ristretta semicircolare. Per il misuratore a U la portata è espressa dalla formula

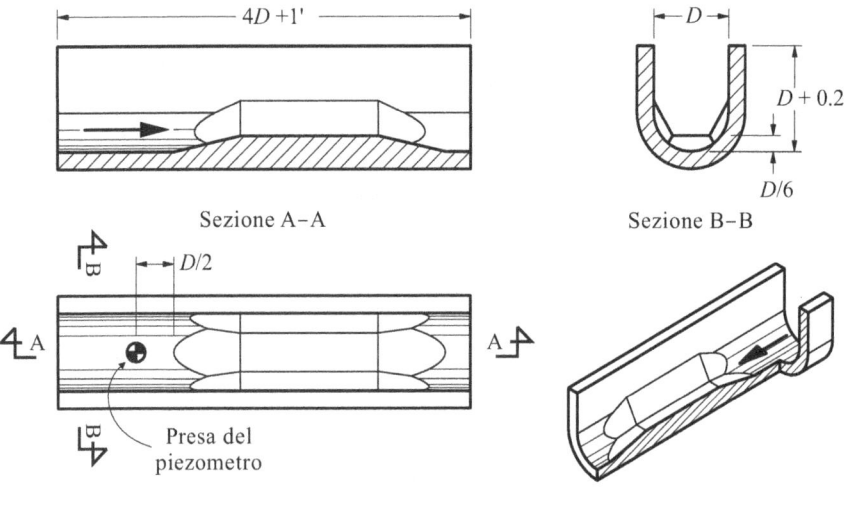

Figura 7.10 Misuratore di Palmer-Bowles

7.1 Canali misuratori a gola allungata

seguente:
$$Q = C_Q C_{va} C_u b \left(\frac{2h_m}{3}\right)^{3/2} \sqrt{g}, \qquad (7.55)$$

$C_Q \triangleq$ coefficiente di portata (efflusso),
$C_{va} \triangleq$ coefficiente correttivo della velocità da monte,
$C_u \triangleq$ coefficiente di forma,
$b \triangleq$ larghezza della sezione ristretta,
$h_m \triangleq$ profondità della corrente a monte rispetto alla soglia.

Il coefficiente di efflusso è pari a
$$C_Q = \left(1 - \frac{0.006L}{b}\right)\left(1 - \frac{0.003L}{h_m}\right)^{3/2}, \qquad (7.56)$$

$L \triangleq$ lunghezza della sezione ristretta.

Il coefficiente correttivo della velocità di arrivo è espresso in forma implicita dall'equazione seguente:
$$\sqrt{C_{va}^{2/3} - 1} = \frac{2}{3\sqrt{3}} \frac{b h_m C_{va} C_u}{\Omega}, \qquad (7.57)$$

$\Omega \triangleq$ area della superficie della sezione bagnata a monte.

Il coefficiente di forma C_u è diagrammato in Figura 7.11. In ascissa, compare il carico totale di monte $H_m = h_m C_v^{2/3} \approx h_m$. L'area della sezione bagnata a monte è

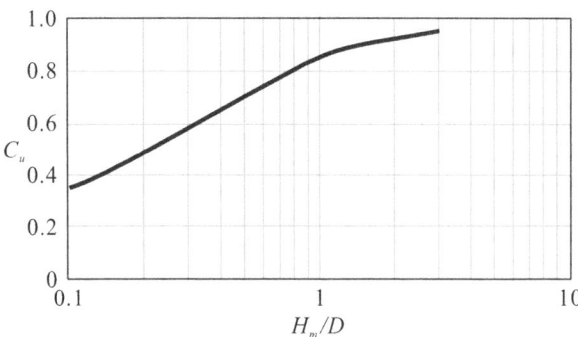

Figura 7.11 Coefficiente di forma per un misuratore a U

pari a

$$\begin{cases} \Omega = \dfrac{D^2}{4}(\theta - \sin\theta \cos\theta), \\ \theta = \cos^{-1}\left[\dfrac{D + 2(d + h_m)}{D}\right] & \text{se } (d + h_m) < \dfrac{D}{2}, \\ \Omega = \dfrac{\pi D^2}{8} + D\left(d + h_m - \dfrac{D}{2}\right) & \text{se } (d + h_m) \geq \dfrac{D}{2}, \end{cases} \qquad (7.58)$$

$D \triangleq$ diametro della condotta in ingresso,
$d \triangleq$ altezza della soglia rispetto al fondo a monte.

La larghezza del pelo libero è pari a

$$\begin{cases} B = 2\sqrt{(d + h_m)(D - d - h_m)} & \text{se } (d + h_m) < \dfrac{D}{2}, \\ B = D & \text{se } (d + h_m) \geq \dfrac{D}{2}, \end{cases} \qquad (7.59)$$

e il numero di Froude è pari a

$$\text{Fr} = \dfrac{Q/\Omega}{\sqrt{g\dfrac{\Omega}{B}}}. \qquad (7.60)$$

Il calcolo deve essere eseguito iterativamente, con almeno tre iterazioni. Le norme ISO 4359 [14] suggeriscono i seguenti limiti dimensionali e di funzionamento: $h_m \leq 2.0\,\text{m}$, $0.10\,\text{m} \leq b < D$, $\text{Fr} \leq 0.5$, $h_m/L \leq 0.5$, e $h_m > 0.05\,\text{m}$ oppure $h_m > 0.05L$.

7.2 Canali misuratori a gola corta e cortissima

Al fine di ovviare allo svantaggio del costo elevato che i canali misuratori a gola allungata comportano, sono stati ideati i canali misuratori a gola corta.
 È possibile ridurre la lunghezza della gola, ma ciò comporta una elevata curvatura delle traiettorie e l'impossibilità di definire una scala di deflusso su basi solo teoriche. Infatti, se la distribuzione delle pressioni nella sezione di controllo non è idrostatica, non è possibile calcolare analiticamente tutti i contributi all'equazione di bilancio ed è necessario eseguire la calibrazione del misuratore. Inoltre, ogni misuratore di portata nominale diversa dovrà essere realizzato in similitudine geometrica per poter fare uso della curva di calibrazione sperimentale corrispondente. Nei misuratori a gola corta è difficoltoso stimare accuratamente le perdite di carico.

7.2 Canali misuratori a gola corta e cortissima 299

7.2.1 Misuratore Khafagi a gola corta con transizione curva

Nel misuratore Khafagi [16], la larghezza del canale si riduce progressivamente fino a una sezione ristretta per poi aumentare linearmente in un divergente. Il fondo è generalmente orizzontale piano, anche se, talvolta, può presentare una soglia con raccordo a monte circolare (Figura 7.12).

La portata è esprimibile nella forma seguente:

$$Q = C_Q C_{va} b \left(\frac{2h_m}{3}\right)^{3/2} \sqrt{g}, \qquad (7.61)$$

$C_Q \triangleq$ coefficiente di efflusso,
$C_{va} \triangleq$ coefficiente correttivo della velocità di arrivo,
$b \;\;\triangleq$ larghezza della sezione ristretta,
$h_m \triangleq$ profondità della corrente a monte rispetto alla soglia.

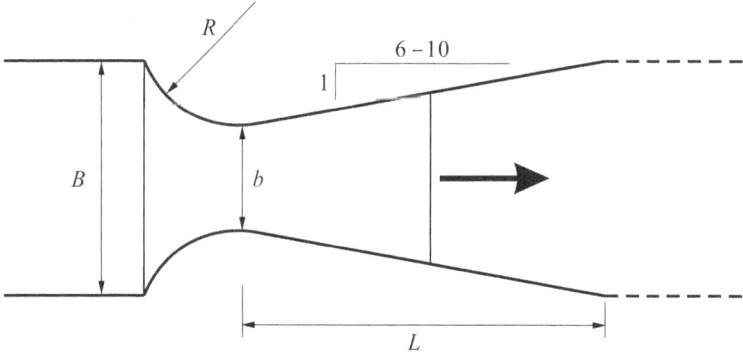

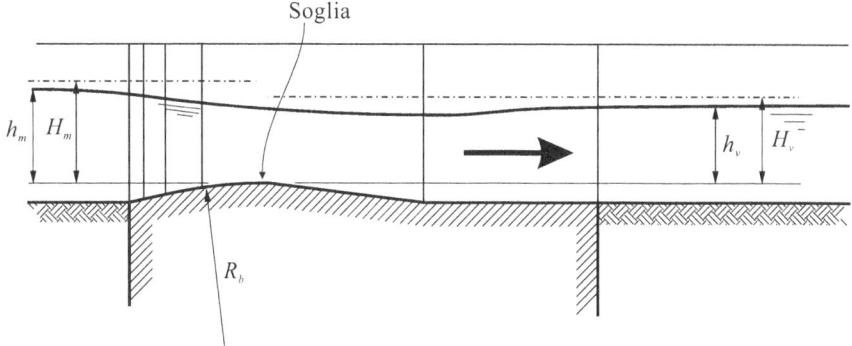

Figura 7.12 Canale misuratore a gola corta con raccordo circolare (modificata da [1])

Il coefficiente di efflusso è funzione di numerose variabili e il rapporto H_m/R non è sufficiente a descrivere univocamente tale funzione. Si consiglia, quindi, di realizzare dei misuratori di forma standard, con le seguenti prescrizioni [6]: a) il raggio di curvatura orizzontale all'imbocco R e il raggio di curvatura del raccordo della soglia R_b (se presente) devono essere compresi tra $1.5 H_{m\,\text{max}}$ e $2 H_{m\,\text{max}}$; b) la scarpa del convergente deve essere compresa tra 1:6 e 1:10. Rispettando queste indicazioni progettuali, il coefficiente di efflusso è unitario. Il coefficiente correttivo della velocità d'arrivo è pari a

$$C_{va} = \left(\frac{H_m}{h_m}\right)^{3/2}, \qquad (7.62)$$

ed è diagrammato in Figura 7.19 per $n = 1.5$. L'incertezza sulla stima del prodotto $C_Q C_{va}$ è minore dell'8%.

Per un buon funzionamento del misuratore è opportuno che $h_m > 6$ cm, $b > H_{m\,\text{max}}$ e, comunque, $b > 20$ cm, $\text{Fr} = V_m/\sqrt{g\Omega_m/B} < 0.5$ ($\Omega_m \triangleq$ area della sezione bagnata nel canale di alimentazione), $L > 1.5(\overline{B} - b)$ ($\overline{B} \triangleq$ larghezza media del canale di valle). I dati sperimentali disponibili sul funzionamento semimodulare sono insufficienti a interpretare correttamente il fenomeno. Cautelativamente, per garantire la semimodularità del misuratore, è opportuno che $H_v/H_m < 0.5$.

Una variante del misuratore Khafagi prevede un convergente a parcti piane senza soglia di fondo. Per quest'ultima configurazione geometrica, non sono disponibili risultati sperimentali sufficienti per convalidare una scala di deflusso.

7.2.2 Misuratore a gola cortissima

In questo misuratore (Figura 7.13), la gola si riduce a una sezione ottenuta dall'intersezione di piani verticali a pendenza 1 : 3 nel convergente e 1 : 6 nel divergente. Il fondo è piano orizzontale. La misura di livello (solo a monte in regime semimodulare, anche a valle in regime di sommergenza) viene fatta in due sezioni, nelle quali la distribuzione della pressione non è idrostatica. Alcuni test sperimentali eseguiti su canali in similitudine geometrica hanno evidenziato la presenza di effetti scala rilevanti e tali da richiedere la calibrazione di ogni misuratore di nuova realizzazione, a meno che questo non abbia dimensioni identiche a un misuratore dello stesso tipo già calibrato. Ciò limita, chiaramente, l'interesse verso questo dispositivo.

7.2.3 Misuratore Parshall

Un misuratore a risalto standard, molto usato negli USA, è il misuratore Parshall. Si tratta di una forma particolare del misuratore Venturi con una gola corta, sviluppata a partire dal 1922 da Ralph L. Parshall (Figura 7.14), le cui dimensioni standard, al variare della portata minima e massima, sono riportate in numerosi testi [6, 13].

7.2 Canali misuratori a gola corta e cortissima

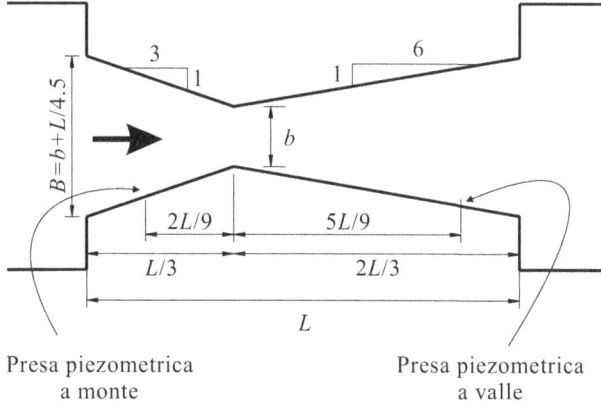

Pianta

Figura 7.13 Misuratore a gola cortissima

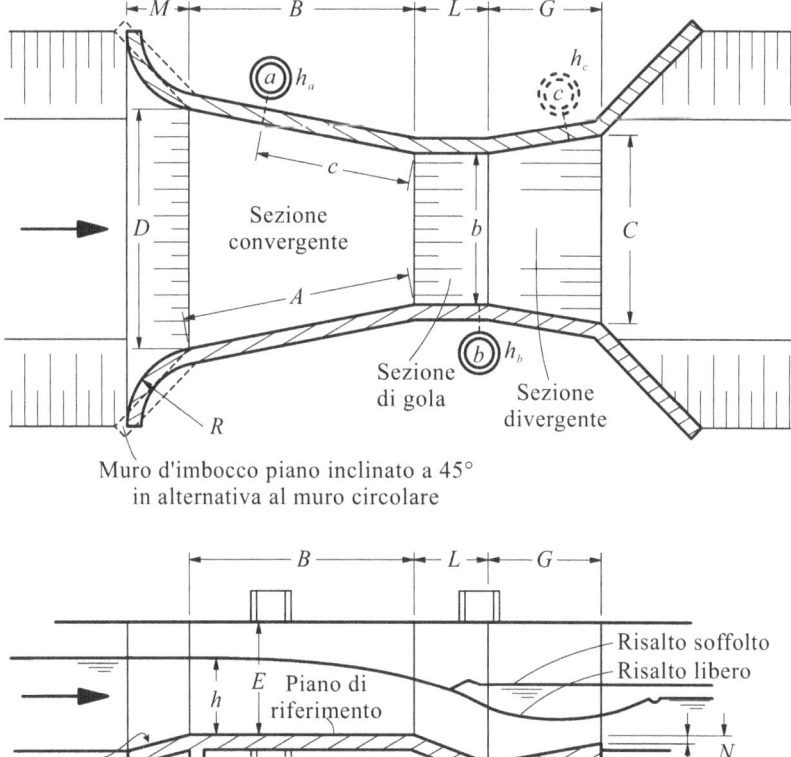

Figura 7.14 Caratteristiche geometriche di un misuratore Parshall (modificata da [1])

La portata di un misuratore Parshall è esprimibile nella forma seguente:

$$Q = C h_a^n, \qquad (7.63)$$

$C \triangleq$ coefficiente dimensionale, funzione della larghezza della sezione ristretta,
$h_a \triangleq$ tirante idrico misurato nel pozzetto a,
$n \triangleq$ esponente variabile in funzione della larghezza della sezione ristretta.

A differenza dei canali a gola allungata, per i quali il tirante idrico viene misurato nel canale di arrivo, nel misuratore Parshall il tirante idrico h_a viene misurato in un sezione ben precisa del convergente (pozzetto a in Figura 7.14). Inoltre, poco prima del divergente nel pozzetto b, viene anche misurato il tirante idrico a valle h_b. Il rapporto h_b/h_a è il rapporto di sommergenza.

Sulla base delle dimensioni, i misuratori Parshall si classificano in: misuratori *molto piccoli*, se la larghezza della sezione ristretta è compresa tra 2.5 cm e 7.5 cm (da 1" a 3") con portata tra 0.09 l/s e 32 l/s; *piccoli*, se la larghezza è compresa tra 15 cm e 2.40 m (da 6" a 8'), con portata tra 1.5 l/s e 4 m³/s; *grandi*, se la larghezza è tra 3 m e 15 m (da 10' a 50'), con portata compresa tra 0.16 m³/s e 93 m³/s. Il *range* di portata è 10:1.

Se il misuratore è molto piccolo, la lettura di h_b è resa difficoltosa dalle fluttuazioni turbolente del pelo libero. In tal caso, è necessario predisporre un terzo pozzetto c ancora più a valle. La lettura h_c, in questo pozzetto, sovrastima leggermente h_b, con un eccesso non superiore al 5% e uno scarto nullo per $h_c = 30$ cm. Quando il rapporto $h_b/h_a > 0.60$, si è raggiunto il limite di semimodularità ed è necessario, quindi, apportare una correzione alla portata calcolata dall'equazione (7.63). La correzione è espressa come

$$Q' = Q - Q_e, \qquad (7.64)$$

$Q' \triangleq$ portata in condizioni di sommergenza,
$Q \triangleq$ portata calcolata con l'equazione (7.63),
$Q_e \triangleq$ correzione di portata.

Sono disponibili i diagrammi della correzione in funzione del tirante idrico h_a e del rapporto di sommergenza h_b/h_a. L'incertezza nella stima della portata è minore del 3% in regime di semimodularità. In condizioni di sommergenza, è necessario misurare due livelli per stimare h_a e h_b (o, eventualmente, h_c) e l'errore aumenta. Per una sommergenza pari al 95% l'errore diventa troppo grande. La dissipazione assume un valore leggermente maggiore della differenza $h_b - h_a$, dato che le prese di pressione dei due pozzetti a e b non sono propriamente a monte e a valle del dispositivo. Anche per la dissipazione sono disponibili i diagrammi in funzione della portata in transito, della dimensione del misuratore e della percentuale di sommergenza.

7.2 Canali misuratori a gola corta e cortissima

7.2.4 Misuratori H

I misuratori H vennero progettati dall'U.S. Soil Conservation Service per soddisfare le esigenze di misura di piccoli *catchment* sperimentali. Detti misuratori dovevano garantire buona accuratezza e precisione in un ampio *range* di portata senza necessità di una vasca di calma, e dovevano funzionare anche con concentrazioni elevate di sedimenti.

Attualmente, i misuratori H sono diffusamente impiegati negli impianti con forti variazioni di portata, come succede, per esempio, negli impianti industriali che trattano fluidi alimentari e negli impianti di trattamento dei liquami. Infatti, mentre i misuratori Parshall hanno un *range* di portata 10:1, i misuratori H hanno un *range* fino a 100:1. Sono standardizzati tre tipi di misuratori H: il più piccolo è chiamato HS e misura fino a 22 l/s; il misuratore intermedio è chiamato H e misura fino a 2.36 m^3/s; il misuratore più grande è chiamato HL e misura fino a 3.32 m^3/s. Quasi sempre, i misuratori H sono prefabbricati in lamierino metallico e possono essere usati per installazioni temporanee o permanenti. Le dimensioni standard sono 4 per i misuratori HS, 8 per i misuratori H e 2 per i misuratori HL. Le proporzioni geometriche per un misuratore H sono riportate in Figura 7.15; una vista assonometrica

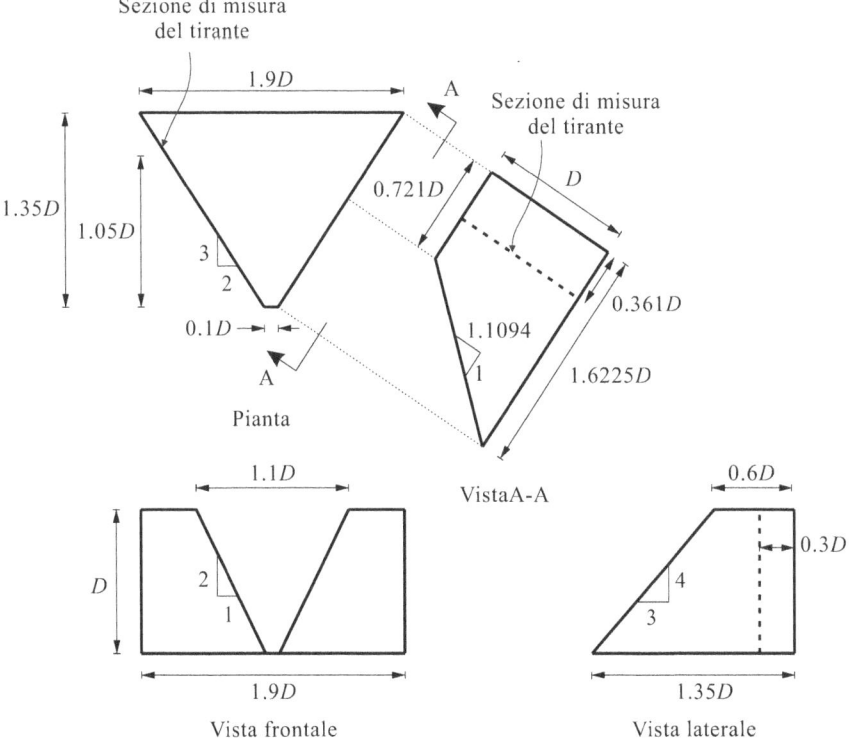

Figura 7.15 Proporzioni geometriche di un misuratore H

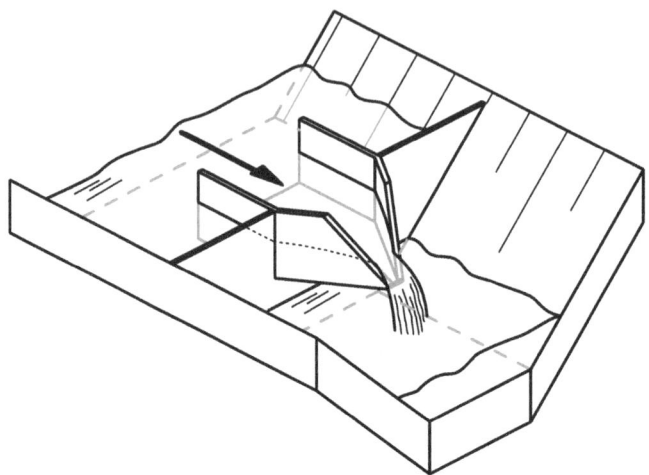

Figura 7.16 Installazione di un misuratore H

è riportata in Figura 7.16. Poiché il pelo libero ha una forte curvatura, ai fini di una stima corretta della portata è importante specificare accuratamente la sezione di misura. Il canale di valle deve essere preferibilmente a caduta libera, anche se è possibile la misura in condizioni di sommergenza.

Sulla base delle varie esperienze condotte, è possibile esprimere la portata dei misuratori H con la seguente formula:

$$\log_{10} Q = a + b \log_{10} h_m + c (\log_{10} h_m)^2. \tag{7.65}$$

I coefficienti a, b e c sono riportati in Tabella 7.1. Q è in m^3/s e h_m è in m.

Tabella 7.1 Coefficienti di calibrazione dei misuratori H, HS e HL [6]

Modello	Altezza D (m)	a	b	c
HS	0.122	−0.4361	2.5151	0.1379
HS	0.183	−0.4430	2.4908	0.1657
HS	0.244	−0.4410	2.4571	0.1762
HS	0.305	−0.4382	2.4193	0.1790
H	0.152	0.0372	2.6629	0.1954
H	0.229	0.0351	2.6434	0.2243
H	0.305	0.0206	2.5902	0.2281
H	0.457	0.0238	2.5473	0.2540
H	0.610	0.0237	2.4918	0.2605
H	0.762	0.0268	2.4402	0.2600
H	0.914	0.0329	2.3977	0.2588
H	1.370	0.0588	2.3032	0.2547
HL	1.070	0.3142	2.3417	0.2568
HL	1.220	0.3240	2.3083	0.2527

7.2 Canali misuratori a gola corta e cortissima

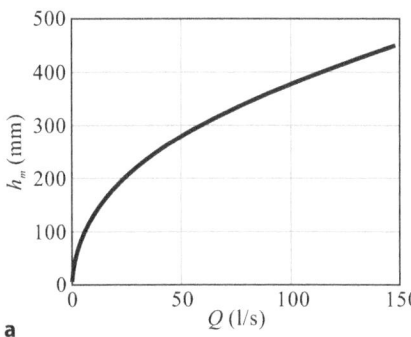
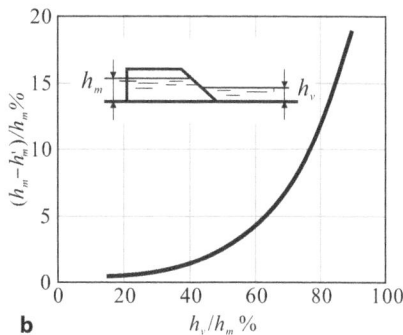

Figura 7.17 Misuratore H da 46 cm. **a** Scala di deflusso, **b** curva di riduzione di h_m in condizioni di sommergenza [23]

L'incertezza sulla stima della portata è pari al 3%. In Figura 7.17 è riportata la scala per un misuratore H da 46 cm (1.5 piedi). Come accennato, i misuratori H possono funzionare in condizioni di sommergenza; in tal caso, a parità di portata, il tirante idrico a monte aumenta e il suo valore equivalente è il seguente:

$$h'_m = \frac{h_m}{1 + 0.001\,75 \exp\left(5.44 \dfrac{h_v}{h_m}\right)} \quad \text{per} \quad 0.15 < \frac{h_v}{h_m} < 0.9, \tag{7.66}$$

$h'_m < h_m \triangleq$ tirante idrico equivalente per il calcolo della portata reale,
$h_m \quad\ \ \triangleq$ tirante idrico misurato.

In Figura 7.17b è indicato l'incremento percentuale $(h_m - h'_m)/h_m \times 100$ in funzione del rapporto di sommergenza h_v/h_m. È, comunque, consigliabile che il rapporto di sommergenza sia minore di 0.25.

Il canale di arrivo dovrebbe essere rettangolare con larghezza e altezza uguali a quelle del misuratore e lunghezza da 3 a 5 volte la dimensione massima del misuratore, con una pendenza inferiore al 3%. Per evitare instabilità del pelo libero, il numero di Froude della corrente in arrivo dovrebbe essere minore di 0.5.

7.2.5 Misuratori Washington State College (WSC)

I misuratori Washington State College (WSC) (Figura 7.18) sono simili al misuratore Parshall e sono utilizzati quasi sempre come misuratori portatili in canali non rivestiti.

Sono disponibili in fibra di vetro o in metallo, per portate relativamente elevate (fino a 6 m^3/s), in presenza di correnti molto cariche di sedimenti. La calibrazione viene eseguita prevalentemente *in situ*.

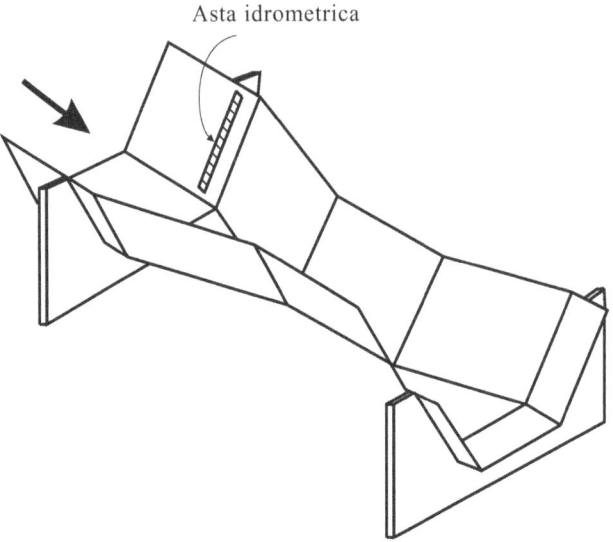

Figura 7.18 Schema di un misuratore Washington State College (WSC)

7.3 Misuratori a stramazzo a soglia larga

I misuratori a stramazzo a soglia larga costringono la corrente fluida a superare una soglia orizzontale con caratteristiche geometriche tali da garantire traiettorie rettilinee e parallele, almeno per un breve tratto, e tali da forzare il passaggio della corrente attraverso lo stato critico. L'esistenza di una sezione con distribuzione idrostatica della pressione, permette una derivazione teorica della scala di deflusso, senza necessità di calibrazione. Tuttavia, per compensare gli scostamenti dello schema dal funzionamento reale e per ottenere un'accuratezza elevata, è opportuno calibrare il misuratore. Per permettere l'allineamento delle traiettorie e per poter trascurare le perdite di carico sulla soglia, è necessario che $0.08 \le H_m/L \le 1.5$ ($H_m \triangleq$ carico effettivo a monte; $L \triangleq$ lunghezza della soglia nella direzione del moto della corrente). Scrivendo l'equazione di bilancio dell'energia tra una sezione a monte, con distribuzione idrostatica della pressione, e la sezione sulla soglia, con distribuzione ancora idrostatica, risulta:

$$H_m \equiv h_m + \alpha_m \frac{V_m^2}{2g} = H \equiv h + \alpha \frac{V^2}{2g}, \qquad (7.67)$$

$H_m, H \triangleq$ carico effettivo a monte/nella sezione sulla soglia,
$h_m, h \triangleq$ tirante idrico a monte/nella sezione sulla soglia,
$\alpha_m, \alpha \triangleq$ coefficiente di Coriolis a monte/nella sezione sulla soglia,
$V_m, V \triangleq$ velocità media della corrente a monte/nella sezione sulla soglia,
$g \triangleq$ accelerazione di gravità.

7.3 Misuratori a stramazzo a soglia larga

Facendo uso dell'equazione di continuità e dell'equazione (7.67), la portata si calcola come segue:

$$Q = bh\sqrt{\frac{2g(H_m - h)}{\alpha}}, \tag{7.68}$$

$b \triangleq$ larghezza della soglia.

Questa equazione richiede, nel caso più generale, la misura del tirante idrico a monte e del tirante idrico nella sezione sulla soglia (conoscendo la geometria del sistema è possibile calcolare il carico totale a monte). Se la sezione sulla soglia è la sezione critica, la stima è notevolmente semplificata, poiché è possibile calcolare h in funzione di H_m. Per esempio, se la sezione critica sulla soglia è rettangolare, risulta

$$h \equiv k = \frac{2}{3}H_m, \tag{7.69}$$

e la portata espressa dall'equazione (7.68), nell'ipotesi di $\alpha = 1$, si riduce alla forma seguente:

$$Q = \frac{2}{3}bH_m^{1.5}\left(\frac{2}{3}g\right)^{0.5}. \tag{7.70}$$

Il calcolo può essere esteso a una sezione critica di forma differente. Per tenere conto delle dissipazioni di energia e di ogni altro fenomeno che porti a uno scostamento dallo schema teorico, si introduce un coefficiente di efflusso C_Q. Inoltre, per un uso immediato della scala di deflusso in funzione del tirante idrico misurato, si introduce un coefficiente correttivo della velocità di arrivo. Per una sezione rettangolare, la forma classica della scala di deflusso è la seguente:

$$Q = C_Q C_{va} \frac{2}{3} bh_m^{1.5}\left(\frac{2}{3}g\right)^{0.5}, \tag{7.71}$$

$C_Q \triangleq$ coefficiente di efflusso,
$C_{va} \triangleq$ coefficiente correttivo della velocità di arrivo.

Il coefficiente correttivo della velocità di arrivo dipende dalla forma della sezione di controllo. Per una sezione rettangolare, assume il valore

$$C_{va} = \left(\frac{H_m}{h_m}\right)^{1.5}, \tag{7.72}$$

e, per una sezione generica, assume il valore

$$C_{va} = \left(\frac{H_m}{h_m}\right)^n, \tag{7.73}$$

$n \triangleq$ esponente della scala di deflusso.

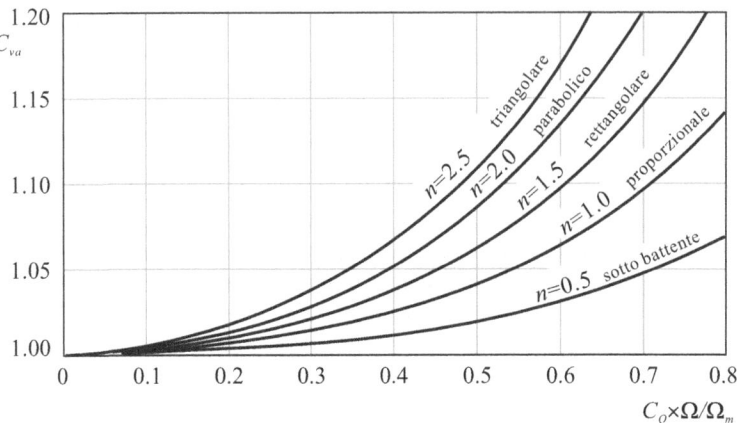

Figura 7.19 Coefficiente correttivo della velocità di arrivo per alcune sezioni di controllo

L'esponente della scala di deflusso è pari a $n = 2.5$ per una sezione triangolare, $n = 2$ per una sezione parabolica, $n = 1$ per una sezione proporzionale, $n = 0.5$ per gli orifizi sotto battente. Esplicitando il carico totale a monte, l'equazione (7.73) diventa

$$C_{va} = \left(1 + \alpha_m \frac{V_m^2}{2gh_m}\right)^n. \tag{7.74}$$

Per una sezione rettangolare, si ottiene:

$$C_{va} = \left[1 + \alpha_m \frac{4}{27} C_{va}^2 \left(C_Q \frac{\Omega}{\Omega_m}\right)^2\right]^{1.5}, \tag{7.75}$$

$\Omega \triangleq$ area della sezione trasversale della corrente nella sezione di controllo,
$\Omega_m \triangleq$ area della sezione trasversale della corrente nella sezione di monte.

Il diagramma del coefficiente correttivo della velocità di arrivo è riportato in Figura 7.19, assumendo $\alpha_m = 1.0$.

7.3.1 Stramazzo rettangolare a soglia orizzontale larga arrotondata a monte (tipo Belanger)

In questo tipo di misuratore, la soglia ha il paramento di monte verticale e il bordo d'attacco arrotondato. Il paramento di valle, piano, può essere verticale con raccordo a spigolo vivo o arrondato, oppure inclinato (Figura 7.20).

7.3 Misuratori a stramazzo a soglia larga

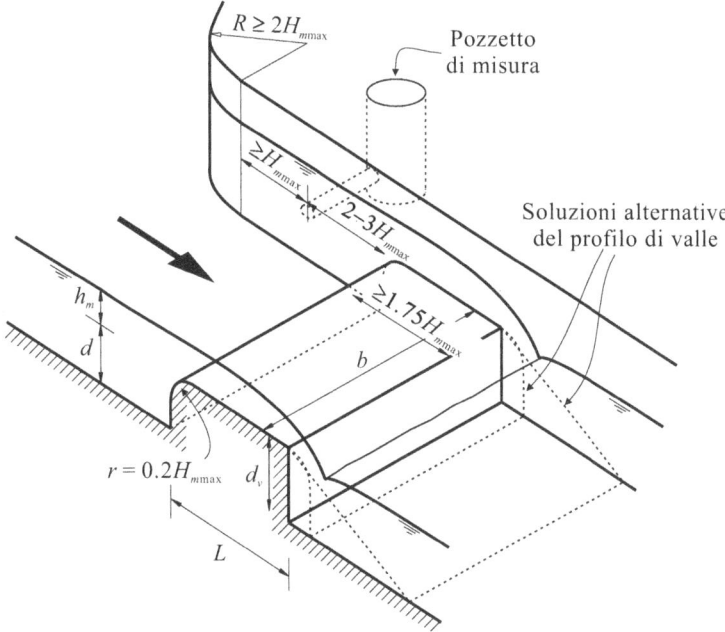

Figura 7.20 Geometria di un misuratore a stramazzo a soglia larga rettangolare (tipo Belanger) (modificata da [1])

Detto misuratore è in uso da oltre un secolo e le varie esperienze hanno evidenziato che anche un modesto arrotondamento del bordo d'attacco incrementa significativamente il coefficiente di efflusso. Se la lunghezza della soglia nella direzione del moto è sufficiente a garantire una sezione con traiettorie rettilinee e parallele, è possibile ricavare teoricamente la scala di deflusso.

Con riferimento alla Figura 7.21, nel caso di canale di arrivo rettangolare, trascurando le dissipazioni, il bilancio di energia tra monte e la sezione critica è il

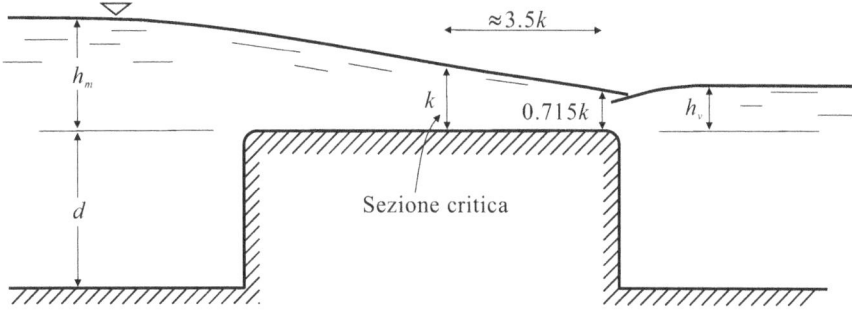

Figura 7.21 Stramazzo a soglia larga (tipo Belanger)

seguente:

$$h_m + \frac{Q^2}{2gb^2(h_m+d)^2} = \frac{3}{2}\left(\frac{Q^2}{gb^2}\right)^{1/3}, \qquad (7.76)$$

$h_m \triangleq$ profondità della corrente di monte riferita alla quota della soglia,
$Q \triangleq$ portata volumetrica della corrente,
$d \triangleq$ altezza della soglia,
$b \triangleq$ larghezza della soglia.

Sviluppando l'equazione (7.76), si ottiene un'equazione di terzo grado la cui soluzione reale e positiva $Q = Q(h_m)$ permette di determinare la portata misurando il tirante idrico h_m. Se la velocità della corrente in arrivo è piccola e l'altezza della soglia d è rilevante, il termine cinetico è trascurabile e la portata si calcola immediatamente come segue:

$$Q = \frac{2}{3\sqrt{3}} b \sqrt{2g} h_m^{3/2}. \qquad (7.77)$$

Volendo includere il contributo della velocità d'arrivo, si può fare uso dell'equazione (7.4) con il coefficiente di efflusso espresso dall'equazione (7.32). Agli stessi risultati si giunge scrivendo il bilancio di energia nella forma seguente:

$$H_m = h + \frac{V^2}{2g}, \qquad (7.78)$$

$H_m \triangleq$ carico totale a monte rispetto alla soglia,
$h \triangleq$ profondità della corrente nella sezione a distribuzione idrostatica delle pressioni,
$V \triangleq$ velocità della corrente nella sezione a distribuzione idrostatica delle pressioni.

La portata è pari a

$$Q = bh\sqrt{2g(H_m - h)}. \qquad (7.79)$$

Se nella sezione a distribuzione idrostatica delle pressioni la corrente è critica, risulta:

$$h_c \equiv k = \frac{2H_m}{3}, \qquad (7.80)$$

$h_c \equiv k \triangleq$ profondità critica,

e, quindi,

$$Q = \frac{2}{3\sqrt{3}} b \sqrt{2g} H_m^{3/2}. \qquad (7.81)$$

7.3 Misuratori a stramazzo a soglia larga

Molto spesso, il carico totale a monte si approssima con il tirante idrico a monte, esprimendo la portata nella forma seguente:

$$Q = C_Q C_{va} \frac{2}{3\sqrt{3}} b \sqrt{2g} h_m^{3/2}, \tag{7.82}$$

$C_Q \triangleq$ coefficiente di efflusso,
$C_{va} \triangleq$ coefficiente correttivo della velocità in arrivo.

Il coefficiente di efflusso ingloba gli effetti dello scostamento tra lo schema teorico e il sistema reale (per esempio, il campo di moto non esattamente bidimensionale), e il coefficiente correttivo della velocità di arrivo permette di tenere conto dell'altezza cinetica della corrente. Il suo valore è diagrammato in Figura 7.19 per $n = 1.5$. Per includere le dissipazioni, si può analizzare in dettaglio l'effetto dello strato limite al fondo. L'aderenza del fluido alla parete della soglia genera uno strato limite di spessore δ crescente dal bordo d'attacco verso valle (Figura 7.22).

Definito lo spessore convenzionale dello strato limite con l'equazione

$$\delta^* = \int_0^\delta \left(1 - \frac{V_\delta(y)}{V}\right) dy, \tag{7.83}$$

$\delta^* \triangleq$ spessore convenzionale dello strato limite,
$V_\delta \triangleq$ velocità nello strato limite, funzione di y,
$V \triangleq$ velocità asintotica della regione esterna,

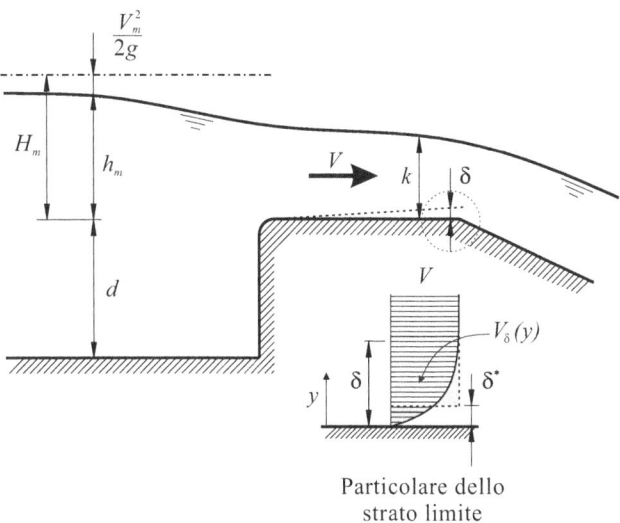

Particolare dello strato limite

Figura 7.22 Strato limite sulla soglia di un misuratore a stramazzo con bordo d'attacco arrotondato. Le due aree ombreggiate nel particolare sono uguali per definizione di δ^* (modificata da [1])

la portata si può esprimere come segue [28]:

$$Q = b(d - \delta^*)\sqrt{2g(H_m - d)}. \tag{7.84}$$

Imponendo la condizione di portata massima (che definisce, per un'assegnata energia specifica, la condizione critica), si ottiene

$$d_c \equiv k = \frac{2H_m}{3} + \frac{\delta^*}{3} \tag{7.85}$$

e, quindi,

$$Q = \frac{2}{3\sqrt{3}} b \sqrt{2g} (H_m - \delta^*)^{3/2}. \tag{7.86}$$

Abbiamo assunto $\delta^* =$ costante. La riduzione del carico totale efficace ai fini del deflusso dà conto delle dissipazioni. Le variabili in gioco sono: la portata specifica Q/b, il carico totale a monte H_m, l'accelerazione di gravità g, la viscosità dinamica μ e la tensione superficiale σ, la densità di massa ρ, una serie di variabili geometriche che indichiamo con $x_1, x_2, \ldots, x_k$. Applicando il teorema di Buckingham, e scegliendo i gruppi adimensionali in modo che abbiano un significato fisico, si ottiene la seguente relazione funzionale [27]:

$$\frac{Q}{bH_m\sqrt{gH_m}} = \Phi_1\left(\frac{H_m\sqrt{gH_m}}{\nu}, \frac{\rho g^{1/3}\nu^{4/3}}{\sigma}, \frac{x_1}{H_m}, \frac{x_2}{H_m}, \ldots, \frac{x_k}{H_m}\right) \equiv$$
$$\Phi_1\left(\text{Re}, \text{We}, \frac{x_1}{H_m}, \frac{x_2}{H_m}, \ldots, \frac{x_k}{H_m}\right), \tag{7.87}$$

$\nu = \mu/\rho \triangleq$ viscosità cinematica,
Re $\triangleq$ numero di Reynolds,
We $\triangleq$ numero di Weber.

A temperatura costante, il numero di Weber è costante. Per garantire l'indipendenza asintotica dal numero di Reynolds, si può assumere una struttura della funzione Φ_1 come il prodotto di due contributi [27], cioè:

$$\Phi_1\left(\text{Re}, \text{We}, \frac{x_1}{H_m}, \frac{x_2}{H_m}, \ldots, \frac{x_k}{H_m}\right) = \left[1 - \left(\frac{f}{\text{Re}}\right)^{2/3}\right] \Phi_2\left(\frac{x_1}{H_m}, \frac{x_2}{H_m}, \ldots, \frac{x_k}{H_m}\right), \tag{7.88}$$

$f \triangleq$ costante.

Il termine tra parentesi quadra, per Re sufficientemente grande, è approssimato come segue:

$$\left[1 - \left(\frac{f}{\text{Re}}\right)^{2/3}\right] \approx \left[1 - \frac{2}{3}\left(\frac{f}{\text{Re}}\right)^{2/3}\right]^{3/2} \tag{7.89}$$

7.3 Misuratori a stramazzo a soglia larga

e, quindi, la relazione funzionale (7.87) si può riscrivere nella forma seguente:

$$\begin{cases} \dfrac{Q}{b\sqrt{g}(H_m - \lambda)^{3/2}} = \Phi_2\left(\dfrac{x_1}{H_m}, \dfrac{x_2}{H_m}, \ldots, \dfrac{x_k}{H_m}\right), \\ \lambda = \dfrac{2}{3}\left(\dfrac{f^2 v^2}{g}\right)^{1/3}, \end{cases} \quad (7.90)$$

dove λ ha le dimensioni di una lunghezza. Ciò significa che, in molti misuratori di questo tipo, esiste un ampio *range* di portata nel quale il deflusso è controllato esclusivamente dalle caratteristiche geometriche tramite la funzione Φ_2. Si può dimostrare che la relazione funzionale (7.87) può essere espressa in dipendenza del tirante idrico a monte h_m, invece che del carico totale H_m.

Se esprimiamo la portata nella forma

$$Q = C_Q C_{va} \frac{2}{3\sqrt{3}} b \sqrt{2g} h_m^{3/2}, \quad (7.91)$$

$C_Q \triangleq$ coefficiente di efflusso,
$C_{va} \triangleq$ coefficiente correttivo della velocità in arrivo,

il coefficiente di efflusso può essere calcolato come

$$C_Q = \left[1 - 2c\frac{(L-r)}{b}\right]\left[1 - c\frac{(L-r)}{h_m}\right]^{3/2}, \quad (7.92)$$

dove c è un coefficiente che parametrizza, al pari di f, l'effetto dello strato limite. Per misuratori di campo in cemento lisciato $c \approx 0.005$; in laboratorio e con misuratori accuratamente eseguiti e lisciati $c \approx 0.003$. Il coefficiente correttivo della velocità di arrivo si calcola nel modo usuale, $C_{va} = (H_m/h_m)^{3/2}$. L'incertezza relativa percentuale al 95% di confidenza della stima del prodotto $C_Q C_{va}$ si ricava dall'espressione seguente [6]:

$$X_{C_Q C_{va}}\% = \pm 2(21 - 20 C_Q C). \quad (7.93)$$

L'errore commesso nel calcolo della portata con l'equazione (7.77) è del 3%–4%. Lo spigolo di monte è arrotondato per limitare le dissipazioni; la lama stramazzante è a caduta libera dallo spigolo di valle. La profondità critica k della corrente si stabilizza a distanza pari a $\approx 3.5k$ dallo spigolo di caduta, dove la profondità della corrente è pari a $0.715k$. In teoria, sarebbe possibile misurare una di queste due profondità per calcolare direttamente la portata. In pratica, la misura della profondità critica o della profondità nella sezione terminale ha un'accuratezza limitata e si preferisce misurare la profondità h_m a monte. Per lo stramazzo a soglia larga, una condizione limite di funzionamento semimodulare prevede che il salto minimo tra monte e valle sia pari a $h_m - \beta k$, con β coefficiente non inferiore a uno. Infatti, dopo la sezione critica, si instaura un breve tratto di corrente veloce che isola le sezioni di monte dalle sezioni di valle purché risulti $h_v \lesssim \beta k$. Cautelativamente, si può assumere $h_s = k$ ($h_s \triangleq$ profondità limite di sommergenza). Per un buon funzionamento, è necessario che $h_m > 6$ cm e, comunque, $h_m > 0.05L$. I limiti $H_m/d < 1.5$ e $d \geq 15$ cm servono a evitare le instabilità del pelo libero della superficie che tendono a svilupparsi per Fr > 0.5 nel canale di arrivo. Per garantire una sezione a traiettorie rettilinee e parallele sulla soglia e per evitare che si sviluppino instabilità di superficie sulla soglia, è necessario che $0.05 < H_m/d < 0.50$. La larghezza della soglia deve essere $b > 30$ cm e, comunque, $b > H_{m\,\text{max}}$ e $b > L/5$.

Esempio 7.4 Si voglia dimensionare un misuratore a soglia larga con bordo d'attacco arrotondato, di larghezza $b = 3.00$ m, per una portata massima $Q = 2.5 \,\text{m}^3/\text{s}$. Il massimo livello a monte, misurato rispetto al fondo del canale e compatibile con il franco del canale di arrivo, è $h = 1.50$ m.

Applicando l'equazione (7.77), si calcola una profondità di monte minima pari a $h_m = 0.62$ m. Il risultato è conservativo, poichè abbiamo trascurato il contributo dell'altezza cinetica che tende a incrementare il coefficiente di efflusso. Conseguentemente, l'altezza della soglia non può essere superiore a $d = 0.88$ m per soddisfare il franco. Fissiamo $d = 0.85$ m. Il calcolo della profondità di monte effettiva può essere condotto usando l'equazione $Q = C_Q h_m b \sqrt{2g h_m}$, con C_Q secondo l'equazione di Ghcrardelli (equazione 7.11). Nel caso in esame, iterativamente risulta $h_m = 0.60$ m, con un coefficiente di efflusso $C_Q = 0.404$. La profondità critica è $k = 0.47$ m e la condizione di semimodularità è soddisfatta, purché il livello di valle sia cautelativamente a quota non superiore ad $h_s \equiv k = 0.47$ m. Se si ammettono dissipazioni a monte pari a $0.03k$, risolvendo l'equazione

$$h_m + \frac{k^3}{2(h_m + d)^2} - \frac{3}{2}k - 0.03k = 0, \quad (7.94)$$

si ottiene $h_m = 0.62$ m. Si noti che, nel caso in esame, le dissipazioni bilanciano l'altezza cinetica della corrente in arrivo, dato che la profondità minima calcolata applicando l'equazione semplificata, coincide con la profondità minima calcolata applicando l'equazione di bilancio completa e comprensiva delle dissipazioni.

7.3.2 Stramazzo rettangolare a soglia orizzontale larga con bordo d'attacco a spigolo vivo

Questo tipo di stramazzo è molto simile al precedente, dal quale si differenzia solo perché il bordo di attacco è a spigolo vivo. Il paramento di valle è sempre verticale. Il regime di moto della corrente sulla soglia dipende dal rapporto tra carico totale a monte e lunghezza della soglia.

- Se $H_m/L < 0.08$, la corrente è lenta ovunque e, in mancanza di attraversamento dello stato critico, il coefficiente di efflusso dipende dalla dissipazione della corrente sulla soglia. Di fatto, il dispositivo non è utilizzabile come misuratore di portata.

7.3 Misuratori a stramazzo a soglia larga

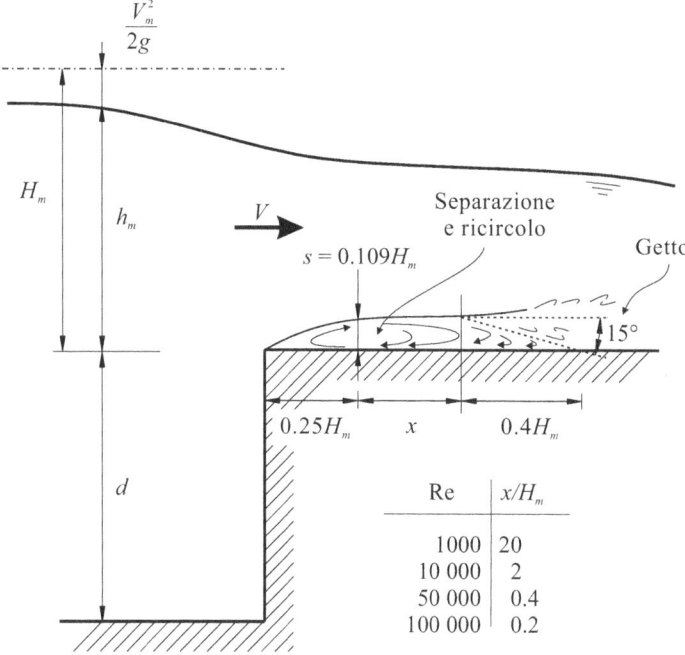

Figura 7.23 Struttura della zona di separazione e di ricircolo in un misuratore a soglia a bordo d'attacco a spigolo vivo [12]

- Se $0.08 \leq H_m/L \leq 0.33$, in corrispondenza del bordo di attacco la corrente si separa, con la formazione di una zona di ricircolo (Figura 7.23), la cui estensione dipende dalla velocità di arrivo. Per un tratto, la corrente è a traiettorie rettilinee e parallele e il coefficiente di efflusso è praticamente costante.
- Se $0.33 < H_m/L < 1.5\text{--}1.8$, la lunghezza della soglia non è sufficiente a garantire la formazione di una sezione a traiettorie rettilinee e parallele e il coefficiente di efflusso è maggiore di quello presente nel regime di moto precedentemente considerato.
- Se $H_m/L \gtrsim 1.5$, la corrente si separa in maniera evidente al bordo d'attacco e lo stramazzo si comporta come uno stramazzo in parete sottile. A causa delle fluttuazioni di pressione al di sotto della vena, il flusso è instabile, ma si stabilizza nuovamente per $H_m/L \gtrsim 3.0$.

La portata è espressa nella forma seguente:

$$Q = C_Q C_{va} \frac{2}{3\sqrt{3}} b \sqrt{2g} h_m^{3/2}, \qquad (7.95)$$

$C_Q \triangleq$ coefficiente di efflusso,
$C_{va} \triangleq$ coefficiente correttivo della velocità in arrivo.

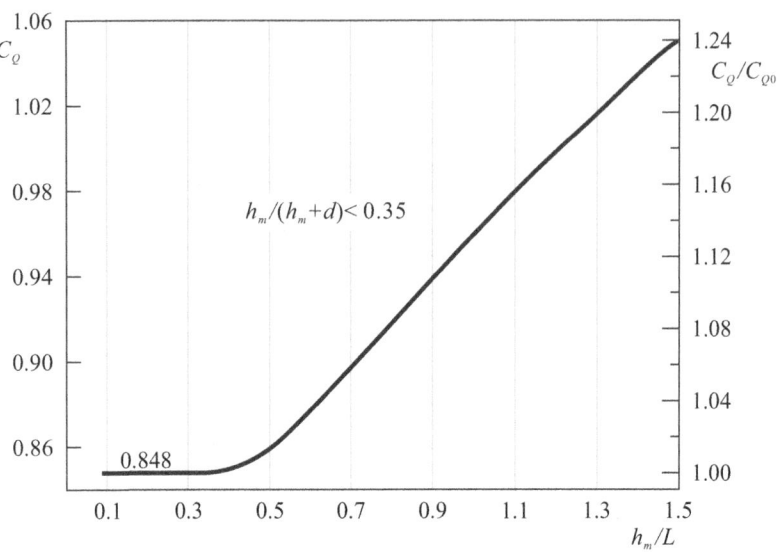

Figura 7.24 Coefficiente di efflusso per uno stramazzo rettangolare a soglia larga e spigolo vivo a monte [6]

Sperimentalmente, il coefficiente di efflusso è funzione di h_m/L e $h_m/(h_m + d)$ ed è costante e pari a $C_{Q0} = 0.848$, se $0.08 < h_m/L \leq 0.33$ e $h_m/(h_m + d) \leq 0.35$. Se i limiti indicati non sono rispettati, il coefficiente di efflusso assume valori sempre maggiori del coefficiente di efflusso base, secondo le indicazioni dei diagrammi sperimentali riportati in Figura 7.24 e in Figura 7.25.

Il coefficiente correttivo della velocità di arrivo è espresso dalla seguente equazione:

$$\frac{3\sqrt{3}\left(C_{va}^{2/3} - 1\right)^{1/2}}{C_{va}} = 2C_Q \left(\frac{h_m}{h_m + d}\right) \frac{b}{B}, \qquad (7.96)$$

che ammette la soluzione

$$\begin{cases} C_{va} = \left[-\dfrac{1}{R_a \sqrt{\dfrac{3}{8}}} \cos\left(240° + \dfrac{\theta}{3}\right) \right], \\ \theta = \cos^{-1}\left(3\sqrt{\dfrac{3}{8}} R_a\right), \\ R_a = \dfrac{2}{3}\sqrt{\dfrac{2}{3}} C_Q \left(\dfrac{h_m}{h_m + d}\right) \dfrac{b}{B}. \end{cases} \qquad (7.97)$$

7.3 Misuratori a stramazzo a soglia larga

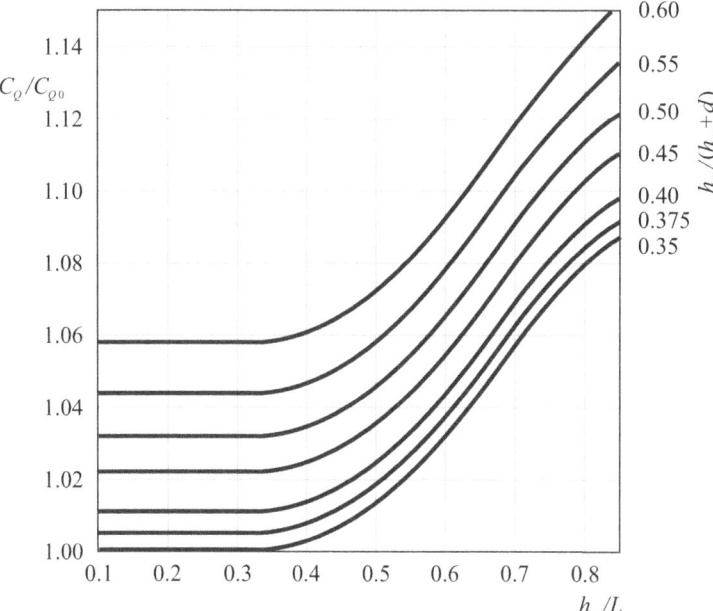

Figura 7.25 Fattore di correzione per uno stramazzo rettangolare a soglia larga a spigolo vivo a monte [21]

Il valore di C_{va} si può anche ricavare più facilmente dal diagramma in Figura 7.19 per $n = 1.5$. La procedura richiede la stima preventiva del coefficiente di efflusso. L'incertezza relativa percentuale al 95% di confidenza della stima del prodotto $C_Q C_{va}$ è espressa dalla seguente relazione [6]:

$$X_{C_Q C_{va}}\% = \pm \left(10 \frac{C_Q}{C_{Q0}} - 8\right). \tag{7.98}$$

Il limite di funzionamento in regime semimodulare di questo misuratore, è stato oggetto di alcune indagini sperimentali, con risultati variabili tra $h_v/h_m = 0.85$ e $h_v/h_m = 0.73$. Gli standard britannici suggeriscono $h_v/h_m = 0.66$.

Per un buon funzionamento, è necessario che $h_m > 6$ cm e, comunque, $h_m > 0.08L$. I limiti $h_m/(h_m + d) < 0.6$ e $d \geq 15$ cm servono a evitare le instabilità del pelo libero della superficie che tendono a svilupparsi nel canale di arrivo per $Fr > 0.5$. Per garantire una sezione a traiettorie rettilinee e parallele sulla soglia, e per evitare che sulla soglia medesima si sviluppino instabilità di superficie, è necessario che $0.08 < h_m/d < 1.50$. La larghezza della soglia deve essere $b > 30$ cm e, comunque, $b > h_{m\,max}$ e $b > L/5$. Se $h_m/L > 0.33$, la sacca d'aria sotto la vena deve essere messa in comunicazione con l'atmosfera.

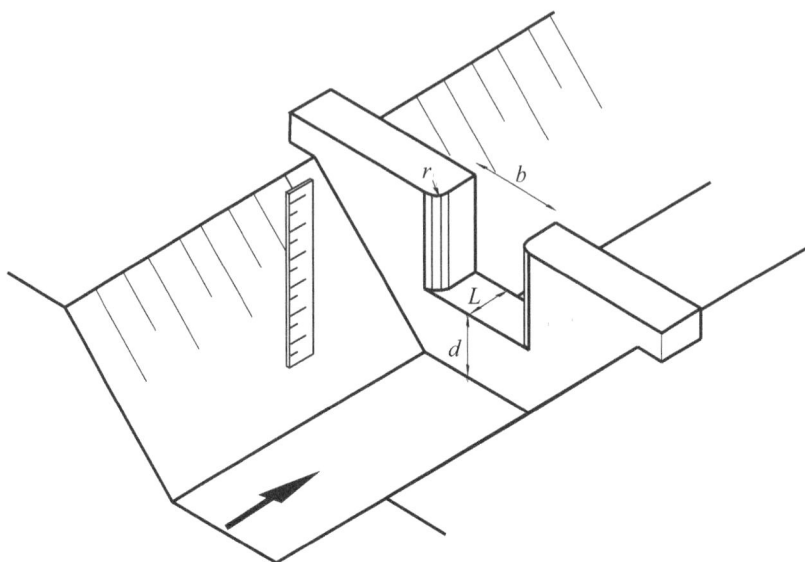

Figura 7.26 Misuratore di Fayum

7.3.3 Misuratore di Fayum

Il misuratore di Fayum [2] è uno stramazzo rettangolare a soglia orizzontale utilizzabile in canali di forma qualunque, poiché la bidimensionalità della corrente sulla soglia è garantita da sponde verticali laterali (Figura 7.26).

La forma della sezione del canale di arrivo non è importante se non modifica la contrazione della vena effluente, cioè se il rapporto tra l'area della sezione di efflusso e l'area della sezione di arrivo $bh_m/\Omega < 0.35$. La geometria del sistema può modificare il coefficiente di efflusso, ma una sostanziale similitudine è garantita se i rapporti r/L e b/l rispettano la curva in Figura 7.27. Il diagramma è corretto per $L = 0.50$ m e, comunque, per $L \leq 1.5 h_m$. La portata è espressa dalla relazione seguente:

$$Q = C_Q C_{va} \frac{2}{3\sqrt{3}} b \sqrt{2g} h_m^{3/2}, \qquad (7.99)$$

$C_Q \triangleq$ coefficiente di efflusso,
$C_{va} \triangleq$ coefficiente correttivo della velocità in arrivo.

Il coefficiente di efflusso assume gli stessi valori del coefficiente di efflusso diagrammato in Figura 7.24 e in Figura 7.25. Il coefficiente correttivo della velocità di arrivo si può stimare dal diagramma in Figura 7.19 per $n = 1.5$, oppure si può

7.3 Misuratori a stramazzo a soglia larga

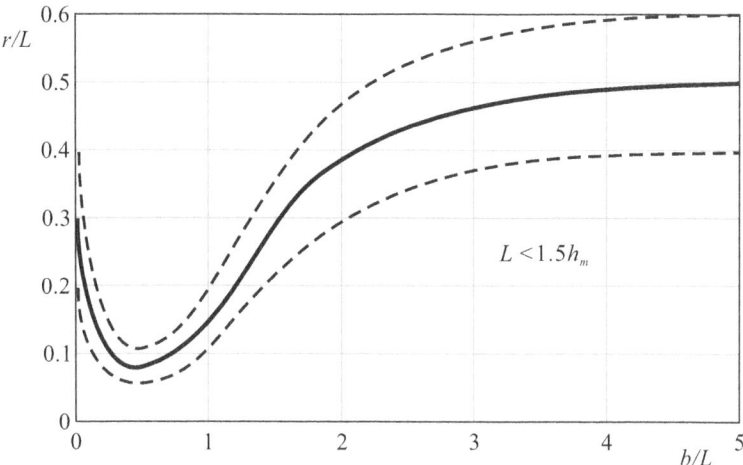

Figura 7.27 Caratteristiche dimensionali di un misuratore di Fayum necessarie per rendere la portata linearmente proporzionale alla larghezza [2]

calcolare con l'equazione (7.97) assumendo

$$R_a = \frac{2}{3}\sqrt{\frac{2}{3}}C_Q\left(\frac{h_m b}{\Omega_m}\right), \qquad (7.100)$$

$\Omega_m \triangleq$ area della superficie della sezione trasversale della corrente nel canale di arrivo.

L'incertezza nel calcolo del prodotto $C_Q C_{va}$ è minore del 5%.

Se $0.08 < h_m/L < 0.33$, il limite di semimodularità, definito come corrispondente a una riduzione dell'1% della portata, a parità di tirante idrico a monte e in condizioni di efflusso libero, è pari a $H_v/H_m = 0.66$. Per valori più elevati di curvatura delle traiettorie, il limite di semimodularità si riduce secondo le indicazioni del diagramma in Figura 7.28.

Per un buon funzionamento, è necessario che le caratteristiche geometriche del misuratore rispettino il diagramma in Figura 7.27; il tirante idrico minimo sia $h_m > 6$ cm; la larghezza della sezione di controllo sia $b > 5$ cm; il rapporto tra il tirante idrico e la lunghezza della soglia sia $0.08 < h_m/L < 1.6$; la corrente sia aerata in basso se $h_m/L > 0.33$.

7.3.4 Stramazzo triangolare a soglia larga

La scelta di una soglia a sezione triangolare offre il vantaggio di una misura accurata anche a basse portate. La soglia è raccordata a monte con un raccordo circolare

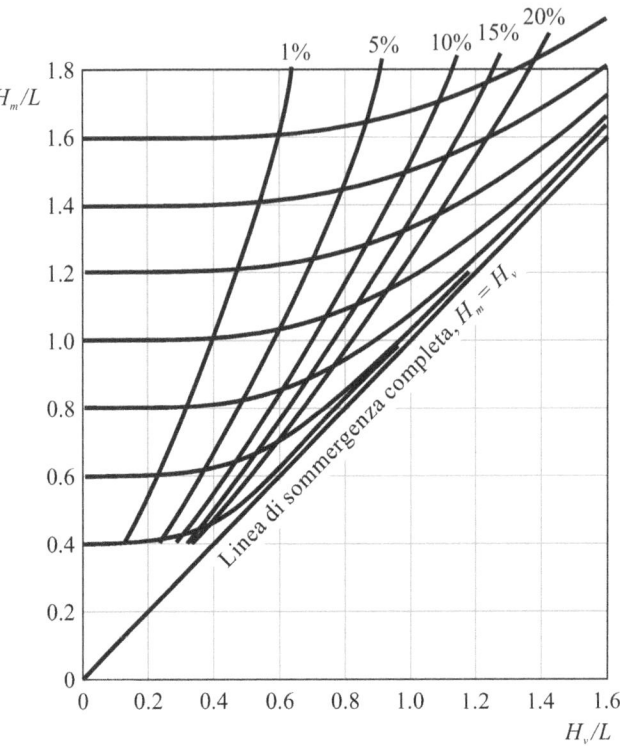

Figura 7.28 Limite di sommergenza per un misuratore di Fayum [2]

cilindrico di raggio $r \geq 0.11 H_{m\,max}$, per evitare la separazione, e deve avere una lunghezza $L > 1.75 H_{m\,max}$, per garantire la formazione di una sezione a distribuzione idrostatica della pressione. Il misuratore deve essere inserito in un canale rettangolare. Il tirante idrico deve essere misurato a monte, a distanza tra $2H_{m\,max}$ e $3H_{m\,max}$ dal bordo d'attacco della soglia (Figura 7.29).

In base alla portata e alle caratteristiche geometriche della soglia, il funzionamento del misuratore avviene in due regimi: a) funzionamento a sezione triangolare, se il tirante idrico non è tale da interessare le pareti verticali che delimitano il canale; b) funzionamento a sezione triangolare tronca, se il tirante idrico assume valori tali da interessare anche le pareti verticali che delimitano il canale.

Il funzionamento a sezione triangolare avviene se $H_m \leq 1.25 H_b$ ($H_b \equiv 0.5b \cot \theta$) e la portata è espressa come segue:

$$Q = C_Q C_{va} F \frac{16}{25} \sqrt{\frac{2g}{5}} \tan \theta h_m^{5/2}, \qquad (7.101)$$

$C_Q \triangleq$ coefficiente di efflusso,
$C_{va} \triangleq$ coefficiente correttivo della velocità in arrivo,

7.3 Misuratori a stramazzo a soglia larga

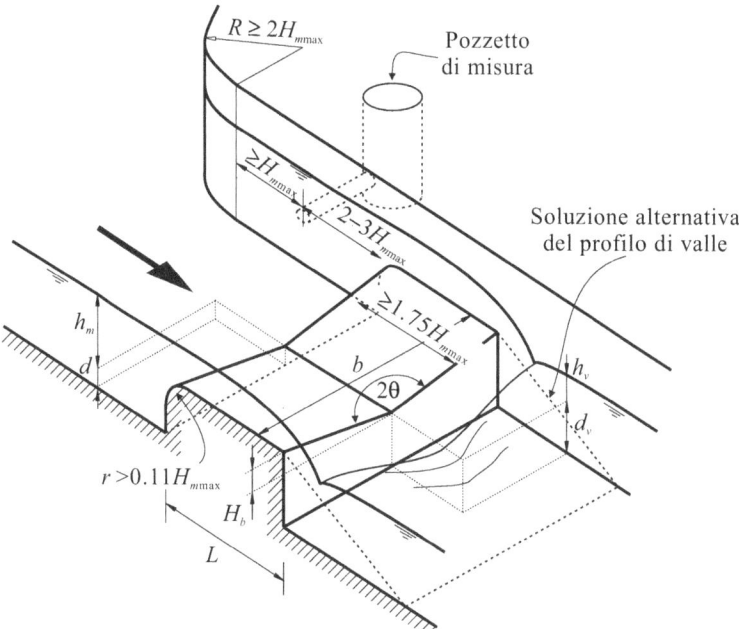

Figura 7.29 Stramazzo a soglia larga triangolare

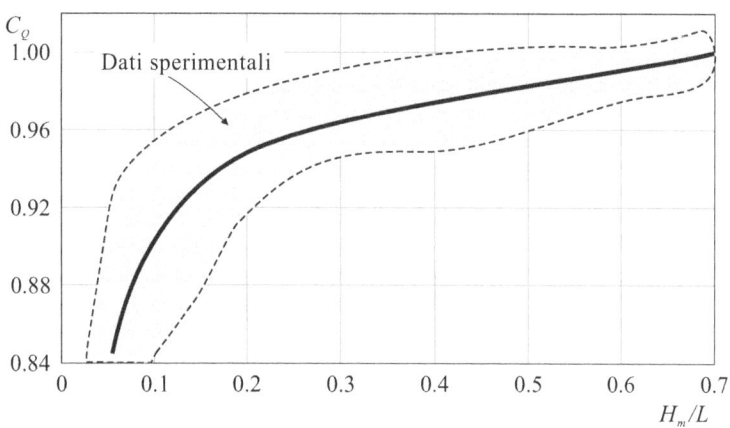

Figura 7.30 Coefficiente di efflusso per uno stramazzo triangolare a soglia larga. Semiangolo al centro variabile da 15° a 75° [6]

$F \triangleq$ fattore di riduzione della portata in condizioni di sommergenza,
$\theta \triangleq$ semiangolo al centro.

Il coefficiente di efflusso è diagrammato in Figura 7.30.

Il coefficiente correttivo della velocità d'arrivo è diagrammato in Figura 7.19 per $n = 2.5$ in funzione del rapporto

$$C_Q \frac{\Omega}{\Omega_m} = \frac{C_Q h_m^2 \tan\theta}{B(h_m + d)}, \qquad (7.102)$$

$B \triangleq$ larghezza del canale di arrivo,
$d \triangleq$ altezza del petto della soglia.

Nel funzionamento a sezione triangolare tronca, la portata è espressa come segue:

$$Q = C_Q C_{va} F \frac{2}{3} \sqrt{\frac{2g}{3}} b \left(h_m - \frac{1}{2} H_b \right)^{3/2}. \qquad (7.103)$$

Il coefficiente di efflusso è quello valido per il funzionamento a sezione triangolare (Figura 7.30), e il coefficiente correttivo della velocità d'arrivo è sempre quello diagrammato in Figura 7.19 per $n = 2.5$ in funzione del rapporto

$$C_Q \frac{\Omega}{\Omega_m} = \frac{C_Q \left(h_m - \frac{1}{2} H_b \right)}{(h_m + d)}. \qquad (7.104)$$

A rigore, se $H_m/L > 0.50$, il misuratore non è più a soglia larga e la vena deve essere aerata. L'incertezza relativa percentuale al 95% di confidenza della stima del prodotto $C_Q C_{va}$ è espressa dalla seguente relazione [6]:

$$X_{C_Q C_{va}} \% = \pm 2(21 - 20 C_Q). \qquad (7.105)$$

Il limite di semimodularità, corrispondente a una riduzione della portata dell'1%, a parità di tirante idrico in condizioni di efflusso libero, dipende dal rapporto H_m/H_b e dalla pendenza della parete di valle della soglia. Nel funzionamento in condizione a), se la parete a valle è verticale, il limite di sommergenza è $H_v/H_m = 0.80$. Il fattore di riduzione della portata in funzione del rapporto H_v/H_m è diagrammato in Figura 7.31.

Non esistono indicazioni in letteratura sul limite di sommergenza nel caso di funzionamento in condizione b).

Per un buon funzionamento del misuratore, è necessario che il tirante idrico minimo sia $h_m > 6$ cm e, comunque, $h_m > 0.05L$; il semiangolo al centro $\theta > 15°$; il rapporto $H_m/d < 3$ e $d > 15$ cm. La larghezza deve essere $b > 30$ cm, $b > H_{m\,\max}$, $b > L/5$. Inoltre, la condizione $H_m/L < 0.50$ (0.70 se il tirante idrico è sufficientemente elevato) serve a garantire una distribuzione di pressione idrostatica nella sezione di controllo.

7.3 Misuratori a stramazzo a soglia larga

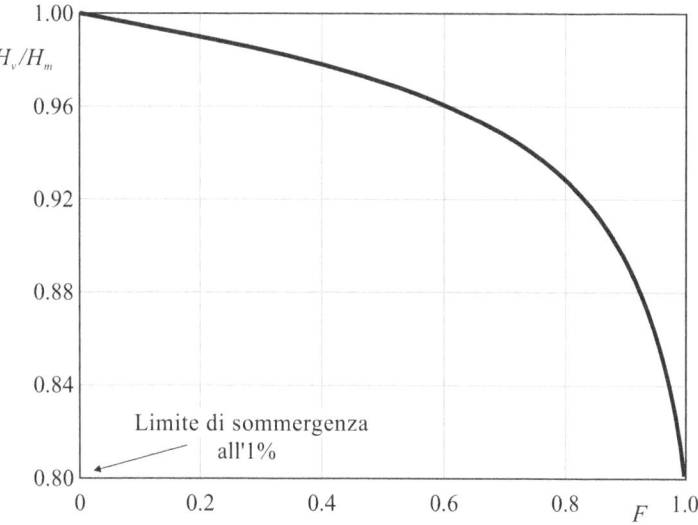

Figura 7.31 Fattore di riduzione della portata per uno stramazzo triangolare a soglia larga in funzione del rapporto di sommergenza. Funzionamento di tipo (a) [6]

7.3.5 Stramazzo a soglia mobile di Romijn

Lo stramazzo di Romijn è uno stramazzo a soglia a quota regolabile. Nella configurazione base è costituito da una paratoia verticale, normalmente abbassata a contatto con il fondo del canale, e da una paratoia verticale superiore con un profilo di stramazzo a soglia larga inclinato 1 : 25 verso l'alto nel verso della corrente, con bordo d'attacco arrotondato. Le caratteristiche geometriche, in funzione del massimo carico a monte, sono riportate in Figura 7.32.

A rigore, il misuratore di Romijn non è uno stramazzo a soglia larga, poiché le traiettorie sono lievemente convergenti. Per evitare la formazione di un vortice nella zona di mescolamento della lama stramazzante con la corrente di valle (e la conseguente riduzione del coefficiente di efflusso), la soglia è raccordata a valle a uno schermo verticale di altezza s, con $s \geq 0.5 d_{v\,min}$ ($d_{v\,min} \triangleq$ altezza minima del petto di valle) e, comunque, $s \geq 0.5 H_{m\,max}$ con un minimo di 15 cm. La paratoia verticale viene periodicamente sollevata per permettere il passaggio dei sedimenti accumulati.

Un modello di stramazzo a soglia mobile leggermente differente è riportato in Figura 7.33, con la paratoia verticale sostituita da un salto di fondo.

Per canali molto larghi, è opportuno frazionare la soglia in una serie di moduli sostenuti da pile verticali a bordo d'attacco ellittico o circolare. Per limitare il disturbo, le pile dovrebbero avere interasse maggiore di $0.65 H_{m\,max}$, con un minimo di 30 cm; dovrebbero avere inizio a una distanza a monte della sezione di misura del livello pari a $H_{m\,max}$ e dovrebbero prolungarsi a valle fino all'estremità della

324   7   Misuratori di portata volumetrica nei canali: i canali misuratori e gli stramazzi a soglia

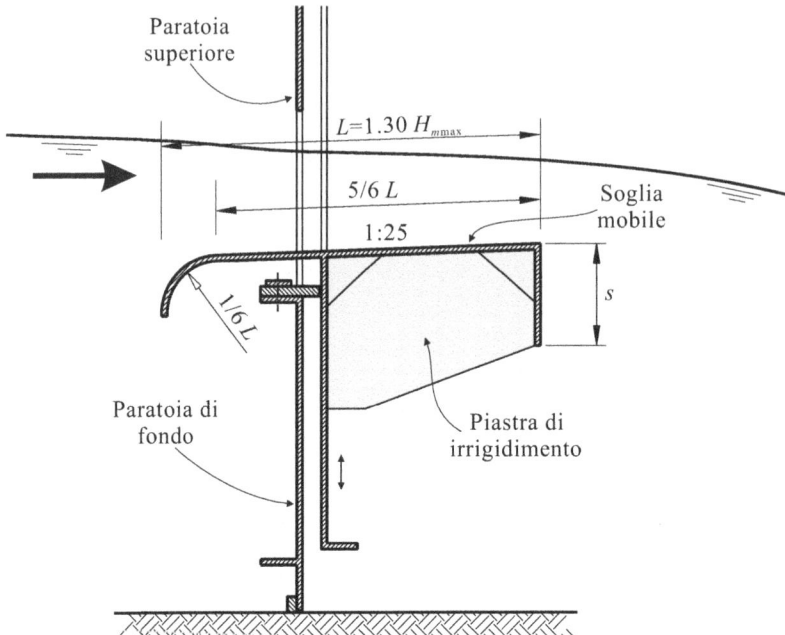

Figura 7.32   Stramazzo a soglia mobile di Romijn

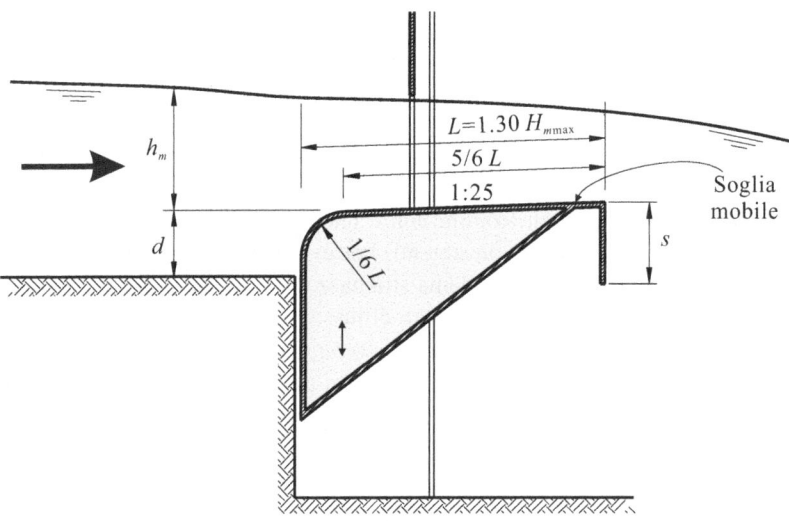

Figura 7.33   Stramazzo a soglia mobile di Romijn a valle di un salto di fondo

7.3 Misuratori a stramazzo a soglia larga

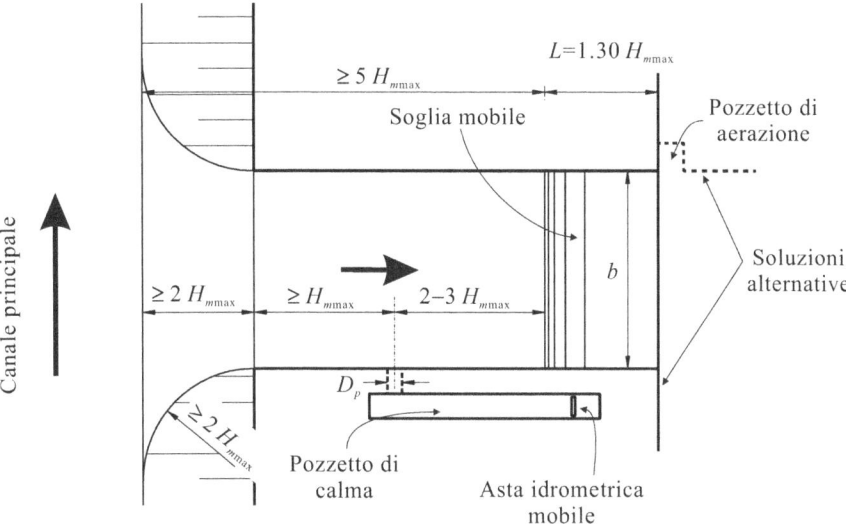

Figura 7.34 Configurazione planimetrica di un canale di presa controllato da una soglia mobile Romijn [6]

soglia. L'asta idrometrica per la misura del tirante idrico è solidale alla soglia mobile; ciò permette di evitare la doppia lettura del livello e della soglia. Nel caso di installazione del misuratore in un canale di presa, in derivazione da un canale principale, le dimensioni geometriche del raccordo e del pozzetto sono quelle riportate in Figura 7.34.

La portata si calcola come segue:

$$Q = C_Q C_{va} F \frac{2}{3} \sqrt{\frac{2g}{3}} b h_m^{3/2}, \qquad (7.106)$$

$C_Q \triangleq$ coefficiente di efflusso,
$C_{va} \triangleq$ coefficiente correttivo della velocità in arrivo,
$F \triangleq$ fattore di riduzione della portata in condizioni di sommergenza,
$b \triangleq$ larghezza della soglia,
$h_m \triangleq$ tirante idrico rispetto alla soglia.

Il coefficiente di efflusso è funzione del rapporto H_m/L e ha valore medio pari a 1.055 (vedi Figura 7.35). Il coefficiente di efflusso è praticamente costante se $0.2 < H_m/L < 0.6$.

L'incertezza nella stima del coefficiente di efflusso è pari al 3% (4% se si assume un valore costante uguale al valore medio). Il coefficiente correttivo della velocità di arrivo è variabile in funzione della quota d della soglia rispetto al canale di monte.

A titolo di esempio, se $h_m = 45$ cm, la lunghezza della soglia è pari a $L = 60$ cm, con un raggio di curvatura del bordo di attacco $r = 10$ cm. La larghezza della soglia

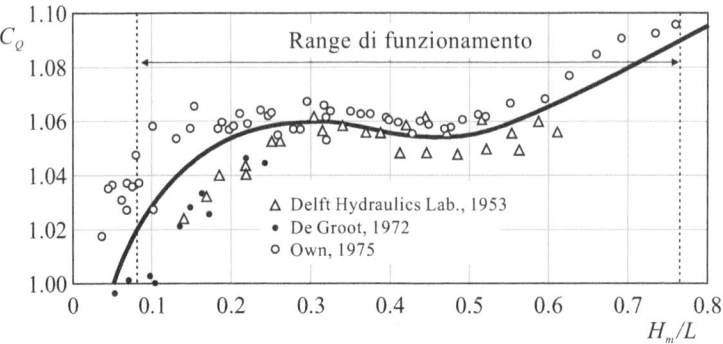

Figura 7.35 Coefficiente di efflusso di un misuratore Romijn [6]

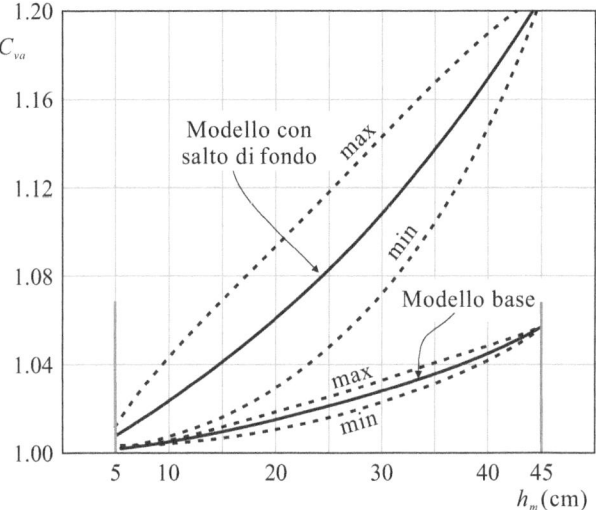

Figura 7.36 Coefficiente correttivo della velocità di arrivo per uno stramazzo a soglia mobile di Romijn. Le curve si riferiscono al modello base con $60 \, \text{cm} \leq h_m + d \leq 100 \, \text{cm}$, e al modello con soglia di fondo con $20 \, \text{cm} \leq h_m + d \leq 60 \, \text{cm}$ [6]

può variare a partire da un minimo di $b = 30$ cm. Con queste dimensioni, il tirante di monte varia nel *range* $5 \, \text{cm} \leq h_m \leq 45 \, \text{cm}$; il petto varia nel *range* $55 \, \text{cm} \leq d \leq 90 \, \text{cm}$ e la profondità della corrente a monte varia nel *range* $60 \, \text{cm} \leq h_m + d \leq 100 \, \text{cm}$. Se si usa la seconda configurazione (canale con salto di fondo in sostituzione della paratoia verticale di fondo), il tirante di monte varia nel *range* $5 \, \text{cm} \leq h_m \leq 45 \, \text{cm}$; il petto varia nel *range* $15 \, \text{cm} \leq d \leq 55 \, \text{cm}$ e la profondità della corrente a monte varia nel *range* $20 \, \text{cm} \leq h_m + d \leq 60 \, \text{cm}$. Quest'ultimo parametro è importante per il calcolo del coefficiente correttivo della velocità, che è funzione di $C_Q h_m / (h_m + d)$. Per i due misuratori di Romijn usati più frequentemente, il coefficiente correttivo della velocità di arrivo è diagrammato in Figura 7.36.

7.4 Misuratori a stramazzo a soglia stretta

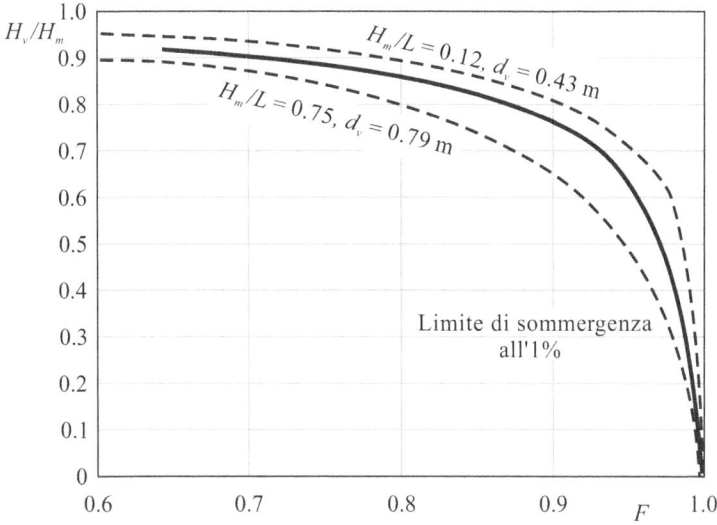

Figura 7.37 Coefficiente di riduzione della portata di uno stramazzo a soglia mobile di Romijn, in funzione del rapporto di sommergenza [6]

Le curve relative al massimo e al minimo si riferiscono ai valori estremi assunti dal termine $h_m + d$ (e, quindi, dall'area della sezione trasversale nel canale di arrivo). Il coefficiente C_{vd}, calcolato dal diagramma facendo uso della curva intermedia, ha un'incertezza minore del 4%. Per il modello base del misuratore, il coefficiente C_{vd} assume valori più piccoli rispetto al modello con il salto di fondo.

Il limite di funzionamento semimodulare, corrispondente a una riduzione dell'1% della portata, a parità di tirante idrico a monte, è pari a $H_v/H_m = 0.30$. Se l'efflusso non è libero, il coefficiente di efflusso deve essere moltiplicato per il fattore di riduzione F, diagrammato in Figura 7.37.

Se l'efflusso avviene in un canale di larghezza uguale alla larghezza del canale di arrivo, per evitare che la lama stramazzante sia depressa, è necessario aerare la vena. La dissipazione di energia, in condizioni di funzionamento semimodulare, è sempre $h_m - h_v \geq 0.70 H_{m\,max}$. Per un buon funzionamento del misuratore, è necessario che $h_m > 5$ cm e, comunque, $h_m > 0.08L$; per ridurre gli effetti dello strato limite di parete, è opportuno che la larghezza della soglia sia $b > 30$ cm e, comunque, $b > H_{m\,max}$; l'altezza del petto dovrebbe essere $d > 15$ cm e, comunque, $d > 0.33 H_{m\,max}$.

7.4 Misuratori a stramazzo a soglia stretta

Nei misuratori a stramazzo a soglia stretta, la curvatura delle traiettorie non è trascurabile e influenza il coefficiente di efflusso. Sulla soglia non esiste una sezione con una distribuzione idrostatica della pressione e, di conseguenza, la scala di deflusso deve essere calibrata sperimentalmente.

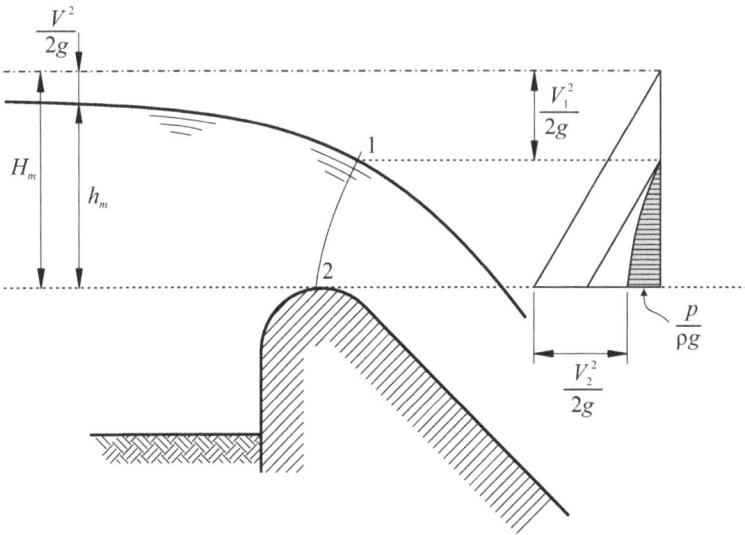

Figura 7.38 Distribuzione di velocità e di pressione sulla sezione di cresta di uno stramazzo a soglia stretta

L'espressione della portata è simile a quella teorica per stramazzi a soglia larga, ma il coefficiente di efflusso è incrementato dalla curvatura delle traiettorie poiché la spinta nel verso contrario al flusso, dovuta alla distribuzione di pressione sulla sezione di controllo, è più piccola della spinta che si avrebbe, a parità di tirante idrico, se la distribuzione di pressione fosse idrostatica (Figura 7.38). Alcuni misuratori funzionano come misuratori a soglia larga, se il carico a monte è piccolo, come misuratori a soglia stretta, per carichi più elevati.

7.4.1 Stramazzo a soglia stretta con sezione di controllo rettangolare

Questo misuratore richiede un salto di fondo e si realizza delimitando una sezione rettangolare con blocchi prefabbricati (Figura 7.39). È necessario garantire la perfetta ortogonalità delle superfici. Per evitare il danneggiamento dovuto all'urto di corpi galleggianti, gli spigoli possono essere rinforzati con profilati metallici. Il canale è preferibilmente rivestito in modo da garantire una scabrezza uniforme. La misura del tirante idrico viene eseguita a una distanza di 1.80 m a monte della sezione del misuratore, e la semimodularità è garantita se $h_v/h_m < 0.20$.

7.4 Misuratori a stramazzo a soglia stretta

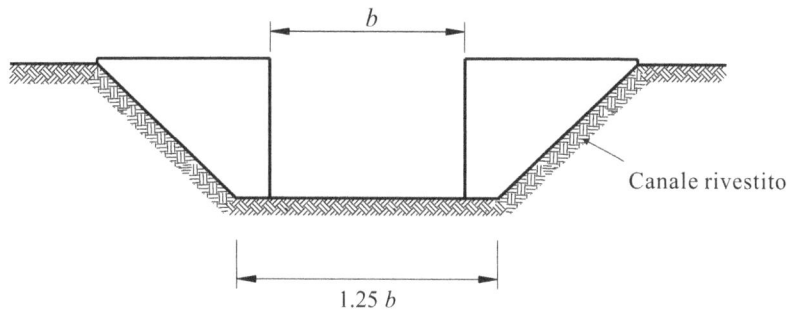

Figura 7.39 Stramazzo a soglia corta con sezione di controllo rettangolare [19]

La portata si calcola come segue:

$$Q = C_Q C_{va} \frac{2}{3} \sqrt{\frac{2g}{3}} b h_m^{3/2}, \qquad (7.107)$$

$C_Q \triangleq$ coefficiente di efflusso,
$C_{va} \triangleq$ coefficiente correttivo della velocità in arrivo,
$b \;\;\triangleq$ larghezza della soglia,
$h_m \triangleq$ tirante idrico rispetto alla soglia.

Il coefficiente di efflusso è funzione di L/h_m e b/h_m (Figura 7.40).

Il coefficiente correttivo della velocità di arrivo è diagrammato in Figura 7.19 per $n = 1.5$, in funzione del rapporto $C_Q b h_m / \Omega_m$ ($\Omega_m \triangleq$ area della sezione trasversale della corrente nel canale di arrivo). L'incertezza nella stima del prodotto $C_Q C_{va}$ è minore del 5%. Per un buon funzionamento del misuratore, è necessario che $h_m >$ 9 cm. È necessario, inoltre, che la larghezza della base minore della sezione trapezia (o rettangolare) del canale di arrivo, nella quale si apre la sezione rettangolare di controllo, sia pari ad almeno $1.25b$.

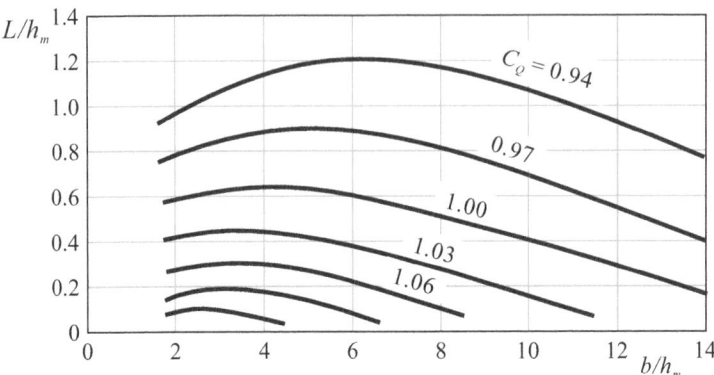

Figura 7.40 Coefficiente di efflusso per uno stramazzo a soglia corta con sezione di controllo rettangolare [19]

7.4.2 Stramazzo a soglia stretta triangolare (di Crump)

Il misuratore di Crump venne sviluppato in risposta all'impellente richiesta di un misuratore a basso costo e di buona accuratezza e precisione. La soglia è a sezione triangolare nel verso del moto, con pendenza del paramento di monte 1:2 e pendenza del paramento di valle 1:2, oppure 1:5 (Figura 7.41).

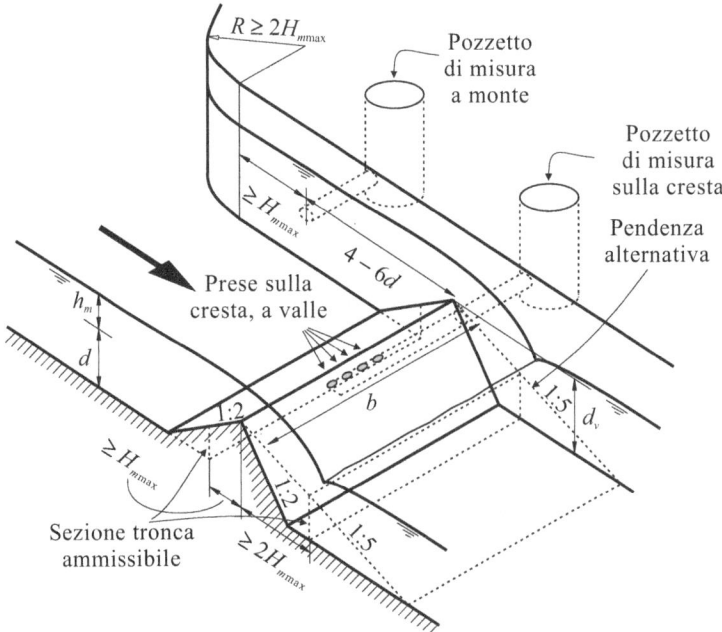

Figura 7.41 Stramazzo a soglia triangolare (di Crump)

7.4 Misuratori a stramazzo a soglia stretta

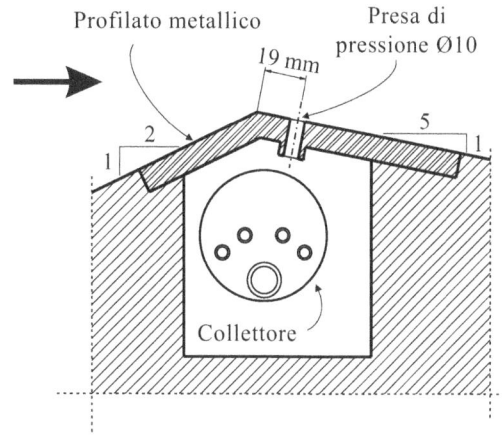

Figura 7.42 Particolare delle prese di pressione sulla cresta

È ammessa una sezione tronca a distanza minima pari a $H_{m\,max}$ a monte e pari a $2H_{m\,max}$ a valle della sezione della cresta. Per la soglia $1:2/1:2$, la sezione tronca ammessa è a $0.8H_{m\,max}$ a monte e a $1.2H_{m\,max}$ a valle della cresta. La pendenza del paramento di monte così elevata è stata scelta per evitare che i sedimenti si accumulino in prossimità della cresta; la pendenza $1:5$ del paramento di valle serve per stabilizzare il risalto che si forma quando la portata è elevata. L'intersezione tra le superfici che delimitano la soglia deve essere netta e precisa e, spesso, viene realizzata con profilati in acciaio. Il tirante idrico a monte deve essere misurato a una distanza pari a $4d$, se la pendenza è $1:2/1:2$, pari a $6d$, se la pendenza è $1:2/1:5$.

Se il misuratore deve funzionare anche oltre la condizione limite di sommergenza, è necessario predisporre una serie di prese di pressione immediatamente a valle della cresta della soglia. Le prese, in numero variabile da 4 a 12, sono dei fori circolari di diametro 10 mm, a distanza di 19 mm dalla cresta sul paramento di valle (Figura 7.42), disposte preferibilmente nella zona centrale della soglia, a distanza maggiore di 1.20 m dalle pareti.

La portata si calcola come segue:

$$Q = C_Q C_{va} F \frac{2}{3} \sqrt{2g} b h_e^{3/2}, \qquad (7.108)$$

$C_Q \triangleq$ coefficiente di efflusso,
$C_{va} \triangleq$ coefficiente correttivo della velocità in arrivo,
$F \triangleq$ fattore di riduzione della portata in condizioni di sommergenza,
$b \triangleq$ larghezza della soglia,
$h_e \triangleq$ tirante idrico efficace rispetto alla cresta.

Per il misuratore a soglia triangolare di Crump, il tirante idrico efficace è pari al tirante idrico misurato, ridotto di 0.25 mm per pendenza $1:2/1:2$, e di 0.3 mm per

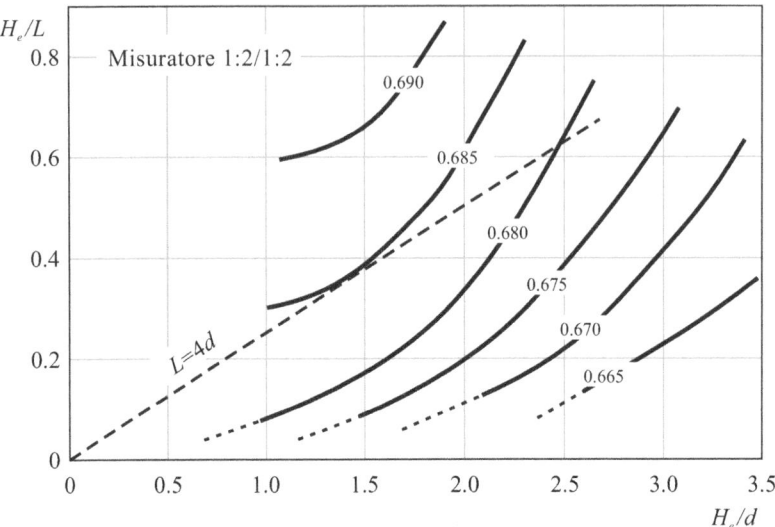

Figura 7.43 Coefficiente di efflusso per un misuratore Crump 1 : 2/1 : 2 [1]

pendenza 1 : 2/1 : 5:

$$h_e = h_m - \lambda, \tag{7.109}$$

con $\lambda = 0.25$–0.30 mm. La riduzione del tirante idrico, rispetto al tirante misurato, è dovuta allo strato limite di parete. Sulla base dei criteri dell'analisi dimensionale, il coefficiente di efflusso viene assunto in funzione (i) del carico totale efficace misurato rispetto alla cresta, (ii) della distanza tra la sezione di misura del livello idrico a monte e la cresta, (iii) dell'altezza della cresta:

$$C_Q = \Phi_1(H_e, L, d), \tag{7.110}$$

$L \triangleq$ distanza tra la cresta e la sezione di misura del livello a monte,
$d \triangleq$ altezza della cresta rispetto al fondo del canale di arrivo,

e, quindi, applicando il teorema di Buckingham, risulta:

$$C_Q = \Phi_2\left(\frac{H_e}{d}, \frac{H_e}{L}\right). \tag{7.111}$$

Alcuni risultati sperimentali sono riportati in Figura 7.43 e in Figura 7.44.

Le due rette di equazione $L = 4d$ e $L = 6d$ sono state scelte in modo da minimizzare la variazione del coefficiente di efflusso. In alternativa, e per il solo misuratore 1:2/1:5, la retta $H_e = 0.5L$ corrisponde a un coefficiente di efflusso quasi costante. La quota del fondo di valle non influisce sulla portata se il rapporto $H_e/d_v < 1.0$, per

7.4 Misuratori a stramazzo a soglia stretta

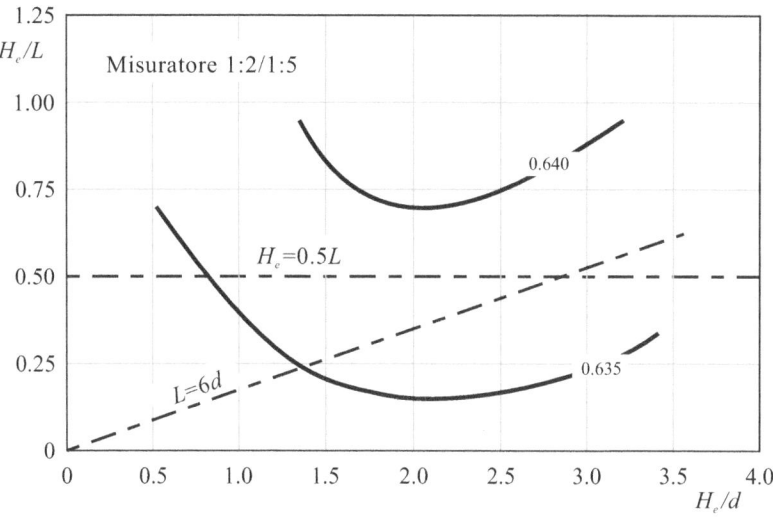

Figura 7.44 Coefficiente di efflusso per un misuratore Crump 1:2/1:5 [1]

il misuratore 1:2/1:2, e se $H_e/d_v < 2.0$, per il misuratore 1:2/1:5. Una riduzione del 5% del coefficiente di efflusso si registra per $H_e/d_v = 1.25$, per il misuratore 1:2/1:2, e per $H_e/d_v = 3.0$, per il misuratore 1:2/1:5 (Figura 7.45). Il misuratore 1:2/1:5 offre un coefficiente di efflusso meno sensibile alla quota del petto di valle e un coefficiente di efflusso costante per $H_e/d_v < 2.00$.

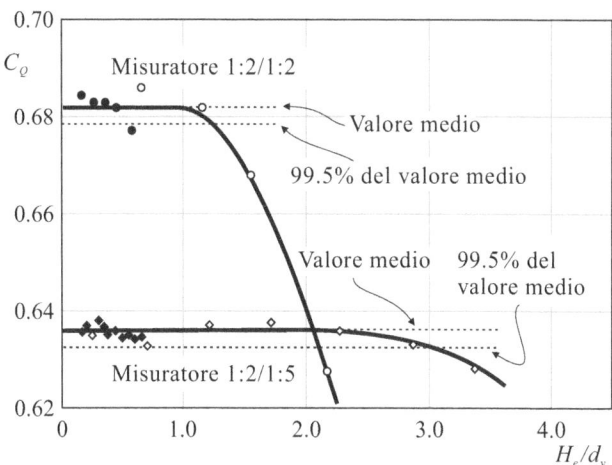

Figura 7.45 Effetti della quota del fondo del canale di valle sul coefficiente di efflusso di un misuratore di Crump [1]

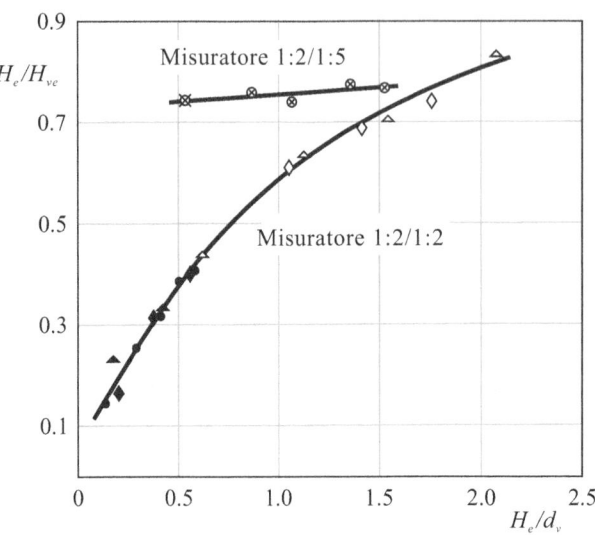

Figura 7.46 Limiti di funzionamento semimodulare all'1% per un misuratore di Crump [1]

Il coefficiente correttivo della velocità di arrivo è espresso dalla seguente equazione:

$$\sqrt{\frac{2\left(C_{va}^{2/3}-1\right)}{C_{va}^{2}}} = C_Q\left(\frac{h_e}{h_e+d}\right)\frac{b}{B} \equiv R_a, \qquad (7.112)$$

che ammette soluzione pari a:

$$\begin{cases} C_{va} = \left[-\dfrac{1}{R_a\sqrt{\dfrac{3}{8}}}\cos\left(240°+\dfrac{\theta}{3}\right)\right], \\ \theta = \cos^{-1}\left(3\sqrt{\dfrac{3}{8}}R_a\right). \end{cases} \qquad (7.113)$$

Il limite di funzionamento semimodulare, corrispondente al rapporto di sommergenza che riduce la portata dell'1% rispetto al caso di efflusso libero, è diagrammato in Figura 7.46. Per il misuratore 1:2/1:5, il rapporto di sommergenza H_e/H_{ve} ($H_{ve} \triangleq$ carico totale efficace a valle, misurato rispetto alla cresta) è praticamente costante e pari a 0.76. Per il misuratore 1:2/1:2, il rapporto di sommergenza cresce con H_e/d_v.

Oltre il limite di sommergenza, la portata dipende anche dal livello a valle della soglia. Il fattore di riduzione della portata è esprimibile in funzione del rappor-

7.4 Misuratori a stramazzo a soglia stretta

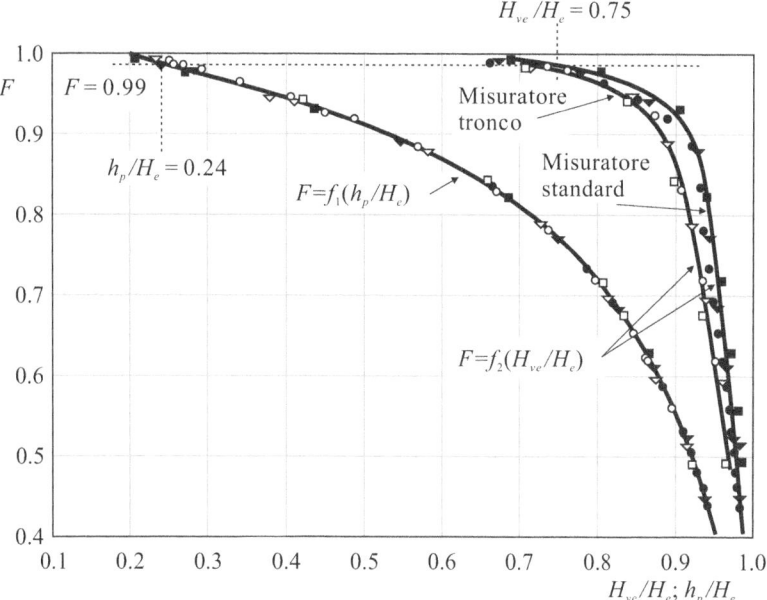

Figura 7.47 Fattore di riduzione della portata in regime di sommergenza per un misuratore di Crump [1]

to H_{ve}/H_e, oppure del rapporto h_p/H_e ($h_p \triangleq$ tirante idrico misurato alle prese immediatamente a valle della cresta).

Dall'analisi dei dati sperimentali (Figura 7.47), risulta che la funzione $F = f_1(h_p/H_e)$ ha una sensibilità più uniforme della funzione $F = f_2(H_{ve}/H_e)$, ed è univocamente definita anche se la soglia è tronca a valle. Per questo motivo, è preferita la misura del tirante idrico nelle prese sulla cresta. Con un'incertezza relativa della stima pari all'1%, al limite di confidenza del 95% risulta:

$$F = 1.04 \left[0.945 - \left(\frac{h_p}{H_e} \right)^{1.5} \right]^{0.256}. \qquad (7.114)$$

Il limite di funzionamento semimodulare si raggiunge per $h_p/H_e = 0.24 \pm 1\%$. Oltre il limite di sommergenza, il coefficiente correttivo della velocità di arrivo è funzione del fattore di correzione e del rapporto R_a, e soddisfa l'equazione seguente:

$$\sqrt{\frac{2\left(C_{va}^{2/3} - 1\right)}{C_{va}^2}} = FR_a. \qquad (7.115)$$

Il prodotto FC_{va} è funzione di h_p/h_e e di R_a, secondo il diagramma riportato in Figura 7.48.

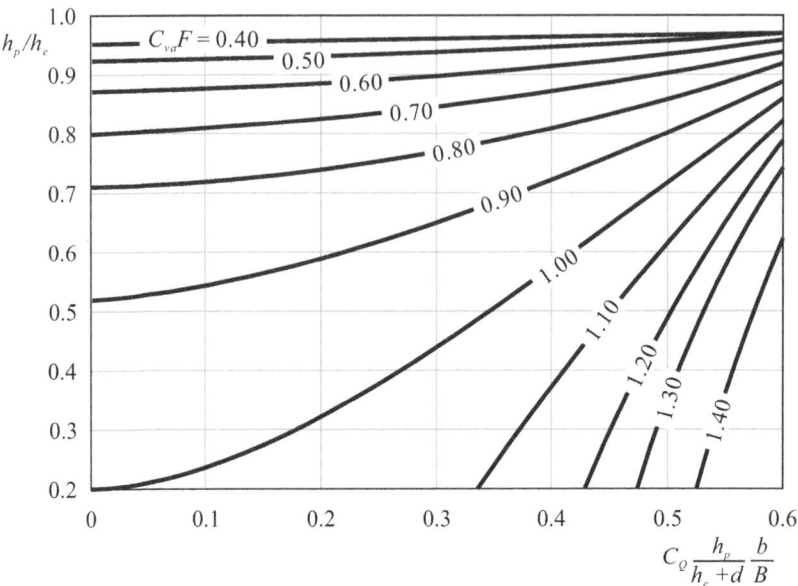

Figura 7.48 Diagramma del prodotto $C_{va}F$ per un misuratore Crump [1]

Il buon funzionamento del misuratore è garantito se $h_m > 3$ cm, nel caso in cui la cresta sia realizzata in metallo inossidabile ($h_m > 6$ cm se la cresta è di calcestruzzo prefabbricato); il numero di Froude nel canale di arrivo deve essere minore di 0.5 (questo limite equivale a imporre $h_m/d < 3$); l'altezza della cresta, rispetto al canale di monte, deve essere $d \geq 6$ cm; per ridurre l'effetto dello strato limite di parete, la larghezza della cresta della soglia deve risultare $b > 30$ cm e $b/H_m \geq 2$.

Esempio 7.5 Si voglia dimensionare uno stramazzo di Crump 1 : 2/1 : 5 da inserire in un canale già esistente di larghezza $b = 1.20$ m. Il canale di arrivo è rettangolare con pendenza del fondo $i_f = 0.25\%$ e scabrezza delle pareti secondo Gauckler-Strickler $k_s = 60$ m$^{1/3}$/s. La portata massima è pari a $Q = 2.0$ m^3/s.

Applicando la formula di Manning, la profondità di moto uniforme nel canale è $h_0 = 1.05$ m, e il numero di Froude è pari a Fr = 0.15 < 0.5. Possiamo calcolare approssimativamente il tirante idrico a monte, necessario per il deflusso della portata massima, assumendo di essere in regime semimodulare con un coefficiente di portata $C_Q = 0.632$ e un coefficiente correttivo della velocità di arrivo unitario. Applicando l'equazione (7.108), risulta $h_e \approx h_m = 0.93$ m. Se fissiamo $d = d_v = 50$ cm, il rapporto $H_e/d \approx h_m/d$ è pari a 1.86 e si colloca nella zona nella quale il fondo di valle non influisce sul coefficiente di efflusso (Figura 7.45). Il rapporto $H_{ev}/H_e \approx h_v/h_m$ è pari a $(h_0 - d)/h_m = 0.59$ e si colloca nella zona di funzionamento semimodulare del misuratore (Figura 7.46). La scelta della quota della cresta dovrebbe essere condotta, possibilmente, in modo che il disturbo sul canale di monte sia minimo in corrispondenza della portata più frequente, garantendo la semimodularità del misuratore. Per motivi economici, si può rinunciare alla semimodularità alle portate più alte; in tal caso, è necessario eseguire la lettura del livello di monte e del livello alle prese sulla cresta e calcolare la portata considerando il fattore di riduzione diagrammato in Figura 7.48.

7.4.3 Stramazzo a soglia stretta triangolare a V

Un misuratore a soglia stretta, con una buona sensibilità alle basse portate, si ottiene conformando la soglia triangolare del misuratore di Crump con un profilo trasversale a V molto aperta (Figura 7.49). La pendenza di monte della soglia è $1:2$, la pendenza di valle è $1:2$, oppure $1:5$. La pendenza trasversale del profilo a V è $1:10$, $1:20$ o $1:40$. Anche per la soglia $1:2/1:5$ di questo misuratore è ammessa, come già per il misuratore di Crump, una sezione tronca a distanza minima pari a $H_{m\,max}$ a monte, e pari a $2H_{m\,max}$ a valle della sezione della cresta. Per la soglia $1:2/1:2$, la sezione tronca è a $0.8H_{m\,max}$ a monte e a $1.2H_{m\,max}$ a valle della cresta.

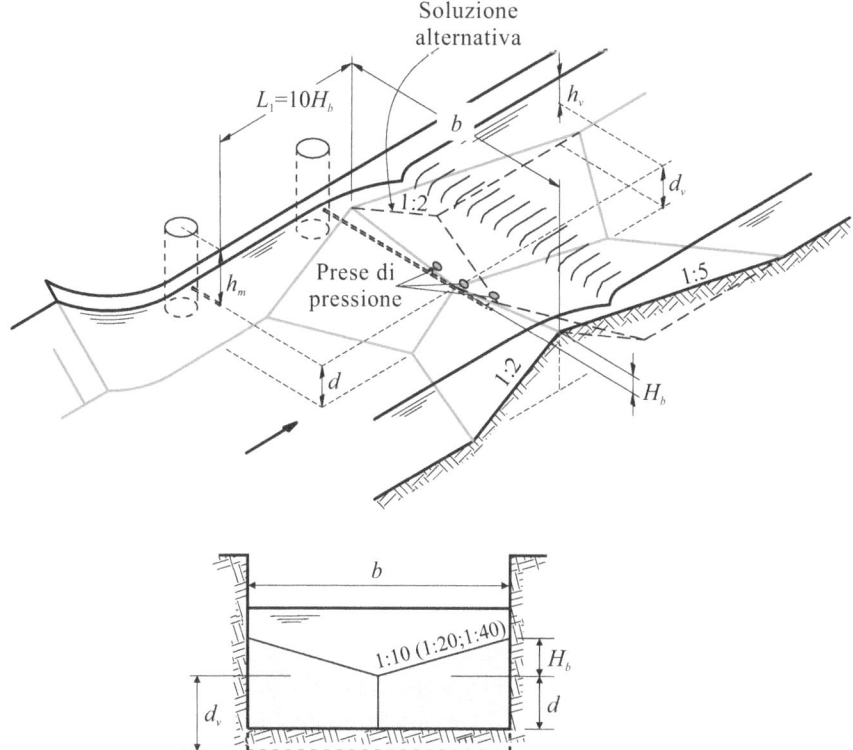

Figura 7.49 Stramazzo a soglia triangolare a V

Il tirante idrico a monte deve essere misurato a distanza $10H_b$ dalla cresta ($H_b \triangleq$ distanza tra i punti a quota massima e minima della cresta). Nel caso di funzionamento oltre la sommergenza limite, è necessario eseguire la misura di livello sulla cresta con tre prese di pressione al fondo, in corrispondenza della zona di separazione, a distanza di 19 mm dalla cresta. Una presa è sull'asse di simmetria, le altre due sono su ogni lato a distanza $0.10b$ dall'asse ($b \triangleq$ larghezza della soglia in direzione trasversale). La portata può essere calcolata assumendo che il moto sia ovunque bidimensionale e il coefficiente di efflusso sia costante in direzione trasversale alla soglia. Nessuna delle due ipotesi è rigorosamente soddisfatta, dato che la convergenza della cresta verso l'asse di simmetria induce componenti trasversali della velocità. Integrando la portata elementare in direzione trasversale, risulta

$$\begin{cases} Q = \dfrac{4}{5} C_Q C_{va} F \sqrt{g} bmh_e^{5/2} & \text{se } h_e \leq H_b, \\ Q = \dfrac{4}{5} C_Q C_{va} F \sqrt{g} bmh_e^{5/2} \left[1 - \left(1 - \dfrac{H_b}{h_e}\right) \right] & \text{se } h_e > H_b, \end{cases} \quad (7.116)$$

C_Q $\triangleq$ coefficiente di efflusso,
C_{va} $\triangleq$ coefficiente correttivo della velocità in arrivo,
F $\triangleq$ fattore di riduzione della portata in condizioni di sommergenza,
b $\triangleq$ larghezza della soglia,
m $\triangleq$ pendenza trasversale della cresta (1 : 10, 1 : 20 oppure 1 : 40),
$h_e = h_m - \lambda$ $\triangleq$ tirante idrico efficace rispetto al punto più basso della cresta,
λ $\triangleq$ riduzione del tirante (e del carico totale) dovuta allo strato limite di fondo.

Sulla base dei criteri dell'analisi dimensionale, il coefficiente di efflusso viene assunto in funzione del carico totale efficace H_e misurato rispetto alla cresta, della distanza H_b tra i punti a quota massima e minima della cresta, dell'altezza del petto a monte d e a valle d_v, della distanza L tra la sezione di misura del livello idrico a monte e la cresta, della pendenza trasversale della cresta m:

$$C_Q = \Phi_1(H_e, H_b, d, d_v, L, m) \quad (7.117)$$

e, quindi, usando il teorema di Buckingham risulta:

$$C_Q = \Phi_2\left(\frac{H_e}{H_b}, \frac{H_b}{d}, \frac{H_b}{d_v}, \frac{L}{H_b}, m\right). \quad (7.118)$$

Il gran numero di variabili coinvolte richiederebbe una serie estesa di misure sperimentali. Allo stato attuale, le misure sperimentali sono disponibili per soglia a pendenza longitudinale 1 : 2/1 : 2 e 1 : 2/1 : 5, con cresta a pendenza trasversale $m = 1 : 10$ e $m = 1 : 20$. Inoltre, la distanza di misura del tirante idrico a monte è, di fatto, uno standard con $L = 10H_b$. Il coefficiente di efflusso per un misuratore di Crump a V è diagrammato in Figura 7.50 per pendenza trasversale della soglia 1 : 10, e in Figura 7.51 per pendenza trasversale della soglia 1 : 20.

7.4 Misuratori a stramazzo a soglia stretta

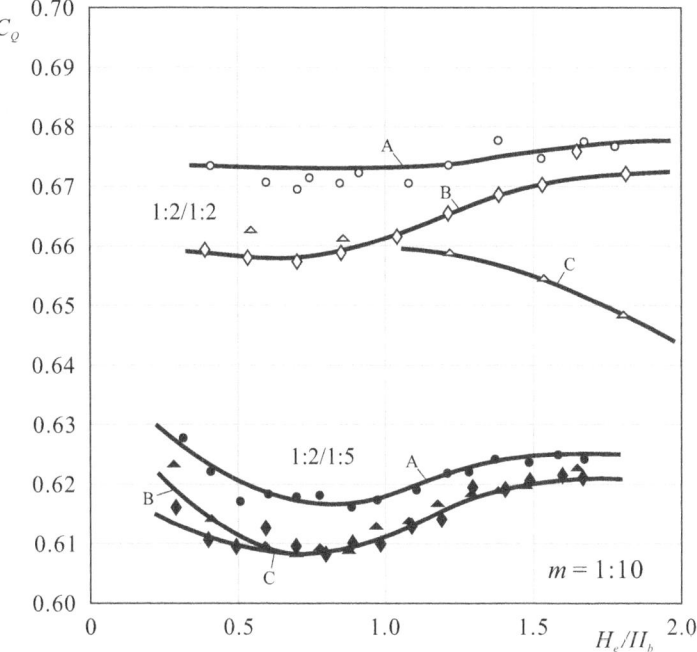

Figura 7.50 Coefficiente di efflusso in regime semimodulare per un misuratore a V con pendenza trasversale della soglia 1 : 10 [1]

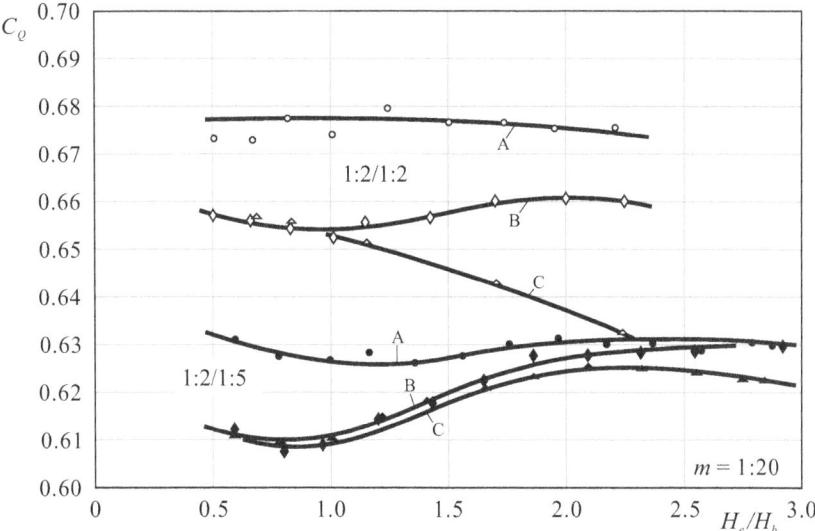

Figura 7.51 Coefficiente di efflusso in regime semimodulare per un misuratore a V con pendenza trasversale della soglia 1 : 20 [1]

Figura 7.52 Valori di $C_{va}F$ per un misuratore di Crump a soglia stretta a V 1:2/1:5 [4]

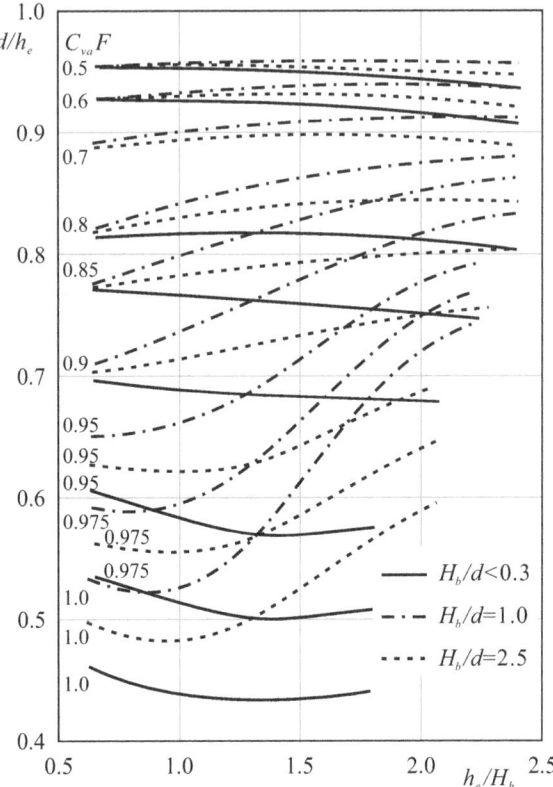

Il coefficiente correttivo della velocità di arrivo è funzione di h_e/d e h_e/H_b ed è diagrammato in Figura 7.52.

L'incertezza relativa percentuale al 95% di confidenza della stima del prodotto $C_Q C_{va}$ è pari a

$$X_{C_Q C_{va}}\% = \pm(10 C_{va} - 8). \tag{7.119}$$

Per lo studio dei limiti di funzionamento semimodulare, l'analisi dimensionale suggerisce che il fattore di riduzione della portata sia funzione delle seguenti variabili:

$$F = \Phi_3\left(\frac{H_{ev}}{H_e}, \frac{H_e}{H_b}, \frac{H_e}{d_v}\right), \tag{7.120}$$

$H_{ev} \triangleq$ carico totale efficace a valle, misurato rispetto alla cresta.

Sulla base di dati sperimentali, risulta che per la soglia 1:2/1:5, la dipendenza da H_e/d_v è trascurabile e, quindi,

$$F = \Phi_4\left(\frac{H_{ev}}{H_e}, \frac{H_e}{H_b}\right). \tag{7.121}$$

7.4 Misuratori a stramazzo a soglia stretta

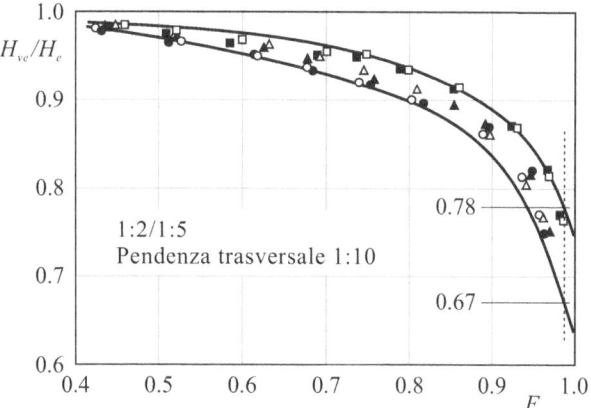

Figura 7.53 Limite di funzionamento semimodulare per un misuratore di Crump a V a soglia 1:2/1:5 e pendenza trasversale 1:10 [1]

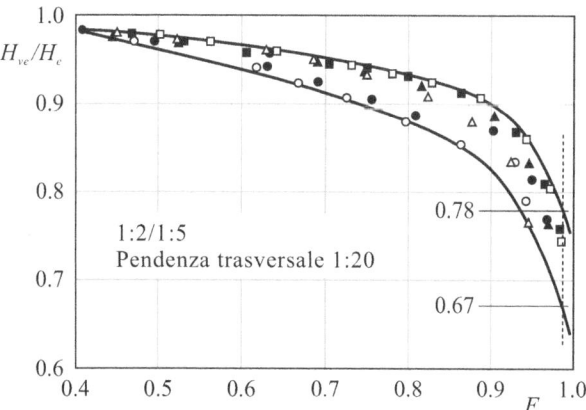

Figura 7.54 Limite di funzionamento semimodulare per un misuratore di Crump a V a soglia 1:2/1:5 e pendenza trasversale 1:20 [1]

Alcuni risultati sono diagrammati in Figura 7.53 e in Figura 7.54.

Le due curve delimitano i punti sperimentali e indicano che il limite di semimodularità, definito come la condizione di funzionamento che dà luogo a una riduzione di portata dell'1% rispetto alla portata in condizioni di efflusso libero, si raggiunge per un rapporto H_{ev}/H_e compreso tra 0.67 e 0.78, sia per pendenza trasversale della soglia 1:10, sia per pendenza trasversale 1:20. I risultati per lo stramazzo con soglia 1:2/1:2 sono molto più dispersi e, quindi, poco utilizzabili per la progettazione. Se il funzionamento è in condizioni di sommergenza e se il tirante idrico sulla cresta assume valori tali da non interessare le sponde verticali ($h_p < H_b$), il fattore di correzione della portata è funzione del tirante idrico efficace sulla cresta e

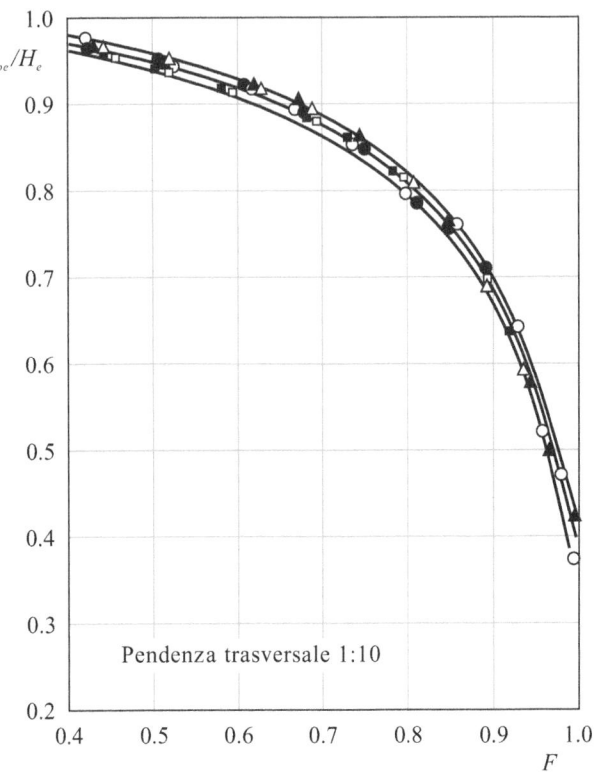

Figura 7.55 Fattore di riduzione della portata per uno stramazzo di Crump a soglia stretta triangolare a V con pendenza trasversale 1 : 10 [1]

del carico totale efficace a monte:

$$F = \Phi_5\left(\frac{h_{pe}}{H_e}\right). \tag{7.122}$$

Quest'ultima funzione appartiene alla famiglia di funzioni descritta dell'equazione (7.121) con la sostituzione del tirante idrico efficace sulla cresta h_{pe} in luogo del carico totale efficace a valle H_{ev}. Alcuni risultati sperimentali sono riportati in Figura 7.55 e si riferiscono alle prese sulla cresta disposte una in mezzeria, due simmetricamente a distanza $0.10b$ dalla mezzeria. Risultati simili si ottengono per soglia con pendenza trasversale 1 : 20.

La curva interpolante ha equazione

$$F = 1.073\left[0.9085 - \left(\frac{h_{pe}}{H_e}\right)^{1.5}\right]^{0.1827}. \tag{7.123}$$

7.4 Misuratori a stramazzo a soglia stretta

Tabella 7.2 Coefficienti, tolleranze e limitazioni del misuratore di Crump a V [1]

	Pendenza longitudinale 1 : 2/1 : 5			Pendenza longitudinale 1 : 2/1 : 2	
	1 : 40	1 : 20	1 : 10	1 : 20	1 : 10
$h_m/H_b \leq 1.0$					
C_Q	0.625	0.620	0.615	0.665	0.665
Δ_{C_Q}	–	±3.2%	±2.9%	±2.8%	±2.6%
λ	0.4 mm	0.5 mm	0.8 mm	0.4 mm	0.6 mm
limite di semimodularità	0.7	0.7	0.7	0.3	0.3
limiti di funzionamento	$H_b/d \leq 2.5$	$H_b/d \leq 2.5$	$H_b/d \leq 2.5$	$H_b/d \leq 1.6$	$H_b/d \leq 1.5$
	$H_m/d_v \leq 2.5$	$H_m/d_v \leq 2.5$	$H_m/d_v \leq 2.5$	$H_m/d_v \leq 1.6$	$H_m/d_v \leq 1.6$
$h_m/H_b > 1.0$					
C_Q	0.630	0.625	0.620	0.660	0.660
Δ_{C_Q}	–	±2.8%	±2.3%	±3.6%	±3.0%
λ	0.4 mm	0.5 mm	0.8 mm	0.4 mm	0.6 mm
limite di semimodularità	0.75	0.75	0.75	0.35	0.30
limiti di funzionamento	$H_b/d \leq 2.5$	$H_b/d \leq 2.5$	$H_b/d \leq 2.5$	$H_b/d \leq 1.6$	$H_b/d \leq 1.5$
	$H_m/d_v \leq 8.2$	$H_m/d_v \leq 8.2$	$H_m/d_v \leq 4.2$	$H_m/d_v \leq 3.2$	$H_m/d_v \leq 2.7$

Le caratteristiche più importanti dello stramazzo misuratore a soglia triangolare a V sono riportate in Tabella 7.2.

Il buon funzionamento del misuratore richiede che $h_m > 3$ cm, se la cresta è realizzata con profilato metallico inossidabile, $h_m > 6$ cm, se la cresta è realizzata in calcestruzzo prefabbricato; per evitare instabilità di superficie, il numero di Froude nel canale di arrivo deve essere minore di 0.5 (questo limite equivale a imporre $h_m/d < 3$); l'altezza della cresta, rispetto al canale di monte, deve essere $d \geq 6$ cm; per ridurre l'effetto dello strato limite di parete, la larghezza della cresta della soglia deve risultare $b > 30$ cm e $b/H_m \geq 2$; per avere un coefficiente di efflusso costante, è necessario che $H_m/d_v < 1.25$ per la soglia 1 : 2/1 : 2, $H_m/d_v < 3.0$ per la soglia 1 : 2/1 : 5.

7.4.4 Misuratore di Butcher

Il misuratore di Butcher [3], riportato in Figura 7.56, è costituito da una soglia metallica mobile con bordo d'attacco arrotondato. La soglia ha pendenza 1:5, a degradare in basso nel verso del moto, e il raccordo a monte è circolare, con raggio pari a $0.25 h_{m\,max}$. Il canale di arrivo è rettangolare, per una lunghezza almeno pari a $2 h_{m\,max}$, e il tirante idrico viene misurato a distanza $0.75 h_{m\,max}$ dalla faccia verticale della soglia. Poiché il tirante deve essere misurato rispetto alla soglia, l'asta idrometrica è mobile e solidale alla soglia stessa. In basso, a partire dal fondo, trova posto una paratoia verticale fissa, oppure un blocco in materiale lapideo o in calcestruzzo con pendenza della faccia anteriore non maggiore di 2 (verticale) a 1 (orizzontale).

344   7 Misuratori di portata volumetrica nei canali: i canali misuratori e gli stramazzi a soglia

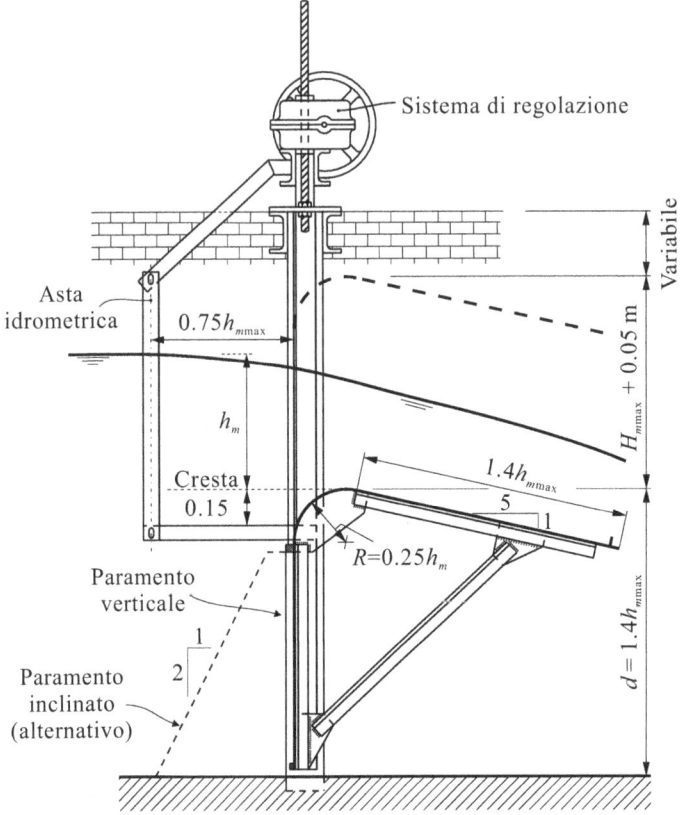

Figura 7.56 Misuratore a soglia mobile di Butcher [6]

Il tirante idrico massimo deve essere, preferibilmente, minore di 1.00 m. Per limitare la velocità d'arrivo, l'altezza della parte fissa deve essere $d = 1.4 h_{m\,max}$. La larghezza della soglia varia da un minimo di 30 cm fino a 4 m.

La portata è esprimibile come segue:

$$Q = C_Q F b h_m^{1.6}, \qquad (7.124)$$

$C_Q \triangleq$ coefficiente di efflusso,
$F \triangleq$ fattore di riduzione della portata in condizioni di sommergenza,
$b \triangleq$ larghezza della soglia.

L'esponente 1.6 è maggiore dell'esponente classico 1.5, poiché il tirante idrico viene misurato in una sezione dove si risente della chiamata dello stramazzo. Il coefficiente C_Q, che è dimensionale, è costante e pari a $2.30\,\text{m}^{0.4}/\text{s}$ e comprende anche il coefficiente correttivo della velocità di arrivo (parzialmente incluso nell'esponente del tirante idrico). L'incertezza nella stima di C_Q è pari al 3%. Il limite

7.4 Misuratori a stramazzo a soglia stretta

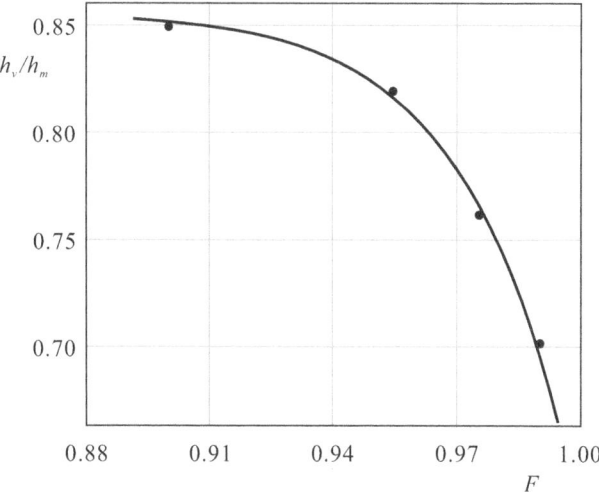

Figura 7.57 Fattore di correzione della portata al variare del rapporto di sommergenza per un misuratore di Butcher

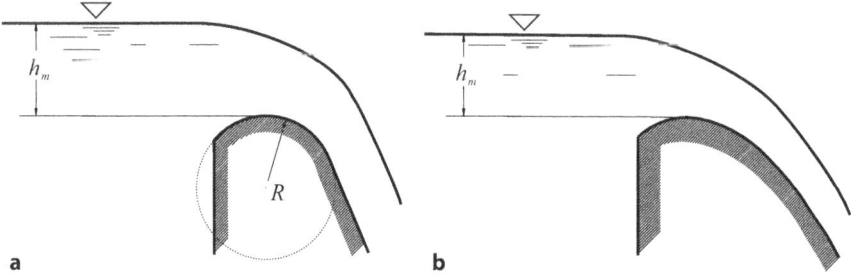

Figura 7.58 Profili di sfioratore di superficie. **a** Circolare; **b** parabolico

di funzionamento semimodulare, inteso come il rapporto di sommergenza al quale compete una portata pari al 99% della portata che si avrebbe se l'efflusso fosse libero, è uguale a $h_v/h_m = 0.70$. Il fattore di riduzione della portata, al variare del rapporto di sommergenza, è riportato in Figura 7.57.

Per un buon funzionamento del misuratore è necessario che $h_m > 5$ cm e, comunque, $h_{m\,max} < 1.0$ m; la larghezza della soglia deve essere $b > 30$ cm e $b/h_m > 2$.

7.4.5 Misuratori a stramazzo non standard

I profili degli sfioratori di superficie di dighe e traverse hanno forma non standard, rispetto ai profili dei misuratori in parete larga. Piuttosto frequente è il profilo di Creager-Scimemi, oppure circolare o parabolico (Figura 7.58).

Herschy [13] suggerisce la seguente scala di deflusso per un profilo circolare:

$$Q = 2.03 \left(\frac{h_m}{R}\right)^{0.07} bh_m^{3/2} \text{ in m}^3/\text{s se } b, h_m \text{ e } R \text{ sono in metri,} \quad (7.125)$$

e, per il profilo parabolico:

$$Q = 1.86 bh_m^{1.6} \text{ in m}^3/\text{s se } b, h_m \text{ sono in metri,} \quad (7.126)$$

$h_m \triangleq$ profondità della corrente rispetto alla soglia,
$b \triangleq$ larghezza dello sfioratore.

Il livello di monte deve essere misurato a una distanza compresa tra $2h_{m\,max}$ e $3h_{m\,max}$ ($h_{m\,max} \triangleq$ profondità della corrente rispetto alla soglia relativa alla portata massima). La profondità limite di sommergenza è $h_s = 0.3 h_m$ ($h_s \triangleq$ profondità limite di valle rispetto alla soglia). Per l'applicazione delle equazioni precedenti, è necessario che $h_m > 0.05$ m, $h_m/d > 3$ ($d \triangleq$ altezza della soglia rispetto al fondo a monte), $h_m/d_v > 1.5$ ($d_v \triangleq$ altezza della soglia rispetto al fondo a valle).

Il misuratore Trenton è uno stramazzo in calcestruzzo molto diffuso negli USA. Nel caso di soglia orizzontale, la portata è pari a

$$Q = 2.31 bh_m^{1.65} \text{ in m}^3/\text{s se } b, h_m \text{ sono in metri.} \quad (7.127)$$

Nel caso di soglia a V rovesciata allargata, l'esponente aumenta fino a raggiungere valori pari a 2.5.

Un altro misuratore molto diffuso negli USA è il misuratore Columbus. È in calcestruzzo con una gola a profilo parabolico, per le portate più basse. La gola dell'intaglio è convessa, nella direzione del flusso, per permettere il passaggio dei corpi galleggianti (Figura 7.59).

La portata è pari a

$$Q = 5.95(h_m - 0.06)^{3.3} \text{ in m}^3/\text{s,} \quad (7.128)$$

$h_m \triangleq$ profondità della corrente rispetto al punto più basso della gola, in metri.

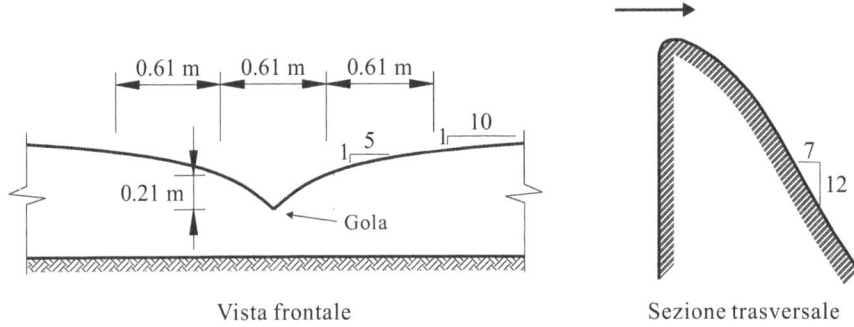

Vista frontale   Sezione trasversale

Figura 7.59 Misuratore di tipo Columbus

Per valori di quota superiori a 21 cm al di sopra della gola, la sezione è a V molto piatta e l'esponente nell'equazione (7.128) assume valori leggermente superiori a 2.5.

7.4.6 Misuratori standard Waterways Experimental Station (WES)

In questi misuratori, il profilo della soglia è conformato in modo da riprodurre il profilo inferiore della lama stramazzante (Figura 7.60). La geometria della lama dipende, tuttavia, dal carico: un tirante idrico maggiore del tirante di progetto determina pressioni negative al fondo, un tirante idrico minore determina pressioni positive. Per evitare vibrazioni della struttura e sollecitazioni del paramento, è opportuno che la pressione minima relativa non sia minore di -0.4 bar. Sulla base di una serie di esperienze condotte alla Waterways Experimental Station dell'U.S.A.C.E., l'equazione del profilo suggerita è la seguente:

$$\frac{y}{h_d} = \frac{1}{K}\left(\frac{x}{h_d}\right)^n, \qquad (7.129)$$

$h_d \triangleq$ tirante idrico di progetto,
$x, y \triangleq$ coordinate,
$K, n \triangleq$ coefficienti.

I coefficienti dipendono dalla pendenza del paramento lato monte e dalla velocità di arrivo. Se la velocità di arrivo è piccola, i coefficienti assumono i valori riportati in Tabella 7.3.

La portata dello stramazzo è pari a

$$Q = C_Q C_{va} C_2 F B H_m^{1.5} \frac{2}{3}\sqrt{\frac{2g}{3}}, \qquad (7.130)$$

$C_Q \triangleq$ coefficiente di efflusso,
$C_{va} \triangleq$ coefficiente correttivo della velocità d'arrivo,
$C_2 \triangleq$ coefficiente correttivo funzione della pendenza della parete della soglia a monte,
$F \triangleq$ fattore di riduzione della portata in condizioni di sommergenza,
$B \triangleq$ larghezza dello stramazzo,
$H_m \triangleq$ carico totale a monte.

Tabella 7.3 Coefficienti dei misuratori WES

Pendenza del paramento	K	n
verticale	2.000	1.850
3 (vert) : 1 (orizz.)	1.936	1.836
3 : 2	1.939	1.810
1 : 1	1.873	1.776

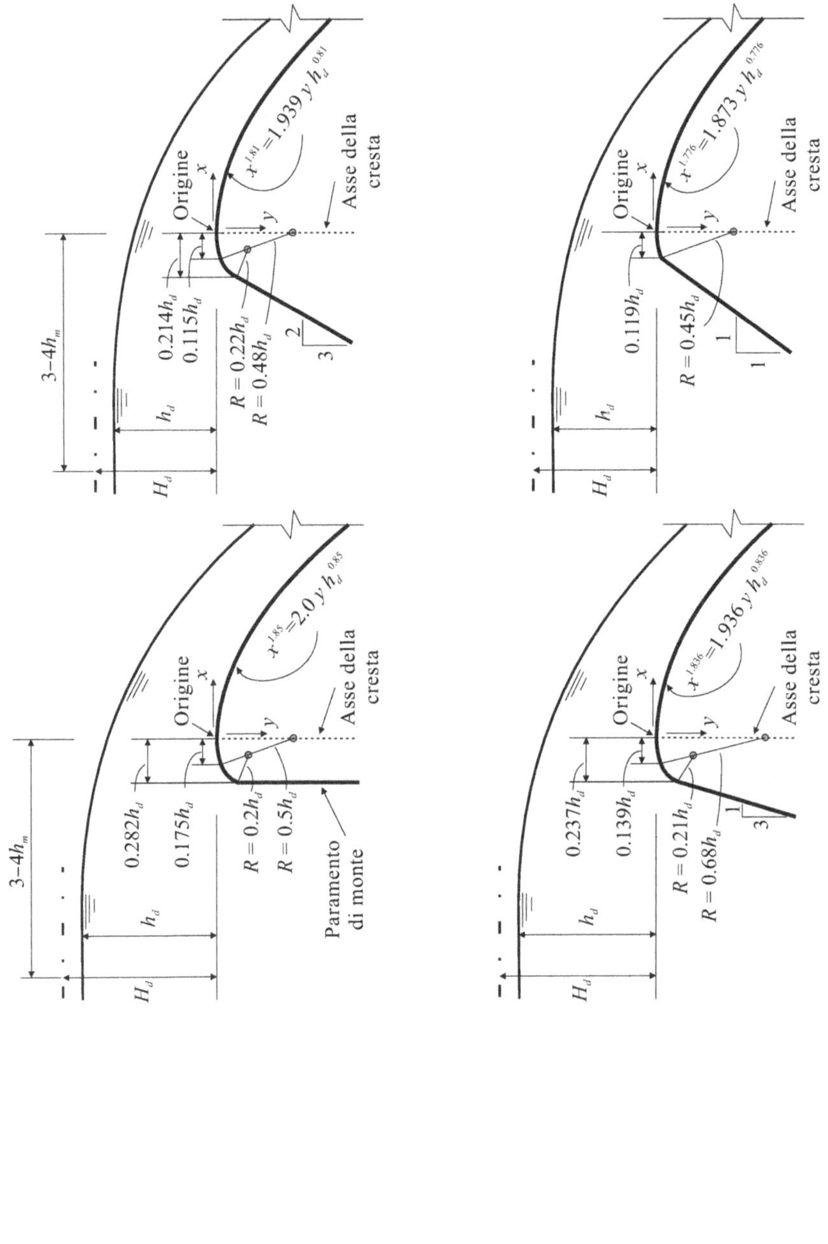

348 7 Misuratori di portata volumetrica nei canali: i canali misuratori e gli stramazzi a soglia

Figura 7.60 Profili standard dei misuratori WES

7.4 Misuratori a stramazzo a soglia stretta

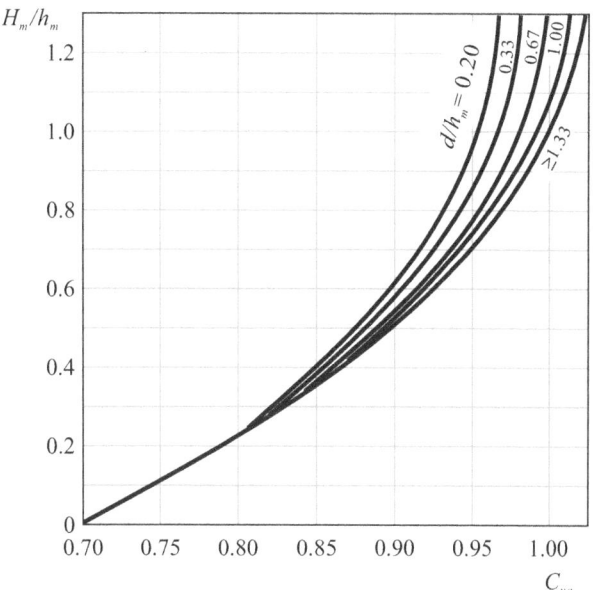

Figura 7.61 Coefficiente correttivo della velocità di arrivo per un misuratore WES a paramento di monte verticale [4]

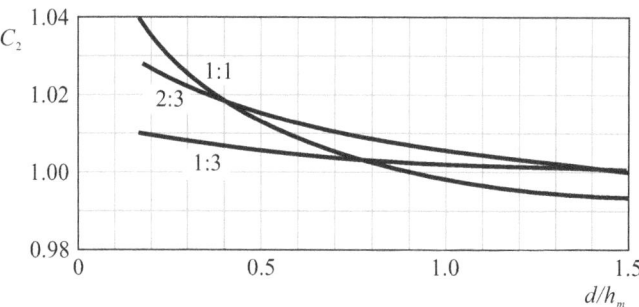

Figura 7.62 Misuratori WES. Coefficiente correttivo C_2 in funzione della pendenza del paramento di monte e del rapporto d/h_m [24]

Il coefficiente di efflusso assume un valore medio uguale a 1.30. Il coefficiente C_{va} è funzione di d/h_m e di H_m/h_m, secondo il diagramma in Figura 7.61.

Il coefficiente C_2 (Figura 7.62) è funzione di d/h_m e dipende dalla pendenza del paramento di monte.

Il limite di semimodularità è influenzato dal rapporto d_v/H_m tra l'altezza della cresta d_v, rispetto al fondo del canale a valle, e il carico totale a monte H_m. Se $d_v/H_m > 0.75$, il limite di semimodularità corrispondente a una riduzione di portata dell'1% si raggiunge per $H_v/H_m = 0.3$. Il fattore di correzione, in regime di sommergenza, è riportato in Figura 7.63.

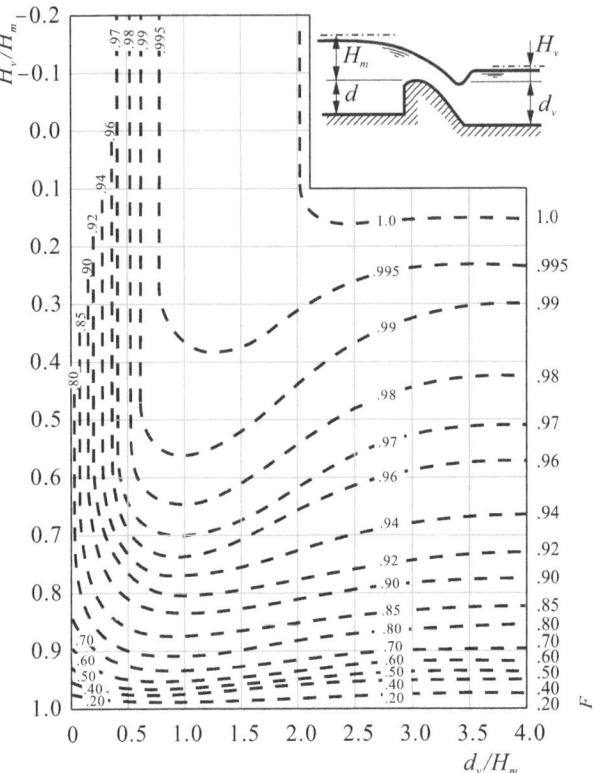

Figura 7.63 Fattore di correzione della portata in regime di sommergenza per un misuratore WES [26]

L'incertezza nella stima del prodotto $C_Q C_1 C_2$ è minore del 5%. Per il buon funzionamento del misuratore, è necessario che $h_m > 6$ cm; per evitare instabilità di superficie nel canale di arrivo, è opportuno $d/h_m > 0.20$; per ridurre gli effetti dello strato limite di parete, è necessario $B/H_m > 2.0$; per garantire un coefficiente di efflusso elevato, è opportuno $d_v/H_m > 0.75$.

7.4.7 Misuratore a stramazzo cilindrico circolare

Nel misuratore a stramazzo cilindrico circolare (Figura 7.64), la soglia ha una parete verticale a monte, un raccordo cilindrico circolare, una parete a 45° a valle. Se il rapporto tra il carico di monte (rispetto alla soglia) H_m e il raggio di raccordo r è piccolo, la vena ha in ogni suo punto un valore di pressione positivo.

Se, invece, il rapporto H_m/r è elevato, la pressione relativa diventa negativa e il coefficiente di efflusso aumenta. Il valore minimo di pressione si può calcolare con

7.4 Misuratori a stramazzo a soglia stretta

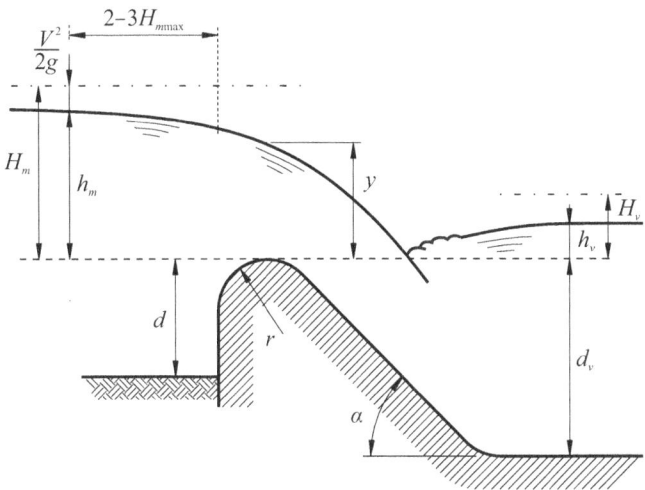

Figura 7.64 Misuratore a stramazzo circolare cilindrico

la formula seguente [9]:

$$p_{\min} = \rho g \left[H_m - (H_m - y) \left[\frac{r + ny}{r} \right]^{\frac{2}{n}} \right], \tag{7.131}$$

$n = 1.6 + 0.3 \cot \alpha$,
$y \triangleq$ profondità della corrente sulla soglia.

Assumendo $y = 0.7 H_m$ e $\alpha = 45°$, la pressione minima, rapportata al carico a monte, dipende solo dal rapporto H_m/r (Figura 7.65). Per evitare fenomeni di cavitazione, è opportuno che la pressione minima non sia inferiore a -0.4 bar.
La portata dello stramazzo è pari a

$$Q = C_Q C_1 C_2 F B H_m^{1.5} \frac{2}{3} \sqrt{\frac{2g}{3}}, \tag{7.132}$$

$C_Q \triangleq$ coefficiente di efflusso,
$C_1 \triangleq$ coefficiente correttivo del coefficiente di efflusso, funzione di d/H_m,
$C_2 \triangleq$ coefficiente correttivo funzione della pendenza della parete della soglia a monte,
$F \triangleq$ fattore di riduzione della portata in condizioni di sommergenza,
$B \triangleq$ larghezza dello stramazzo,
$H_m \triangleq$ carico totale a monte.

Se il rapporto $d/H_m > 1.5$, il coefficiente $C_1 = 1$, mentre il coefficiente di efflusso C_Q è funzione del rapporto H_m/r (Figura 7.66). C_Q assume un valore asintotico pari a 1.49 per $H_m/r > 5$.

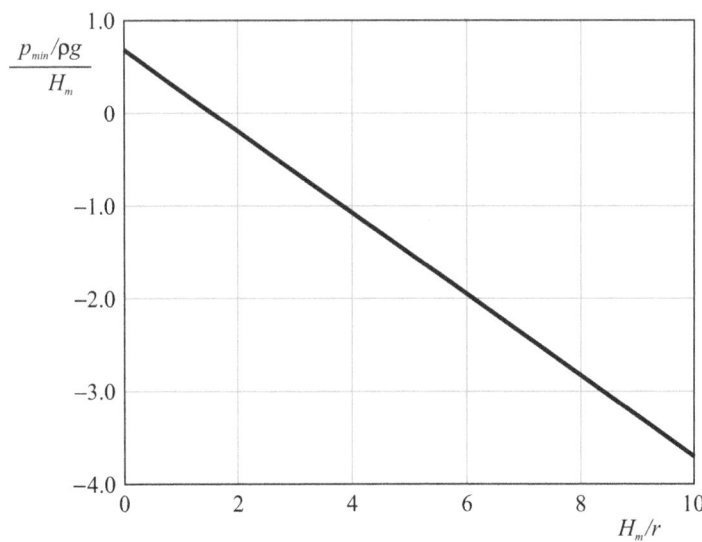

Figura 7.65 Misuratore a stramazzo cilindrico circolare. Valore minimo di pressione al fondo in funzione del rapporto H_m/r

Se il rapporto $d/H_m < 1.5$, il coefficiente C_1 assume valori minori dell'unità, secondo la curva sperimentale riportata in Figura 7.67.

Per $d \to 0$, la vena stramazzante è in caduta libera, con un coefficiente di efflusso $C_Q = 0.98$ e un coefficiente $C_1 \approx 0.63$. Per la stima del coefficiente C_2, si può fare riferimento alle prove eseguite sugli stramazzi WES (Figura 7.62). Per convertire il carico totale in profondità della corrente a monte, rispetto alla soglia, è possibile

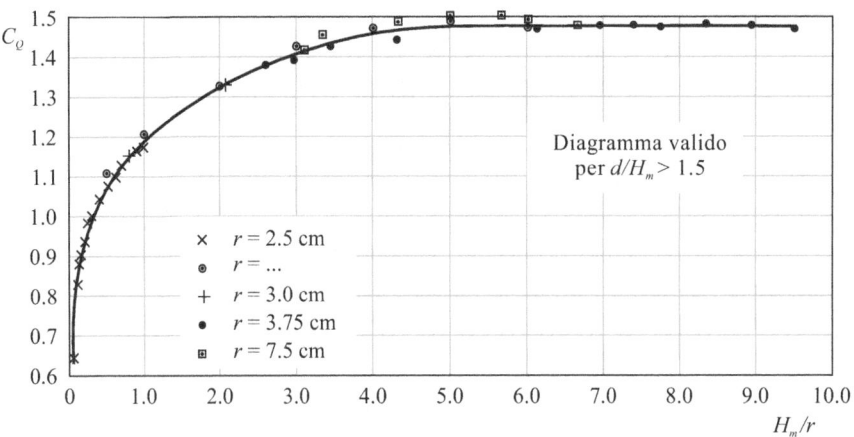

Figura 7.66 Coefficiente di efflusso per un misuratore a stramazzo cilindrico circolare [6]

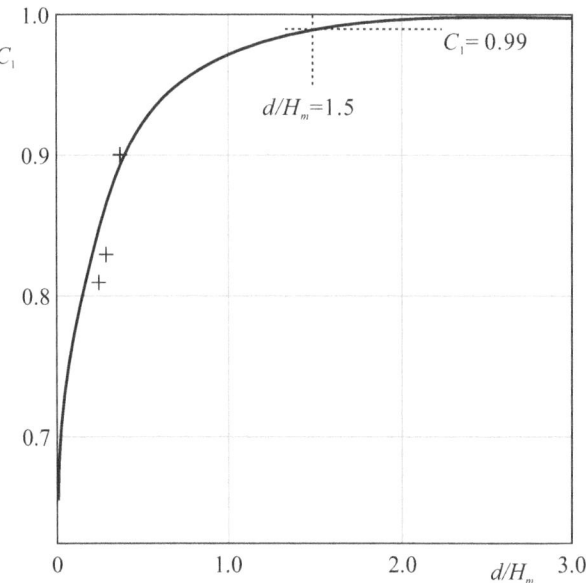

Figura 7.67 Misuratore a stramazzo cilindrico circolare. Coefficiente di riduzione della portata in funzione del rapporto d/H_m [6]. Dati da [18]

ricavare la seguente relazione, valida per canale di arrivo rettangolare:

$$\frac{H_m + d}{k} = \frac{V^2}{2gk} + \frac{1}{\sqrt{2}\sqrt{V^2/(2gk)}}, \qquad (7.133)$$

$k \triangleq$ profondità critica nel canale di arrivo.

Calcolata la portata, si calcola la profondità critica e, risolvendo l'equazione (7.133), si ottiene l'altezza cinetica. Il tirante idrico è pari a

$$h_m = H_m - \frac{V^2}{2g}. \qquad (7.134)$$

Il limite di semimodularità, in corrispondenza del quale la portata si riduce dell'1%, rispetto al valore che avrebbe in condizioni di efflusso libero, si raggiunge per un rapporto $H_v/H_m = 0.33$. Il coefficiente di riduzione per sommergenza è riportato in Figura 7.68.

Il coefficiente di efflusso ha un'incertezza minore del 5%. Per un buon funzionamento del misuratore, è necessario che il tirante idrico a monte venga misurato a distanza compresa tra $2H_{m\,max}$ e $3H_{m\,max}$; il valore minimo ammissibile del tirante è di 6 cm. Per evitare instabilità nel canale di alimentazione, è opportuno che $d/h_m > 0.33$; per evitare l'influenza dello strato limite delle pareti laterali, è opportuno che $B/H_m > 2$; per evitare l'influenza del campo di moto a valle, sulla vena tracimante, è opportuno che $d_v/H_m > 1$.

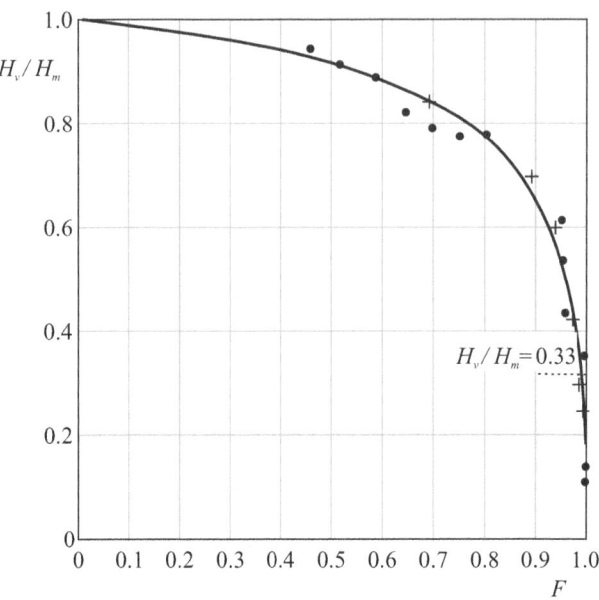

Figura 7.68 Misuratore a stramazzo cilindrico circolare. Coefficiente di riduzione della portata per effetto della sommergenza [6]. Dati da [18] e [24]

7.5 Sistemi per il frazionamento della portata

Nei sistemi di irrigazione con canali a pelo libero, è frequente la necessità di ripartire la portata, tra due o più canali di derivazione, facendo uso di partitori. I partitori sono quasi sempre stramazzi a soglia stretta che permettono la misura della portata, dotati di un setto mobile verticale che permette la partizione.

Il dispositivo in Figura 7.69 è uno stramazzo con soglia a pendenza di 60° a monte e 12° a valle, con raccordo circolare cilindrico di raggio $r = 0.2 h_{m\,max}$. La cresta in pianta è un settore di corona circolare, con raggio di curvatura pari a $1.75 b$. La larghezza b della cresta, misurata nel suo sviluppo, deve essere $> 2 H_{m\,max}$, e il tirante idrico deve essere misurato, nel canale rettangolare di arrivo, a distanza tra $2 h_{m\,max}$ e $3 h_{m\,max}$ dalla cresta. Il setto di partizione mobile ha il bordo d'attacco verticale di spessore pari a 5 mm. La portata si calcola come segue:

$$Q = C_Q C_{va} \frac{2}{3} \sqrt{\frac{2g}{3}} b h_m^{1.5}, \qquad (7.135)$$

$C_Q \triangleq$ coefficiente di efflusso,
$C_{va} \triangleq$ coefficiente correttivo della velocità d'arrivo,
$b \triangleq$ larghezza della soglia dello stramazzo,
$h_m \triangleq$ tirante idrico a monte.

7.5 Sistemi per il frazionamento della portata

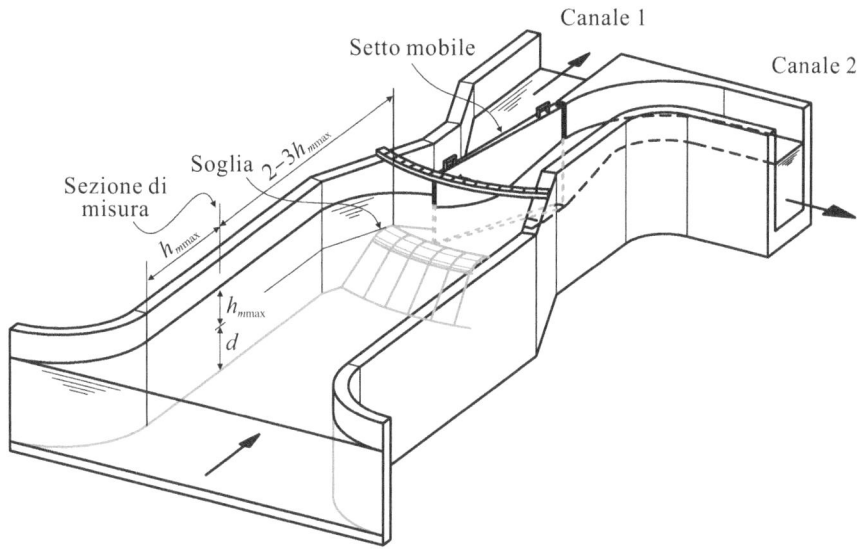

Figura 7.69 Partitore di portata a setto mobile regolabile

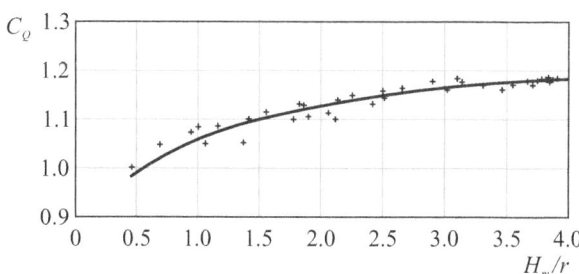

Figura 7.70 Coefficiente di efflusso del partitore di portata, in funzione del rapporto H_m/r [6]

Il coefficiente di efflusso è diagrammato in Figura 7.70 per $d/H_m > 0.33$ e $d_v/H_m > 0.35$, in modo che, né il fondo del canale di arrivo, né il fondo del canale di valle, possano influenzare la curvatura delle traiettorie sulla cresta.

Il coefficiente correttivo della velocità di arrivo è diagrammato in Figura 7.19 per $n = 1.5$. L'errore atteso nella stima del prodotto $C_Q C_{va}$ è il 5%, e il limite di semimodularità si raggiunge per $H_v/H_m = 0.6$. Per un buon funzionamento del partitore, è necessario che siano: $h_m > 6$ cm, il rapporto $b/H_m > 2$ (per evitare gli effetti dello strato limite di parete), e il rapporto $H_m/r > 0.2$.

7.6 Misure di portata per una condotta verticale con efflusso a fontana

Una delle modalità di presa d'acqua da un canale di irrigazione sospeso è data dall'uso di una condotta con funzionamento a sifone. Se la parte terminale della condotta è verticale, l'efflusso avviene: con lama stramazzante, quando l'altezza di risalita dell'acqua è $h_r \leq 0.37D$ ($D \triangleq$ diametro della condotta); in forma di getto, quando $h_r > 1.4D$. Nel primo caso, la portata è espressa dalla relazione seguente [17]:

$$Q = 5.47 D^{1.25} h_r^{1.35} \text{ in m}^3/\text{s se } D, h_r \text{ sono in metri.} \qquad (7.136)$$

Nel secondo caso, invece,

$$Q = 3.15 D^{1.99} h_r^{0.53} \text{ in m}^3/\text{s se } D, h_r \text{ sono in metri.} \qquad (7.137)$$

In regime intermedio, l'efflusso è instabile. La scala di deflusso è diagrammata in Figura 7.71.

L'altezza della risalita dell'acqua può essere stimata con un cursore mobile su un'asta graduata solidale alla condotta (Figura 7.72).

L'incertezza della stima è del 20% nel regime a lama stramazzante, del 15% nel regime a getto. Per il buon funzionamento del misuratore, è necessario che il terminale della condotta sia verticale per almeno $6D$ e che il bordo di uscita sia

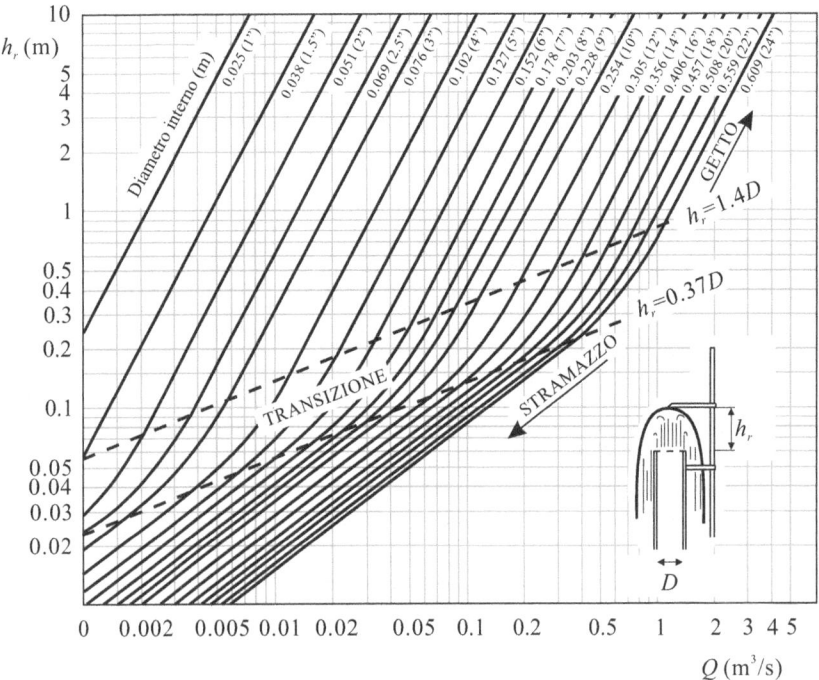

Figura 7.71 Scala di deflusso di un misuratore a fontana verticale [6]

Figura 7.72 Dispositivo per la misura della risalita dell'acqua

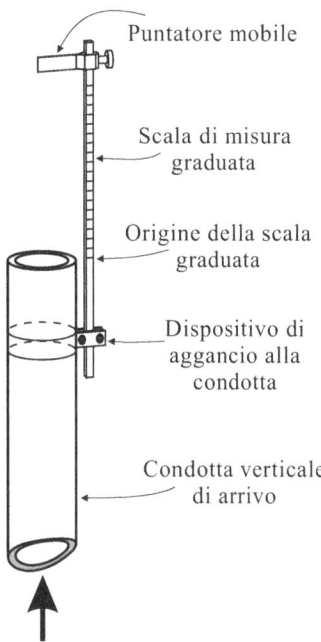

netto. Il diametro della condotta dovrebbe essere nel *range* 25 mm $< D <$ 600 mm e l'altezza di risalita 3 cm $< h_r <$ 4 m.

7.7 Misure di portata per una condotta con efflusso orizzontale

Se la presa da un canale di alimentazione ha un terminale orizzontale, l'efflusso può avvenire a canna scema, se la sezione occupata dalla corrente è più piccola della sezione della condotta, o a canna piena (Figura 7.73).

Se l'efflusso è a canna scema, la portata può essere stimata misurando il tirante idrico nella sezione di uscita. I risultati sperimentali sono diagrammati in Figura 7.74 e indicano che il limite superiore di profondità, oltre il quale i dati sono molto dispersi, è pari a $0.56D$. L'incertezza nella stima della portata è pari al 3%.

Se l'efflusso è a canna piena, oppure a canna scema con tirante idrico superiore a $0.56D$, si può assumere che le traiettorie del campo di moto siano paraboliche. La portata è pari a

$$Q = C_Q \frac{\pi D^2}{4} \sqrt{\frac{gX^2}{2Y}}, \qquad (7.138)$$

$C_Q \triangleq$ coefficiente di efflusso,

$X, Y \triangleq$ coordinate del profilo superiore della vena effluente in un riferimento con origine nel punto più alto della sezione di uscita.

358   7 Misuratori di portata volumetrica nei canali: i canali misuratori e gli stramazzi a soglia

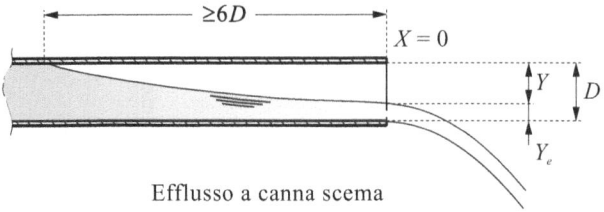

Efflusso a canna scema

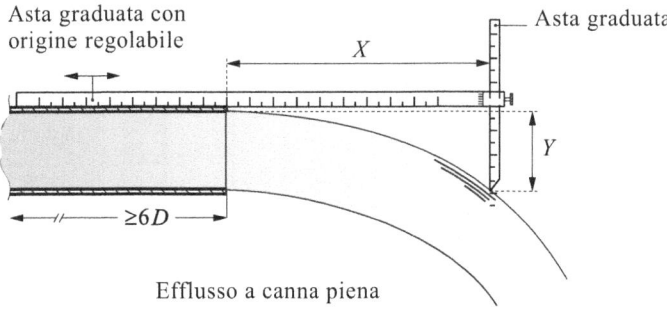

Efflusso a canna piena

Figura 7.73 Schema di riferimento per il calcolo della portata effluente da una condotta orizzontale.

Figura 7.74 Scala di deflusso di un misuratore a canna scema orizzontale [6].

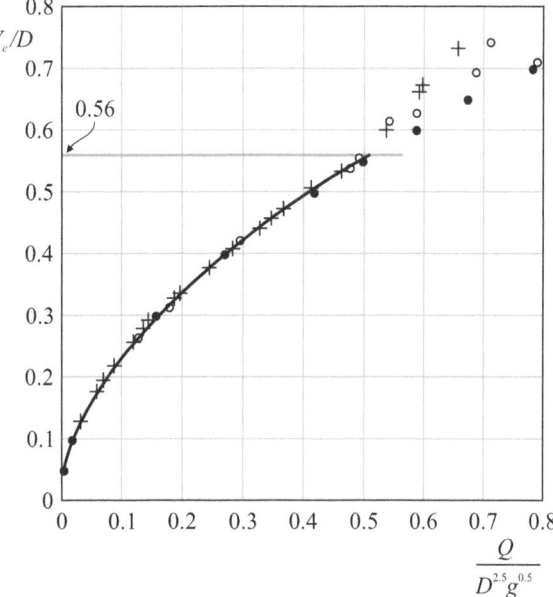

L'accuratezza della stima è fortemente influenzata dagli errori di misura delle coordinate X e Y. L'errore può essere ridotto eseguendo misure di un certo numero di punti del profilo superiore e stimando la parabola interpolatrice ai minimi quadrati. In ogni caso, la stima della portata difficilmente avrà un'incertezza minore del 10–15%. Per il buon funzionamento del misuratore, è necessario che la condotta sia orizzontale per almeno $6D$, prima della sezione di efflusso, e che l'efflusso sia libero.

7.8 Il misuratore di Dethridge

Il misuratore di Dethridge [8] è una ruota a pale, messa in rotazione dall'acqua in movimento, inserita in un canale con una paratoia verticale regolabile all'ingresso, che svolge la funzione di limitazione e controllo della portata (Figura 7.75).

Le pale ruotano solidali al tamburo in una sede di calcestruzzo che garantisce un trafilamento ridotto lungo la semicirconferenza laterale e al fondo, con la camera che si estende per circa 70° secondo la circonferenza. Il gioco tra parti in movimento e parti fisse deve essere minore di 6 mm. Esistono due modelli standard del misuratore di Dethridge: uno largo, con diametro della ruota di 1.524 m (5′) e con portata da $0.040\,\mathrm{m^3/s}$ a $0.140\,\mathrm{m^3/s}$, e l'altro piccolo, con diametro della ruota di 1.219 m (4′) e con portata da $0.015\,\mathrm{m^3/s}$ a $0.070\,\mathrm{m^3/s}$. La ruota è realizzata in acciaio di 2 mm di spessore, con otto pale sagomate a V piatta e concavità nel verso del moto dell'acqua. Il vertice delle pale, in corrispondenza della saldatura alla ruota, ha un foro di ventilazione per permettere il riempimento completo della camera tra due pale consecutive. Un tachimetro-contatore calettato sull'asse permette la misura della velocità di rotazione della ruota e il conteggio del numero di giri. Se la tenuta

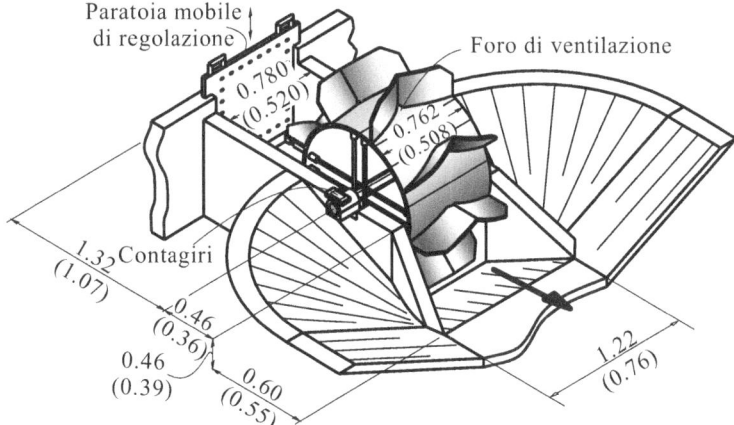

Figura 7.75 Misuratore di Dethridge. Le misure, in metri, si riferiscono al modello grande; le misure tra parentesi si riferiscono al modello piccolo

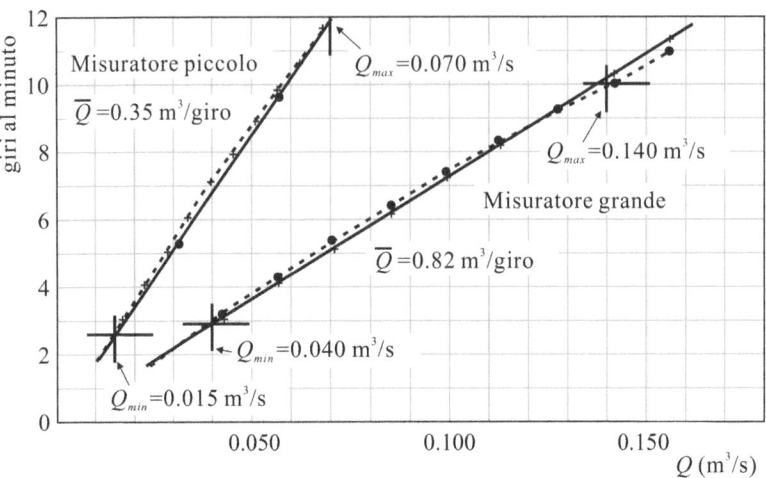

Figura 7.76 Curve di calibrazione per il misuratore di Dethridge grande e piccolo, in condizioni di efflusso libero

tra le pale e le pareti fosse perfetta, il misuratore sarebbe un misuratore volumetrico esatto. Nella realtà, si verificano dei trafilamenti di entità variabile in funzione della velocità della ruota, del dislivello tra monte e valle, del rapporto di sommergenza. Le curve di calibrazione sperimentali sono diagrammate in Figura 7.76.

L'accuratezza attesa nella stima della portata, per un misuratore adeguatamente installato e in buone condizioni di manutenzione, è pari al 5%. La regolazione della portata può essere eseguita modificando l'apertura della paratoia con riferimento alle scale di deflusso riportate in Figura 7.77, valide in regime di semimodularità.

Il limite di sommergenza è sperimentalmente rappresentato dalla seguente equazione:

$$h_v = 0.718Q, \qquad (7.139)$$

$h_v \triangleq$ tirante idrico di valle, in metri,
$Q \triangleq$ portata, in metri cubi al secondo.

Se si supera il limite di sommergenza, la regolazione della portata può essere convenientemente eseguita modificando l'apertura della paratoia fino a quando non si legge il numero di giri al minuto corrispondente alla portata desiderata. Il misuratore deve essere installato tenendo presente che il tirante idrico minimo a monte deve essere pari a 38 cm, per il misuratore grande, e a 30 cm, per il misuratore piccolo; il tirante massimo a monte, al di sopra del quale l'efflusso avviene con un getto che riduce il volume d'acqua per ogni giro, deve essere minore di 90 cm. Il tirante idrico massimo a valle deve essere pari a 17 cm, per il misuratore grande, e a 13 cm, per il misuratore piccolo. La velocità di rotazione deve essere compresa tra 3 rpm e 12 rpm. Il misuratore di Dethridge è robusto, genera perdite di carico limitate e tollera la maggior parte degli oggetti galleggianti e dei *debris*.

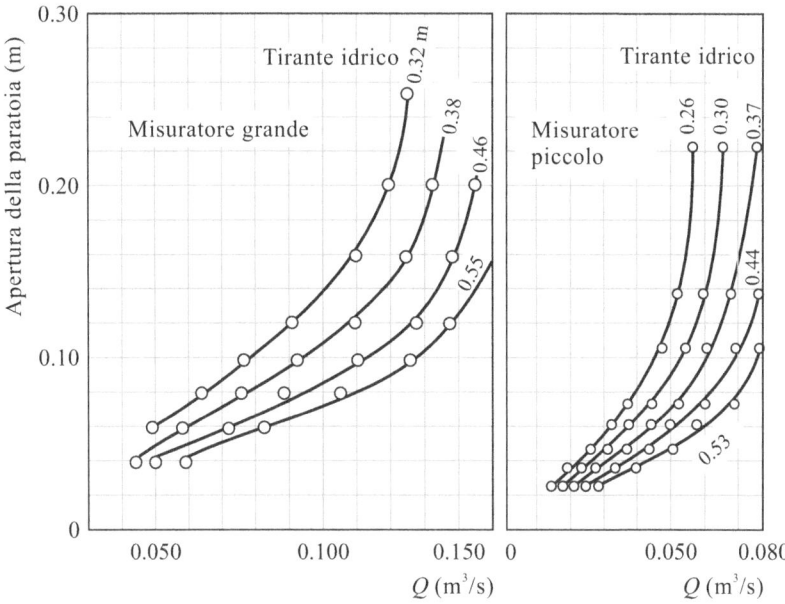

Figura 7.77 Scale di deflusso al variare del grado di apertura della paratoia di controllo di un misuratore di Dethridge

7.9 Misuratore con mulinello idrometrico fisso

Un modo per misurare la portata nei canali a pelo libero è quello di intubare la corrente e di misurarla con un misuratore per condotte in pressione, come il mulinello idrometrico. Le caratteristiche dei mulinelli idrometrici sono ampiamente descritte nel Capitolo 4. Lo schema di installazione è riportato in Figura 7.78.

Il mulinello può misurare velocità tra 0.15 m/s e 5.0 m/s in un *range* di portata 10:1, con maggiore incertezza nella stima alle velocità più basse. Il diametro del mulinello dovrebbe essere compreso tra $0.5D$ e $0.8D$. Un diametro molto grande permette di ridurre l'errore di misura dovuto ad anomalie del profilo di velocità.

Se si installano dei deflettori raddrizzatori di filetto, la condotta deve essere rettilinea per almeno $7D$ a monte; in assenza di raddrizzatori, la lunghezza di condotta rettilinea deve essere $> 30D$. Per una stima accurata della portata, la precisione di montaggio è essenziale. È necessario che il mulinello sia centrato e allineato, e la parte terminale della condotta deve essere sagomata in modo da evitare lo sviluppo di turbolenza e da limitare le oscillazioni di livello a valle (Figura 7.79).

La perdita di carico non è modesta, ma non supera il doppio dell'altezza cinetica. L'incertezza della stima è, in genere, maggiore del 5% e, difficilmente, si riesce a raggiungere il 2%, con attenta e continua calibrazione. Il dispositivo non è adatto alla misura di correnti cariche di sedimenti, che si accumulano nella condotta, o di *debris*, che si accumulano a monte della paratoia di regolazione.

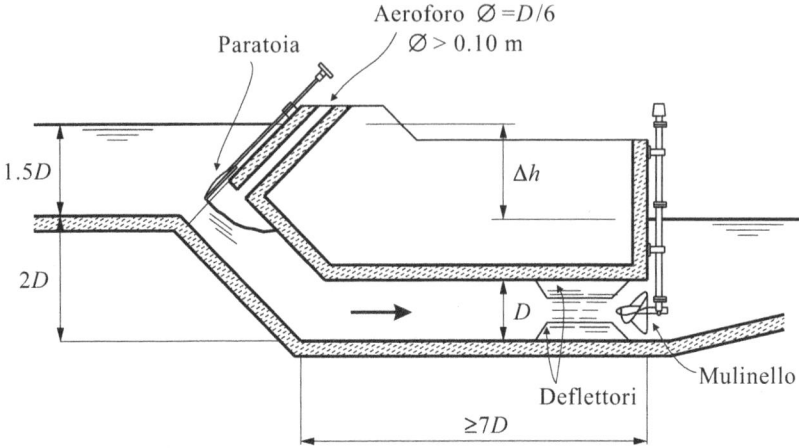

Figura 7.78 Installazione di un mulinello idrometrico per la misura di portata di un canale a pelo libero intubato

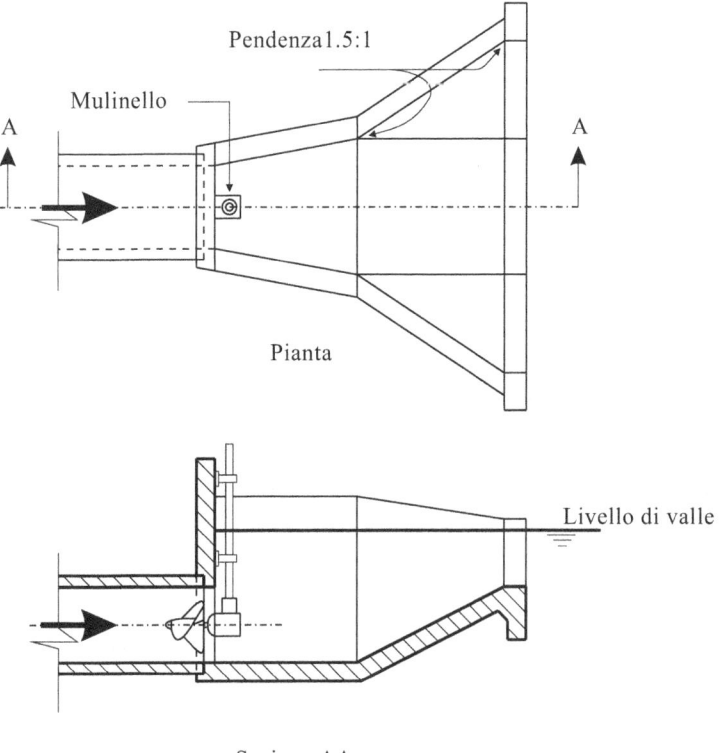

Figura 7.79 Schema del raccordo di uscita [20]

Riferimenti bibliografici

1. Ackers, P., White, W.R., Perkins, J.A. and Harrison, A.J.M., 1978. *Weirs and flumes for flow measurement*. John Wiley & Sons, ISBN 0471996378, XIX+327 pp.
2. Butcher, A.D., 1923. *Submerged weirs and standing wave weirs*. Government Press, Cairo, 17 pp.
3. Butcher, A.D., 1921–22. *Clear overfall weirs*. Res. Work Delta Barrage. Min. of Public Works, Cairo.
4. Chow, V.-T., 1959. *Open Channel Hydraulics*. McGraw-Hill, Civil Engineering Series, ISBN 0-07-085906-X, XVIII+680 pp.
5. Citrini, D., 1941. Modellatori a risalto – Guida al progetto. *Pubblicazione n° 5 del Centro Studi per le Applicazioni dell'Ingegneria dell'Agricoltura*, Milano.
6. Delft Hydraulics Laboratory, Working Group on small Hydraulic Structures, 1976. *Discharge Measurement Structures*. (M.G. Bos ed.). Delft Hydraulics Laboratory publication N° 161, XV+464 pp.
7. De Marchi, G., 1936. Dispositivi per la misura della portata dei canali con minime perdite di quota. *L'Energia Elettrica*, Vol.XIII.
8. Dethridge, J.S., 1913. An Australian water meter for irrigation supplies. *Engineering News*, 7, N° 26, p. 1283.
9. Escande, L. and Sananes, F., 1959. Etude des seuils deversants a a fente aspiratrice. *Le Houille Blanche*, 14, 892–902.
10. Franke, P.G. and Valentin, F., 1969. The determination of discharge below gates in case of variable tailwater condition. *Journal of Hydraulics Research* 7, N° 4, 433–447.
11. Gherardelli, L., 1937. Sui misuratori di portata. *Annali dei Lavori Pubblici*.
12. Hall, G.W., 1962. Analytic determination of the discharge characteristics of broad-crested weirs using boundary layer theory. *Proc. of the Inst. of Civil Engineers*, Vol. 22, Paper 6607, 177–190.
13. Herschy, R.W., 1999. Flow Measurement. In *Hydrometry. Principles and Practice*. 2nd ed., Herschy, R.W. Ed., John Wiley & Sons Ltd., ISBN 0 471 97350 5, VI+376 pp.
14. ISO 4359, 1983. *Liquid flow measurement in open channels – Rectangular, trapezoidal, and U-shaped flumes*, International Standards Organization, Geneva.
15. ISO 4359, 1999. *Technical Corrigendum 1 for: Liquid flow measurement in open channels – Rectangular, trapezoidal, and U-shaped flumes*. Reference number: ISO 4359:1983/Cor.1 Reference number: ISO 4359:1983/Cor.1:1999(E), International Standards Organization, Geneva.
16. Khafagi, A., 1942. *Der Venturikanal: Theorie und Anwendung*. Diss. Druckerei A. G. Gebr. Leemann and Company, Zurich.
17. Lawrence, F.E. and Braunworth, P.L., 1906. Fountain flow in vertical pipes. *ASCE, Transactions* vol. 57, 256–306.
18. Oord, W.J., van der, 1941. *Stuw met cirkelvormige kruin*. Msc Thesis. Techn. University Delft.
19. Ree, W.O., 1938. *Rectangular short crested weirs*. Spartanborg Outdoor Hydraulic Laboratory
20. Schuster, J.C., 1970. *Water measurement procedures Irrigation operators' workshop*. Div. of general research, Engineering and Research Centre, Bureau of Reclamation, Denver, Col. Report REC-OCE-70-38, 49 pp.
21. Singer, J., 1964. Square-edged broad-crested weir as a flow measuring device. *Water and Water Engineering*, Vol. 68, N° 820, 229–235.
22. Supino, G., 1965. *Le reti idrauliche*, Patron Editore, Bologna, XV+806 pp.
23. USDA-ARS, 1979. Field manual for research in agricultural hydrology. In: *Agricultural Handbook 224*. US Department of Agriculture, Washington DC, X+547 pp.
24. U.S. Bureau of Reclamation, 1960. *Design of small dams*. USBR Denver, 611 pp.
25. Verwoerd, A.L., 1941. Capaciteitsbepaling van volkomen en onvolkomen overlaten met efgeronde kruinen. *Waterstaatsingenieur in Nederlandsch-Indië*, N° 7, 65–78 (II).

26. WES, U.S. Army Engineers Waterways Experimental Station, 1952. *Corps of Engineers Hydraulic Design Criteria*. Vicksburg, Miss.
27. White, W.R., 1971. The performance of two-dimensional and flat V triangular profile weirs. *Proc. I.C.E. paper 7350S*.
28. White, W.R., 1975. Field calibration of flow measuring structures. *Proc. Instn. Civ. Engnrs.*, 59, Part 2, Paper 7821, 429–447.

Capitolo 8
Misuratori di portata volumetrica nei canali: i misuratori a stramazzo in parete sottile e gli orifizi

In questo capitolo analizzeremo una seconda classe di misuratori di portata volumetrica di uso frequente e diffuso nei canali artificiali, con alcune applicazioni anche in laboratorio. Il principio di funzionamento è molto simile a quello dei canali misuratori e degli stramazzi a soglia larga, con alcune differenze che li rendono, talvolta, più flessibili e più economici.

La varietà dei misuratori proposti è conseguenza delle variegate esigenze: talvolta, è necessario avere degli strumenti con *range* di misura molto grande per canali caratterizzati da una grande variabilità delle portate, mentre in altri casi si privilegia l'accuratezza o la semplicità costruttiva e gestionale.

Tutti gli strumenti sono statici, privi, cioè, di parti meccaniche in moto durante la misura, ancorché integrati, in alcuni casi, da meccanismi di regolazione e di controllo.

La scelta del misuratore è resa difficoltosa dai numerosi parametri in gioco e dalla grande varietà di strumenti disponibili. Alla fine del capitolo sono riportate alcune tabelle di riferimento da utilizzarsi come guida.

8.1 Misuratori a stramazzo in parete sottile

Nei misuratori a stramazzo in parete sottile, la corrente è costretta a superare una traversa orizzontale con un bordo superiore netto, stramazzando a valle. Il contatto tra corrente e traversa deve avvenire su una superficie di area molto limitata, in modo da non influenzare la scala di deflusso ($h_m/t > 15$, $t \triangleq$ spessore del bordo della traversa). In pratica, t è compreso tra 1 mm e 2 mm, l'angolo di smusso deve essere maggiore di 45° per gli stramazzi rettangolari, trapezi e circolari, e maggiore di 60°, per gli stramazzi di altra forma. La lama stramazzante ha il profilo riportato in Figura 8.1.

Se la traversa occupa tutta la sezione trasversale di un alveo rettangolare, la corrente subisce contrazione solo al fondo e il misuratore si definisce a contrazione laterale soppressa (Figura 8.2).

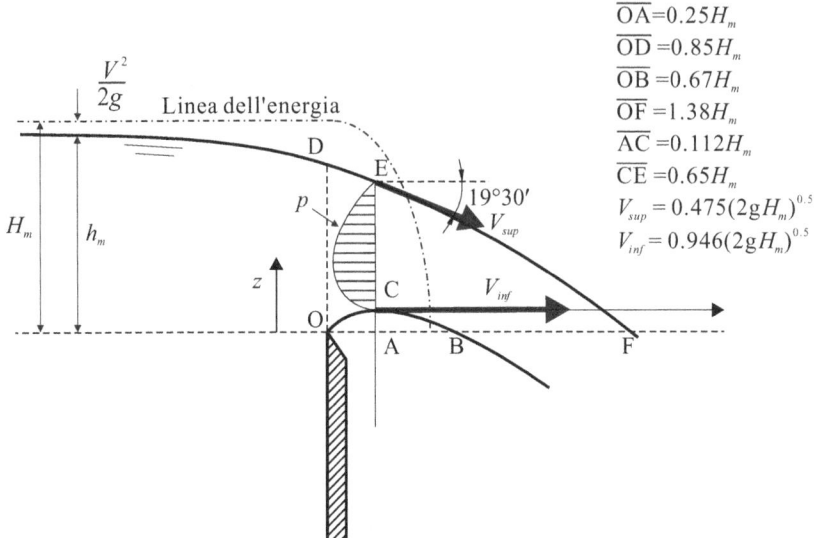

Figura 8.1 Profilo della lama stramazzante per uno stramazzo rettangolare [20]

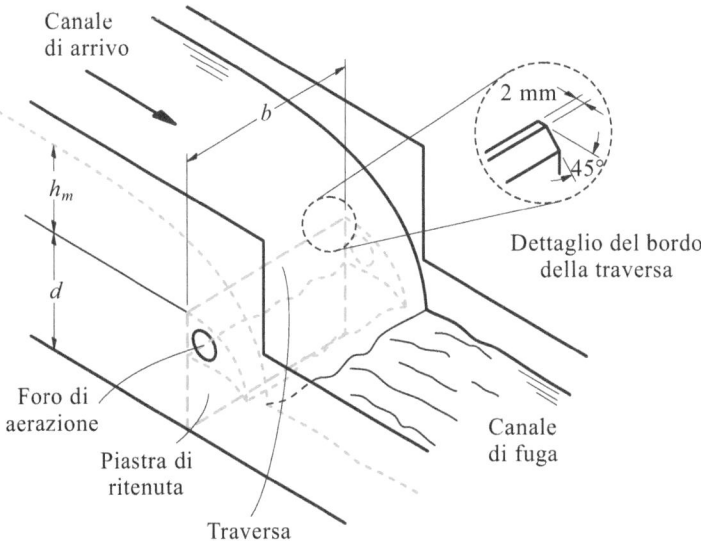

Figura 8.2 Stramazzo rettangolare in parete sottile senza contrazione laterale

In questo caso, per garantire che al di sotto della vena stramazzante la pressione sia poco diversa dalla pressione atmosferica, è necessario realizzare dei condotti aerofori. Senza aerofori, la vena d'acqua trascina la sacca d'aria sottostante e ne riduce la pressione, aumentando il coefficiente di efflusso dello stramazzo in misura difficilmente valutabile.

8.1 Misuratori a stramazzo in parete sottile

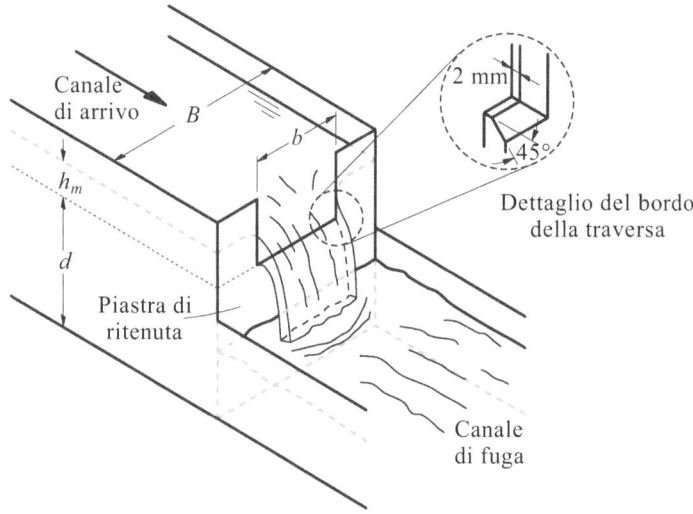

Figura 8.3 Stramazzo in parete sottile con contrazione laterale

Questo tipo di stramazzo si presta bene a misure celerimetriche in corsi d'acqua di piccola dimensione.

Se lo stramazzo, oltre ad avere una traversa orizzontale è delimitato lateralmente da due traverse verticali, la contrazione avverrà anche lateralmente (Figura 8.3).

L'entità della contrazione laterale dipende dalla geometria del canale di alimentazione e, in genere, non è necessaria l'aerazione della vena. Quando le pareti laterali del canale di alimentazione (o della vasca di calma) sono molto vicine al bordo dello stramazzo, le linee di corrente hanno una curvatura limitata dalla condizione al contorno e la contrazione sarà solo parziale.

Il calcolo della portata viene eseguito ipotizzando lo stramazzo suddiviso in aree elementari, a ognuna delle quali compete una velocità proporzionale all'affondamento, secondo il teorema di Bernoulli. Consideriamo lo schema in Figura 8.4. Nella sezione contratta, la pressione è uniforme ed è pari alla pressione atmosferica (a meno degli effetti della tensione superficiale). Trascurando le dissipazioni, risulta

$$V = \sqrt{2g(H_m - z)}, \tag{8.1}$$

$H_m \triangleq$ energia specifica della corrente rispetto al bordo della traversa,
$z \triangleq$ quota della traiettoria rispetto al bordo della traversa.

Assumendo che il vettore velocità sia sempre ortogonale all'area di integrazione, risulta

$$Q = \int_0^h V d\Omega. \tag{8.2}$$

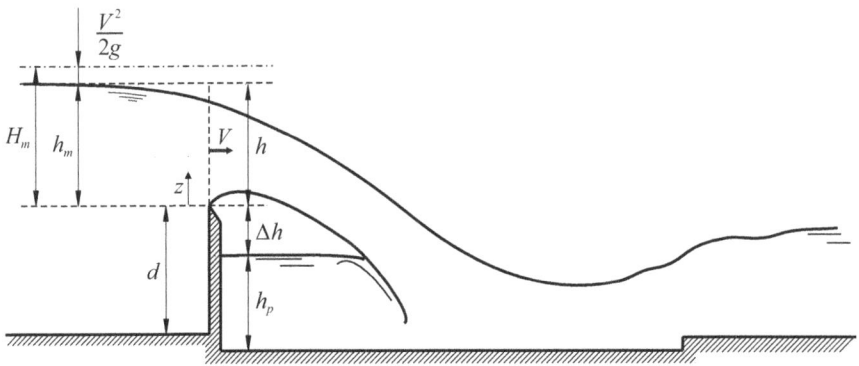

Figura 8.4 Schema per il calcolo della portata tracimante in uno stramazzo in parete sottile

Per esempio, per uno stramazzo rettangolare di larghezza b, risulta $d\Omega = b\,dz$, e integrando tra 0 e h, si ottiene:

$$Q = b\sqrt{2g}\int_0^h \sqrt{(H_m - z)}\,dz = \frac{2}{3}b\sqrt{2g}\Big[H_m^{3/2} - (H_m - h)^{3/2}\Big]. \qquad (8.3)$$

È usuale sostituire all'altezza h della sezione di integrazione il tirante idrico h_m misurato a una certa distanza a monte della traversa, introducendo un coefficiente di efflusso C_Q. L'equazione (8.3) si modifica come segue:

$$Q = C_Q b\sqrt{2g}\Big[H_m^{3/2} - (H_m - h_m)^{3/2}\Big]. \qquad (8.4)$$

Trascurando l'altezza cinetica della corrente in arrivo, risulta:

$$Q = C_Q b h_m \sqrt{2g h_m}. \qquad (8.5)$$

Il calcolo può essere ripetuto per altre forme della sezione di tracimazione. Tutti i risultati prevedono una dipendenza della portata dal tirante idrico h_m^n, con esponente $n = 2$, se lo stramazzo è parabolico, $n = 2.5$, se lo stramazzo è triangolare, $n = 1$, se lo stramazzo è lineare (proporzionale).

8.1.1 Stramazzi rettangolari senza contrazione laterale

Il prototipo degli stramazzi in parete sottile senza contrazione laterale è lo stramazzo Bazin. Trascurando l'altezza cinetica della corrente in arrivo, la portata dipende dal carico misurato rispetto al bordo superiore della traversa secondo la relazione seguente:

$$Q = C_Q b h_m \sqrt{2g h_m}, \qquad (8.6)$$

8.1 Misuratori a stramazzo in parete sottile

$C_Q \triangleq$ coefficiente di efflusso,
$b \;\;\triangleq$ larghezza della soglia,
$h_m \triangleq$ tirante idrico rispetto al bordo superiore della soglia.

A questa formula era giunto nel '600 il Poleni. Per evitare l'effetto della chiamata allo sbocco, il tirante idrico deve essere misurato in una sezione sufficientemente lontana dalla traversa. Il coefficiente di efflusso è sperimentalmente pari a 0.402. Includendo il contributo dell'altezza cinetica di monte, la portata è espressa come segue:

$$Q = \frac{2}{3} C_Q b \sqrt{2g} \left[(h_m + h_c)^{3/2} - h_c^{3/2} \right], \tag{8.7}$$

$h_c \equiv V_a^2/2g \triangleq$ altezza cinetica della corrente in arrivo,
$V_a \qquad\;\;\triangleq$ velocità media della corrente in arrivo.

L'equazione (8.7) deve essere risolta per tentativi, dato che la velocità in arrivo non è nota *a priori*. Per quantificare gli effetti di altre variabili, si può fare uso dei criteri dell'analisi dimensionale. Le variabili in gioco sono la portata specifica Q/b, l'altezza della soglia d rispetto al canale, il tirante idrico h_m, l'accelerazione di gravità g, la viscosità dinamica μ e la tensione superficiale σ, la densità di massa ρ.

Applicando il teorema di Buckingham e scegliendo i gruppi adimensionali in modo che abbiano un significato fisico, si ottiene la seguente relazione funzionale [1]:

$$\frac{Q}{b h_m \sqrt{g h_m}} = \Phi_1 \left(\frac{h_m}{d}, \frac{h_m \sqrt{g h_m}}{\mu/\rho}, \frac{h_m \sqrt{g}}{\sqrt{\sigma/\rho}} \right) \equiv \Phi_1 \left(\frac{h_m}{d}, \text{Re}, \text{We} \right), \tag{8.8}$$

Re $\triangleq$ numero di Reynolds,
We $\triangleq$ numero di Weber.

Si può dimostrare che la relazione funzionale (8.8) può essere espressa inserendo il carico totale H_m in luogo di h_m. Se si fa riferimento a uno stesso fluido a temperatura costante, la viscosità dinamica, la tensione superficiale e la densità di massa, rimangono costanti. Poiché l'accelerazione di gravità è, di fatto, costante, la variazione del numero di Reynolds e del numero di Weber dipende solo dal tirante idrico h_m (ovvero dal carico totale a monte H_m). Quindi, utilizzando una formula del tipo proposto da Bazin, il coefficiente di efflusso è espresso come

$$C_Q = \Phi_2 \left(\frac{h_m}{d} \right). \tag{8.9}$$

La tensione superficiale determina un incremento di portata soprattutto a bassi valori di h_m. Una correzione proposta dal Rehbock [18] sostituisce al tirante idrico misurato il tirante efficace, secondo la relazione seguente:

$$h_e = h_m + 0.0011 \quad \text{con } h_e, h_m \text{ in metri.} \tag{8.10}$$

La correzione è dimensionale. Per includere il contributo dell'altezza cinetica della corrente in arrivo, il Rhebock [18] propone una correzione del coefficiente di efflusso secondo la relazione seguente:

$$C_Q = 0.402\,03 + 0.054\,2\frac{h_e}{d}, \tag{8.11}$$

$d \triangleq$ altezza della traversa rispetto al fondo.

Secondo le Norme Svizzere SIA [21], [16], la portata può essere espressa come segue:

$$Q = \frac{2}{3}\left(0.615 + \frac{0.000\,615}{h_m + 0.001\,6}\right)\left[1 + 0.5\left(\frac{h_m}{h_m + d}\right)\right]b h_m^{3/2}\sqrt{2g}, \tag{8.12}$$

con le variabili espresse nelle unità base del Sistema Internazionale. La formula si basa su un campione esteso di misure sperimentali in laboratorio e sul campo, e vale purché $0.025\,\text{m} < h_m < 0.8\,\text{m}$, $b > 0.3\,\text{m}$, $d > 0.3\,\text{m}$, $h_m/d < 1$.

Per ridurre l'importanza dell'altezza cinetica della corrente in arrivo, si può realizzare una vasca di calma sulla quale si apre lo stramazzo. Per stramazzi a contrazione laterale soppressa, White [30] ha proposto la seguente espressione della portata:

$$Q = 0.564\left(1 + 0.15\frac{h_m}{d}\right)b\sqrt{g}(h_m + 0.001)^{3/2}, \tag{8.13}$$

con le variabili espresse nelle unità base del Sistema Internazionale. La formula vale, purché $h_m > 0.02\,\text{m}$, $d > 0.15\,\text{m}$, $h_m/d < 2.2$. Inoltre, la lettura del livello deve essere eseguita a una distanza dalla traversa pari a $2.67d$.

Per stramazzi rettangolari con contrazione laterale soppressa, Kindsvater & Carter [11] hanno sviluppato la seguente espressione:

$$Q = \frac{2}{3}\left(0.602 + 0.075\frac{h_m}{d}\right)(b - 0.001)\sqrt{2g}(h_m + 0.001)^{3/2}, \tag{8.14}$$

con le variabili espresse nelle unità base del Sistema Internazionale e con i coefficienti correttivi applicati alla larghezza b e al carico h_m per includere gli effetti della viscosità e della tensione superficiale, presenti soprattutto in piccoli misuratori da laboratorio. La formula è valida purché $h_m > 0.03\,\text{m}$, $b > 0.15\,\text{m}$, $d > 0.1\,\text{m}$, $h_m/d < 2$.

L'Istituto di Meccanica dei Fluidi di Tolosa [4] ha proposto la seguente formula per il calcolo della portata:

$$Q = \frac{2}{3}\left(0.627 + 0.018\,0\frac{h_m}{d}\right)b\sqrt{2g}(h_m + h_c)^{3/2}, \tag{8.15}$$

$h_c \triangleq$ altezza cinetica della corrente in arrivo.

La formula è valida purché $h_m > 0.03\,\text{m}$, $b > 0.2\,\text{m}$, $d > 0.1\,\text{m}$, $h_m/d < 2.5$. In questa formula non compaiono gli effetti dovuti alle proprietà fisiche del fluido.

8.1.2 Stramazzi rettangolari a contrazione laterale completa

L'effetto della contrazione è equivalente a una riduzione della larghezza della soglia. Lo stramazzo rettangolare con contrazione anche laterale viene detto stramazzo di Hégly. Sulla base dei criteri dell'analisi dimensionale, per un misuratore a stramazzo con contrazione laterale la portata è espressa come segue:

$$\frac{Q}{bh_m\sqrt{gh_m}} = \Phi_3\left(\frac{h_m}{d}, \frac{h_m\sqrt{gh_m}}{\mu/\rho}, \frac{h_m\sqrt{g}}{\sqrt{\sigma/\rho}}, \frac{b}{B}, \frac{b}{d}, \frac{L_h}{d}\right) \equiv$$
$$\Phi_3\left(\frac{h_m}{d}, \text{Re}, \text{We}, \frac{b}{B}, \frac{b}{d}, \frac{L_h}{d}\right), \qquad (8.16)$$

$L_h \triangleq$ distanza della sezione di misura di h_m dalla sezione dello stramazzo.

Per valori molto grandi di Re e di We, l'equazione (8.16) si esprime come

$$\frac{Q}{bh_m\sqrt{gh_m}} = \Phi_4\left(\frac{h_m}{d}, \frac{b}{B}, \frac{b}{d}, \frac{L_h}{d}\right). \qquad (8.17)$$

Secondo Smith [23], se la distanza delle pareti verticali della soglia dalle pareti laterali del canale di arrivo è $> 2h_m$, la contrazione laterale è completa e la portata è pari a

$$Q = 0.581\left(1 - 0.1\frac{h_m + 1.4V_a^2/(2g)}{b}\right)b\sqrt{g}\left(h_m + 1.4\frac{V_a^2}{2g}\right)^{3/2}, \qquad (8.18)$$

$V_a \triangleq$ velocità d'arrivo della corrente.

La formula è valida se $0.075\,\text{m} < h_m < 0.7\,\text{m}$, $b > 0.3\,\text{m}$, $d > 0.3\,\text{m}$, $h_m/d < 0.5$, $h_m/b < 0.5$.

Per stramazzi rettangolari con contrazione anche laterale, Kindsvater & Carter [11] hanno sviluppato la seguente espressione:

$$Q = 0.554\left(1 - 0.035\frac{h_m}{d}\right)(b + 0.0025)\sqrt{2g}(h_m + 0.001)^{3/2}, \qquad (8.19)$$

con le variabili espresse nelle unità base del Sistema Internazionale e con i coefficienti correttivi applicati alla larghezza b e al carico h_m per includere gli effetti della viscosità e della tensione superficiale, presenti soprattutto in piccoli misuratori da laboratorio. La formula è valida purché $h_m > 0.03\,\text{m}$, $b > 0.15\,\text{m}$, $d > 0.1\,\text{m}$, $h_m/d < 2$ e $b/B < 0.2$.

8.1.3 Stramazzi rettangolari a contrazione laterale parziale

Se la contrazione laterale è incompleta, il coefficiente di efflusso dipende anche dal gruppo adimensionale b/B. Secondo le Norme Svizzere SIA [16], la portata è espressa come segue:

$$Q = 0.544 \left[1 + 0.065 \left(\frac{b}{B}\right)^2 + \frac{0.00626 - 0.00519(b/B)^2}{h_m + 0.0016} \right] \times$$
$$\left[1 + 0.5 \left(\frac{b}{B}\right)^4 \left(\frac{h_m}{h_m + d}\right) \right] b h_m^{3/2} \sqrt{g}, \qquad (8.20)$$

con le variabili espresse nelle unità base del Sistema Internazionale. La formula è valida purché $0.025 B/b < h_m < 0.8\,\text{m}$, $d > 0.3\,\text{m}$, $h_m/d < 1$ e $b/B < 0.3$.

Secondo Kindsvater & Carter [11], vale la seguente espressione:

$$Q = C_{kc} \left(1 + a_{kc} \frac{h_m}{d} \right)(b + k_b)\sqrt{g}(h_m + 0.001)^{3/2}, \qquad (8.21)$$

con le variabili espresse nelle unità base del Sistema Internazionale. La formula è valida purché $h_m > 0.03\,\text{m}$, $b > 0.15\,\text{m}$, $d > 0.1\,\text{m}$, $h_m/d < 2$, $(B-b)/2 > 0.10\,\text{m}$. I coefficienti C_{kc}, a_{kc} e k_b sono funzione di b/B e sono riportati in Tabella 8.1.

Per portate molto piccole, tipiche degli stramazzi di laboratorio, Ackers *et al.* [1] consigliano l'equazione (8.21) di Kindsvater & Carter nella forma seguente:

$$Q = 0.550(b + 0.0025)\sqrt{g}(h_m + 0.001)^{3/2}, \qquad (8.22)$$

con le variabili espresse nelle unità base del Sistema Internazionale, purché risulti $h_m > 20\,\text{mm}$, $d > 0.5 h_m$ e $B > 5b$. Se $b = 20\,\text{mm}$, la portata minima misurabile è pari a 0.12 l/s. La sensitività dei misuratori a stramazzo rettangolari in parete sottile è pari a

$$\frac{dh_m}{dQ} = \frac{2}{3}\frac{h_m}{Q} = \frac{2}{3}\frac{1}{C_Q b \sqrt{2 g h_m}}, \qquad (8.23)$$

Tabella 8.1 Coefficienti dell'equazione di Kindsvater e Carter per gli stramazzi in parete sottile

b/B	C_{kc}	a_{kc}	k_b (m)	Tipo di stramazzo
1.0	0.567	0.125	−0.0010	a contrazione lat. soppressa
0.9	0.564	0.107	0.0038	
0.8	0.562	0.076	0.0042	
0.7	0.560	0.050	0.0040	
0.6	0.559	0.030	0.0035	a contrazione lat. parziale
0.5	0.558	0.022	0.0030	
0.4	0.557	0.010	0.0027	
0.3	0.556	0.003	0.0025	
0.2–0	0.555	−0.003	0.0025	a contrazione lat. completa

ed è massima alle portate più basse, alle quali corrispondono i minori valori del tirante idrico. La contrazione laterale ha l'effetto di ridurre il coefficiente di efflusso all'aumentare del carico. Lo stramazzo Cipolletti (a sezione trapezia) è un tentativo di compensare la riduzione del coefficiente di efflusso con un allargamento della sezione.

Per l'applicazione delle equazioni precedenti, secondo Herschy [9], è necessario che il carico minimo sia $h_m > 3$ cm, il rapporto $h_e/d > 2.5$, la larghezza sia $b > 0.15$ m, l'altezza del petto $d > 0.15$ m. Per il misuratore a contrazione completa, la grandezza $(B - b)/2 > 0.10$ m. Il livello dell'acqua deve essere misurato a monte, a distanza pari a $(3-4)h_{m\,max}$ ($h_{m\,max} \triangleq$ carico corrispondente alla massima portata misurabile).

8.1.4 Stramazzo triangolare

Uno stramazzo molto usato in laboratorio è lo stramazzo a sezione triangolare (Figura 8.5), che ha portata effluente pari a

$$Q = \frac{8}{15} C_Q \tan\alpha \sqrt{2g} h_m^{5/2}, \qquad (8.24)$$

$\alpha \triangleq$ semiangolo al centro.

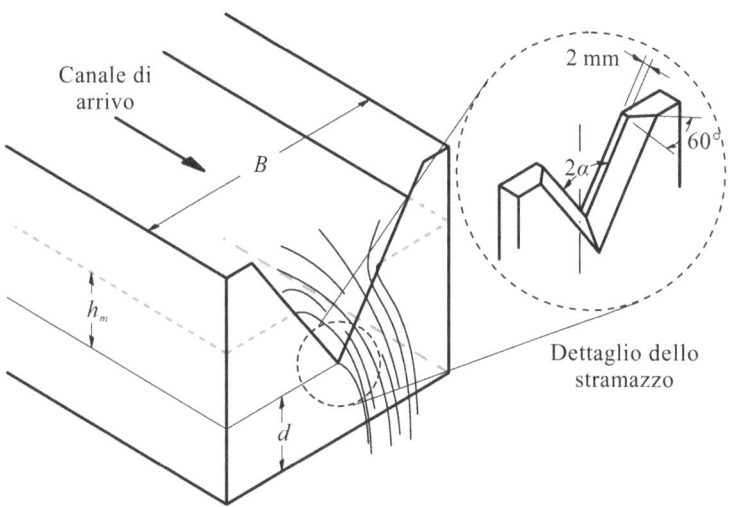

Figura 8.5 Stramazzo triangolare in parete sottile

Se si include il termine cinetico dovuto alla velocità in arrivo, l'equazione (8.24) si modifica come segue:

$$Q = 2\tan\alpha \sqrt{2g} \times \left[\frac{4}{15}\left(h_m + \frac{V_a^2}{2g}\right)^{5/2} + \frac{2}{5}\left(\frac{V_a^2}{2g}\right)^{5/2} - \frac{2}{3}\left(h_m + \frac{V_a^2}{2g}\right)\left(\frac{V_a^2}{2g}\right)^{3/2} \right], \quad (8.25)$$

$V_a \triangleq$ velocità della corrente in arrivo.

Se si opta per l'equazione semplificata, il coefficiente di efflusso ingloba l'effetto dei termini trascurati. Applicando i criteri dell'analisi dimensionale, si ottiene la seguente relazione funzionale:

$$\frac{Q}{h_m^2 \sqrt{gh_m}} = \Phi_5\left(\alpha, \frac{h_m\sqrt{gh_m}}{\mu/\rho}, \frac{h_m\sqrt{g}}{\sqrt{\sigma/\rho}}\right) \equiv \Phi_5(\alpha, \text{Re}, \text{We}). \quad (8.26)$$

Assumendo che la dipendenza dall'angolo α sia completamente esplicitata nell'equazione (8.24), il coefficiente di efflusso è funzione solo del numero di Reynolds e del numero di Weber:

$$C_Q = \Phi_6(\text{Re}, \text{We}). \quad (8.27)$$

Al solito, se le caratteristiche del fluido sono fissate, i numeri di Reynolds e di Weber dipendono solo dal carico di monte.

Lo stramazzo triangolare analizzato fino qui presuppone una geometria del canale di arrivo che permetta la contrazione totale. Se la contrazione è parziale, la geometria del canale d'arrivo deve essere esplicitata nella relazione funzionale del coefficiente di efflusso:

$$C_Q = \Phi_6\left(\text{Re}, \text{We}, \frac{h_m}{d}, \frac{d}{B}, \frac{L_h}{d}\right), \quad (8.28)$$

$d \triangleq$ altezza del vertice dello stramazzo rispetto al fondo del canale,
$B \triangleq$ larghezza del canale d'arrivo,
$L_h \triangleq$ distanza della sezione di misura dalla sezione dello stramazzo.

La classificazione della contrazione (completa o parziale) e i limiti di applicazione dello stramazzo triangolare, sono riportati in Tabella 8.2.

Il funzionamento a contrazione parziale è sperimentalmente validato esclusivamente con riferimento a uno stramazzo con angolo al centro di 90° ($\alpha = 45°$). Uno stesso stramazzo triangolare può funzionare a contrazione completa, o parziale, in base al regime di portata. Se il canale di arrivo non è rettangolare, la classificazione è indicativamente applicabile con riferimento a un canale rettangolare di area equivalente all'area della corrente in arrivo.

8.1 Misuratori a stramazzo in parete sottile

Tabella 8.2 Classificazione e limiti di applicazione degli stramazzi triangolari in parete sottile

Contrazione completa	Contrazione parziale	Limiti di applicazione
$h_m/d \leq 0.4$	$0.4 < h_m/d \leq 1.2$	$h_m/d \leq 1.2$
$h_m/B \leq 0.2$	$0.2 < h_m/B \leq 0.4$	$h_m/B \leq 0.4$
$0.05\,\text{m} < h_m \leq 0.38\,\text{m}$	$0.05\,\text{m} < h_m \leq 0.6\,\text{m}$	$0.05\,\text{m} < h_m \leq 0.6\,\text{m}$
$d \geq 0.45\,\text{m}$	$d \geq 0.1\,\text{m}$	$d \geq 0.1\,\text{m}$
$B \geq 0.90\,\text{m}$	$B \geq 0.6\,\text{m}$	$B \geq 0.6\,\text{m}$

Shen [22], utilizzando il concetto di carico effettivo, per stramazzi triangolari a contrazione completa, suggerisce la seguente formula:

$$Q = C_{Q'} \tan\alpha \sqrt{g}(h_m + k_v)^{5/2}, \qquad (8.29)$$

$h_m + k_v \equiv h_e \triangleq$ carico effettivo,
$C_{Q'} \triangleq$ coefficiente di efflusso.

La correzione al carico di monte è espressa empiricamente come segue:

$$k_v = \frac{0.000\,6}{\sin\alpha} \text{ (in m)}. \qquad (8.30)$$

La correzione è valida per $\alpha < 45°$. Per α tendente a 90°, la correzione deve tendere al valore 0.001 m, usualmente adottato per stramazzi rettangolari (equazioni 8.13, 8.14). Il coefficiente $C_{Q'}$ è funzione dell'angolo al centro secondo il diagramma riportato in Figura 8.6.

Se lo stramazzo triangolare è a contrazione laterale parziale, il coefficiente di efflusso è funzione di d/B e di h_m/d, secondo il diagramma in Figura 8.7.

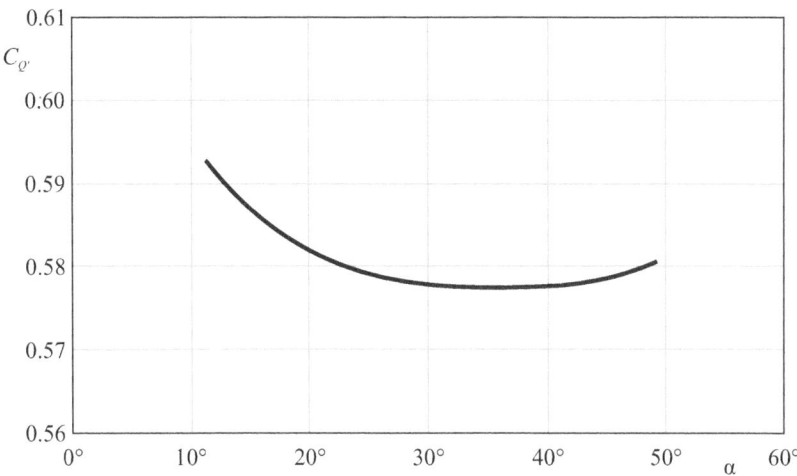

Figura 8.6 Coefficiente di efflusso per uno stramazzo triangolare a contrazione completa [19]

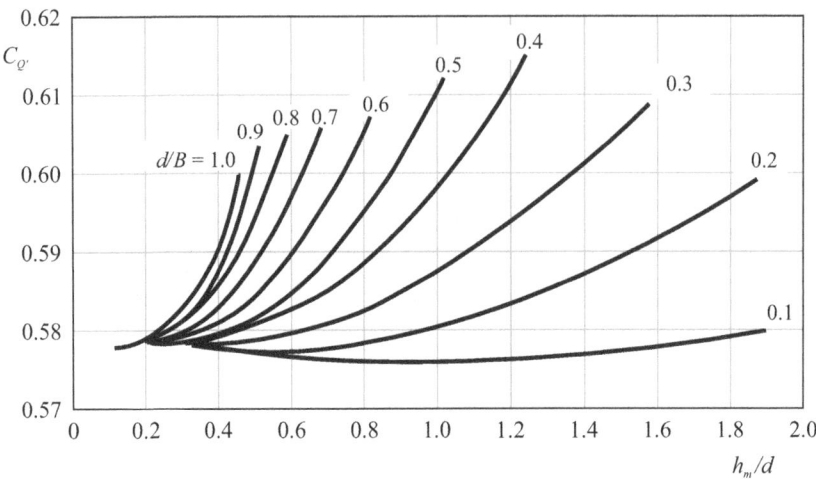

Figura 8.7 Coefficiente di efflusso per uno stramazzo triangolare a contrazione laterale parziale [3]

Lo stramazzo triangolare ha il vantaggio di richiedere carichi elevati, misurabili con maggiore accuratezza, anche a basse portate. Questo comportamento è esaltato per piccoli valori dell'angolo al centro. Se il semiangolo al centro è di 45°, il coefficiente di efflusso è pari a $C_Q = 0.578$. Le norme ISO 1438 [10] consigliano, oltre allo stramazzo a 45°, uno stramazzo triangolare con larghezza pari all'altezza ($\tan \alpha = 0.5$) e coefficiente di efflusso pari a $C_Q = 0.577$; dette norme consigliano anche uno stramazzo triangolare con larghezza pari a metà altezza ($\tan \alpha = 0.25$) e coefficiente di efflusso pari a $C_Q = 0.587$.

La sensitività assoluta dei misuratori triangolari è pari a

$$\frac{dh_m}{dQ} = \frac{2}{5}\frac{h_m}{Q} = \frac{16}{75 C_Q \tan\alpha \sqrt{2g} h_m^{3/2}}, \qquad (8.31)$$

e decresce con il tirante. Per l'applicazione dell'equazione (8.24), secondo Herschy [9] è necessario che $0.05\,\text{m} < h_m < 0.38\,\text{m}$, $h_m/d > 0.4$, $d > 0.45\,\text{m}$, $h_m/B < 0.2$, $B > 1.0\,\text{m}$, $0.1 < d/B < 1.0$. Il livello dell'acqua deve essere misurato a monte a distanza pari a $(4-5)h_{m\,\text{max}}$ ($h_{m\,\text{max}} \triangleq$ carico corrispondente alla massima portata misurabile). L'incertezza della misura è normalmente pari al 2%, in una banda di confidenza al 95%, purché lo stramazzo sia calibrato.

8.1.5 Stramazzo Cipolletti

Lo stramazzo Cipolletti (Figura 8.8) è un misuratore a sezione trapezia con scarpa 1:4. La scarpa è calcolata in modo da compensare, con un allargamento della sezione, la riduzione di portata dovuta alla contrazione laterale.

8.1 Misuratori a stramazzo in parete sottile

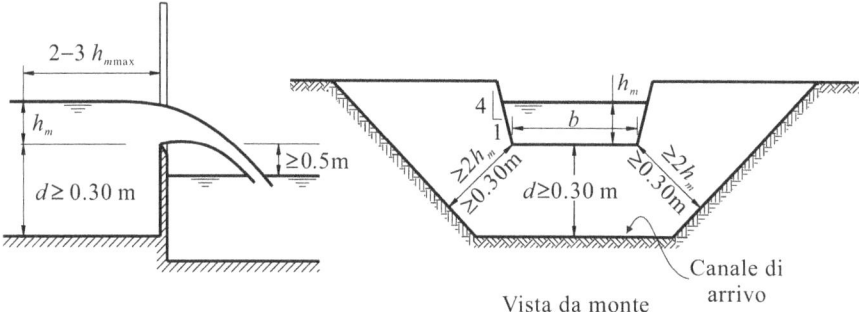

Figura 8.8 Stramazzo Cipolletti

Infatti, assumendo che la contrazione laterale riduca la portata con effetto equivalente a una riduzione del carico pari a $0.2h_m$, cioè:

$$\Delta Q = \frac{2}{3} C_Q (0.2 h_m) \sqrt{2g} h_m^{3/2}, \tag{8.32}$$

$C_Q \triangleq$ coefficiente di efflusso,

e uguagliandola alla portata di uno stramazzo triangolare, si calcola $\tan \alpha = 1/4$. Tuttavia, la correzione non è completa e l'espressione della portata ha un livello di complessità confrontabile con quella dell'espressione richiesta per uno stramazzo rettangolare con contrazione laterale.

La portata è pari a

$$Q = C_Q C_{va} \frac{2}{3} \sqrt{2g} b h_m^{3/2}, \tag{8.33}$$

$C_{va} \triangleq$ coefficiente correttivo della velocità di arrivo,
$b \triangleq$ larghezza della base minore della sezione trapezia.

Il coefficiente di efflusso assume un valore pari a 0.63. Il coefficiente correttivo della velocità di arrivo si può stimare graficamente dal diagramma riportato in Figura 7.19, per $n = 1.5$. L'incertezza nella stima del prodotto $C_Q C_{va}$ è minore del 5%. Per un funzionamento in regime semimodulare, è necessario che il livello di valle sia almeno 5 cm al di sotto della traversa inferiore.

Per un buon funzionamento del misuratore, è necessario che l'altezza del petto sia $d > 2h_m$ e, comunque, $d > 30$ cm; la distanza dei lati inclinati della sezione trapezia dai lati del canale di arrivo deve essere $> 2h_m$ e, comunque, > 30 cm; il tirante idrico deve essere $6 \text{ cm} < h_m < 60 \text{ cm}$; il rapporto tra il tirante idrico e la larghezza della base minore deve essere $h_m/b < 0.5$.

Nonostante l'ampia diffusione di questo stramazzo, soprattutto negli USA, non si rileva alcun vantaggio particolare nel suo uso.

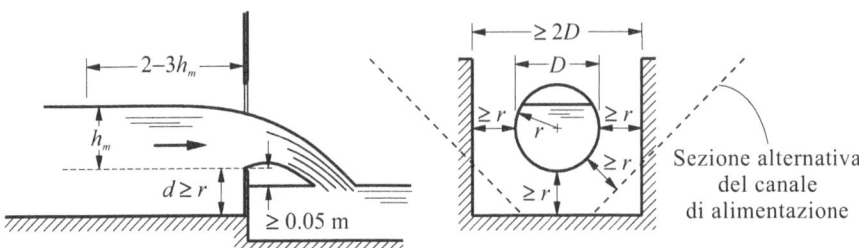

Figura 8.9 Stramazzo circolare

8.1.6 Stramazzo circolare

Nello stramazzo circolare (Figura 8.9), la soglia è di forma circolare, con caratteristiche del bordo di sfioro simili a quelle già viste per gli stramazzi in parete sottile di altra forma. Durante l'installazione di questo strumento, non è necessario effettuare operazioni di livellamento.

Se la velocità di arrivo è trascurabile, la portata è esprimibile come segue [5]:

$$Q = \frac{4}{15} C_Q D^{5/2} \Phi \sqrt{2g}, \quad (8.34)$$

$C_Q \triangleq$ coefficiente di efflusso,
$D \triangleq$ diametro del foro dello stramazzo,
$\Phi \triangleq$ funzione di integrali ellittici di prima e di seconda specie di argomento h_m/D.

Il coefficiente di efflusso e la funzione di riempimento Φ sono riportati in Tabella 8.3 al variare del grado di riempimento h_m/D.

L'incertezza del coefficiente di efflusso è pari al 2%. Il funzionamento semimodulare richiede che il livello di valle sia almeno 5 cm al di sotto del punto più basso della soglia di sfioro. Il buon funzionamento del misuratore è garantito se l'altezza

Tabella 8.3 Valori del coefficiente di efflusso e della funzione di riempimento per uno stramazzo circolare [5]

h_m/D	C_Q	Φ	h_m/D	C_Q	Φ
0.05	0.750	0.007 1	0.55	0.593	0.755 1
0.10	0.650	0.028 6	0.60	0.594	0.881 8
0.15	0.623	0.064 2	0.65	0.595	1.014 7
0.20	0.610	0.111 9	0.70	0.596	1.152 4
0.25	0.604	0.171 9	0.75	0.597	1.293 9
0.30	0.600	0.244 3	0.80	0.599	1.438 0
0.35	0.597	0.327 3	0.85	0.600	1.583 0
0.40	0.595	0.420 3	0.90	0.602	1.727 6
0.45	0.594	0.523 3	0.95	0.604	1.867 8
0.50	0.593	0.635 4	0.99	0.606	1.974 4

8.1 Misuratori a stramazzo in parete sottile

minima del petto $d \geq r$ ($r = D/2$) e, comunque, $d > 0.10$ m; la minima distanza del bordo dello stramazzo da una qualunque parete laterale deve essere maggiore di r. Inoltre, $h_m/D > 0.1$ e, comunque, $h_m > 0.03$ m.

8.1.7 Lo stramazzo proporzionale lineare (Sutro)

Nello stramazzo proporzionale (Figura 8.10) la portata cresce linearmente con il tirante idrico e la sensibilità assoluta è costante.

L'equazione del profilo [17] è la seguente:

$$\frac{x}{b} = 1 - \frac{2}{\pi} \tan^{-1} \sqrt{\frac{z'}{a}}, \qquad (8.35)$$

$x \triangleq$ larghezza del profilo alla quota z' misurata dal lato superiore del rettangolo di base,
$a \triangleq$ altezza del rettangolo di base,
$b \triangleq$ larghezza del rettangolo di base,

Il profilo può essere simmetrico o asimmetrico. La portata dipende dal tirante secondo l'equazione seguente:

$$Q = C_Q b \sqrt{2ag}(h_m - a/3) \text{ per } h_m > a. \qquad (8.36)$$

Il coefficiente di efflusso per un profilo simmetrico e un profilo asimmetrico, rispettivamente, è riportato in Tabella 8.4 e in Tabella 8.5.

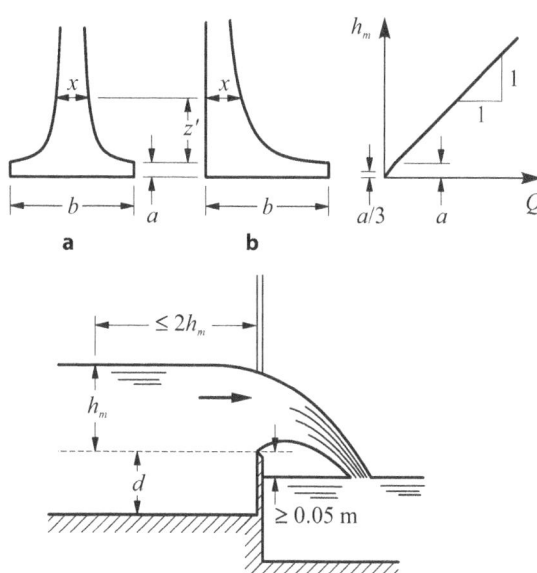

Figura 8.10 Caratteristiche geometriche di uno stramazzo proporzionale lineare **a** simmetrico, **b** asimmetrico

Tabella 8.4 Coefficiente di efflusso per uno stramazzo proporzionale simmetrico Sutro [17], [24]

a (cm)	b (cm)				
	15	23	30	38	46
0.6	0.608	0.613	0.617	0.6185	0.619
1.5	0.606	0.611	0.615	0.617	0.6175
3.0	0.603	0.608	0.612	0.6135	0.614
4.6	0.601	0.6055	0.610	0.6115	0.612
6.1	0.599	0.604	0.608	0.6095	0.610
7.6	0.598	0.6025	0.6065	0.608	0.6085
9.1	0.597	0.602	0.606	0.6075	0.608

Tabella 8.5 Coefficiente di efflusso per uno stramazzo proporzionale asimmetrico Sutro [17]

a (cm)	b (cm)				
	15	23	30	38	46
0.6	0.614	0.619	0.623	0.6245	0.625
1.5	0.612	0.617	0.621	0.623	0.6235
3.0	0.609	0.614	0.618	0.6195	0.620
4.6	0.607	0.6115	0.616	0.6175	0.618
6.1	0.605	0.610	0.614	0.6155	0.616
7.6	0.604	0.6085	0.6125	0.614	0.6145
9.1	0.603	0.608	0.612	0.6135	0.614

I valori hanno un'incertezza del 2%. La condizione di semimodularità è soddisfatta se il pelo libero a valle è almeno 5 cm al di sotto del bordo sfiorante orizzontale. Per un funzionamento lineare, si consiglia $h_m > 2a$ e, comunque, $h_m > 0.03$ m. L'altezza della base rettangolare dovrebbe essere $a > 0.005$ m. Per garantire la contrazione completa, è richiesto che sia $b/d > 1$ e $B/b > 3$ ($d \triangleq$ distanza tra il bordo inferiore della base rettangolare e il fondo del canale di arrivo; $B \triangleq$ larghezza del canale di arrivo).

8.1.8 Limiti di funzionamento semimodulare degli stramazzi in parete sottile

Gli stramazzi in parete sottile hanno funzionamento semimodulare, purché il livello di valle sia a quota più bassa della quota della traversa almeno del 10% del tirante idrico e, comunque, a distanza non inferiore a 5 cm dal bordo sfiorante. Quindi, la profondità di sommergenza è la seguente:

$$h_s = d_v - 0.10 h_m, \tag{8.37}$$

$d_v \triangleq$ altezza della traversa rispetto al fondo a valle.

Se la profondità della corrente a valle è maggiore della profondità limite di sommergenza, la pressione nei punti inferiori della lama stramazzante non è più nulla e, conseguentemente, il coefficiente di efflusso dipende anche da h_v. Per garantire un funzionamento semimodulare alla massima portata, si rende necessario dimensionare opportunamente l'altezza della traversa in relazione alle condizioni di valle. Per evitare rigurgiti, o richiami troppo forti nel canale di arrivo (con conseguenti depositi o erosioni di sedimenti), sarebbe necessario che la scala dello stramazzo fosse sufficientemente concorde con la scala di deflusso del canale, almeno nel *range* di portate più frequenti. Questo comportamento non si può ottenere con stramazzi rettangolari, come si può osservare dalle scale di portata per il caso di uno stramazzo rettangolare in parete sottile inserito in un canale avente caratteristiche uniformi a monte e a valle.

Esiste un valore limite di portata che separa il funzionamento con rigurgito dal funzionamento con richiamo a monte. Tuttavia, il limite di sommergenza si raggiunge per portate sempre inferiori a tale portata limite e, dunque, stramazzi rettangolari in parete sottile inseriti in canali uniformi generano sempre rigurgito. La condizione di profilo di richiamo può aversi prima della sommergenza solo se il canale di valle è ribassato rispetto al canale di monte, oppure se la scala di deflusso del canale di valle è sufficientemente al di sotto della scala del canale di monte (per esempio, se il canale di valle è più largo, oppure è caratterizzato da minore scabrezza delle pareti, oppure ha una pendenza maggiore).

8.1.9 Aerazione degli stramazzi

L'influenza delle condizioni di valle sulla portata tracimante può essere dovuta anche a una insufficiente aerazione della lama d'acqua. Alcuni degli stramazzi descritti sono autoventilanti (per esempio, lo stramazzo triangolare), altri richiedono dei condotti aerofori. La portata volumetrica d'aria necessaria, per unità di larghezza della cresta, è pari a [5]

$$q_{aria} = 0.1 \frac{q}{\left(h_p/h_m\right)^{1.5}}, \tag{8.38}$$

$q \triangleq$ portata volumetrica d'acqua per unità di larghezza dello stramazzo,
$h_p \triangleq$ altezza del cuscino d'acqua a valle tra la lama stramazzante e la parete dello stramazzo,
$h_m \triangleq$ tirante idrico.

L'altezza del cuscino d'acqua a valle (Figura 8.4) può essere calcolata con la seguente formula:

$$h_p = d\left(\frac{q^2}{gd^3}\right)^{0.22}, \tag{8.39}$$

$d \triangleq$ altezza della traversa dello stramazzo.

Se il risalto idraulico che si forma a valle è sommerso, si può assumere la profondità h_p coincidente con la profondità di valle h_v. Calcolata la portata d'aria necessaria, si dimensiona il condotto aeroforo secondo le usuali formule della meccanica dei fluidi, specificando la massima depressione ammissibile sotto la vena. Scrivendo l'equazione di bilancio dell'energia per la corrente d'aria, risulta:

$$\frac{p_{amm}}{\rho_{aria}} = \left(\sum \xi_i + \frac{\lambda L}{D} \right) \frac{V_{aria}^2}{2}, \qquad (8.40)$$

$p_{amm} \triangleq$ massima depressione ammissibile sotto la vena,
$\rho_{aria} \triangleq$ densità dell'aria,
$\xi_i \triangleq$ coefficienti di perdita concentrata,
$\lambda \triangleq$ indice di resistenza della condotta,
$L \triangleq$ lunghezza della condotta,
$D \triangleq$ diametro della condotta,
$V_{aria} \triangleq$ velocità dell'aria nella condotta.

È inevitabile che, per generare un flusso d'aria spontaneo, la pressione sotto la vena debba essere minore della pressione atmosferica. La depressione sotto la vena aumenta il coefficiente di efflusso, con una variazione percentuale stimata dalla relazione seguente [5]:

$$\Delta Q_\% = 20 \left(\frac{p_{amm}}{\rho g h_m} \right)^{0.92}. \qquad (8.41)$$

Nel caso in cui lo stramazzo funzioni oltre il limite di sommergenza, può essere ancora accettabile il calcolo della portata con le equazioni valide in condizioni di stramazzo libero, applicando la correzione proposta da Villemonte [29]:

$$\frac{Q_s}{Q} = \left[1 - \left(\frac{h_v}{h_m} \right)^n \right]^{0.385}, \qquad (8.42)$$

$h_v \triangleq$ tirante idrico di valle rispetto alla soglia,
$n \triangleq$ esponente della scala di deflusso dello stramazzo (1.5 per stramazzo rettangolare, 2.5 per stramazzo triangolare, ecc.).

L'incertezza della correzione proposta da Villemonte è del 3% se $h_m/d < 3$ per stramazzi rettangolari, del 2% per stramazzi triangolari. Il tirante idrico di valle deve essere misurato a monte della regione turbolenta sviluppata dalla lama tracimante.

Esempio 8.1 Si vogliano dimensionare due condotti aerofori per uno stramazzo rettangolare a contrazione laterale soppressa di larghezza $B = 2.50$ m. L'altezza della soglia dal fondo è $d = 0.70$ m. La massima portata attesa è pari a $Q = 800$ l/s.

Il tirante idrico, corrispondente alla massima portata, si ottiene applicando l'equazione (8.6) ed è pari a $h_m = 0.32$ m. L'altezza del cuscino d'acqua si calcola applicando l'equazione (8.39) e risulta $h_p = 0.32$ m. La portata specifica

8.1 Misuratori a stramazzo in parete sottile

d'aria (equazione 8.38) è pari a $q_{aria} = 80\,\text{l/s/m}$ e la portata totale d'aria si ottiene moltiplicando la portata specifica per la larghezza dello stramazzo, dunque $Q_{aria} = 200\,\text{l/s}$. I due condotti aerorofori hanno lunghezza $L = 5\,\text{m}$, con una sola curva lungo il percorso. La somma dei coefficienti di perdita concentrata è $\sum \xi_i = 3.1$ (perdita all'imbocco, perdita allo sbocco e perdita in curva). Assumiamo un indice di resistenza $\lambda = 0.025$ ed una depressione massima ammissibile $p_{amm} = 400\,\text{Pa}$. Risolvendo numericamente l'equazione di bilancio dell'energia (equazione 8.40):

$$\frac{400}{1.25} = \left(3.1 + \frac{0.025 \times 5}{D}\right)\frac{8 \times (0.2/2)^2}{\pi^2 D^4}, \qquad (8.43)$$

risulta $D = 0.096\,\text{m} \to 0.10\,\text{m}$. La variazione percentuale attesa nella stima della portata e conseguente alla depressione di 400 Pa, è pari a:

$$\Delta Q_\% = 20\left(\frac{400}{9806 \times 0.32}\right)^{0.92} = 3\%. \qquad (8.44)$$

Esempio 8.2 Si voglia dimensionare un misuratore a stramazzo rettangolare con contrazione laterale, in modo che abbia una sensibilità pari a $2\,\text{l/(s\,mm)}$ in corrispondenza della portata media, pari a $Q = 500\,\text{l/s}$. La portata massima è $Q_{max} = 800\,\text{l/s}$. Il canale ha una pendenza $i_f = 0.15\%$ e una larghezza $b_m = 1.50\,\text{m}$, con pareti caratterizzate da una scabrezza di Gauckler-Strickler $k_s = 50\,\text{m}^{\frac{1}{3}}/\text{s}$.

Se imponiamo la sensibilità in corrispondenza della portata Q, possiamo calcolare il tirante idrico h_m:

$$h_m = \frac{3}{2}\frac{Q}{dQ/dh_m} = 0.375\,\text{m}. \qquad (8.45)$$

Assumendo in prima approssimazione $d = 0.7\,\text{m}$, la larghezza può calcolarsi applicando l'equazione (8.14), ottenendo $b = 1.25\,\text{m}$.

Per calcolare l'altezza minima della traversa, è necessario riferirsi alla condizione limite di sommergenza per la massima portata prevista. Il tirante idrico per $Q = Q_{max} = 800\,\text{l/s}$ è pari a $h_m = 0.51\,\text{m}$, la profondità di valle coincide con la profondità di moto uniforme, corrispondente alla massima portata incrementata del battente necessario per accelerare il flusso. Assumendo un battente minimo di 5 cm, risulta $h_v = h_{0\,max} + 0.05\,\text{m} = 0.63\,\text{m}$. Il limite di sommergenza è pari a $h_s = d - 0.10 h_m = 0.65\,\text{m} > h_v$. Il misuratore provoca un rigurgito a monte di 0.63 m, che viene completamente dissipato. Per avere un'idea dell'entità non trascurabile della perdita di carico dovuta al misuratore, si calcola che tale perdita di carico concentrata equivale alla dissipazione distribuita che la corrente avrebbe in 420 m di canale di caratteristiche uguali a quelle assegnate.

8.1.10 Influenza della geometria del bordo sfiorante e della scabrezza della traversa

Lo spessore del bordo sfiorante ha un effetto non trascurabile sul coefficiente di efflusso, anche se gli esperimenti condotti fino a ora non danno indicazioni univoche in merito. Poiché la maggior parte dei risultati sperimentali si riferiscono a spessori della cresta compresi tra 1 mm e 2 mm, è conveniente realizzare gli stramazzi mantenendosi entro questi limiti. Spessori maggiori danno luogo a fenomeni di aderenza della lama tracimante, con conseguente instabilità alle basse portate. Un arrotondamento del bordo sfiorante a monte comporta un incremento percentuale di portata secondo la relazione seguente:

$$\left(\frac{\Delta Q}{Q}\right)\% = 367 \frac{r}{h_m^{0.75}}, \qquad (8.46)$$

$r \triangleq$ raggio di curvatura del bordo, in metri,
$h_m \triangleq$ tirante idrico, in metri.

L'errore è maggiore alle portate più basse. Se, per esempio, il bordo sfiorante è arrotondato con raggio di curvatura $r = 0.25$ mm, per un tirante idrico $h_m = 0.20$ m risulta $(\Delta Q/Q)\% = 0.3\%$.

Anche la scabrezza del lato monte della parete sulla quale si apre lo stramazzo modifica il coefficiente di efflusso. Se la parete è scabra, lo strato limite è più sviluppato e le traiettorie in prossimità del bordo inferiore della lama stramazzante hanno curvatura differente rispetto al caso di parete liscia. La risalita della vena stramazzante è più modesta, rispetto al caso di parete liscia, ma l'effetto di disturbo è molto limitato se la scabrezza si interrompe a poco più di un centimetro dal bordo di stramazzo.

8.2 Misuratori con luci sotto battente

Nei misuratori con luci sotto battente (Figura 8.11), le luci sono completamente sommerse, con il limite superiore del bordo ben al di sotto del pelo libero così da evitare la formazione di vortici. Le luci sotto battente si usano, talvolta, in luogo dei misuratori a stramazzo, per la misura accurata di portate limitate e soggette a modeste variazioni. Nel caso di efflusso libero, in prossimità della sezione di uscita, si forma una sezione contratta con traiettorie localmente parallele e con distribuzione della pressione uniforme, pari alla pressione atmosferica.

Assumendo quale livello di riferimento il baricentro della luce, e nell'ipotesi che la dimensione scala dell'orifizio sia molto minore del carico a monte ($a \ll H_m$), il teorema di Bernoulli, applicato a una traiettoria tra il pelo libero a monte e la sezione contratta a valle, fornisce la seguente velocità:

$$V = \overline{V} = \sqrt{2gH_m}, \qquad (8.47)$$

$H_m \triangleq$ carico totale a monte rispetto al livello di riferimento.

Figura 8.11 Schema di riferimento per il calcolo dell'efflusso libero da un orifizio sotto battente

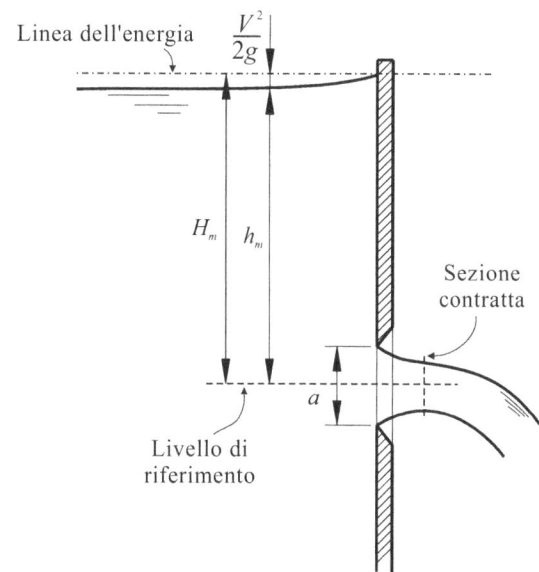

La portata si ottiene integrando la velocità sulla sezione contratta. A rigore, la velocità non è uniforme e la corrente è caratterizzata da una modesta vorticità. Anche le dissipazioni non sono nulle. Se si introducono dei coefficienti correttivi, per compensare le approssimazioni dello schema, la scala di deflusso si può esprimere come segue:

$$Q = C_c C_v C_{va} \Omega \sqrt{2gh_m} \equiv C_Q C_{va} \Omega \sqrt{2gh_m}, \qquad (8.48)$$

C_c $\triangleq$ coefficiente di contrazione,
C_v $\triangleq$ coefficiente di velocità per tenere conto della distribuzione di velocità e della dissipazione,
C_{va} $\triangleq$ coefficiente correttivo della velocità di arrivo,
Ω $\triangleq$ area della sezione dell'orifizio,
h_m $\triangleq$ tirante idrico rispetto al livello di riferimento,
$C_Q = C_c C_v$ $\triangleq$ coefficiente di efflusso.

La contrazione della vena effluente dipende dalla distanza dell'orifizio dalle pareti laterali ed è fortemente influenzata dalla scabrezza della parete sulla quale si apre la luce. Se la parete è scabra, la velocità della corrente parallela alla parete si riduce e aumenta il coefficiente di contrazione. In realtà, anche se solo parte del contorno della luce è soggetta a contrazione completa, e la parte residua è in regime di contrazione parziale o soppressa, il coefficiente di contrazione medio non cambia molto in quanto un maggior flusso si dirigerà verso la regione a contrazione completa, inducendo localmente una contrazione ancora maggiore. Il coefficiente di efflusso varia in base alla forma dell'orifizio, e assume un valore medio pari a 0.61. Il coefficiente correttivo della velocità di arrivo si può stimare graficamente dal diagramma riportato in Figura 7.19, per $n = 0.5$. Se la condizione $a \ll H_m$ non è soddisfatta, è necessario calcolare la portata tenendo conto della effettiva distribuzione di velocità. Per esempio, per una luce rettangolare, la portata elementare è pari a

$$dQ = b\sqrt{2g(H_m - z)}dz, \tag{8.49}$$

e, integrando, risulta:

$$Q = \int_0^{h_b - h_t} b\sqrt{2g(H_m - z)}dz \equiv b\frac{2}{3}\sqrt{2g}\left[H_m^{3/2} - (H_m - h_b + h_t)^{3/2}\right] =$$
$$C_c C_v C_{va} b \frac{2}{3}\sqrt{2g}\left(h_b^{3/2} - h_t^{3/2}\right), \tag{8.50}$$

$H_m \triangleq$ carico totale a monte rispetto al bordo inferiore dell'orifizio rettangolare,
$h_b, h_t \triangleq$ affondamento del bordo inferiore /superiore dell'orifizio rettangolare.

Per $h_t = 0$, l'equazione (8.50) si riduce all'equazione della portata per uno stramazzo. La luce può essere di forma circolare, rettangolare, a U. Costruttivamente, le bocche di efflusso presentano un bordo metallico di spessore 1 mm o 2 mm, con lavorazione a 45° o a 60°, del tutto simile al bordo delle traverse degli stramazzi. La sensitività assoluta delle luci sotto battente è pari a

$$\frac{dh_m}{dQ} = \frac{1}{2}\frac{h_m}{Q} = \frac{1}{2}\frac{\sqrt{h_m}}{C_Q \Omega \sqrt{2g}}, \tag{8.51}$$

ed è crescente con il tirante, al contrario di quanto avviene per tutte le luci a stramazzo. Per avere una buona sensitività e una buona accuratezza anche alle basse portate, è necessario che il tirante sia sufficientemente elevato, oppure che l'area della superficie della luce sia limitata. Lo svantaggio è che il tirante idrico cresce vistosamente all'aumentare della portata, con conseguente rigurgito a monte e forte perdita di carico. Il comportamento semimodulare delle luci sotto battente richiede che l'efflusso sia completamente libero e, quindi, che il livello massimo di valle sia leggermente inferiore al livello più basso della luce, incluso il battente necessario per instaurare il moto di efflusso a valle. Ciò significa che la perdita di carico è sempre maggiore del tirante idrico. Per limitare le forti perdite di carico prodotte da luci a battente in condizioni di efflusso libero, si usano, talvolta, delle luci a battente rigurgitate (Figura 8.12).

In una corrente effluente sotto battente, si forma una sezione contratta nella quale la distribuzione di pressione è idrostatica. Applicando il teorema di Bernoulli tra la sezione a monte e la sezione contratta, la velocità, nella sezione contratta, risulta pari a

$$V = \sqrt{2g(H_m - h_v)}, \tag{8.52}$$

$H_m \triangleq$ carico totale,
$h_v \triangleq$ tirante idrico a valle.

8.2 Misuratori con luci sotto battente

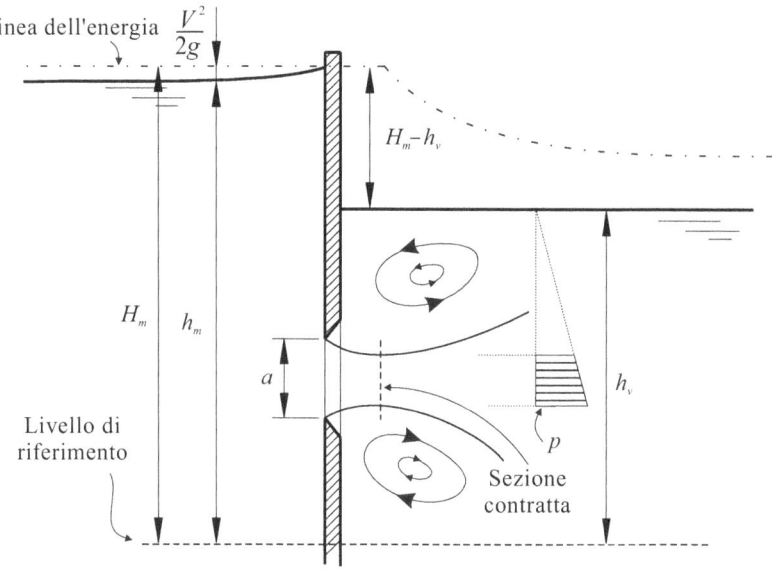

Figura 8.12 Schema di riferimento per il calcolo dell'efflusso rigurgitato da un orifizio sotto battente

A differenza di ciò che avviene nelle correnti a efflusso libero, nel caso di efflusso rigurgitato la distribuzione di velocità è uniforme sulla sezione. La scala di deflusso di una luce rigurgitata si esprime come segue:

$$Q = C_c C_v C_{va} \Omega \sqrt{2g(h_m - h_v)} \equiv C_Q C_{va} \Omega \sqrt{2g(h_m - h_v)}, \tag{8.53}$$

C_c $\triangleq$ coefficiente di contrazione,
C_v $\triangleq$ coefficiente di velocità per tenere conto della distribuzione di velocità e della dissipazione,
C_{va} $\triangleq$ coefficiente correttivo della velocità di arrivo,
Ω $\triangleq$ area della sezione dell'orifizio,
$h_m - h_v$ $\triangleq$ dislivello tra monte e valle,
$C_Q = C_c C_v$ $\triangleq$ coefficiente di efflusso.

La perdita di carico è praticamente pari al dislivello tra monte e valle, e la stima della portata richiede due misure di livello.

Costruttivamente, è necessario che la distanza minima del bordo dell'orifizio da una parete sia non inferiore al doppio del raggio, se la bocca è circolare, al doppio della dimensione massima, se la bocca è rettangolare o a U.

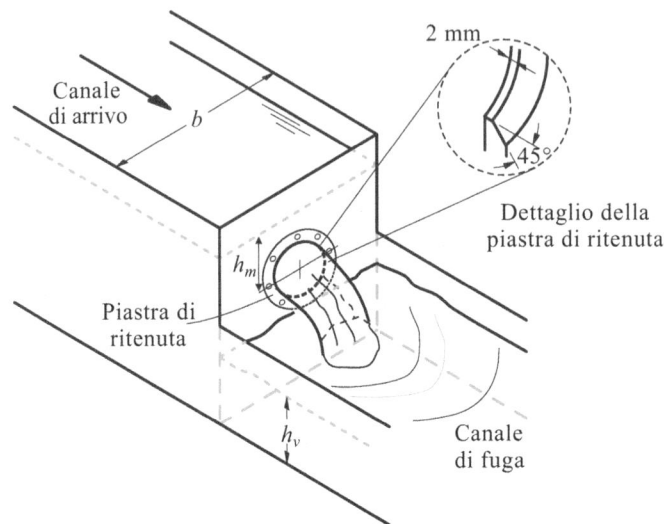

Figura 8.13 Misuratore a luce circolare sotto battente funzionante a efflusso libero

8.2.1 Orifizio circolare

Nei misuratori sotto battente a orifizio circolare, la luce ha sezione circolare ed è ricavata in una parete ortogonale alla corrente (Figura 8.13).

Nel caso di efflusso libero, la portata è pari a

$$Q = C_Q C_{va} \frac{\pi D^2}{4} \sqrt{2gh_m}, \qquad (8.54)$$

$C_Q \triangleq$ coefficiente di efflusso,
$C_{va} \triangleq$ coefficiente correttivo della velocità di arrivo,
$D \triangleq$ diametro della luce circolare,
$h_m \triangleq$ tirante idrico a monte rispetto al centro della luce circolare.

Nel caso di efflusso rigurgitato, la portata è pari a

$$Q = C_Q C_{va} \frac{\pi D^2}{4} \sqrt{2g(h_m - h_v)}, \qquad (8.55)$$

$h_m, h_v \triangleq$ tirante idrico a monte e a valle rispetto a un qualunque livello di riferimento.

Il coefficiente di efflusso è debolmente dipendente dal diametro della luce e dalla condizione di funzionamento. In Tabella 8.6 è riportato il coefficiente di efflusso medio sperimentale, con un'incertezza dell'1%.

8.2 Misuratori con luci sotto battente

Tabella 8.6 Coefficiente di efflusso per una luce sotto battente circolare [5]

Diametro dell'orifizio (m)	C_Q efflusso libero	C_Q efflusso rigurgitato
0.020	0.61	0.57
0.025	0.62	0.58
0.035	0.64	0.61
0.045	0.63	0.61
0.050	0.62	0.61
0.065	0.61	0.60
≥ 0.075	0.60	0.60

Per poter trascurare il contributo dell'altezza cinetica, è necessario che l'area della sezione della corrente, nella sezione di misura del carico, sia pari ad almeno dieci volte l'area della bocca di efflusso. In altre condizioni di funzionamento, il coefficiente correttivo della velocità di arrivo si può stimare graficamente dal diagramma in Figura 7.19, per $n = 0.5$. Per garantire la contrazione completa, è necessario che la distanza minima del bordo dell'orifizio da una parete sia non inferiore al doppio del raggio. Nel caso di misure in condizioni di efflusso rigurgitato, il minimo dislivello di carico dipende dalla natura del fluido ed è comunque consigliabile che sia maggiore di 3 cm. In Figura 8.14 è riportata una piastra di misura portatile con tre orifizi circolari di diametro crescente, per misure di portata in tre *range* diversi. La lettura del carico differenziale viene fatta da valle, attraverso una delle tre finestre realizzate con materiale plastico vinilico trasparente a tenuta d'acqua. L'efflusso attraverso i fori deve essere sommerso e, quindi, può essere necessario restringere il canale di valle.

Esempio 8.3 Si voglia dimensionare una luce a battente circolare per una portata media $Q = 200 \, \text{l/s}$, inserita in un canale di larghezza $b = 0.6 \, \text{m}$, con pendenza del fondo $i_f = 0.25\%$ e scabrezza di Gauckler-Strickler $k_s = 60 \, \text{m}^{\frac{1}{3}}/\text{s}$. La massima portata è pari a $Q_{\max} = 300 \, \text{l/s}$. Il rigurgito, in corrispondenza della portata media, deve essere limitato a $h_r = 0.70 \, \text{m}$.

La quota minima della bocca circolare deve essere fissata evitando la sommergenza in corrispondenza della portata massima. La profondità di moto uniforme, corrispondente alla portata massima, è pari a $h_{0\max} = 0.51 \, \text{m}$. Assumendo un battente $\delta = 4 \, \text{cm}$ necessario per allontanare la portata nel canale di valle dopo l'efflusso, la quota minima della bocca circolare deve essere a $h_{0\max} + \delta = 0.55 \, \text{m}$ dal fondo. Il raggio deve assumere il valore che soddisfa l'equazione (8.48), con $Q = 200 \, \text{l/s}$ e $h_m = h_r + h_0 - (h_{0\max} + \delta + r)$, dove $(h_{0\max} + \delta + r)$ è la quota del centro della bocca circolare rispetto al fondo. La profondità di moto uniforme corrispondente alla portata media, è $h_0 = 0.37 \, \text{m}$. Per approssimazione, si ottiene $r = 0.20 \, \text{m}$. Il tirante corrispondente alla portata massima è pari a $h_m = 0.76 \, \text{m}$, che corrisponde a un livello di monte a +1.51 m rispetto al fondo. Valori così alti del rigurgito sono quasi sempre improponibili: un canale con una profondità della corrente mediamente minore di 40 cm non può essere dimensionato con un franco minimo di più di 1 m, solo per esigenze di misura della portata.

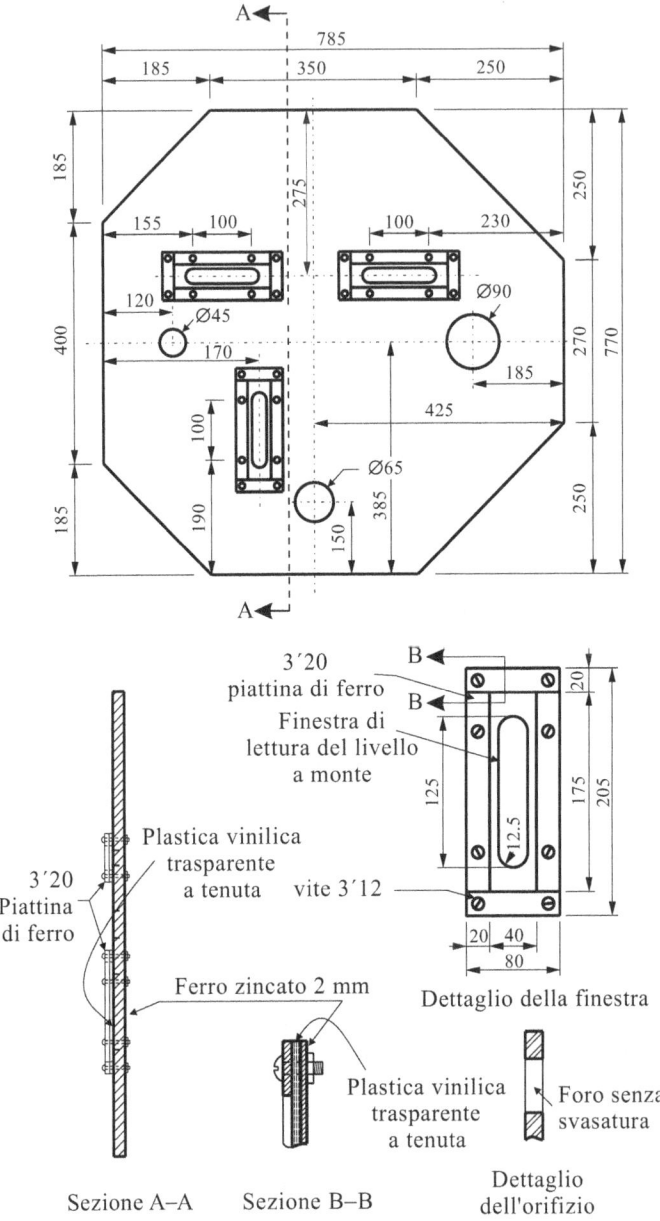

Figura 8.14 Piastra di misura portatile a tre fori circolari. Le misure sono in millimetri [28]

8.2 Misuratori con luci sotto battente

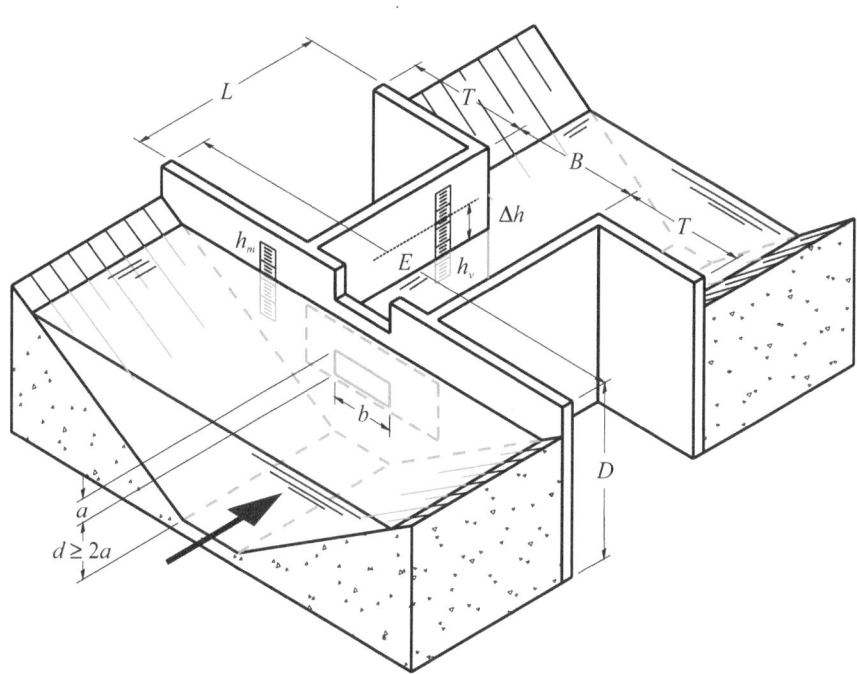

Figura 8.15 Dimensioni caratteristiche di un orifizio rettangolare

8.2.2 Orifizio rettangolare

Nei misuratori sotto battente a orifizio rettangolare, le luci sono rettangolari con altezza generalmente molto minore della larghezza. Quasi sempre, la luce è inserita in un manufatto (Figura 8.15) con due muri di contenimento a valle, utili anche per evitare fenomeni di erosione nel caso in cui il canale non sia rivestito.

La maggior parte dei dati sperimentali disponibili si riferisce al funzionamento con efflusso rigurgitato e, quindi, può essere conveniente installare a valle una paratoia per innalzare il livello e garantire il rigurgito. In Tabella 8.7 sono riportate alcune dimensioni del misuratore suggerite da U.S. Department of the Interior [27].

La portata è pari a

$$Q = C_c C_v C_{va} \Omega \sqrt{2g(h_m - h_v)} \equiv C_Q C_{va} ab \sqrt{2g(h_m - h_v)}, \qquad (8.56)$$

C_c $\triangleq$ coefficiente di contrazione,
C_v $\triangleq$ coefficiente di velocità per tenere conto della distribuzione di velocità e della dissipazione,
C_{va} $\triangleq$ coefficiente correttivo della velocità di arrivo,
$C_Q = C_c C_v$ $\triangleq$ coefficiente di efflusso,
$\Omega = ab$ $\triangleq$ area della superficie dell'orifizio rettangolare,
$h_m - h_v = \Delta h$ $\triangleq$ dislivello tra monte e valle.

Tabella 8.7 Dimensioni raccomandate per un misuratore sotto battente a luce rettangolare [27]

Dimensioni della luce		Altezza	Larghezza della traversa	Lunghezza	Ampiezza	Lunghezza del muro a valle
a (m)	b (m)	D (m)	E (m)	L (m)	B (m)	T (m)
0.08	0.30	1.20	3.00	0.90	0.75	0.60
0.08	0.60	1.20	3.60	0.90	1.05	0.60
0.15	0.30	1.50	3.60	1.05	0.75	0.90
0.15	0.45	1.50	4.25	1.05	0.90	0.90
0.15	0.60	1.50	4.25	1.05	1.05	0.90
0.23	0.40	1.80	4.25	1.05	0.90	0.90
0.23	0.60	1.80	4.90	1.05	1.05	0.90

Se la vena effluente è a contrazione completa, il coefficiente di efflusso è uguale a $C_Q = 0.61$; se è a contrazione parziale, il coefficiente di efflusso può esprimersi come segue:

$$C_Q = 0.61(1 + 0.15r), \tag{8.57}$$

$r \triangleq$ rapporto tra la porzione di perimetro lungo il quale la contrazione è soppressa e il perimetro totale.

Il coefficiente correttivo della velocità di arrivo si può stimare graficamente dal diagramma in Figura 7.19, per $n = 0.5$. Per un buon funzionamento del misuratore, è necessario che la distanza del bordo dalle pareti e dal fondo del canale di arrivo e di scarico sia maggiore del doppio della dimensione più piccola della luce; il carico differenziale minimo, nel caso di funzionamento rigurgitato, deve essere maggiore di 3 cm; il bordo superiore della luce deve avere un affondamento pari almeno all'altezza della luce, onde evitare la formazione e l'intrappolamento di vortici; è opportuno che l'altezza della luce sia maggiore di 2 cm e che il tirante idrico sia maggiore di 15 cm.

8.2.3 Misuratori a paratoia verticale o radiale

Le paratoie si comportano come degli orifizi ad area variabile; oltre a essere installate con funzione di regolazione, esse hanno anche la funzione di misura della portata (in Figura 8.16 è riportata una paratoia piana verticale).

Se l'efflusso non è rigurgitato, a valle della paratoia si forma una sezione contratta di altezza $a_c = C_c a$, nella quale la presenza del fondo garantisce una distribuzione idrostatica delle pressioni (a differenza di quanto avviene se la corrente è completamente a contatto con l'atmosfera, come nel caso dell'orifizio circolare in Figura 8.11). La portata si può esprimere nella forma seguente:

$$Q = C_c C_v C_{va} a B \sqrt{2g(h_m - C_c a)} \equiv C_Q C_{va} a B \sqrt{2g(h_m - C_c a)}, \tag{8.58}$$

8.2 Misuratori con luci sotto battente

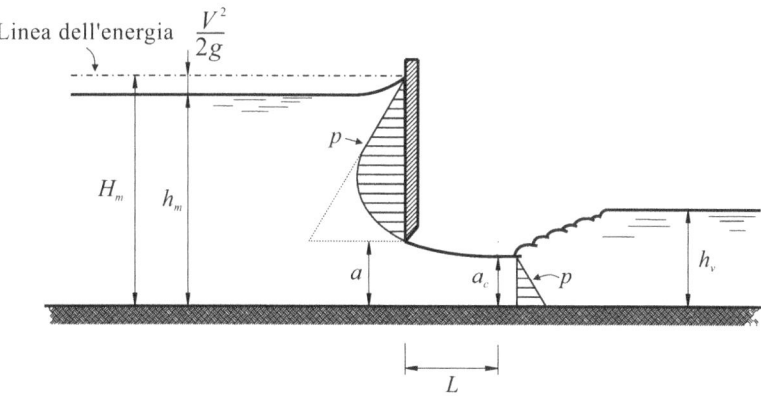

Figura 8.16 Efflusso libero sotto una paratoia verticale piana

C_c ≜ coefficiente di contrazione,
C_v ≜ coefficiente di velocità per tenere conto della distribuzione di velocità e della dissipazione,
C_{va} ≜ coefficiente correttivo della velocità di arrivo,
$C_Q = C_c C_v$ ≜ coefficiente di efflusso,
a ≜ altezza della luce sotto la paratoia,
B ≜ larghezza della paratoia,
h_m ≜ profondità della corrente a monte.

L'equazione (8.58) può essere riscritta nella forma seguente:

$$Q = C_Q C_{va} a^{1.5} B \sqrt{2g\left(\frac{h_m}{a} - C_c\right)}, \qquad (8.59)$$

in funzione del rapporto h_m/a. Il coefficiente di efflusso e il coefficiente di contrazione stimati in laboratorio sono riportati in Tabella 8.8.

Per paratoie sul campo, è sufficiente interpolare il coefficiente di contrazione e il coefficiente di efflusso secondo la Tabella 8.9 e la Tabella 8.10 [5].

Il coefficiente correttivo della velocità di arrivo è pari a

$$C_{va} = \left(\frac{H_m}{h_m}\right)^{0.5}, \qquad (8.60)$$

ed è funzione del rapporto $C_Q a/h_m$ (Figura 7.19, diagramma per $n = 0.5$). L'incertezza della stima del coefficiente di efflusso è pari al 2%. Per poter trascurare il contributo della velocità di arrivo, è necessario che l'area della sezione trasversale della corrente in arrivo sia pari ad almeno 10 volte l'area della luce libera sotto la paratoia. Per un buon funzionamento del misuratore, è necessario che l'altezza minima della luce sia maggiore di 2 cm; per evitare l'intrappolamento di vortici, il

Tabella 8.8 Coefficienti di contrazione, di velocità e di efflusso per la stima della portata sotto una paratoia piana verticale, in laboratorio [6]

h_m/a	C_c	C_v	C_Q
	0.648	0.926	0.600
1.6	0.642	0.933	0.599
1.7	0.637	0.939	0.598
1.8	0.634	0.942	0.597
1.9	0.632	0.945	0.597
2.0	0.630	0.946	0.596
2.2	0.628	0.949	0.596
2.4	0.626	0.952	0.596
2.6	0.626	0.954	0.597
2.8	0.625	0.957	0.598
3.0	0.625	0.958	0.599
3.5	0.625	0.963	0.602
4.0	0.625	0.966	0.604
4.5	0.624	0.970	0.605
5.0	0.624	0.973	0.607

Tabella 8.9 Coefficiente di contrazione per la stima della portata sotto una paratoia piana verticale, installata sul campo [6]

h_m/a	C_c
2	0.63
3	0.625
10	0.62

Tabella 8.10 Coefficiente di efflusso per paratoie piane verticali sul campo [6]

C_Q	
0.60	per $1.5 < h_m/a < 3.5$
0.605	per $3.5 \leq h_m/a \leq 5.0$
0.61	per $h_m/a > 5.0$

tirante idrico a monte dovrebbe essere pari ad almeno $2a$ e, comunque, maggiore di 15 cm.

Il limite di semimodularità si raggiunge quando la profondità di valle diventa coniugata della profondità della corrente nella sezione contratta; questa condizione corrisponde alla seguente relazione:

$$\frac{h_v}{a} = \frac{C_c}{2}\sqrt{1 + 16\left(\frac{H_m}{C_c a} - 1\right)} - 1. \qquad (8.61)$$

Nella prima fase di comportamento modulare, il *roller* del risalto idraulico è parzialmente aderente alla parete di valle della paratoia (Figura 8.17).

Nella sezione contratta di altezza $a_c = C_c a$, il carico piezometrico è pari a $h_z = a_c + \delta$ ($\delta \triangleq$ spessore del *roller* nella sezione contratta). Infatti, il *roller* non partecipa al flusso (la sua portata media è nulla), ma contribuisce con il suo peso alla spinta. La portata si modifica come segue:

$$Q = C_Q C_{va} a B \sqrt{2g(h_m - h_z)}. \qquad (8.62)$$

La profondità h_z si ottiene dal bilancio della quantità di moto tra la sezione contratta e una sezione sufficientemente a valle, in corrispondenza della quale le traiettorie sono nuovamente parallele. Trascurando l'azione tangenziale resistente offerta dal

8.2 Misuratori con luci sotto battente

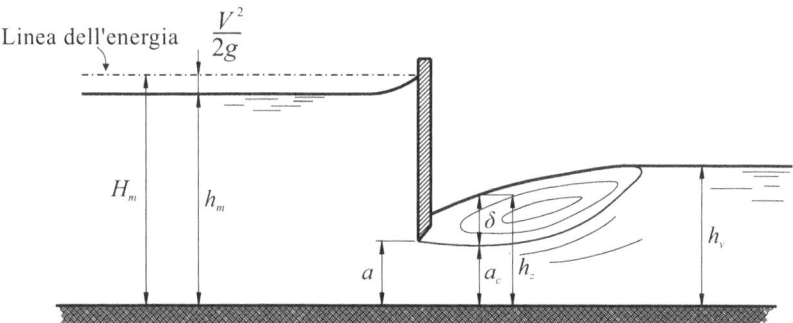

Figura 8.17 Efflusso parzialmente rigurgitato sotto una paratoia verticale piana

roller e assumendo che il *roller* contribuisca solo alla spinta, ma non al flusso di quantità di moto in ingresso, risulta:

$$h_z = \sqrt{h_v^2 - 4C_Q^2 a^2 \frac{h_v - C_c a}{h_v C_c a}\left(H_m - C_Q^2 a^2 \frac{h_v - C_c a}{h_v C_c a}\right)} + 2C_Q^2 a^2 \frac{h_v - C_c a}{h_v C_c a}. \tag{8.63}$$

Questa relazione è valida se

$$\frac{h_v}{C_c a}\left(\frac{h_v}{C_c a} + 1\right) > 4C_v^2\left(\frac{H_m}{C_c a} - 1\right). \tag{8.64}$$

Per il calcolo, si possono usare gli stessi coefficienti tabellati nel caso di efflusso libero.

Le paratoie manifestano, in alcune condizioni di funzionamento, fenomeni di isteresi con portata che, a parità di luce libera, assume due valori distinti in base alle condizioni iniziali di manovra. Il fenomeno è legato all'evoluzione del risalto a valle della paratoia. In Figura 8.18 si riportano le scale di deflusso ottenute sperimentalmente per una paratoia piana che controlla l'efflusso da una vasca di laminazione.

A partire da un'altezza della paratoia dal fondo pari a $a = 0.50$ m, e fino a $a = 1.25$ m, il coefficiente di efflusso assume valori distinti a seconda che il livello idrico nel bacino cresca o decresca. Il coefficiente di efflusso corretto può essere stimato osservando la configurazione del sistema e verificando la posizione del *roller* nella sezione di valle.

Un dispositivo di controllo e misura, basato su due paratoie piane verticali, è riportato in Figura 8.19.

Il dispositivo è costituito da un breve canale d'ingresso intercettato da una prima paratoia, da un bacino di calma delimitato da una seconda paratoia e da un canale di uscita. La prima paratoia delimita una luce di fondo con efflusso sotto battente. Le due paratoie vengono regolate per generare una variazione di livello $\Delta h = 5$–6 cm. La portata si calcola applicando l'equazione (8.70), con un coefficiente di efflusso da determinarsi sperimentalmente. Se la profondità della corrente a monte $h_m > 4a$,

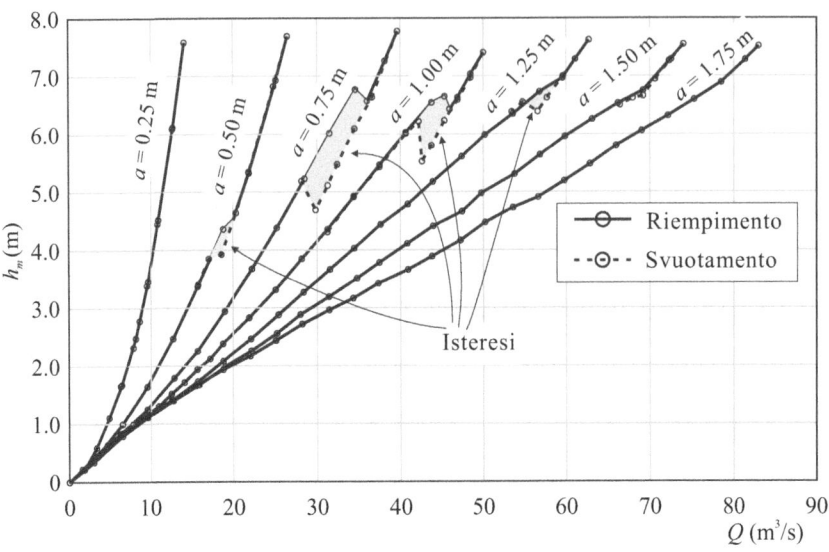

Figura 8.18 Scale di deflusso per una paratoia piana in funzione dell'altezza della luce [17]

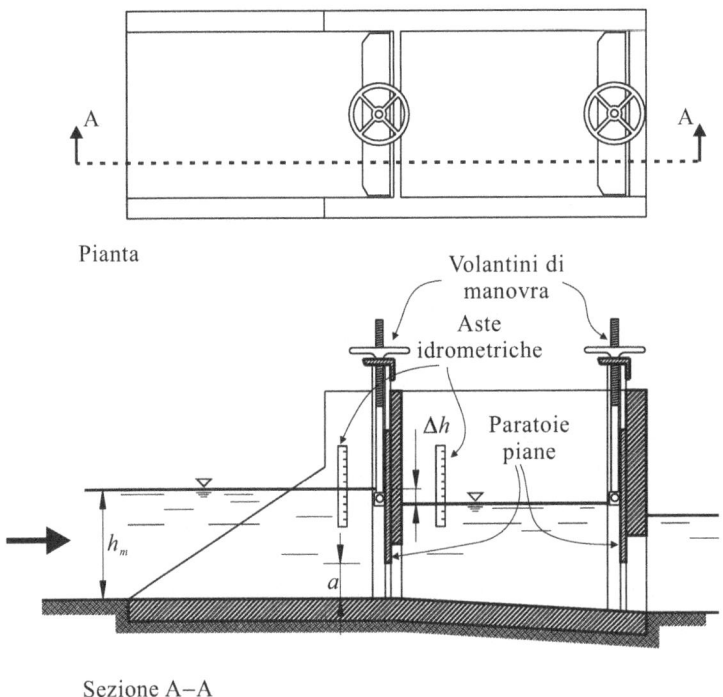

Figura 8.19 Sistema di controllo e di misura di portata a paratoie piane verticali [27]

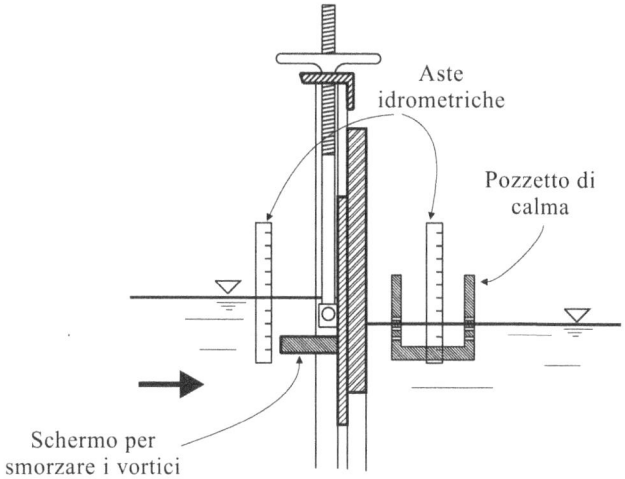

Figura 8.20 Dispositivi per smorzare le oscillazioni del pelo libero in corrispondenza dell'asta idrometrica a valle

il coefficiente di efflusso è costante e pari a $C_Q = 0.65$. Per $h_m < 4a$, il coefficiente di efflusso cresce. Se il dispositivo preleva dal canale principale a 90°, all'ingresso si forma un vortice che modifica il coefficiente di efflusso. La misura dei livelli è affidata a due aste idrometriche a cavallo della prima paratoia, poste sulla parete laterale oppure in due pozzetti di calma. Se le aste sono direttamente sulla parete, per limitare l'errore di stima dei livelli è consigliabile usare dei dispositivi di smorzamento del pelo libero (Figura 8.20).

8.2.4 Paratoia radiale

Come nel caso di una paratoia verticale, anche nel caso di una paratoia radiale il regime di efflusso che si instaura dipende dall'apertura della luce e dal tirante idrico a monte e a valle. Il coefficiente di efflusso è influenzato dalla geometria del sistema e, poiché l'analisi teorica è complessa, è sempre consigliabile una calibrazione in laboratorio.

Per una paratoia circolare radiale a efflusso libero (Figura 8.21), la portata è espressa come segue:

$$Q = C_Q a B \sqrt{2gh_m}, \qquad (8.65)$$

$C_Q \triangleq$ coefficiente di efflusso,
$a \triangleq$ altezza della luce,
$B \triangleq$ larghezza della paratoia,
$h_m \triangleq$ profondità di monte.

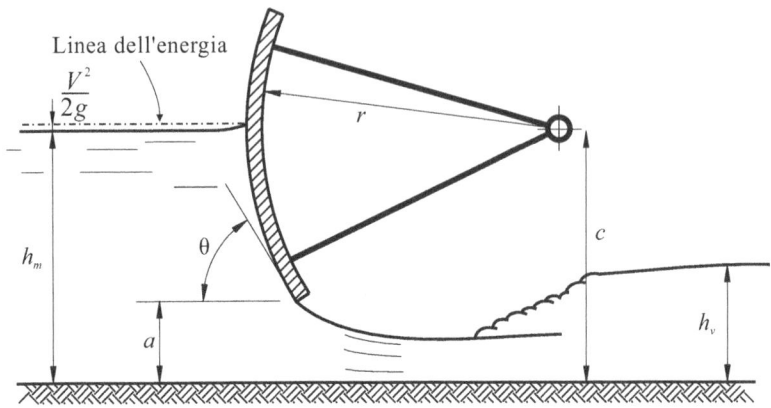

Figura 8.21 Paratoia circolare radiale in condizione di funzionamento a efflusso libero

Il coefficiente di efflusso si ottiene applicando il teorema di Bernoulli tra la sezione di monte e la sezione contratta:

$$h_m + \frac{q^2}{2gh_m^2} = C_c a + \frac{q^2}{2g(C_c a)^2} + \Delta, \tag{8.66}$$

$q \triangleq$ portata per unità di larghezza (assumendo che la larghezza della paratoia coincida con la larghezza del canale di alimentazione),

$\Delta \triangleq$ dissipazione di energia specifica.

Confrontando quest'equazione con l'equazione (8.65), si ottiene:

$$C_Q = C_c \sqrt{\frac{1}{1 + C_c a/h_m} - \frac{\Delta}{(1 + C_c a/h_m)(h_m - C_c a)}}, \tag{8.67}$$

e, trascurando le dissipazioni,

$$C_Q = \frac{C_c}{\sqrt{1 + C_c a/h_m}}. \tag{8.68}$$

Il coefficiente di efflusso è funzione della luce libera a, del raggio della paratoia r, della quota c dell'asse della paratoia rispetto al fondo e del tirante idrico a monte h_m. L'angolo θ è una funzione trigonometrica di c/r e di a/r e influenza decisamente il coefficiente di contrazione. Henderson [8], sulla base dei risultati sperimentali di Toch [26] e di Von Mises [14], ha proposto la seguente espressione del coefficiente di contrazione:

$$C_c = 1 - 0.75(\theta/90°) + 0.36(\theta/90°)^2. \tag{8.69}$$

Secondo questa espressione, il coefficiente di contrazione decresce all'aumentare dell'angolo θ e raggiunge il valore di 0.61 a 90°, con un'incertezza pari al 5%. Il coefficiente di efflusso sperimentale, per rapporto $c/r = 0.1, 0.5, 0.9$, è riportato in Figura 8.22.

Figura 8.22 Coefficiente di efflusso per una paratoia radiale con efflusso a valle libero [14]

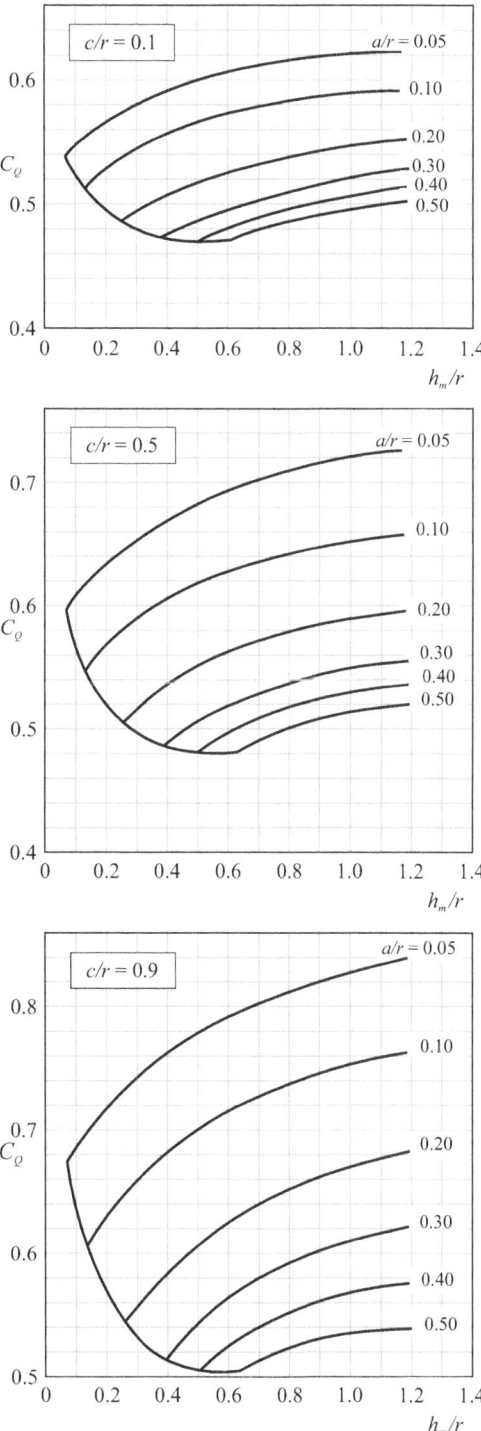

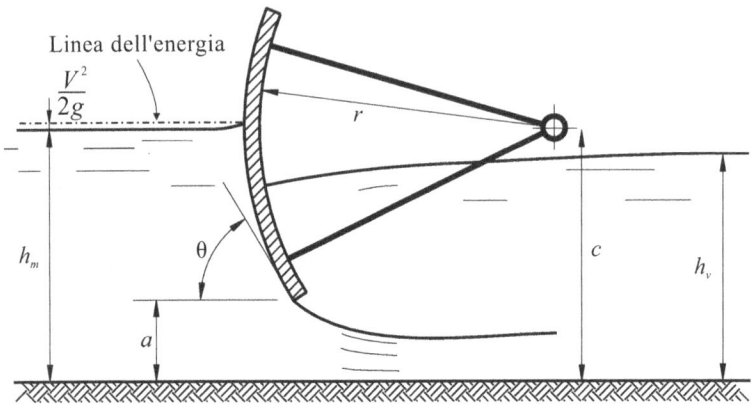

Figura 8.23 Paratoia circolare radiale funzionante a efflusso rigurgitato

Per valori diversi del rapporto c/r, si può interpolare linearmente. Il limite di semimodularità si raggiunge quando la profondità di valle diventa coniugata della profondità della corrente nella sezione contratta, e ha la stessa espressione dell'equazione (8.61). Se l'efflusso è rigurgitato (Figura 8.23), la portata è espressa nella forma seguente:

$$Q = C_Q a B \sqrt{2g(h_m - h_v)}, \qquad (8.70)$$

$C_Q \triangleq$ coefficiente di efflusso,
$a \triangleq$ altezza della luce,
$B \triangleq$ larghezza della paratoia,
$h_m \triangleq$ profondità di monte,
$h_v \triangleq$ profondità di valle.

Talvolta, la paratoia circolare è realizzata in modo che la battuta al fondo sia su un gradino (Figura 8.24).

In questa configurazione, la portata è espressa dalla stessa relazione valida in assenza di gradino (equazione 8.65), con un ulteriore coefficiente correttivo:

$$Q = C_Q C_1 a B \sqrt{2gh_m}, \qquad (8.71)$$

$C_1 \triangleq$ coefficiente correttivo del coefficiente di efflusso.

Il coefficiente correttivo è funzione del rapporto d/L (Figura 8.25).

Il funzionamento ottimale del misuratore a paratoia radiale circolare è garantito se il bordo inferiore della paratoia è smussato, e se il tirante idrico a monte viene misurato in un canale rettangolare di larghezza pari alla larghezza della paratoia. Le formule proposte sono valide se $a/h_m < 0.8$.

8.2 Misuratori con luci sotto battente

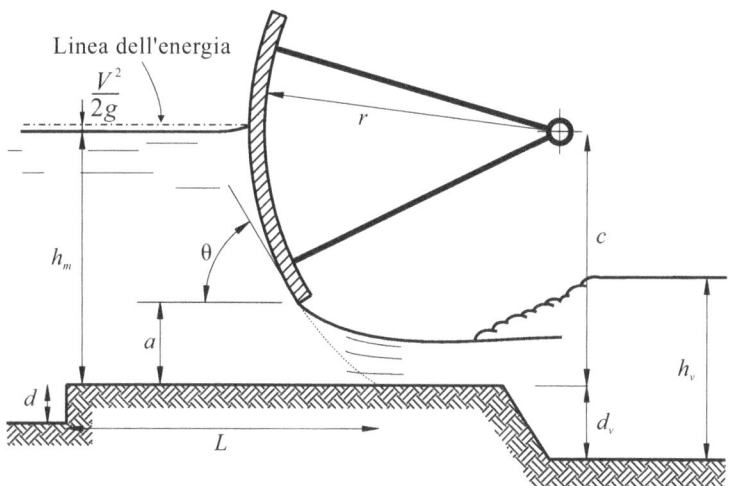

Figura 8.24 Paratoia circolare radiale con battuta su un gradino di fondo

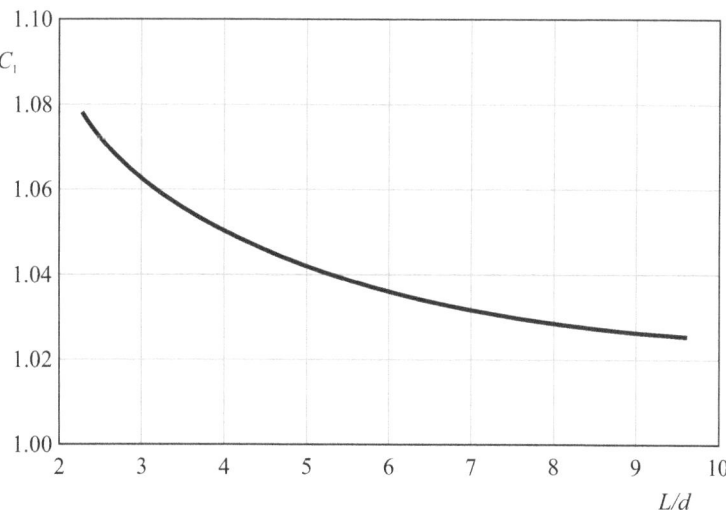

Figura 8.25 Coefficiente correttivo per una paratoia radiale con battuta di fondo su gradino. L'efflusso è libero [14]

8.2.5 Orifizio regolabile di Crump-De Gruyter

L'orifizio regolabile di Crump-De Gruyter è un canale a gola corta con una soglia orizzontale e una paratoia verticale mobile. La paratoia è posizionata nella sezione ristretta del canale e ha un profilo sagomato in modo tale da eliminare la contrazione della vena effluente (Figura 8.26).

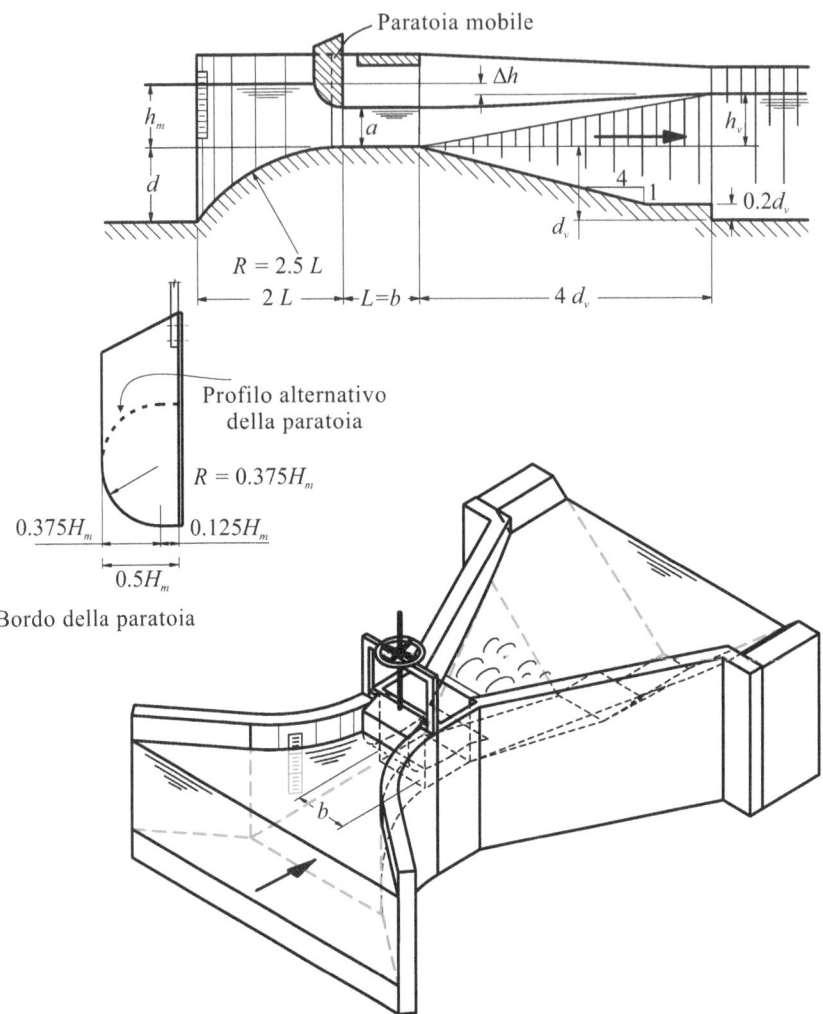

Figura 8.26 Orifizio regolabile di Crump-De Gruyter

Se la luce libera al di sotto della paratoia è $a < 0.66 H_m$ ($H_m \triangleq$ carico totale a monte misurato rispetto alla soglia), la corrente a valle è veloce e la portata è funzione solo del carico di monte e della luce della paratoia, secondo l'espressione seguente:

$$Q = C_Q C_{va} a b \sqrt{2g(h_m - a)}, \qquad (8.72)$$

$C_Q \triangleq$ coefficiente di efflusso,
$C_{va} \triangleq$ coefficiente correttivo della velocità di arrivo,
$a \quad \triangleq$ altezza della luce,

8.2 Misuratori con luci sotto battente

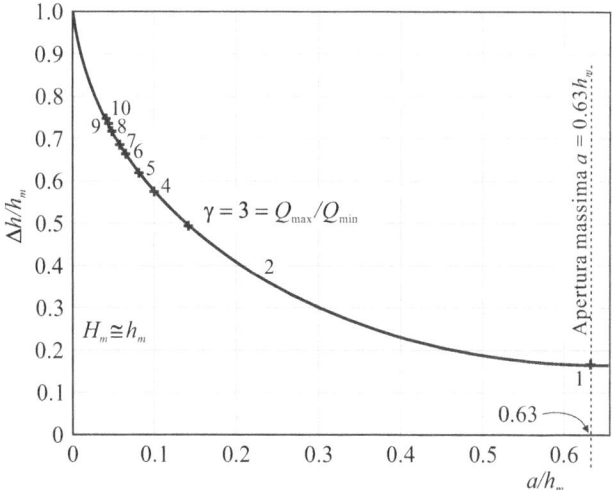

Figura 8.27 Funzionamento limite semimodulare di un orifizio regolabile di tipo Crump-De Gruyter [7]

$b \triangleq$ larghezza della paratoia,
$h_m \triangleq$ profondità di monte.

Il funzionamento in regime semimodulare è possibile solo se la perdita di carico assume un valore superiore a un determinato limite, funzione del rapporto a/h_m (Figura 8.27).

Il dimensionamento del misuratore richiede la conoscenza della massima e della minima portata da misurare (e da controllare). Nella maggior parte dei casi, il tirante idrico a monte è noto, poiché il livello di progetto nel canale di alimentazione è stato fissato e l'altezza della soglia è già nota. La conoscenza del rapporto Q_{max}/Q_{min} ci permette di calcolare il rapporto a/h_m. In altre situazioni, può essere noto il rapporto tra portata massima e portata minima e la perdita di carico; in tal caso, è necessario calcolare h_m e, quindi, l'altezza della soglia. Osservando il diagramma in Figura 8.27, risulta che, per garantire il funzionamento in regime semimodulare, a parità di tirante idrico, la perdita di carico (pari alla differenza di livello del pelo libero tra monte e valle) deve essere maggiore alle portate più piccole. Se il tirante idrico di progetto è stato fissato, è possibile calcolare la larghezza della soglia necessaria per l'efflusso della portata di progetto, nel rispetto del limite $a < 0.66 H_m$ (tale limite corrisponde indicativamente a $a < 0.66 h_m$). Il coefficiente di efflusso nell'equazione (8.72) è uguale a 0.94 e la portata massima (corrispondente al passaggio in condizioni critiche proprio nella sezione della paratoia), è pari a:

$$Q_{max} = 0.94(0.63 h_m) b \sqrt{2g(h_m - 0.63 h_m)}. \tag{8.73}$$

La larghezza minima delle soglia è pari a

$$b \geq \frac{Q_{max}}{1.56 h_m^{1.5}}. \tag{8.74}$$

Le altre dimensioni geometriche si desumono dalla Figura 8.26.

L'incertezza nel coefficiente di efflusso è pari al 3%, purché si ponga cura e attenzione ai particolari costruttivi e all'installazione del misuratore. Per un buon funzionamento, è necessario che il fondo nella sezione di controllo sia orizzontale e le pareti laterali siano verticali. La larghezza della sezione ristretta deve essere $b > 0.20\,\text{m}$, mentre l'altezza della soglia è generalmente $d = b$, anche se può assumere valori differenti per necessità di funzionamento. È comunque opportuno che sia $d > 0.20\,\text{m}$.

8.2.6 Metergate

Un altro dispositivo di controllo e misura a una sola paratoia piana è riportato in Figura 8.28.

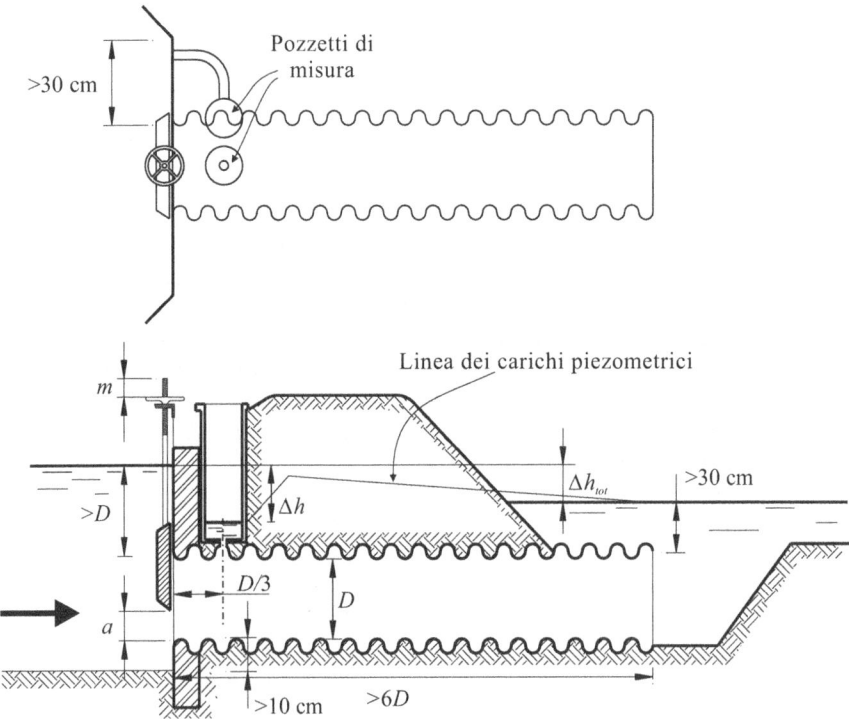

Figura 8.28 Dispositivo di misura e controllo a una sola paratoia piana verticale (*metergate*) [27]

8.2 Misuratori con luci sotto battente

La condotta può essere circolare, corrugata o liscia, oppure a sezione rettangolare. La paratoia sollevata permette l'efflusso sotto battente di una portata espressa da un'equazione simile all'equazione (8.70). La differenza di livello viene misurata tra due pozzetti, il primo collegato direttamente al tubo di presa, il secondo collegato al canale principale con un raccordo. La presa del primo pozzetto deve essere posizionata a 30 cm dalla superficie di valle della paratoia, oppure a $D/3$. Quest'ultima configurazione è preferibile, poiché garantisce la similitudine idraulica tra misuratori di differente diametro. Se la condotta è corrugata, la presa deve essere nella gola tra due creste.

L'andamento della linea dei carichi piezometrici evidenzia che, a causa dell'espansione della corrente a valle della sezione contratta, dopo la presa a $D/3$ il carico cresce fino a raggiungere un massimo. Ciò significa che il dislivello tra i due pozzetti Δh è diverso dal dislivello tra monte e valle Δh_{tot} e, in particolare, $\Delta h > \Delta h_{tot}$. I *metergate* sono disponibili commercialmente e vengono forniti con delle tabelle di portata, assolutamente necessarie se la presa del pozzetto di valle è a 30 cm. L'errore di stima è elevato, se il dislivello Δh è piccolo, ed è consigliabile $\Delta h > 5$ cm, con un limite superiore $\Delta h < 40$ cm. Anche la sommergenza a valle deve essere preferibilmente maggiore di 30 cm.

La portata è espressa come segue:

$$Q = C_Q \Omega \sqrt{2g\Delta h}, \tag{8.75}$$

$C_Q \triangleq$ coefficiente di efflusso,
$\Omega \triangleq$ area nominale della condotta,
$\Delta h \triangleq$ dislivello tra i due pozzetti di misura.

Il coefficiente di efflusso, in funzione del grado di apertura, è riportato nel diagramma in Figura 8.29.

Le due curve si riferiscono al caso di paratoia rettangolare e al caso di paratoia circolare con misura del carico di valle a $D/3$. Le condizioni di ingresso non influenzano significativamente il coefficiente di efflusso, se il grado di apertura è minore del 50%, lo influenzano debolmente, se il grado di apertura è compreso tra il 50% e il 75%. Gradi di apertura maggiori non sono consigliabili, poiché l'errore di stima del coefficiente di efflusso risulterebbe elevato. L'incertezza del coefficiente di efflusso cresce dal 3% al 6%, per grado di apertura dal 50% al 75%. Per il buon funzionamento del dispositivo, è necessario che il livello di monte sia a distanza pari almeno a D dalla generatrice superiore della condotta, e che il livello nel pozzetto sia a 15 cm almeno dalla generatrice superiore della condotta. Inoltre, la lunghezza della condotta deve essere $> 6D$ e la generatrice inferiore all'imbocco deve essere a quota > 10 cm, oppure $> 0.17D$ dal canale di arrivo.

Esempio 8.4 Si voglia dimensionare un *metergate* per una portata $Q = 100$ l/s. Il pelo libero a monte è a quota $z_m = 95$ m s.l.m., il pelo libero a valle è a quota 94.8 m s.l.m, la lunghezza della condotta è $L = 11$ m e la paratoia di parzializzazione è circolare.

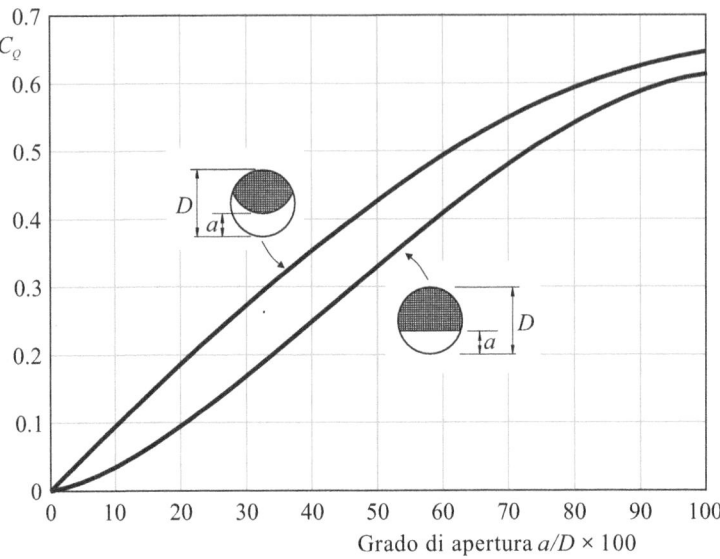

Figura 8.29 Coefficiente di efflusso per il *metergate* per presa del pozzetto a valle a $D/3$ [5]

Le quote del pelo libero a monte e a valle sono condizionate dal canale di alimentazione e dal canale di derivazione; la loro differenza $h_m - h_v \equiv \Delta h_{tot} = 0.20\,\text{m}$, rappresenta l'energia massima che può essere dissipata dal *metergate*. Se il canale di valle è erodibile, è necessario che la velocità di efflusso dalla condotta del *metergate* e corrispondente alla portata nominale, non eroda l'alveo. Supponiamo che la velocità massima ammissibile senza erosione sia pari a $V = 0.70\,\text{m/s}$. La sezione della condotta si calcola come segue:

$$\Omega > Q/V = 0.142\,\text{m}^2, \tag{8.76}$$

e, quindi, $D = 0.43\,\text{m}$.

Dobbiamo verificare che la perdita di carico del *metergate* alla portata nominale sia minore o uguale al carico disponibile $\Delta h_{tot} = 0.20\,\text{m}$. Dalla scala di efflusso (equazione 8.75), risulta che l'altezza cinetica nella condotta è pari a:

$$\frac{V^2}{2g} = C_Q^2 \Delta h. \tag{8.77}$$

Le perdite di carico totali sono dovute alle perdite di sbocco, alle perdite distribuite e alle perdite generate dalla paratoia all'imbocco:

$$\Delta h_{tot} = \Delta h_{par} + \lambda \frac{V^2}{2g} \frac{L}{D} + \xi \frac{V^2}{2g}, \tag{8.78}$$

$\Delta h_{tot} \triangleq$ perdita di carico totale,
$\Delta h_{par} \triangleq$ perdita di carico della paratoia,

8.2 Misuratori con luci sotto battente

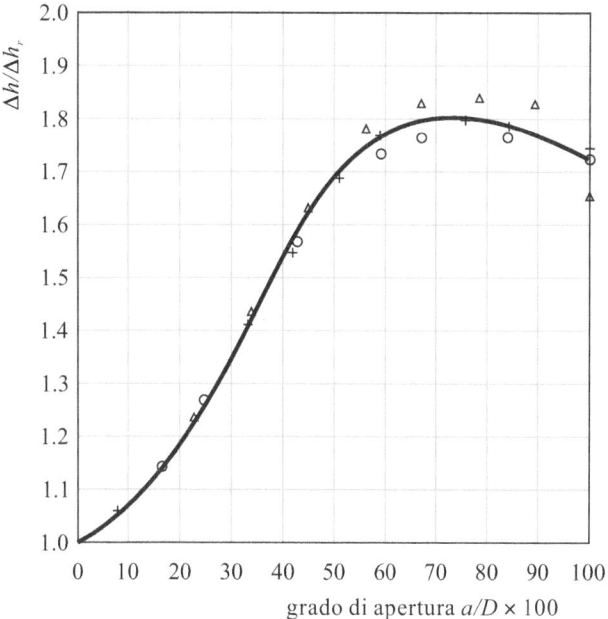

Figura 8.30 Rapporto $\Delta h / \Delta h_r$ al variare del grado di apertura del *metergate* [5]

$\lambda \quad \triangleq$ indice di resistenza della condotta,
$\xi \quad \triangleq$ coefficiente di perdita allo sbocco.

Se assumiamo $\xi = 1$ e indichiamo con $\Delta h_r = \Delta h_{par} + V^2/2g$ la perdita di carico piezometrico dopo l'espansione della vena contratta, e misurata in una sezione dove il recupero è pari all'altezza cinetica, l'equazione precedente si può scrivere come segue:

$$\frac{\Delta h_{tot}}{\Delta h} = \frac{\Delta h_r}{\Delta h} + \lambda \frac{L}{D} C_Q^2. \tag{8.79}$$

In Figura 8.30 si riporta $\Delta h / \Delta h_r$ in funzione del grado di apertura. I simboli si riferiscono a sperimentazioni eseguite in condizioni di imbocco differenti.

Per limitare l'errore di stima del coefficiente di efflusso, è opportuno che il grado di apertura sia al massimo pari al 75%. Il corrispondente rapporto $\Delta h / \Delta h_r$ è pari a 1.8. Assumiamo un indice di resistenza $\lambda = 0.025$. Il coefficiente di efflusso per paratoia circolare con grado di apertura al 75%, è pari a $C_Q = 0.57$ e la perdita di carico totale è pari a:

$$\frac{\Delta h_{tot}}{\Delta h} = \frac{1}{1.8} + 0.025 \frac{11}{0.43} 0.57^2 = 0.76. \tag{8.80}$$

La perdita di carico corrispondente è pari a $\Delta h = 0.26$ m e la portata è pari a $Q = C_Q \Omega \sqrt{2g \Delta h} = 0.57 \times 0.145 \times \sqrt{2 \times 9.806 \times 0.26} = 188 \, \text{l/s}$.

Tabella 8.11 Esempio di calcolo. Dislivello tra i due pozzetti al variare del grado di apertura.

% apertura	35%	40%	45%	50%	55%	60%	65%	70%	75%
C_Q	0.32	0.36	0.40	0.43	0.46	0.49	0.52	0.55	0.57
$\Delta h / \Delta h_r$	1.45	1.55	1.60	1.70	1.75	1.80	1.80	1.80	1.80
Δh (m)	0.265	0.275	0.275	0.283	0.283	0.282	0.275	0.267	0.262
Q (l/s)	106	121	135	147	157	167	175	183	188

Nella Tabella 8.11 si riporta il dislivello Δh al variare del grado di apertura.

In questo esempio, il *metergate* ha una bassa sensibilità e, soprattutto, una curva caratteristica non monotona.

Verifichiamo che siano soddisfatte le limitazioni geometriche necessarie per ottenere un buon funzionamento del misuratore. Supponiamo che il fondo del pozzetto di valle sia a 10 cm dal limite superiore della condotta. Per garantire un tirante idrico di almeno 5 cm nel pozzetto, la generatrice superiore della condotta deve essere a quota

$$z_{\text{sup}} = z_m - \Delta h_{\max} - 0.10 \,(\text{m}) - 0.05 \,(\text{m}) =$$
$$95.00 - 0.283 - 0.10 - 0.05 = 94.56 \,\text{m s.l.m.} \qquad (8.81)$$

Per garantire un tirante idrico in ingresso pari al diametro nominale della condotta, la generatrice superiore della condotta deve essere a quota $z_{\text{sup}} = z_m - D = 94.57$ m s.l.m. I due valori sono praticamente coincidenti e, quindi, si assume $z_{\text{sup}} = 94.56$ m s.l.m.

8.2.7 Il modulo di controllo e misura della Neyrpic

Questo modulo di controllo e misura della portata è stato sviluppato in Francia dalla Neyrpic ed è costituito da una soglia con paramento di monte inclinato di 60° e paramento di valle inclinato di 12° sull'orizzontale, raccordati con un raccordo circolare di raggio r. Il raggio del raccordo circolare è pari a $0.2h$ ($h \triangleq$ tirante idrico di progetto). Nel modello X1 (Figure 8.31 e 8.32), al di sopra della soglia è montato un deflettore con labbro inclinato a 35° che ha la funzione di aumentare la contrazione della vena, riducendo il coefficiente di efflusso, quando il tirante idrico cresce. Poiché il deflettore è fisso, il sistema ha una regolazione di tipo discreto, ottenuta allineando moduli di larghezza uguale, o diversa, e aprendo una o più paratoie. Il modulo più piccolo commercialmente disponibile, ha una larghezza di 5 cm alla quale corrisponde una portata nominale di 5 l/s. La portata nominale del modello X1 standard è pari a 100 l/s.

Nel diagramma in Figura 8.33, si riporta la scala di deflusso per un misuratore X1. Si nota un fenomeno di isteresi corrispondente all'inversione tra fase di incremento e fase di diminuzione della portata.

8.2 Misuratori con luci sotto battente

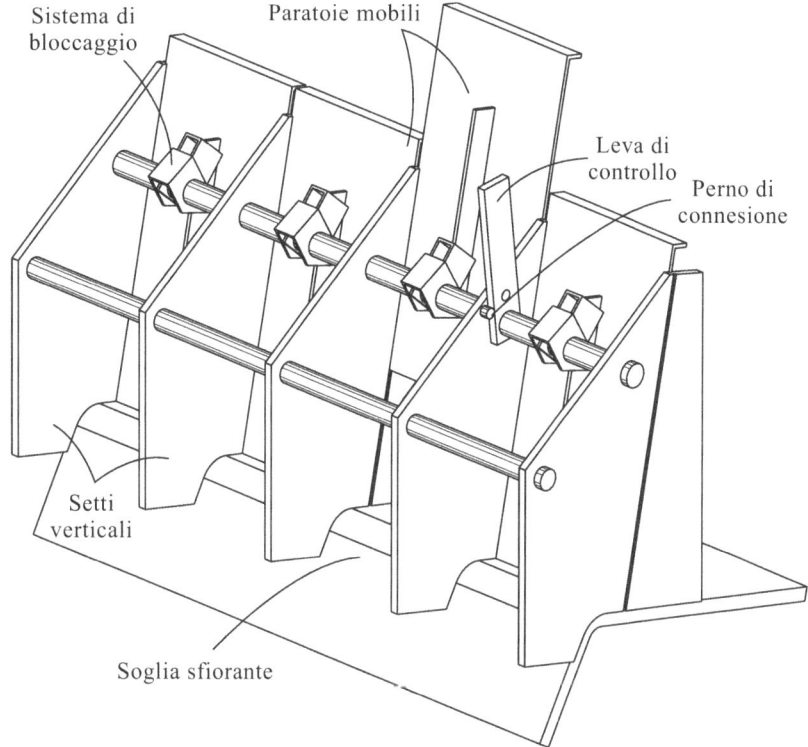

Figura 8.31 Modulo di controllo e misura X1 della Neyrpic, vista assonometrica [15]

Nel modello XX2, in Figura 8.34, sono presenti due deflettori fissi con labbro a 35° rispetto all'orizzontale. Se il tirante idrico è modesto, interviene solo il deflettore più a valle e il modulo si comporta come un modulo X1. Se il tirante idrico cresce, il deflettore più a monte viene sormontato dalla corrente iniettando flusso di quantità di moto in grado di ridurre il coefficiente di efflusso. La portata nominale del modello XX2 standard è pari a 200 l/s. Nel diagramma in Figura 8.35, si riporta la scala di deflusso per un misuratore XX2.

Fino a quando il tirante idrico è limitato, e la corrente non interessa il deflettore, il dispositivo si comporta come uno stramazzo a soglia stretta, con portata pari a:

$$Q = C_Q C_{va} B h_m^{3/2} \frac{2}{3} \sqrt{\frac{2g}{3}}, \qquad (8.82)$$

$C_Q \triangleq$ coefficiente di efflusso,
$C_{va} \triangleq$ coefficiente correttivo della velocità di arrivo,
$B \triangleq$ larghezza della paratoia,
$h_m \triangleq$ profondità di monte.

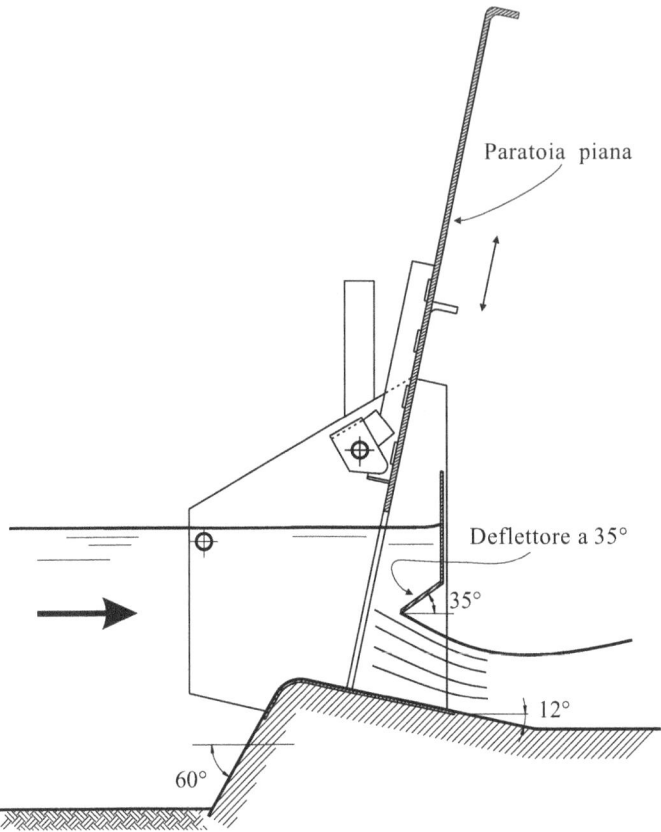

Figura 8.32 Modulo di controllo e misura X1 della Neyrpic, vista in sezione [15]

Il coefficiente di efflusso è funzione del rapporto tra il carico totale a monte (misurato rispetto alla soglia) e il raggio del raccordo tra paramento di monte e di valle, secondo il diagramma riportato in Figura 8.36.

Il coefficiente correttivo della velocità di arrivo può essere stimato graficamente dal diagramma in Figura 7.19, per $n = 1.5$.

Se il tirante idrico supera del 5% il tirante di progetto, l'efflusso è sotto battente con una portata pari a:

$$Q = C_Q \Omega \sqrt{2g\Delta h}, \qquad (8.83)$$

$\Omega \triangleq$ area della luce sotto battente,
$\Delta h \triangleq$ affondamento del baricentro dell'orifizio rispetto al pelo libero a monte.

La regolazione della portata è automatica, poiché i deflettori influenzano il campo di moto e riducono il coefficiente di efflusso all'aumentare dell'affondamento Δh.
Il funzionamento in regime semimodulare è necessario per permettere l'azione re-

8.2 Misuratori con luci sotto battente

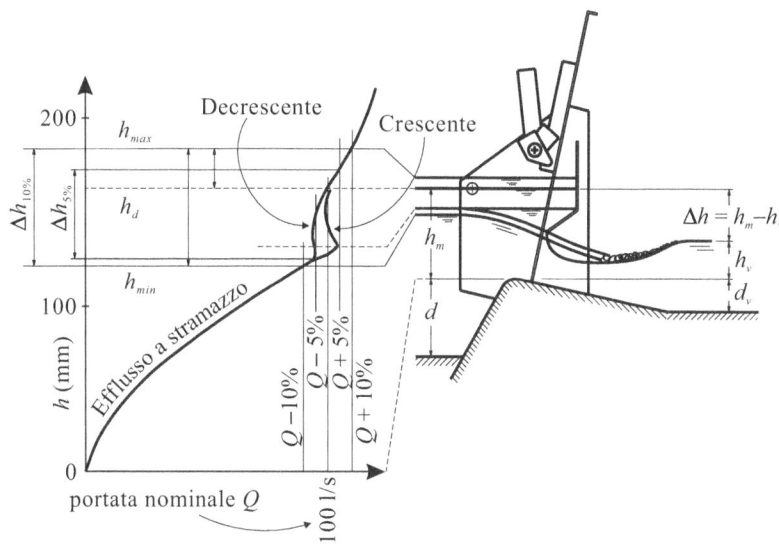

Figura 8.33 Scala di deflusso di un modulo X1 della Neyrpic [5]

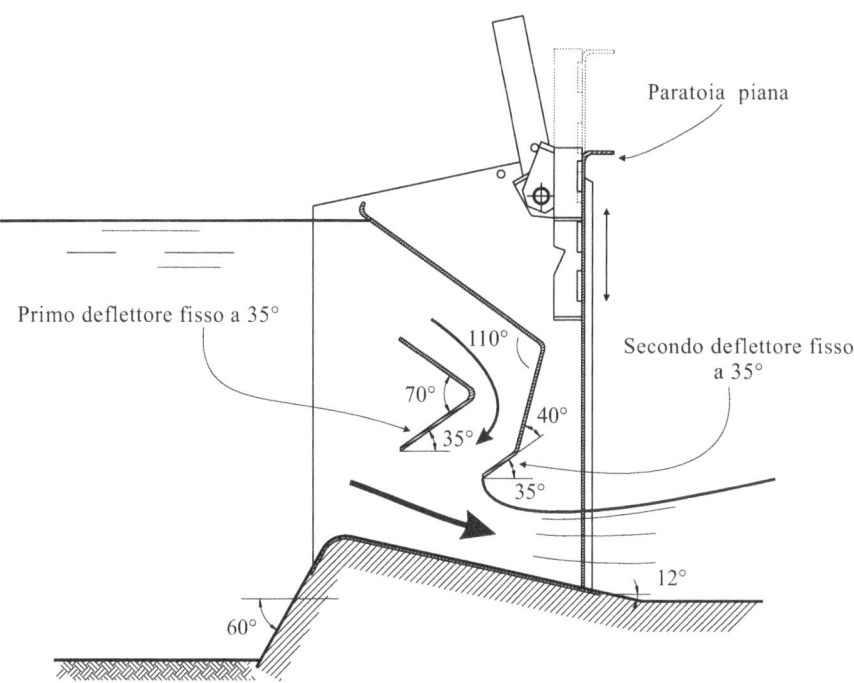

Figura 8.34 Modulo di controllo e misura XX2 della Neyrpic, vista in sezione [15]

Figura 8.35 Scala di deflusso di un modulo XX2 della Neyrpic. La zona in grigio corrisponde alla banda di variazione della portata al 5% [15]

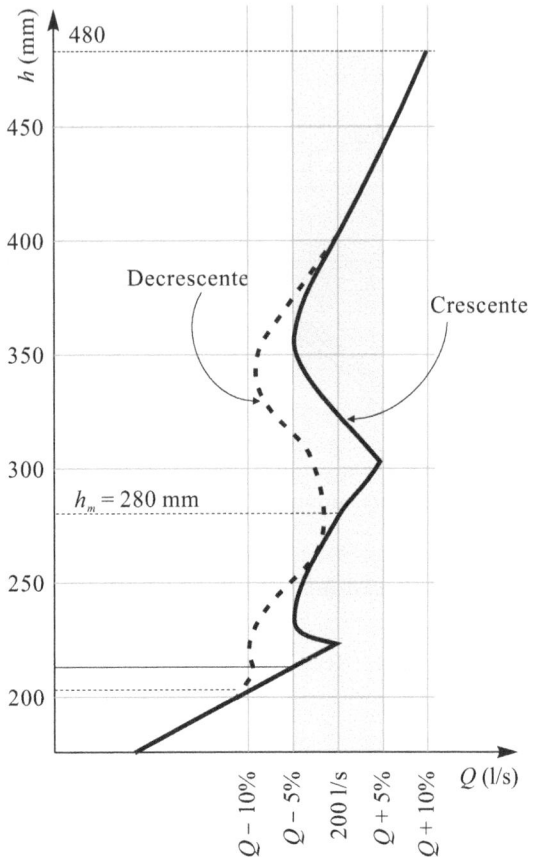

golante, ed è verificato se $h_v < 0.60 h_m$. Per un corretto funzionamento dei moduli della Neyrpic, è necessario che il rapporto $h_m/d < 1.0$ ($d \triangleq$ altezza della soglia, da monte). Per evitare che il canale di valle influenzi il coefficiente di efflusso, è necessario che $d_v/h_m > 0.35$ ($d_v \triangleq$ altezza della soglia, da valle).

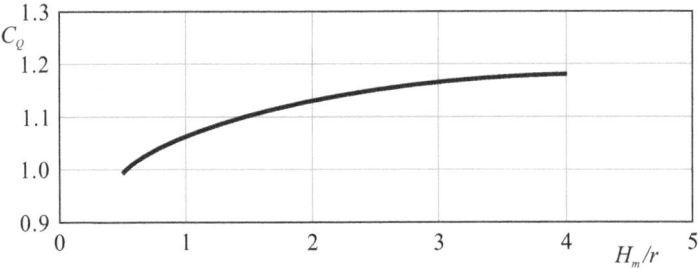

Figura 8.36 Coefficiente di efflusso di un modulo della Neyrpic funzionante a stramazzo. Il coefficiente è funzione del rapporto H_m/r [5]

8.2.8 Il tubo delle Danaidi

Il tubo delle Danaidi (Figura 8.37) è un contenitore con un foro al fondo circolare, o rettangolare, che riceve dall'alto il flusso del quale misurare la portata. Il livello di accumulo in regime permanente è quel livello che genera un efflusso pari alla portata in ingresso. Note le caratteristiche geometriche della luce e il coefficiente di efflusso, la misura della portata in ingresso si riconduce alla misura del livello nel contenitore. Il getto in uscita ha una sezione contratta a una distanza pari a d/C_c ($d \triangleq$ diametro del foro di uscita; $C_c \triangleq$ coefficiente di contrazione).

Il fondo del contenitore deve essere liscio e può essere piano, oppure inclinato a tramoggia (Figura 8.38).

La portata effluente è pari a

$$Q = C_Q \Omega \sqrt{2gh_m}, \qquad (8.84)$$

$C_Q \triangleq$ coefficiente di efflusso,
$\Omega \triangleq$ area della luce sotto battente,
$h_m \triangleq$ tirante idrico nel baricentro della luce di efflusso.

Il coefficiente di contrazione dipende dalla geometria del sistema ed è riportato in Tabella 8.12.

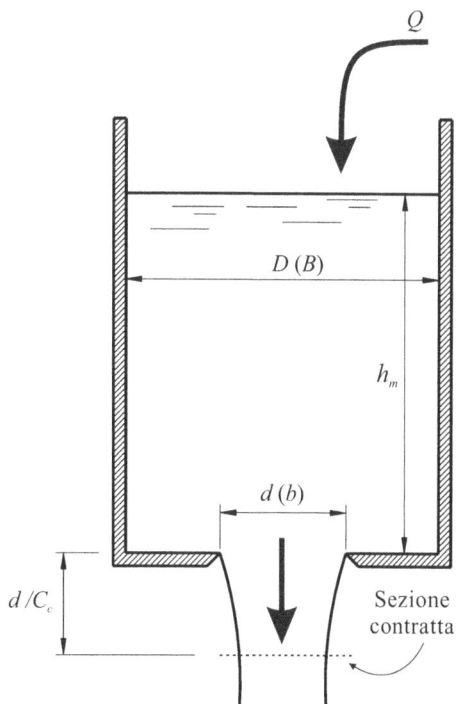

Figura 8.37 Tubo delle Danaidi con fondo orizzontale

Figura 8.38 Tubo delle Danaidi con fondo inclinato

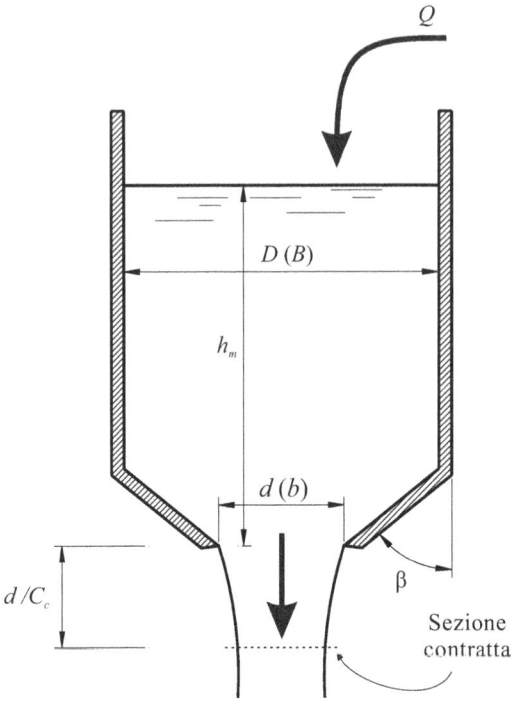

Tabella 8.12 Coefficiente di contrazione per una luce di fondo circolare o rettangolare [18]

d/D (b/B)	$\beta = 45°$	$\beta = 90°$	$\beta = 135°$
0.1	0.747	0.612	0.546
0.2	0.747	0.616	0.555
0.3	0.748	0.622	0.566
0.4	0.749	0.631	0.580
0.5	0.752	0.644	0.599
0.6	0.758	0.662	0.620
0.7	0.768	0.687	0.652
0.8	0.789	0.722	0.698
0.9	0.829	0.781	0.761
1.0	1.000	1.000	1.000

Applicando il bilancio di quantità di moto e il teorema di Bernoulli, il coefficiente di efflusso è esprimibile in funzione del coefficiente di contrazione con la relazione seguente:

$$C_Q = \frac{C_c}{\sqrt{1 - C_c^2 (d/D)^4}}, \qquad (8.85)$$

$d \triangleq$ diametro del foro circolare,
$D \triangleq$ diametro del contenitore,

e, per foro rettangolare,

$$C_Q = \frac{C_c}{\sqrt{1 - C_c^2 (b/B)^2}}, \qquad (8.86)$$

$b \triangleq$ larghezza della luce rettangolare,
$B \triangleq$ larghezza del contenitore.

Il valore asintotico del coefficiente di efflusso per foro rettangolare molto allungato è pari a $C_Q = \pi/(\pi + 2) \approx 0.611$. L'incertezza del coefficiente di efflusso è pari al 2%. Per un buon funzionamento del misuratore, è necessario che $d/D < 0.8$ ($b/B < 0.8$) e che il fondo del serbatoio sia a quota superiore alla quota del pelo libero allo scarico, tanto da permettere la formazione della vena contratta in aria.

8.2.9 Misuratori misti

Per ottenere una buona accuratezza anche nella stima delle portate più piccole, è conveniente utilizzare contemporaneamente misuratori di vario tipo, per esempio, un misuratore a luce sotto battente sormontato da uno stramazzo in parete sottile. Con riferimento alla Figura 8.39, se il carico di monte h_m (misurato rispetto al baricentro della bocca circolare) è compreso tra $-D/2$ e $D/2$, l'efflusso avviene

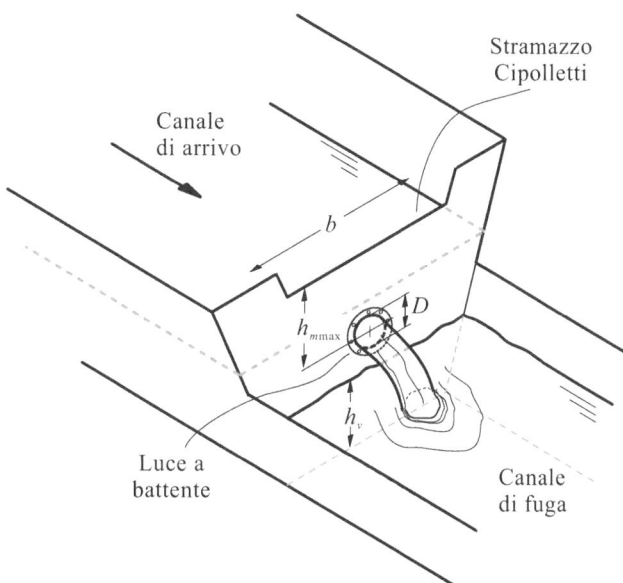

Figura 8.39 Misuratore a luce circolare sotto battente accoppiato con uno stramazzo Cipolletti

Figura 8.40 Scala di deflusso di un misuratore di portata misto con luce a battente circolare e stramazzo Cipolletti

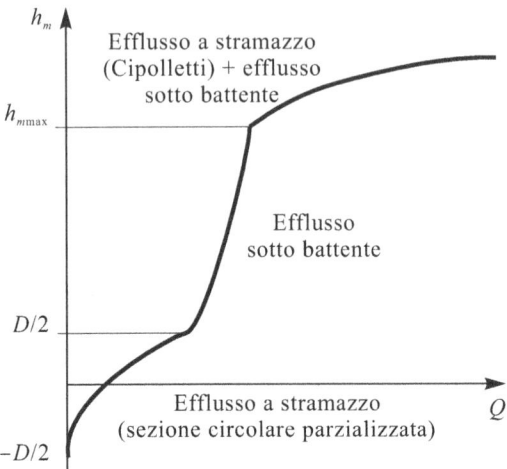

a stramazzo. Se $h_m > D/2$, ma il livello non raggiunge la quota della soglia dello stramazzo Cipolletti, l'efflusso avviene sotto battente con una scala proporzionale a $h_m^{0.5}$. Se il livello a monte supera la quota della soglia dello stramazzo Cipolletti, l'efflusso avviene a stramazzo con una scala proporzionale a $(h_m - h_{m\,max})^{1.5}$. Lo stramazzo permette di evitare un rigurgito eccessivo alle maggiori portate.

Le condizioni limite di sommergenza sono le stesse già enunciate in precedenza. Un diagramma della scala di deflusso è riportato in Figura 8.40.

I misuratori misti possono anche essere realizzati montando in parallelo dei misuratori con caratteristiche e *range* di portata diverse. I misuratori sono separati da setti verticali e allineati alla corrente, che riducono i disturbi dovuti a effetti tridimensionali.

8.2.10 Misuratori in canali a forte pendenza

Per misure di portata in canali a forte pendenza, si consiglia, in generale, di ridurre il numero di Froude della corrente a valori minori di 0.5. Il numero di Froude può essere ridotto diminuendo la velocità media della corrente, oppure aumentando il tirante idrico. Se la corrente ha un trasporto solido significativo, non è consigliabile ridurre la velocità realizzando un bacino di calma a monte del misuratore; è invece preferibile modificare la sezione della corrente in modo da aumentare il tirante idrico. Per un canale a sezione rettangolare, il numero di Froude può essere espresso come segue:

$$\mathrm{Fr} = \left(\frac{V^3 B}{Qg}\right)^{1/2}, \tag{8.87}$$

8.2 Misuratori con luci sotto battente

$V \triangleq$ velocità media della corrente,
$B \triangleq$ larghezza dell'alveo,
$Q \triangleq$ portata volumetrica,
$g \triangleq$ accelerazione di gravità.

Se si vuole mantenere costante la velocità media della corrente, è necessario che l'area della sezione trasversale della corrente sia costante. Le variazioni del numero di Froude richiedono che

$$\frac{h_1}{h_0} = \frac{B_0}{B_1} = \left(\frac{\text{Fr}_0}{\text{Fr}_1}\right)^2, \tag{8.88}$$

$h \triangleq$ profondità della corrente.

Il pedice si riferisce alle due condizioni di moto. Per esempio, se si vuole dimezzare il numero di Froude, è necessario quadruplicare il tirante idrico e ridurre a 1/4 la larghezza. L'aumento del tirante idrico è accompagnato da una riduzione della quota del fondo. Le variazioni plano-altimetriche si ottengono con rampe e raccordi, così da limitare il più possibile l'accumulo di sedimenti e le perdite di carico (Figura 8.41).

L'altezza della rampa s sarà corretta solo per la portata di progetto. Nel caso di portate maggiori della portata di progetto, si avrà rigurgito; nel caso di portate minori, al piede della rampa si forma un risalto idraulico. Per portate inferiori a un valore limite, il risalto viene spinto verso valle e la corrente è veloce in tutta la sezione del misuratore. Per evitare questo funzionamento, è opportuno forzare e

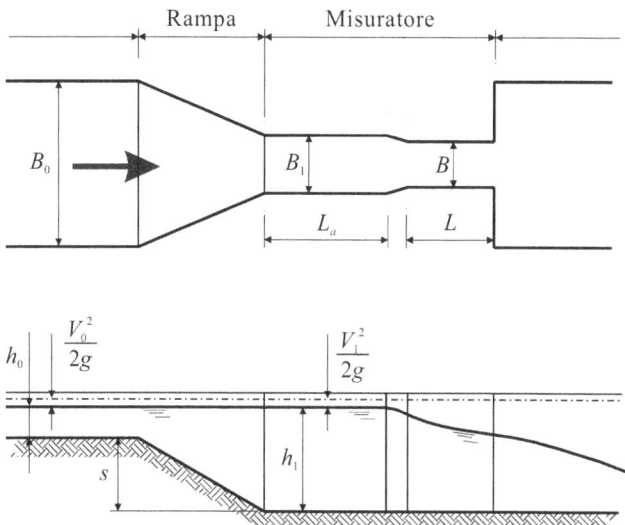

Figura 8.41 Caratteristiche geometriche del misuratore di Plynlimon [1]

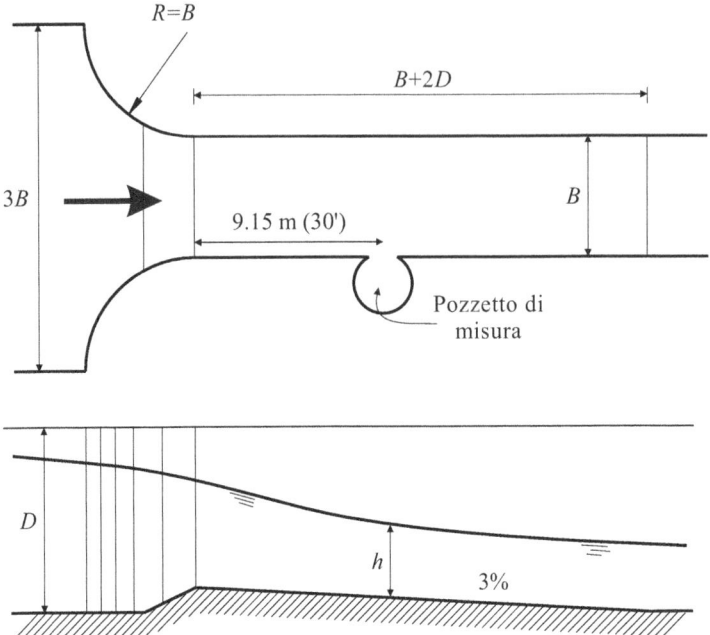

Figura 8.42 Misuratore supercritico di San Dimas

stabilizzare il risalto aumentando la scabrezza nel canale di ingresso, eventualmente installando dei blocchi ancorati al fondo.

Un altro misuratore da utilizzarsi per correnti con trasporto solido elevato è il misuratore San Dimas (Figura 8.42), dotato di un canale di arrivo convergente a fondo piano, con una soglia all'estremità di connessione alla gola. La gola è rettangolare, con fondo a pendenza pari al 3%.

La transizione attraverso lo stato critico si raggiunge nella sezione rettangolare dopo la soglia. Il livello viene misurato in un pozzetto di calma collegato idraulicamente alla corrente con un foro circolare o, preferibilmente, una fessura verticale.

La portata è espressa, sperimentalmente, in condizioni di efflusso libero secondo la relazione seguente:

$$\begin{cases} Q = 0.626 B^{1.05} \left(\dfrac{h}{0.304\,8} \right)^n, \\ n = 0.261\,8 h^{0.32}, \end{cases} \qquad (8.89)$$

$Q \triangleq$ portata, in m^3/s,
$B \triangleq$ larghezza della gola, in metri,
$h \triangleq$ tirante idrico, in metri.

8.2 Misuratori con luci sotto battente

Figura 8.43 Il misuratore *drop-box*

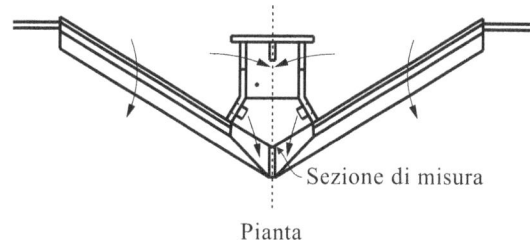

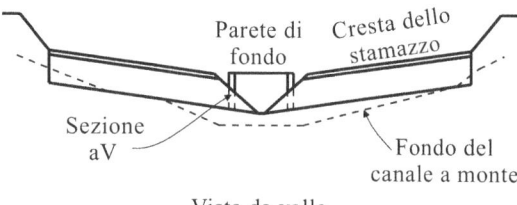

La larghezza della gola varia da 15 cm a 3 m. Il misuratore permette solo la stima di portate elevate e, spesso, è accoppiato a un misuratore in parete sottile che permette la stima delle portate minori. Una variante del misuratore di San Dimas si ottiene riducendo la larghezza del canale di arrivo, rispetto alla larghezza della gola, ed eliminando la soglia. La pendenza del fondo è uniforme e pari al 3%; la misura di livello viene eseguita a metà della lunghezza della gola.

Il misuratore *drop-box* in Figura 8.43 è adatto all'uso in canali a pendenza supercritica o subcritica. La misura di livello viene eseguita con una presa laterale alla parete del convergente a V. Il pozzetto centrale trattiene la maggior parte dei sedimenti in sospensione.

Un altro tipo di misuratore supercritico è il misuratore di Walnut Gulch (Figura 8.44), che prende il nome da un sito sperimentale dove è stato installato con successo ed è in uso da alcuni decenni. La geometria è intermedia tra un misuratore di San Dimas e un misuratore trapezio.

Nei misuratori supercritici si può formare un'onda stazionaria che è causa di un errore sistematico in funzione del numero di Froude; inoltre, il coefficiente di Coriolis assume valori significativamente superiori all'unità.

8.2.11 Misuratori a sezione trapezia supercritici

La caratteristica principale dei misuratori supercritici a sezione trapezia (Figura 8.45) è che la sezione critica si forma a monte della gola, in corrispondenza

Figura 8.44 Misuratore supercritico di Walnut Gulch

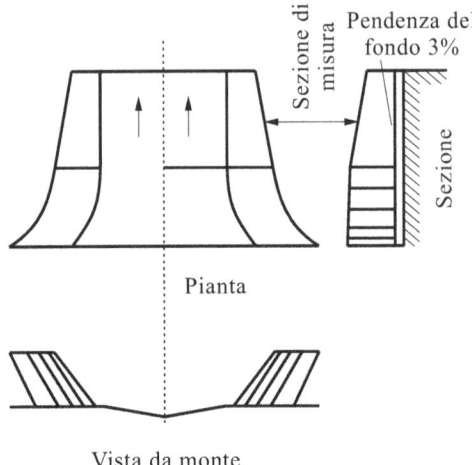

dell'innesto del convergente; inoltre, la corrente nella gola è supercritica. La misura del livello viene eseguita a metà della gola.

Per una buona stima della portata, è necessario che la misura di livello sia molto accurata, poiché in corrente veloce la curva dell'energia specifica è a pendenza molto elevata (piccole variazioni di livello corrispondono a elevate variazioni di energia specifica). I misuratori supercritici a sezione trapezia hanno un *range* di portata molto ampio. Le caratteristiche standard dei tre misuratori a sezione trapezia più frequentemente in uso sono riportate in Tabella 8.13.

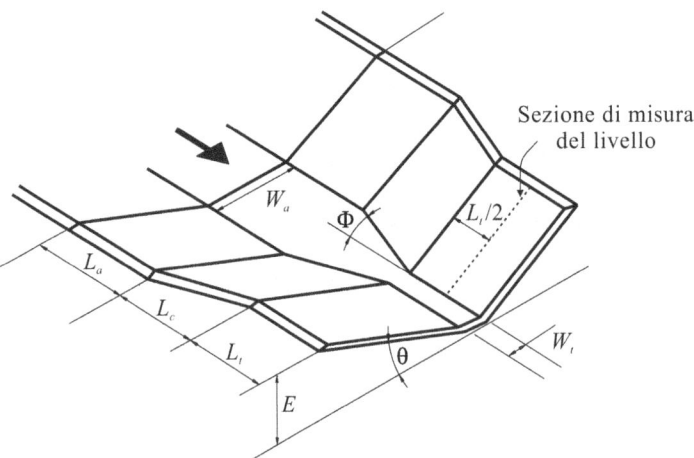

Figura 8.45 Misuratore supercritico a sezione trapezia

8.2 Misuratori con luci sotto battente

Tabella 8.13 Caratteristiche del misuratore supercritico a sezione trapezia

W_t	W_a	θ	Φ	L_a	L_c	L_t	D	Portata min	Portata max*	Pendenza canale di arrivo	Pendenza conv. e gola
(m)	(m)	(°)	(°)	(m)	(m)	(m)	(m)	(l/s)	(m^3/s)		
d/D (b/B)	$\beta = 45°$	$\beta = 90°$	$\beta = 135°$								
0.30 (1')	1.50	30°	21.8°	1.50	1.50	1.50	1.20	20	9.5	0 (5%)	5%
0.90 (3')	2.70	30°	21.8°	var	2.20	3.00	1.50	55	19	0	5%
2.40 (8')	4.20	30°	21.8°	var	2.20	3.60	1.35	160	24	0	5%

* la portata massima corrisponde a un tirante misurato pari a $D - 15$ cm.

La scala di deflusso si ottiene applicando il teorema di Bernoulli tra la sezione critica e la sezione di misura:

$$\frac{V_c^2}{2g} + h_c + z_c = \frac{V_m^2}{2g} + h_m + z_m + \Delta H, \qquad (8.90)$$

$V_{c,m} \triangleq$ velocità nella sezione critica/di misura,
$h_{c,m} \triangleq$ profondità nella sezione critica/di misura,
$z_{c,m} \triangleq$ quota del fondo nella sezione critica/di misura,
$\Delta H \triangleq$ perdita di carico tra la sezione critica e la sezione di misura.

Se trascuriamo le perdite di carico ed esprimiamo la velocità in funzione della portata $Q = A_c V_c = A_m V_m$ ($A_{c,m} \triangleq$ area della superficie della sezione critica/di misura), risulta:

$$\frac{Q^2}{2gA_c^2} + h_c + z_c - z_m = \frac{Q^2}{2gA_m^2} + h_m. \qquad (8.91)$$

La profondità critica è funzione della portata e delle caratteristiche geometriche della sezione. L'equazione può essere risolta per ottenere Q in funzione di h_m, ma è sempre opportuno verificare la scala di deflusso per via sperimentale. In particolare, se la gola è corta, i risultati teorici sono affetti da un errore significativo dovuto al fatto che il profilo della corrente non si è adattato alle condizioni locali della sezione di misura. Il valore di h_c corrispondente alla massima portata da misurare, rappresenta anche la quota minima del bordo superiore delle pareti laterali che delimitano la sezione ristretta. Per contenere le onde o possibili sovralzi, è opportuno un franco di almeno 15 cm. In fase di dimensionamento è necessario che la sommergenza, pari al rapporto tra la profondità della corrente a valle e la profondità della corrente nella sezione di misura, entrambe riferite al fondo del canale nella sezione di misura, sia minore di 0.8.

Tabella 8.14 Scala di deflusso del canale rettangolare a valle del misuratore

h (m)	Q (m^3/s)
0.4	3.34
0.8	9.33
1.2	16.48
1.6	24.28
2.0	32.48

Esempio 8.5 Si voglia misurare la portata in un canale a forte pendenza con trasporto solido intenso. La portata varia da 150 l/s a 18 m^3/s. Il canale a valle del misuratore è rettangolare di larghezza $B = 3.0$ m, con altezza delle sponde pari a 2.50 m, la pendenza del fondo è $i_f = 4\%$. La scabrezza di Gauckler-Strickler è pari a $k_s = 30$ m$^{1/3}$/s.

Il primo passo consiste nel calcolo della scala di deflusso del canale rettangolare facendo uso della formula di Chezy con coefficiente di Gauckler-Strickler (formula di Manning):

$$Q = k_s \left(\frac{Bh}{B+2h} \right)^{2/3} Bh \sqrt{i_f}. \tag{8.92}$$

Alcuni valori di portata sono riportati in Tabella 8.14.

Sulla base della portata massima attesa, il canale trapezio supercritico adatto è quello da 0.90 m (3′) (Tabella 8.13). Calcoliamo la scala di deflusso del misuratore facendo uso dell'equazione 8.91. La procedura consiste in: a) fissare un valore della profondità critica; b) calcolare la portata corrispondente alla profondità critica e l'energia specifica corrispondente E_c; c) calcolare la profondità h_m nella sezione di misura e corrispondente all'energia nella sezione critica incrementata dell'abbassamento del fondo del misuratore (pari al 5% per il misuratore scelto, Tabella 8.13). I risultati sono riportati in Tabella 8.15.

Per limitare l'erosione a valle, è necessario accettare che il misuratore funzioni in condizioni di sommergenza con un valore massimo del rapporto di sommergenza pari a 0.8. Poiché il rapporto di sommergenza cresce con la portata, la verifica si riferirà alla portata massima di progetto. Se il misuratore si raccorda direttamente al canale di valle, senza salto di fondo, il limite di sommergenza si raggiunge per una portata pari a $Q_{\lim} = 14.33$ m^3/s $< Q_{\max} = 18$ m^3/s. È necessario realizzare un salto di fondo. Per tentativi, si perviene a un valore del salto di fondo pari a $\delta = 0.1$ m che permette di spostare il limite di sommergenza a 19 m^3/s $> Q_{\max} = 18$ m^3/s.

Tabella 8.15 Scala di deflusso del misuratore trapezio scelto

h_c (m)	Q (m^3/s)	E_c (m)	h_m (m)
0.4	1.05	0.54	0.30
0.8	4.04	1.05	0.66
1.2	9.41	1.55	1.02
1.6	17.56	2.06	1.39
2.0	28.86	2.56	1.77

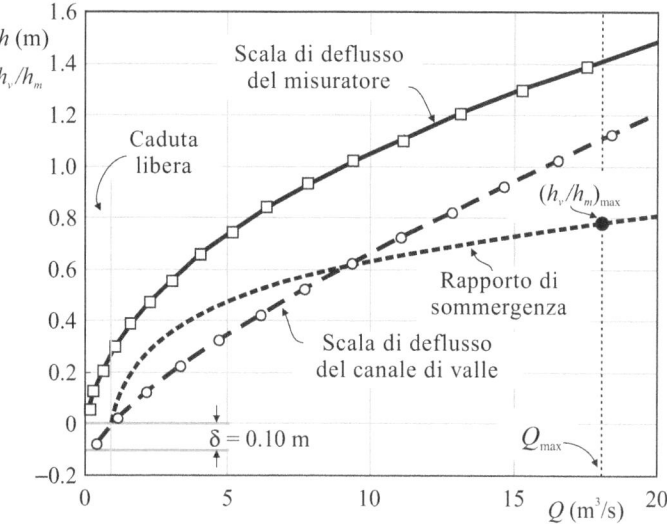

Figura 8.46 Esempio di calcolo. Scale di deflusso del misuratore trapezio supercritico e del canale di valle

Per verificare il franco, è necessario analizzare il profilo della corrente nel canale di arrivo e nel convergente. Le scale di deflusso del misuratore e del canale di valle sono riportate in Figura 8.46.

8.3 Stima dell'errore

Nella stima della portata con uno degli strumenti misuratori descritti fin qui, solitamente si commette un errore che dipende dalle caratteristiche dello strumento e dalle modalità di misura. In questo paragrafo limiteremo l'analisi agli aspetti essenziali del calcolo dell'errore commesso. Una trattazione esaustiva degli errori e della loro propagazione è riportata nel Capitolo 1.

Analizziamo l'equazione generale della portata per un misuratore:

$$Q = B C_Q C_{va} F \sqrt{g} h^n. \tag{8.93}$$

L'accelerazione di gravità e l'esponente n si possono assumere non soggetti a errore. L'errore ΔB dipende dalle modalità costruttive dello strumento; l'errore $\Delta(C_Q C_{va})$ dipende dalla natura del misuratore e dall'accuratezza nella sua calibrazione; l'errore ΔF interviene solo se la misura avviene oltre il limite di sommergenza; l'errore Δh avrà una componente sistematica Δh_S e una accidentale Δh_A.

Se analizziamo in dettaglio quest'ultimo errore, le possibili cause sono: 1) attriti interni del sistema di registrazione; 2) inerzia del cinematismo di misura; 3) errori intrinseci al principio di funzionamento del misuratore di livello; 4) settaggio dello zero strumentale; 5) cedimenti differenziali o rotazioni della stazione di misura; 6) non orizzontalità della cresta (o soglia) dello strumento; 7) errore generato da manutenzione limitata e insufficiente; 8) errore di lettura.

L'errore dovuto all'attrito interno è generalmente sistematico, se le misure si riferiscono a intervalli di tempo durante i quali il livello è sempre crescente o sempre decrescente; diventa accidentale, se riferito a un periodo sufficientemente lungo da includere fasi di crescita e fasi di decrescita del livello. L'errore diventa accidentale, con una componente sistematica, se durante il periodo di misura prevale una fase rispetto all'altra.

Anche l'errore di settaggio dello zero è sistematico, per misure eseguite in un intervallo di tempo tra due settaggi; diventa casuale, se durante le misure si eseguono alcune operazioni di ricalibrazione dello zero.

Gli errori 3), 5) e 6) si considerano sistematici, l'errore 8) si considera casuale.

A rigore, solo gli errori accidentali sono suscettibili di una trattazione statistica e il calcolo dell'incertezza totale dovrebbe essere condotto separando l'incertezza sistematica dall'incertezza accidentale.

L'errore di stima della portata viene calcolato nell'ipotesi che i singoli errori siano scorrelati. Per il caso in esame, assumendo di essere in regime semimodulare ($F = 1$ e $\sigma_F^2 = 0$), risulta:

$$\sigma_Q^2 = \sigma_B^2 + \sigma_{C_Q C_{va}}^2 + n^2 \sigma_h^2. \tag{8.94}$$

La varianza e la deviazione standard di ognuna delle variabili possono essere stimate, per via campionaria, usando le definizioni classiche. Più frequentemente, si dispone di una stima dell'incertezza della variabile; non si dispone, invece, di un campione di misure per individuare la funzione densità di probabilità e calcolare tutti i momenti. In tal caso, si procede ipotizzando che la variabile sia distribuita secondo una data funzione e assegnando alla stima dell'incertezza un livello di confidenza. Per esempio, se si assume che la funzione densità di probabilità sia Gaussiana e si ritiene che l'incertezza della variabile abbia un livello di confidenza del 95%, vale la seguente relazione teorica:

$$\sigma'_Y = \frac{X_{95\%}}{2}, \tag{8.95}$$

$X_{95\%} \triangleq$ incertezza relativa nella media di N valori di Y al 95% di confidenza.

Il denominatore nel rapporto è pari a 2.6 se $N = 6$, pari a 2.3 se $N = 10$, pari a 2.1 se $N = 15$. Il valore 2 si riferisce a $N \to \infty$. Generalmente, lo scostamento dello stimatore della media dalla media segue una distribuzione t di Student secondo la relazione seguente:

$$\frac{X_{1-\alpha}}{\sigma'_Y} = \pm t_{N-1;\alpha/2}, \tag{8.96}$$

$X_{1-\alpha}$ $\triangleq$ incertezza relativa nella media di N valori di Y al $(1 - \alpha) \times 100$ di confidenza,

$t_{N-1;\alpha/2} \triangleq t$ di Student a $(N - 1)$ gradi di libertà e relativa al livello di confidenza pari a $(1 - \alpha) \times 100$.

8.3 Stima dell'errore

Se la funzione densità di probabilità è uniforme, risulta:

$$\sigma'_Y = 0.58 X_{\max}, \tag{8.97}$$

$X_{\max} \triangleq$ massimo errore relativo in valore assoluto nella media di Y.

Se la funzione densità di probabilità è binomiale, risulta:

$$\sigma'_Y = X_{\max}. \tag{8.98}$$

Esempio 8.6 Si voglia stimare l'errore di misura della portata per un misuratore a stramazzo a soglia larga triangolare di larghezza $b = 2.5$ m e lunghezza $L = 0.5$ m, con un angolo al centro $2\theta = 45°$.

Se la corrente non interessa le pareti del canale, la portata è espressa nella forma seguente:

$$Q = C_Q C_{va} F \frac{16}{25} \sqrt{\frac{2}{5} g} \tan\theta h_m^{5/2}, \tag{8.99}$$

$C_Q \triangleq$ coefficiente di efflusso,
$C_{va} \triangleq$ coefficiente correttivo della velocità in arrivo,
$F \triangleq$ fattore di correzione della portata per la sommergenza,
$\theta \triangleq$ semiangolo al centro.

Applicando il criterio di propagazione degli errori, risulta:

$$\frac{dQ}{Q} = \frac{d(C_Q C_{va})}{C_Q C_{va}} - \frac{\partial F}{\partial(h_v/h_m)} \frac{(h_v/h_m)}{F} \frac{dh_m}{h_m} +$$
$$\frac{\partial F}{\partial(h_v/h_m)} \frac{(h_v/h_m)}{F} \frac{dh_v}{h_v} + \frac{d\theta}{\sin\theta\cos\theta} + \frac{5}{2} \frac{dh_m}{h_m}. \tag{8.100}$$

Assumendo che le incertezze relative dQ/Q, dh_m/h_m, dh_v/h_v, $d\theta/\theta$ siano proporzionali alle rispettive deviazioni standard relative σ'_Q, $\sigma'_{C_Q C_{va}}$, σ'_{h_m}, σ'_{h_v} e σ'_θ, l'equazione si può riscrivere come segue (si veda il Paragrafo 1.4.4.2 *Determinazione statistica dell'errore di propagazione*):

$$\sigma'^2_Q = \sigma'^2_{C_Q C_{va}} + \left[\frac{5}{2} - \frac{\partial F}{\partial(h_v/h_m)} \frac{(h_v/h_m)}{F}\right]^2 \sigma'^2_{h_m} +$$
$$\left[\frac{\partial F}{\partial(h_v/h_m)} \frac{(h_v/h_m)}{F}\right]^2 \sigma'^2_{h_v} + \left(\frac{\theta}{\sin\theta\cos\theta}\right)^2 \sigma'^2_\theta, \tag{8.101}$$

$\sigma'^2_{C_Q C_{va}} \triangleq$ varianza della stima del prodotto $C_Q C_{va}$,
$\sigma'^2_{h_m} \triangleq$ varianza della stima del tirante idrico a monte,
$\sigma'^2_{h_v} \triangleq$ varianza della stima del tirante idrico a valle,
$\sigma'^2_\theta \triangleq$ varianza della stima del semiangolo al centro.

Se lo stramazzo funziona in regime semimodulare, il fattore di correzione per la sommergenza è costante e pari a 1, mentre il coefficiente $\partial F/\partial(h_v/h_m)$ è nullo. L'incertezza nella stima del prodotto $C_Q C_{va}$ è espressa dall'equazione (8.102) e dipende dal coefficiente di efflusso. L'errore di settaggio dello zero viene assunto pari a 2 mm per le caratteristiche intrinseche allo strumento di misura, e pari a 1 mm per la procedura adottata. Nel tempo, la struttura e il supporto del misuratore subiscono un cedimento differenziale di 4 mm, con il misuratore che si abbassa più della soglia. Parte della subsidenza viene corretta incrementando i livelli letti di 1 mm (pari al valore atteso del 50% dell'errore totale), la parte residua viene considerata come un errore sistematico. Se la subsidenza avviene in un tempo minore dell'intervallo di tempo tra due settaggi dello zero, il rapporto σ'/X è pari ad 1. La distribuzione di questo errore non è nota, ma si può assumere più irregolare di una distribuzione Gaussiana, con un rapporto $\sigma'/X = 0.75$. L'errore nella lettura dello strumento viene assunto pari alla sua risoluzione (1% sul fondo scala di 250 mm).

Assumiamo che l'errore nella stima della larghezza della traversa sia pari a 5 mm. La deviazione standard sistematica del tirante idrico è pari a

$$\sigma'_{h_m S} = \left(\sigma'^2_{h_{m1}} + \sigma'^2_{h_{m2}} + \sigma'^2_{h_{m3}} + \sigma'^2_{h_{m5}}\right)^{1/2}, \qquad (8.102)$$

la deviazione standard *random* del tirante idrico è pari a

$$\sigma'_{h_m A} = \sigma'_{h_{m4}}. \qquad (8.103)$$

La deviazione standard sistematica della portata è pari a

$$\sigma'_{QS} = \left[\sigma'^2_{C_Q C_{va}} + \left(\frac{5}{2}\right)^2 \sigma'^2_{h_m S} + \left(\frac{\theta}{\sin\theta \cos\theta}\right)^2 \sigma'^2_\theta\right]^{1/2}, \qquad (8.104)$$

la deviazione standard *random* della portata è pari a

$$\sigma'_{QA} = \frac{5}{2}\sigma'_{h_m A}. \qquad (8.105)$$

Il teorema del limite centrale assicura che la densità di probabilità di una combinazione di variabili tende a essere Gaussiana anche quando le singole variabili non sono distribuite gaussianamente. La variabile portata è la combinazione di un numero limitato di variabili e quindi, a rigore, la sua densità di probabilità non è necessariamente Gaussiana. Assumendo che lo sia, l'errore relativo di una singola misura di portata è pari a

$$X_Q = 2\left(\sigma'^2_{QS} + \sigma'^2_{QA}\right)^{1/2}. \qquad (8.106)$$

Quest'ultima espressione tratta gli errori sistematici su basi statistiche, come se fossero errori accidentali. Si tratta di un'approssimazione comunemente suggerita anche da alcune norme internazionali. I risultati del calcolo sono riportati in Tabella 8.16. L'errore relativo decresce all'aumentare del tirante idrico.

8.3 Stima dell'errore

Tabella 8.16 Calcolo dell'errore della stima della portata per un misuratore a stramazzo a soglia larga triangolare (S = errore sistematico, A = errore accidentale)

Causa d'errore	Errore	σ'/X	Incertezza	$h_m = 5\,\text{cm}$ $C_Q = 0.9$	$h_m = 10\,\text{cm}$ $C_Q = 0.948$	$h_m = 15\,\text{cm}$ $C_Q = 0.965$
$C_Q C_{va}$	S	0.5	–	$\sigma'_{C_Q C_{va}} = 3.0\%$	$\sigma'_{C_Q C_{va}} = 2.0\%$	$\sigma'_{C_Q C_{va}} = 1.7\%$
procedura di settaggio dello zero	S	0.5	1 mm	$\sigma'_{h_{m1}} = 1.0\%$	$\sigma'_{h_{m1}} = 0.5\%$	$\sigma'_{h_{m1}} = 0.3\%$
settaggio dello zero (strumento)	S	1.0	2 mm	$\sigma'_{h_{m2}} = 4.0\%$	$\sigma'_{h_{m2}} = 2.0\%$	$\sigma'_{h_{m2}} = 1.3\%$
subsidenza	S	0.75	2 mm	$\sigma'_{h_{m3}} = 3.0\%$	$\sigma'_{h_{m3}} = 1.5\%$	$\sigma'_{h_{m3}} = 1.0\%$
lettura dello strumento	A	0.58	2.5 mm	$\sigma'_{h_{m4}} = 2.9\%$	$\sigma'_{h_{m4}} = 1.4\%$	$\sigma'_{h_{m4}} = 1.0\%$
quota della cresta	S	0.58	1 mm	$\sigma'_{h_{m5}} = 1.2\%$	$\sigma'_{h_{m5}} = 0.6\%$	$\sigma'_{h_{m5}} = 0.4\%$
angolo al centro	S	0.58	0.1°	$\sigma'_\theta = 0.3\%$	$\sigma'_\theta = 0.3\%$	$\sigma'_\theta = 0.3\%$
Valore calcolato						
$\sigma'_{h_m A}$				$\sigma'_{h_m A} = 2.9\%$	$\sigma'_{h_m A} = 1.4\%$	$\sigma'_{h_m A} = 1.0\%$
$\sigma'_{h_m S}$				$\sigma'_{h_m S} = 5.1\%$	$\sigma'_{h_m S} = 2.6\%$	$\sigma'_{h_m S} = 1.7\%$
σ'_{QA}				$\sigma'_{QA} = 7.3\%$	$\sigma'_{QA} = 3.6\%$	$\sigma'_{QA} = 2.4\%$
σ'_{QS}				$\sigma'_{QS} = 13.1\%$	$\sigma'_{QS} = 6.7\%$	$\sigma'_{QS} = 4.6\%$
X_Q				$X_Q = 30.0\%$	$X_Q = 15.3\%$	$X_Q = 10.4\%$

Se l'efflusso è in condizioni di sommergenza, è necessario calcolare il termine $\frac{\partial F}{\partial (h_v/h_m)} \frac{(h_v/h_m)}{F} = G$ che interviene nelle componenti sistematiche. La deviazione standard sistematica della portata è pari a

$$\sigma'_{QS} = \left[\sigma'^2_{C_Q C_{va}} + \left(\frac{5}{2} - G\right)^2 \sigma'^2_{h_m S} + G^2 \sigma'^2_{h_v S} + \left(\frac{\theta}{\sin\theta \cos\theta}\right)^2 \sigma'^2_\theta \right]^{1/2}, \quad (8.107)$$

la deviazione standard *random* della portata è pari a

$$\sigma'_{QA} = \left[\left(\frac{5}{2} - G\right)^2 \sigma'^2_{h_m A} + G^2 \sigma'^2_{h_v A} \right]^{1/2}. \quad (8.108)$$

Il fattore G può essere stimato dal diagramma in Figura 7.31.

Nella Tabella 8.17 è evidente un drammatico incremento dell'errore anche per una sommergenza che modifica di poco la portata. Il maggiore errore è da attribuirsi alla necessità di misurare anche il tirante idrico di valle (in aggiunta alla misura del tirante idrico di monte) e, inoltre, non si tiene conto dell'errore della stima del fattore F. Se il rapporto di sommergenza cresce, il fattore G, che è sempre negativo, aumenta in modulo al punto che lo strumento cessa di essere un misuratore per l'incertezza troppo elevata dei risultati. Nella trattazione, si è assunto che la stima del livello di valle sia indipendente dalla stima del livello di monte. Se si usa un misuratore di livello differenziale, alcune incertezze vengono eliminate e l'accuratezza nella stima della portata migliora sensibilmente.

Tabella 8.17 Calcolo dell'errore della stima della portata per un misuratore a stramazzo a soglia larga triangolare in condizioni di sommergenza (S = errore sistematico, A = errore accidentale)

Causa d'errore	Errore	σ'/X	Incertezza	$h_m = 15\,\text{cm}$
				$h_v = 12.5\,\text{cm}$
				$C_Q = 0.965$
				$F = 0.97$
				$G = -0.68$
$C_Q C_{va}$	S	0.5	–	$\sigma'_{C_Q C_{va}} = 1.7\%$
procedura di settaggio dello zero	S	0.5	1 mm	$\sigma'_{h_{m1}} \equiv \sigma'_{h_{v1}} = 0.3\%$
settaggio dello zero (strumento)	S	1.0	2 mm	$\sigma'_{h_{m2}} \equiv \sigma'_{h_{v2}} = 1.3\%$
subsidenza	S	0.75	2 mm	$\sigma'_{h_{m3}} \equiv \sigma'_{h_{v3}} = 1.0\%$
lettura dello strumento	A	0.58	2.5 mm	$\sigma'_{h_{m4}} \equiv \sigma'_{h_{v4}} = 1.0\%$
quota della cresta	S	0.58	1 mm	$\sigma'_{h_{m5}} \equiv \sigma'_{h_{v5}} = 0.4\%$
angolo al centro	S	0.58	0.1°	$\sigma'_\theta = 0.3\%$
Valore calcolato				
$\sigma'_{h_m A}$				$\sigma'_{h_m A} \equiv \sigma'_{h_v A} = 1.0\%$
$\sigma'_{h_m S}$				$\sigma'_{h_m S} \equiv \sigma'_{h_v S} = 1.7\%$
σ'_{QA}				$\sigma'_{QA} = 7.9\%$
σ'_{QS}				$\sigma'_{QS} = 11.3\%$
X_Q				$X_Q = 27.7\%$

I risultati di questo esercizio indicano chiaramente che l'incertezza della misura della portata è molto più elevata di quanto normalmente si assuma, e dipende sensibilmente dall'incertezza nella misura del livello.

Nel caso in cui il misuratore serva a stimare il volume d'acqua transitato in un certo periodo di tempo, le misure di livello devono essere periodicamente ripetute. Il volume in transito in un certo intervallo si calcola con riferimento alla portata media nell'intervallo di tempo. La media della portata non può essere semplicemente calcolata come media aritmetica, ma deve tenere conto del fatto che ai valori più accurati nella stima della portata è necessario attribuire un maggior peso. Applicando il criterio della massima verosimiglianza [25], si conclude che il migliore stimatore della portata media si deve calcolare come media pesata secondo la relazione seguente:

$$\overline{Q} = \frac{\sum (Q_i / \sigma^2_{Q_i}) \Delta t_i}{\sum \Delta t_i / \sigma^2_{Q_i}}, \tag{8.109}$$

$\Delta t_i \triangleq$ intervallo di tempo durante il quale transita la portata Q_i caratterizzata da una varianza $\sigma^2_{Q_i}$.

L'errore *random* della portata media tende a zero, mentre l'incertezza residua al 95% di confidenza, nella stima della portata media, è espressa dalla relazione se-

8.4 Il parametro di flessibilità di un partitore di portata

guente:

$$X_{\overline{Q}S} = \frac{2}{\sqrt{\sum 1/\sigma_{Q_i}^2}}, \tag{8.110}$$

valida assumendo una distribuzione Gaussiana della variabile.

Una differente stima dell'incertezza della portata media si calcola tenendo conto del fatto che, alle maggiori portate, corrisponde una minore incertezza [5], e la stessa è pari a

$$X_{\overline{Q}S} = 2 \frac{\sum Q_i \sigma'_{Q_i} \Delta t_i}{\sum Q_i \Delta t_i}. \tag{8.111}$$

8.4 Il parametro di flessibilità di un partitore di portata

Nello studio del canale Venturi, abbiamo visto che è possibile dimensionare il misuratore per ottenere un partitore di portata. Per un miglior controllo della portata nel canale principale e nel canale secondario, si può inserire un dispositivo di controllo anche nel canale principale, a valle della biforcazione (Figura 8.47).

Se i due dispositivi funzionano in regime semimodulare, le portate nel canale principale a valle della biforcazione, e nel canale secondario, sono espresse dalle equazioni seguenti:

$$Q_p = K_p h_p^{n_p}, \tag{8.112}$$

e

$$Q_d = K_d h_d^{n_d}, \tag{8.113}$$

$Q_{p,d} \triangleq$ portata nel canale principale/secondario,
$h_{p,d} \triangleq$ tirante idrico nel canale principale/secondario.

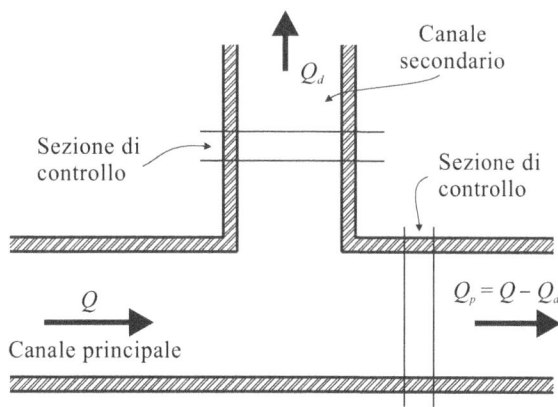

Figura 8.47 Schema di controllo delle portate nel canale principale e nel canale secondario

Definiamo *flessibilità* il seguente parametro:

$$F_l = \frac{dQ_d/Q_d}{dQ_p/Q_p}. \tag{8.114}$$

Sostituendo le due scale di deflusso, il parametro di flessibilità ha la seguente espressione:

$$F_l = \frac{n_d}{n_p} \frac{h_p}{h_d} \frac{dh_d}{dh_p}. \tag{8.115}$$

Nella maggior parte dei casi, i due dispositivi di controllo sono molto vicini e quindi condividono la stessa variazione del tirante idrico (non necessariamente lo stesso tirante idrico), per cui $dh_d/dh_p = 1$. Il parametro di flessibilità si riduce alla forma seguente:

$$F_l = \frac{n_d}{n_p} \frac{h_p}{h_d}. \tag{8.116}$$

Se vogliamo imporre una flessibilità unitaria ($F_l = 1$), in modo che la variazione di portata nel canale principale si propaghi invariata nel canale derivato, è necessario che i due dispositivi di controllo siano dello stesso tipo e che le soglie siano alla stessa quota.

Se vogliamo un *controllo sub-proporzionale* ($F_l < 1$), in modo che le variazioni di portata nel canale derivato siano più contenute delle variazioni di portata del canale principale, è necessario che l'esponente del dispositivo nel canale secondario sia minore dell'esponente del dispositivo del canale principale, cioè $n_d < n_p$. Difficilmente il rapporto h_p/h_d è maggiore di n_p/n_d. Per esempio, si può installare un orifizio sotto battente sul canale derivato ($n_d = 0.5$) e uno stramazzo rettangolare sul canale principale ($n_p = 1.5$), garantendo $F_l < 1$, purché $h_p/h_d < 3$.

Un controllo sub-proporzionale può rendersi necessario nelle reti irrigue, per le quali le portate distribuite devono essere costanti anche se il livello nel canale principale di alimentazione cresce per una riduzione dell'officiosità dovuta all'erba e a fenomeni di sedimentazione.

Se vogliamo un *controllo super-proporzionale* ($F_l > 1$), è necessario che il dispositivo di controllo del canale principale abbia un esponente maggiore dell'esponente del dispositivo di controllo del canale secondario, cioè $n_d > n_p$. Poiché, in genere, $h_p/h_d > 1$, risulta, a maggior ragione, $F_l > 1$. Un controllo super-proporzionale può essere utile nelle reti di drenaggio, per le quali si richiede una efficienza crescente dei canali scolmatori, al crescere della portata nel canale principale.

8.5 La sensitività di un misuratore di portata

Definiamo *sensitività relativa* di un misuratore di portata, la variazione relativa di livello conseguente a una variazione unitaria della portata. Assumendo una scala di deflusso del misuratore del tipo

$$Q = Kh^n, \tag{8.117}$$

8.6 L'impatto ambientale dei misuratori di portata

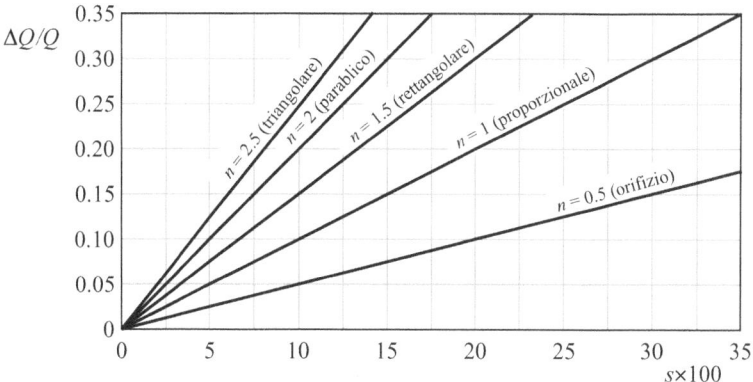

Figura 8.48 Sensitività relativa dei misuratori di portata nei canali a pelo libero

la sensitività è espressa dalla relazione seguente:

$$s = \frac{\Delta h}{h} = \frac{1}{n}\frac{\Delta Q}{Q}. \tag{8.118}$$

I misuratori a maggiore sensitività sono gli orifizi; i misuratori a minore sensitività sono gli stramazzi a sezione triangolare (Figura 8.48).

La sensitività assoluta è espressa dalla relazione seguente:

$$s_a = \frac{dh}{dQ} = \frac{h}{nQ}, \tag{8.119}$$

e dipende dal punto di funzionamento (eccetto che per i misuratori proporzionali, per i quali h/Q è costante).

8.6 L'impatto ambientale dei misuratori di portata

Il maggiore impatto ambientale dei misuratori di portata è relativo alla risalita dei pesci migratori. La maggiore parte dei pesci ha capacità limitate di superare gli ostacoli nella corrente e le discontinuità idrauliche: per farlo, è necessaria una profondità minima della corrente, in condizioni di magra (in funzione della stazza del pesce), e una velocità massima, in condizioni di piena. In genere, i misuratori che prevedono una vasca a valle (per esempio, gli orifizi, gli stramazzi) sono meno critici per la risalita e possono essere agevolmente superati controcorrente. Alcuni test condotti presso l'Hydraulics Research Station di Wallingford, nel 1968, hanno dimostrato che avannotti di trota riescono a risalire più facilmente la corrente attraverso dei misuratori di Crump, se la pendenza di valle della soglia è 1 : 5, anziché 1 : 2. La massima velocità dei pesci, in fase di salto, varia approssimativamente in

Figura 8.49 Velocità massima di breve durata dei pesci [6]

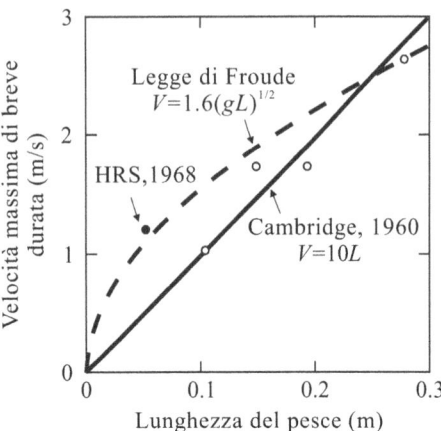

similitudine di Froude, $V_{max} = 1.6\sqrt{gL}$ ($L \triangleq$ lunghezza del pesce), anche se altri test precedenti fornivano una legge lineare, $V_{max} = 10L$ (Figura 8.49).

Ciò significa che il misuratore si comporta come un filtro che permette la risalita solo ai pesci di lunghezza superiore a un valore minimo, variabile in base al regime di portata. Questi risultati devono essere considerati con cautela, poiché non è sperimentato l'effetto dello stress sui pesci, dovuto, per esempio, ai vortici, all'aerazione della corrente, agli effetti tridimensionali. Se la velocità della corrente nei misuratori è troppo alta, per permettere la risalita dei pesci è opportuno affiancare delle rampe di risalita che garantiscano un tirante idrico sufficiente al nuoto dei pesci e una limitata velocità media della corrente.

8.7 Caratteristiche del canale di arrivo

Le curve sperimentali di deflusso dei misuratori di portata sono calibrate, in condizioni controllate, con caratteristiche della corrente in arrivo da monte ben precise. In generale, la corrente da monte deve essere lenta, con moto pienamente sviluppato in un canale senza una apprezzabile curvatura plano-altimetrica. In analogia alle caratteristiche della condotta di alimentazione dei misuratori in condotte chiuse (Capitolo 6), è necessario che l'alveo a monte del misuratore sia rettilineo, e a pendenza costante, per una lunghezza pari ad almeno 10 volte il raggio idraulico della corrente. L'eventuale presenza di perturbazioni di superficie suggerisce una lunghezza anche superiore. Secondo Bos [2]:

- se la larghezza della sezione di controllo è maggiore del 50% della larghezza del canale di arrivo, il canale a monte deve essere rettilineo e regolare per una lunghezza pari ad almeno 10 volte la sua larghezza;
- se la larghezza della sezione di controllo è minore del 50% della larghezza del canale di arrivo, il canale a monte deve essere rettilineo e regolare per una lunghezza pari ad almeno 20 volte la sua larghezza;

8.8 Scelta del tipo di misuratore

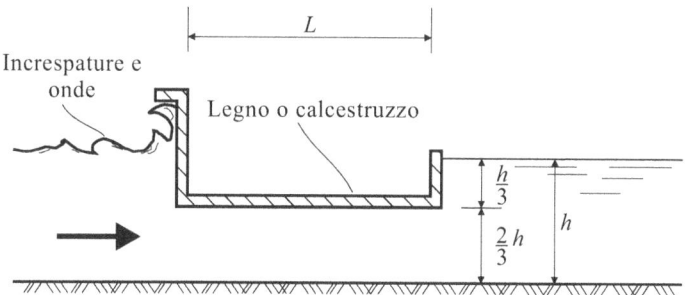

Figura 8.50 Dispositivo per lo smorzamento delle increspature di superficie e delle onde

Tabella 8.18 Efficienza dello smorzatore di superficie

L/h	Riduzione % delle onde
1–1.5	60–75%
2–2.5	80–88%
3.5–4	90–93%

- se la corrente in arrivo è veloce, è necessario forzare un risalto idraulico prima della misura. In tal caso, il canale a monte deve essere rettilineo e regolare per una lunghezza pari ad almeno 30 volte la sua larghezza a partire dal risalto;
- se si usano dei deflettori per regolarizzare il flusso, è necessario che il deflettore più vicino sia a una distanza dalla sezione di misura pari ad almeno 10 volte il tirante idrico di misura.

La corrente dovrebbe avere una distribuzione di velocità regolare, sia lungo la verticale, sia nel piano orizzontale. Depositi di sedimenti, barre e presenza di vegetazione, possono rendere asimmetrico il profilo della corrente in arrivo e favorire lo sviluppo di vortici e getti, con errore atteso superiore al 20%. Anche un livello di turbolenza troppo elevato può generare errori fino al 10%. Le increspature del pelo libero, dovute a turbolenza, o a fenomeni ondosi, oltre a ridurre l'accuratezza nella stima del livello idrico, generano disturbi al campo di moto e devono essere preferibilmente eliminate. Uno smorzatore di superficie adatto allo scopo è riportato in Figura 8.50 [19].

Il dispositivo è tanto più efficiente quanto maggiore è il rapporto tra la sua lunghezza, nel verso della corrente, e la profondità della corrente (Tabella 8.18).

8.8 Scelta del tipo di misuratore

La scelta del tipo di misuratore, o della tecnica di misura da adottare, è strettamente legata alle caratteristiche del sito e del canale, oltre che a una serie di fattori di seguito elencati [27]:

- Accuratezza e precisione
- Costo

- Limitazioni legali
- *Range* di portata
- Perdita di carico ammissibile
- Adattabilità alle caratteristiche del sito
- Adattabilità alle condizioni operative
- Tipo di misura e di registrazione richiesta
- Caratteristiche operative
- Capacità di trattare acque con sedimenti o *debris*
- Durabilità dello strumento in relazione alle caratteristiche ambientali
- Manutenzione necessaria
- Caratteristiche costruttive e di installazione
- Standardizzazione dello strumento e calibrazione
- Semplicità di verifica di funzionamento sul campo; individuazione di problemi e loro risoluzione
- Predisposizione dell'utente a nuovi metodi di misura
- Vandalismo potenziale
- Impatto ambientale

Accuratezza e precisione
La maggior parte dei dispositivi misuratori di portata nei canali a pelo libero ha un'incertezza pari al 5% e solo alcuni misuratori possono raggiungere un'incertezza dell'1%, in condizioni di laboratorio. Garantire un'incertezza così piccola, in dispositivi usati sul campo, è complesso (in fase costruttiva) e costoso (è necessaria una frequente ricalibrazione da parte di personale specializzato). Se il misuratore selezionato è inadatto all'uso nel sito di interesse, l'errore di misura può facilmente superare il 10%. È necessario tener presente che le specifiche di accuratezza si riferiscono, di norma, al misuratore primario. Per esempio, per un misuratore di portata, l'errore si riferisce alla scala delle portate, assumendo nota, con certezza, la misura del livello. Poiché nella misura del livello si commette un'altro errore, l'incertezza globale del misuratore sarà ulteriormente incrementata.

Costo
Il costo del misuratore include il costo di acquisto e di installazione, il costo di acquisto degli strumenti accessori, i costi operativi e di manutenzione. La stima dei costi deve essere fatta in dipendenza del tipo di misura richiesto (occasionale, continua con registratore locale, in telemetria ecc.), che inciderà in maniera significativa sulle caratteristiche operative della stazione di misura.

Limitazioni legali
Gli enti di controllo del territorio possono imporre delle limitazioni all'uso di alcuni strumenti di misura, quasi sempre per motivi di protezione ambientale. In altri casi, le imposizioni derivano dalla necessità di creare uno standard, in un dato comprensorio, per sveltire e rendere economiche le operazioni di manutenzione e controllo.

8.8 Scelta del tipo di misuratore

Range di portata
Tutte le tecniche di misura hanno un *range* di portata limitato. I limiti derivano o dal principio su cui si basano, o dagli strumenti accessori usati per la misura. Per esempio, gli stramazzi in parete sottile sono più indicati per basse portate. Per le portate elevate, sono preferibili gli stramazzi a soglia larga e i Venturi. Il limite di accuratezza nella misura dei livelli si ripercuote sul limite di portata dei misuratori a risalto e a stramazzo.

Perdita di carico
Quasi tutte le tecniche di misura generano una perdita di carico, sono cioè degli elementi a impedenza finita nella catena di misura. Se il misuratore deve essere inserito in una rete irrigua esistente, il carico necessario al suo funzionamento può non essere disponibile. Generalmente, la perdita di carico dovuta a un misuratore è inversamente proporzionale al suo costo: misure eseguite con tecniche a Ultrasuoni danno luogo a perdite di carico trascurabili, ma sono costose; misure eseguite con uno stramazzo in parete sottile generano perdite di carico elevate e sono economiche.

Adattabilità alle caratteristiche del sito
La scelta del tipo di misuratore non dovrebbe modificare le caratteristiche idrauliche del corso d'acqua. La sezione trasversale corrente del corso d'acqua può avere una certa importanza nella scelta. Per esempio, inserire un misuratore Parshall in un canale esistente può richiedere un allargamento della sezione, intervento non necessario se si fa uso di un misuratore di altro tipo.

Adattabilità alle condizioni operative
Lo strumento selezionato deve essere in grado di garantire il funzionamento in tutte le condizioni idrauliche previste per il canale. Per esempio, se il livello di valle può aumentare significativamente, è preferibile evitare tutti quei dispositivi che possono perdere la caratteristica semimodulare per rapporti di sommergenza bassi. Talvolta, lo strumento di misura ha anche una funzione di controllo del flusso (è il caso dei misuratori a battente a carico costante). Se, invece, l'azione di controllo e la misura sono affidati a dispositivi differenti, i dispositivi attuatori devono essere scelti in modo da essere compatibili con i dispositivi di misura.

Tipo di misura e di registrazione richiesti
Una misura istantanea e accurata può essere utile a un operatore che sta verificando il funzionamento dello strumento. Nella maggior parte dei casi, è necessaria una misura di portata media e che permetta di calcolare i volumi in transito in un certo intervallo di tempo. Se il regime del corso d'acqua è quasi stazionario, può essere sufficiente una sola misura al giorno. In molti altri casi, è necessaria una misura più frequente, con un sistema di totalizzazione dei volumi. L'incidenza del costo del dispositivo di trasmissione e memorizzazione delle misure è trascurabile, nel caso di misuratori di grande dimensione e, presumibilmente, costosi; invece, è molto elevata per i piccoli misuratori.

Caratteristiche operative
Alcune tecniche di misura richiedono molto lavoro manuale. Per esempio, le misure con i mulinelli richiedono personale addestrato e un'attrezzatura speciale. I registratori a carta richiedono un operatore per la sostituzione del materiale di consumo e per il controllo del buon funzionamento. Le misure di livello con dispositivi a Ultrasuoni richiedono personale specializzato per la messa a punto e i controlli di funzionamento. In generale, ogni dispositivo, o tecnica di misura, ha delle caratteristiche operative che devono essere valutate in fase di scelta.

Capacità di trattare acque con sedimenti o *debris*
Spesso, la corrente trasporta sedimenti a concentrazione elevata e corpi galleggianti. In alcuni dispositivi di misura i sedimenti tendono ad accumularsi più che in altri, e la loro rimozione rappresenta un onere dal costo non trascurabile. Talvolta, la presenza di depositi altera la scala di portata del misuratore, mentre i corpi galleggianti possono occludere alcuni dispositivi.

Durabilità dello strumento in relazione alle caratteristiche ambientali
La scelta del misuratore deve essere fatta in modo da garantirne la durabilità, in condizioni di efficienza, anche in presenza di fattori ambientali avversi. Per esempio, l'acqua molto fredda può ridurre l'efficienza dell'olio lubrificante e dei grassi usati per la lubrificazione di parti mobili, e, se ghiaccia, può occludere le prese di pressione dei manometri. Acqua molto acida o molto basica può corrodere le componenti del misuratore. Gli ossidi e la crescita algale incrostante possono bloccare le parti in movimento. I sedimenti possono avere un'azione erosiva o possono ridurre la mobilità di assi rotanti. Le caratteristiche ambientali possono precludere decisamente l'uso di alcune categorie di misuratori. Per esempio, la misura di portata in acque reflue, eventualmente con sedimenti a elevata concentrazione, preclude l'uso di dispositivi che richiedono prese di pressione, o sensori intrusivi, o la trasmissione di Ultrasuoni.

Manutenzione necessaria
La manutenzione richiesta varia in base al dispositivo selezionato. I mulinelli idrometrici richiedono una manutenzione almeno annuale. I misuratori a stramazzo, a soglia larga e sotto battente, richiedono una pulizia periodica del canale di arrivo. È sempre opportuno prefissare un programma di manutenzione periodica e accurata e stimarne i costi.

Caratteristiche costruttive e di installazione
Soprattutto nei misuratori da installare in impianti preesistenti, un fattore di scelta importante può essere la disponibilità dei pezzi e dei raccordi speciali per permettere l'adattamento del misuratore al canale.

8.8 Scelta del tipo di misuratore

Standardizzazione dello strumento e calibrazione
Se si sceglie un misuratore di tipo standard, si fa affidamento su uno strumento le cui prestazioni sono ampiamente documentate, sia teoricamente, sia nella pratica d'uso. Inoltre, per gli strumenti standard, sono disponibili le scale di deflusso e le caratteristiche costruttive tabulate e pronte. Anche la manutenzione è limitata al massimo e, spesso, si riduce a un controllo visivo di funzionalità. La disponibilità commerciale di un dispositivo non è necessariamente indice di lunga tradizione nell'uso dello strumento. La realizzazione pratica di un dispositivo standard dovrebbe essere eseguita nel rispetto rigoroso delle prescrizioni e delle caratteristiche dimensionali di progetto, onde evitare la necessità di una calibrazione successiva spesso complessa e costosa.

Semplicità di funzionamento sul campo e individuazione dei problemi e loro risoluzione
Dopo la costruzione o l'installazione del misuratore, è opportuno eseguire delle verifiche di calibrazione che servono soprattutto a evidenziare gli errori grossolani eventualmente commessi. Alcuni dispositivi elettronici forniscono la lettura della misura solo dopo una verifica automatica di buon funzionamento (*self-test*). La scelta del dispositivo può essere fatta anche sulla base delle modalità di fuori servizio e sulla semplicità di verifica del funzionamento. È sempre preferibile utilizzare sistemi che non forniscano alcuna indicazione sulla misura eseguita, quando la procedura di misura è risultata scorretta in una qualunque fase.

Predisposizione dell'utente a nuovi metodi di misura
La selezione di un dispositivo di misura dovrebbe tenere in conto anche la tradizione locale per quel tipo di misura. I miglioramenti progressivi di una tecnica già in uso saranno preferiti a un cambiamento radicale.

Vandalismo potenziale
La strumentazione facilmente visibile, in luoghi di facile accesso, è più soggetta ad atti di vandalismo. Se è inevitabile realizzare delle stazioni di misura in siti soggetti a vandalismo potenziale, la scelta del misuratore deve orientarsi verso dispositivi semplici, economici e privi di componenti sofisticate.

Impatto ambientale
I dispositivi di misura possono avere un impatto ambientale più o meno elevato. Per esempio, l'inserimento di uno stramazzo in un corso d'acqua rallenta la corrente a monte e la accelera a valle, modificando il regime di trasporto dei sedimenti e i fenomeni erosivi e di sedimentazione, modificando l'*habitat* e interferendo con la mobilità dei pesci, della fauna e con la flora acquatica. Il criterio di massima è scegliere uno strumento che limiti l'impatto ambientale.

Un'indicazione dei parametri di riferimento per la scelta del misuratore è riportata in Tabella 8.19 e successive.

Tabella 8.19 Guida alla selezione del dispositivo di misura (continua in Tabella 8.20)

Dispositivo	Accuratezza	Costo	$Q > 4\,\mathrm{m}^3/\mathrm{s}$	$Q \ll 4\,\mathrm{m}^3/\mathrm{s}$	Range	Perdita di carico	Canale rivestito	Canale non rivestito
Stramazzi in parete sottile	0	0	−	+	0	−	−	0
Stramazzi a soglia larga	0	+	+	+	+	0	+	0
Misuratori a gola allungata	0	0	+	+	+	0	+	0
Misuratori a gola corta	0	−	−	0	0	−	−	0
Luci sotto battente	0	0	−	+	−	−	0	0
Paratoie piane e radiali	−	+	0	0	−	−	+	+

Tabella 8.20 Guida alla selezione del dispositivo di misura (segue da Tabella 8.19)

Dispositivo	Misura portata	Misura volume	Sedimenti/Debris attr. sed.	Sedimenti/Debris attrav. debris	Durabilità parti in movimento	Durabilità fornitura elettrica	Manutenzione	Costruzione	Verifica *in situ*	Standard
Stramazzi in parete sottile	+	−	−	−	+	+	0	−	0	+
Stramazzi a soglia larga	+	−	0	+	+	+	+	+	+	0
Misuratori a gola allungata	+	−	0	+	+	+	+	0	+	0
Misuratori a gola corta	+	−	0	+	+	+	+	−	−	+
Luci sotto battente	+	−	−	−	+	+	+	0	+	0
Paratoie piane e radiali	+	−	0	−	+	0	+	+	−	−

8.8 Scelta del tipo di misuratore

Tabella 8.21 Parametri funzionali principali dei misuratori a soglia larga [5]

Dispositivo	Forma della sezione di controllo	Esponente della scala di deflusso	M = misuratore R = regolatore	$H_{m\,min}$, Δh_{min}	$H_{m\,max}$, Δh_{max}	Q_{min} (m³/s), q_{min} (m²/s)	Q_{max} (m³/s), q_{max} (m²/s)	$\gamma = \dfrac{Q_{max}}{Q_{min}}$
Stramazzo a soglia larga arrot. a monte	rettangolare	$n = 1.5$	MR	0.06 m 0.05L	0.5L	0.006 6 per $b = 0.30$ m	$q = 4.7$ per $H_m = 2.0$ m	35
Romijn	rettangolare	$n = 1.5$	MR	0.05 m 0.12L	0.78L	0.005 7 per $b = 0.30$ m	$Q = 0.86$ per $b = 1.5$ m	30
Stramazzo a soglia larga triangolare	triangolare (tronca)	$n = 1.7$–2.5	MR	0.06 m 0.05L	da 0.5L a 0.7L	0.002 6 per $2\theta = 30°$	variabile	830
Stramazzo a soglia larga spigolo vivo a monte	rettangolare	$n = 1.5$	MR	0.06 m 0.08L	da 0.85L a 1.5L	0.006 4	$q = 5.07$ per $H_m = 2.0$ m	35–81
Fayum	rettangolare	$n = 1.5$	M	0.06 m 0.08L	1.6L	0.001 1	$q = 5.1$ per $H_m = 2.0$ m	90

Tabella 8.22 Parametri funzionali principali dei misuratori a stramazzo [5]

Dispositivo	Forma della sezione di controllo	Esponente della scala di deflusso	M = misuratore R = regolatore	$H_{m\,min}$, Δh_{min}	$H_{m\,max}$, Δh_{max}	Q_{min} (m³/s), q_{min} (m²/s)	Q_{max} (m³/s), q_{max} (m²/s)	$\gamma = \dfrac{Q_{max}}{Q_{min}}$
Stramazzo in parete sottile a contr. completa	rettangolare	$n = 1.5$	M	0.07 m	0.60 m 0.5B	0.009 97	$q = 0.813$	24.5 se $b > 1.20$ m
Stramazzo in parete sottile a contr. parziale	rettangolare	$n = 1.5$	MR	0.03 m	$2.4d$	0.001 37	variabile	≈ 30
Stramazzo in parete sottile a contr. completa	triangolare	$n = 2.5$	M	0.05 m	0.60 m $1.2d$	≈ 0.0008	$Q \approx 0.39$	≈ 500
Stramazzo in parete sottile a contr. parziale	triangolare	$n = 2.5$	M	0.05 m	0.38 m $0.4d$	0.000 2 per $2\theta = 28°\,4'$	$Q = 0.145$ per $2\theta = 100°$	≈ 150
Stramazzo Cipolletti	trapezia	$n = 1.5$	MR	0.06 m	0.60 m	0.008 2 per $b = 0.3$ m	$q = 0.864$	36.4
Stramazzo circolare	circolare	$n \leq 2.0$ (variabile)	M	0.30 m $0.1D$	$0.9D$	0.009 1 per $D = 0.2$ m	variabile	55.9 se $D > 0.3$ m
Stramazzo proporzionale	variabile	$n = 1.0$	M	0.03 m $2a$	tale che $x \leq 0.005$ m	0.005 8 per $a = 0.006$ m, $b = 0.15$ m	variabile	piccolo funz. di a

8.8 Scelta del tipo di misuratore

Tabella 8.23 Parametri funzionali principali dei misuratori a soglia larga [5]

Dispositivo	Forma della sezione di controllo	Esponente della scala di deflusso	M = misuratore R = regolatore	$H_{r\,min}$, Δh_{min}	$H_{m\,max}$, Δh_{max}	Q_{min} (m³/s), q_{min} (m²/s)	Q_{max} (m³/s), q_{max} (m²/s)	$\gamma = \dfrac{Q_{max}}{Q_{min}}$
Stramazzo a soglia stretta rettangolare	rettangolare	$n = 1.5$	M	0.09 m 0.75L	0.90 m 0.5b	0.013 per $b = 0.30$ m	$q = 1.366$	32
Stramazzo a soglia stretta a V	triangolare	$n = 2.5$	M	$h_m = 0.03$ m	$h_m = 1.83$ m	0.000 5 per $2\theta = 126°52'$	$Q = 49.4$ per $2\theta = 157°22'$	da 49 000 a 50 000
Crump	rettangolare	$n = 1.5$	M	0.03 m (0.06 m)	3.0 m 3d	0.003 1 per $b = 0.3$ m	$q = 10$–18	1000 (350)
Crump a V piatta	triangolare (tronca)	$n = 1.7$–2.5	M	0.03 m (0.06 m)	3.0 m 3d	0.013 7 (0.0275) per $b = 0.3$ m	variabile	da 100 000 a 17 500
Butcher	rettangolare	$n = 1.5$	MR	0.05 m	1.0 m	0.007 7 per $b = 0.3$ m	$q = 2.3$	120
WES	rettangolare	$n = 1.5$	M	0.06 m	variabile 5d	0.025 per $b = 1.0$ m	variabile	≈ 1000
Stramazzo cilindrico circolare	rettangolare	$n = 1.5$	MR	0.06 m 0.1r	variabile 3d	0.006 4 per $b = 0.3$ m	variabile	≈ 750

Tabella 8.24 Parametri funzionali principali dei misuratori a soglia larga [5]

Dispositivo	Forma della sezione di controllo	Esponente della scala di deflusso	M = misuratore R = regolatore	$H_{m\,min}$, Δh_{min}	$H_{m\,max}$, Δh_{max}	Q_{min} (m³/s), q_{min} (m²/s)	Q_{max} (m³/s), q_{max} (m²/s)	$\gamma = \dfrac{Q_{max}}{Q_{min}}$
Venturi (1)	rettangolare	$n = 1.5$	M	0.06 m 0.10L	$L, B \leq 3.0$ m	0.0066 per $b = 0.30$ m	variabile funz. di L	35
Venturi (2)	triangolare (tronca)	$n = 1.7\text{--}2.5$	M	0.06 m 0.10L	$L, B \leq 3.0$ m	0.0066 per $2\theta = 90°$	variabile funz. di L	≤ 315
Venturi (3)	trapezia	$n = 1.6\text{--}2.4$	M	0.06 m 0.10L	$L, B \leq 3.0$ m	0.0036 per $b = 0.08$ m $m = 1:2$	variabile funz. di L	≤ 250
Venturi (4)	parabolica	$n = 2.0$	M	0.06 m 0.10L	$L, B \leq 3.0$ m	0.0027 per fuoco = 0.1 m	variabile funz. di L	100
Venturi (5)	(semi-)circolare	$n \leq 2.0$ (variabile)	M	0.06 m 0.10L	$L, B \leq 3.0$ m	0.0026 per $D = 0.2$ m	variabile funz. di L	100 se $D > 0.6$ m
Khafagi	rettangolare	$n = 1.5$	M	0.06 m	2.0 m 1.5R	0.005 per $b = 0.2$ m	$q = 4.82$ per $H_m = 2.0$ m	190
Misuratore a gola cortissima	rettangolare	$n = 1.5$	M	0.06 m	1.8 m	–	–	–

8.8 Scelta del tipo di misuratore

Tabella 8.25 Parametri funzionali principali dei misuratori a soglia larga [5]

Dispositivo	Forma della sezione di controllo	Esponente della scala di deflusso	M = misuratore R = regolatore	$H_{m\,min}$, Δh_{min}	$H_{m\,max}$, Δh_{max}	Q_{min} (m³/s), q_{min} (m²/s)	Q_{max} (m³/s), q_{max} (m²/s)	$\gamma = \dfrac{Q_{max}}{Q_{min}}$
Parshall (1)	rettangolare	$n = 1.55$	M	0.015 m (0.03 m)	0.21 m (0.33 m)	0.0009 (0.000 77)	0.005 4 (0.032 1)	≈ 55
Parshall (2)	rettangolare	$n = 1.522$–1.607	M	0.03 m (0.076 m)	0.45 m (0.76 m)	0.001 5 (0.097 2)	0.111 (3.949)	≈ 75
Parshall (3)	rettangolare	$n = 1.6$	M	0.09 m	1.07 m (1.83 m)	0.16 (0.75)	8.28 (93.04)	≈ 105
Misuratore HS	trapezia	$n = 2.0$–2.4	M	0.01 m (0.04 m)	0.11 m (0.30 m)	0.000 012 (0.000 34)	0.000 3 (0.022 3)	≈ 100
Misuratore H	trapezia	$n = 2.0$–2.4	M	0.01 m (0.03 m)	0.14 m (1.36 m)	0.000 031 (0.001 4)	0.009 (2.336)	≈ 750
Misuratore HL	trapezia	$n = 2.0$–2.4	M	0.03 m	1.06 m (1.21 m)	0.001 8 (0.002 0)	2.369 (3.326)	≈ 1500

Tabella 8.26 Parametri funzionali principali dei misuratori a luce sotto battente [5]

Dispositivo	Forma della sezione di controllo	Esponente della scala di deflusso	M = misuratore R = regolatore	$H_{m\,min}$, Δh_{min}	$H_{m\,max}$, Δh_{max}	Q_{min} (m^3/s), q_{min} (m^2/s)	Q_{max} (m^3/s), q_{max} (m^2/s)	$\gamma = \dfrac{Q_{max}}{Q_{min}}$
Orifizio circolare	circolare	$n = 0.5$	M	$\Delta h = 0.03$ m $h_m > D$	–	0.000 14 per $D = 0.02$ m	variabile	5.8
Orifizio rettangolare	rettangolare	$n = 0.5$	M (MR)	$\Delta h = 0.03$ m $h_m > 0.15$ m	–	0.028	variabile	5.8
Orifizio a carico costante (doppia paratoia)	rettangolare	$n = 0.5$	MR	$\Delta h = 0.06$ m $h_m > 2.5a$	$\Delta h = 0.06$ m	0.008 6 (0.0107)	$Q = 0.140$ ($Q = 0.280$)	16 (26)
Paratoia radiale	rettangolare	$n = 0.5$	MR	$h_m > 0.15$ m $h_m > 1.25a$ $h_m > 0.1r$	$h_m < 1.2r$	0.005 per $h_m > 0.15$ m	variabile	≈ 35
Crump-De Gruyter	rettangolare	$n = 0.5$	MR	0.03 m 1.58a	0.6 m	0.008 8	$q = 0.742$	10
Metergate	rettangolare	$n = 0.5$	MR	$\Delta h = 0.05$ m $h_m > D$	$\Delta h < 0.45$ m	0.0076 per $D = 0.3$ m	$Q = 2.1$ per $D = 1.22$ m	da 7 a 45
Neyrpic X1	rettangolare	$n = 0.5$	MR	$h_m = 0.17$ m	$h_m < d$ $h_m < 3d_v$	0.0005	$q = 0.10$	1
Neyrpic XX2	rettangolare	$n = 0.5$	MR	$h_m = 0.28$ m	$h_m < d\ h_m < 3d_v$	0.0010	$q = 0.20$	1
Tubo delle Danaidi	circolare o rettangolare	$n = 0.5$	M	≈ 0.10 m	≈ 5.0 m	0.00027 $d = 0.02$ m $h_m = 0.10$ m	variabile	7

8.8 Scelta del tipo di misuratore

Tabella 8.27 Parametri funzionali principali dei misuratori non standard [5]

Dispositivo	Forma della sezione di controllo	Esponente della scala di deflusso	M = misuratore R = regolatore T = totalizzatore	$H_{m\,min}$, Δl_{min}	$H_{m\,max}$, Δh_{max}	Q_{min} (m^3/s), q_{min} (m^2/s)	Q_{max} (m^3/s), q_{max} (m^2/s)	$\gamma = \dfrac{Q_{max}}{Q_{min}}$
Misuratore partitore	rettangolare	$n = 1.5$	MR	0.06 m 0.5r	d 0.35d_v 4r	0.0075 per $b = 0.30$ m	$q = 5.69$ per $H_m = 2.0$ m	30
Condotta verticale	circolare	$n = 0.53$ o 1.35	M			0.00048 per $D = 0.025$ m	$Q = 2.45$ per $D = 0.609$ m	237
Condotta orizzontale	circolare	$n = 1.5$–2.0	M	0.03 m	4.0 m	0.00062 per $D = 0.05$ m	variabile	42
Condotta orizzontale a canna piena	circolare	$n = 1.5$	M	$h_m > 0.02$ m $h_m > 0.1D$	$h_m < 0.56 D$	0.0020 per $D = 0.05$ m	$Q = 0.10$ per $D = 0.15$ m	2.5
Misuratore a caduta libera	rettangolare	$n = 1.5$	M	$h_m > D$ $h_e > 0.03$ m	—	0.0081 per $b = 0.30$ m	$q = 4.82$ per $H_m = 2.0$ m	≈ 175
Misuratore di Dethridge	rettangolare	—	MRT	$h_m > 0.30$ m ($h_n > 0.38$ m)	$h_m < 0.90$ m	0.0015 (0.040)	$Q = 0.070$ ($Q = 0.140$)	4.6 (3.5)
Misuratore a mulinello	circolare (rettangolare)	—	MRT	$V > 0.45$ m/s	$V < 5.0$ m/s	0.00088 per $D = 0.05$ m	$Q = 13.0$ per $D = 1.82$ m	10

Esempio 8.7 Si voglia misurare la portata d'acqua, a uso irriguo, in ingresso alla rete di distribuzione interna di una fattoria. Il canale della rete interna è a sezione trapezia con pareti in calcestruzzo, con una paratoia rettangolare manuale per la diversione della portata dal canale principale consortile. Quando la portata derivata è pari a 300 l/s, la perdita di carico attraverso la paratoia è di circa 20 cm. La corrente trasporta sedimenti fini e oggetti galleggianti. La turnazione è di 24 h ogni 2 settimane e la misura serve a controllare l'adacquamento dei terreni e per quantificare i costi. Il pelo libero rimane a quota quasi costante durante l'irrigazione ed è sufficiente una sola misura durante il turno, anche se, in tempi successivi, si prevede una maggiore frequenza. Non è disponibile l'allacciamento alla rete elettrica.

Per il sito oggetto di indagine, le priorità da rispettare sono: a) le perdite di carico, b) il costo, c) l'accuratezza, d) la presenza di oggetti galleggianti. Dalla Tabella 8.19 risulta che le minori perdite di carico si ottengono con le misure correntometriche con i mulinelli, gli stramazzi a soglia larga e i misuratori a gola allungata. La paratoia piana non sarebbe una scelta ottimale, poiché genera perdite di carico elevate. Tuttavia, nel caso in studio, la paratoia è già presente come organo di intercettazione e controllo, e un suo eventuale uso, come misuratore, non incide sul bilancio energetico della corrente. Considerando il costo iniziale, il costo di acquisizione dei dati e la manutenzione, la scelta si orienta verso uno stramazzo a soglia larga, un misuratore a gola allungata, oppure una paratoia verticale. Considerando, infine, la presenza di oggetti galleggianti e l'accuratezza richiesta, la scelta ricade su un misuratore a gola allungata.

Riferimenti bibliografici

1. Ackers, P., White, W.R., Perkins, J.A. and Harrison, A.J.M., 1978. *Weirs and flumes for flow measurement*. John Wiley & Sons, ISBN 0471996378, XIX+327 pp.
2. Bos, M.G. (ed.), 1989. *Discharge Measurement Structures*. 3rd edition, International Institute for Land Reclamation and Improvement, Publication 20, Wageningen, The Netherlands.
3. British Standards Institution, 1965. *Methods of measurement of liquid flow in open channels*. BS 3680, Part 4A: Thin-plate weirs and Venturi flumes. London.
4. Castex, L., 1969. Quelques nouventes sur les deversoirs pour la mesure de debits. *La Houille Blanche*, N° 5, 541–548.
5. Delft Hydraulics Laboratory, Working Group on small Hydraulic Structures, 1976. *Discharge Measurement Structures*. (M. G. Bos ed.). Delft Hydraulics Laboratory publication N° 161, XV+464 pp.
6. Franke, P.G. and Valentin, F., 1969. The determination of discharge below gates in case of variable tailwater condition. *Journal of Hydraulics Research* 7, N° 4, 433–447.
7. Gruyter, P. de, 1926. Een nieuw type aftap – tevens meetsluis. *De Waterstaats-ingenieur*, N° 12, N° 1 (1927). Batavia.
8. Henderson, F.M., 1966. *Open channel flow*. The MacMillan Company, New York, 522 pp.
9. Herschy, R.W., 1999. Flow Measurement. In *Hydrometry. Principles and Practice*. 2nd ed., Herschy, R.W. Ed., John Wiley & Sons Ltd., ISBN 0 471 97350 5, VI+376 pp.
10. ISO 1438, 1980. *Thin Plate Weirs*. Ginevra.
11. Kindsvater, C.E. and Karter, R.W., 1957. Discharge characteristics of thin plate weirs. *Proc. Am. Soc. Civ. Engnrs, Paper 1453* (HY 6).

Riferimenti bibliografici 447

12. Laboratorio di Idraulica del Dipartimento di Ingegneria Civile, Università degli Studi di Parma, 2003. *Realizzazione di modello fisico degli scarichi di fondo del manufatto regolatore del bacino di laminazione A3 sul torrente Arno a monte di Gallarate*. Relazione finale.
13. L'Association Française de Normalisation, 1971. *Mesure de débit de l'eau dans les chenaux au moyen de déversoire en mince paroi*. X 10-311, ISO/TC 113/GT 2 (France-10), 152.
14. Mises, R. von, 1917. Berechnung von Ausfluss und Überfallzahlen. *Z. des Vereines deutscher Ingenieure* 61, No 21, pp. 447–452; No 22, pp. 469–474; N° 23, 493–498, Berlin.
15. NEYRPIC, 1955. *Irrigation canal equipment*. Ets Neyrpic, Grenoble, France, pp. 32.
16. *Normen fur Wassermessungen*, Normen des Schweizerischen Ingenieur und Architekten-Vereins, N° 109, 1924.
17. Pratt, E.A., 1914. *Another proportional-flow weir: Sutro weir*. Engineering News (New York), 72, N° 9, 462–463.
18. Rehbock, T., 1929. Wassermessung mit scharfkantigen Überfallwehren. *Z. Ver dtsch Ing.*, 73, 817–823.
19. Schuster, J.S. (ed.), 1970. *Water Measurement Procedures*. Irrigation Operator's Workshop. REC-OCE-70-38, United States Department of the Interior, Bureau of Reclamation, Denver, Colorado.
20. Scimemi, E., 1930. *Sulla forma delle vene tracimanti*. L'Energia Elettrica, Vol. 17, N° 4, 229–305.
21. Seitz, E., and Die, S.I.A., 1926. Normen für Wassermessungen bei Durchführung von Abnahmeversuchen an Wasserkraftmaschinen. *Schweiz. Bauz.*, 88, No 1, 17–18.
22. Shen, J., 1960. *Discharge characteristics of triangular-notch thin-plate weirs*. U.S. Dept. of Interior, Geological Survey, draft for I.S.O.
23. Smith, H., 1886. *Hydraulics*. John Wiley and Sons, New York.
24. Soucek, J., Howe, H.E. and Mavis, F.T., 1936. *Sutro weir investigations furnish discharge coefficients*. Engineering New-Record
25. Taylor, J.R., 2000. *Introduzione all'analisi degli errori. Lo studio delle incertezze nelle misure fisiche*. Zanichelli, 2ª edizione, ISBN 88-08-17656-8, XII+331 pp.
26. Toch, A., 1952. *The effect of a lip angle upon flow under a tainter gate*. State University of Iowa Master's Thesis.
27. U.S. Department of the Interior, 2001. *Water Measurement Manual*. S/N 024-003-00180-5.
28. U.S. Soil Conservation Service, 1962. *National Engineering Handbook. Chap.9, Section 15: Measurement of irrigation water*. U.S. Government printing office, Washington.
29. Villemonte, J.R., 1947. Submerged weir discharge studies. *Engineering News Record*, 1947, 866–869.
30. White, W.R., 1975. Field calibration of flow measuring structures. *Proc. Instn. Civ. Engnrs.*, 59, Part 2, Paper 7821, 429–447.

Indice analitico

A

accelerometro, 167
accreditamento, 270
accuratezza, 46, 48, 68, 152, 206, 214, 225, 233, 259, 303, 359, 360, 386
acquisizione
    digitale, 159
aliasing, 118
altezza dell'onda, 168
altimetri laser, 168
altimetria satellitare, 168
ammettenza generalizzata, 42, 43
ampiezza dello spettro di risposta armonica di un sistema
    del 1° ordine, 90
    del 2° ordine, 95
amplificatore
    di corrente, 184
    differenziale, 186
analisi colorimetrica d'immagine, 164
analisi dimensionale, 210, 237
analisi spettrale, 115
analisi zero-crossing, 124
angolo
    di apertura, 155
    di contatto, 173
    di rotazione, 264
antitrasformata, 74, 82, 84
antitrasformazione, 74
asintoticamente stabile, 83, 86
asta idrometrica, 143, 325
    a punte multiple, 141
    per la misura del massimo livello, 144

B

banda
    della risposta dinamica, 189
    d'errore, 61
    di confidenza, 376
    di frequenza, 163
    morta, 50, 51
Bazin, 369
bias, 259
bimetallico, 178
boa ondametrica, 167
    ancorata, 167
    libera, 167
boccaglio, 215, 258
    a grande raggio, 225
    corto ISA 1932, 225
booster, 231
bypass, 239

C

calibratore
    di Aronson, 198
    standard primario, 191
calibrazione, 64, 150, 151, 165, 190, 196, 198, 214, 265, 296
    dinamica, 152, 198
    statica, 52, 152, 210
calore specifico
    a pressione costante, 153, 208
    a volume costante, 153, 208
camera
    di oscillazione, 258
    di risonanza, 258
campo di misura, 164

canale
    di alimentazione, 289, 367
    di arrivo, 286, 305, 343
    di fuga, 278, 287
    di presa, 325
    Venturi, 429
canali misuratori
    a gola allungata
        a gola corta o senza gola, 277
canna
    piena, 357
    risonante a quarto d'onda, 161
    scema, 357, 358
capillare, 173
capsula, 179
caratteristica lineare, 214
catchment, 303
catetometro, 141
cavo, 168
celerità
    assoluta, 251
    degli Ultrasuoni, 153
    del suono, 209
    di propagazione, 153, 162, 197, 251
    relativa, 210
chiamata allo sbocco, 369
cinematismo, 139, 177
circuito
    di misura, 190
    di test, 190
    idraulico ausiliario (di servizio), 189, 190
    optoelettronico, 186
clamp-on, 254, 256
coefficiente
    correttivo
        del coefficiente di efflusso, 351, 400
        della gravità, 193
        della velocità di arrivo, 295, 307, 313, 315, 318, 320, 322, 325, 329, 331, 334, 335, 338, 340, 344, 354, 355, 377, 385, 387, 388, 391–393, 402, 409, 410, 425
        per la spinta di Archimede, 192
    di assorbimento, 159
    di calibrazione, 204, 245
    di contrazione, 385, 387, 391, 393, 398, 413
    di efflusso, 218, 219, 280, 286, 295, 297, 300, 307, 310, 311, 313–315, 318, 320, 322, 325, 328, 329, 331, 338, 343, 344, 347, 350, 351, 353, 354, 366, 369, 370, 373–375, 377, 379, 385, 387, 388, 391, 393, 395, 398, 400, 402, 405, 407–409, 413, 425, 426
    di forma, 295, 297
    di Poisson, 182
    di ragguaglio
        di Boussinesq, 175
        di Coriolis, 218, 278, 279, 306, 419
    di resistenza (*drag*), 245–247
    di riduzione per sommergenza, 353
    di smorzamento, 83, 94, 96, 197
    di strozzamento, 218, 223
    di velocità, 385, 391, 393
colonna di mercurio, 174
colpo d'ariete, 189
compensare *on-line*, 151
compensazione, 206
compliance, 197, 198
componente cinetica, 169
comprimibilità, 162
condizione
    iniziale, 70–72, 76, 79
    limite di sommergenza, 331, 416
condizioni
    critiche, 280
    nominali di funzionamento, 65
condotti
    aerofori, 366, 381, 382
    di connessione, 161
conducibilità, 250
confidenza (banda o limite), 33, 34, 58, 127–129, 322, 335, 340
contrazione
    completa, 389
    della vena, 385, 408
    laterale, 367, 373
    parziale (incompleta), 372, 374
    soppressa, 365, 392
controllo
    sub-proporzionale, 430
    super-proporzionale, 430
convergente, 285, 286
convertitore
    frequenza-corrente, 238
    frequenza-tensione, 238
correlazione, 259
corrente
    lenta, 287, 314
    supercritica, 420
    veloce, 402
correzione dell'uscita, 40
costante
    di Boltzmann, 5

Indice analitico 451

di tempo, 83, 89, 91, 94, 196, 238
strumentale, 49, 50, 62
cresta, 168
criterio della massima verosimiglianza, 428
curva
    caratteristica, 248
    di calibrazione, 53–55, 66–68, 152, 154, 165, 214, 360
    di portata, 291
    di taratura, 54, 55
curvatura
    del pelo libero, 165
    delle traiettorie, 327

D
data base, 270
De l'Hospital
    regola di, 76
debris, 360, 361
deformabilità, 44, 162
    generalizzata, 45
densità di probabilità, 19, 21, 22
deriva termica, 155, 183
derivata generalizzata, 76
deviazione standard, 23, 56, 60, 145, 424
    random, 426
diaframma, 179, 182, 185
    a segmento, 224
    classico, 222
    eccentrico inferiore, 224
    eccentrico superiore, 224
    simmetrico, 222
direzione di propagazione, 168
Dirichelet
    condizione di, 100
Discrete Fourier Transform (DFT), 108
dispersione angolare, 253
dispositivo
    deviatore, 267
    di condizionamento del flusso, 235
distanza focale, 157
distorsione, 165
distribuzione Gaussiana (o normale), 20, 58, 61
disturbi, 52, 163
disuguaglianza di Schwarz, 30
divergente, 285, 286
drop out, 155
durabilità, 436

E
eccitazione, 69, 72
effetti
    scala, 300
    spuri, 39, 64, 65, 68
effetto
    Coanda, 258
    di bordo, 151
    di capillarità, 195
    Peltier, 189
efflusso
    libero, 418
    rigurgitato, 389, 391, 392, 400
    sotto battente, 395
egodicità, 112
elemento
    piezoresistivo, 181
    primario, 181, 215
    secondario, 215
elettrodo
    di compensazione, 143
    di massa, 143
    guardiano, 251
ellitticità, 274
encoder, 241
equazione
    caratteristica, 70
    di stato, 208, 209
    differenziale omogenea associata, 70–72
errore, 88, 145, 150, 151, 155, 168, 172, 174, 178, 185, 186, 206, 217, 221, 224, 226–228, 234, 242, 243, 246, 248, 251, 253, 255, 270, 281, 313, 355, 359, 405, 407
    accidentale (o casuale), 17, 18, 24, 274
    assoluto, 23
    di allineamento, 206
    di non-ripetibilità, 61
    di precisione, 17, 24, 60, 61
    di settaggio dello zero, 426
    di traslazione (o bias), 61
    grossolano (o materiale), 17, 24
    probabile, 60
    random, 428
    relativo, 23, 153
    sistematico, 17, 24, 211, 274
    totale, 68
escursioni termiche, 185
evaporazione frazionata, 172
evoluzione
    forzata, 72, 79–81
    libera, 72, 79–81, 83, 96

F

fascia fiduciaria, 129
fase dello spettro di risposta armonica di un sistema
  del 1° ordine, 90
  del 2° ordine, 95
Fast Fourier Transform (FFT), 109
fattore
  di calibrazione, 257
  di correzione, 426
  di riduzione della portata, 321, 322, 325, 331, 334, 344, 347, 351
    in condizioni di sommergenza, 338
filtraggio, 40
filtro
  a reiezione di banda, 40
  passa basso, 40, 112
finestra di Hanning, 122
flessibilità, 430
fluido
  di servizio, 190
  manometrico, 170–172, 174
fondo scala, 47, 52, 61, 185–188, 196, 239, 248
formula del Gherardelli, 286, 314
forza
  di Coriolis, 261, 262
  di Kutta-Joukowski, 256
forzante, 70, 71, 167
franco, 423
frangimento, 168
frequenza
  degli impulsi, 238
  del diaframma, 184
  del primo modo di risonanza, 163
  della forzante, 196
  della portante, 155, 168
  di acquisizione, 155, 158
  di Nyquist, 106
  di oscillazione, 184
  di risonanza, 94, 96, 139, 155, 164, 184, 188, 197, 198, 260, 261
  di risposta, 198
  di taglio, 106, 139, 151, 155, 185, 198, 250
  naturale, 182, 185, 246
Full Scale Output (FSO), 49, 51
funzionamento semimodulare, 300, 317, 327, 377, 380, 386, 403, 426, 429
funzione
  densità di probabilità, 31
    binomiale, 425
    Gaussiana, 33, 424
  di autocorrelazione, 105

di Dirac, 76
di Heaviside, 77, 81
di risposta armonica, 94
di trasferimento, 72, 79, 81, 84, 87, 89, 163, 197
  di Laplace, 88, 94
  operazionale, 72
  razionale, 80
  simbolica, 176
  immagine, 74
  oggetto, 74
  razionale fratta, 80
    impropria, 80
  regolatrice, 291

G

galleggiante, 138, 139, 145, 147, 167, 246
gas perfetti, 208, 209
Gilflo, 248
giroscopio, 167
gola
  del misuratore, 277
GPS, 169
gradino, 84
grado di apertura, 407
grandezza, 4
  derivata, 4
  estensiva, 42
  fondamentale, 4
  intensiva, 42
  misurata, 47
gruppi adimensionali, 11, 12
guadagno, 39, 62, 88, 89, 94, 148, 163, 177, 187, 207, 208
  statico, 176

I

Il tubo delle Danaidi, 413
impatto ambientale, 431
impedenza, 190
  d'ingresso, 250
  equivalente, 142
  generalizzata, 41, 42, 44
impulso, 84
  di Dirac, 76
incertezza, 59, 141, 153, 155, 158, 164, 165, 169, 170, 183, 187, 188, 192, 193, 196, 224, 231, 238, 239, 241, 254–256, 258, 262, 265, 300, 305, 317, 319, 325, 329, 344, 350, 353, 356, 361, 376, 377, 380, 382, 388, 393, 404, 405, 424, 426, 434

Indice analitico 453

esterna, 56, 58, 59
indiretta, 56
interna, 56, 60
propria (diretta), 56
relativa, 322, 335, 340
indice di classe, 47
ingressi canonici, 84
insensibilità intrinseca, 40
integrale
   di convoluzione, 78
   di Fourier, 102
   generale, 70, 71
   particolare, 70, 71
interfaccia, 172, 173
interferenza, 39, 64, 65, 68, 151, 163, 167
Inverse Discrete Fourier Transform (IDFT), 108
isteresi, 51, 161, 395

L

laboratorio accreditato, 270
lama stramazzante, 327, 347
laser, 168
legge
   di assorbimento, 159
   di Blasius, 176
   di induzione di Faraday, 214, 249
   di potenza, 240
   di propagazione degli errori, 252
leggibilità, 171
lettura, 46
limite
   di semimodularità, 319, 322, 327, 334, 335, 340, 345, 349, 353, 355, 394
   di sommergenza, 277, 282, 283, 287, 288, 290, 294, 296, 314, 322, 334, 360, 381–383
linearità, 66, 142, 143, 158, 185
livello di confidenza, 58, 59, 424
luce di fondo, 395

M

manometro, 63
   a cilindro vibrante, 188
   a condensatore, 183
   a elemento elastico deformabile, 179
   a filo vibrante, 183
   a membrana, 44
   a peso morto, 191, 193
   a rami multipli, 173
   a rilevamento induttivo, 186
   a rilevamento ottico, 186
   a U, 170
   a U rovesciata, 171
   a variazione di riluttanza, 187
   Bourdon, 38, 39, 62, 64, 177, 178
   capacitivo, 182
   di Prandtl, 195
   di Zimmerli, 174
   differenziale, 177, 179, 215, 219
   differenziale a condensatore, 183
   inclinato, 172
   piezoelettrico, 184
      a risonanza, 196
   piezoresistivo, 185
massima
   sovrappressione, 188
   verosimiglianza, 56, 68
media mobile, 112
menisco, 170, 172
metergate, 405, 408
metodo Monte Carlo, 31, 34
minimi quadrati, 56, 66, 68
miniscope, 194
misura, 47
   di portata
      a effetto Doppler, 251
      a tempo di transito (volo), 251
      a Ultrasuoni, 251
   diretta, 25
   indiretta (inferenziale), 25, 260
misuratore di livello
   a bolle, 134
   a campana, 149
   a filo, 155
   a galleggiante, 138, 139, 156
   a impedenza, 151
   a microonde, 155
   a piezometro differenziale a suzione, 148
   a punta idrometrica, 140–142
   a radioisotopi, 159
   a Ultrasuoni, 152, 154, 155
   capacitivo, 149
   differenziale, 145–147
   digitale, 158
   induttivo, 149
   manometrico, 160
   ottico, 157
   per pesata, 164
misuratore di portata
   a cilindri e pistoni, 243
   a cono, 226, 227
   a cono a wafer, 229
   a cono coassiale, 227

a diaframma, 222, 226
a disco nutante, 241
a doppia elica, 243
a doppia membrana, 243
a effetto Coanda, 258
a generazione di vortici, 256
a palette, 239
a palette mobili radialmente, 242
a Pitot, 229
a precessione di vortice, 257
a scintillazione acustica, 259
a turbina (tipo Woltman), 236
centrifugo (a gomito), 231
con efflusso a fontana, 356
di Coriolis, 260
elettromagnetico, 249
in regime laminare, 233
termico, 264
tubo delle Danaidi, 413
volumetrico, 241
misuratore di portata in canale
a gola cortissima, 300
a orifizio regolabile di Crump-De Gruyter, 401
a paratoia radiale, 392
a paratoia verticale, 392
a sezione trapezia, 294
a soglia larga, 306
a stramazzo cilindrico circolare, 350
a stramazzo in parete sottile, 365
a U, 296
Columbus, 346
con luci sotto battente, 384
di Butcher, 343
di Crump, 330
di Dethridge, 359, 360
di Fayum, 318
di Palmer-Bowles, 296
H, 303
Khafagi, 299
Parshall, 300
San Dimas, 418
  drop-box, 419
sotto battente
  a orifizio circolare, 388
  a orifizio rettangolare, 391
standard Waterways Experimental Station (WES), 347
supercritico a sezione trapezia, 419
Trenton, 346
Venturi, 278
Walnut Gulch, 419
Washington State College, 305

misuratore di velocità
  elettromagnetico, 214
  mulinello a coppe (di Price), 211
    Pigmeo, 212
  mulinello ad asse orizzontale (Ott), 213
  tubo di Pitot, 203
modi
  aperiodici, 83
  periodici, 83
  propri, 86
  risonanti, 188
modulo
  di comprimibilità cubico isoentropico, 153, 162, 197, 251
  di condizionamento, 184
  di controllo e misura Neyrpic, 408
  di Young, 64, 163, 182, 197
molla di contrasto, 248, 263
molteplicità, 81
mulinelli idrometrici, 210, 361
mulinello
  a coppe (di Price), 211
    Pigmeo, 212
    standard, 211, 212
  ad asse orizzontale (Ott), 213

N
National Oceanic and Atmospheric Administration (NOAA), 168
non-linearità, 66
  ai minimi quadrati, 66
  indipendente, 66
  terminale, 66
numero
  di Froude, 282, 296, 298, 305, 336, 343, 416, 419
  di Mach, 208, 209
  di Reynolds, 208, 210, 218, 223, 224, 226, 231, 237, 240, 245–247, 256, 257, 312, 369, 374
  di Strouhal, 256
  di Weber, 312, 369, 374
Nyquist
  frequenza di, 106

O
onda
  di gravità, 161, 166, 168
  di *shock*, 209
on-line, 155, 188
operatore di Laplace, 74

Indice analitico

opposizione degli effetti, 40
ortofoto, 166
overload (overrange), 49

P
pacchetto d'impulsi, 155
parametro
    di flessibilità, 430
    di smorzamento, 139, 176
Parseval
    teorema di, 104
partitori, 354
pendenza
    subcritica, 419
    supercritica, 419
pendolo idrometrico, 245
perdita di carico, 217, 219, 386, 387
petto, 326, 338
    della soglia, 322
piattaforma inerziale, 167
pick-up, 183, 188, 238
piezometro, 170
Pitot, 207, 208
pixel, 165
polarizzazione, 250
poli, 81, 86
    complessi, 83
    reali, 83
ponte di Wheatstone, 38, 151, 181, 246
porta
    attiva, 200
    bagnata, 161
    secca, 161
portante, 155
portata, 49
    massica, 260, 261, 264
portata lineare, 49
pozzetto, 137
    di aerazione, 144, 176
    di calma, 144, 169, 176
precisione, 21, 47, 48, 68, 221, 225, 233, 259, 303
presa di pressione, 217, 223, 224, 228
    (a bassa), 219
    (ad alta), 219
    a $2.5D$, 223, 234
    a $8D$, 223, 234
    a D, 234
    a $D/2$, 234
    a $D - D/2$, 223, 225, 234
    d'angolo, 223, 225, 234
    di monte, 217

    di valle, 217
    dinamica, 209, 229
    esterna, 232
    interna, 232
    nelle flange, 223, 234
pressione
    assoluta, 174
    atmosferica, 174
    di ristagno, 206
    differenziale, 203, 207, 215, 216
    dinamica, 204, 207
    statica, 204, 207
pressostato, 200
previsione (banda o limite), 58
probabilità, 20, 23
processi stocastici, 112
processo a memoria, 85
prodotto integrale, 78
profilo
    di Creager-Scimemi
        circolare parabolico, 345
profondità
    critica, 279, 283, 286, 289, 292, 310, 313, 314, 353, 421
    di moto uniforme, 282
proprietà di coniugazione, 74
protocollo, 270
pulsazione, 83
    di risonanza, 176
punto
    di funzionamento, 286–288
    di ristagno, 203, 208

R
radar ad apertura sintetica, 168
raddrizzatori di filetto, 225, 361
rampa lineare, 200
range, 24, 52, 53, 61, 142, 145, 147, 148, 154, 155, 158, 161, 178, 182, 183, 185, 187, 188, 193, 194, 198, 207, 212, 213, 221, 222, 227, 229, 231–233, 237, 239, 241, 243, 246, 247, 251, 255, 256, 258, 262, 265, 278, 294, 303, 313, 326, 357, 361, 381, 389, 416, 420, 435
    dinamico, 49
    non linearità nel, 238
rapporto di sommergenza, 302, 305, 334
realizzabilità fisica, 69
regolazione della portata, 360
regressione, 55
    lineare, 55, 67

multipla, 67
non-lineare, 55
Rehbock, 369
residui, 82, 84
residuo, 81
resistenza tra gli elettrodi, 250
restringimento, 284, 287
retroazione ad alto guadagno, 40
retta di riferimento, 66
riflettenza, 168
rifrazione, 253
rigidezza, 44
   generalizzata, 44, 45, 197
   statica, 44
   torsionale, 263
rigurgito, 282, 288, 289, 381, 386, 417
ripetibilità, 51, 142, 165, 193, 228, 231, 239, 241, 243, 246, 248, 251, 256, 275
riproducibilità, 52, 232, 257
risalita capillare, 172, 173
risalto idraulico (di Bidone), 289, 382, 394, 395, 417
risoluzione, 50, 143, 151, 154, 155, 165, 168, 187
   spaziale, 155, 158, 165
risonanza, 161, 163
risposta, 69, 198
   a un ingresso polinomiale, 86
   a un ingresso sinusoidale, 87
   a una rampa di un sistema del 2° ordine, 98
   al gradino, 85, 90, 97
   al gradino di un sistema del 1° ordine, 91
   dinamica, 161, 182–184, 190, 196, 246
   impulsiva, 84
   in frequenza, 158, 198, 200, 211
   indiciale, 85
ristagno, 206
rivelatore a scintillazione, 160
roller, 394, 395
rotametro, 246, 248
rumore, 52, 62
   di fondo, 110

S

salto di fondo, 282, 290, 291, 293, 422
scala
   di deflusso, 287, 288, 290, 327, 346, 360, 365, 416, 421, 430
   graduata, 171, 177
Scanivalve, 199, 200
scarto quadratico medio, 23
scia di von Kármán, 256

scintillazione, 259
segnale utile, 52
segnale/disturbo (Signal/Noise), 52
semimodularità, 300, 302, 314, 328, 337, 360, 380
semimodulo, 277, 282
sensibilità, 62, 63, 67, 172, 188, 231, 247, 253, 284, 335, 383
   alle accelerazioni, 185
   assoluta, 286–288
   relativa, 286, 288
   statica, 62–65
sensitività, 62, 372, 386
   assoluta, 376, 386
   relativa, 430
   statica, 62
sensore
   primario, 37
   secondario, 37
sensori a effetto Hall, 243
separazione dello strato limite, 217, 219
serie di Fourier, 100
settaggio dello zero, 145
sezione
   contratta, 367, 386, 392, 394, 398
   critica, 307, 309, 313, 421
   ristretta, 278, 287
sfasamento, 168, 260
   temporale, 261
shift, 172, 190, 214, 250, 262
   di frequenza, 255
Signal/Noise, S/N, 52
similitudine
   geometrica, 224, 234
   idraulica, 405
sistema
   del 1° ordine, 220
   del 1° ordine, 79, 89, 196, 238
   del 2° ordine, 261
   del 2° ordine, 94, 139, 143, 176, 197, 246, 260
   di ordine zero, 88
   dinamico lineare, 69, 78
      stazionario, 80, 84
   non-lineare, 69
   quasi-lineare, 69
   smorzato, 196
      con smorzamento critico, 95, 96
   sottosmorzato, 96
   sovrasmorzato, 95
Sistema Internazionale, 4, 7, 8
   multipli, 6
sloshing, 164

Indice analitico

smorzamento, 246
smorzatore, 189
soffietto, 179
soglia, 50
    differenziale, 50
soglia di fondo, 284, 286, 287, 294
sommergenza, 302, 305, 338, 341, 345, 381, 389, 405, 421
sovrappressione, 189
sovrasmorzato, 176
spettro
    di ampiezza, 102
    di fase, 102
    di potenza, 105
spinta
    di Archimede, 192, 246
    dinamica, 246
stabilità, 188
standard
    primario, 193
    secondario di calibrazione, 183, 196
stato critico, 418
stazionarietà, 112
strain gage, 45, 53, 181, 182, 256
stramazzo
    Bazin, 368
    Cipolletti, 376, 415
    circolare, 378
    di Hégly, 371
    di Romijn, 323
    proporzionale lineare (Sutro), 379
    triangolare, 373
    WES, 352
strato limite, 311, 343, 350, 355
strozzamento, 287
supersonico, 209
swirling, 272

T

t di Student, 58, 59, 424
taratura, 66, 265
temperatura nominale di funzionamento, 64
tensione superficiale, 172, 173, 367
teorema
    del campionamento, 106
    del limite centrale, 28, 34, 426
    del valore finale, 78
    del valore iniziale, 78
    della derivata, 76, 77
    della derivata generalizzata, 77
    della trasformata del prodotto integrale, 77
    della trasformata della derivata, 75
    della trasformata di una funzione periodica, 78
    della trasformata integrale, 75, 77
    della traslazione in s, 75
    della traslazione nel tempo, 75, 76
    di Bernoulli, 204, 208, 384, 386, 398, 414
    di Buckingham, 11, 12, 15, 312, 332, 338, 369
    di Nyquist-Shannon, 106
    di Parseval, 115
    di Wiener-Khinchin, 105, 106, 116
toni di grigio, 165, 166
tracciabilità, 269
    dinamica, 269
    statica, 269
trasduttore
    di pressione, 199
    primario, 62
trasformata
    di Fourier, 99
        discreta, 107
        inversa, 103, 108
    di Laplace, 73, 74, 76, 78, 79, 84, 86, 87
trasformatore differenziale lineare variabile (*LVDT*), 186
trasformatore d'isolamento, 251
trasformazione, 74
traslazione
    della sensibilità statica, 64
    dello zero, 64
traslazione dello zero, 64
trecce elettriche riscaldanti, 169
treccia riscaldante, 189
tronco
    convergente, 216
    divergente, 217
tubo di Pitot, 50, 203, 204
tubo di Venturi, 216

V

valore medio, 19
valvola limitatrice, 189
variabile
    di flusso, 42, 44, 45
    di sforzo, 42, 44
    in ingresso, 39
    in uscita, 39
varianza, 20, 57, 60, 274, 424
    campionaria, 57
variazione della costante arbitraria, 71
vasca di calma, 303, 367
vena contratta, 407

Venturi, 207
Venturimetro, 216, 219
   boccaglio, 217, 219
   classico, 217, 222
   corto, 222
   fuso, 218
   lavorato, 219
   saldato, 219
   speciale, 222
vignettatura, 165

W

Wiener-Khinchin
   teorema di, 105, 106, 116
Wronskiano, 70, 71

Z

zona di Fraunhofer, 155
zona di Fresnel, 154

Indice degli autori

A
Ackers P., 279, 299, 301, 309, 311, 369, 372, 417
Apelt C. J., 163

B
Belanger B. C., 269
Bendat J. S., 59, 115, 117, 120, 126
Bevington P. R., 58
Bos M. G., 432
Braschi G., 164
Braunworth P. L., 356
Butcher A. D., 318–320, 343

C
Carter R. W., 370–372
Castex L., 370
Chiapponi L., 32, 33
Chow V.-T., 340, 349
Citrini D., 282
Cocchi G., 142

D
Dadone F., 164
De Marchi G., 283
Dethridge J. S., 359
Di Federico V., 32, 33
Die S. I. A., 370
Doebelin E. O., 69, 176, 196, 220
Duncan W. J., 11
Dunn S. L., 163

E
Escande L., 351

F
Folsom R. G., 207
Franke P. G., 394, 432

G
Gallati M., 164
Gherardelli L., 281
Gruyter de P., 403

H
Hall G. W., 315
Hanslow D. J., 163
Harris F. J., 120–122
Harrison A. J. M., 279, 299, 301, 309, 311, 369, 372, 417
Henderson F. M., 398
Herschy R. W., 300, 346, 373, 376
Howe H. E., 380

J
Jenkins G. M., 120, 122
Johnson D. P., 193

K
Khafagi A., 299
Kindsvater C. E., 370–372

L
Lawrence F. E., 356
Longo S., 3, 32, 33, 67, 152
Luise M., 106

M
Majdabadi Farahani S., 32, 33
Maranzoni A., 164–166
Marro G., 69
Mattingly G. E., 235
Mavis F. T., 380
Miller R. W, 227
Mises von R., 398, 399, 401

N
Navidi W., 17
Neumann von J., 32
Newhall D. H., 193
Nielsen P., 163

O
Oord van der W. J., 353, 354
Oppenheim A. V., 109, 120

P
Papoulis A., 105, 116
Perkins J. A., 279, 299, 301, 309, 311, 369, 372, 417
Petti M., 126, 152
Piersol A. G., 59, 115, 117, 120, 126
Pratt E. A., 379, 380, 396
Pulci Doria G., 150

R
Rantz S. E., 145
Ree W. O., 329, 330

Rehbock T., 369, 370, 414
Robinson D. K., 58
Romijn D. G., 147

S
Sananes F., 351
Schuster J. C., 362
Schuster J. S., 375, 433
Scimemi E., 366
Seitz E., 370
Shafer R. W., 109, 120
Shen J., 375
Singer J., 317
Smith H., 371
Soucek J., 380
Stewart R., 168
Strohmeier W., 271
Supino G., 283

T
Taylor J. R., 16, 428
Toch A., 398

V
Valentin F., 394, 432
Villemonte J. R., 382
Vitetta G. M., 106

W
Watts D. G., 120, 122
White W. R., 279, 299, 301, 309, 311, 312, 332–336, 339, 341–343, 369, 370, 372, 417

Y
Youden W. J., 272

The manufacturer's authorised representative in the EU is Springer Nature Customer Service Centre GmbH, Europaplatz 3, 69115 Heidelberg, Germany. If you have any concerns regarding our products, please contact ProductSafety@springernature.com

Printed and bound by CPI Group (UK) Ltd, Croydon, CR0 4YY

26/03/2026

02078975-0003